油气藏流体的相态特征

（第二版）

Karen Schou Pederson　Peter Lindskou Christensen　Jawad Azeem Shaikh　著

张　可　李　实　陈兴隆　俞宏伟　译

石油工业出版社

内 容 提 要

本书全面阐述了油气藏流体相态特征，涵盖基础理论与相态实验技术。详细介绍了分析油气藏流体组分和 PVT 数据所需的步骤，简要介绍了 PC-SAFT 方程，并展示了基于 PC-SAFT 方程所获得的 PVT 数据的模拟结果。

本书适合从事油气藏流体相态研究的科研人员及高等院校相关专业师生阅读和参考。

图书在版编目（CIP）数据

油气藏流体的相态特征／（美）卡伦·肖·佩德森
(Karen Schou Pederson)，（美）彼得·克里斯滕森
(Peter L. Christensen)，（美）贾瓦德·阿泽姆·谢赫
(Jawad Azeem Shaikh) 著；张可等译. —北京：石油
工业出版社，2018.10

书名原文：Phase Behavior of Petroleum Reservoir Fluids, Second Edition
ISBN 978-7-5183-2721-8

Ⅰ. ①油… Ⅱ. ①卡… ②彼… ③贾… ④张… Ⅲ.
①油气藏-流体-研究 Ⅳ. ①P618.13

中国版本图书馆 CIP 数据核字（2018）第 216375 号

Phase Behavior of Petroleum Reservoir Fluids, Second Edition
by Karen Schou Pedersen, Peter L. Christensen and Jawad Azeem Shaikh
ISBN：978-1-4398-5223-1
©2015 by Taylor & Francis Group, LLC
CRC Press is an imprint of Taylor & Francis Group, an Informa business
All Rights Reserved
Authorized translation from English language edition published by CRC Press, part of Taylor & Francis Group LLC.
本书经 Taylor & Francis Group, LLC 授权翻译出版并在中国大陆地区销售，简体中文版权归石油工业出版社有限公司所有，侵权必究。
Copies of this book sold without a Taylor & Francis sticker on the cover are unauthorized and illegal. 本书封面贴有 Taylor & Francis 公司防伪标签，无标签者不得销售。
北京市版权局著作权合同登记号：01-2018-7731

出版发行：石油工业出版社
　　　　　（北京安定门外安华里 2 区 1 号　100011）
　　　　　网　　址：www.petropub.com
　　　　　编辑部：(010) 64523546　发行部：(010) 64523633
经　　销：全国新华书店
印　　刷：北京中石油彩色印刷有限责任公司

2018 年 10 月第 1 版　2018 年 10 月第 1 次印刷
787×1092 毫米　开本：1/16　印张：26.25
字数：670 千字

定价：130.00 元
（如出现印装质量问题，我社发行部负责调换）
版权所有，翻印必究

译 者 前 言

油气藏流体的相态特征研究在油气田开发和石油化工领域起着举足轻重的作用。油气藏开发的全生命周期均涉及储层流体相态物性的实验测试分析及数值模拟计算；同时，油气藏流体的相态特征研究直接为油气藏类型的确定、储量计算、油藏工程和采油工艺研究、开发方案编制等提供理论与技术支持。

全书共分为17章，在实验测试技术方面详细介绍了油气藏流体取样、PVT实验、沥青质和石蜡沉积实验、最小混相压力实验等测试方法和主流测试装置；在模型化方面阐述了状态方程、C_{7+}馏分的特征化、黏度和表面张力计算模型以及石蜡、沥青质、气体水合物、盐沉淀生成的热力学模型；在数值模拟方面介绍了闪蒸及相包线、PVT、最小混相压力等模拟方法。

本书包含了油气藏流体相态行为、热力学性质及传递性质的实验测试技术和模拟方法，为从事钻井、采油、油藏工程、石油物探及其他石油上游行业的生产、设计、研究单位的工程技术人员及相关院校师生阅读。希望该书在相关企业、科研单位、院校的生产和科研中发挥应有的作用。

本书在编写及翻译过程中疏漏之处在所难免，望各位专家、同行及广大读者不吝批评指正。

原 书 前 言

提高油气采收率技术正不断发展。受此影响，业界对PVT模拟结果的精度需求也不断增强。高质量模拟结果取决于精确的流体组成和PVT数据。较第一版而言，我们希望在第二版中涉及更为详细的实验步骤，因此邀请了Jawad Azeem Shaikh作为合作作者。Jawad拥有12年的商业PVT实验室工作经验，其业务专长包括取样、组分分析、常规与提高采收率(EOR)PVT数据测量。第2章和第3章详细介绍了提供组分数据和PVT数据所用的实验步骤。

石油行业将PC-SAFT方程视为三次方程的潜在备选或替代方程。第4章简要介绍了PC-SAFT方程，第5章论述了流体表征，其中一节涉及PC-SAFT方程的表征。第7章展示了基于PC-SAFT方程所获得的PVT数据的模拟结果。

第9章论述实验数据的回归分析，其中一节涉及如何利用衰竭凝析气藏的流体样品重建原始油藏流体组分。第12章论述了沥青质，其中一节涉及如何模拟潜在沥青质焦油层的位置。

自第一版出版以来，我们有机会分析了大量的EOR PVT数据，并应用此经验对第15章最小混相压力(MMP)估算进行了全面更新。

其他所有章节也根据新数据资料和新参考文献进行了更新。

Karen Schou Pedersen
Peter Lindskou Christensen
Jawad Azeem Shaikh

目 录

1 油气藏流体 ··· 1
  1.1 油气藏流体组分 ································· 1
  1.2 油气藏流体组分的性质 ························· 2
  1.3 相包络线 ··· 5
  1.4 油气藏流体分类 ································· 7
  参考文献 ··· 11

2 取样、质量控制及组分分析 ······················ 12
  2.1 流体取样 ··· 12
  2.2 流体样品的质量检验 ··························· 14
  2.3 组成分析 ··· 19
  2.4 使用井底样品分析储层流体组成 ············ 33
  2.5 使用分离器样品分析储层流体组成 ········· 35
  2.6 钻井液污染样品 ································· 41
  参考文献 ··· 44

3 PVT 实验 ·· 46
  3.1 常规 PVT 实验 ·································· 48
  3.2 提高采收率(EOR)PVT 实验 ················· 67
  参考文献 ··· 80

4 状态方程 ··· 82
  4.1 范德华方程 ······································ 82
  4.2 Redlich-Kwong 方程 ·························· 85
  4.3 Soave-Redlich-Kwong 方程 ·················· 86
  4.4 Peng-Robinson 方程 ·························· 89
  4.5 Peneloux 体积校正 ···························· 90
  4.6 其他立方型状态方程 ·························· 93
  4.7 相平衡计算 ······································ 94
  4.8 非经典混合法则 ································· 94
  4.9 PC-SAFT 方程 ·································· 94
  4.10 其他状态方程 ·································· 99
  参考文献 ··· 99

5 C_{7+} 特征化 ······································ 101
  5.1 组分分类 ··· 101
  5.2 二元交互作用参数 ····························· 112
  5.3 组合 ·· 112

5.4 解组合 ……………………………………………………………………………… 117
5.5 多相流体混合 ………………………………………………………………………… 118
5.6 将多个组分特征化为若干个虚拟组分 ……………………………………………… 121
5.7 稠油组成 ……………………………………………………………………………… 123
5.8 PC-SAFT 特征化方法 ……………………………………………………………… 129
参考文献 …………………………………………………………………………………… 132

6 闪蒸和相包络线计算 ……………………………………………………………… 135
6.1 由立方型状态方程计算纯组分蒸气压力 …………………………………………… 136
6.2 由立方型状态方程计算混合物饱和压力 …………………………………………… 138
6.3 闪蒸计算 ……………………………………………………………………………… 139
6.4 相包络线计算 ………………………………………………………………………… 152
6.5 相态识别 ……………………………………………………………………………… 156
参考文献 …………………………………………………………………………………… 157

7 压力—体积—温度关系(PVT)模拟 …………………………………………… 159
7.1 恒质膨胀 ……………………………………………………………………………… 159
7.2 定容衰竭 ……………………………………………………………………………… 164
7.3 差异脱气 ……………………………………………………………………………… 169
7.4 分离器测试 …………………………………………………………………………… 172
7.5 膨胀实验 ……………………………………………………………………………… 176
7.6 采用 PC-SAFT 状态方程的 PVT 模拟 …………………………………………… 178
7.7 PVT 模拟的意义 ……………………………………………………………………… 179
参考文献 …………………………………………………………………………………… 179

8 物理性质 …………………………………………………………………………… 181
8.1 密度 …………………………………………………………………………………… 181
8.2 焓 ……………………………………………………………………………………… 181
8.3 内能 …………………………………………………………………………………… 182
8.4 熵 ……………………………………………………………………………………… 182
8.5 热容 …………………………………………………………………………………… 183
8.6 Joule-Thomson 系数 ………………………………………………………………… 183
8.7 声速 …………………………………………………………………………………… 183
8.8 计算示例 ……………………………………………………………………………… 183
参考文献 …………………………………………………………………………………… 188

9 PVT 实验数据的回归 …………………………………………………………… 189
9.1 参数回归的缺点 ……………………………………………………………………… 189
9.2 体积平移参数 ………………………………………………………………………… 190
9.3 "+"馏分的临界温度 T_c、临界压力 p_c 和偏心因子 ω …………………………… 190
9.4 性质关联式中系数的回归 …………………………………………………………… 191
9.5 目标函数和权重因子 ………………………………………………………………… 191
9.6 凝析气的回归案例 …………………………………………………………………… 192

9.7 调整单个拟组分性质 199
9.8 近临界流体 200
9.9 不同流体特征化为相同的拟组分 207
9.10 注气膨胀实验数据的回归 214
9.11 从衰竭样品中获得原始油藏流体组成 216
参考文献 222

10 传递性质 223
10.1 黏度 223
10.2 导热系数 245
10.3 气/油表面张力 249
10.4 扩散系数 253
参考文献 254

11 石蜡的形成 257
11.1 石蜡沉积实验研究 258
11.2 纯组分熔化作用的热力学描述 267
11.3 石蜡的沉积模型 270
11.4 石蜡的 PT 闪蒸计算 277
11.5 原油—石蜡悬浮液的黏度 277
11.6 石蜡抑制剂 280
参考文献 282

12 沥青质 284
12.1 沥青质沉积实验研究 287
12.2 沥青质沉积模型 292
12.3 沥青质焦油层计算 301
参考文献 304

13 气体水合物 306
13.1 水合物类型 307
13.2 水合物形成模型 310
13.3 水合物抑制剂 315
13.4 水合物模拟结果 316
13.5 水合物 P/T 闪蒸计算 322
参考文献 326

14 油藏埋深对组分变化的影响 328
14.1 等温油藏的相关理论 329
14.2 非等温油藏的相关理论 336
参考文献 346

15 最小混相压力 348
15.1 三组分混合物 349
15.2 多组分混合物的最小混相压力 353

参考文献·· 365
16　地层水和水合物抑制剂 ·· 367
　16.1　烃—水相平衡模型 ·· 368
　16.2　烃—水相平衡实验数据 ·· 380
　16.3　水的性质 ·· 385
　16.4　烃—水混合物相包络线 ·· 387
　　参考文献·· 388
17　结垢 ··· 391
　17.1　盐沉淀的规则 ··· 391
　17.2　平衡常数 ·· 393
　17.3　活度系数 ·· 395
　17.4　计算过程 ·· 402
　17.5　计算实例 ·· 403
　　参考文献·· 405
附录A　相平衡的基本原理 ··· 406
附录B　单位换算 ·· 410

1 油气藏流体

1.1 油气藏流体组分

油气藏流体是以烃类为主的多组分混合物。甲烷(CH_4)是所有烃类中最简单的一种,同时也是油气藏流体中最为常见的组分。由于甲烷含有一个碳原子,因此通常被称为C_1。与此类似,术语C_2通常用于代表乙烷(C_2H_6),C_3代表丙烷(C_3H_8)。具有7个及以上碳原子的烃类被称为C_{7+}组分,所有C_{7+}组分的总体被称为C_{7+}馏分。油气藏流体可能含有重达C_{200}的烃类。一种特定的C_{7+}组分可能属于以下组分类的其中之一:

(1)链烷烃。一种链烷烃化合物由C,CH,CH_2或CH_3型烃段组成,碳原子之间经单键连接。链烷烃可分为正构烷烃(n-paraffins)和异构烷烃(i-paraffins),其中正构烷烃的碳原子构成直链,异构烷烃至少存在一个侧链。链烷烃有时也被称为烷烃。图1.1显示了甲烷(C_1)、乙烷(C_2)以及正己烷(nC_6)的结构,均属于链烷烃化合物的实例。

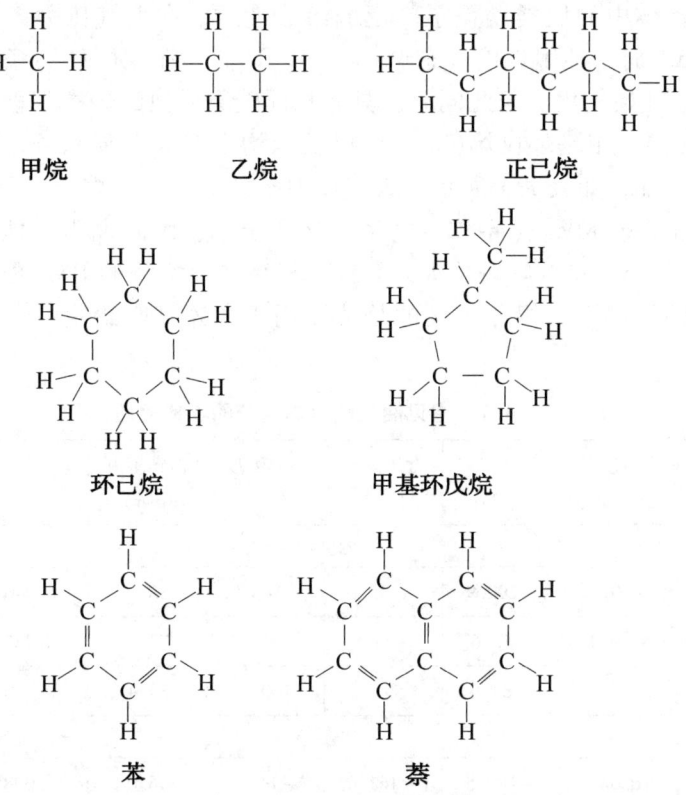

图1.1 部分油气藏流体组分的分子结构

(2) 环烷烃。环烷烃化合物与链烷烃之间的相似之处在于两者均由相同类型的烃段所构成，但是不同之处在于，环烷烃化合物含有一个或多个环状结构。环状结构上的烃段（例如 CH_2）由单键连接。大多数环烷烃的环状结构含 6 个碳原子，但是油气藏流体中也常见具有由 5 个或 7 个碳原子所连接而成的环状结构的环烷烃化合物。环烷烃也被称为环烃。图 1.1 中所示的环己烷和甲基环戊烷属于环烷烃化合物的实例。

(3) 芳香烃。类似于环烷烃，芳香烃也含有一个或多个环状结构，但是芳香族化合物上的碳原子由芳香双键所连接。苯（C_6H_6）是最简单的芳香烃组分，如图 1.1 所示。此外，油气藏流体中还存在具有两个或多个环状结构的多环芳香烃化合物。后一种化合物类型的典型实例即萘（$C_{10}H_8$），其结构如图 1.1 所示。

油气藏流体中链烷烃（P）、环烷烃（N）以及芳香烃（A）组分的百分比通常被称为 PNA 分布。

油气藏流体中也可能含无机化合物，其中最为常见的为氮（N_2）、二氧化碳（CO_2）以及硫化氢（H_2S）。水（H_2O）是油气藏流体中另一种重要的组分。由于水与烃类之间的混溶性有限，一个油气藏中的大多数水通常分布于气层和油层之下的单独含水层内。

1.2 油气藏流体组分的性质

表 1.1 给出了天然存在的油气混合物中部分组分的某些物理性质。通过对比常压沸点可发现，油气藏流体中的烃类涵盖了广泛的组分性质。在大气压力条件下，当温度高于常压沸点 −161.6℃时，纯甲烷以气态形式存在；然而，在相同压力条件下，当温度升高到 218.0℃时萘才开始气化。与此同时，具有相同碳原子数的烃类其性质也可能存在显著差异。正己烷（nC_6）、甲基环戊烷（$m\text{-}cC_5$）以及苯均含有 6 个碳原子，但是三种组分的性质却显著不同。例如，如表 1.1 所示，大气压力条件下，正己烷（nC_6）的密度低于甲基环戊烷（$m\text{-}cC_5$），而甲基环戊烷（$m\text{-}cC_5$）的密度又低于苯。由此说明，具有相同碳原子数的组分其密度按照 P→N→A 的顺序增大。目前，极少获得实测的 PNA 分布，在缺少主要分子结构实验数据的情况下，组分密度的趋势可用于大体判断给定 C_{7+} 馏分时的 P、N、A 组分分布。

表 1.1 常见油气藏流体组分的物理性质

组分	分子式	摩尔质量（g/mol）	熔点（℃）	常压沸点（℃）	临界温度（℃）	临界压力（bar）	偏心因子	1atm 和 20℃ 条件下的密度（g/cm³）
无机物								
氮气	N_2	28.013	−209.9	−195.8	−147.0	33.9	0.040	—
二氧化碳	CO_2	44.010	−56.6	−78.5	31.1	73.8	0.225	—
硫化氢	H_2S	34.080	−83.6	59.7	100.1	89.4	0.100	—
链烷烃								
甲烷	CH_4	16.043	−182.5	−161.6	−82.6	46.0	0.008	—
乙烷	C_2H_6	30.070	−183.3	−87.6	32.3	48.8	0.098	—

续表

组分	分子式	摩尔质量(g/mol)	熔点(℃)	常压沸点(℃)	临界温度(℃)	临界压力(bar)	偏心因子	1atm 和 20℃ 条件下的密度(g/cm³)
链烷烃								
丙烷	C_3H_8	44.094	−187.7	−42.1	96.7	42.5	0.152	—
异丁烷	C_4H_{10}	58.124	−159.6	−11.8	135.0	36.5	0.176	—
正丁烷	C_4H_{10}	58.124	−138.4	−0.5	152.1	38.0	0.193	—
异戊烷	C_5H_{12}	72.151	−159.9	27.9	187.3	33.8	0.227	0.620
正戊烷	C_5H_{12}	72.151	−129.8	36.1	196.4	33.7	0.251	0.626
正己烷	C_6H_{14}	86.178	−95.1	68.8	234.3	29.7	0.296	0.659
异辛烷	C_8H_{18}	114.232	−109.2	117.7	286.5	24.8	0.378	0.702(16℃)
正癸烷	$C_{10}H_{22}$	142.286	−29.7	174.2	344.6	21.2	0.489	0.730
环烷烃								
环戊烷	C_5H_{10}	70.135	−93.9	49.3	238.6	45.1	0.196	0.745
甲基环戊烷	C_6H_{12}	84.162	−142.5	71.9	259.6	37.8	0.231	0.754(16℃)
环己烷	C_6H_{12}	84.162	6.5	80.7	280.4	40.7	0.212	0.779
芳香烃								
苯	C_6H_6	78.114	5.6	80.1	289.0	48.9	0.212	0.885(16℃)
甲苯	C_7H_8	92.141	−95.2	110.7	318.7	41.0	0.263	0.867
邻二甲苯	C_8H_{10}	106.168	−25.2	144.5	357.2	37.3	0.310	0.880
萘	$C_{10}H_8$	128.174	80.4	218.0	475.3	40.5	0.302	0.971(90℃)

资料来源：Reid, R. C., Prousnitz, J. M., Sherwood, T. K. *The Properties of Gases And Liquids*, McGraw-Hill, New York, 1997。

纯组分蒸气压力和临界点(CPs)在组分和混合物性质的计算中发挥着至关重要的作用。纯组分蒸气压力通过实验确定，即测量物质由液态过渡为气态时所对应的温度(T)和压力(p)值。图1.2显示了甲烷和苯的蒸气压力曲线，这两种组分均属于油气混合物的常见组分。蒸气压力曲线终止于临界点(CP)，临界点之上不会出现液态—气态相变。甲烷的临界

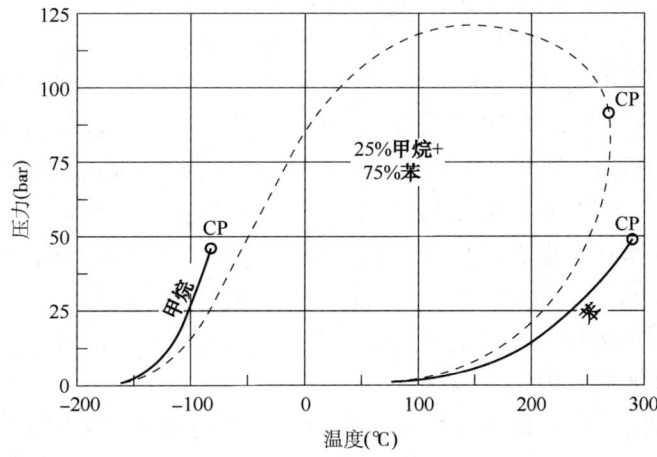

图1.2 甲烷和苯的蒸气压力曲线(实线)以及摩尔分数25%的甲烷和75%的苯的混合物的相包络线(虚线)(由第4章所述的Soave-Redlich-Kwong状态方程计算得到)

CP—临界点

点(CP)为 -82.6℃和46.0bar，苯的临界点(CP)为289℃和48.9bar。临界点(CP)处的温度和压力分别被称为 T_c 和 p_c。

如图1.3(b)所示，在给定温度(T_1)下，一种纯组分的相态特征可通过以下方法进行研究：即在 T_1 温度条件下，将固定量的该种组分置于一个釜内。釜体积因活塞上、下移动可发生变化。在位置A处，釜内物质处于气态。如果活塞向下移动，体积将变小，压力将增大。在位置B处，开始形成液相。如果活塞进一步向下移动，体积将进一步减小，但压力将保持恒定直至所有气体转变为液体，此种现象发生于位置C处。釜体积的进一步减小将导致压力快速上升。图1.3(a)说明了跨越蒸气压力曲线时的相变特征。在蒸气压力曲线上，一种纯组分仅能以两相平衡的状态存在。当到达蒸气压力曲线时，将开始发生气—液或液—气转变。此种相变与恒定温度(T)和压力(p)时的体积变化相关。在B点处，该组分处于露点或饱和气态；在C点处，该组分处于泡点或饱和液态；在A点处，处于未饱和气态；在D点处，处于未饱和液态。

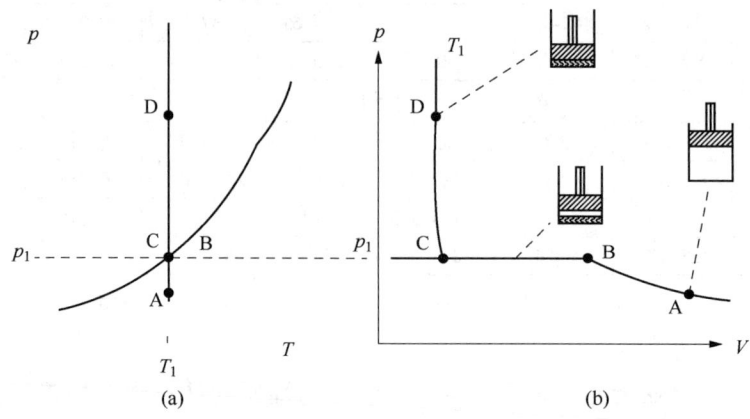

图1.3 pT(压力—温度)和 pV(压力—体积)相图中的纯组分相态特征

另一个重要的性质为偏心因子 ω，Pitzer(1955)将其定义为：

$$\omega = -1 - \lg\left(\frac{p^{\text{sat}}}{p_c}\right)_{T=0.7T_c} \tag{1.1}$$

式中，p^{sat} 表示蒸气压力(或饱和压力)。上述定义所蕴含的意义如图1.4所示。对于大多数纯物质而言，纯组分的对比蒸气压力($p_r^{\text{sat}} = p^{\text{sat}}/p_c$)的对数与对比温度($T_r = T/T_c$)的倒数近似呈直线关系。图1.4显示了氩气(Ar)和正癸烷(nC_{10})的 $\lg p_r^{\text{sat}}$ 与 $1/T_r$ 的相关关系。当 $T_r = 0.7(1/T_r = 1.43)$ 时，对于氩气(Ar)，$\lg p_r^{\text{sat}} = -1.0$；对于正癸烷($nC_{10}$)，$\lg p_r^{\text{sat}} = -1.489$。氩气(Ar)作为参照物，其偏心因子为0。因此，某一组分的偏心因子等于氩气(Ar)的 $(\lg p_r^{\text{sat}})_{T_r=0.7}$ 加上实际物质的 $-(\lg p_r^{\text{sat}})_{T_r=0.7}$。

基于上述定义，正癸烷(nC_{10})的偏心因子等于 $[-1-(-1.489)] = 0.489$，与表1.1所示的正癸烷(nC_{10})的偏心因子一致。

因正链烷烃的偏心因子随碳原子数增加而增大，进而得名"偏心因子"。甲烷(C_1)的偏心因子为0.008，乙烷(C_2)为0.098，丙烷(C_3)为0.152。对于这一类组分，随着碳原子数的增加，其分子变得更为细长。更重要的是，偏心因子可作为纯组分蒸气压力曲线曲率的衡量标准。图1.5显示了3种假设物质的蒸气压力曲线，所有物质均具有与正癸烷(nC_{10})相同

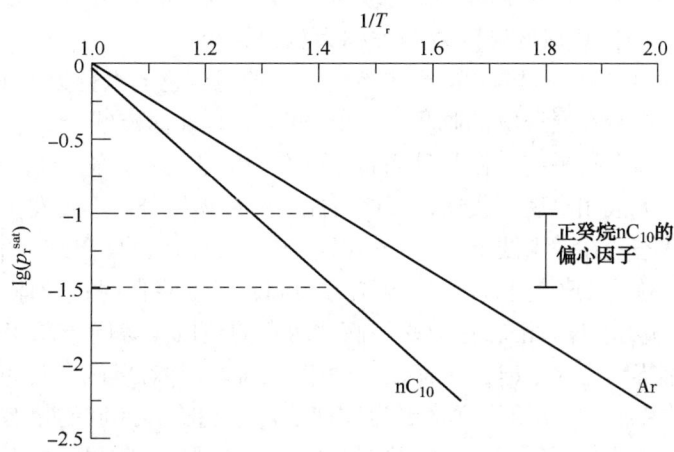

图 1.4 基于氩气(Ar)和正癸烷(nC$_{10}$)蒸气压力曲线所推导出的正癸烷(nC$_{10}$)的偏心因子

p_r^{sat}—对比饱和点(p^{sat}/p_c);T_r—对比温度(T/T_c)

的临界温度和压力(344.5℃ 和 21.1bar),但是偏心因子分别为 0.0,0.5 以及 1.0(正癸烷 [nC$_{10}$]的偏心因子为 0.489)。当临界点(CP)一定时,蒸气压力曲线必定终止于相同点,但是曲线的弯曲度却由偏心因子所决定。

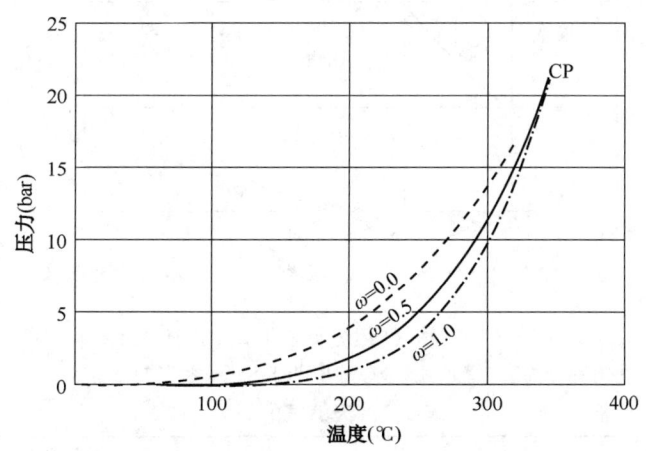

图 1.5 与正癸烷(nC$_{10}$)具有相同临界温度(T_c)和临界压力(p_c)的3种组分的

蒸气压力曲线(其偏心因子分别为 0.0,0.5 以及 1.0)

当偏心因子为 1.0 时,蒸气压力曲线在低温段相对平缓,但是在接近临界温度时急剧上升。如果偏心因子变小,蒸汽压力随温度增高而增大的趋势将更为均衡。图 1.5 所示的蒸气压力曲线基于第 4 章所述的 Peng-Robinson 状态方程计算而来。

1.3 相包络线

油气藏流体属于多组分混合物,因此有必要找到一条与混合物等价的纯组分蒸气压力曲线。当存在两种或更多种组分时,在压力—温度(PT)相图中两相区并非局限于一条单线。

如图 1.2 所示的混合物（25%甲烷和75%苯）一样，混合物的两相区在压力—温度（PT）相图中形成一个闭合区域。围绕该区域的线即被称为相包络线。

图 1.6 显示了一种天然气混合物的相包络线，此种混合物的组分见表 1.2。相包络线由露点线和泡点线组成，两者在混合物的临界点（CP）处会合。在露点线上，混合物以气态形式存在，与初始产生的液体保持平衡。在此种条件下，气体（或蒸气）称为处于饱和状态。当压力相同、温度增高时，无液相出现。相反，气体可能获得液体组分而不会发生液相沉积，此时气体称为处于未饱和状态。在泡点线上，混合物以液态形式存在，与初始产生的气体保持平衡。在此种条件下，液体称为处于饱和状态。当压力相同、温度降低时，液体（或油）处于未饱和状态。在临界点（CP）处，两种相态趋同并平衡，两者的组成均等同于总组成。当温度接近临界温度而压力位于临界压力之上时，仅存在一种相态，但是却难以区分其为气体还是液体，此时通常称其为"超临界流体"。第 6 章将更为详细地讨论超临界区域的相态识别问题。两相共存的最高压力被称为临界凝析压力，两相共存的最高温度被称为临界凝析温度。

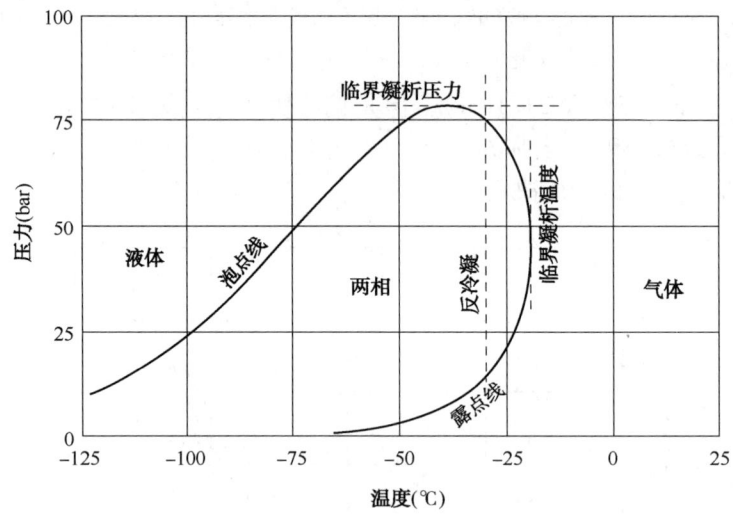

图 1.6　天然气（组分见表 1.2）的相包络线

相包络线由第 4 章所述的 Soave-Redlich-Kwong 状态方程计算得到

表 1.2　天然气的组分

组　　分	摩尔分数（%）
N_2	0.340
CO_2	0.840
C_1	90.400
C_2	5.199
C_3	2.060
iC_4	0.360
nC_4	0.550
iC_5	0.140
nC_5	0.097
C_6	0.014

注：相包络线见图 1.6 和图 1.7。

所谓的反凝析现象如图 1.6 中温度 $-30℃$ ($T = -30℃$) 处的垂直虚线所示。在此温度条件下，当压力高于上露点压力（即高于约 75bar）时，混合物以气态形式存在。如果压力降低，混合物将分为两相，即气相和液相。因压力降低导致液体自气体混合物中析出的现象被称为反凝析。如果温度恒定、压力降低至下露点压力（约 15bar）之下，液相将消失，混合物将再次以气态形式存在。

1.4 油气藏流体分类

油气藏流体可分类为：
（1）天然气；
（2）凝析气；
（3）近临界流体或易挥发油；
（4）黑油；
（5）重油。

表 1.2 至表 1.6 显示了上述各种流体类型的典型实例。各种流体类型的区分标志在于混合物临界温度相对于油气藏温度的位置。相关说明见图 1.7。当油和气从一个油气藏中产出时，温度近似保持恒定，即近似等于初始油气藏温度（T_{res}），但是随着物质从油气藏中采出，压力将下降。对于天然气而言，此种压力下降对相态数无影响。在所有压力条件下，气体仍将处于单一相态。对于凝析气而言，压力下降到某一阶段时将导致第二相态的形成。此种现象发生于压力降至露点线时[温度为初始油气藏温度（T_{res}）]。所形成的第二相为液相，其密度高于初始相态。

对于近临界混合物而言，压力下降到某些阶段时也将导致第二相态的形成。如果油气藏温度为 T_{res}（图 1.7），则第二相态为气相，其原因在于到达相包络线的点位于泡点段。此种混合物被归类为挥发油。如果油气藏温度略微升高（如图 1.7 所示的 T'_{res}），则进入两相区的位置将位于露点段，此时混合物被归类为凝析气。近临界油气藏流体的临界温度接近于油气藏的温度，而在相包络线之内，其气相与液相的组成和性质类似。

表 1.3 凝析气的组分

组　　分	摩尔分数(%)	分　子　量	1atm 和 15℃条件下的密度(g/cm^3)
N$_2$	0.53	—	—
CO$_2$	3.30	—	—
C$_1$	72.98	—	—
C$_2$	7.68	—	—
C$_3$	4.10	—	—
iC$_4$	0.70	—	—
nC$_4$	1.42	—	—

续表

组　分	摩尔分数(%)	分　子　量	1atm 和 15℃条件下的密度(g/cm³)
iC₅	0.54	—	—
nC₅	0.67	—	—
C₆	0.85	—	—
C₇	1.33	91.3	0.746
C₈	1.33	104.1	0.768
C₉	0.78	118.8	0.790
C₁₀	0.61	136	0.787
C₁₁	0.42	150	0.793
C₁₂	0.33	164	0.804
C₁₃	0.42	179	0.817
C₁₄	0.24	188	0.830
C₁₅	0.30	204	0.835
C₁₆	0.17	216	0.843
C₁₇	0.21	236	0.837
C₁₈	0.15	253	0.840
C₁₉	0.15	270	0.850
C₂₀₊	0.80	391	0.877

注：相包络线见图1.7。

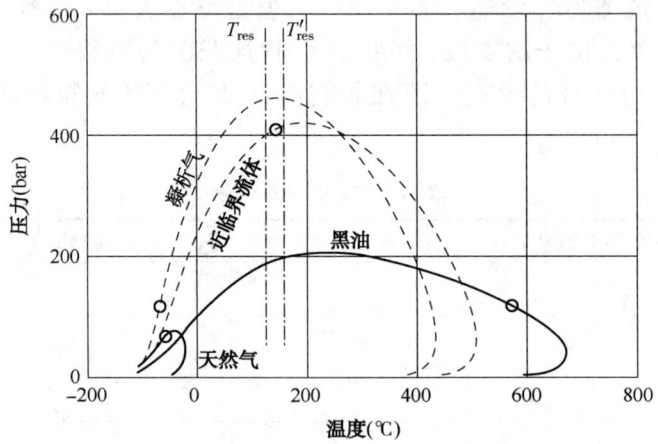

图1.7　各种不同类型油气藏流体的相包络线

摩尔组成见表1.2(天然气)、表1.3(凝析气)、表1.4(近临界流体)以及表1.5(黑油)。相包络线由第4章所述的 Peng-Robinson 状态方程构建。油气藏流体组成采用第5章所述的 Pedersen 等提出的流程确定

表 1.4 近临界流体的组分

组 分	摩尔分数(%)	分 子 量	1atm 和 15℃条件下的密度(g/cm³)
N_2	0.46	—	—
CO_2	3.36	—	—
C_1	62.36	—	—
C_2	8.90	—	—
C_3	5.31	—	—
iC_4	0.92	—	—
nC_4	2.08	—	—
iC_5	0.73	—	—
nC_5	0.85	—	—
C_6	1.05	—	—
C_7	1.85	95	0.733
C_8	1.75	106	0.756
C_9	1.40	121	0.772
C_{10}	1.07	135	0.791
C_{11}	0.84	150	0.795
C_{12}	0.76	164	0.809
C_{13}	0.75	177	0.825
C_{14}	0.64	190	0.835
C_{15}	0.58	201	0.841
C_{16}	0.50	214	0.847
C_{17}	0.42	232	0.843
C_{18}	0.42	248	0.846
C_{19}	0.37	256	0.858
C_{20+}	2.63	406	0.897

注：相包络线见图 1.7。

表 1.5 黑油的组分

组 分	摩尔分数(%)	分 子 量	1atm 和 15℃条件下的密度(g/cm³)
N_2	0.04	—	—
CO_2	0.69	—	—
C_1	39.24	—	—
C_2	1.59	—	—
C_3	0.25	—	—
iC_4	0.11	—	—
nC_4	0.10	—	—
iC_5	0.11	—	—

续表

组分	摩尔分数(%)	分子量	1atm 和 15℃条件下的密度(g/cm³)
nC_5	0.03	—	—
C_6	0.20	—	—
C_7	0.69	85.2	0.769
C_8	1.31	104.8	0.769
C_9	0.75	121.5	0.765
C_{10+}	54.89	322.0	0.936

注：相包络线见图1.7。

对于黑油和重油而言，在油气藏温度条件下，进入两相区的位置总是位于泡点段，因此所形成的新相态为气体。

图1.8显示了一种中国油气藏流体的近临界区放大图(Yang等，1997)，流体组成见表1.6。图1.8中所示的液体体积分数具体数据列于表1.7。如图1.8所示，在临界点(CP)附近，气体和液体的相对体积量随压力和温度变化而发生快速变化。例如，当温度为100℃时，压力仅发生微小变化即可导致液相体积分数由50%变化为100%。

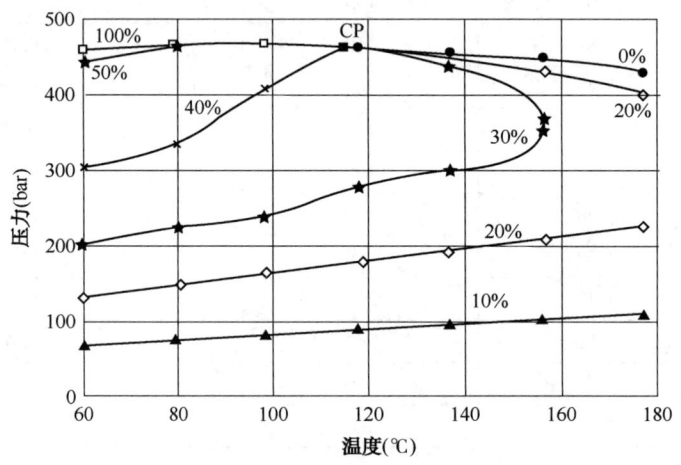

图1.8　表1.6所示流体组分的相包络线近临界部分(Yang等，1997)
标注的数值为液体体积分数。数据点的具体数据见表1.7。缩略语：CP=临界点

表1.6　近临界油气藏流体(国内)的组成

组分	摩尔分数(%)	分子量	1atm 和 15℃条件下的密度(g/cm³)
N_2	3.912	—	—
CO_2	0.750	—	—
C_1	70.203	—	—
C_2	9.220	—	—
C_3	2.759	—	—
iC_4	0.662	—	—

续表

组分	摩尔分数(%)	分子量	1atm 和 15℃条件下的密度(g/cm^3)
nC_4	0.981	—	—
iC_5	0.402	—	—
nC_5	0.422	—	—
C_6	0.816	—	—
C_{7+}	9.873	192.8	0.8030

注：相包络线见表 1.7 和图 1.8。

表 1.7 中国油气藏流体的相包络线近临界部分的压力点数据

温度(℃)	特定液体体积分数时的压力(bar)						
	0%	10%	20%	30%	40%	50%	100%
60.1	—	68.6	132.5	201.8	303.2	443.2	458.9
79.7	—	74.0	146.7	224.5	334.8	462.4	465.3
98.5	—	81.9	159.9	240.6	407.2	—	466.8
117.8	460.7	88.7	175.8	278.6	—	—	—
137.0	453.1	95.8	190.5	299.2, 436.4	—	—	—
156.4	446.6	105.7	208.2, 429.2	352.0, 364.0	—	—	—
177.2	—	111.7	226.6, 402.8	—	—	—	—

注：摩尔组成见表 1.6。临界点测定为 115℃和 462bar，结果绘制于图 1.8。

资料来源：Yang, T., Chen, W.-D., and Guo, T., Phase behavior of near-critical reservoir fluid mixture, *Fluid Phase Equilib.* 128, 183-197, 1997。

参 考 文 献

Pitzer, K. S., Volumetric and thermodynamic properties of fluids. I. Theoretical basis and virial coefficients, *J. Am. Chem. Soc.* 77, 3427-3433, 1955.

Reid, R. C., Prausnitz, J. M., and Sherwood, T. K., *The Properties of Gases and Liquids*, McGraw-Hill, New York, 1977.

Yang, T., Chen, W.-D., and Guo, T. Phase behavior of near – critical reservoir fluid mixture, *Fluid Phase Equilib.* 128, 183-197, 1997.

2 取样、质量控制及组分分析

油田现场样品的质量极大地影响着高压物性(PVT)实验测试的准确性。测试样品如能代表井底流体的真实情况,则 PVT 测试将有效反映储层流体的性质。图 2.1 展示了从流体取样到状态方程(EoS)建立的工艺流程,该过程对测试流体的性能进行匹配,并将其用于油藏组成、过程及渗流的模拟。

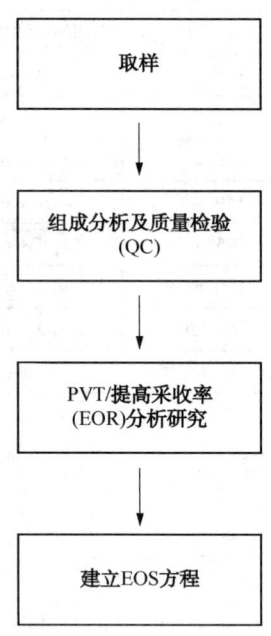

图 2.1 地层流体 PVT 研究的流程图

2.1 流体取样

为获取有代表性的流体样品,需确保流入井筒的液体为单相流,即保证油藏压力高于储层流体的饱和压力。须进一步注意的是,测得的井底流压(BHFP)一般都低于储层压力,所以现场取样需保证井底流压高于饱和压力。

样品包括:

(1) 井底样品(井下);

(2) 分离器样品(地面);

(3) 井口样品。

未饱和油藏的储层压力高于饱和压力,所以井底取样(井下)法适用于该类油藏。由于样品采集的压力与储层压力相近,所以该方法是沥青质样品分析的最佳方法。如果降低取样压力,则沥青质析出,并导致样品的不可逆损坏。使用钢丝绳将单相流体取样器下放至井底,以收集井底样品,同时该方法可收集任意井深处的样品,图2.2为其示意图。井底取样技术适用于黑油、挥发性原油油藏及干气藏。

对于凝析气流体,其在上升过程中流体压力降低,液体析出,流体由单相变为两相,井底样品被"损坏"。因此,建议凝析气藏采用井口或分离器取样技术。如图2.3所示,在特定温度及压力条件下,储层流体流经分离器,分别采集油相和气相样品,将两种样品混合,并依据生产气油比(GOR)调整其配比,使其有效代表储层流体的组分。分离器取样技术适用于黑油、挥发性原油油藏及凝析气、湿气与干气气藏。

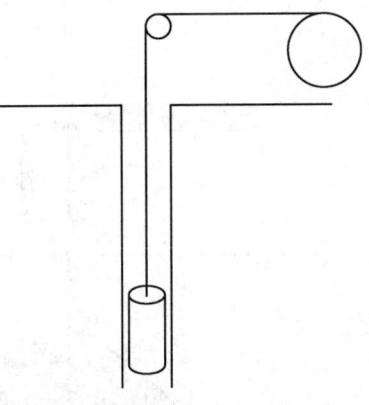

图2.2 井底取样技术(通过电缆将单相流体取样瓶下放至井底)

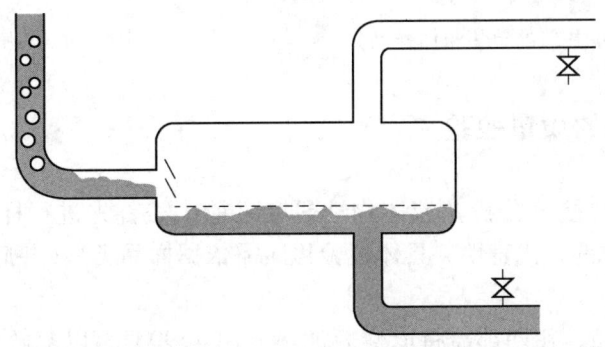

图2.3 分离器取样(分别在气相及液相排出口收集样品)

对于开发时间较长,且储层压力降至原始油藏流体饱和压力以下的储层(衰竭的储层),推荐使用井底取样法。对于这类储藏,井底取样未必能提供有代表性的样品。本书9.11节将详细介绍,如何使用衰竭凝析气样品来恢复原始储层流体的组分。

井口取样法适用于井口为单相流的情形,图2.4为其示意图。当满足上述条件时,井口取样法为可靠性高、成本低廉的取样方法。

无论采用何种取样技术,都需在取样前对井筒进行清理调整,以清洗井筒,并使储层与井筒间的压差(压降)降至最低。存在压降的区域也被称为泄油区域,具体情况如图2.5所示。如未对井眼进行调整,则在井筒或者射孔孔眼邻近区域将会产生两相流。此时,井筒中的液流与泄油区外部的原始流体存在差异。当储层压力与饱和压力相近时,井筒的清理调整将更为重要。

在采集井底样品前,需采取如下措施进行井筒清理:

(1)首先使用高速液流清洗井筒,以扩大泄油面积,并形成自由气体。
(2)随后为缩小泄油面积,以最低流速注入液体,且持续注入4天。
(3)关井一周,使释放的气体重新溶于原油,提高饱和压力,并在井筒中获取有代表性的液样。

在采集分离器样品之前,需持续测量气、液流速。当流速稳定且较低时,方可采集样品。

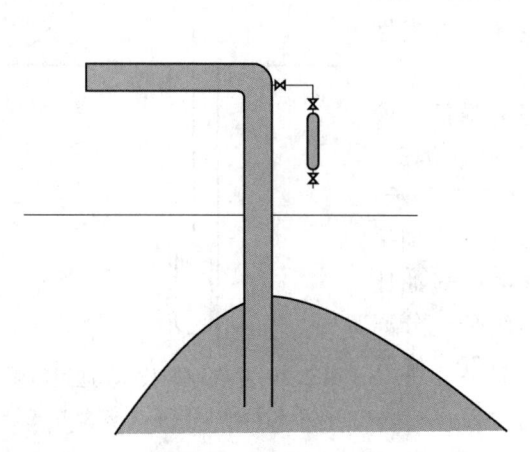 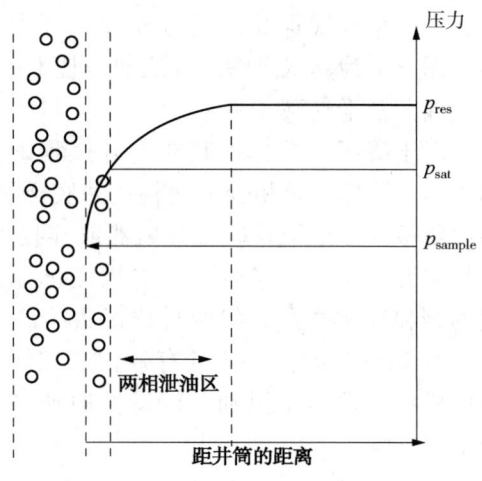

图 2.4　井口取样(采集井口的单相流体样品)　　　　图 2.5　近井筒泄油区

2.2　流体样品的质量检验

PVT 实验室在开展组分分析及流体物性研究之前,需首先进行样品质量检验(质量控制),以判断样品是否具有代表性。具体检验程序需依据样品类型(井底、井口或分离器)来判断。

无论对于何种样品,初期都需将取样瓶加热升温至 90℃,以溶解取样或运输过程中析出的蜡质沉淀。

2.2.1　井底/井口样品

为保证流体样品的质量,需采取以下措施:

(1) 在井底和井口取样中,取样瓶需维持高压,以使低于储层温度的样品仍保持单相状态。在样品瓶下端安装压力计,打开下阀,即可测取样品瓶在室温下的打开压力,如图 2.6 所示。在同一井场,打开压力与关闭压力需一致。

(2) 从取样瓶各端取样 5mL,以检测样品中是否含水。当有水排出时,继续排放液样直至有储层流体排出。

(3) 将约 10mL 样品置于大气环境中,对比不同闪蒸油样的密度,来判断样品的一致性。还可对比相邻井的油样密度。如果一个样品的密度大于同一井场其他样品的密度,则表明此样品被水污染了。

(4) 初期开展气相色谱(GC)分析的目的是来判断流体样品是否受到了油基钻井液中基础油的污染。该分析方法也被称作指纹图谱分析法,其目的并非确定流体的具体组分,而是识别钻井液油相色谱图中的特征峰值。对比分析储层流体样品与钻井液的色谱图,如其特征峰值存在相似性,则表明该样品可能受到钻井液的污染。2.3.1 节与 2.6 节将分别对 GC 分析及受钻井液污染的样品进行详细介绍。

(5) 为确定流体在储层温度下的饱和压力,需进行部分恒组成膨胀实验(CCE)。饱和压力的值可通过其他资料获取,或通过同储层的其他井底样品来测得。当实际

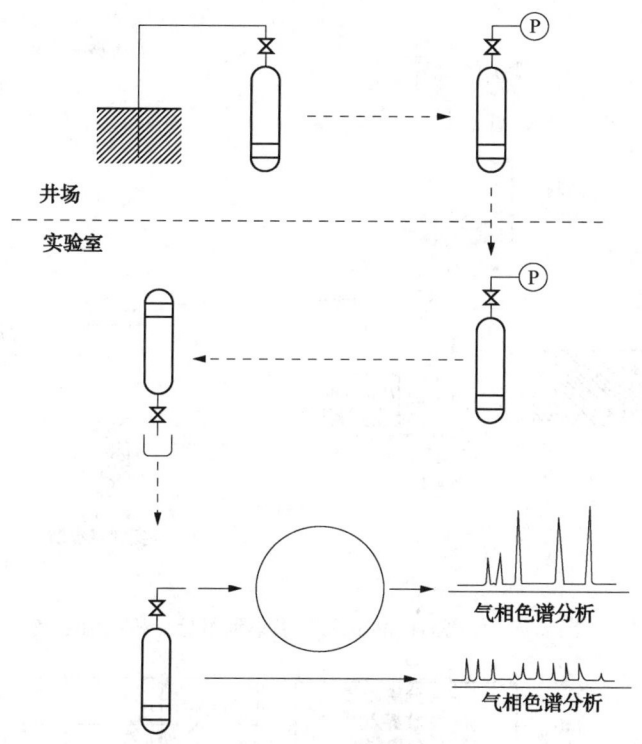

图 2.6 井底样品的质量控制

样品的饱和压力测定值与已确定的饱和压力值存在明显偏差时,表明该样品可能存在质量问题。在进行部分 CCE 实验时,将约 50mL 的样品注入高压 PVT 釜内。恒温至储层温度后,降低釜内压力,直至肉眼观察到有两相出现,或者压力—体积关系曲线的斜率有明显变化,此时的压力即为饱和压力。3.1.1 节将对 CCE 实验进行详细介绍。

(6) 将样品置于大气压、15℃的环境中,进行闪蒸实验,并测取闪蒸气及剩余液体的体积。剩余液体被称为死油或油罐油(STO)。大气条件下的气油比(GOR)被称为单级 GOR。油藏条件下原油的体积与油罐油体积之比称为收缩系数。各样品测得的 GOR、收缩系数及 STO 密度需一致,且与相邻区块的数据相符。释出气体和液体的组成由 GC 测定(见 2.3.1 节),并判断是否有杂质存在。

2.2.2 分离器样品

分离器样品包括同时取自分离器的油样和气样,从现场取样到室内组成分析的流程图如图 2.7 所示。取样时样品必须处于相平衡状态,此时气相处于露点,液相处于泡点。如图 2.8 所示,分离器气与分离器油的相包络线交于一点,该点与分离器温度及压力条件相对应。

2.2.2.1 分离器气的质量检验

分离器气的质量检验过程如图 2.9 所示。

室内测取取样瓶的打开压力,以判断其与现场关闭压力的对应关系。由于取样瓶的打开温度低于分离器的温度,所以打开压力小于关闭压力。采用 PVT 模拟软件,对打开压力与

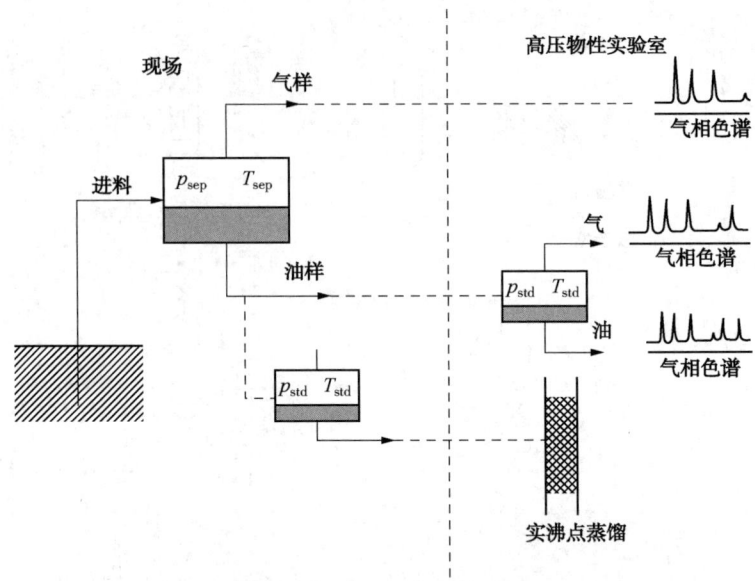

图 2.7　分离器样品从现场采集到组分分析的流程图

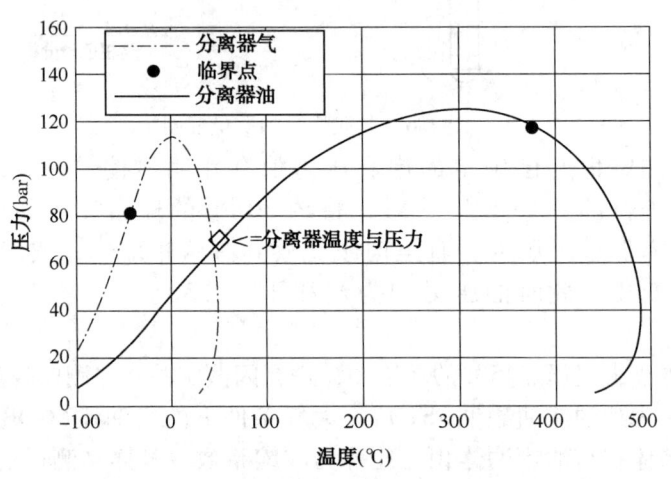

图 2.8　分离器气与分离器油的相包络线
分离器的操作条件为温度 50℃、压力 70bar

关闭压力的对应关系进行量化评价。在分离器条件下，进行压力—温度（PT）的闪蒸计算，可确定取样瓶中流体的摩尔体积。在室温条件下，进行体积—温度（VT）闪蒸计算，可最终确定开启压力。闪蒸计算具体内容见第 6 章。

加热气样取样瓶，使其温度超过分离器温度，此时气样不应含有任何液相。通常此温度差应大于 10℃，如果此时取样瓶中含有液相，则可能：取样时，气样中携带了部分液样；或者取样温度不准确；或者取样前取样瓶未清洗干净。此类样品应不再使用。

如果分离器气样质量检验合格，则需使用气相色谱仪对其组成进行分析，具体内容见 2.3.1 节。

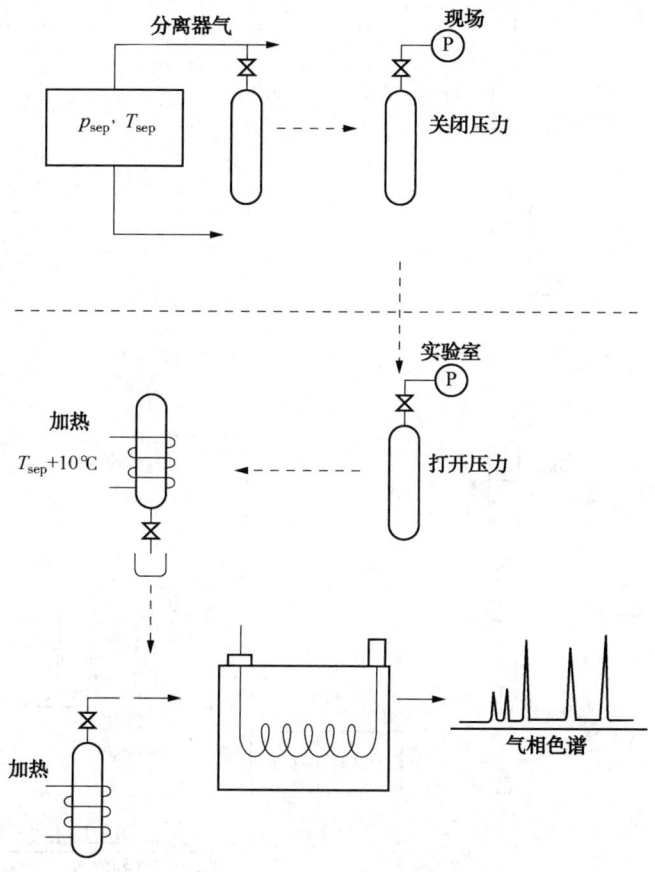

图 2.9　分离器样品的质量检验

2.2.2.2　分离器液的质量检验

分离器液的质量检验过程如图 2.10 所示。

对分离器气进行 PT 及 VT 闪蒸计算，判断室内打开压力与现场关闭压力是否相对应。

加热分离器液样取样瓶，使其温度比分离器温度至少高 10℃。从取样瓶中取样 5mL，以检测样品中是否含水。当有水排出时，继续排放液样直至有储层流体排出。如果水含量超过 10%，则表示该样品不合格。

在分离器温度条件下，分离器液样应处于泡点。为确定液样的泡点压力，在该温度下，进行部分 CCE 测试（图 2.10 中未显示），实验具体过程与井底样品的实验过程一致（见 2.2.1 节）。

将样品置于大气压、15℃ 的环境中，进行闪蒸实验，实验测取闪蒸气及剩余液(STO)的体积。释出气和液体的组成由 GC 分析得到（见 2.3.1 节）。

在确定储层流体组成之后，即可使用 PVT 模拟软件，进行分离器条件下的 PT 闪蒸计算。理论上，闪蒸计算得到的气、油的组成应与分离器样品组成完全一致。相比于对比各相组成，使用相平衡常数 K 将更为简便。组分 i 的相平衡常数 K 定义为：组分 i 在分离器气中的摩尔分数（y_i）与其在分离器液中的摩尔分数（x_i）的比值。模拟计算产生的 K 值与实验室测量值的关系曲线应为 $y=x$ 的直线，如图 2.11 所示。

图 2.11 所示曲线可被看作霍夫曼曲线（Hoffmann 等，1952）的精简曲线。霍夫曼曲线为

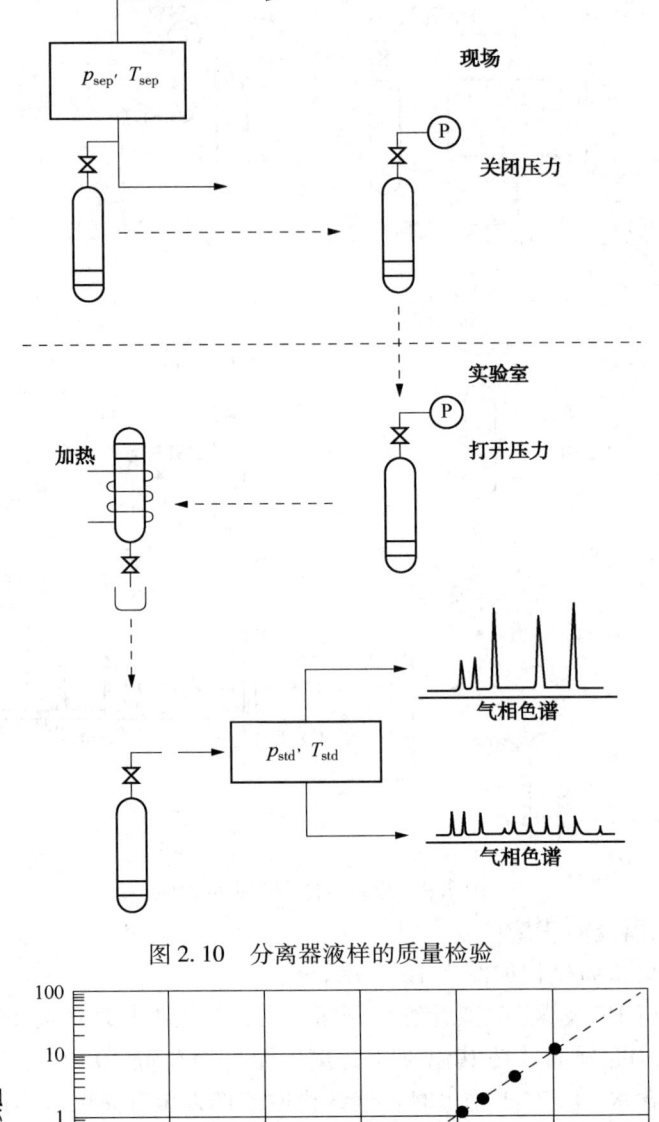

图 2.10　分离器液样的质量检验

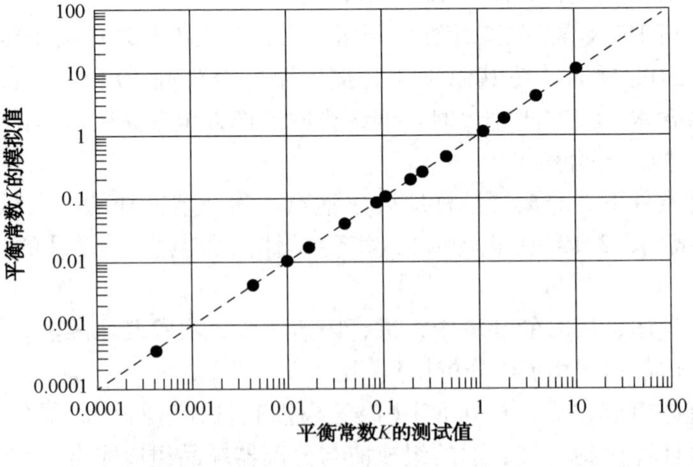

图 2.11　分离器样品的组分相平衡常数 K 的模拟值与测试值的关系曲线
以检测分离器油气是否处于相平衡状态。如果关系曲线呈 $y=x$ 直线，则表面样品合格

相平衡常数 K 的对数×绝对压力与 $b_i(1/T_{Bi}-1/T)$ 的关系曲线，其中 T_{Bi} 为组分 i 的常压沸点，b_i 为组分 i 的比例参数（不要与立方型状态方程中的参数 b 混淆）。对于相态平衡的组

成，绘制的数据点应近似呈线性相关。

2.3 组成分析

凝析油气混合物包含数千种不同组分，难以实现全方位的组成分析。对于比 nC_5 重的组分，依据沸点范围进行划分，得到碳数分布（Katz 与 Firoozabadi，1978）。选用正构烷烃的沸点（T_B）作为分割点。例如：C_7 组分对应的沸点范围为：nC_6 的 $T_B+0.5℃$ 至 nC_7 的 $T_B+0.5℃$；C_8 组分对应的沸点范围为：nC_7 的 $T_B+0.5℃$ 至 nC_8 的 $T_B+0.5℃$；其他组分依次类推。各碳数组分（最高至 C_{45}）所对应的密度及分子量见表 2.1，这些数据源自 Bergman 等（1975）针对凝析气的研究成果。

表 2.1 原油 C_{5+} 组分的一般性质

碳 数	沸点范围(℃)	"平均"沸点(℃)	密度(g/cm³)	分子量
C_6	36.5~69.2	63.9	0.685	84
C_7	69.2~98.9	91.9	0.722	96
C_8	98.9~126.1	116.7	0.745	107
C_9	126.1~151.3	142.2	0.764	121
C_{10}	151.3~174.6	165.8	0.778	134
C_{11}	174.6~196.4	187.2	0.789	147
C_{12}	196.4~216.8	208.3	0.800	161
C_{13}	216.8~235.9	227.2	0.811	175
C_{14}	235.9~253.9	246.4	0.822	190
C_{15}	253.9~271.1	266	0.832	206
C_{16}	271.1~287.3	283	0.839	222
C_{17}	287~303	300	0.847	237
C_{18}	303~317	313	0.852	251
C_{19}	317~331	325	0.857	263
C_{20}	331~344	338	0.862	275
C_{21}	344~357	351	0.867	291
C_{22}	357~369	363	0.872	305
C_{23}	369~381	375	0.877	318
C_{24}	381~392	386	0.881	331
C_{25}	392~402	397	0.885	345
C_{26}	402~413	408	0.889	359
C_{27}	413~423	419	0.893	374
C_{28}	423~432	429	0.896	388
C_{29}	432~441	438	0.899	402
C_{30}	441~450	446	0.902	416
C_{31}	450~459	455	0.906	430
C_{32}	459~468	463	0.909	444
C_{33}	468~476	471	0.912	458
C_{34}	476~483	478	0.914	472
C_{35}	483~491	486	0.917	486
C_{36}	—	493	0.919	500
C_{37}	—	500	0.922	514

续表

碳 数	沸点范围(℃)	"平均"沸点(℃)	密度(g/cm³)	分子量
C_{38}	—	508	0.924	528
C_{39}	—	515	0.926	542
C_{40}	—	522	0.928	556
C_{41}	—	528	0.930	570
C_{42}	—	534	0.931	584
C_{43}	—	540	0.933	598
C_{44}	—	547	0.935	612
C_{45}	—	553	0.937	626

资料来源：Katz, D. L. and Firoozabadi, A., Predicting phase behavior of condensate/crude-oil systems using methane interaction coefficients[J]. *J. Petroleum Technol.*, 20, 1649-1655, 1978。

组成分析采用两种标准分析方法：
(1) 气相色谱(GC)；
(2) 实沸点蒸馏(TBP)或碳数蒸馏。

2.3.1 气相色谱

2.3.1.1 油相混合物的制备

GC 分析所需的气相和液相可通过强化闪蒸技术制备得来，图 2.12 为制备实验所需仪器的示意图。该仪器内置烧瓶，其内压力为大气压力，温度达 49℃(120 ℉)。将储层单相流体置于其内，并闪蒸分离为气相和油相。也可在室温下进行闪蒸实验，但考虑到高温有益于油相的相关操作，所以选用 49℃ 作为实验温度。使用螺旋金属管收集闪蒸产生

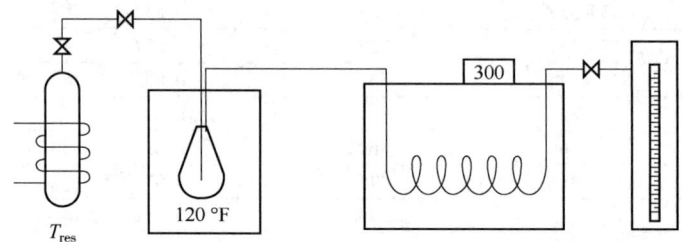

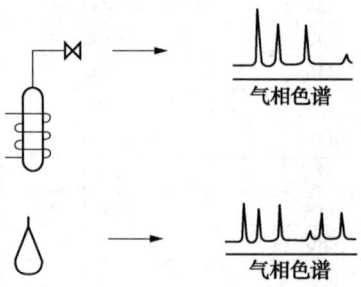

图 2.12　强化闪蒸仪器

的气相,并将其置于恒温65℃的烘箱内。在螺旋管上装配气体流量计,测取并记录收集的气相体积。之后,分别分析残余液体及析出气体的组成。

2.3.1.2 凝析气的制备

相比于强化蒸馏技术,低温蒸馏技术所需的样品体积较少,适用于凝析气样品的制备。实验原理图如图2.13所示。将玻璃接收器浸入液氮中,并将单相储层流体的分样泵入其内,由于低温作用,样品全部冷凝为液态。随后,持续加热蒸馏液态样品,直至温度高于室温。收集析出的气相至样品瓶,并将样品瓶浸入液氮中冷却。对低温蒸馏产生的气、液相样品,分别进行组成分析。

2.3.1.3 气相色谱仪

气相色谱仪(GC)由进样口、色谱柱及检测器组成,其可用于气体和液体的组成分析。典型的气相色谱仪原理如图2.14所示。

2.3.1.3.1 进样口

气体和液体的子样分别通过阀门装置与注射器注入GC的色谱柱。

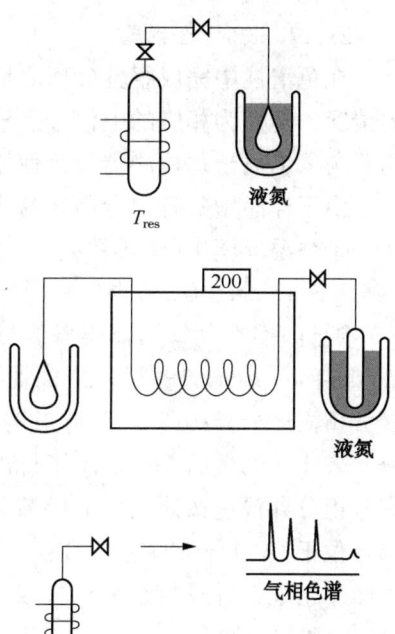

图2.13 低温蒸馏仪器的示意图

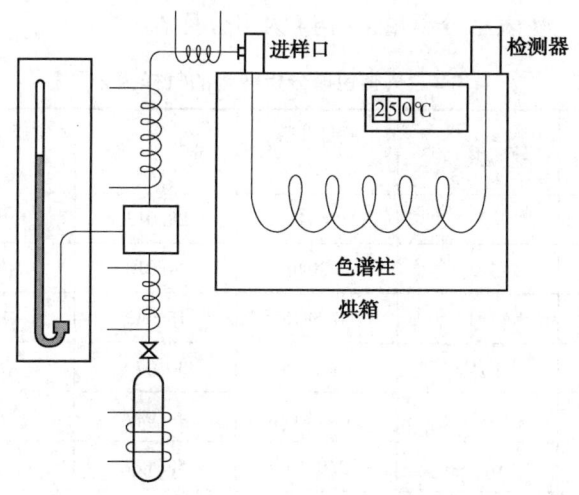

图2.14 典型的气相色谱仪原理示意图

2.3.1.3.2 色谱柱

在色谱柱内,载气以一定速率持续流动,而固定相通过吸附来实现样品的分离。如果流体样品为液态,则使用熔融石英交联毛细管色谱柱,并使用液体固定相。如果流体样品为气态,则顺序使用三类色谱柱,这三类色谱柱分别使用多孔聚合物、分子筛及液相固定相(毛细管)作为固定相。气相色谱仪使用这三种色谱柱,来准确判别分离出的组分。

2.3.1.3.3 检测器

在色谱柱中完成组分分离之后,载气流入检测器,检测器依据样品中组分质量或者浓度的情况,转变为相应的电信号。液相色谱仪使用氢焰离子化检测器;而气相色谱仪将热导检测器与氢焰离子化检测器组合使用。

由于样品中的各组分需在特定的温度下才会分离,所以将进样口、色谱柱及检测器密封在一个恒温环境中(恒温箱)。

2.3.1.3.4 GC 分析

通过 GC 分析,可测得各组分的质量分数。表 2.2 为某气相组成分析的实例(Osjord 和 Malthe-sorenssen,1983)。由商业 PVT 实验室出具的 GC 组成报告并非如此详细。标准的组成分析需区分异构(iso)C_4 与正构 C_4,以及异构 C_5 与正构 C_5,而更重的烃则组合成碳数馏分。表 2.2 的最后一列显示了标准分析中的各组分或者与其所对应的碳数。由此可以看出,有些组分并没有按照它们的碳数分类,例如苯。1 个苯分子包含 6 个碳原子,但是由于苯的沸点位于 C_7 组分所对应的沸点范围,所以将苯划分为 C_7 组分。将表 2.2 中的质量组成转化为摩尔组成,并且将组分组合成碳数馏分,结果见表 2.3。对于含 N 种组分的混合物,其组分 i 的摩尔分数 z_i 为:

$$z_i = \frac{\dfrac{w_i}{M_i}}{\sum_{j=1}^{N} \dfrac{w_j}{M_j}} \tag{2.1}$$

式中:w 表示质量分数;M 表示分子量;i 与 j 为组分标志。

表 2.2 气相色谱分析得到的气样组分

组 分	分 子 式	质量分数(%)	分 子 量	常压沸点 T_B (℃)	碳数分布
氮气	N_2	1.6542	28.013	-195.8	N_2
二氧化碳	CO_2	2.3040	44.010	-78.5	CO_2
甲烷	CH_4	60.5818	16.043	-161.5	C_1
乙烷	C_2H_6	15.5326	30.070	-88.5	C_2
丙烷	C_3H_8	12.3819	44.097	-42.1	C_3
异丁烷	C_4H_{10}	2.0616	58.124	-11.9	iC_4
正丁烷	C_4H_{10}	3.2129	58.124	-0.5	nC_4
2,2-二甲基丙烷	C_5H_{12}	0.0074	72.151	9.5	iC_5
2-甲基丁烷	C_5H_{12}	0.7677	72.151	27.9	iC_5
正戊烷	C_5H_{12}	0.6601	72.151	36.1	nC_5
环戊烷	C_5H_{10}	0.0395	70.135	49.3	C_6
2,2-二甲基丁烷	C_6H_{14}	0.0059	86.178	49.8	C_6
2,3-二甲基丁烷	C_6H_{14}	0.0212	86.178	58.1	C_6

续表

组　分	分 子 式	质量分数（%）	分 子 量	常压沸点 T_B（℃）	碳数分布
2-甲基戊烷	C_6H_{14}	0.1404	86.178	60.3	C_6
3-甲基戊烷	C_6H_{14}	0.0603	86.178	63.3	C_6
正己烷	C_6H_{14}	0.1302	86.178	68.8	C_6
甲基环戊烷	C_6H_{12}	0.0684	84.162	71.9	C_7
2,2-二甲基戊烷	C_7H_{16}	0.0001	100.205	79.3	C_7
苯	C_6H_6	0.0648	78.114	80.2	C_7
3,3-二甲基戊烷	C_7H_{16}	0.0005	100.205	80.6	C_7
环己烷	C_6H_{12}	0.0624	82.146	83.0	C_7
3,3-二甲基戊烷	C_7H_{16}	0.0005	100.205	86.1	C_7
1,1-二甲基环戊烷	C_7H_{14}	0.0025	98.189	87.9	C_7
2,3-二甲基戊烷	C_7H_{16}	0.0045	100.205	89.8	C_7
2-甲基己烷	C_7H_{16}	0.0145	100.205	90.1	C_7
3-甲基己烷	C_7H_{16}	0.0125	100.205	91.9	C_7
顺-1,3-二甲基环戊烷	C_7H_{14}	0.0060	98.189	—	C_7
反-1,3-二甲基环戊烷	C_7H_{14}	0.0060	98.189	—	C_7
反-1,2-二甲基环戊烷	C_7H_{14}	0.0094	98.189	91.9	C_7
正庚烷	C_7H_{16}	0.0290	100.205	98.5	C_7
甲基环己烷	C_7H_{14}	0.0565	98.189	101.0	C_8
乙基环戊烷	C_7H_{14}	0.0035	98.189	103.5	C_8
1-反-2-顺-4-三甲基环戊烷	C_8H_{16}	0.0004	112.216	—	C_8
1-反-2-顺-3-三甲基环戊烷	C_8H_{16}	0.0002	112.216	—	C_8
甲苯	C_7H_8	0.0436	92.141	110.7	C_8
2-甲基庚烷	C_8H_{18}	0.0039	114.232	117.7	C_8
3-甲基庚烷	C_8H_{18}	0.0025	114.232	119.0	C_8
反 1-4 二甲基环己烷	C_8H_{16}	0.0022	112.216	119.4	C_8
顺 1-3 二甲基环己烷	C_8H_{16}	0.0044	112.216	123.5	C_8
正辛烷	C_8H_{18}	0.0099	114.232	125.7	C_8
间、对二甲苯	C_8H_{10}	0.0029	106.168	138.8	C_9
邻二甲苯	C_8H_{10}	0.0029	106.168	144.5	C_9
正壬烷	C_9H_{20}	0.0137	128.259	150.9	C_9
非明确癸烷	$(C_{10}H_{22})$	0.0081	(142.286)	(174.2)	(C_{10})

资料来源：Osjord, E. H. and Malthe-sorenssen, D. Quantitative analysis of natural gas in a single run by the use of packed and capillary columns. *J. Chromatogr.*, 297, 219-224, 1983。

表 2.3　表 2.2 中气样的摩尔组成

组分/碳数分布	摩尔分数(%)
N_2	1.229
CO_2	1.090
C_1	78.588
C_2	10.75
C_3	5.844
iC_4	0.738
nC_4	1.150
iC_5	0.224
nC_5	0.190
C_6	0.098
C_7	0.068
C_8	0.027
C_9	0.003
C_{10}	0.001

注：C_{5+} 组分依据碳数分布进行划分。

一个完整的组成分析，需测试至 C_9 组分。一个液相的 C_2—C_9 的组成分析结果见表 2.4 (Osjord 等，1985)。表 2.5 中已组合的碳数馏分的摩尔组成由式(2.1)计算得到。

表 2.4　液相的气相色谱分析

组　分	质量分数	摩尔质量 (g/mol)	液体密度 (g/cm³)	碳数分布
C_2	0.007	30.070	0.3580	C_2
C_3	0.072	44.097	0.5076	C_3
iC_4	0.051	58.124	0.5633	iC_4
nC_4	0.189	58.124	0.5847	nC_4
iC_5	0.188	72.151	0.6246	iC_5
nC_5	0.285	72.151	0.6309	nC_5
2,2-二甲基-C_4	0.012	86.178	0.6539	C_6
环 C_5	0.052	70.135	0.7502	C_6
2,3-二甲基-C_4	0.028	86.178	0.6662	C_6
2-甲基-C_5	0.165	86.178	0.6577	C_6
3-甲基-C_5	0.102	86.178	0.6688	C_6
nC_6	0.341	86.178	0.6638	C_6
甲基环-C_5	0.231	84.162	0.7534	C_7
2,4-二甲基-C_5	0.015	100.205	0.6771	C_7

续表

组　　分	质量分数	摩尔质量 (g/mol)	液体密度 (g/cm^3)	碳数分布
苯	0.355	78.114	0.8842	C_7
环-C_6	0.483	84.162	0.7831	C_7
1,1-二甲基环-C_5	0.116	98.189	0.7590	C_7
3-甲基-C_6	0.122	100.205	0.6915	C_7
反1-3 二甲基环-C_5	0.052	98.189	0.7532	C_7
反1-2 二甲基环-C_5	0.048	98.189	0.7559	C_7
nC_7	0.405	100.205	0.6880	C_7
非明确 C_7	0.171	100.205	0.6800	C_7
甲基环-C_6	0.918	98.189	0.7737	C_8
1,1,3-三甲基环-C_5	0.027	112.216	0.7526	C_8
2,2,3-三甲基环-C_5	0.042	114.232	0.7200	C_8
2,5-二甲基-C_6	0.018	114.232	0.6977	C_8
3,3-二甲基-C_6	0.026	114.232	0.7141	C_8
1-反-2-顺-3-三甲基-C_5	0.025	112.216	0.7579	C_8
甲苯	0.958	92.143	0.8714	C_8
2,3-二甲基-C_6	0.033	114.232	0.7163	C_8
2-甲基-C_7	0.137	114.232	0.7019	C_8
3-甲基-C_7	0.094	114.232	0.7099	C_8
顺1-3 二甲基环-C_6	0.190	112.216	0.7701	C_8
反1-4 二甲基环-C_6	0.072	112.216	0.7668	C_8
非明确环烷	0.028	112.216	0.7700	C_8
非明确环烷	0.013	112.216	0.7700	C_8
非明确环烷	0.011	112.216	0.7700	C_8
甲基环-C_6	0.031	112.216	0.7700	C_8
反1-2 二甲基环-C_6	0.089	112.216	0.7799	C_8
nC_8	0.434	114.232	0.7065	C_8
非明确 C_8	0.086	114.232	0.7000	C_8
非明确环烷	0.047	126.243	0.7900	C_9
2,2-二甲基-C_7	0.009	128.259	0.7144	C_9
2,4-二甲基-C_7	0.017	128.259	0.7192	C_9
顺1-2 二甲基环-C_6	0.024	112.216	0.8003	C_9
乙基环-C_6+1,1,3 三甲基环-C_6	0.281	118.000	0.7900	C_9
非明确环烷	0.047	126.243	0.7900	C_9
3,5-二甲基-C_7	0.017	128.259	0.7262	C_9

续表

组　　分	质量分数	摩尔质量 (g/mol)	液体密度 (g/cm^3)	碳数分布
2，5-二甲基-C_7	0.003	128.259	0.7208	C_9
乙苯	0.114	106.168	0.8714	C_9
非明确环烷	0.027	126.243	0.7900	C_9
间、对二甲苯	0.697	106.168	0.8683	C_9
4-甲基-C_8	0.020	128.259	0.7242	C_9
2-甲基-C_8	0.054	128.259	0.7173	C_9
非明确环烷	0.009	126.243	0.7900	C_9
非明确环烷	0.082	126.243	0.7900	C_9
非明确环烷	0.007	126.243	0.7900	C_9
邻二甲苯	0.230	106.168	0.8844	C_9
3-甲基-C_8	0.023	128.259	0.7242	C_9
1-甲基-3-乙基环-C_6	0.078	126.243	0.8000	C_9
1-甲基-4-乙基环-C_6	0.034	126.243	0.7900	C_9
非明确环烷	0.006	126.243	0.7900	C_9
非明确环烷	0.004	126.243	0.7900	C_9
nC_9	0.471	128.259	0.7214	C_9
非明确 C_9	0.124	128.259	0.7200	C_9
C_{10+}	90.853	—	—	C_{10+}

注：密度为 1.01bar、15℃条件下的数值。

资料来源：复制于 Osjord, E. H. et al. Distribution of weight, density, and molecular weight in crude oil derived from computerized capillary GC analysis. *J. High Resolution Chromatogr. Chromatogr. Commun.* 8, 683-690, 1985。

表 2.5　表 2.4 中液相分析结果合并而得的碳数馏分及计算摩尔组成

组　　分	质量分数(%)	摩尔分数(%)	分　子　量
C_2	0.007	0.058	30.1
C_3	0.072	0.410	44.1
iC_4	0.051	0.220	58.1
nC_4	0.189	0.817	58.1
iC_5	0.188	0.654	72.2
nC_5	0.285	0.992	72.2
C_6	0.706	2.074	84.7
C_7	1.998	5.611	89.4
C_8	3.232	7.958	102.0
C_9	2.425	5.237	116.3
C_{10+}	90.853	75.969	300.3[①]

① 数据来自实沸点蒸馏。

表2.6给出了商业PVT实验室出具的典型GC分析结果。该结果包含：最多到C_9的明确组分(并非全部)，以及定义为C_{10}的单一组分；从C_{11}至C_{35}，所有组分依据表2.1中的沸点范围合并为碳数馏分；最后一部分组分C_{36+}包含C_{36}及比其重的组分。

表2.6 典型气相色谱组成分析结果(至C_{36+})

组 分		质量分数(%)	摩尔分数(%)
N_2	氮气	0.080	0.338
CO_2	二氧化碳	0.210	0.565
C_1	甲烷	4.715	34.788
C_2	乙烷	2.042	8.039
C_3	丙烷	2.453	6.583
iC_4	异丁烷	0.601	1.223
nC_4	正丁烷	1.852	3.771
C_5	新戊烷	0.001	0.002
iC_5	异戊烷	0.991	1.626
nC_5	正戊烷	1.341	2.200
C_6	己烷	2.433	3.341
	甲基环戊烷	0.310	0.436
	苯	0.070	0.106
	环己烷	0.240	0.338
C_7	庚烷	2.142	2.641
	甲基环己烷	0.380	0.459
	甲苯	0.280	0.360
C_8	辛烷	2.433	2.691
	乙苯	0.190	0.212
	间、对二甲苯	0.390	0.435
	邻二甲苯	0.190	0.212
C_9	壬烷	2.353	2.301
	1,2,4-三甲氧基苯	0.230	0.227
C_{10}	癸烷	2.843	2.511
C_{11}	十一烷	2.793	2.249
C_{12}	十二烷	2.573	1.891
C_{13}	十三烷	2.513	1.700
C_{14}	十四烷	2.312	1.441
C_{15}	十五烷	2.322	1.334
C_{16}	十六烷	2.212	1.180
C_{17}	十七烷	2.032	1.015
C_{18}	十八烷	1.962	0.925

续表

组 分		质量分数(%)	摩尔分数(%)
C_{19}	十九烷	1.992	0.897
C_{20}	二十烷	1.812	0.780
C_{21}	二十一烷	1.722	0.700
C_{22}	二十二烷	1.662	0.645
C_{23}	二十三烷	1.552	0.578
C_{24}	二十四烷	1.472	0.526
C_{25}	二十五烷	1.401	0.481
C_{26}	二十六烷	1.321	0.436
C_{27}	二十七烷	1.281	0.406
C_{28}	二十八烷	1.261	0.385
C_{29}	二十九烷	1.241	0.365
C_{30}	三十烷	1.221	0.348
C_{31}	三十一烷	1.221	0.336
C_{32}	三十二烷	1.131	0.302
C_{33}	三十三烷	1.091	0.282
C_{34}	三十四烷	1.031	0.259
C_{35}	三十五烷	1.021	0.249
C_{36+}	三十六烷加	29.074	4.885

注：C_{7+}组分的分子量为276，密度为0.8651g/cm³。

在使用式(2.1)由所测质量分数计算摩尔分数时，必须已知各组分的分子量。但是，GC是一种非制备技术，其不能定量确定单一碳数组分的分子量。另外，由于对重于C_9的组分不进行组分鉴定，所以GC技术难以确定重质组分的分子量。为解决上述问题，PVT实验室通常测取常压闪蒸得到的稳定油样的平均分子量M_{oil}（图2.12与图2.13）。"+"馏分的分子量M_+可由式(2.2)计算：

$$M_+ = \frac{M_{oil} w_+}{1 - M_{oil} \sum_{i=1}^{N-1} \frac{w_i}{M_i}} \quad (2.2)$$

式中：w_i为组分i的质量分率；w_+为"+"馏分的质量分率；M_i为组分i的分子量。表2.6中C_{7+}馏分的分子量由式(2.2)计算为276。PVT实验室测试报告中C_{36+}的分子量，也由上述公式结算得到。

依据表2.1中的分子量，"+"馏分的密度由式(2.3)计算：

$$\rho_+ = \frac{\rho_{oil} w_+}{1 - \rho_{oil} \sum_{i=1}^{N-1} \frac{w_i}{\rho_i}} \quad (2.3)$$

式中：ρ_{oil}为稳定油样的密度；ρ_i为组分（或馏分）i在标准状态下的液态密度。对于标准状态下为气态的组分，其密度使用标准液体密度（见2.4节）。如果GC分析涉及C_{36+}的密度，则多数情况下，假设 C_7—C_{35} 的密度与表 2.1 中的密度一致。然而，多数储层流体中 C_7—C_{35} 组分的实际密度高于表 2.1 中的数据，这也将导致 C_{36+} 的密度不合理地偏高。

高温毛细管 GC 法，能够将油样组分的测试范围扩展至 C_{80+} 组分（Curvers 和 van den Engel，1989），表 2.7 为该项技术的分析实例。

表 2.7 高温毛细管气相色谱法分析稳定油的组分（至 C_{80+}）

组 分	摩尔分数(%)	分 子 量	密度(g/cm³)
C_1	0.13	16.0	—
C_2	0.50	30.1	—
C_3	0.47	44.1	—
iC_4	0.55	58.1	—
nC_4	0.62	58.1	—
iC_5	1.08	72.1	—
nC_5	0.50	72.1	—
C_6	1.89	86.2	—
C_7	5.34	90.9	0.749
C_8	8.54	105.0	0.768
C_9	7.04	117.7	0.793
C_{10}	6.80	132	0.808
C_{11}	5.51	148	0.815
C_{12}	5.00	159	0.836
C_{13}	5.58	172	0.850
C_{14}	5.08	185	0.861
C_{15}	4.66	197	0.873
C_{16}	3.80	209	0.882
C_{17}	2.67	227	0.873
C_{18}	2.49	243	0.875
C_{19}	2.14	254	0.885
C_{20}	2.23	262	0.903
C_{21}	1.71	281	0.898
C_{22}	1.42	293	0.898
C_{23}	1.63	307	0.899
C_{24}	1.50	320	0.900
C_{25}	1.25	333	0.905
C_{26}	1.45	346	0.907
C_{27}	1.33	361	0.911
C_{28}	1.23	374	0.915

续表

组　　分	摩尔分数(%)	分　子　量	密度(g/cm³)
C_{29}	1.15	381	0.920
C_{30}	1.09	(+)624	(+)0.953
C_{31}	0.90	—	—
C_{32}	0.92	—	—
C_{33}	0.79	—	—
C_{34}	0.67	—	—
C_{35}	0.70	—	—
C_{36}	0.59	—	—
C_{37}	0.49	—	—
C_{38}	0.52	—	—
C_{39}	0.46	—	—
C_{40}	0.37	—	—
$C_{41}—C_{45}$	1.59	—	—
$C_{46}—C_{50}$	1.06	—	—
$C_{51}—C_{55}$	0.74	—	—
$C_{56}—C_{60}$	0.56	—	—
$C_{61}—C_{65}$	0.41	—	—
$C_{66}—C_{70}$	0.33	—	—
$C_{71}—C_{75}$	0.27	—	—
$C_{76}—C_{80}$	0.25	—	—
C_{80+}	0.29	—	—

注：密度为1.01bar、15℃条件下的数值。

资料来源：Pedersen, K. S., Blilie, A. L., and Meisingset, K. K., PVT calculations on petroleum reservoir fluids using measured and estimated compositional data for the plus fraction. *Ind. Eng. Chem. Res.*, 31, 1379-1384, 1992。

2.3.2　实沸点蒸馏(TBP)

对稳定油样进行 TBP 分析，依据馏程的不同将其分割为不同馏分。图2.15为测试仪器——蒸馏柱的示意图，并且表2.1列出了各馏分所对应的馏程范围。测试需确保足够量的馏分，以便于后续密度及分子量的测取。由于相邻碳数组分分子量的差值较小，所以相比于整体油样的平均分子量，此方法测得分子量的精度较高。表2.8为TBP的数据实例。C_{10+}组分之前，采用常压蒸馏的方式；$C_{10}—C_{19}$组分的蒸馏压力为26.6mbar；最后的$C_{20}—C_{29}$组分的蒸馏压力为2.66mbar。通过降低蒸馏压力，来避免油品的高温裂解。虽然对C_{10}及更重组分采用减压蒸馏法，但仍需将测得的沸点温度换算成常压下的沸点(表2.8第二列)。表2.8中密度所对应的环境条件为大气压(1.01bar)、15℃。图2.16为馏分的累计质量分数与温度的关系曲线。

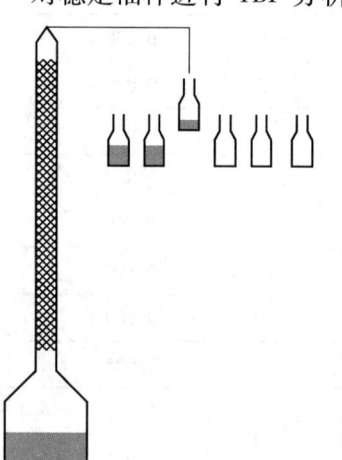

图2.15　实沸点蒸馏柱的示意图

表 2.8 实沸点蒸馏的实例

碳数分布	分馏点(℃)	实沸点(℃)	密度(g/cm³)	分子量 M	质量分数(%)	累计质量分数(%)
$p = 1.01\text{bar}$						
气体	—	—	—	33.5	0.064	0.064
$<C_6$	36.5	36.5	0.598	62.5	3.956	4.020
C_6	69.2	69.2	0.685	82.0	2.016	6.036
C_7	98.9	98.9	0.737	98.7	6.125	12.161
C_8	126.1	126.1	0.754	109.6	4.606	16.767
C_9	151.3	151.3	0.774	121.9	5.046	21.813
$p = 26.6\text{mbar}$						
C_{10}	174.6	70.9	0.789	134.7	4.020	25.833
C_{11}	196.4	88.7	0.794	150.3	3.953	29.786
C_{12}	216.8	105.7	0.806	166.4	4.061	33.847
C_{13}	235.9	121.8	0.819	181.4	3.800	37.647
C_{14}	253.9	136.9	0.832	194.0	4.421	42.068
C_{15}	271.1	151.2	0.834	209.4	3.765	45.833
C_{16}	287.3	164.3	0.844	222.4	2.969	48.802
C_{17}	303	178	0.841	240.9	3.800	52.602
C_{18}	309	191	0.847	256.0	2.813	55.415
C_{19}	331	203	0.860	268.2	3.364	58.779
$p = 2.66\text{mbar}$						
C_{20}	344	161	0.874	269.4	1.115	59.894
C_{21}	357	172	0.870	282.5	2.953	62.847
C_{22}	369	181	0.872	297.7	2.061	64.908
C_{23}	381	191	0.875	310.1	1.797	66.705
C_{24}	392	199	0.877	321.8	1.421	68.126
C_{25}	402	208	0.881	332.4	2.083	70.209
C_{26}	413	217	0.886	351.1	1.781	71.990
C_{27}	423	226	0.888	370.8	1.494	73.484
C_{28}	432	234	0.895	381.6	1.625	75.109
C_{29}	441	241	0.898	393.7	1.233	76.342
C_{30+}	>441	—	0.935	612.0	23.658	100.000

注：油样密度为0.828g/cm³，平均分子量为191.1。

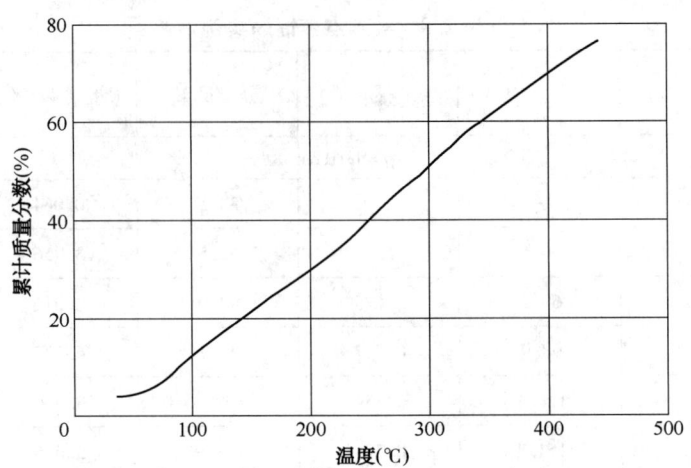

图 2.16　基于表格 2.8 中数据得到的馏分的累计质量分数与温度的关系曲线

冰点下降法测取分子量。

附录 A 介绍了气液两相间的相平衡准则。当两相达到平衡时，气相及液相中组分 i 的逸度相同。与此相同，对于固液两相平衡，固相(s)与液相(l)中的组分 i 的逸度也相同：

$$f_i^l = f_i^s \tag{2.4}$$

假设将一定质量的稳定油样溶解于液体溶剂中，后文使用苯作为溶剂（虽然苯可能带来一些环境污染问题）。纯苯的凝固点为 5.5℃，如将油样溶解于苯后，苯的凝固点将降低。当温度达到降低后的凝固点时，溶液中的苯与纯固态苯达到平衡。假设体系为理想溶液，其相平衡准则为：

$$x_i f_i^{0l} = f_i^{0s} \tag{2.5}$$

式中：x_i 为苯—油溶液中苯的摩尔分数；f_i^{0l} 与 f_i^{0s} 分别为液态与固态纯苯的逸度。

由附录 A 中的热力学基本方程，式(2.5)可转换为：

$$\ln x_i = \ln(f_i^{0s}) - \ln(f_i^{0l}) = \frac{\Delta G_i^f}{RT} = \frac{\Delta H_i^f - T\Delta S_i^f}{RT} \tag{2.6}$$

式中：ΔG_i^f 为凝固时吉布斯自由能的变化量；与其相似，ΔH_i^f 与 ΔS_i^f 分别为凝固时焓、熵值的变化量。熵值变化量可估算为：

$$\Delta S_i^f = \frac{\Delta H_i^f}{T_i^f} \tag{2.7}$$

依据式(2.7)，式(2.6)可转化为：

$$\ln x_i = \frac{\Delta H_i^f}{RT}\left(1 - \frac{T}{T_i^f}\right) \tag{2.8}$$

测取苯降低后的凝固点(T)，并依据式(2.8)，可求得其在苯—油溶液中的摩尔分数，同时得到油的摩尔分数为$(1 - x_i)$。由于苯的物质的量已知，故可求得油的物质的量。依据求得的物质的量及质量分数，可算得油样的平均分子量。

单碳数组分分子量的误差约为 2%，而对于"+"馏分，误差却可达 5%。对于井底样品在标况下闪蒸得到的稳定油样，其分子量误差高于 10%。

2.4 使用井底样品分析储层流体组成

本节将详细介绍井底样品组成分析的步骤。组成分析至 C_{10+}，其他重质组分可使用与其相似的原则分析。

以一个井底样品为例，井底取样的温度为 104℃，压力为 340bar。在该条件下，样品体积为 1L(1000cm³)。在实验室内，将样品闪蒸至标准状态(1.01bar 与 15℃)，获得 0.462L 的液体和 175.2L 的气体。标准状态下，油样的密度为 0.836g/cm³，平均分子量为 187.1。

对油样进行气相色谱分析，分析结果(至 C_{10+})见表 2.9，测得的各组分的组成为质量分数。基于测得的 C_7 至 C_9 组分的质量分数(w)，使用式(2.2)可求得 C_{10+} 馏分的分子量，其中油样的平均分子量 M_{oil} 为 187.1。与其相似，基于测得的组分质量分数，使用式(2.3)可求得 C_{10+} 馏分的密度，其中标况下油样的总密度 ρ_{oil} 为 0.836g/cm³。在表 2.9 中，N_2，CO_2 及 C_1—C_6 组分的密度皆为美国石油协会(1982 年)推荐的纯组分密度，其值可用于计算标准状态下油的密度。C_7 至 C_{10} 组分的密度所对应的环境条件为 1.01bar 与 15℃。各组分的摩尔分数通过式(2.1)计算求得。

表 2.9 使用气相色谱分析稳定油样(井底样品闪蒸至标况制得)的组成(至 C_{10+})

组 分	质量分数(%)	分 子 量	密度(g/cm³)	摩尔分数(%)
N_2	0.0001	28.014	0.804	0.001
CO_2	0.0136	44.010	0.809	0.058
C_1	0.0298	16.043	0.300	0.348
C_2	0.0608	30.070	0.356	0.378
C_3	0.2317	44.097	0.508	0.983
iC_4	0.1295	58.124	0.563	0.417
nC_4	0.4573	58.124	0.584	1.472
iC_5	0.4639	72.151	0.625	1.203
nC_5	0.8010	72.151	0.631	2.077
C_6	2.2413	86.178	0.664	4.866
C_7	5.0940	91.5	0.738	10.416
C_8	6.4978	101.2	0.765	12.013
C_9	4.9302	119.1	0.781	7.745
C_{10+}	79.0489	254.9	0.871	58.022

标况下，油样的物质的量为：

$$\text{油样的物质的量} = \frac{\text{油样体积}(cm^3) \times \text{油样密度}(g/cm^3)}{\text{平均摩尔质量}(g/mol)} = \frac{462.0 \times 0.836}{187.1}$$

$$= 2.064 \text{mol}$$

对闪蒸至标况得到的气样进行气相色谱分析,结果见表 2.10。含量较大的所有组分都是明确组分,由此可计算 C_7、C_8、C_9 及 C_{10+} 组分的平均摩尔质量。依据式(2.9)求得气样的平均分子量为 24.25。

$$M_{\text{gas}} = \sum_{i=1}^{N} z_i M_i \tag{2.9}$$

表 2.10 使用气相色谱分析法测得的气样(闪蒸至标况)组成

组 分	质量分数(%)	分 子 量	摩尔分数(%)
N_2	0.805	28.014	0.697
CO_2	6.518	44.01	3.591
C_1	46.858	16.043	70.817
C_2	13.473	30.07	10.864
C_3	12.840	44.097	7.060
iC_4	2.812	58.124	1.173
nC_4	6.475	58.124	2.701
iC_5	2.410	72.151	0.810
nC_5	3.003	72.151	1.009
C_6	2.396	86.178	0.674
C_7	1.434	91.5	0.380
C_8	0.785	101.2	0.188
C_9	0.142	119.1	0.029
C_{10}	0.049	147.8	0.008

假设气样在标准状态下为理想气体,则其体积可由以下方法计算:

$$\text{气样摩尔体积} = \frac{R\left(\dfrac{\text{cm}^3\,\text{bar}}{\text{mol K}}\right) \times T(\text{K})}{p(\text{bar})} = \frac{83.14 \times 288.15}{1.01325} = 23644\,\text{cm}^3/\text{mol}$$

由此可求得标准状态下气样的物质的量为:

$$\text{气样的物质的量} = \frac{\text{气样体积}(\text{cm}^3)}{\text{气样摩尔体积}(\text{cm}^3/\text{mol})} = \frac{175200}{23644} = 7.410\,\text{mol}$$

井底样品的总物质的量为:

$$\text{储层流体的物质的量} = \text{油样的物质的量} + \text{气样的物质的量} = 2.064 + 7.410$$
$$= 9.474\,\text{mol}$$

储层流体组分的摩尔组成为:

$$z_i = \frac{y_i \times \text{气样的物质的量} + x_i \times \text{油样的物质的量}}{\text{储层流体的物质的量}} = \frac{y_i \times 7.410 + x_i \times 2.064}{9.474}$$

式中:y_i 为组分 i 在标况气样中的摩尔分数(表 2.10);x_i 为组分 i 在标况油样中的摩尔分数(表 2.9)。利用上式求得的储层流体的摩尔组成列于表 2.11。

表 2.11 结合表 2.10 中的气样组成与表 2.9 中的油样组成得到的储层流体(井底样品)的组成

组 分	摩尔分数(%)	分子量	密度(g/cm^3)
N_2	0.545	28.014	—
CO_2	2.821	44.010	—
C_1	55.465	16.043	—
C_2	8.580	30.070	—
C_3	5.736	44.097	—
iC_4	1.008	58.124	—
nC_4	2.433	58.124	—
iC_5	0.896	72.151	—
nC_5	1.242	72.151	—
C_6	1.587	86.178	—
C_7	2.566	91.5	0.738
C_8	2.764	101.2	0.765
C_9	1.710	119.1	0.781
C_{10+}	12.647	254.9	0.871

注：密度为1.01bar、15℃条件下的数值。

2.5 使用分离器样品分析储层流体组成

假定在70bar、50℃条件下，收集某分离器的气样与液样。定义 GOR 为分离器气样闪蒸至标况后的体积与油样在分离器条件下的体积之比，该值为 $215.2Sm^3/m^3$。在室内测试中，分离器油与分离器气都闪蒸至标况。通常情况下，气样闪蒸至标况后会产生液相，但该液相量极少，在组成分析中可将其忽略。所以，实际需分析三种样品的组成：

(1) 分离器气闪蒸至标况后的气样；
(2) 分离器油闪蒸至标况后得到的气样；
(3) 分离器油闪蒸至标况后得到的油样。

对各个样品分别进行组成分析。各气样、油样的体积见表2.12，分离器气的组成见表2.13，分离器油闪蒸至标况后得到的气样的组成见表2.14。

表 2.12 样品体积及平均分子量

样 品	体积(L)	分子量
分离器气闪蒸至标况后得到的气体	694.5	—
分离器气闪蒸至标况后得到的液体	4.2×10^{-5}	—
分离器条件下的分离器油	3.22	—
分离器油闪蒸至标况后得到的气样	204.3	31.05
分离器油闪蒸至标况后得到的油样	2.55	176.6

表 2.13　70bar、50℃条件下分离器气的组成

组　分	质量分数(%)	分　子　量	摩尔分数(%)
N_2	1.183	28.014	0.870
CO_2	7.479	44.01	3.502
C_1	62.639	16.043	80.459
C_2	13.202	30.07	9.047
C_3	8.439	44.097	3.944
iC_4	1.332	58.124	0.472
nC_4	2.592	58.124	0.919
iC_5	0.710	72.151	0.203
nC_5	0.822	72.151	0.235
C_6	0.618	86.178	0.148
C_7	0.460	91.5	0.104
C_8	0.327	101.2	0.067
C_9	0.102	119.1	0.018
C_{10}	0.045	133	0.007
C_{11}	0.026	145	0.004
C_{12}	0.012	158	0.002
C_{13}	0.008	171	0.001
C_{14}	0.003	185	0.000
C_{15}	0.001	198	0.000

表 2.14　分离器油闪蒸至标况后得到的气样的组分

组　分	质量分数(%)	分　子　量	摩尔分数(%)
N_2	0.174	28.014	0.193
CO_2	6.132	44.010	4.336
C_1	24.262	16.043	47.066
C_2	17.484	30.070	18.096
C_3	23.620	44.097	16.670
iC_4	5.313	58.124	2.845
nC_4	11.716	58.124	6.273
iC_5	3.422	72.151	1.476
nC_5	3.860	72.151	1.665
C_6	2.190	86.178	0.791
C_7	1.100	91.5	0.374
C_8	0.576	101.2	0.177
C_9	0.103	119.1	0.027
C_{10}	0.030	133	0.007
C_{11}	0.014	145	0.003
C_{12}	0.005	158	0.001

标况下油样密度为 0.835g/cm³。采用 GC 分析标准状态下分离器闪蒸所得油样的组成，分析组成至 C_{10+}，其结果见表 2.15。其中，N_2，CO_2 及 C_1—C_6 组分的密度皆为美国石油协会（1982 年）推荐的纯组分密度，其值可用于计算标准状态下油的密度。C_7 至 C_{10} 组分密度所对应的环境条件为 1.01bar、15℃。C_{10+} 组分的分子量与密度分别由式(2.2)与式(2.3)计算求得。

表 2.15 GC 分析分离器油闪蒸至标况后得到的油样（组成分析至 C_{10+}）

组 分	质量分数(%)	分子量	密度(g/cm³)	摩尔分数(%)
N_2	0.000	28.014	0.804	0.000
CO_2	0.017	44.010	0.809	0.068
C_1	0.021	16.043	0.300	0.231
C_2	0.107	30.070	0.356	0.628
C_3	0.580	44.097	0.508	2.323
iC_4	0.333	58.124	0.563	1.012
nC_4	1.123	58.124	0.584	3.412
iC_5	0.893	72.151	0.625	2.186
nC_5	1.396	72.151	0.631	3.417
C_6	2.776	86.178	0.664	5.689
C_7	5.267	91.5	0.738	10.166
C_8	6.427	101.2	0.765	11.216
C_9	4.758	119.1	0.781	7.055
C_{10+}	76.302	256.2	0.873	52.597

另外，对分离器油闪蒸至标况后得到的油样进行实沸点分析，其组成分析结果见表 2.16。将表 2.15 与表 2.16 的组成结果相结合（<C_5 组分取自表 2.15，C_{5+} 组分取自表 2.16），得到油的组成并列于表 2.17。由式(2.1)可求得组分的摩尔分数（表中最后一列）。该油样的平均分子量为 176.6。

表 2.16 实沸点分析分离器油闪蒸至标况后得到的油样（组成分析至 C_{20+}）

组 分	质量分数(%)	分子量	密度(g/cm³)	摩尔分数(%)
<C_5	2.182	50.18	—	7.678
iC_5	0.893	72.151	—	2.185
nC_5	1.400	72.151	—	3.426
C_6	2.776	86.178	—	5.688
C_7	5.267	91.5	0.738	10.164
C_8	6.428	101.2	0.765	11.215
C_9	4.758	119.1	0.781	7.054
C_{10}	3.940	133	0.792	5.231
C_{11}	3.830	145	0.796	4.664

续表

组　　分	质量分数(%)	分子量	密度(g/cm³)	摩尔分数(%)
C_{12}	3.478	158	0.810	3.887
C_{13}	4.277	171	0.825	4.416
C_{14}	3.918	185	0.836	3.739
C_{15}	3.691	198	0.842	3.292
C_{16}	2.955	209	0.849	2.497
C_{17}	3.656	226	0.845	2.856
C_{18}	3.220	242	0.848	2.349
C_{19}	3.180	251	0.858	2.237
C_{20+}	40.156	407	0.905	17.421

注：密度为1.01bar、15℃条件下的数值。

表2.17　分离器油闪蒸至标况后得到的油样的组成

组　　分	质量分数(%)	分子量	密度(g/cm³)	摩尔分数(%)
N_2	0.000	28.014	—	0.000
CO_2	0.017	44.01	—	0.070
C_1	0.021	16.043	—	0.232
C_2	0.107	30.07	—	0.630
C_3	0.580	44.097	—	2.321
iC_4	0.333	58.124	—	1.011
nC_4	1.123	58.124	—	3.413
iC_5	0.893	72.151	—	2.185
nC_5	1.396	72.151	—	3.416
C_6	2.776	86.178	—	5.688
C_7	5.267	91.5	0.738	10.166
C_8	6.428	101.2	0.765	11.216
C_9	4.758	119.1	0.781	7.055
C_{10}	3.940	133	0.792	5.231
C_{11}	3.830	145	0.796	4.664
C_{12}	3.478	158	0.810	3.887
C_{13}	4.277	171	0.825	4.417
C_{14}	3.918	185	0.836	3.740
C_{15}	3.691	198	0.842	3.292
C_{16}	2.955	209	0.849	2.497
C_{17}	3.656	226	0.845	2.857
C_{18}	3.220	242	0.848	2.350
C_{19}	3.180	251	0.858	2.237
C_{20+}	40.156	407	0.905	17.423

注：本表格结合了表2.15中气相色谱组成分析结果与表2.16中实沸点组成分析结果。密度为1.01bar、15℃条件下的数值。

分离器油闪蒸至标况后得到的油样的摩尔数为：

$$\text{油样的物质的量} = \frac{\text{油样体积}(\text{cm}^3) \times \text{油样密度}(\text{g/cm}^3)}{\text{平均摩尔质量}(\text{g/mol})}$$

$$= \frac{2.55 \times 10^3 \times 0.825}{176.6} = 11.91 \text{mol}$$

与此相似，假设分离器油闪蒸至标况后得到的气样为理想气体，则其物质的量为：

$$\text{气样的物质的量} = \frac{\text{气样体积}(\text{cm}^3)}{\text{气样摩尔体积}(\text{cm}^3/\text{mol})} = \frac{204300}{23644} = 8.64 \text{mol}$$

分离器油的总摩尔数为：

$$\text{分离器油样的物质的量} = \text{油样的物质的量} + \text{气样的物质的量} = 11.91 + 8.64$$
$$= 20.55 \text{mol}$$

分离器油的组成（摩尔分数）为：

$$z_i = \frac{y_i \times \text{气样的物质的量} + x_i \times \text{油样的物质的量}}{\text{分离器油样的物质的量}} = \frac{y_i \times 8.64 + x_i \times 11.91}{20.55}$$

式中：y_i 为组分 i 在分离器油闪蒸至标况后气样中的摩尔分数（表2.14）；x_i 为组分 i 在分离器油闪蒸至标况后油样中的摩尔分数（表2.17）。依据该公式可求得分离器油的组成，其结果见表2.18。

表 2.18 分离器油的组成

组　　分	摩尔分数(%)	分　子　量	密度(g/cm³)
N_2	0.081	28.014	—
CO_2	1.862	44.01	—
C_1	19.922	16.043	—
C_2	7.972	30.07	—
C_3	8.356	44.097	—
iC_4	1.783	58.124	—
nC_4	4.616	58.124	—
iC_5	1.887	72.151	—
nC_5	2.686	72.151	—
C_6	3.629	86.178	—
C_7	6.048	91.5	0.738
C_8	6.574	101.2	0.765
C_9	4.100	119.1	0.781
C_{10}	3.035	133	0.792
C_{11}	2.704	145	0.796
C_{12}	2.253	158	0.810
C_{13}	2.559	171	0.825
C_{14}	2.167	185	0.836
C_{15}	1.908	198	0.842

续表

组　分	摩尔分数(%)	分　子　量	密度(g/cm³)
C_{16}	1.447	209	0.849
C_{17}	1.655	226	0.845
C_{18}	1.361	242	0.848
C_{19}	1.296	251	0.858
C_{20+}	10.097	407	0.905

注：表中组成由表2.14中气样组成与表2.17中油样组成得来。密度为1.01bar、15℃条件下的数值。

假设分离器气为理想气体，则其物质的量为：

$$\text{气样的物质的量} = \frac{\text{标况下气样体积}(cm^3)}{\text{气样摩尔体积}(cm^3/mol)} = \frac{694.5 \times 10^3}{23644} = 29.37\text{mol}$$

分离器样品的总物质的量为：

$$\text{分离器流体样品的物质的量} = \text{分离器油样的物质的量} + \text{分离器气样的物质的量}$$
$$= 20.55 + 29.37 = 49.92\text{mol}$$

储层流体的组成(摩尔分数)为：

$$z_i = \frac{y_i \times \text{分离器气样的物质的量} + x_i \times \text{分离器油样的物质的量}}{\text{分离器流体样品的物质的量}}$$

$$= \frac{y_i \times 29.37 + x_i \times 20.55}{49.92}$$

式中：y_i为组分i在分离器气中的摩尔分数(表2.13)；x_i为组分i在分离器油中的摩尔分数(表2.18)。储层流体的组成见表2.19。

表2.19　储层流体的组成

组　分	摩尔分数(%)	分　子　量	密度(g/cm³)
N_2	0.545	28.014	—
CO_2	2.827	44.01	—
C_1	55.538	16.043	—
C_2	8.606	30.07	—
C_3	5.760	44.097	—
iC_4	1.012	58.124	—
nC_4	2.441	58.124	—
iC_5	0.896	72.151	—
nC_5	1.244	72.151	—
C_6	1.581	86.178	—
C_7	2.551	91.5	0.738
C_8	2.746	101.2	0.765
C_9	1.698	119.1	0.781
C_{10}	1.254	133	0.792

续表

组　分	摩尔分数(%)	分子量	密度(g/cm³)
C_{11}	1.115	145	0.796
C_{12}	0.929	158	0.810
C_{13}	1.054	171	0.825
C_{14}	0.892	185	0.836
C_{15}	0.785	198	0.842
C_{16}	0.596	209	0.849
C_{17}	0.681	226	0.845
C_{18}	0.560	242	0.848
C_{19}	0.534	251	0.858
C_{20+}	4.157	407	0.905

注：表中组成由表 2.13 与表 2.18 中分离器样品组成组合得来。密度为 1.01bar、15℃条件下的数值。

2.6　钻井液污染样品

在钻井施工使用油基钻井液(OBM)的井筒系统中，所采集的井底样品很可能被油基钻井液中的重烃组分所污染(Gozalpour 等，2002)。油基钻井液通常由 C_8—C_{34} 烃组分组成，其中以石蜡基的 C_{11}—C_{18} 成分为主。

在未被污染的储层流体中，C_7—C_{35} 的摩尔分数取对数与碳原子数呈线性相关，详细内容见第 5 章。污染后的储层流体组成曲线如图 2.17 所示，依据 OBM 的主要成分的不同出现两个或三个峰值。

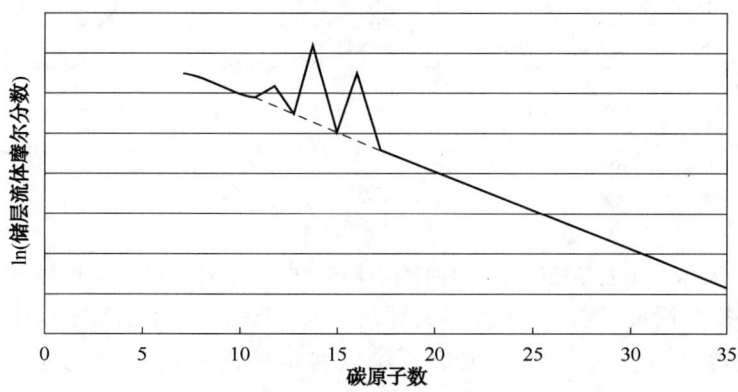

图 2.17　未污染储层流体和被油基钻井液污染的储层流体
的摩尔分数取对数随碳数的变化趋势图
虚线表示未污染储层流体的变化趋势

在标况下，PVT 实验室通常采用储层流体闪蒸分离法，测出原油中油基钻井液组分所占的质量分数。另外，也可通过移除碳原子数—ln(储层流体摩尔分数)直线上方的成分，来评估 OBM 的含量。对于图 2.17 中所示的流体，就是指移除虚线上方的成分。

当然，测试时优先考虑使用未污染的样品。但是，如果只有受污染的样品可用时，应尽量挑选污染程度最小的样品。如第 3 章中所述，进行 PVT 测量实验来获得储层流体的物性参数。如果流体样品被污染了，所测得的性质实际为污染样品的 PVT 数据，其与未污染储层流体的性质必然存在偏差。图 2.18 展示了 OBM 对储层流体相包络线的影响。由图可见，OBM 的污染降低了混合油的饱和压力，而提高了凝析气流体的饱和压力。

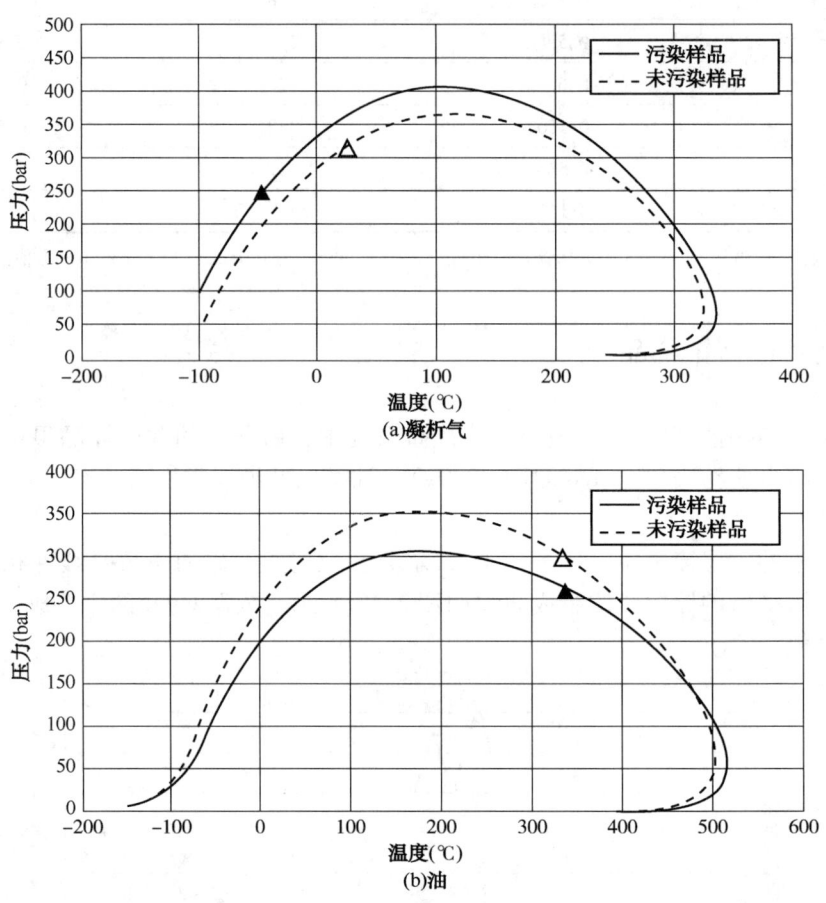

图 2.18　油基钻井液污染对油藏流体和凝析气藏流体相包络线的影响

如果只有钻井液污染的样品可用，为评价储层流体的真实情况，须用数值方法对污染的储层流体进行"清洗"。一般情况下，难以验证清洗后的流体与未污染储层流体的组分是否一致，但 Sah 等（2012）的研究验证了数值清洗方法。用 OBM 污染储层流体样品，表 2.20 给出了未被污染的储层流体的组成以及质量分数为 21% OBM 的储层流体的组成，同时也列出了 OBM 的组成。OBM 由 C_8—C_{38} 碳氢化合物组成，主要成分为 C_{11}—C_{14}。可以看出，所有 OBM 碳数组分的密度要低于清洁储层流体中相应的碳数组分的密度。OBM 主要由正构烷烃组成，其密度低于储层流体中相应碳数的环烷烃和芳香烃的密度。因此，数值清洗不仅要修正 OBM 组分的摩尔分数，还要修正影响 OBM 污染组分的密度。

表 2.20　未污染和受污染的储层流体

组分	未污染的储层流体			含 21% OBM 的储层流体		OBM	
	摩尔分数(%)	分子量	密度(g/cm³)	摩尔分数(%)	密度(g/cm³)	摩尔分数(%)	密度(g/cm³)
N_2	0.816	—	—	0.718	—	—	—
CO_2	1.271	—	—	1.119	—	—	—
C_1	42.706	—	—	37.582	—	—	—
C_2	2.477	—	—	2.179	—	—	—
C_3	2.323	—	—	2.044	—	—	—
iC_4	0.720	—	—	0.634	—	—	—
nC_4	0.966	—	—	0.850	—	—	—
iC_5	0.683	—	—	0.601	—	—	—
nC_5	0.623	—	—	0.548	—	—	—
C_6	1.369	—	—	1.205	—	—	—
C_7	3.708	96	0.738	3.263	0.738	—	—
C_8	6.212	107	0.765	5.467	0.765	0.006	0.737
C_9	4.492	121	0.781	3.955	0.781	0.015	0.753
C_{10}	3.762	134	0.792	3.325	0.792	0.119	0.763
C_{11}	2.904	147	0.796	4.032	0.787	12.304	0.767
C_{12}	2.675	161	0.810	6.446	0.793	34.086	0.781
C_{13}	3.010	175	0.825	6.521	0.809	32.253	0.795
C_{14}	2.707	190	0.836	4.342	0.823	16.320	0.806
C_{15}	3.263	206	0.842	3.309	0.838	3.648	0.812
C_{16}	2.061	222	0.849	1.877	0.848	0.528	0.818
C_{17}	1.699	237	0.845	1.516	0.845	0.171	0.815
C_{18}	1.898	251	0.848	1.687	0.848	0.144	0.817
C_{19}	1.231	263	0.858	1.095	0.858	0.100	0.827
C_{20}	0.911	275	0.863	0.810	0.863	0.069	0.832
C_{21}	0.782	291	0.868	0.694	0.868	0.048	0.837
C_{22}	0.663	305	0.873	0.588	0.873	0.036	0.842
C_{23}	0.566	318	0.877	0.501	0.877	0.027	0.845
C_{24}	0.498	331	0.881	0.441	0.881	0.021	0.849
C_{25}	0.427	345	0.885	0.378	0.885	0.014	0.853
C_{26}	0.358	359	0.889	0.316	0.889	0.010	0.857
C_{27}	0.322	374	0.893	0.285	0.893	0.007	0.861
C_{28}	0.286	388	0.897	0.253	0.897	0.006	0.865
C_{29}	0.286	402	0.900	0.256	0.900	0.004	0.868

续表

组分	未污染的储层流体			含21% OBM 的储层流体		OBM	
	摩尔分数（%）	分子量	密度（g/cm³）	摩尔分数（%）	密度（g/cm³）	摩尔分数（%）	密度（g/cm³）
C_{30}	0.238	416	0.903	0.209	0.903	0.005	0.870
C_{31}	0.199	430	0.907	0.175	0.907	0.005	0.874
C_{32}	0.134	444	0.910	0.118	0.910	0.005	0.877
C_{33}	0.100	458	0.913	0.088	0.913	0.005	0.880
C_{34}	0.064	472	0.916	0.057	0.916	0.006	0.883
C_{35}	0.046	486	0.919	0.040	0.919	—	—
C_{36+}	0.543	572	0.930	0.478	0.930	—	—

注：OBM 代表油基钻井液。

资料来源：复制于 Sah. P. Et al., Equation-of-state modeling for reservoir fluid samples contaminated by oil-based drilling mud using contaminated fluid PVT data. *SPE Reservoir Eval*, *Eng.* 15, 139-149, 2012。

采用 Sah 等提出的数值方法对表 2.20 中被钻井液污染的储层流体进行清洗处理，具体程序见表 2.21。表 2.20 的结果表明，清洗后的数据与未污染流体几乎完全相同。

表 2.21　表 2.20 中受污染储层流体的数值清洗程序

依据罐存油（STO）中污染物的质量分数，判断储层流体样品中 OBM 的摩尔分数：
（1）STO 的体积 = 23646/GOR；
（2）STO 的质量 = STO 的体积 × STO 的密度；
（3）污染物的质量 = STO 的质量 ×（STO 中 OBM 的质量分数）/100；
（4）未污染的 STO 的质量 = STO 的质量（100 - STO 中 OBM 的质量分数）/100；
（5）STO 的摩尔数 = STO 的质量/受污染 STO 的分子量；
（6）OBM 的摩尔数 = 污染物质量/OBM 的分子量；
（7）未污染的 STO 的物质的量 = STO 的物质的量 - OBM 的物质的量；
（8）储层流体中 OBM 的摩尔分数 = 100 × OBM 的物质的量/(1 + STO 的物质的量)。

使用体积平衡方程，来求取未污染的碳数组分 C_{7+} 的密度：

$$\frac{z_i^{\text{contam}} M_i}{\rho_i^{\text{contam}}} = \frac{z_i^{\text{res}} M_i}{\rho_i^{\text{res}}} + \frac{z_i^{\text{OBM}} M_i}{\rho_i^{\text{OBM}}} \quad (i=1, \cdots, N)$$

式中：z_i^{contam} 为受污染储层流体中碳数组分 i 的摩尔分数（包含未污染的组分 i 与钻井液中的组分 i）；ρ_i^{contam} 为受污染储层流体中碳数组分 i 的密度（包含未污染的组分 i 与钻井液中的组分 i）；M_i 为组分 i 的分子量；z_i^{res} 为受污染储层流体中未污染碳数组分 i 的摩尔分数；ρ_i^{res} 为受污染储层流体中未污染的碳数组分 i 的密度；z_i^{OBM} 为钻井液组分 i 在受污染储层流体中的摩尔分数；ρ_i^{OBM} 为受污染储层流体中的钻井液组分 i 的密度；N 为组分的数量。

注：OBM 代表油基钻井液。

参 考 文 献

American Petroleum Institute, *Technical Data Book—Petroleum Refining*, API, New York, 1982.

ASTM D6869-03 Standard Test Method for Coulometric and Volumetric Determination of Moisture in Plastics Using the Karl Fischer Reaction (the Reaction of Iodine with Water), 2011.

Bergman, D. F., Tek, M. R., and Katz, D. L., *Retrograde Condensation in Natural Gas Pipelines*, Monograph Series, American Gas Association, New York, 1975.

Curvers, J. and van den Engel, P., Gas chromatographic method for simulated distillation up to a boiling point of 750℃ using temperature programmed injection and high temperature fused silica wide-bore columns, *J. High Resolution Chromatogr.* 20, 16-22, 1989.

Gozalpour, F., Danesh, A., Tehrani, D. H., Todd, A. C., and Tohidi, B., Predicting reservoir fluid phase and volu-metric behavior from samples contaminated with oil-based mud, SPE 78130, *SPE Reservoir Eval. Eng.* 197-205, June 2002.

Hoffmann, A. E., Crump, J. S., and Hocott, C. R., Equilibrium constants for a gas condensate system, *Petroleum Transactions*, AIME 198, 1-10, 1953.

Katz, D. L. and Firoozabadi, A., Predicting phase behavior of condensate/crude-oil systems using methane interaction coefficients, *J. Petroleum Technol.* 20, 1649-1655, 1978.

Osjord, E. H. and Malthe-Sørenssen, D., Quantitative analysis of natural gas in a single run by the use of packed and capillary columns, *J. Chromatogr.* 297, 219-224, 1983.

Osjord, E. H., Rønningsen, H. P., and Tau, L., Distribution of weight, density, and molecular weight in crude oil derived from computerized capillary GC analysis, *J. High Resolution Chromatogr. Chromatogr. Commun.* 8, 683-690, 1985.

Pedersen, K. S., Blilie, A. L., and Meisingset, K. K., PVT calculations on petroleum reservoir fluids using mea-sured and estimated compositional data for the plus fraction, *Ind. Eng. Chem. Res.* 31, 1379-1384, 1992.

Sah, P., Gurdial, G., Pedersen, K. S., Izwan, H., and Ramli, F., Equation-of-state modeling for reservoir fluid samples contaminated by oil-based drilling mud using contaminated fluid PVT Data, *SPE Reservoir Eval. Eng.* 15, 139-149, 2012.

3 PVT 实验

为优化油气田的生产，充分了解油藏流体从地下油藏到炼油厂全过程的体积变化和相态变化就显得非常重要。典型的油藏压力变化范围为 100~2000bar，油藏温度变化范围为 25~200℃。油井从连通油藏的井底到井口的地面设施，全部长度超过 2km。在连接油井到炼油厂之间的流动管线，以及炼油厂内的输送管线中，流体的压力和温度将逐步降低。图 3.1 示意说明了油藏流体的生产路线。

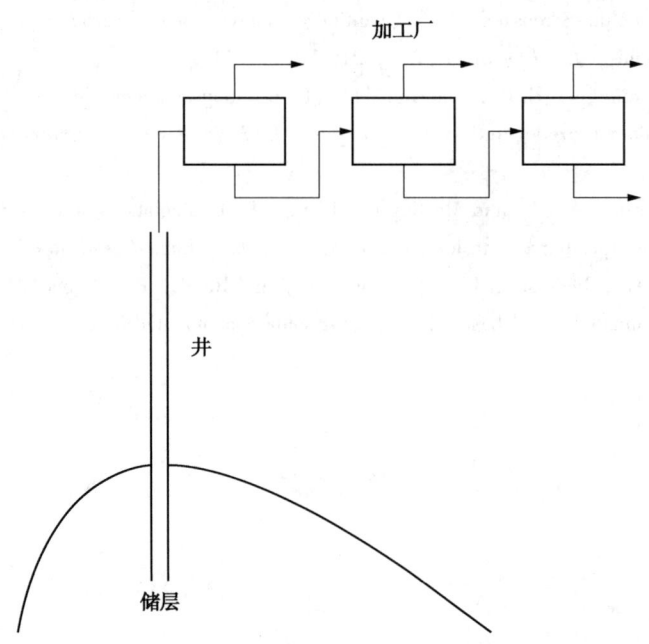

图 3.1 储层流体从储层到外界条件的路线

随着油藏的生产，油藏的内部状态也会发生变化。在勘探阶段油藏流体或者是单相气藏或者是单相油藏，经过一段时间的生产可能会分成两相。分相是油气从油藏中采出后的结果。由于油藏中剩余流体占据的空间增大，油藏的压力将会逐渐降低，当某个时刻油藏压力降到饱和压力时，就会形成第二相。

"PVT 性质"是一个常用术语，它将油藏流体的体积(V)行为表示为压力(p)和温度(T)的函数。一个基本的 PVT 性质就是油藏温度下的饱和压力。一旦油藏压力达到饱和压力，就会形成第二相，此时产出的井流物组成将会发生变化，因为产出物主要来自于或者气相区或者液相区。

通常将大气压、15℃下的油和气的体积作为参考值。将大气压(1atm 或 1.01325bar)、15℃的状态作为标准状态。在标准状态下，气体近似于理想气体，可以应用理想气体方程：

$$\frac{pV}{RT} = 1 \tag{3.1}$$

式中：p 代表压力；V 代表体积；T 代表温度；R 是气体常数。任何气体与理想气体性质的差异都可以通过压缩因子 Z 来描述：

$$Z = \frac{pV}{RT} \tag{3.2}$$

对于理想气体，Z 等于 1。对于非理想气体或液体，Z 的值可能低于或超过 1。

在油藏条件下，一旦达到饱和压力，溶解在原油中的气体将会汽化。标准状态下，原油中溶解的气体量很少。气体组分的减少使得原油体积下降，于是在原油生产过程中原油的体积将会收缩。

在油藏中、油井中以及在炼油厂处理的过程中发生的体积变化都可以通过对油藏流体进行 PVT 实验来研究。本章描述了大多数基本的 PVT 实验。表 3.1 概述了一些重要的由实验测得的 PVT 性质，其中所有的 PVT 性质将在下文做详细讲述。Pedersen 等(1989)以及 Shaikh 和 Sah(2011)已经对 PVT 实验做了进一步的描述。

表 3.1　PVT 实验中所测 PVT 性质的定义

相对体积：$V^{\text{ref}} = V^{\text{tot}}/V^{\text{sat}}$	
液体析出百分比 $= 100 \times V^{\text{liq}}/V^{\text{sat}}$	
压缩率：$c_o = -\dfrac{1}{V}\left(\dfrac{\partial V}{\partial p}\right)_T$	
Y 因子：$\dfrac{p^{\text{sat}} - p}{\dfrac{p}{V^{\text{tot}} - V^{\text{sat}}}}$	
气体相对密度 = 气体分子质量/空气分子质量	
气体体积系数：$B_g = $ 实验釜状态下的气体体积/标准状态下的气体体积	
N 级分离后的原油地层体积系数：$B_o = \dfrac{V_N^{\text{oil}}}{V_{\text{std}}^{\text{oil}}}$	
N 级差异脱气的气油比：$R_s = \dfrac{\sum_{n=N+1}^{NST} V_{\text{std},n}^{\text{gas}}}{V_{\text{std}}^{\text{oil}}}$	
分离器的气/油比：$\dfrac{V_{N,\text{std}}^{\text{gas}}}{V_{\text{std}}^{\text{oil}}}$	

注：表中术语将在文中进一步解释。

通常需要区分常规和提高采收率(EOR)PVT 实验。常规 PVT 实验模拟了储层在自然衰竭(也称为一次采油)中发生的过程。只要储层压力高于饱和流体压力，流体就以单相形式存在。由于流体从油气藏中采出，所以压力将下降。当压力低于饱和压力时，流体将分为两相，即气相和液相。由于黏度较低，较轻的气相在大多数情况下都比液相产出快。如果自然衰竭过程持续下去，总采收率可能会很低，因为大部分较重组分会留在储层中。提高采收率有多种技术，其中之一就是注入气体。注入气体以保持储层压力高于饱和压力，目的就是继续产出具有高浓度较重组分的单相流体。

PVT 实验非常依赖于 PVT 釜的有效性，即其在相关温度、压力下是否可提供准确的体积信息。了解 PVT 研究所需的样品量也很重要。表 3.2 给出了 PVT 实验中常用 PVT 釜的关键数据。

表 3.2　用于不同类型储层流体的 PVT 釜的关键数据（近似值）

流体类型	釜体积(mL)	最大工作压力(bar)	最大工作温度(℃)	釜可见体积(mL)
油	650	585	150	10
凝析气	500	585	150	140
HP/HT	4000	1030	177	整个釜

注：HP/HT 代表高压/高温。

一个 PVT 实验开始时，先在实验温度和初始压力下向釜中充入加压介质（通常为水）。然后将 PVT 釜连接到计量泵上。将样品注入 PVT 釜中来置换加压介质。记录被置换流体的体积，这个体积就是 PVT 釜初始流体体积。

3.1　常规 PVT 实验

从表 3.3 可以看出，要进行的常规 PVT 实验取决于流体类型。进行常规 PVT 实验需要获得储层条件下约 600cm³ 的样品。

表 3.3　各种流体类型的常规 PVT 实验

流体	恒质膨胀	差异脱气	分离器测试	定容衰竭	黏度
黑油	x	x	x		x
挥发油	x	x	x	x	x
凝析气	x		x	x	x[②]
干气	x[①]				

① 只有 Z 因子。
② 只有气体，且不按标准操作。

3.1.1　恒质膨胀实验

恒质量膨胀实验（CME）也称为恒组成膨胀（CCE）或简称为压力—体积测试（PV）。CME 实验的目的是研究储层流体的 PV 关系。不管是什么类型的流体，都要在储层温度下进行 CME 测试。可以在较低的温度下进行一个或两个额外的 CME 实验。

3.1.1.1　原油

原油的 CME 实验示意图如图 3.2 所示。将已知体积的单相样品加入 PVT 釜中并加热至实验温度。在此温度下，流体在高于储层压力的状态下保持稳定的单相。一旦样品稳定，就记录体积。然后使样品膨胀以增加流体的体积，这时压力随之降低。达到预定压力下，使样品稳定，并记录体积。重复以上步骤，从高于储层状态的压力直到弃井压力建立起 PV 的关系。饱和压力可直观地观测到。对于原油，饱和点是泡点。参数 V_{sat} 用于表示饱和体积。在实验的每个阶段，记录下相对体积，其定义为实际体积（V_{tot}）与饱和压力下体积之比：

$$V^{ref} = \frac{V^{tot}}{V^{sat}} \quad (3.3)$$

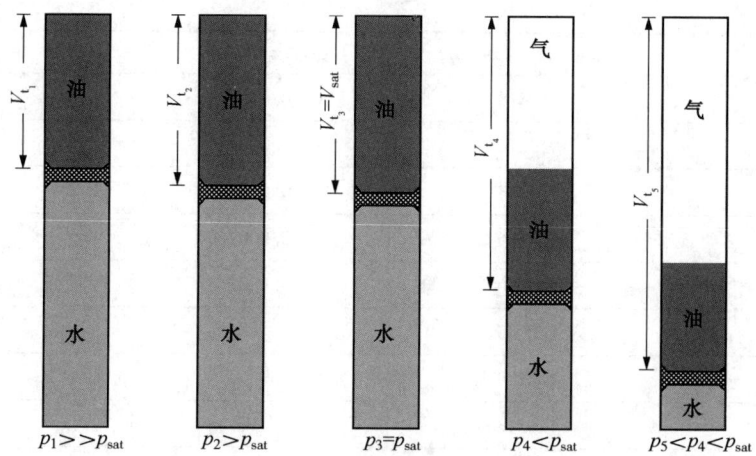

图 3.2 原油的恒质膨胀实验示意图

在饱和点之上记录等温压缩率 c_o：

$$c_o = -\frac{1}{V}\left(\frac{\partial V}{\partial p}\right)_T \tag{3.4}$$

在这个表达式中，V 是原油体积。低于饱和点后记录 Y 因子：

$$Y \text{ 因子} = \frac{p^{sat} - p}{p \cdot \dfrac{V^{tot} - V^{sat}}{V^{sat}}} \tag{3.5}$$

Y 因子是两相区压力和总体积相对变化之比的量度。由于气体比液体占据更多的体积，因此在两相区体积随压力的变化将会大于单相区。随着压力的降低，释放出大量气体的油将具有较小的 Y 因子，而释放少量气体的油将具有较大的 Y 因子。

CME 实验通常在 50~100bar 的压力下停止。

表 3.4 列出了原油恒质膨胀实验的主要结果。表 3.5 显示了 97.5℃下原油恒质膨胀实验的结果，原油的组成列于表 3.6。Y 因子和相对体积的结果绘制于图 3.3 中。

表 3.4 原油恒质膨胀实验的主要结果

相对体积	V^{tot}/V^{sat}，V^{tot} 是液体总体积，V^{sat} 是泡点（或饱和点）体积
压缩系数	定义式见式(3.4)，仅记录饱和点以上
原油密度	仅在饱和点以上
Y 因子	定义式见式(3.5)，仅记录饱和点以下

表 3.5 表 3.6 所示组成的原油在 97.5℃下恒质膨胀实验结果

压力(bar)	相对体积(V/V^{sat})	压缩系数(bar^{-1})	Y 因子
351.4	0.9765	0.000185	—
323.2	0.9721	0.000200	—
301.5	0.9762	0.000211	—

续表

压力(bar)	相对体积(V/V^{sat})	压缩系数(bar^{-1})	Y因子
275.9	0.9818	0.000225	—
250.1	0.9874	0.000238	—
226.1	0.9933	0.000249	—
205.9	0.9986	0.000260	—
200.0①	1.0000	0.000263	—
197.3	1.0043	—	3.07
189.3	1.0189	—	3.01
183.3	1.0313	—	2.95
165.0	1.0776	—	2.80
131.2	1.2136	—	2.51
108.3	1.3715	—	2.31
85.3	1.6343	—	2.11
55.6	2.3562	—	1.86

① 饱和点。

注：Y因子和相对体积结果绘制于图3.3中。

表3.6 原油的摩尔组成

组 分	摩尔分数(%)	摩尔质量(g/mol)	1.01bar，15℃下的密度(g/cm³)
N_2	0.39	—	—
CO_2	0.30	—	—
C_1	40.20	—	—
C_2	7.61	—	—
C_3	7.95	—	—
iC_4	1.19	—	—
nC_4	4.08	—	—
iC_5	1.39	—	—
nC_5	2.15	—	—
C_6	2.79	—	—
C_7	4.28	95	0.729
C_8	4.31	106	0.749
C_9	3.08	121	0.770
C_{10}	2.47	135	0.786
C_{11}	1.91	148	0.792

续表

组　分	摩尔分数(%)	摩尔质量(g/mol)	1.01bar,15℃下的密度(g/cm³)
C_{12}	1.69	161	0.804
C_{13}	1.59	175	0.819
C_{14}	1.22	196	0.833
C_{15}	1.25	206	0.836
C_{16}	1.00	224	0.843
C_{17}	0.99	236	0.840
C_{18}	0.92	245	0.846
C_{19}	0.60	265	0.857
C_{20+}	6.64	453	0.918

注：恒质膨胀数据见表3.5，差异脱气数据见表3.13。

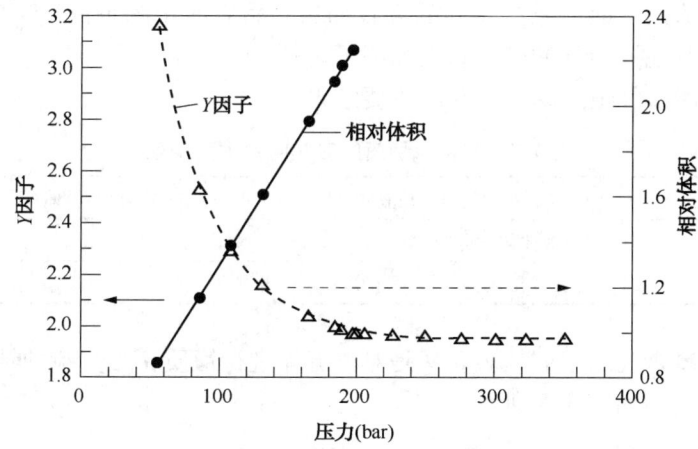

图3.3　表3.6中的原油在97.5℃下恒质膨胀
实验的 Y 因子和相对体积

储层流体的密度在单相压力下测量。这个数据可以在储层压力或高于饱和压力的任何其他压力下测量。将流体泵入已知体积的预称重容器中，并在相关压力和温度下测量增加的重量。单相密度是质量和体积的比率。此（参考）密度和油的相对体积可用来计算其他压力下的密度直至饱和压力。

3.1.1.2　凝析气

图3.4中展示了凝析气 CME 实验的过程。将已知体积的单相样品加入视窗 PVT 釜中并加热至实验温度。在这个温度下，流体在高于储层压力和饱和压力的状态下稳定。和前面的原油一样，进行 CCE 测试的最终压力约为 50bar。直观测量露点压力。在所有压力下由式（3.3）计算得到相对体积。当压力高于饱和压力时，由式（3.2）计算得到气相压缩因子。低于饱和压力时，记录液体体积与饱和点体积比值：

$$\text{析出液体体积} = \frac{V^{\text{liq}}}{V^{\text{sat}}} \times 100\% \tag{3.6}$$

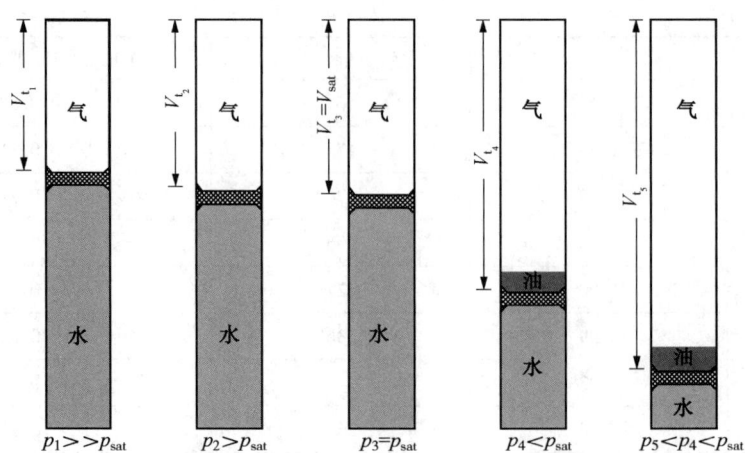

图 3.4　凝析气的恒质膨胀实验示意图

液体体积通常被称为析出液体体积。

单相流体密度采用与前面原油相同的方式测量。然后使用测量的(参考)密度和测量的相对体积数据计算其他压力下的密度和压缩因子。

表 3.7 列出了凝析气恒质膨胀实验的主要结果。

表 3.7　凝析气恒质膨胀实验的主要结果

相对体积	$V^{ref}=V^{tot}/V^{sat}$，V^{tot} 是液体总体积，V^{sat} 是露点(或饱和点)体积
液体体积	V^{sat} 液体体积分数
Z 因子	定义式见式(3.2)，只在饱和点以上进行计算

表 3.8 显示了凝析气的组成，表 3.9 是对该流体进行恒质膨胀实验的结果。相对体积和析出液体与压力的关系如图 3.5 所示。

表 3.8　凝析气摩尔组成

组　　分	摩尔分数(%)	摩尔质量(g/mol)	1.01bar，15℃下的密度(g/cm³)
N_2	0.60	—	—
CO_2	3.34	—	—
C_1	74.16	—	—
C_2	7.90	—	—
C_3	4.15	—	—
iC_4	0.71	—	—
nC_4	1.44	—	—
iC_5	0.53	—	—
nC_5	0.66	—	—
C_6	0.81	—	—
C_7	1.20	91	0.746
C_8	1.15	104	0.770

续表

组　分	摩尔分数(%)	摩尔质量(g/mol)	1.01bar，15℃下的密度(g/cm³)
C_9	0.63	119	0.788
C_{10}	0.50	133	0.795
C_{11}	0.29	144	0.790
C_{12}	0.27	155	0.802
C_{13}	0.28	168	0.814
C_{14}	0.22	181	0.824
C_{15}	0.17	195	0.833
C_{16}	0.15	204	0.836
C_{17}	0.14	224	0.837
C_{18}	0.09	234	0.839
C_{19}	0.13	248	0.844
C_{20+}	0.47	362	0.877

注：恒质膨胀实验数据见表3.9。

表3.9　具有表3.8所示组成的凝析气在155℃下恒质膨胀实验结果

压力(bar)	相对体积(V/V^{sat})	液体体积(V^{sat}百分数)	Z因子
597.1	0.8338	—	1.3729
577.8	0.8441	—	1.3450
560.9	0.8539	—	1.3208
540.5	0.8656	—	1.2902
519.5	0.8793	—	1.2596
495.1	0.8968	—	1.2244
479.8	0.9090	—	1.2027
462.7	0.9232	—	1.1779
449.9	0.9341	—	1.1589
434.8	0.9481	—	1.1367
412.0	0.9720	—	1.0793
393.0	0.9959	—	1.0740
388.0[①]	1.0000	0.00	—
385.1	1.0035	0.05	—
368.6	1.0299	0.75	—
345.1	1.0707	2.43	—
320.7	1.1200	4.52	—
300.5	1.1727	6.11	—
278.7	1.2411	7.75	—
255.6	1.3249	9.06	—

续表

压力(bar)	相对体积(V/V^{sat})	液体体积(V^{sat}百分数)	Z因子
238.6	1.4021	9.89	—
229.3	1.4476	10.29	—
206.7	1.5843	11.03	—
183.7	1.7651	11.58	—
161.3	2.0047	11.80	—
146.2	2.1923	11.89	—

① 饱和点。

注：相对体积和析出液体结果绘制在图3.5中。

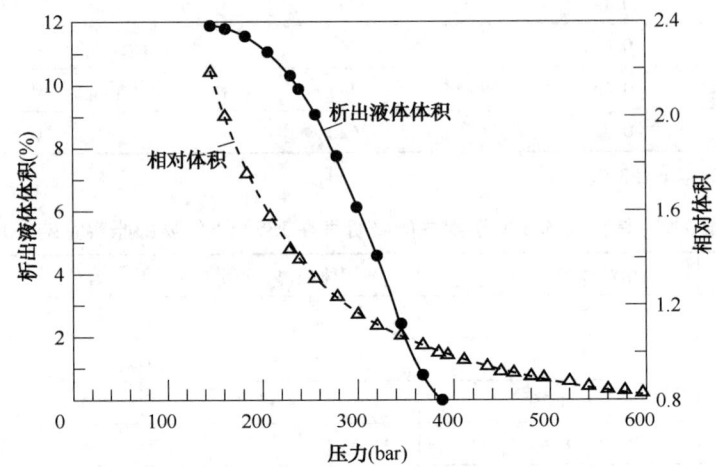

图3.5　表3.8中的凝析气在155℃下进行恒质膨胀实验的析出液体曲线和相对体积

3.1.1.3　干气

干气在常规的储层温度下不会有饱和点。因此，无法对干气进行全面的CME研究。相反，进行的是PVTZ研究，记录相关温度和每级压降下气体的压缩因子Z。对于用于提高采收率的注入气体，温度通常等于储层温度，压力的变化范围在高于储层的压力到储层压力之间。气体的压缩因子通过测量给定量气体在指定温度（T^{ref}）和最高压力（p^{ref}）（参考状态）下的初始体积（V^{ref}）来确定。气体闪蒸至大气压（标准）状态下，然后记录气体的体积。假设在大气压状态下，压缩因子Z为1.0，则标准状态下总体积（V^{std}）所包含的气体物质的量n可以通过略微改写的式(3.1)来确定：

$$n = \frac{p^{std} V^{std}}{R T^{std}} \tag{3.7}$$

在参考压力和温度下，总体积（V^{ref}）中将含有相同的物质的量，因此参考状态下的Z（Z^{ref}）可由下式确定：

$$Z^{ref} = \frac{p^{ref} V^{ref} T^{std}}{p^{std} V^{std} T^{ref}} \tag{3.8}$$

可以使用相同的方程来计算气体在其他压力和温度下的Z，但气体需要有相同物质的量且需要测量总体积。

大气压条件下压缩因子偏离 1.0 的误差都要转换到更高压力和温度下的压缩因子中。例如，如果标准状态下气体的压缩因子不是 1.0 而是 0.99，那么在储层条件下的压缩因子将比记录的值低 1%。

表 3.10 给出了一个干气的组成，其在 155℃下的压缩因子列于表 3.11。

表 3.10 干气组分的摩尔组成

组　分	摩尔分数(%)
N_2	0.60
CO_2	3.34
C_1	74.16
C_2	7.90
C_3	4.15
iC_4	0.71
nC_4	1.44
iC_5	0.53
nC_5	0.66
C_6	0.81

注：压缩因子数据见表 3.11。

表 3.11 155℃下表 3.10 中的干气的压缩因子数据

压力(bar)	压缩因子
388.0[①]	1.1109
385.1	1.1089
368.6	1.0974
345.1	1.0816
320.7	1.0660
300.5	1.0538
278.7	1.0414
255.6	1.0294
238.6	1.0212
229.3	1.0170
206.7	1.0078
183.7	0.9998
161.3	0.9936
146.2	0.9903

① 储层压力。

3.1.2 差异脱气实验

差异脱气(DL)实验示意图如图 3.6 所示。此实验也称为微分汽化或微分衰竭实验,是针对黑油储层流体和挥发性原油进行的实验。DL 实验是模仿开发过程中储层组分和体积上的变化。

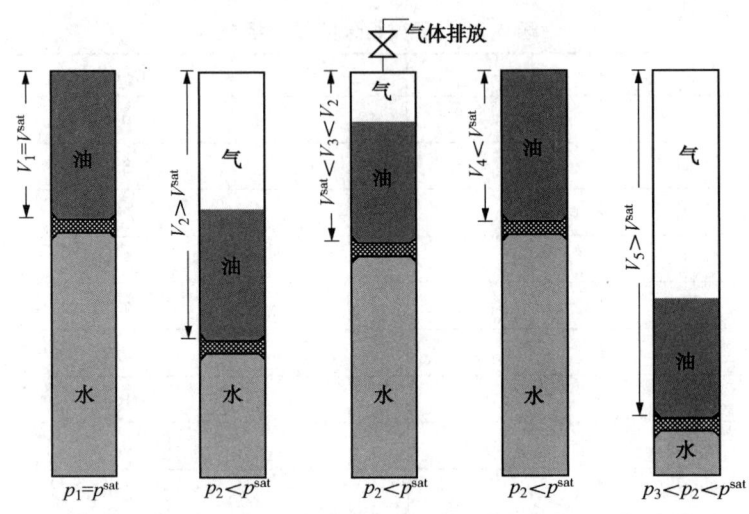

图 3.6 差异脱气实验示意图

该实验开始时先将储层流体注入实验釜中,将实验温度固定在储层温度,压力则高于储层压力。DL 釜顶部装有一个阀门,在实验过程中可将气体排出(去除)。随后实验在饱和压力下开始。

样品在低于饱和压力下的第一个选定压力下达到平衡,此时产生的气体在恒压下由泵排出实验釜,并在标准状态下测定排出气体的体积和组分。随后进一步降低压力,析出的气体再次被排出,如此在饱和压力和大气压之间选择 6 个压力间隔重复上述实验。

DL 实验过程在压力—温度相图上的表示如图 3.7 所示。

差异脱气实验通常将压力持续降低到大气压力,然后将实验釜冷却到标准温度 15℃。釜中物质在大气压(标准)状态下的体积被记为残余(或者标准)油体积 $V_{\text{std}}^{\text{oil}}$。每级压力下液体体积与残油体积的比值记为油层因数或者收缩因子(体积系数)B_o。如果第 N 级原油的体积为 V_N^{oil},则第 N 级 B_o 的定义为:

$$B_\text{o}(N) = \frac{V_N^{\text{oil}}}{V_{\text{std}}^{\text{oil}}} \tag{3.9}$$

标准状态下的原油通常认为是稳定原油,即表示它在标准状态下运输时不会再有气体释出。式(3.9)中的体积系数 B_o 定义为开采过程中原油体积收缩程度的度量。假设原油在储层压力 p_x 下的体积系数为 B_{ox},即在 p_x 压力下占据的体积为 VOL_x,那原油体积在大气压条件下则会收缩值 VOL_x/B_{ox}。体积系数 B_o 通常大于 1,表示原油在开发过程中体积会收缩。收缩的原因是当压力下降气体会排出,以及温度下降导致的热收缩。B_o 的 SI 单位是 m^3/Sm^3,Sm^3 表示剩余油体积以 m^3 衡量,并且是在标准条件下测量的。

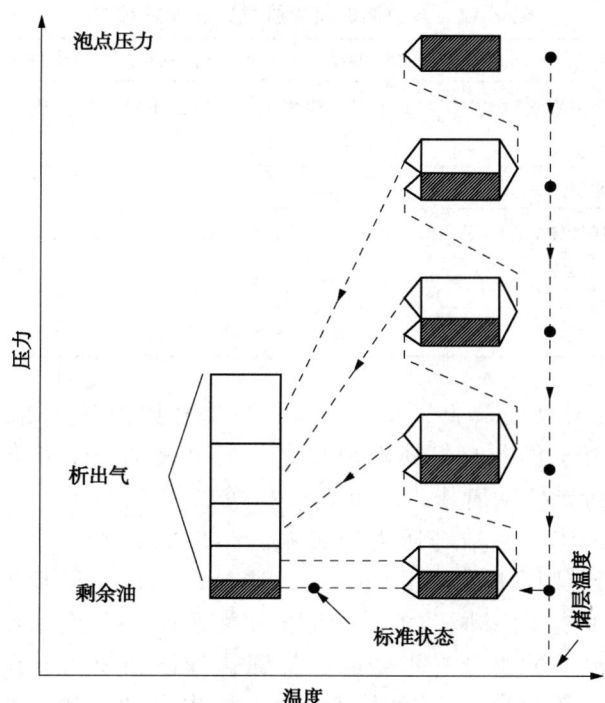

图 3.7 压力—温度相图上的差异脱气实验示意图

地层溶解气油比(GOR)是 DL 实验中另一个质量衡量的重要参数。DL 实验中在某指定阶段的原油的气油比计算是先将后续阶段中释放出的游离气在标准条件下的体积相加,再用该气体体积之和除以剩余油体积。若 DL 实验共有 NST 个压力阶段,那么在第 N 阶段的原油气油比 R_S 由以下公式得出:

$$R_S(N) = \frac{\sum_{n=N+1}^{NST} V_{std,n}^{gas}}{V_{std}^{oil}} \quad (3.10)$$

气体的标准体积是通过将每阶段释放出的气体闪蒸至标准条件下测量得到的。这可能会有少量液体凝出。该部分液体的摩尔体积可以通过分子量与密度的比值得到。物质的量 n 是实际液体体积与摩尔体积之比。通过求解式(3.7)得到 V^{std} 可将液体体积转换成等价的气体体积。将该体积加到式(3.10)的气体体积中去。

释出气体体积在实验釜条件和标准条件下都要测量,以计算气体生成体积因子,B_g:

$$B_g = 实验釜条件下的气体体积/标准条件下的气体体积 \quad (3.11)$$

实验釜条件是指在某一压力阶段中气体被排尽时实验釜中的压力和温度条件。B_g 的 SI 单位是 m^3/Sm^3,S 即标准,表示体积为在标准条件下的测量值。

气体相对密度定义为气体平均分子量除以空气平均分子量:

$$气体相对密度 = 气体分子量/空气分子量 \quad (3.12)$$

空气分子量通常取 28.964。通过将气体分子量表示成与空气分子量的相对值,气体相对密度可以成为低压下释出气密度与空气密度相对值的量度。

表 3.12 列出了 DL 实验的原始结果。

表 3.12 某原油的差异脱气实验原始结果

B_o	地层原油体积系数，即实际油藏压力下的原油体积除以标准状态下的剩余油体积
R_S	地层溶解气油比，即在低于实际油藏压力的阶段下释出气体积之和除以标准状态下剩余油体积
原油密度	实验釜条件下原油密度
B_g	地层气体体积因子，即实际油藏压力下的气体体积除以标准状态下相同气体的体积
气体压缩因子	由式(3.2)定义，表示实验釜条件下排出气体与理想气体的偏差
气体相对密度	释出气的分子量除以空气分子量(=28.694)

在开发过程中储层压力会降低，从压力降低到饱和压力时开始，就会有两种相态存在，即油相和气相。由于不断有气体释放出来，因此随着压力降低，溶解在油中的气体量会不断减少。这将导致随着压力降低，体积系数和地层溶解气油比的降低。图3.8显示了表3.6中原油的体积系数与压力的关系。结果见表3.13。可以看出，在达到饱和压力之前，体积系数随压力的降低而增大，这是因为压力降低原油体积膨胀，直到开始释放气体。图3.9是同一原油的R_S与压力关系图。在饱和压力之上，R_S是不变的，因为采出的储层流体的组分是不变的，直到达到饱和压力。在饱和点之下，R_S随着压力的降低而降低。低于饱和点时从原油中释放出来的游离气最开始是由轻质气体组分组成的。当压力进一步降低，气体中的重质组分会增多。这一点可以由随着压力降低气体相对密度逐渐增加而得到反映，如表3.13所示。

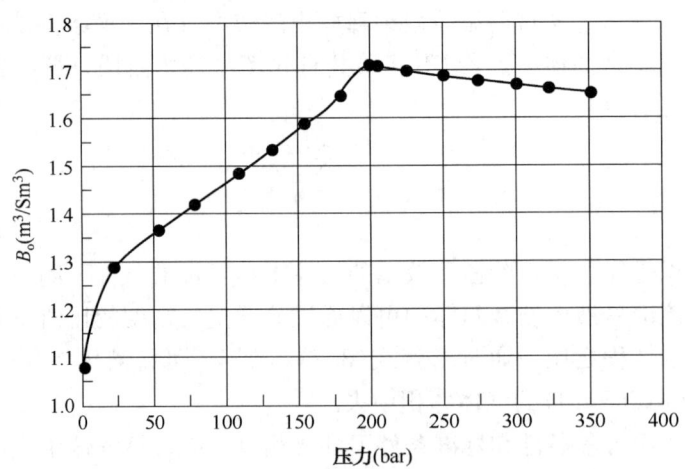

图 3.8 97.5℃下表 3.6 中原油组分的差异脱气实验中
B_o 随压力的变化关系图(结果见表 3.13)

表 3.13 97.5℃下表 3.6 中原油组分的差异脱气实验的结果

压力(bar)	B_o	R_S	原油密度	B_g	气体压缩因子	气体相对密度
351.4	1.653	198.3	0.670	—	—	—
323.2	1.662	198.3	0.667	—	—	—
301.5	1.669	198.3	0.664	—	—	—

续表

压力(bar)	B_o	R_S	原油密度	B_g	气体压缩因子	气体相对密度
275.9	1.679	198.3	0.660	—	—	—
250.1	1.688	198.3	0.656	—	—	—
226.1	1.699	198.3	0.652	—	—	—
205.9	1.708	198.3	0.649	—	—	—
200.0①	1.710	198.3	0.645	—	—	—
179.1	1.648	176.2	0.656	0.00610	0.844	0.791
154.6	1.588	154.3	0.668	0.00713	0.851	0.779
132.1	1.534	134.5	0.679	0.00839	0.857	0.764
109.0	1.483	115.5	0.691	0.01030	0.868	0.758
78.6	1.413	91.7	0.706	0.01440	0.882	0.772
53.6	1.367	72.8	0.719	0.02150	0.901	0.805
22.0	1.288	46.1	0.739	0.05280	0.933	0.953
1.0	1.077	0.0	0.778	—	—	2.022
1.01(15℃)	1.000	0.0	0.838	—	—	—

① 饱和压力。

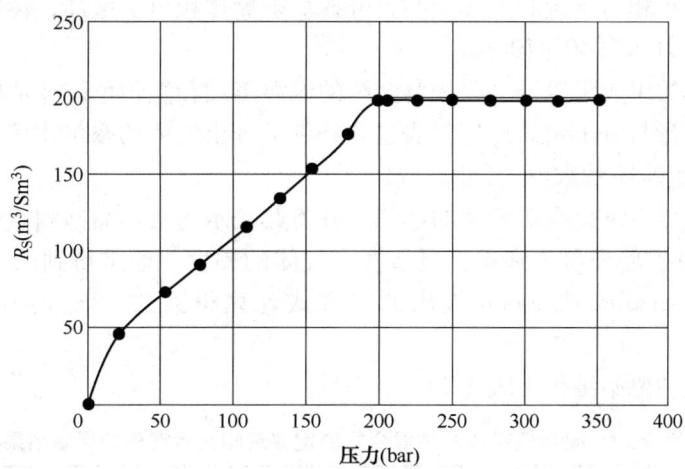

图 3.9　97.5℃下表 3.6 中原油组分的差异脱气实验中
R_S 随压力的变化关系图(结果见表 3.13)

3.1.3　定容衰竭实验

定容衰竭(CVD)实验如图 3.10 所示。该实验是对凝析气和(极少)挥发性原油进行的。该实验是在一个带视窗的釜中进行的,以便能对反凝析液体的体积进行可视化测量和记录。该测试包括一系列的压力膨胀和恒压排出多余体积气体以使釜体积保持恒定的过程。该

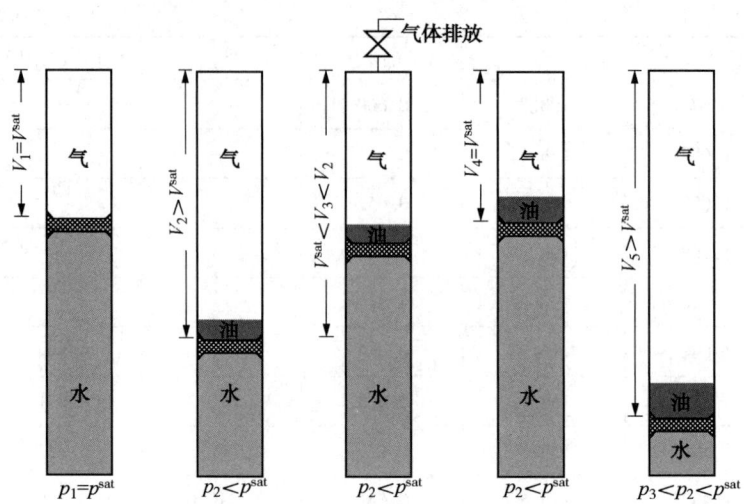

图 3.10 定容衰竭实验示意图

恒定体积等于饱和压力下的体积。该过程通常分 6 级重复进行，直至到弃井压力，约为 50bar。

该实验釜与 CME 的实验釜结构相同，但是需在其顶部加装一个阀门，以在实验过程中排出气体。该实验从饱和点开始。饱和点压力 p^{sat} 和饱和点体积 V^{sat} 已测得。随着体积增加，压力逐渐降低，同时在釜中会出现两种相态。接下来混合物体积会随着气体从顶部阀门的排出而降到 V^{sat}，并保持釜中压力恒定。记录排出气体的摩尔量相对于釜中原始气体量的百分比和釜中液体的体积相对于饱和点体积的百分比。随后体积再次增加，再排出多余体积，重复上述步骤直到压力达到 40~100bar。

每次排出气体的组成可以通过第 2 章介绍的低温蒸馏和气相色谱技术确定。排出气体的摩尔量即排出的质量与分子量的比值。实验釜条件下排出气体的摩尔体积等于排出的体积除以物质的量(mol)。压缩系数由式(3.2)确定。

测量每个衰竭压力下反凝析液体的体积，并将其表示为与样品饱和点体积的百分比。

通常通过 CVD 实验还可得到实验釜条件下气体的黏度。通常得到的气体黏度不是测量值，而是由 Lee，Gonzalez 或 Eakin 提出的关联式计算得到的，该方法将在第 10 章详细介绍。

定容衰竭实验的原始结果见表 3.14。

表 3.14 凝析气或挥发性混合物的定容衰竭实验得到的原始结果

液 体 体 积	相对于露点体积的液体体积分数
采出百分比	从釜中排出的原始混合物的累计摩尔分数
气体压缩因子 Z	由式(3.2)定义，表示实验釜条件下排出气体与理想气体的偏差
两相压缩因子 Z	式(3.2)定义的压缩因子，排出多余气体后釜中气体和液体的平均值
气体黏度	釜中气体的黏度(通常不是测量的而是计算得到的)
气体组成	低于 p^{sat} 下的每个压力阶段中排出气体的摩尔组成

定容衰竭实验的目的是了解凝析气藏和挥发性油藏的生产井中 PVT 参数随时间的变化关系。储层可以看作是一个固定体积和温度的大容器。开采过程中由于储层流体的采出，压力逐渐降低，然而体积和温度（几乎）保持恒定。当压力达到饱和点时，混合物变成气液两相。如果采出物都来自气区，则采出的混合物和定容衰竭实验中排出的气体组分相同。该气体中重烃的组分逐渐减少，顶部分离装置中产生的液体也会减少。

储层压力从 p_1 降低到 p_2 时，采出的储层流体对应于 PVT 釜中 p_2 压力下的分离阶段中从顶部阀门排出的气体量。表 3.15 显示了定容衰竭实验中一个凝析气的摩尔组成。表 3.16 显示了不同压力阶段中排出气体的组成。可以看出 C_{7+} 的含量随着压力的降低而减少，直到压力降到 50bar 以下。排出气体的 C_{7+} 组分的分子量随着压力升高而降低，直到压力在 150bar 以下。表 3.17 显示了同一个定容衰竭实验中得到的其他 PVT 数据。

表 3.15 凝析气的摩尔组成

组　分	摩尔分数（%）	质量分数（%）	摩尔质量（g/mol）	1.01bar，15℃下的密度（g/cm³）
N_2	0.64	0.57	—	—
CO_2	3.53	4.92	—	—
C_1	70.78	35.94	—	—
C_2	8.94	8.51	—	—
C_3	5.05	7.05	—	—
iC_4	0.85	1.56	—	—
nC_4	1.68	3.09	—	—
iC_5	0.62	1.42	—	—
nC_5	0.79	1.80	—	—
C_6	0.83	2.26	—	—
C_7	1.06	3.09	92.2	0.7324
C_8	1.06	3.51	104.6	0.7602
C_9	0.79	2.98	119.1	0.7677
C_{10}	0.57	2.40	133	0.790
C_{11}	0.38	1.86	155	0.795
C_{12}	0.37	1.90	162	0.806
C_{13}	0.32	1.79	177	0.824
C_{14}	0.27	1.69	198	0.835
C_{15}	0.23	1.47	202	0.840

续表

组　分	摩尔分数(%)	质量分数(%)	摩尔质量(g/mol)	1.01bar，15℃下的密度(g/cm^3)
C_{16}	0.19	1.29	215	0.846
C_{17}	0.17	1.26	234	0.840
C_{18}	0.13	1.03	251	0.844
C_{19}	0.13	1.11	270	0.854
C_{20+}	0.62	7.48	381	0.880

注：定容衰竭实验结果见表3.16和表3.17。

表 3.16　150.5℃下表 3.15 中混合物在定容衰竭实验中排出气体的摩尔组成

	压力(bar)	381.5①	338.9	290.6	242.3	194.1	145.8	97.5	49.3
摩尔分数(%)	N_2	0.64	0.65	0.66	0.67	0.67	0.67	0.66	0.63
	CO_2	3.53	3.50	3.52	3.55	3.59	3.61	3.63	3.68
	C_1	70.78	72.29	73.27	73.92	74.31	74.44	74.24	73.29
	C_2	8.94	8.83	8.89	9.01	9.02	9.04	9.20	9.30
	C_3	5.04	4.99	4.96	4.92	4.93	4.97	5.01	5.19
	iC_4	0.85	0.82	0.81	0.80	0.80	0.81	0.84	0.89
	nC_4	1.67	1.65	1.64	1.62	1.63	1.66	1.68	1.72
	iC_5	0.61	0.59	0.57	0.56	0.56	0.57	0.58	0.61
	nC_5	0.78	0.76	0.74	0.72	0.72	0.72	0.74	0.76
	C_6	0.81	0.77	0.73	0.70	0.68	0.68	0.71	0.77
	C_{7+}	6.35	5.15	4.21	3.53	3.09	2.83	2.71	3.16
C_{7+}组分分子量		161	151	141	132	125	121	121	123

① 饱和压力。

表 3.17　150.5℃下表 3.15 中的凝析气定容衰竭实验的结果

压力(bar)	液体体积(相对于V^{sat}的百分比)	气相压缩因子	两相压缩因子	累计排出摩尔分数(%)
381.5①	0.0	1.084	1.084	0.00
338.9	3.1	1.031	1.019	6.57
290.6	6.9	0.981	0.971	15.84
242.3	9.9	0.941	0.933	26.86
194.1	11.3	0.911	0.900	39.58
145.8	11.1	0.896	0.876	53.95
97.5	10.5	0.910	0.852	69.89
49.3	9.6	0.940	0.798	84.43

① 饱和压力。

3.1.4 分离器实验

原油和凝析气均可进行分离实验。一个三级分离实验如图 3.11 所示。分离实验在实验室中进行，以检测开采过程中流体组分和体积的变化情况。通常分离实验的条件选择为对应于油田分离过程中的条件。

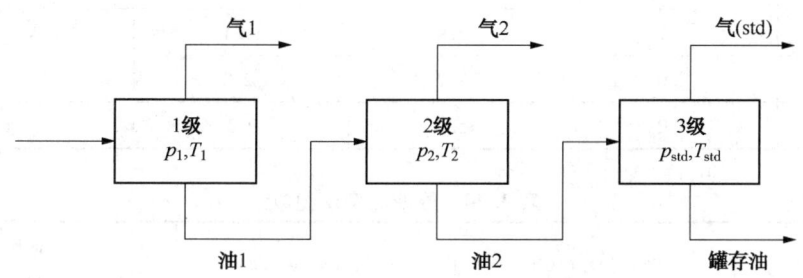

图 3.11　三级分离实验示意图

在某一温度、压力条件下将储层流体置于封闭釜中（分离器），该条件下流体混合物分离成气相和液相。一旦两相达到平衡，则在实验状态下将气体从顶部泵出分离器并转移到标准状态下，并在标准状态下测量气体的体积、相对密度和组成。至于 DL 实验，需将气体中释出的液体在标准状态下转化为等价的气体体积。第一级分离器中的液体在更低的温度和压力下进行第二级的分离。更多的气体被分离出来。将一级分离器中分离出的气体转移到标准状态下，并测量其性质。最后一级分离器中出来的标准状态下的原油称为油罐油，其体积称为油罐油体积。罐存是指该原油能在大气压条件下存储而无游离气释出。罐存油在 15℃下称重并测量密度，以计算罐存液体的体积，并确定罐存液体的组成。

分离实验的目的是大致得到某特定储层中采出的气和油的相对体积。表 3.18 为某分离实验得到的实验结果。

表 3.19 显示了某原油进行四级分离实验的结果，其组成列于表 3.20。每级释出的游离气组分见表 3.21。表 3.19 中的分离结果还包括了储层流体在 199.7bar（饱和点）和 97.8℃（储层温度）下的体积系数 B_o。该体积系数 B_o 表示储层温度条件下的饱和油经过四级分离实验成为稳定原油后体积缩小的程度，四级分离器的温度、压力条件见表 3.19。表 3.19 中其余的体积系数 B_o 表示从该分离级状态到罐存条件下原油体积缩小的程度。分离器气油比等于该分离级释出气体在标准状态下的体积与处于标准条件下的最后一级分离器得到的原油体积之比。第 N 级分离器气油比为：

$$\text{第 } N \text{ 级分离器气油比} = \frac{V_{N,\text{std}}^{\text{gas}}}{V_{\text{std}}^{\text{oil}}} \tag{3.13}$$

表 3.18　原油或者凝析气在分离实验后得到的原始结果

分离器气油比	该分离级释出的气体在标准条件下的体积除以最后一级原油体积（大气压条件）
气体相对密度	该分离级释出气体的分子量除以空气分子量（=28.964）
分离器体积系数 B_o	生油体积系数，即该分离级原油的体积除以最后一级原油的体积（大气压条件下）。对原油来说，通常还要得出饱和储层油的 B_o
气体组成	每个分离级释出气体和标准条件下原油的摩尔组成

表 3.19　组成列于表 3.20 的原油分离实验的结果

项　目	压力(bar)	温度(℃)	气油比(Sm^3/Sm^3)	体积系数 B_o(m^3/Sm^3)
饱和点	199.7	97.8	—	1.605
第一级	68.9	89.4	109.0	1.279
第二级	22.7	87.2	33.7	1.182
第三级	6.9	83.9	17.1	1.126
第四级	2.0	77.2	12.3	1.053
标准状态	1.0	15.0	0.0	1.000

表 3.20　原油的摩尔组成

组　分	摩尔分数(%)	摩尔质量(g/mol)	1.01bar 和 15℃下的密度(g/cm^3)
N_2	0.59	—	—
CO_2	0.36	—	—
C_1	40.81	—	—
C_2	7.38	—	—
C_3	7.88	—	—
iC_4	1.20	—	—
nC_4	3.96	—	—
iC_5	1.33	—	—
nC_5	2.09	—	—
C_6	2.84	—	—
C_7	4.15	97	0.711
C_8	4.37	113	0.740
C_9	3.40	129	0.763
C_{10}	2.52	144	0.780
C_{11}	1.87	158	0.794
C_{12}	1.66	171	0.806
C_{13}	1.28	184	0.814
C_{14}	1.40	196	0.826
C_{15}	1.24	210	0.834
C_{16}	0.90	223	0.841
C_{17}	0.88	234	0.848
C_{18}	0.82	246	0.853
C_{19}	0.82	257	0.858
C_{20+}	6.25	458	0.926

注：分离实验结果列于表 3.19 和表 3.21。

表 3.21　表 3.19 实验中释出气体的摩尔分数

组　分	第 一 级	第 二 级	第 三 级	第 四 级
N_2	1.07	0.42	0.01	0.00
CO_2	0.49	0.62	0.60	0.28
C_1	77.43	64.63	36.04	8.89
C_2	9.56	14.42	20.23	16.19
C_3	6.70	12.01	24.89	35.52
iC_4	0.71	1.30	3.13	5.74
nC_4	2.01	3.65	9.02	17.22
iC_5	0.44	0.74	1.86	3.77
nC_5	0.59	0.98	2.31	4.61
C_6	0.47	0.66	1.28	2.92
C_{7+}	0.53	0.57	0.63	4.86

3.1.5　黏度实验

在黏度实验中，原油的黏度在恒定温度(通常为储层温度)和逐渐下降的压力条件下测量。现有的许多数据都是用如图 3.12 所示的滚球式黏度计测量得到的，其原理是在充满原油的测量室中，测量某给定质量和直径的圆球从顶部落到底部所用的时间，由此得到原油的黏度。

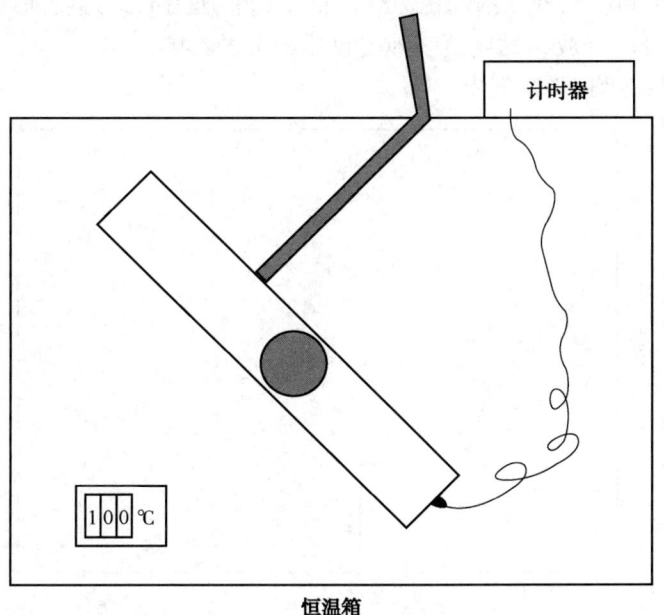

图 3.12　滚球式黏度计

电磁黏度计(EMV)是一个更新且更精确的测量黏度的技术,如图 3.13 所示。该仪器的技术基础是将磁力作用于浸泡在测试液体中的柱塞。该柱塞的移动受到液体黏滞力的阻碍,因此提供了黏度测量依据。EMV 技术同时适用于油和气的黏度测量。测量气体黏度时,使用中空的柱塞,且测量室水平放置。多数情况下与原油黏度同时给出的气体黏度不是测量得到的,而是由气体黏度关联式得到的。

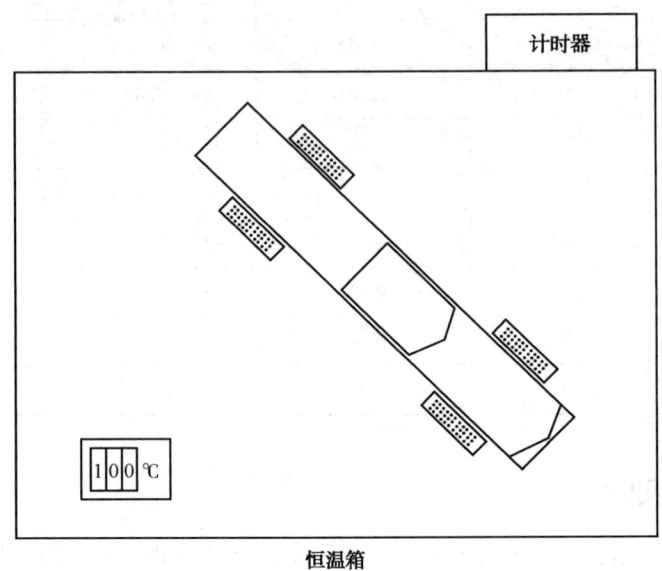

图 3.13　电磁黏度计

原油黏度随压力的变化大致如图 3.14 所示。在饱和压力之上,由于压缩效应黏度随压力降低而降低,最小黏度出现在饱和压力处。低于饱和压力时,黏度随压力降低而增加。随着轻质(气体的)组分的释放,黏度更多地受重质组分的影响。

实验黏度数据将在第 10 章列出。

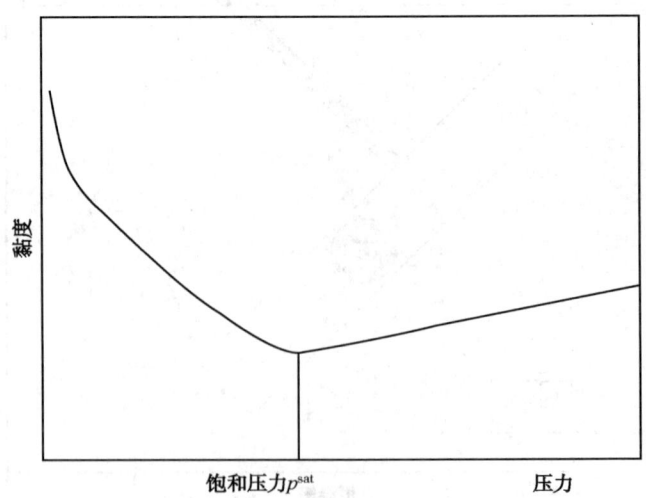

图 3.14　原油黏度随压力的定性变化

3.2 提高采收率(EOR)PVT 实验

EOR 或者注气实验所需样品量是常规 PVT 实验样品体积的 3~4 倍(储层条件下大约是 2000 cm^3)。

3.2.1 膨胀试验

膨胀试验(或者膨胀实验)是针对油藏原油进行的,以研究油藏流体对注入气的反应。在极少的情况下,也会对凝析气进行膨胀实验。储层流体的饱和压力可由 3.1.1 节中描述的全部或部分 CME 实验得到。和常规 PVT 实验相比,提高采收率(EOR) PVT 实验较宜采用一份不同的流体样品。在这种情况下,对将要用于 EOR 实验的样品进行最初的 CME 测试确实也起到了检验不同流体样品质量的作用。

对注入气进行 3.1.1.3 节中所描述的 PVTZ 研究。由实验测得的压缩因子 Z 和式(3.2),可以直接将注入气体积转化为注入气物质的量。将一份已知物质的量的注入气转送至 PVT 釜中,将压力升高到足以使所有气体都溶于原油中(可在 550bar 左右)。随后降低压力,以确定饱和点。

记录饱和压力和饱和压力下的膨胀体积。注入更多气体,再记录新的饱和压力和膨胀体积。如图 3.15 所示分几级重复这一过程。在最后一级,饱和点可能已经从泡点变为露点,这表明流体的临界点介于最后一个泡点和第一个露点之间。在临界点,两个相同的流体达到平衡。临界点组分和临界压力在注汽 EOR 评价中是关键参数。这将在第 15 章中进一步阐述。

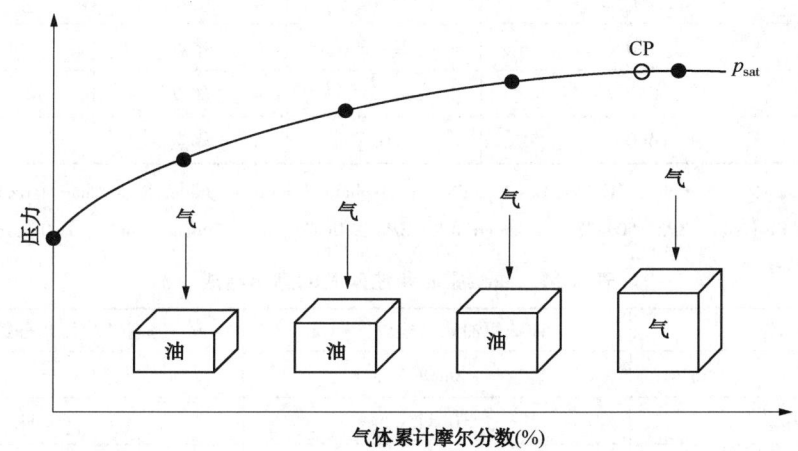

图 3.15 膨胀实验示意图

由表 3.22 可以看出,膨胀实验记录了一定量气体在原油中溶解所导致的体积增加的信息(膨胀作用)。它同时给出了将注入气溶解所需施加的压力。膨胀气油比定义为标准状态下累计注入气的体积与初始原油体积之比,这与其他 PVT 实验中定义的 GOR 有所区别。

膨胀混合物的黏度研究将单独进行。

表 3.22 原油的膨胀实验结果

气体摩尔分数	单位摩尔初始原油中加入气体的累计摩尔分数
气油比	单位体积初始原油中加入气体的标准体积
饱和压力	每次加入气体后的饱和压力
膨胀体积	单位体积初始原油在注入气后达到饱和点时的体积
密度	每级饱和点下膨胀混合物的密度
饱和点	泡点或露点压力

组成列于表 3.24 的流体的膨胀数据见表 3.23。表 3.24 同时列出了注入气的组成，它含有 60.32% 的 CO_2。每摩尔初始原油中加入 100%~150% 的气体时，饱和点从泡点转变为露点。

组成列于表 3.26 中的油藏流体和注入气的膨胀数据见表 3.25。对于该流体，每摩尔初始原油中加入 225%~275% 的气体时，饱和点从泡点转变为露点。

表 3.27 给出了一个膨胀实验的例子，其在从泡点转变为露点之前停止。油藏流体和注入气组成见表 3.28。

表 3.23 组成列于表 3.24 的油藏原油和注入气在 90℃下的膨胀数据

实验级	注入气与初始原油的摩尔分数(%)	饱和压力(bar)	饱和点	膨胀体积/初始原油体积
1	0	186.0	泡点	1.00
2	33.3	195.7	泡点	1.03
3	100	231.2	泡点	1.32
4	150	272.3	露点	1.72
5	233	327.5	露点	2.05
6	400	380.9	露点	2.33

资料来源：Memon, A., et al., Miscible Gas Injection and Asphaltene Flow Assurance Fluid Characterization: A Laboratory Case Study for Black Reservoir, SPE 1509238, presented at the *SPE EOR Conference Muscat*, Oman, 16-18 April, 2012。

表 3.24 油藏原油和注入气的摩尔组成

组 分	油藏原油摩尔分数(%)	注入气摩尔分数(%)
N_2	0.39	
CO_2	0.84	60.32
C_1	36.63	10.73
C_2	8.63	7.55
C_3	6.66	9.09
iC_4	1.21	
nC_4	3.69	6.47
iC_5	1.55	0.03

续表

组分	油藏原油摩尔分数(%)	注入气摩尔分数(%)
nC_5	2.25	5.82
C_6	3.36	
C_7	3.34	
C_8	3.44	
C_9	3.04	
C_{10}	2.77	
C_{11}	2.23	
C_{12}	1.82	
C_{13}	1.66	
C_{14}	1.45	
C_{15}	1.31	
C_{16}	1.07	
C_{17}	0.98	
C_{18}	0.87	
C_{19}	0.83	
C_{20+}	9.98	

注：膨胀数据见表3.23。油藏流体中的 C_{7+} 组分分子量为237，C_{7+} 组分密度为 $0.878g/cm^3$。

表3.25　组成列于表3.26的油藏原油和注入气在77℃下的膨胀数据

实验级	注入气与初始原油的摩尔分数(%)	GOR(Sm^3/Sm^3)	饱和压力(bar)	饱和点	膨胀体积/初始原油体积	密度(g/cm^3)
1	0.0	0.0	87.5	泡点	1.0000	0.7961
2	25.0	28.7	110.5	泡点	1.0761	0.7880
3	75.0	86.2	143.7	泡点	1.2314	0.7729
4	125.0	143.6	165.9	泡点	1.3916	0.7586
5	200.0	229.8	198.1	泡点	1.6296	0.7434
6	225.0	258.4	209.6	泡点	1.7082	0.7396
7	275.0	316.0	230.3	露点	1.8656	0.7328

资料来源：Al-Ajmi, M. Et al., EoS modeling for two major Kuwaiti oil reservoirs, SPE 141241-PP, resented at the *SPE Middle East Oil and Gas Show*, Manama, Bahrain, 20-23 March, 2011。

表3.26　油藏原油和注入气的摩尔组成

组分	油藏原油摩尔分数(%)	注入气摩尔分数(%)
N_2	0.293	
CO_2	0.233	59.660
C_1	21.657	10.300
C_2	6.758	7.690

续表

组　分	油藏原油摩尔分数(%)	注入气摩尔分数(%)
C_3	7.024	9.500
iC_4	1.325	
nC_4	4.229	6.790
iC_5	1.817	
nC_5	2.680	6.060
C_6	4.146	
C_7	4.114	
C_8	4.181	
C_9	3.698	
C_{10}	3.412	
C_{11}	2.954	
C_{12}	2.535	
C_{13}	2.332	
C_{14}	1.958	
C_{15}	1.854	
C_{16}	1.661	
C_{17}	1.413	
C_{18}	1.306	
C_{19}	1.259	
C_{20}	1.126	
C_{21}	0.997	
C_{22}	0.940	
C_{23}	0.845	
C_{24}	0.762	
C_{25}	0.727	
C_{26}	0.625	
C_{27}	0.587	
C_{28}	0.583	
C_{29}	0.542	
C_{30}	0.528	
C_{31}	0.541	
C_{32}	0.458	
C_{33}	0.440	
C_{34}	0.339	
C_{35}	0.391	
C_{36+}	6.659	

注：膨胀数据见表 3.24，其平衡接触数据见表 3.30。油藏流体中的 C_{7+} 的分子量为 291，C_{7+} 的密度是 0.8945g/cm^3。

3 PVT 实验

表 3.27 组成列于表 3.28 的油和气在 73℃下的油气膨胀测试数据

注入气累计摩尔分数(%)	膨胀体积/最初体积	泡点压力(bar)
0.0	1.0000	240.4
8.5	1.0228	269.1
14.9	1.0418	292.7
20.4	1.0659	315.3
24.3	1.0813	333.5

表 3.28 油和气的摩尔组成

组分	油			注入气
	摩尔分数(%)	摩尔质量(g/mol)	在 1.01bar 和 15℃条件下的密度(g/cm³)	摩尔分数(%)
N_2	0.53	—	—	1.17
CO_2	1.01	—	—	1.79
C_1	45.30	—	—	85.47
C_2	3.90	—	—	6.93
C_3	1.39	—	—	2.15
iC_4	0.63	—	—	0.77
nC_4	0.81	—	—	0.86
iC_5	0.69	—	—	0.41
nC_5	0.41	—	—	0.17
C_6	1.02	—	—	0.28
C_7	4.22	96	0.733	—
C_8	3.53	107	0.763	—
C_9	3.50	121	0.784	—
C_{10}	3.16	134	0.815	—
C_{11}	2.43	146	0.832	—
C_{12}	2.42	160	0.847	—
C_{13}	2.37	174	0.860	—
C_{14}	2.19	188	0.873	—
C_{15}	1.96	199	0.877	—
C_{16}	1.84	212	0.879	—
C_{17}	1.60	229	0.880	—
C_{18}	1.40	246	0.884	—
C_{19}	1.25	258	0.892	—
C_{20}	12.43	502	0.933	—

注：膨胀数据见表 3.27。

3.2.2 平衡接触实验

虽然膨胀实验提供了油藏流体达到饱和所注入气体量的信息,但是它并不能给出低于饱和压力时相平衡的任何信息。如图 3.16 所示,平衡接触实验的目的在于提供油藏原油和注入气混合物的两相信息。按照惯例,此实验中的混合气油比之一应接近于膨胀实验中饱和点从泡点转变为露点时的气油比。换句话说,在此饱和点,混合流体处于近临界状态。

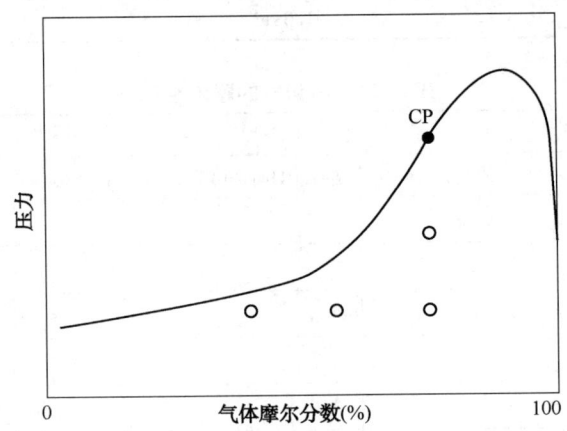

图 3.16 平衡接触实验中的气体摩尔分数和压力条件

将部分重新组合的油藏流体样品注入压力约为 550bar 的高压可视釜中,并使其温度达到储层温度。注入气的 Z 因子根据 3.1.1.3 节所述的 PVTZ 研究数据得到。由此实验得到的 Z 因子,相应指定摩尔量的气体体积即可确定。注入气体后,釜内压力升到约 550bar,以使气体全部溶解于原油中。随后将压力降到一次接触压力,并维持该压力 24h,以确定达到了相平衡。

将气相排出(如同差异脱气实验),并确定气相组成。气相的分子量可由组成计算得到。

对液相进行部分 PV 实验以确定饱和压力,此压力将用于平衡接触相分离。为确定液相的密度,将部分流体由约 550bar 压力下的釜中泵入预先称重的容器中。于是,饱和压力下的密度即可由前面进行的部分 PV 实验测得的相对体积计算得到。

液相黏度由 3.1.5 节描述的方法之一进行测量。

平衡接触实验所测数据列于表 3.29 中。

表 3.29 平衡接触实验结果

混合比	气体与原油的物质的量的比
相体积百分比	在接触压力下气和油的体积百分比
相密度	在接触压力下气和油的密度
相的分子量	在接触压力下的气和油的分子量
气/油分子量比	每次接触时气和油的相对分子量
相黏度	在接触压力下油气黏度

对表 3.26 所列的油藏流体和注入气进行平衡接触实验,其结果列于表 3.30 中。

表 3.30 77℃下的平衡接触数据

压力(bar)	气/液的混合比	气体体积分数(%)	液体体积分数(%)	气体密度(g/cm³)	液体密度(g/cm³)
138.9	2.25	27.48	72.52	0.3656	0.7622
157.9	2.25	23.03	76.97	0.4651	0.7551

注：油藏流体和注入气的组成见表 3.26。

资料来源：Al-Ajmi, M. Et al., EoS modeling for two major Kuwaiti oil reservoirs, SPE 141241-PP, resented at the *SPE Middle East Oil and Gas Show*, Manama, Bahrain, 20-23 March, 2011。

3.2.3 多次接触实验

当气体被注入一个欠饱和油藏原油中时，一部分气体将会溶解于油中。如果油相不能溶解所有的注入气，则流体将会分裂成两个平衡相——气相和油相。气相组成将不同于注入气组成。气相中将会获得一些来自油相的组分，同时气相中的一些组分也会溶解到油相中。在注入井中新注入的气会将平衡气向前推并与远距离的新鲜原油接触，而靠近注入井的原油也会与新注入的气接触。

设计一个多次接触实验来模拟上述过程，原理图如图 3.17 所示。实验釜中先充入已知量的油藏原油。实验可向前进行也可向后进行。向前接触意味着将气相移送到下一级与新鲜油藏原油混合。在向后接触实验中，来自第一次接触的油相与新鲜注入气混合。这一过程连续进行多级。

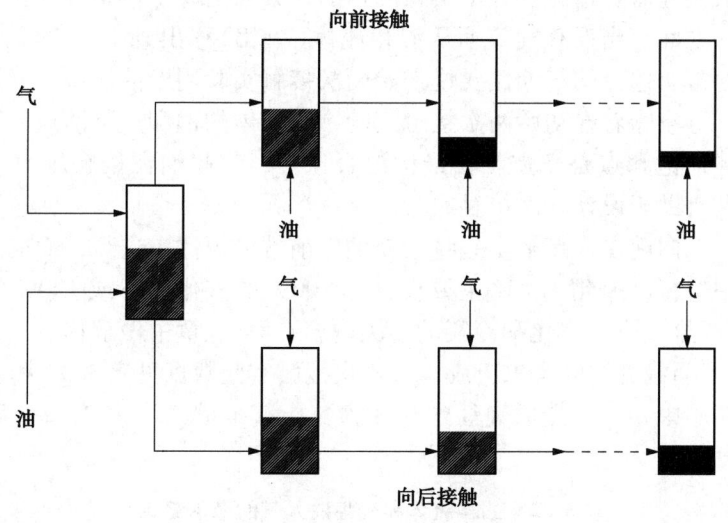

图 3.17 向前和向后多次接触实验的示意图

多次接触实验与膨胀实验(3.2.1 节)使用相同类型的釜，且第一次接触的实验方法与平衡接触实验相同(3.2.2 节)。

在向前多次接触的实验中，第二个釜中已知体积的油藏流体与来自第一个釜的平衡气进行混合，其混合和平衡的方式与第一个釜中的一样。这一过程在第三级和第四级中重复进行，同样使用前一级接触后抽出的气体与新鲜油藏流体混合。在第四级接触后，如果再次与油藏原油混合，则平衡气的量通常不足以形成一个足够大的气相用于分析。

在向后多次接触实验中，移走平衡气后的剩余液相与已知体积、已知物质的量的新鲜注入气接触，其混合和平衡的方式与第一个釜中的一样。这一过程重复多次（通常最大为四级），直到形成的气体体积量在设定的测试压力下不足以进行任何分析。

作为质量检验，每级接触都应满足质量守恒和物质的量守恒。注入釜内流体的质量和物质的量可由密度、分子量和体积计算得到。然后，平衡气相和油相的密度、分子量和体积（在设定的测试压力下）用来计算每级的质量和物质的量。最后一级釜内的质量/物质的量加上移出的质量/物质的量总计应等于注入釜内总的质量/物质的量。按经验来说，偏差应小于2%。

多次接触实验所测得参量列于表3.31。

表 3.31 多次接触实验结果

混合比例	气与油的物质的量比。每级会有各自的混合比例
相体积百分比	每级接触压力下气与油的体积百分比
相密度	每级气和油的密度
相分子量	每级气和油的分子量
气/油的分子量比	每级接触压力下气与油的相对分子量
相黏度	每级接触压力下气和油的黏度

一个多次接触实验需要精心设计。实验的目的一方面是为了得到近混相条件下相态行为的实验数据；另一方面，当没有气或油从混相流体（单相）移出到下一个接触级时，则混相必定还未形成。通常所选择的气油比要使初始两次接触实验用于油体系，而最终的两次接触实验用于气体系。这意味着在初始两次接触实验中总流体的饱和点是泡点，而在最终的两次接触实验中总流体的饱和点是露点。在最优混合比下，气和油在接触压力下的体积大致相等。PVT模拟软件有助于设计多次接触实验。

在油藏条件下，向前多次接触实验将会在油气前端的流体中进行，而向后实验将会在接近注入井的流体中进行。因此，实验主要设计为100%的汽化气驱或100%的冷凝气驱，而不会有汽化/冷凝联合气驱。汽化和冷凝的相关内容在第15章中做解释。

表3.32列出了油藏流体的摩尔组成，其多次接触实验数据见表3.33和表3.34。在进行的两个多次接触实验中，一个是选轻烃作为注入气，其组成列于表3.32，而另一个是选二氧化碳作为注入气。

表 3.32 油藏流体和轻烃注入气的摩尔组成

组分	油藏流体			轻烃注入气		
	摩尔分数(%)	分子量	密度(g/cm^3)	摩尔分数(%)	分子量	密度(g/cm^3)
N_2	0.360			0.56		
CO_2	2.969			8.52		
H_2S	0.000			1.40		
C_1	28.847			53.58		

续表

组分	油藏流体			轻烃注入气		
	摩尔分数(%)	分子量	密度(g/cm³)	摩尔分数(%)	分子量	密度(g/cm³)
C_2	7.109			11.25		
C_3	6.528			10.97		
iC_4	1.831			2.90		
nC_4	4.199			5.16		
iC_5	2.257			1.88		
nC_5	2.842			1.79		
C_6	4.073			1.23		
C_7	4.503	98.3	0.7143	0.54	96	0.738
C_8	4.418	112.9	0.7358	0.17	107	0.765
C_9	3.801	122.8	0.7568	0.03	121	0.781
C_{10}	2.807	135.7	0.7736	0.01	134	0.792
C_{11}	4.337	150.7	0.7865	0.01	147	0.796
C_{12}	3.015	167.6	0.8025			
C_{13}	1.912	187.3	0.8142			
C_{14}	2.036	206.0	0.8249			
C_{15}	1.436	215.4	0.8323			
C_{16}	1.278	223.3	0.8431			
C_{17}	1.443	244.6	0.8475			
C_{18}	1.011	259.7	0.8600			
C_{19}	0.730	272.0	0.8703			
C_{20+}	6.258	456.6	0.9396			

注：多次接触实验的数据见表3.33。

表3.33 应用表3.32中的油藏原油进行向前多次接触实验的结果

实验级	气液物质的量的混合比	气体体积分数(%)	液体体积分数(%)	气体密度(g/cm³)	液体密度(g/cm³)	气体分子量	液体分子量	气液分子量比	气体黏度(cP)	液体黏度(cP)
在221bar、121℃下注入二氧化碳										
1	1.10	49.0	51.0	0.476	0.691	47.3	78.4	0.663	0.0838	0.198
2	1.19	52.5	47.5	0.465	0.645	47.5	70.7	0.798	0.0788	0.158
3	1.78	63.0	37.0	0.454	0.638	46.7	68.6	1.211	0.0744	0.150
4	1.51	60.1	39.9	0.428	0.621	45.7	66.6	1.038	0.0647	—

续表

实验级	气液物质的量的混合比	气体体积分数(%)	液体体积分数(%)	气体密度(g/cm³)	液体密度(g/cm³)	气体分子量	液体分子量	气液分子量比	气体黏度(cP)	液体黏度(cP)
在 277bar、121℃下注入轻烃气体											
1	1.7	42.3	57.7	0.294	0.569	31.8	67.5	0.380	0.0350	0.210
2	3.0	49.5	50.5	0.323	0.538	34.4	62.0	0.588	0.0396	0.236
3	4.0	50.5	49.5	0.326	0.523	35.2	58.5	0.635	0.0399	0.103
4	4.0	42.3	57.7	0.333	0.521	35.7	57.4	0.469	0.0413	—

注：其中分别采用表 3.32 中的轻烃气体和二氧化碳作为注入气。

资料来源：Negabban, S., Pedersen, K. S., Baisoni, M. A., Sah, P., and Azeem, J. S., An EoS model for a Middle East reservoir fluid with an extensive EOR PVT data material, SPE-136530-PP, presented at the *Abu Dhabi International Petroleum Exhibition & Conference*, Abu Dhabi, UAE November 1-4, 2010。

表 3.34 应用表 3.32 中的油藏原油进行向前多次接触实验时测量的相平衡组成

组分	第1级		第2级		第3级		第4级	
	气体摩尔分数(%)	液体摩尔分数(%)	气体摩尔分数(%)	液体摩尔分数(%)	气体摩尔分数(%)	液体摩尔分数(%)	气体摩尔分数(%)	液体摩尔分数(%)
在 221bar、121℃下注入二氧化碳								
N_2	0.17	0.07	0.38	0.25	0.52	0.33	0.74	0.45
CO_2	72.56	57.79	61.38	50.87	55.81	46.92	50.48	43.11
C_1	12.02	8.47	17.91	13.33	21.46	16.13	24.94	19.16
C_2	2.60	2.45	3.70	3.49	4.30	4.08	4.82	4.62
C_3	2.31	2.59	3.21	3.50	3.64	3.94	4.00	4.38
iC_4	0.62	0.78	0.85	1.02	0.95	1.13	1.05	1.24
nC_4	1.40	1.94	1.90	2.48	2.12	2.68	2.35	2.90
iC_5	0.70	1.08	0.90	1.32	1.00	1.41	1.15	1.50
nC_5	0.85	1.37	1.10	1.67	1.21	1.76	1.39	1.86
C_6	1.08	2.01	1.40	2.42	1.52	2.46	1.71	2.52
C_{7+}	5.69	21.45	7.27	19.65	7.47	19.16	7.37	18.26
在 277bar、121℃下注入轻烃气体								
N_2	0.58	0.30	0.66	0.40	0.77	0.49	0.91	0.60
CO_2	4.12	3.40	4.08	3.47	4.10	3.56	4.10	3.55
H_2S	0.42	0.42	0.32	0.31	0.21	0.23	0.09	0.04
C_1	66.97	48.41	65.15	49.39	64.43	50.24	64.21	50.82
C_2	8.26	7.84	8.12	7.70	8.06	7.72	8.02	7.58
C_3	5.88	6.53	5.77	6.31	5.75	6.25	5.62	6.05
iC_4	1.40	1.73	1.38	1.70	1.40	1.69	1.36	1.64

续表

组分	第1级		第2级		第3级		第4级	
	气体摩尔分数(%)	液体摩尔分数(%)	气体摩尔分数(%)	液体摩尔分数(%)	气体摩尔分数(%)	液体摩尔分数(%)	气体摩尔分数(%)	液体摩尔分数(%)
在277bar、121℃下注入轻烃气体								
nC_4	2.79	3.71	2.79	3.74	2.88	3.76	2.82	3.62
iC_5	1.09	1.70	1.17	1.88	1.23	1.83	1.23	1.81
nC_5	1.23	2.00	1.38	2.25	1.44	2.22	1.47	2.20
C_6	1.33	2.55	1.58	2.84	1.63	2.90	1.81	2.94
C_{7+}	7.26	23.96	9.18	22.85	9.73	22.01	7.26	23.96

注：其中分别采用表3.32中的轻烃气体和二氧化碳作为注入气。

资料来源：Negabban, S., Pedersen, K. S., Baisoni, M. A., Sah, P., and Azeem, J. S., An EoS model for a Middle East reservoir fluid with an extensive EOR PVT data material, SPE-136530-PP, presented at the *Abu Dhabi International Petroleum Exhibition & Conference*, Abu Dhabi, UAE Novenber 1-4, 2010。

3.2.4 细管实验

如图3.18所示，最小混相压力可在一个细管装置中测定。气体在外径1/4in、约60ft长的不锈钢管（尺寸依据实验室的具体条件而定）中驱替原油，管中充满砂子或玻璃珠。孔隙体积约65mL。在油藏温度下，在饱和压力和最高操作压力（通常约为700bar）之间选择一系列压力进行实验。在测试开始之前，需对实验细管进行清洗、抽真空和称重。

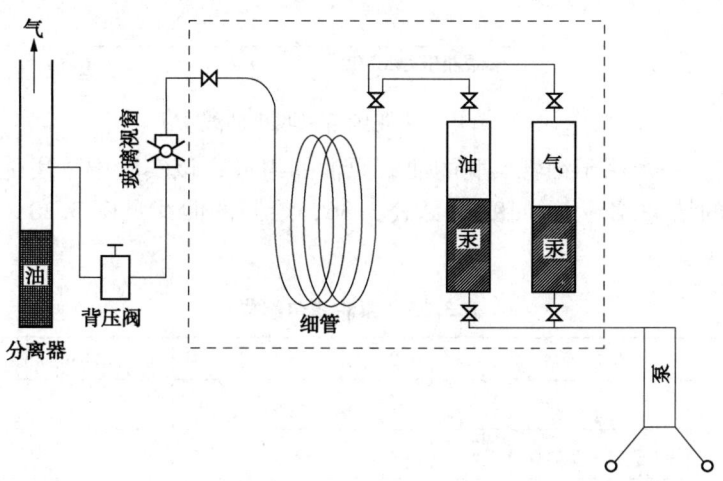

图3.18 细管装置示意图

在第一次测试压力下，细管内预先充满甲苯测量孔隙体积。然后将细管放入烘箱中加热至油藏温度，并在测试压力下保持稳定。在恒定压力下，油藏流体被注入细管中驱替出甲苯。一旦所有的甲苯被驱替，即对产出的油藏流体进行快速的常压测试。常压测试可确定油藏流体的气油比（GOR）、油罐油密度及地层体积系数。这一测试是为了检验细管内的甲苯是否被油藏流体所替换。

将气体以恒定速率(约6mL/h)注入盘管,并持续收集产出物(被驱替的流体)。每小时对释出的气体体积、质量以及液体密度进行一次测量。在测试的前6h,注入速率持续恒定;随后在剩下的时间里,注入速率增加到大约8mL/h。在某个时间点,气体将会击穿原油,这时气油比(GOR)将显著增加、液体密度降低且气体密度变化显著。使用视窗PVT釜和相机同样可观测气体的击穿点。高压安东帕密度计可用来测量产出液体的密度。

采收率实验需注入1.2倍孔隙体积的测试气,但是测试可持续进行到稍多的气体(1.4倍)注入于细管中。细管中的剩余气要在大气压条件下排放("泄压")。在泄压过程中产出的残余油要收集起来并称重。然后拆下细管并称重,以确定测试完毕后的剩余油的质量。这是为了满足物料守恒。这一测试通常选取4~6个不同的压力进行。1.2倍孔隙体积下油的采收率与测试压力的关系曲线如图3.19所示,由图中曲线可确定最小混相压力(MMP),这可认为是高采收率曲线(通常高于90%)和低采收率曲线的交点。

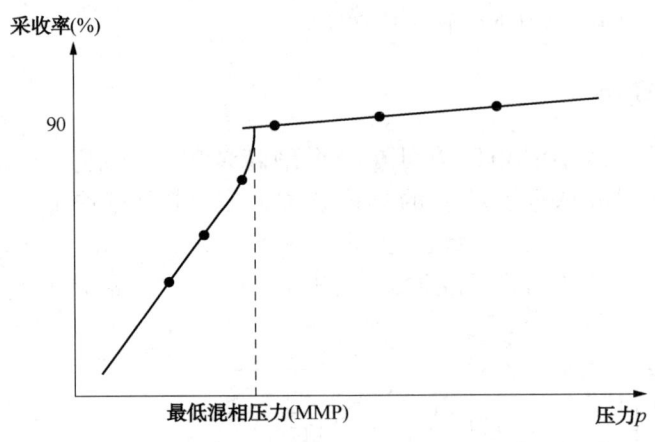

图3.19 常规细管采收率曲线

表3.35给出了一个用于细管实验的油藏原油的组成,该实验中采用纯二氧化碳作为注入气。细管实验的结果(Zuo等,1993)见表3.36,绘制的曲线见图3.20,可以看出最小混相压力约为207bar。

表3.35 原油摩尔组成

组 分	摩尔分数(%)	分 子 量	1.01bar,15℃下的密度(g/cm³)
N_2	1.025	—	—
CO_2	0.251	—	—
C_1	17.243	—	—
C_2	5.295	—	—
C_3	4.804	—	—
iC_4	0.948	—	—
nC_4	1.644	—	—

续表

组 分	摩尔分数(%)	分 子 量	1.01bar,15℃下的密度(g/cm³)
iC_5	0.542	—	—
nC_5	0.348	—	—
C_6	0.134	—	—
C_{7+}	67.769	254	0.8367

注：细管实验数据见表3.36。

表3.36　85.7℃下纯二氧化碳驱替细管实验数据

驱替压力(bar)	采收率(%)
170.2	76.1
186.2	81.6
200.0	87.6
206.9	90.1
231.7	90.4
227.5	91.4

注：(1) 实验结果曲线绘于图3.20。
　　(2) 原油组成见表3.35。

资料来源：Zuo Y. et al., A study on the minimum miscibility pressure for miscible flooding systems, *J. Petroleum Sci. Eng.* 8, 315-328, 1993。

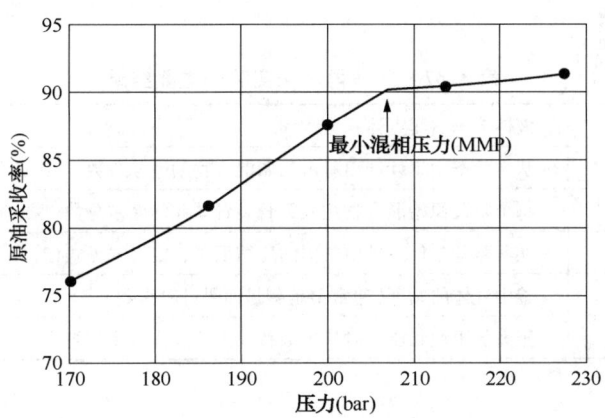

图3.20　85.7℃下纯二氧化碳驱替细管实验的原油采收率
原油组成见表3.35，结果列于表3.36

3.2.5　气体再汽化实验

气体再汽化实验示意图如图3.21所示，该实验是针对注气过程的凝析气体系进行的。将一部分油气藏流体(约5mL)注入一个凝析气PVT釜中，并且在储层温度和工作压力下保持稳定。对该油气藏流体进行恒组成膨胀(CCE)实验确定露点压力和露点体积。该实验持续进行直到流体膨胀到气体再汽化的压力。在这个压力下,将已知量的气体从釜中排出,直到体积恢复到露点压力时的体积。测量排出气相的组成。

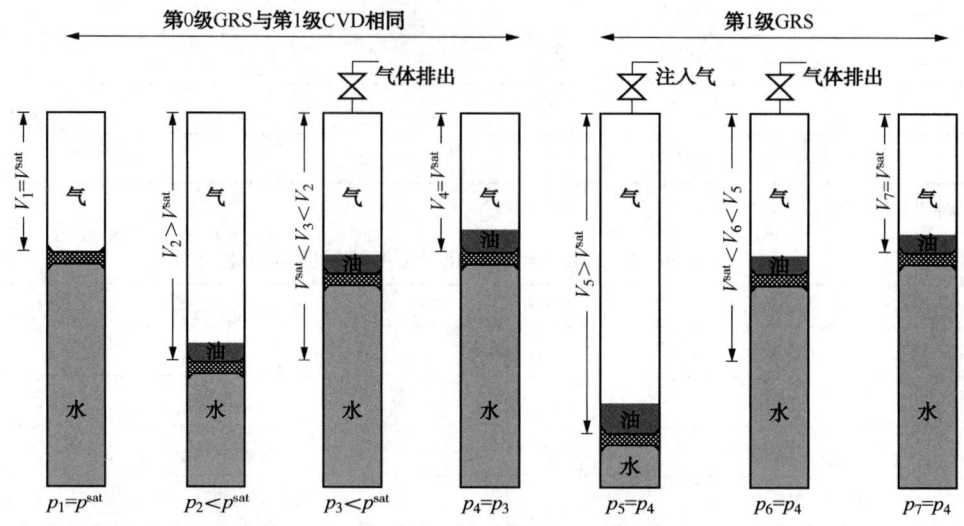

图 3.21 气体再汽化实验示意图

将已知体积的注入气体充入釜中,于是釜中各组分在测试条件下混合成新的混合物。在此条件下,保持样品稳定并得到平衡的气、液两相。一旦达到平衡,即测量样品的总体积及气、液相的体积。将多余的气体排出使釜内体积恢复到露点压力下的体积。测量排出气体的组成。这一测试重复进行(典型地)四级或更多,并测量气体再汽化过程中流体性质的变化、组成及液体的体积。气体再汽化实验的主要结果列于表 3.37 中。

表 3.37 气体再汽化实验的主要结果

液体体积	液体体积占露点体积分数
产出百分比	从实验釜中累计产出量占初始混合物的摩尔分数
注入百分比	每个阶段原始混合物注入细管装置单元的摩尔分数
气体的压缩因子 Z	在实验釜条件下排出气体的压缩因子,定义式见式(3.2)
气体黏度	釜中气体的黏度(通常不是测量而是计算得到)
气体组成	压力低于饱和压力时从每级释放出的气体的摩尔组成

参 考 文 献

Al-Ajmi, M., Tybjerg, P., Rasmussen, C.P., and Azeem, J.S., EoS modeling for two major Kuwaiti oil reser-voirs, SPE 141241-PP, presented at the SPE Middle East Oil and Gas Show, Manama, Bahrain, 20-23 March, 2011.

Lee, A., Gonzalez, M., and Eakin, B., The viscosity of natural gases, SPE Paper 1340, *J. Petroleum Technol.* 18, 997-1000, 1966.

Memon, A., Qassim, B., Al-Ajmi, M., Kumar, A., Gao, J., Ratulowski, J., and Al-Otaibi, B., Miscible gas injection and asphaltene flow assurance fluid characterization: A laboratory case study for Black Oil Reservoir, SPE 1509238, presented at the SPE EOR Conference Muscat, Oman, 16-18 April, 2012.

Negahban, S., Pedersen, K. S., Baisoni. M. A., Sah, P., and Azeem, J. S., An EoS model for a Middle East Reservoir fluid with an extensive EOR PVT data material, SPE-136530-PP, presented at the Abu Dhabi International Petroleum Exhibition & Conference, Abu Dhabi, UAE November 1-4, 2010.

Pedersen, K. S., Fredenslund, A., and Thomassen, P., Properties of oils and gases, *Contributions in Petroleum Geology and Engineering*, Vol. 5, Gulf Publishing Company, Houston, TX, 1989.

Shaikh, J. A. and Sah, P., Experimental PVT data needed to develop EOS model for EOR projects, SPE-144023, EORC, Kuala Lumpur, Malaysia. July 19-21, 2011.

Zuo, Y., Chu, J., Ke, S., and Guo, T., A study on the minimum miscibility pressure for miscible flooding systems, *J. Petroleum Sci. Eng.* 8, 315-328, 1993.

4 状态方程

大多数用于定量化计算油气及其混合物压力—体积—温度（PVT）之间关系的公式都是基于立方型状态方程。立方型方程可追溯到100多年前的著名的范德华方程（van der Waals, 1873）。虽然目前石油行业所采用的公式大多数与范德华方程式类似，但从矿场实用性来讲，该类方程经历了将近一个世纪的时间才被行业广泛接受。第一个获得广泛应用的立方型状态方程是Redlich和Kwong（1949）提出的。Soave（1972）、Peng和Robinson（1976和1978）等于20世纪70年代对该方程进行了修正。1982年，Peneloux等（1982）引入了体积平移的概念，以提高前述两个方程对液体密度的预测精度。以状态方程作为热力学基础并借助计算机技术，多组分相态平衡及物性参数的计算能够在短短的数秒内完成。本章节主要介绍一些目前应用最多的立方型状态方程，以及非立方型PC-SAFT状态方程。第6章介绍如何运用这些方程进行相平衡（闪蒸）计算，第8章介绍立方型状态方程物性参数的求取，第16章介绍如何将立方型状态方程应用到含水或含其他水溶性组分的混合物中。

4.1 范德华方程

在推导立方型状态方程时，范德华采用了纯组分的相态特征作为出发点。

图4.1展示了不同温度条件下纯组分的压力与摩尔体积的关系曲线。当温度高于临界点时（图4.1中的T_1），压力与摩尔体积（PV）呈现双曲关系，这意味着压力与摩尔体积是反比例关系，该类关系从理想气体状态方程中也可以得到：

$$p = \frac{RT}{V} \tag{4.1}$$

式中：R是气体常数；T是绝对温度。在高压状态下，某一气体组分的摩尔体积与理想气体

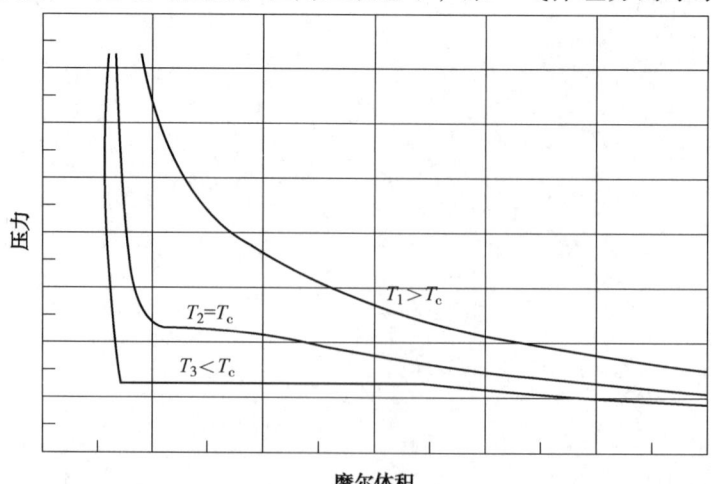

图4.1 纯组分的压力—体积关系曲线

的相态特征较为接近,即当压力趋于无穷大时,气体摩尔体积趋近于零。从图4.1可以看出,实际上并非这样。随着压力的增加,气体的摩尔体积逐渐接近某一特定值,范德华将该值定义为参数 b。将式(4.1)改变形式可得:

$$V = \frac{RT}{p} \tag{4.2}$$

考虑参数 b,得到体积的表达式:

$$V = \frac{RT}{p} + b \tag{4.3}$$

变形后,得到压力的表达式为:

$$p = \frac{RT}{V - b} \tag{4.4}$$

当温度低于临界值时(图4.1中 T_3),气体开始发生液化。假设环境温度为 T_3,某一组分气体开始时处于低压状态。保持温度不变,随着体积的减小,压力会逐渐增加,当体积减小到某一程度时,液相开始形成,这表明已经达到了露点压力。在该压力条件下,气体的体积会继续减小,直到所有的气体均转化为液体。由于液体几乎是不可压缩的,进一步减小该组分的体积会导致压力的骤增,如图4.1。该物质从气态(分子间距很大)变为液态(分子间距很小)的过程,表明分子之间存在相互作用力。这种相互作用力在式(4.4)中并未考虑,因此该式无法描述气相、液相态变化。

图4.2展示的为充满气体的容器,两个小体积单元分别为 v_1 和 v_2,最初分别包含1个气体分子。假设两个体积单元之间的作用力为 f。若保持 v_1 单元中仍为1个气体分子,在 v_2 单元中增加1个气体分子,则两个单元之间的作用力将会变为 $2f$;在 v_2 单元中继续增加1个气体分子,则两个体积单元之间的作用力会增加至 $3f$,依此类推。因此,两个体积单元之间的作用力正比于 c_2,即 v_2 单元中气体分子的含量。如果保持 v_2 单元中气体分子数不变,向 v_1 单元中不断加入第2个、第3个……气体分子,则两个体积单元之间的作用力会2倍、3倍……地增值。因此,两个体积单元之间的作用力也正比于 c_1,即 v_1 单元中气体分子的含量。也就是说,两个体积单元之间的作用力正比于 $c_1 \times c_2$。实际上,容器内气体的浓度是处处相同的,即 $c = c_1 = c_2$,此处 c 代表了容器内气体的摩尔浓度。气体摩尔浓度 c 反比于气体

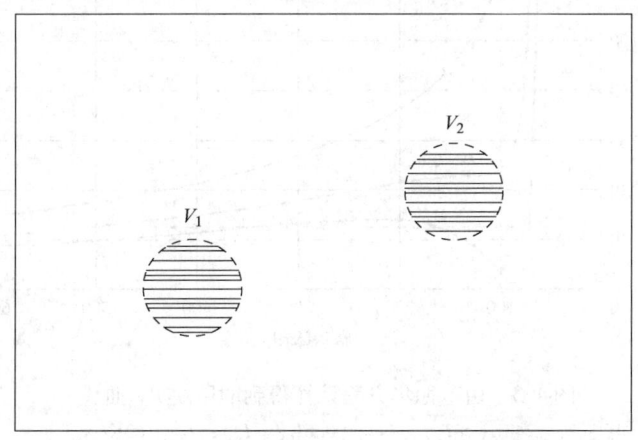

图4.2 封闭容器中两体积单元相互作用示意图

的摩尔体积 V，这意味着气体之间的作用力正比于 $1/V^2$。基于以上考虑，范德华发现引力项应为常数 a 与 $1/V^2$ 的乘积，于是得出：

$$p = \frac{RT}{V-b} - \frac{a}{V^2} \quad (4.5)$$

式(4.5)为范德华方程的最终表达式。系数 a 与 b 分别为状态方程的两个参数，参数值可通过临界温度下的 PV 关系曲线得到，该曲线也称为临界等温线。如图 4.1，曲线在临界点处出现拐点，即：

$$\left(\frac{\partial p}{\partial V}\right)_{T \text{当} T=T_c, p=p_c} = \left(\frac{\partial^2 p}{\partial V^2}\right)_{T \text{当} T=T_c, p=p_c} = 0 \quad (4.6)$$

在临界点处，V 等于临界摩尔体积 V_c，由式(4.5)和式(4.6)可以看出 V_c 与 T_c 和 p_c 相关。式(4.5)和式(4.6)中(共 3 个方程)包含 5 个系数(T_c，p_c，V_c，a 和 b)。其中式(4.5)可计算出 V_c，系数 a 和 b 可通过下述表达式得到：

$$a = \frac{27R^2T_c^2}{64p_c} \quad (4.7)$$

$$b = \frac{RT_c}{8p_c} \quad (4.8)$$

式(4.5)适用于任何临界温度 T_c 和临界压力 p_c 已知的纯组分气体。通过改写式(4.5)可得：

$$V^3 - \left(b + \frac{RT}{p}\right)V^2 + \frac{a}{p}V - \frac{ab}{p} = 0 \quad (4.9)$$

可以看出，范德华方程中体积 V 的最高幂数为 3，这是范德华及与其相关的方程为什么被称作立方型方程的原因。图 4.3 展示了利用范德华方程计算得到的甲烷气体的 PV 关系曲线。当温度大于等于临界温度时，曲线形态与实验观察结果基本保持一致(图 4.1)。当温度小于临界温度时，气体液化的过程并非图 4.1 呈现的那样压力为某一定值。随着气体逐渐发

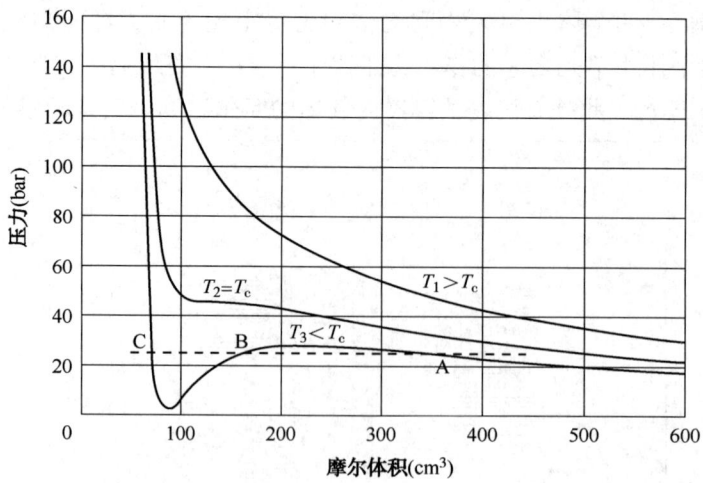

图 4.3 由范德华方程计算得到的甲烷 PV 曲线

其中 $T_1 = 248\text{K}(>T_c)$，$T_2 = 190.6\text{K}(=T_c)$，$T_3 = 162\text{K}(<T_c)$；
虚线表示 T_3 温度下的饱和蒸气压

生液化,PV 曲线首先与实验压力曲线相交于 A 点,然后经过一个极大值后与实验压力曲线第二次相交于 B 点,紧接着经过一个极小值后最终与实验压力曲线第三次相交于 C 点。A 点处的摩尔体积与饱和压力时气态摩尔体积相等。C 点处的摩尔体积与饱和压力时液态摩尔体积相等。B 点处的摩尔体积没有物理意义,A 点与 C 点之间的 PV 曲线可以忽略。因此,范德华方程能够定性地描述当温度大于、等于及小于临界温度时纯组分气体的相态变化。

随后立方型状态方程的发展主要是为了提高饱和蒸气压和相态性质的预测精度。此外,大量的工作致力于将立方型状态方程从纯组分扩展应用于混合物。

4.2 Redlich-Kwong 方程

1949 年提出的 Redlich-Kwong 方程被大多数学者公认为第一个现代化的状态方程,其形式如下:

$$p = \frac{RT}{V-b} - \frac{a}{\sqrt{T}V(V+b)} \tag{4.10}$$

将该式与范德华方程[式(4.5)]对比可以发现,引力项的形式更为复杂且与温度有关。该式对温度的修正能够提高饱和蒸气压的预测精度。为改进液相摩尔体积的预测精度,范德华方程中引力项包含的 V^2,在 Redlich-Kwong 方程中替换为 $V(V+b)$。系数 a 和 b 可由式(4.6)表示的临界点准则得到,其表达式如下:

$$a = \frac{0.42748R^2 T_c^{2.5}}{p_c} \tag{4.11}$$

$$b = \frac{0.08664RT_c}{p_c} \tag{4.12}$$

对于一个含 N 个组分的混合物,式(4.10)中的系数 a 和 b 通过以下的混合规则得到:

$$a = \sum_{i=1}^{N} \sum_{j=1}^{N} z_i z_j a_{ij} \tag{4.13}$$

$$b = \sum_{i=1}^{N} z_i b_i \tag{4.14}$$

式中:z_i 和 z_j 分别为组分 i 和组分 j 的摩尔分数;b_i 为组分 i 的系数 b,可由式(4.12)得到;a_{ij} 可通过式(4.15)获得:

$$a_{ij} = \frac{0.42748R^2 T_{cij}^{2.5}}{p_{cij}} \tag{4.15}$$

式(4.15)与式(4.11)形式相同,但是纯组分的临界温度 T_c 和临界压力 p_c 在式(4.15)中替换为交叉项 T_{cij} 和 p_{cij}。T_{cij} 与组分 i 的临界温度 T_{ci} 和组分 j 的临界温度 T_{cj} 相关:

$$T_{cij} = \sqrt{T_{ci}T_{cj}}(1 - k_{ij}) \tag{4.16}$$

式中,k_{ij} 为组分 i 和组分 j 的二元交互作用参数。对于两种组分相同的气体而言,k_{ij} 等于 0;对于两种不同的非极性化合物,k_{ij} 等于或接近 0;对于含有至少一种极性化合物的两种组分而言,通常 k_{ij} 不等于零。k_{ij} 不为零时组分 i 和组分 j 之间的引力小于 k_{ij} 等于零的情况。式(4.16)中的混合规则是基于分子间或物体间的引力关系。p_{cij} 的表达式为:

$$p_{cij} = \frac{Z_{cij}RT_{cij}}{V_{cij}} \tag{4.17}$$

其中

$$Z_{cij} = \frac{Z_{ci} + Z_{cj}}{2} \tag{4.18}$$

且

$$V_{cij} = \left(\frac{V_{ci}^{1/3} + V_{cj}^{1/3}}{2}\right)^3 \tag{4.19}$$

Z_{ci} 和 Z_{cj} 分别为纯组分临界状态下组分 i 和组分 j 的压缩因子。临界体积的混合规则则是基于组分 i 和组分 j 的分子数与 $V_{ci}^{1/3}$ 和 $V_{cj}^{1/3}$ 的线性相关关系。

式(4.19)中括号项与组分 i 和组分 j 的分子间距呈正比关系。

4.3 Soave-Redlich-Kwong 方程

1972 年,Soave 发现由 Redlich-Kwong(RK)方程计算得到的纯组分的饱和蒸气压不够精确。他认为 RK 方程中的 $a/T^{1/2}$ 项应该替换为一个普遍化的温度函数项 $a(T)$,变形后的状态方程为:

$$p = \frac{RT}{V-b} - \frac{a(T)}{V(V+b)} \tag{4.20}$$

式(4.20)称为 Soave-Redlich-Kwong 方程或 SRK 方程。Soave 针对纯烃类气体绘制了 $(a/a_c)^{1/2}$ 与 $(T/T_c)^{1/2}$ 的关系曲线,$(a/a_c)^{1/2}$ 的值由饱和蒸气压计算得到。

Soave 制作的关系曲线见图 4.4,他注意到曲线呈近似线性关系,这意味着上述的参数 $(a/a_c)^{1/2}$ 与 $(T_r)^{1/2}$(即对比温度 $T_r = T/T_c$)之间应采用线性关系来处理。Soave 提出以下温度函数:

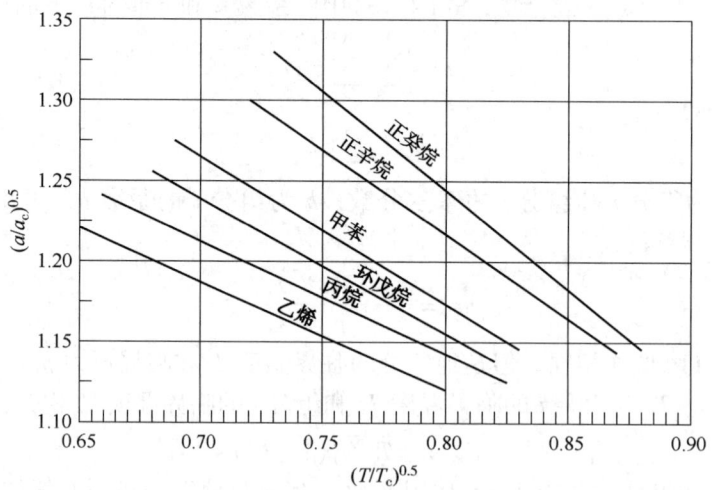

图 4.4 $(a/a_c)^{1/2}$ 与 $(T/T_c)^{1/2}$ 关系曲线(来自 Soave,1972)

$$a(T) = a_c \alpha(T) \tag{4.21}$$

$$a_c = \frac{0.42747 R^2 T_c^2}{p_c} \tag{4.22}$$

$$b = \frac{0.08664RT_c}{p_c} \tag{4.23}$$

$$\alpha(T) = \left[1 + m\left(1 - \sqrt{\frac{T}{T_c}}\right)\right]^2 \tag{4.24}$$

$$m = 0.480 + 1.574\omega - 0.176\omega^2 \tag{4.25}$$

在方程(4.25)中，ω 为偏心因子，其定义式见式(1.1)。联立式(4.21)与式(4.24)，可得：

$$\sqrt{\frac{a(T)}{a_c}} = (1 + m) - m\sqrt{\frac{T}{T_c}} \tag{4.26}$$

式(4.26)与 Soave 观测的结果一致，表明 $(a/a_c)^{1/2}$ 与 $(T/T_c)^{1/2}$ 之间为线性关系。

表达式[式(4.25)]中的系数 m 由 9 个纯组分烃的饱和蒸气压数据拟合得到。

第 6 章将介绍如何运用立方型状态方程计算纯组分的饱和蒸气压。

对于 Soave 的温度函数，在临界温度条件下 $\alpha(T) = 1$，因此 $a(T)$ 便等于 a_c。式(4.22)和式(4.23)中的 a_c 和 b 可由式(4.6)表示的临界点准则得到。系数 0.42747 和 0.08664 通常表示为 Ω_a 和 Ω_b。

1978 年，基于更多组分（包含了芳香烃和异构烷烃）的饱和蒸气压实验数据，Graboski 和 Dauber 对式(4.25)中的 3 个系数进行了重新拟合，拟合结果分别为 0.48508，1.55171 和 −0.15613，但是这些系数并没有像 Soave 提出的系数一样得到广泛的推广应用。

1983 年，Mathias 和 Copeman 提出了一个适应性更强的温度函数：

$$\alpha(T) = (1 + C_1(1 - \sqrt{T_r}) + C_2(1 - \sqrt{T_r}) + C_3(1 - \sqrt{T_r})^2 \quad (T_r < 1) \tag{4.27}$$

$$\alpha(T) = (1 + C_1(1 - \sqrt{T_r}))^2 \quad (T_r \geqslant 1) \tag{4.28}$$

可以看出当 $C_1 = m$，$C_2 = C_3 = 0$ 时，Mathias-Copeman 表达式则简化为式(4.24)。1998 年，Khashayar 和 Moshfeghian 给出了使用 SRK 方程时烃类物质的 Mathias-Copeman 系数 C_1 至 C_4，见表 4.1。表 4.1 中还给出了水和甲醇（Dahl 和 Michelsen，1990）的 Mathias-Copeman 系数。总的来说，Mathias-Copeman 温度函数针对诸如水、甲醇等极性化合物的适用性要强于烃类化合物。

表 4.1 使用 SRK 方程时的 Mathias-Cpoeman 系数[式(4.27)和式(4.28)]

组 分	C_1	C_2	C_3	参考文献
甲烷	0.5857	−0.7206	1.2899	Khashayar 和 Moshfeghian(1998)
乙烷	0.7178	−0.7644	1.6396	Khashayar 和 Moshfeghian(1998)
丙烷	0.7863	−0.7459	1.8454	Khashayar 和 Moshfeghian(1998)
异丁烷	0.8284	−0.8285	2.3201	Khashayar 和 Moshfeghian(1998)
正丁烷	0.8787	−0.9399	2.2666	Khashayar 和 Moshfeghian(1998)
水	1.0873	−0.6377	0.6345	Dahl 和 Michelsen(1990)
甲醇	1.4450	−0.8150	0.2486	Dahl 和 Michelsen(1990)

压缩因子的表达式为：

$$Z = \frac{pV}{RT} \tag{4.29}$$

式(4.20)可改写为自变量为 Z 的形式：

$$Z^3 - Z^2 + (A - B + B^2)Z - AB = 0 \tag{4.30}$$

其中，A 和 B 分别为：

$$A = \frac{a(T)p}{R^2 T^2} \tag{4.31}$$

$$B = \frac{bp}{RT} \tag{4.32}$$

SRK 方程中，纯组分的临界点压缩因子为常数值 0.333。

对于含有 N 个组分的混合物，Soave 建议通过下式计算系数 a 和系数 b：

$$a = \sum_{i=1}^{N} \sum_{j=1}^{N} z_i z_j a_{ij} \tag{4.33}$$

$$b = \sum_{i=1}^{N} z_i b_i \tag{4.34}$$

其中，z 表示摩尔分数，i 和 j 为各组分，有：

$$a_{ij} = \sqrt{a_i a_j}(1 - k_{ij}) \tag{4.35}$$

参数 k_{ij} 是二元交互作用参数，与 RK 混合规则式(4.16)中的二元交互作用参数类似。推荐 SRK 方程所使用的二元交互作用参数值见表 4.2，从表中可以看出，N_2 和 CO_2 之间的二元交互作用参数为负值，这意味着 N_2 和 CO_2 之间的引力要大于二元交互作用参数等于 0 时的模拟值。系数 b 的混合规则表明高压条件下纯组分的摩尔体积可以相互累加。

表 4.2 采用 SRK 状态方程时的油藏流体组分非零二元交互作用参数

组分	N_2	CO_2	H_2S
Soave-Redlich-Kwong			
N_2	0.0000	-0.0315	0.1696
CO_2	-0.0315	0.0000	0.0989
H_2S	0.1696	0.0989	0.0000
C_1	0.0278	0.1200	0.0800
C_2	0.0407	0.1200	0.0852
C_3	0.0763	0.1200	0.0885
iC_4	0.0944	0.1200	0.0511
nC_4	0.0700	0.1200	0.0600
iC_5	0.0867	0.1200	0.0600
nC_5	0.0878	0.1200	0.0689
C_6	0.0800	0.1200	0.0500
C_{7+}	0.0800	0.0100	0.0000
Peng-Robinson			
N_2	0.0000	0.0170	0.1767
CO_2	0.0170	0.0000	0.0974
H_2S	0.1767	0.0974	0.0000

续表

组 分	N₂	CO₂	H₂S
Peng-Robinson			
C_1	0.0311	0.1200	0.0800
C_2	0.0515	0.1200	0.0833
C_3	0.0852	0.1200	0.0878
iC_4	0.1033	0.1200	0.0474
nC_4	0.0800	0.1200	0.0600
iC_5	0.0922	0.1200	0.0600
nC_5	0.1000	0.1200	0.0630
C_6	0.0800	0.1200	0.0500
C_{7+}	0.0800	0.0100	0.0000

资料来源：Knapp, H. R., et al., Vapor-liquid equilibria for mixtures of low boiling substances, *chem. Data Ser.*, Vol. VI, DECHEMA, 1982。

4.4 Peng-Robinson 方程

采用 SRK 方程预测的液相密度通常较低，1976 年，Peng 和 Robinson 等人将原因归结为 SRK 方程预测的纯组分在临界状态时的压缩因子为 0.333。表 4.3 展示了 C_1 到 C_{10} 正构烷烃临界压缩因子的实验值。临界压缩因子的范围通常是 0.25~0.29，也就是说，稍微低于 SRK 方程模拟过程中所采用的值。Peng 和 Robinson 提出了以下方程形式：

$$p = \frac{RT}{V-b} - \frac{a(T)}{V(V+b)+b(V-b)} \tag{4.36}$$

表 4.3　C_1 到 C_{10} 正构烷烃的临界压缩因子

组 分	Z_c
C_1	0.288
C_2	0.285
C_3	0.281
nC_4	0.274
nC_5	0.251
nC_6	0.260
nC_7	0.263
nC_8	0.259
nC_9	0.260
nC_{10}	0.247

资料来源：Poling, B. E. Prausnitz, J. M., and O'Connell, J. P., *The Properties of Gases and Liquids*, McGraw-Hill, New York, 2000。

其中

$$a(T) = a_c \alpha(T) \tag{4.37}$$

$$a_c = 0.45724 \frac{R^2 T_c^2}{p_c} \tag{4.38}$$

$$\alpha(T) = \left[1 + m\left(1 - \sqrt{\frac{T}{T_c}}\right)\right]^2 \tag{4.39}$$

$$m = 0.37464 + 1.154226\omega - 0.26992\omega^2 \tag{4.40}$$

$$b = \frac{0.07780 R T_c}{p_c} \tag{4.41}$$

式(4.36)给出了通用的纯组分的临界压缩因子值 0.307，该值低于 SRK 方程中所使用的值，但仍然高于表 4.3 中的实验值。对于混合物，Peng 和 Robinson 推荐采用式(4.33)和式(4.34)所示的混合规则来计算系数 a 和系数 b，这与 SRK 方法是一致的。

1978 年，Peng 和 Robinson 对式(4.40)进行了修正，给出了当 $\omega > 0.49$ 时的公式：

$$m = 0.379642 + 1.48503\omega - 0.164423\omega^2 + 0.016666\omega^3 \tag{4.42}$$

4.5 Peneloux 体积校正

至 1982 年，SRK 方程的应用仅限于相平衡和气体密度计算。由于对液体密度的预测精度低，SRK 方程通常需要与其他的密度校正方法结合应用。这引起了一系列问题，比如对于近临界体系，很难区分气相和液相。1982 年，Peneloux 等引入了体积平移参数对 SRK 方程进行修正，修正后的方程(SRK-Peneloux)形式为：

$$p = \frac{RT}{V-b} - \frac{a(T)}{(V+c)(V+b+2c)} \tag{4.43}$$

参数 c 为体积校正量或体积平移参数。将摩尔体积和参数 b 带入 SRK 方程和 SRK-Peneloux 方程如下：

$$V_{Pen} = V_{SRK} - c \tag{4.44}$$

$$b_{Pen} = b_{SRK} - c \tag{4.45}$$

其中，下标 SRK 代表 SRK 方程，Pen 代表 SRK-Peneloux 方程。

参数 c 对于气相和液相的平衡计算结果没有影响，SRK-Peneloux 方程所得到的纯组分的饱和蒸气压以及混合物的露点和泡点压力与经典的 SRK 方程所得到的结果是完全一致的。这便是体积校正量或体积平移参数引入的原因，它仅仅是一个影响摩尔体积和相密度的参数，对相平衡过程并没有影响。至此，可以得到一个有趣的结论，可以赋予参数 c 特定的值，使摩尔体积计算值与实验观察值保持一致。1982 年，Peneloux 等推荐非烃类组分以及小于 C_7 的烃类组分的 c 值可采用以下方式计算获得：

$$c = \frac{0.40768 R T_c (0.29441 - Z_{RA})}{p_c} \tag{4.46}$$

其中，Z_{RA} 是 Rackett 压缩因子(Rackett, 1970; Spencer 和 Danner, 1973)，有：

$$Z_{RA} = 0.29056 - 0.08775\omega \tag{4.47}$$

式(4.46)中的系数可以通过拟合标准大气压力条件下 C_1 至 C_6 烃类物质的液相饱和密度获得。在第 5 章会介绍如何计算 C_6 以上烃类物质的参数 c。

Peneloux 体积平移的概念并不仅限于 SRK 方程，其同样适用于 Peng-Robinson(PR)方程

(Jhaveri 和 Youngren，1988）。考虑 Peneloux 体积校正系数时，PR 方程具有以下表达形式：

$$p = \frac{RT}{V-b} - \frac{a(T)}{(V+c)(V+2c+b)+(b+c)(V-b)} \tag{4.48}$$

对于非烃物质以及分子量小于 C_7 的烃类物质，体积平移参数可通过下式求得：

$$c = \frac{0.50033RT_c}{p_c}(0.25969 - Z_{RA}) \tag{4.49}$$

其中，Z_{RA} 为式(4.47)中定义的 Rackett 压缩因子。

关于 SRK-Peneloux 方程，其系数可以通过拟合标准大气压力条件下 C_1 至 C_6 烃类物质的液相饱和密度获得。

尽管对 SRK 液相密度进行体积校正的必要性显而易见，但 PR 方程是否同样需要引入体积校正仍待商榷，因为 PR 方程在推导的过程中已经考虑了液相密度的预测精度问题。图 4.5 展示了三种正构烷烃在三种不同温度下达到饱和状态时，其液相密度的理论计算值与实验观测值。理论计算分别采用 SRK 方程、PR 方程和 SRK-Peneloux 方程，图中展示的最高温度为临界温度。整体来看，与实验数据最为接近的是 SRK-Penoloux 方程的计算值，SRK 方程在不引入体积校正时的预测结果往往偏低，以上现象在丙炔和正己烷中尤为突出。对于甲烷和丙炔而言，PR 方程在低温度下的液相密度预测结果往往偏大，对于正己烷而言，PR 方程的计算结果置信度较高，但仍未有 SRK-Peneloux 方程的计算结果吻合度高。

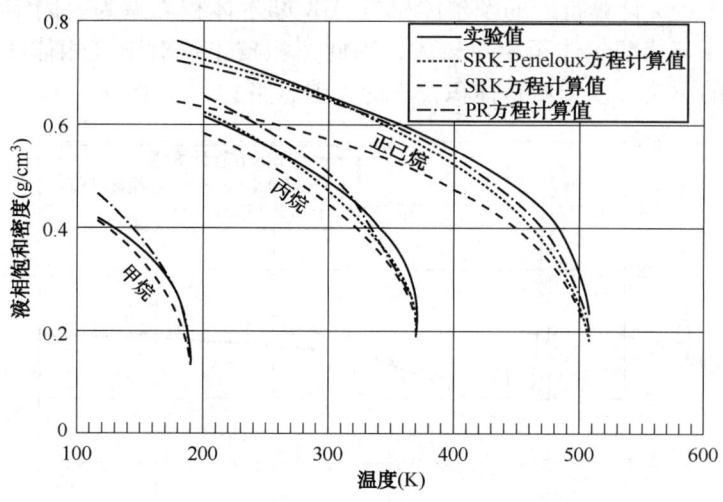

图 4.5　液相饱和密度的实验值与理论计算值
摘自美国石油协会，技术手册—原油炼化，API，纽约，1982

利用 Peneloux 体积校正后的 SRK 方程和 PR 方程得到的相平衡计算结果与未采用体积校正的结果基本一致。这是因为(以 SRK 方程为例)，SRK 和 SRK-Peneloux 中 i 组分的逸度系数满足：

$$\ln\varphi_{i,\text{SRK}} = \ln\varphi_{i,\text{Pen}} + \frac{c_i p}{RT} \tag{4.50}$$

逸度系数的具体含义详见附录 A，附录 A 同时介绍了气相(V)与液相(L)达到平衡状态时，组分 i 应满足以下关系：

$$\frac{y_i}{x_i} = \frac{\varphi_{i,\text{SRK}}^{\text{L}}}{\varphi_{i,\text{SRK}}^{\text{V}}} \tag{4.51}$$

y_i 是组分 i 在气相中的摩尔分数，x_i 是组分 i 在液相中的摩尔分数。

结合式(4.50)，平衡状态下的关系也可表示为：

$$\frac{y_i}{x_i} = \frac{\varphi_{i,\text{Pen}}^{\text{L}} \exp\left(\dfrac{c_i p}{RT}\right)}{\varphi_{i,\text{Pen}}^{\text{V}} \exp\left(\dfrac{c_i p}{RT}\right)} = \frac{\varphi_{i,\text{Pen}}^{\text{L}}}{\varphi_{i,\text{Pen}}^{\text{V}}} \tag{4.52}$$

式(4.52)表明，RK 和 SRK-Peneloux 方程所求得的各相组成和各相的量是完全相同的，仅仅是摩尔体积(相密度)以及第 8 章会涉及的其他物性参数不同。同样，该结论适用于 PR 和 PR-Peneloux 方程[式(4.36)和式(4.48)]。

Peneloux 方程不仅能够校正液相密度，同样也能校正气相密度，如图 4.6 所示，该图展示了 15℃下分别借助 SRK 方程[式(4.20)]和 SRK-Peneloux 方程[式(4.43)]计算得到的正己烷的 PV 关系曲线。当压力为 1bar 时，从 SRK 计算曲线可以看出正己烷摩尔体积为 148cm³，但相同条件下正己烷的实际摩尔体积应为 130cm³。通过引入 Peneloux 体积平移参数[式(4.43)中的 c]，其值为 148 − 130 = 18cm³/mol，如此一来，温度为 15℃、压力为 1bar 条件下的液相体积便得以校正。图 4.6 同时展示了采用 SRK-Peneloux 方程计算得到的 PV 关系曲线，SRK-Peneloux 计算得到的摩尔体积与 SRK 摩尔体积之差为一固定常数 c(图 4.6 为 18cm³/mol)。由于气相摩尔体积相对较大，因此体积校正量对于气相体积的影响远远小于其对于液相体积的影响，以上便是体积校正的大致思路。

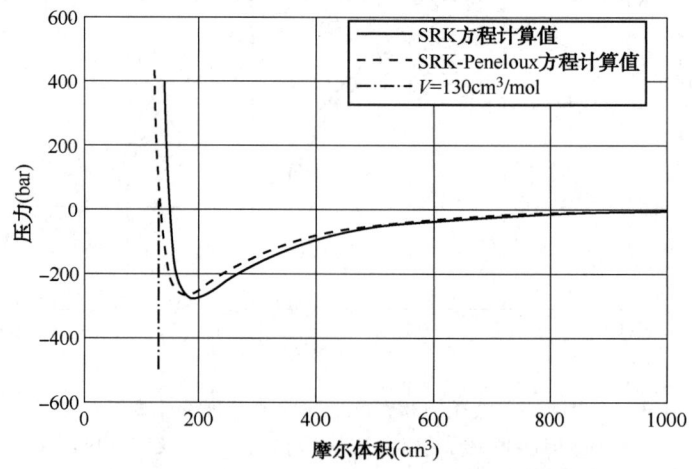

图 4.6　温度为 15℃时，采用 SRK 方程[式(4.20)]和 SRK-Peneloux 方程[式(4.43)]计算得到的正己烷的 PV 关系曲线

1bar 条件下校正后的正己烷摩尔体积为 130cm³

由 SRK 方程计算得到的近临界状态下纯组分的密度不够准确，当引入 Peneloux 体积校正量时会改善计算精度，但与实验结果相比，理论计算值仍然会存在 15% 的偏差。通过引入 Peneloux 温度变量参数可解决上述问题，具体方法会在第 5 章详细介绍。近临界状态下纯组分密度的误差会对多组分物性预测产生影响。

4.6 其他立方型状态方程

在20世纪七八十年代，在立方型状态方程研究热潮的推动下，众多热力学研究小组提出了多种取代SRK方程和PR方程的新的方程式，这类方程大都具有以下的普遍化形式：

$$p = \frac{RT}{V+\delta_1} - \frac{a(T)}{(V+\delta_2)(V+\delta_3)} \tag{4.53}$$

SRK方程、PR方程、SRK-Peneloux方程以及PR-Peneloux方程[式(4.20)、式(4.36)、式(4.43)和式(4.48)]均满足通式(4.53)，每类方程式的具体参数值δ_1—δ_3详见表4.4。式(4.53)包含了三个不同的体积校正参数δ_1、δ_2和δ_3，SRK方程和PR方程仅采用了其中的一个，Peneloux修正后的SRK方程和PR方程采用了其中的两个。

表4.4 状态方程通式(4.53)中的参数及相应取值

方　程　式	δ_1	δ_2	δ_3
Soave-Redlich-Kwong 方程[式(4.20)]	$-b$	0	b
Peng-Robinson 方程[式(4.36)]	$-b$	$(1+\sqrt{2})b$	$(1-\sqrt{2})b$
SRK-Peneloux 方程[式(4.43)]	$-b$	c	$b+2c$
PR-Peneloux 方程[式(4.48)]	$-b$	$c+(1+\sqrt{2})(b+c)$	$c+(1-\sqrt{2})(b+c)$
Adachi-Lu-Sugie 方程[式(4.54)]	$-b_1$	$-b_2$	b_3

同时引入式(4.53)中三个体积校正参数的方程式为Adachi-Lu-Sugie(ALS)方程(1983年)，其具体表达形式为：

$$p = \frac{RT}{V-b_1} - \frac{a(T)}{(V-b_2)(V+b_3)} \tag{4.54}$$

ALS方程中的参数a采用了以下温度函数：

$$a = a_c \alpha(T) \tag{4.55}$$

$$a_c = \frac{\Omega_a R^2 T_c^2}{p_c} \tag{4.56}$$

$$\alpha(T) = \left[1 + m\left(1 - \sqrt{\frac{T}{T_c}}\right)\right]^2 \tag{4.57}$$

$$\Omega_a = 0.44869 + 0.04024\omega + 0.01111\omega^2 - 0.00576\omega^3 \tag{4.58}$$

$$m = 0.4070 + 1.3787\omega - 0.2933\omega^2 \tag{4.59}$$

体积校正参数$b_1 \sim b_3$可由式(4.60)计算获得：

$$b_k = \frac{B_k T_c R}{p_c} \quad (k=1,2,3) \tag{4.60}$$

式中，常数B_1，B_2和B_3为偏心因子的函数，有：

$$B_1 = 0.08974 - 0.03452\omega + 0.00330\omega^2 \tag{4.61}$$

$$B_2 = 0.03686 + 0.00405\omega - 0.01073\omega^2 + 0.00157\omega^3 \tag{4.62}$$

$$B_3 = 0.15400 + 0.14122\omega - 0.00272\omega^2 - 0.00484\omega^3 \tag{4.63}$$

式(4.61)至式(4.63)中的参数值可通过纯组分和多组分的相平衡和焓的数据拟合得到。

参数 a 和参数 $b_1 \sim b_3$ 的求取采用经典的混合规则,详见式(4.33)和式(4.34)。

式(4.54)中引入了三个体积校正参数,这使得 ALS 方程的适应性要优于即便是经过校正后的 SRK 方程和 PR 方程。但是,ALS 方程并没有得到像 SRK 方程和 PR 方程那样的广泛使用。在石油工业中,行业标准的制定是必要的,它能够使得不同公司实施同一项目时最终得到的计算结果保持一致。北美地区倾向采用 PR 方程作为行业标准,欧洲倾向于采用 SRK 方程作为行业标准,世界其他地区有关这两种方程的认可度也不尽相同。由于 SRK 方程和 PR 方程是目前石油工业中应用最为广泛的立方型状态方程,本书中呈现的采用立方型状态方程计算的实例均是基于 SRK 方程或 PR 方程,且大多数引入了 Peneloux 体积修正量。

4.7 相平衡计算

采用状态方程进行相平衡计算会在第 6 章详细介绍,在计算过程中会涉及逸度系数,有关逸度系数的概念会在附录 A 中介绍。SRK 方程中,混合物中组分 i 逸度系数的表达式为:

$$\ln\varphi_i = -\ln(Z-B) + (Z-1)\frac{b_i}{b} - \frac{A}{B}\left\{\frac{1}{a}\left[2\sqrt{a_i}\sum_{j=1}^{N}z_j\sqrt{a_j}(1-k_{ij})\right] - \frac{b_i}{b}\right\}\ln\left(1+\frac{B}{Z}\right) \quad (4.64)$$

参数 A 和 B 的定义见式(4.31)和式(4.32)。PR 方程中,逸度系数的表达式为:

$$\ln\varphi_i = -\ln(Z-B) + (Z-1)\frac{b_i}{b} - \frac{A}{2^{1.5}B}\left\{\frac{1}{a}\left[2\sqrt{a_i}\sum_{j=1}^{N}z_j\sqrt{a_j}(1-k_{ij})\right] - \frac{b_i}{b}\right\} \times$$

$$\ln\left(\frac{Z+(2^{0.5}+1)B}{Z-(2^{0.5}-1)B}\right) \quad (4.65)$$

Peneloux 体积校正后的 SRK 方程和 PR 方程[式(4.43)和式(4.48)]的逸度系数可通过联立式(4.50)、式(4.64)及式(4.65)求得。对于 PR 方程,当使用式(4.50)时,下标 SRK 应替换为 PR。

4.8 非经典混合法则

立方型状态方程最初仅适用于烃类和其他非极性体系,随着立方型方程在油气混合物中的推广使用,如何将其拓展应用到含有极性成分的混合物中成为新的研究方向,第 16 章将会详细对此进行介绍。

4.9 PC-SAFT 方程

统计力学采用分子技术来描述宏观体系,但基于统计力学的模型在石油工业中的应用有一定的局限性。为了弥合分子力学模型与经典石油工程模型即立方型状态方程之间的差距,PC-SAFT 方程(Gross 和 Sadowski,2001)或许是一个很好的候选者。PC-SAFT 的全称为 Perturbed Chain Statistical Association Fluid Theory(扰动链—统计缔合流体理论)。该模型的建立基础是 Chapman 等的研究工作(1988,1990)。

压缩因子 Z 的定义为:

$$Z = \frac{pV}{RT} \tag{4.66}$$

其中：p 为压力；V 为摩尔体积；R 为气体常数；T 为绝对温度。理想气体的 $Z=1$，理想气体即为在压力足够低的条件下其摩尔体积为无限大的气体。当摩尔体积较小时（高压条件下），Z 逐渐偏离 1，其泰勒展开式为：

$$Z = 1 + \frac{A}{V} + \frac{B}{V^2} + \frac{C}{V^3} + \cdots \tag{4.67}$$

上述的压缩因子 Z 的表达式被称作为维里方程，其中的系数 A，B 和 C 为维里系数。根据摩尔体积的大小，维里方程可以截断到第一项、第二项或第三项，摩尔体积越小（压力越大），所保留的项越多。

与维里方程类似，PC-SAFT 模型同样基于理想气体压缩因子为 1 的认识来构建压缩因子的表达式：

$$Z = 1 + Z^{hc} + Z^{disp} \tag{4.68}$$

考虑到分子之间存在排斥作用力，Z^{hc} 代表压缩因子中的硬链贡献，Z^{disp} 代表引力（色散）项。PC-SAFT 通过三个参数来描述每个分子：

(1) 链节数目：m；

(2) 链节直径：σ；

(3) 链节能量：ε。

链节数为 1 时代表甲烷，对于较重的烃，其链节长度相对较短。

图 4.7 详细阐述了 PC-SAFT 方法的大致概念。PC-SAFT 将纯组分液体视为由大小相同的硬球体或链段组成[图 4.7(a)]，这些硬球体相互结合组成硬链分子[图 4.7(b)]，硬链分子之间也存在相互作用[图 4.7(c)]。

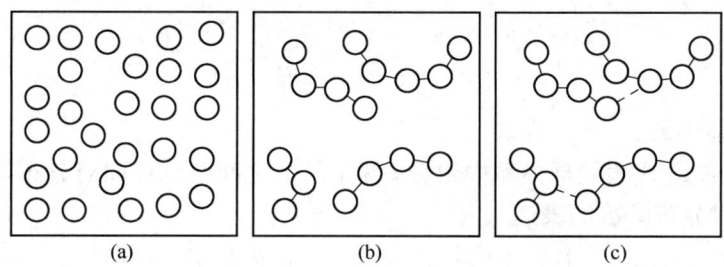

图 4.7 PC-SAFT 概念图

图 4.8 展示了包含两种分子的 PC-SAFT 混合物的示意图，两种分子的链节数分别为 m_1 和 m_2，直径为 σ_1 和 σ_2，链间的径向距离为 $r_{1,2}$，ε 为链节能量，可以理解为两个分子之间的最大引力。

PC-SAFT 压缩因子硬链项的表达式为：

$$Z^{hc} = \overline{m} Z^{hs} - \sum_{i=1}^{N} x_i (m_i - 1) \frac{\rho}{g_{ii}^{hs}} \frac{\partial \ln g_{ii}^{hs}}{\partial \rho} \tag{4.69}$$

其中，N 为组分数，x_i 为组分 i 的摩尔分数，且

$$\overline{m} = \sum_{i=1}^{N} x_i m_i \tag{4.70}$$

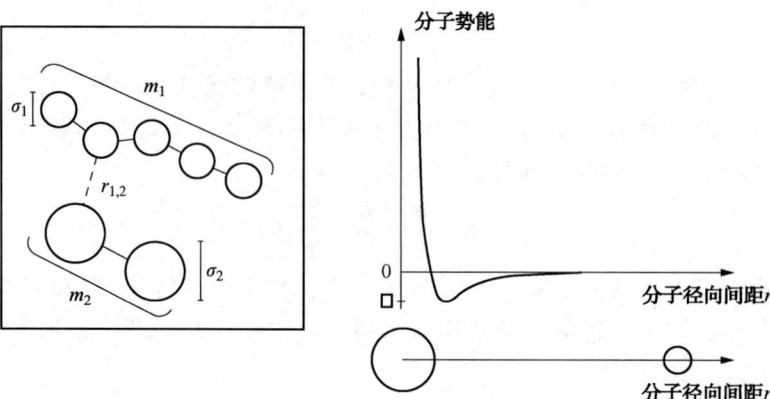

图 4.8 双组分混合物 PC-ASFT 示意图

Z^{hs} 为 Z^{hc} 的硬球贡献项，其表达式为：

$$Z^{hs} = \frac{\zeta_3}{1-\zeta_3} + \frac{3\zeta_1\zeta_2}{\zeta_0(1-\zeta_3)^2} + \frac{3\zeta_2^3 - 3\zeta_3\zeta_2^3}{\zeta_0(1-\zeta_3)^3} \tag{4.71}$$

其中

$$\zeta_n = \frac{\pi}{6}\rho \sum_{i=1}^{N} x_i m_i d_i^n \tag{4.72}$$

指数 n 的值为 0，1，2，3；ζ_3 为填充率；半径 d（与温度相关）的表达式为：

$$d_i = \sigma_i \left[1 - 0.12\exp\left(-\frac{3\varepsilon_i}{kT}\right)\right] \tag{4.73}$$

其中 k 为玻尔兹曼常数。

在式(4.72)中，ρ 为分子的总密度，有：

$$\rho = \frac{6\zeta_3}{\pi \sum_{i=1}^{N} x_i m_i d_i^3} \tag{4.74}$$

其中 k 为玻尔兹曼常数。

式(4.69)中的 g_{ii}^{hs} 代表硬球体系中组分 i 两个链节之间摩尔径向对分布函数，组分 i 和组分 j 之间的径向对分布函数的表达式为：

$$g_{ij}^{hs} = \frac{1}{1-\zeta_3} + \frac{d_i d_j}{d_i + d_j} \frac{3\zeta_2}{(1-\zeta_3)^2} + \left(\frac{d_i d_j}{d_i + d_j}\right)^2 \frac{2\zeta_2^2}{(1-\zeta_3)^3} \tag{4.75}$$

径向对分布函数是用来衡量流体中距离组分 j 特定粒子一段距离范围内存在组分 i 粒子的概率。径向对分布函数对密度求导后得到：

$$\rho \frac{\partial g_{ij}^{hs}}{\partial \rho} = \frac{\zeta_3}{(1-\zeta_3)^2} + \frac{d_i d_j}{d_i + d_j}\left[\frac{3\zeta_2}{(1-\zeta_3)^2} + \frac{6\zeta_2\zeta_3}{(1-\zeta_3)^3}\right] + \left(\frac{d_i d_j}{d_i + d_j}\right)^2\left[\frac{4\zeta_2^2}{(1-\zeta_3)^3} + \frac{6\zeta_2^2\zeta_3}{(1-\zeta_3)^4}\right] \tag{4.76}$$

PC-SAFT 利用式(4.77)表示压缩因子中的色散贡献项 Z^{disp}：

$$Z^{disp} = -2\pi\rho \frac{\partial(\zeta_3 I_1)}{\partial \zeta_3}\overline{m^2\varepsilon\sigma^3} - \pi\rho \overline{m}\left[C_1 \frac{\partial(\zeta_3 I_2)}{\partial \zeta_3} + C_2\zeta_3 I_2\right]\overline{m^2\varepsilon^2\sigma^3} \tag{4.77}$$

其中

$$C_1 = 1 + \overline{m}\frac{8\zeta_3 - 2\zeta_3^2}{(1-\zeta_3)^4} + (1-\overline{m})\frac{20\zeta_3 - 27\zeta_3^2 + 12\zeta_3^3 - 2\zeta_3^4}{[(1-\zeta_3)(2-\zeta_3)]^2} \tag{4.78}$$

$$C_2 = -C_1^2 \left\{ \overline{m} \frac{-4\zeta_3^2 + 20\zeta_3 + 8}{(1-\zeta_3)^5} + (1-\overline{m}) \frac{2\zeta_3^3 + 12\zeta_3^2 - 48\zeta_3 + 40}{[(1-\zeta_3)(2-\zeta_3)]^3} \right\} \quad (4.79)$$

$$\overline{m^2 \varepsilon \sigma^3} = \sum_{i=1}^{N} \sum_{j=1}^{N} x_i x_j m_i m_j \left(\frac{\varepsilon_{ij}}{kT} \right) \sigma_{ij}^3 \quad (4.80)$$

$$\overline{m^2 \varepsilon^2 \sigma^3} = \sum_{i=1}^{N} \sum_{j=1}^{N} x_i x_j m_i m_j \left(\frac{\varepsilon_{ij}}{kT} \right)^2 \sigma_{ij}^3 \quad (4.81)$$

$$I_1 = \sum_{j=0}^{6} a_j(\overline{m}) \zeta_3^j \quad (4.82)$$

$$I_2 = \sum_{j=0}^{6} b_j(\overline{m}) \zeta_3^j \quad (4.83)$$

式(4.80)和式(4.81)中,有:

$$\varepsilon_{ij} = \sqrt{\varepsilon_i \varepsilon_j} (1 - k_{ij}) \quad (4.84)$$

且

$$\sigma_{ij} = \frac{1}{2}(\sigma_i + \sigma_j) \quad (4.85)$$

其中,k_{ij}为二元交互作用参数,与立方型状态方程中参数 a 的混合规则[式(4.33)]类似。式(4.82)中,有:

$$a_j(\overline{m}) = a_{0j} + \frac{\overline{m}-1}{\overline{m}} a_{1j} + \frac{\overline{m}-1}{\overline{m}} \frac{\overline{m}-2}{\overline{m}} a_{2j} \quad (4.86)$$

式(4.83)中,有:

$$b_j(\overline{m}) = b_{0j} + \frac{\overline{m}-1}{\overline{m}} b_{1j} + \frac{\overline{m}-1}{\overline{m}} \frac{\overline{m}-2}{\overline{m}} b_{2j} \quad (4.87)$$

常系数 a_{0j}, a_{1j}, a_{2j}, b_{0j}, b_{1j} 和 b_{2j} 的数值见表4.5。

表4.5 式(4.86)和式(4.87)中的常数值

j	a_{1j}	a_{2j}	a_{3j}	b_{0j}	b_{1j}	b_{2j}
0	0.9105631445	-0.3084016918	-0.0906148354	0.7240946941	0.5755498075	0.0976883116
1	0.6361281449	0.1860531159	0.4527842806	2.2382781861	0.6995095521	-0.2557574982
2	2.6861347891	-2.5030047259	0.5962700728	-4.0025849485	3.8925673390	-9.1558561530
3	-26.547362491	21.419793629	-1.7241829131	-21.003576815	-17.215471648	20.642075974
4	98.759208784	-65.255885330	-4.1302112531	26.855641363	192.67226447	-38.804430052
5	-159.59154087	83.318680481	13.776631870	206.55133841	-161.82646165	93.626774077
6	91.297774084	-33.746922930	-8.6728470368	-355.60235612	-165.20769346	-29.666905585

Gross 和 Sadowski(2001)给出了氮气、二氧化碳以及 C_{20} 以内烃类物质的 m、σ 和 ε 值。

图 4.9 展示了当温度为 500K 时,利用 PC-SAFT 方程计算得到的正庚烷的压缩因子 Z 的变化曲线图。图中还展示了硬链(hc)项、理想气体(id)项以及色散(disp)项的分布情况。结合式(4.68),从图 4.9 可以发现,Z 因子是介于硬链项和色散项之间的平衡值。

为了更好地理解 PC-SAFT 方程和立方型状态方程之间的差异,在此考虑后者的等效方程式(4.68)。立方型状态方程包含斥力项和引力项:

$$Z = 1 + Z^{\text{repulsive}} + Z^{\text{attractive}} \quad (4.88)$$

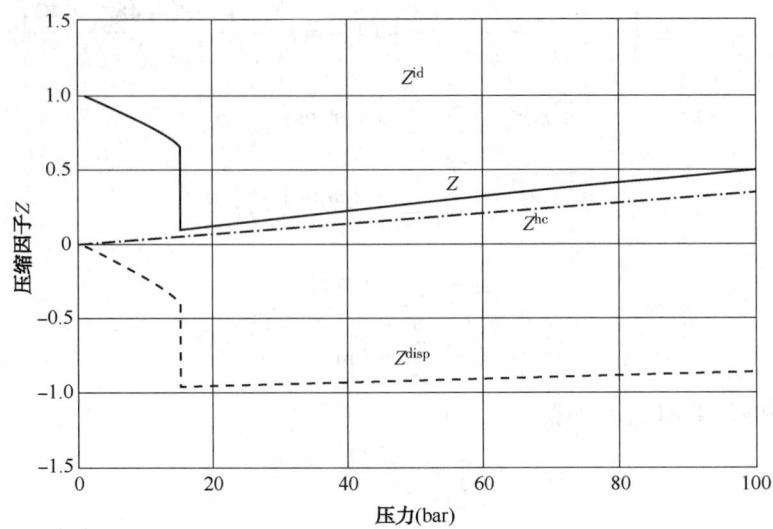

图4.9 当温度为500K时利用PC-SAFT方程计算得到的正庚烷的压缩因子 Z 变化曲线图

压缩因子 Z 发生骤变的蒸气压力值约为15 bar，理想气体贡献项除外

忽略引力项，$[-a(T)/V(V+b)]$，SRK状态方程变形为：

$$p = \frac{RT}{V-b} \tag{4.89}$$

压缩因子的表达式为：

$$Z = 1 + \frac{pb}{RT} \tag{4.90}$$

压缩因子 Z 的斥力项为：

$$Z^{\text{repulsive}} = \frac{pb}{RT} \tag{4.91}$$

综上可得到压缩因子 Z 的引力项如下：

$$Z^{\text{attractive}} = Z^{\text{cubic EoS}} - 1 - \frac{pb}{RT} \tag{4.92}$$

图4.10展示了温度为500K时，利用Soave-Redlich-Kwong方程计算得到的正庚烷的压缩因子 Z 的变化曲线图，图中还具体展示了各项的变化情况：

(1) 理想气体项（Z^{id}）；

(2) 立方型状态方程的斥力项（$Z^{\text{repulsive}}$）；

(3) 立方型状态方程的引力项（$Z^{\text{attractive}}$）。

由式(4.91)可知，恒定温度下立方型状态方程的斥力项与压力之间呈正比例增加关系。在压力较高的条件下，引力项会逐渐接近于 -1，因此理想气体项与引力项会相互抵消。也就是说，高压条件下的压缩因子 Z 与斥力项基本相等[式(4.91)]。目前没有实验数据证实特定条件下液相体积随 $1/p$ 会呈现线性降低关系，而且高压条件下利用立方型状态方程求得的等温压缩率的数据与实验数据并不完全符合[压缩率的定义参见式(3.5)]。

由PC-SAFT方程可知，硬链项和色散项（由图4.9可以看出）在高压条件下同样会影响液相的压缩因子 Z（压缩因子并非某一固定值）。而且，硬链项和色散项的普适表达式能够

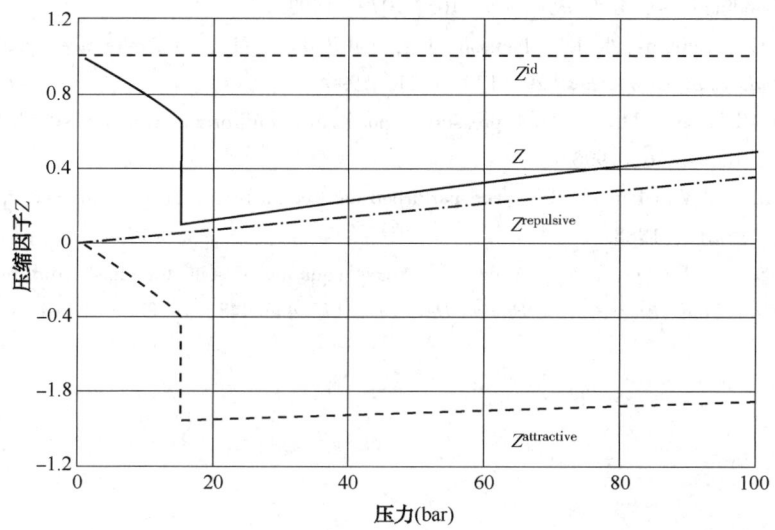

图4.10 当温度为500K时利用Soave-Redlich-Kwong方程计算得到的
正庚烷的压缩因子 Z 的变化曲线图

压缩因子 Z 发生骤变的蒸气压力值约为15bar,理想气体贡献项除外

更为准确地描述分子间的相互作用及体积随压力的变化趋势。Hadsbjerg 等(2005)已经证实对于正构烷烃的等温压缩率,采用 PC-SAFT 方程比采用 PR 状态方程具有更高的预测精度。

4.10 其他状态方程

越来越多的勘探开发项目指向了高温高压油藏,经典的立方型状态方程能否准确地描述此类条件下分子间的相互作用受到了质疑。因此,更为复杂的状态方程被相继提出,其中一些方程包含了考虑高压条件下超强斥力的项(Benedict 等,1940;Donohue 和 Vimalchan,1988;Lin 等,1983)。但这些方程在预测油藏流体 PVT 性质方面是否比传统立方型状态方程具有更好的适用性却不得而知。当涉及模拟烃类化合物的液—液相分裂时,比如原油—沥青质的相态平衡,需要借助到更为高级的状态方程,比如 PC-SAFT 方程。

天然气是能源领域中日趋重要的资源,因此油气工业对气体混合物体积的计算精度也提出了更高的要求。GERG 方程(Kunz 和 Wagner,2012)便是满足这一要求的成功实例。GERG 是 Groupe Europeen de Recherches Gazieres 的缩写。

Wei 和 Sadus(2000)对状态方程进行了详细的综述,包括立方型的和非立方型的。

参 考 文 献

Adachi, Y., Lu, B. C. -Y., and Sugie, H., A four-parameter equation of state, *Fluid Phase Equilib.* 11, 29-48, 1983.

American Petroleum Institute, *Technical Data Book—Petroleum Refining*, API, New York, 1982.

Benedict, M., Webb, G. R., and Rubin, L. C., An empirical equation for thermodynamic properties of light hydrocarbons and their mixtures. I. Methane, ethane, propane and butane, *J. Chem. Phys.* 8, 334-345, 1940.

Chapman, W. G., Jackson, G., and Gubbins, K. E., Phase equilibria of associating fluids: Chain molecules withmultiple bonding sites, *Mol. Phys.* 65, 1057-1079, 1988.

Chapman, W. G., Gubbins, K. E., Jackson, G., and Radosz, M., New reference equation of state for associating liquids, *Ind. Eng. Chem. Res.* 29, 1709-1721, 1990.

Dahl, S. and Michelsen, M. L., High-pressure vapor-liquid equilibrium with a UNIFAC-based equation of state, *AIChE J.* 36, 1829-1836, 1990.

Donohue, M. D. and Vimalchand, P., The perturbed-hard-chain theory. Extensions and applications, *Fluid Phase Equilib.* 40, 185-211, 1988.

Graboski, M. S. and Daubert T. E., A modified Soave equation of state for phase equilibrium calculations. 1. Hydrocarbon systems, *Ind. Eng. Chem. Process Des. Dev.* 17, 443-448, 1978.

5 C_{7+} 特征化

为了使用立方型状态方程对油藏流体组成进行相平衡计算，需要已知混合物中所含的每个组分的临界温度(T_c)、临界压力(p_c)和偏心因子(ω)。此外，还需要已知每对组分的二元相互作用参数(k_{ij})。如果使用具有体积校正的状态方程(Peneloux 等, 1982)，则还必须给每个组分的体积平移参数赋值。自然存在的原油或凝析气可能含有数千种不同的组分。这么多组分在闪蒸计算中是不切实际的。因此需要将一些组分集中在一起，代表虚拟组分。C_{7+} 表征包括将具有7个或更多个碳原子(庚烷及以上或 C_{7+} 馏分)的烃作为数量合适的虚拟组分，并且找出这些虚拟组分所需的状态方程参数(临界温度 T_c，临界压力 p_c 和偏心因子 ω)。表征(或集总)问题如图 5.1 所示。

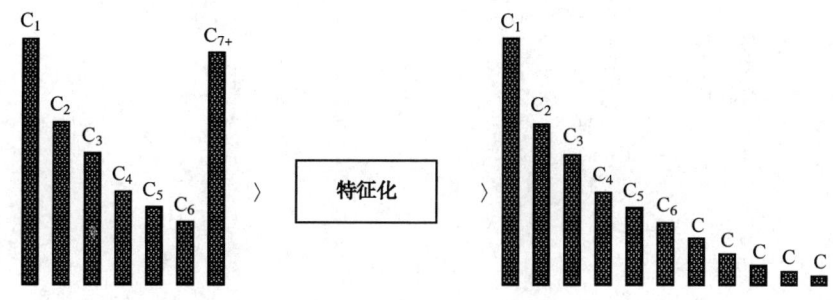

图 5.1 组合问题

5.1 组分分类

原油和凝析气中所含有的组分可以分为三类。

C_6 以前的明确组分：这类组分的碳原子数少于7个，包括氮气(N_2)、二氧化碳(CO_2)、硫化氢(H_2S)、甲烷(C_1)、乙烷(C_2)、丙烷(C_3)、异丁烷(iC_4)、正丁烷(nC_4)、异戊烷(iC_5)、正戊烷(nC_5)和己烷(C_6)(通常认为己烷是纯的正己烷 nC_6，尽管支状和环状的 C_6 组分也可能存在于 C_6 馏分中)。

C_{7+} 馏分：通常可以对明确组分 C_7—C_{10} 进行定量分析，但对 C_{7+} 馏分进行全组分分析是无法实现的，这是由于组分的数目太多了。相反地，将 C_{7+} 馏分分割成一些碳原子组分，每个碳原子组分所含烃类化合物的沸点都位于给定的温度区间内。温度间隔可以从表2.1中看出，并且通常由正构烷烃的沸点确定。如果已经进行了第2章所述的实沸点(TBP)分析，则在标准条件(大气压和15℃)下可得到每个 C_{7+} 馏分的密度和分子量。在对 C_{7+} 馏分进行特征化时，必须考虑到馏分中含有的烃类化合物组分的多样性。图5.2显示了属于 C_9 馏分的4种不同组分。如图5.3所示，结构差异对相变行为具有十分重要的意义。C_1 和 C_9 二元混合物的露点在很大程度上取决于 C_9 组分的化学结构。当 C_9 为正构壬烷 nC_9 时，最高露点温度比二甲基环己烷高约20℃。

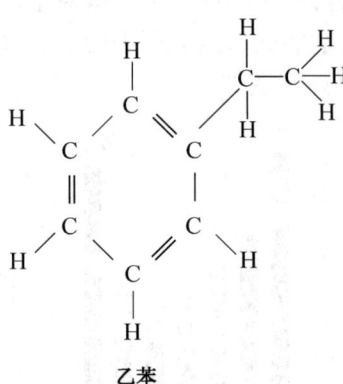

图 5.2 属于 C_9 馏分的 4 个不同组分

正壬烷是正构烷烃(P)，2,5-二甲基庚烷是异构烷烃(P)，1,2-二甲基环己烷是环烷烃(N)，乙苯属于芳香烃(A)。链烷烃(P)、环烷烃(N)和芳香烃(A)组分在第 1 章中有进一步讨论

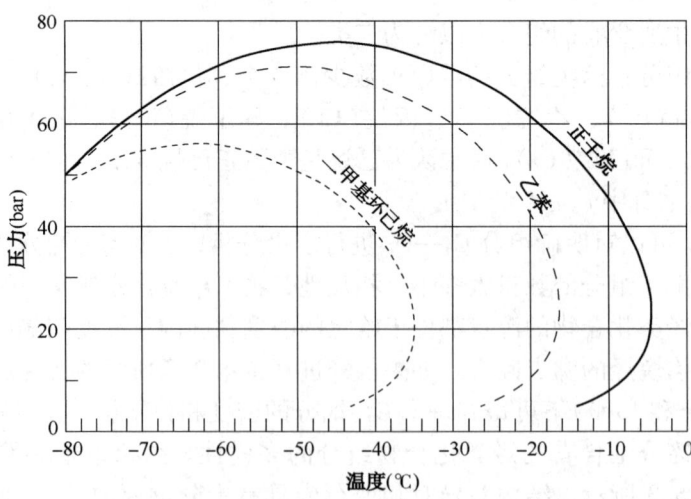

图 5.3 分别为摩尔分数为 99.99% 的 C_1 和摩尔分数为 0.01% 的 nC_9 二甲基环己烷和乙基苯的混合物的相图由 PR 状态方程计算得到

"+"馏分:"+"馏分含有无法分离成单个碳原子组分的过重组分。如果进行了实沸点(TBP)分析,则"+"馏分的平均分子量和密度能够定量测量。

下面将对之前进行分类的组分分别处理。

5.1.1 C_6 以前的明确组分

可以通过实验确定明确组分的临界温度(T_c),临界压力(p_c)和偏心因子(ω),这些实验值可以在热力学教科书中找到。文献值列于表5.1。

表5.1 一些常见的油藏流体组分的临界温度(T_c)、临界压力(p_c)和偏心因子(ω)

组 分	临界温度(K)	临界压力(bar)	偏心因子
N_2	126.2	33.9	0.040
CO_2	304.2	73.8	0.225
H_2S	373.2	89.4	0.100
C_1	190.6	46.0	0.008
C_2	305.4	48.8	0.098
C_3	369.8	42.5	0.152
iC_4	408.1	36.5	0.176
nC_4	425.2	38.0	0.193
iC_5	460.4	33.8	0.227
nC_5	469.5	33.7	0.251
nC_6	507.4	29.7	0.296

5.1.2 C_{7+} 馏分

C_{7+} 馏分通常含有链烷烃(P),环烷烃(N)和芳香烃(A)化合物。表5.2给出了图5.2中4个C_9组分在标准条件下的密度。可以看出,密度按照链烷烃(P)、环烷烃(N)和芳香烃(A)的顺序增加。因此,可以将密度作为链烷烃(P)、环烷烃(N)和芳香烃(A)分布的一个很好的衡量标准。密度越大,馏分中的芳香烃组分越多。在 Pedersen 等(1989,1992)的性质关联工作中已反映了这种密度相关性。在大气压条件下,碳原子组分的临界温度(T_c)、临界压力(p_c)和偏心因子(ω)表示成其分子量M和密度ρ(g/cm^3)的函数:

$$T_c = c_1\rho + c_2\ln M + c_3 M + \frac{c_4}{M} \tag{5.1}$$

表5.2 图5.2中化合物在15℃和1.01bar条件下的密度

组 分	组分分类	密度(g/cm^3)
正壬烷	链烷烃(P)	0.718
二甲基庚烷	链烷烃(P)	0.720
二甲基环己烷	环烷烃(N)	0.796
乙苯	芳香烃(A)	0.867

资料来源:Poling, B. E., Prausnitz, J. M. 和 O'Connell, J. P., *The Properties of Gases and Liquids*, McGraw-Hill, New York, 2000。

$$\ln p_c = d_1 + d_2\rho^{d_5}\frac{d_3}{M} + \frac{d_4}{M^2} \tag{5.2}$$

$$m = e_1 + e_2 M + e_3\rho + e_4 M^2 \tag{5.3}$$

对于SRK状态方程[式(4.20)]，m与偏心因子ω相关，有：

$$m = 0.480 + 1.574\omega - 0.175\omega \tag{5.4}$$

对于PR状态方程(公式4.36)：

$$m = 0.37464 + 1.54226\omega - 0.26992\omega \tag{5.5}$$

式(5.1)至式(5.3)中的系数$c_1 \sim c_4$，$d_1 \sim d_5$和$e_1 \sim e_4$由PVT实验数据确定。由于SRK方程和PR方程不同，所以两者之间优化的系数不同。SRK方程和PR方程两组系数见表5.3，(Pedersen等，1989，1992，2004)，无论是否进行Peneloux体积校正，这些系数的值是相同的。

表5.3 当使用Soave-Redlich-Kwong方程和Peng-Robinson方程时关联式(5.1)到式(5.3)中的系数

系数	1	2	3	4	5
SRK-Peneloux 参数①					
c	1.6312×10^2	8.6052×10	4.3475×10^{-1}	-1.8774×10^3	—
d	-1.3408×10^{-1}	2.5019	2.0846×10^2	-3.9872×10^3	1.0
e	7.4310×10^{-1}	4.8122×10^{-3}	9.6707×10^{-3}	-3.7184×10^{-6}	—
PR/PR-Peneloux 参数②					
c	7.34043×10	9.73562×10	6.18744×10^{-1}	-2.05932×10^3	—
d	7.28462×10^{-2}	2.18811	1.63910×10^2	-4.04323×10^3	1/4
e	3.73765×10^{-1}	5.49269×10^{-3}	1.17934×10^{-2}	-4.93049×10^{-6}	—

① 数据来自Pedersen, K. S., Blilie, A. L. 和Meisingset, K. K.，对于大分子组分利用测量和估算的混合数据计算油藏流体的PVT，*Ind. Eng. Chem.*, 31, 1378-1384, 1992。

② 数据来自Pedersen, K. S., Milter, J. 和SørensenH.，应用于HT/HP和高芳族流体的三次状态方程，*SPE J.*, 9, 186-192, 2004。

注：临界温度(T_c)的单位为K，临界压力(p_c)的单位为atm。

可以由式(4.46)和式(4.47)得到明确组分Peneloux参数[式(4.43)和式(4.48)中的c]。C_{7+}假组分i的Peneloux体积平移参数可以通过式(5.6)得到：

$$c_i = \frac{M_i}{\rho_i} - V_i^{\text{EOS}} \tag{5.6}$$

M_i是分子量，ρ_i是在15℃和大气压条件下的假组分i的密度。V_i是在相同条件下使用适宜的状态方程(SRK或PR)没有体积校正时得到的假组分i的摩尔体积。式(5.6)确保假组分i的Peneloux体积与在15℃和大气压条件下实验得到的密度一致。Pedersen等(2004)曾经指出，当使用式(5.6)确定的恒定的Peneloux校正值时，得到的稳定原油的热膨胀系数有些偏小。在较高温度下，模拟计算的液体密度值高于实验所得到的值。根据ASTM 1250-80关联式，稳定原油的密度ρ(kg/m³)随温度的变化关系为：

$$\rho_{T_1} = \rho_{T_0} e^{\{[-A(T_1-T_0)(1+0.8A(T_1-T_0))]\}} \tag{5.7}$$

T_0是已知密度的参考温度，T_1是要计算密度的温度。其中常数A为：

$$A = \frac{613.9723}{\rho_{T_0}^2} \quad (5.8)$$

Pedersen 等(2004)建议对于 C_{7+} 组分使用式(5.7)计算密度,但需在 SRK-Peneloux 和 PR-Peneloux 方程中引入温度相关的 Peneloux 参数:

$$c_i = c_{0i} + c_{1i}(T - 288.15) \quad (5.9)$$

式中:T 是绝对温度,K;c_{0i} 是温度为 288.15K(15℃)时,由式(5.6)确定的组分 i 的常规 Peneloux 参数;c_{1i} 是新的温度相关项,给出温度从 $T_0 = 288.15$K 到 $T_1 = 353.15$K 组分 i 的密度变化[由式(5.7)确定]。

Cavett(1964)将纯烃组分的临界温度和临界压力与密度和常压沸点相关联。Pedersen 等(1983,1984)对 Cavett 关联式进行了修正,得到以下表达式:

$$T_c = 768.071 + 1.7134 T_B - 0.10834 \times 10^{-2} T_B^2 + 0.3889 \times 10^{-6} T_B^3 - $$
$$0.89213 \times 10^{-2} T_B \text{API} + 0.53095 \times 10^{-6} T_B^2 \text{API} + 0.32712 \times 10^{-7} T_B^2 \text{API}^2 \quad (5.10)$$

$$\lg p_c = 2.829 + 0.9412 \times 10^{-3} T_B - 0.30475 \times 10^{-5} T_B^2 + 0.15141 \times 10^{-8} T_B^3 - $$
$$0.20876 \times 10^{-4} T_B \text{API} + 0.11048 \times 10^{-7} T_B^2 \text{API} + $$
$$0.1395 \times 10^{-9} T_B^2 \text{API}^2 - 0.4827 \times 10^{-7} T_B \text{API}^2 \quad (5.11)$$

临界温度 T_c 和常压沸点 T_B 的单位为 °F。临界压力 p_c 单位为 psi。美国石油学会定义的 API 重度指数为:

$$\text{API} = \frac{141.5}{SG} - 131.5 \quad (5.12)$$

其中 SG 为 60°F/60°F 相对密度。相对密度定义为在合适温度下等体积的油和水的质量比。由于在 60°F 和大气压条件下的水的密度接近 1g/cm³,因此在大气压条件下,油样的相对密度与油样的密度(g/cm³)大致相同。

Cavett 对于临界温度 T_c 和临界压力 p_c 的关联式可以与 Kesler 和 Lee(1976)的 ω 关联式一起使用:

$$\omega = \frac{\ln p_{BR} - 5.92714 + \frac{6.09649}{T_{Br}} + 1.28862 \ln T_{Br} - 0.169347 T_{Br}^6}{15.2518 - \frac{15.6875}{T_{Br}} - 13.4721 \ln T_{Br} + 0.43577 T_{Br}^6} \quad (T_{Br} < 0.8) \quad (5.13)$$

$$\omega = -7.904 + 0.1352K - 0.007465K^2 + 8.359 T_{Br} + \frac{1.408 - 0.01063K}{T_{Br}} \quad (T_{Br} > 0.8) \quad (5.14)$$

p_{Br} 是大气压除以 p_c,T_{Br} 是 T_B/T_c。

Daubert(1980)、Sim 和 Daubert(1980)、Riazi 和 Daubert(1980)、Twu(1983 和 1984)、Jalowka 和 Daubert(1986)、Watanasiri 等(1985)、Teja 等(1990)以及 Riazi(1997)提出了其他的关联式。Newman(1981)评估了临界温度 T_c 和临界压力 p_c 关联式用于芳香烃流体的情况,而 Whitson(1982)研究了将不同关联式用于状态方程时预测结果的差异。对某一个立方型状态方程匹配很好的关联式对另一个状态方程可能无法很好地匹配。

5.1.3 "+"馏分

"+"馏分的特征化包括以下内容:

(1)估算摩尔分率对碳原子数的分布;

(2) 估算所得碳原子数馏分的临界温度(T_c),临界压力(p_c)和偏心因子(ω);

(3) 将碳原子数馏分组合成适当数目的假组分。

Pedersen 等(1983,1984)观测到原油和凝析气藏流体的组成模式。对于 C_6 以上的碳原子数馏分,碳数与相应摩尔分数 Z_N 的对数之间近似呈线性关系:

$$C_N = A + B\ln Z_N \tag{5.15}$$

图 5.4 中的圆圈显示了表 5.4 中储层流体的 C_7—C_{19} 摩尔分数对数与碳数的关系曲线。可以看出,该混合物的摩尔分布与式(5.15)基本一致。这表明比 C_{19} 重的碳原子数组分的摩尔分数可以通过外推 C_7—C_{19} 碳原子数组分(图中的实线)的最佳拟合线来确定。然而,这些摩尔分数受到质量平衡方程的约束:

$$z_+ = \sum_{i=C_+}^{C_{\max}} z_i \tag{5.16}$$

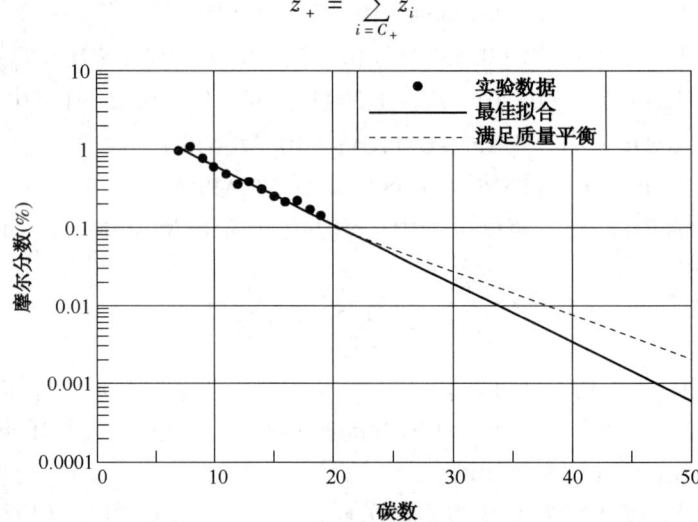

图 5.4　表 5.4 中凝析气的摩尔分数与碳数的关系

表 5.4　北海凝析气的摩尔组成

组分分类	组　分	摩尔分数(%)	分　子　量	密度(15℃,1.01bar)(g/cm³)
明确组分	N_2	0.12	—	—
	CO_2	2.49	—	—
	C_1	76.43	—	—
	C_2	7.46	—	—
	C_3	3.12	—	—
	iC_4	0.59	—	—
	nC_4	1.21	—	—
	iC_5	0.50	—	—
	nC_5	0.59	—	—
	C_6	0.79	—	—

续表

组分分类	组　分	摩尔分数(%)	分 子 量	密度(15℃,1.01bar)(g/cm³)
C_{7+}组分	C_7	0.95	95	0.726
	C_8	1.08	106	0.747
	C_9	0.78	116	0.769
	C_{10}	0.592	133	0.781
	C_{11}	0.467	152	0.778
	C_{12}	0.345	164	0.785
	C_{13}	0.375	179	0.802
	C_{14}	0.304	193	0.815
	C_{15}	0.237	209	0.817
	C_{16}	0.208	218	0.824
	C_{17}	0.220	239	0.825
	C_{18}	0.169	250	0.831
	C_{19}	0.140	264	0.841
"+"馏分	C_{20+}	0.833	377	0.873

$$M_+ = \frac{\sum_{i=C_+}^{C_{max}} z_i M_i}{\sum_{i=C_+}^{C_{max}} z_i} \tag{5.17}$$

C_+是"+"馏分的碳数(表5.4中的混合物的碳数为20),C_{max}是最重的组分的碳数。式(5.15)中的常数 A 和 B 可以通过式(5.16)和式(5.17)确定。对于普通油藏流体,通常认为C_{80}作为最重的组分是一个合理的选择。在稠油油藏中,重组分如C_{200}可能会对相态行为产生影响(Pedersen 等,2004)。确定常数 A 和 B 后,"+"馏分中所含的每个碳数组分的摩尔分数可以由式(5.15)确定。如图5.4中的虚线所示,对于C_{20+}细分组分,摩尔分数与碳数关系线的斜率可能与外推碳数组分最佳拟合线的斜率稍有一些偏离。首先必须要满足质量平衡方程[式(5.16)和式(5.17)],与直线的偏差仅仅意味着式(5.15)中表示的对数依赖关系只是近似的。

式(5.15)中的摩尔分布函数可以用化学反应平衡理论来解释(Sørensen 等,2013)。如果从纯元素形成正构链烷烃 C_nH_{2n+2} 和 $C_{n+1}H_{2(n+1)+2}$,则反应平衡为:

$$nC + (n+1)H_2 \rightleftharpoons C_nH_{2n+2} \tag{5.18}$$

该反应的平衡常数定义为:

$$K_{C_n} = \frac{[C_nH_{2n+2}]}{[C]^n[H_2]^{n+1}} \tag{5.19}$$

则相应的生成吉布斯自由能(ΔG_i^0)表示为:

$$-RT\ln K_{C_n} = \sum \nu_i \Delta G_i^0 \tag{5.20}$$

吉布斯能量在附录 A 中介绍。ν_i 是等式5.18中反应物和产物的化学计量系数,C_n项是

指 C_nH_{2n+2} 的参数。纯元素的 ΔG_i^0 为零，因此式(5.20)可以简化为：

$$-RT\ln K_{C_n} = \Delta G_{C_n}^0 \tag{5.21}$$

其中 $\Delta G_{C_n}^0$ 是 C_n 的生成吉布斯自由能。导致 C_n 和 C_{n+1} 反应的平衡常数之间的比率变为：

$$-RT\ln\frac{K_{C_n}}{K_{C_{n+1}}} = \Delta G_{C_n}^0 - \Delta G_{C_{n+1}}^0 \tag{5.22}$$

因此式(5.19)可以写作：

$$-RT\ln\frac{[C_nH_{2n+2}]}{[C]^n[H_2]^{n+1}} = \Delta G_{C_n}^0 - \Delta G_{C_{n+1}}^0 \tag{5.23}$$

或者

$$-RT(\ln[C_n] - \ln[C_{n-1}]) = \Delta G_{C_n}^0 - \Delta G_{C_{n+1}}^0 + RT\ln[C] + RT\ln[H_2] \tag{5.24}$$

表 5.5 显示了生成气体和液体的 nC_7 至 nC_{20} 的正构链烷烃的吉布斯自由能（物理化学参考数据，1982）。还显示了从一个 C_n 到下一个 C_{n+1} 生成吉布斯自由能的变化 ΔG。对于气体和液体状态，随着碳数的增加，增加量几乎保持不变。这意味着式(5.24)中 $\Delta G_{C_n}^0 - \Delta G_{C_{n+1}}^0$ 项以及 $RT\ln[C]$ 和 $RT\ln[H_2]$ 项是常数。因此等式 5.15 中 $\ln[C_n]$ 和 $\ln[C_{n-1}]$ 的差也为常数。

表 5.5 在 25℃下正构链烷烃的生成吉布斯能量（物理化学参考数据，1982）

单位：J/mol

组 分	气体生成吉布斯能	液体生成吉布斯能	C_n 和 C_{n-1} 间气体吉布斯能差	C_n 和 C_{n-1} 间液体吉布斯能差
nC_7	8033	1004		
nC_8	16401	6360	8368	5356
nC_9	24811	11757	8410	5397
nC_{10}	33221	17280	8410	5523
nC_{11}	41631	22719	8410	5439
nC_{12}	50041	28075	8410	5356
nC_{13}	58450	33556	8410	5481
nC_{14}	66818	38869	8368	5314
nC_{15}	75228	44350	8410	5481
nC_{16}	83764	49999	8535	5648
nC_{17}	92090	55187	8326	5188
nC_{18}	100458	60919	8368	5732
nC_{19}	108951	66275	8494	5356
nC_{20}	117319	71630	8368	5356

表 5.5 中的数据是 25℃下的纯物质。在不同温度下将纯态烃类化合物转化为烃混合物将使 ΔG 增加，但是这个增加值比生成吉布斯自由能要低一个量级。此外，C_{7+} 馏分还将包含除正构烷烃以外的其他成分。对于以芳香烃为主的稠油，式(5.15)可能不适用，或者可能对 C_{15} 以后的烃都不适用（Krejbjerg 和 Pedersen，2006）。然而对于大多数储层流体来说，占主要地位的是芳香烃和环烷烃分子上的链烷烃和支链烷烃。对于这些储层流体，可以得出

结论，式(5.15)中所表示的 C_{7+} 摩尔分数与碳数的相关性基于化学反应平衡理论。

C_{7+} 馏分的密度通常随碳数增加。如图5.5中的圆圈所示，密度可以合理地表示为如下关系式：

$$\rho_N = C + D\ln CN_N \tag{5.25}$$

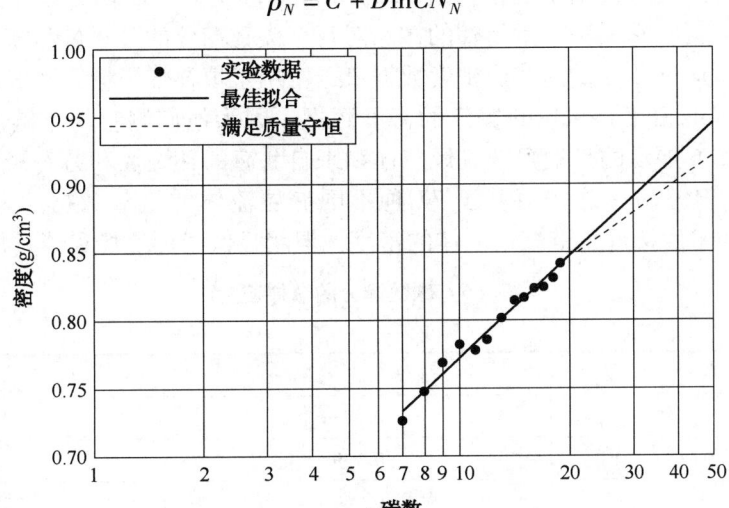

图 5.5　表 5.4 中凝析气密度与碳数关系

常数 C 和 D 由"+"馏分的总体密度 ρ_+ 以及"+"馏分之前最大的碳数馏分的密度（比如 C_{20+} 馏分之前最大的碳数为 C_{19}，即 C_{19} 密度）确定：

$$\rho_+ = \frac{\sum_{i=C_+}^{C_{\max}} z_i M_i}{\sum_{i=C_+}^{C_{\max}} \frac{z_i M_i}{\rho_i}} \tag{5.26}$$

从图5.5可以看出，给定的"+"馏分的总体密度线（虚线）的斜率与通过分析 C_{7+} 馏分密度（比如图5.5中 C_7—C_{19}）得到的最佳拟合线（实线）的斜率有少许偏差。换句话说，式(5.18)表示的密度关联式只是近似值。

最后，假设对于给定的碳数馏分 C_N 的分子量 M_N 可以通过下式决定：

$$M_N = 14 C_N - 4 \tag{5.27}$$

常数14表示每个额外的碳原子都有大约两个氢原子伴随。碳的原子量为12，氢的原子量为1，每个额外的碳原子总分子量增加14。式(5.27)中的(4)项表示储层流体中芳香烃结构的存在。芳香烃相对于链烷烃每个碳原子对应的氢原子要少。

根据上述方法估计的密度和分子量，式(5.1)至式(5.5)可以容易地用于确定"+"馏分的细分馏分的临界温度（T_c）、临界压力（p_c）和偏心因子（ω）。如果由式(5.10)到式(5.14)确定临界温度（T_c）、临界压力（p_c）和偏心因子（ω），那么需要每个碳数馏分对应的沸点。Katz 和 Firoozabadi（1978）给出了碳数到 C_{45} 馏分的沸点。这些数据见表2.1。对于碳数更多的馏分，可以通过下式得到沸点（Pedersen 等，1985）：

$$T_B = 97.58 M^{0.3323} \rho^{0.04609} \tag{5.28}$$

式中：M 是分子量；ρ 是大气压条件下的密度，g/cm^3。对于"+"馏分细分馏分的 Peneloux

数可以采用与 C_7—C_{19} 相似的方法[式(5.6)]获得。

通过将来自气相色谱(GC)分析和 TBP 分析的组分数据结合,可建立与表 5.4 中类似的 C_{20+} 的组分分析。这两种技术在第 2 章中有进一步讨论。实沸点(TBP)分析并不会对每个样品都开展,所以必须能够仅基于气相色谱(GC)分析进行流体特征化。这种类型的分析不是制备性的,也就是说,它无法产生足够的样品对每个碳数馏分的分子量和密度进行测量。表 2.1 中 Katz 和 Firoozabadi 提供的默认密度数据值通常用于填补分子量和密度数据的空白。然而并不推荐使用 Katz 和 Firoozabadi 提供的密度数据,因为他们测量的是链烷烃的密度,因此数据偏低。表 5.6 展示的是油藏链烷烃流体和来自北海的环烷烃和芳香烃流体的总体 C_{7+} 密度(Rønningsen,1989)。这些值基于 77 种不同储层流体的组分数据。表 2.1 中 Katz 和 Firoozabadi 提供的密度接近于链烷烃流体的密度,但明显低于环烷烃和芳香烃流体的密度。

表 5.6 碳数馏分的总体密度

单位:g/cm³

碳 数	链 烷 烃	环烷烃和芳香烃
C_6	0.675	0.669
C_7	0.739	0.746
C_8	0.762	0.762
C_9	0.780	0.787
C_{10}	0.790	0.809
C_{11}	0.793	0.820
C_{12}	0.806	0.837
C_{13}	0.821	0.848
C_{14}	0.833	0.857
C_{15}	0.838	0.866
C_{16}	0.844	0.874
C_{17}	0.839	0.875
C_{18}	0.842	0.878
C_{19}	0.852	0.888
C_{20}	0.869	0.899
C_{21}	0.870	0.897
C_{22}	0.871	0.899
C_{23}	0.872	0.900
C_{24}	0.874	0.901
C_{25}	0.876	0.905
C_{26}	0.879	0.908
C_{27}	0.883	0.910
C_{28}	0.888	0.917
C_{29}	0.892	0.921

资料来源:Rønningsen, H. P., Skjevrak, I., and Osjord. E.,北海石油馏分的表征:烃类型,密度和分子量,*Energy Fuels* 3,744-755,1989。

如果没有实沸点（TBP）分析，式(5.25)可以用来切割 C_{7+} 密度。可以根据式(5.26)中的质量平衡约束来确定常数 C 和 D，并使式(5.25)符合 C_6 的密度是总 C_{7+} 馏分密度的 0.86 倍。

Whitson(1983)通过分子量的概率密度函数表示分子量的摩尔分布：

$$p(M) = \frac{(M-\eta)^{\alpha-1}\exp\left(-\frac{M-\eta}{\beta}\right)}{\beta^\alpha \Gamma(\alpha)} \quad (5.29)$$

其中 β 是 C_{7+} 馏分中最小的分子量（通常为 C_7 的 M），β 定义如下：

$$\beta = \frac{M_{C_{7+}} - \eta}{\alpha} \quad (5.30)$$

$M_{C_{7+}}$ 是 C_{7+} 馏分的平均分子量；Γ 是伽马函数，当 $0 \leqslant x \leqslant 1$ 时其可以通过以下关系式(Abramowitz 和 Stegun，1972)估算：

$$\Gamma(x+1) = 1 + \sum_{i=1}^{8} a_i x^i \quad (5.31)$$

递推公式 $\Gamma(x+1) = x\Gamma(x)$ 应用于 $x > 1$ 的条件下。系数 a_1 到 a_8 见表 5.7。

表 5.7 式(5.31)中系数

系数	值
a_1	-0.577191652
a_2	0.988205891
a_3	-0.897056937
a_4	0.918206857
a_5	-0.756704078
a_6	0.482199394
a_7	-0.193527818
a_8	0.035868343

为了得到分子量位于 M_1 和 M_2 之间组分的总摩尔分数，式(5.29)中的概率函数必须从 M_1 到 M_2 进行积分，并乘以分子量 $>\eta$ 的组分的总摩尔分数。

Whitson 使用的分布函数看起来似乎与 Pedersen 等使用的完全不同[式(5.15)]。事实上，两个分布函数是密切相关的，这可以通过假设式(5.29)中的 $\alpha = 1$ 看出。在 $\alpha = 1$ 的假设下，公式可以化简为：

$$p(M) = \frac{\exp\left(-\frac{M-\eta}{M_{C_{7+}}-\eta}\right)}{M_{C_{7+}}-\eta} \quad (5.32)$$

或者

$$\ln(p(M)) = -\frac{M-\eta}{M_{C_{7+}}-\eta}\ln(M_{C_{7+}}-\eta) \quad (5.33)$$

如果假设分子量按照式(5.27)表示的碳数线性增加，则概率密度函数可以重写为：

$$C_N = \text{Con1} + \text{Con2}\ln(p(M)) \quad (5.34)$$

式中 Con1 和 Con2 为常数。这个公式与式(5.15)等效。Whitson 使用 α 作为回归参数，去匹配 PVT 实验数据。图 5.6 显示了在 $\alpha=2.27$ 时对数摩尔分布与伽马分布的对比。广泛的组成分析(Pedersen 等,1992)和化学反应平衡理论(Sørensen 等,2013)支持式(5.15)表示的对数分布，并且无法证明 $\alpha \neq 1$ 时的方程式(5.29)。这与 Zoo 和 Zhang(2000)的工作一致，他们对两个特征化方法进行了检验。

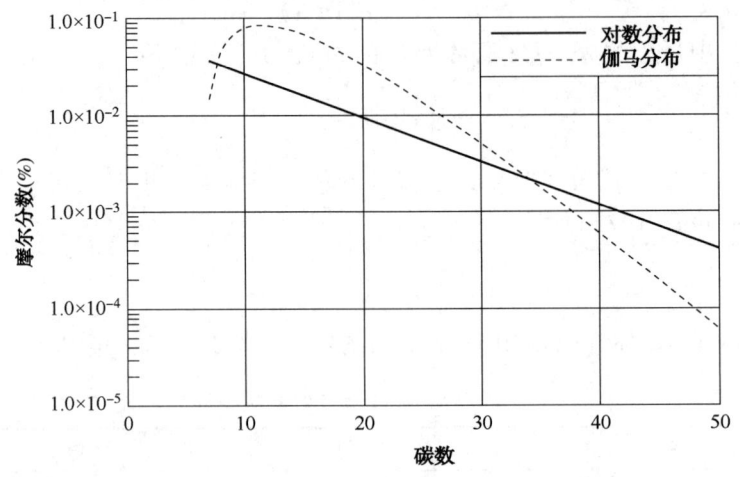

图 5.6　当 $\alpha=2.27$ 时对数分布与伽马分布的对比

5.2　二元交互作用参数

为了确定如 SRK 和 PR 立方型状态方程的参数 a，必须明确每个二元组分对的(也就是组分 i 和组分 j)二元交互作用参数 k_{ij}。参数 a 的混合规则见式(4.33)和式(4.35)。根据定义，当 $i=j$ 时，k_{ij} 为零。对于两个不同但是极性相近的组分，通常也假设 k_{ij} 等于或接近于零。由于烃基本上是非极性化合物，所以 $k_{ij}=0$ 是所有烃类二元对的合理近似。油藏流体中含有的非烃通常限于氮气、二氧化碳和硫化氢。考虑水分子 H_2O 可能更有意义。仅当二元组分中包含至少一个非烃组分时，通常才有必要使用非零的二元交互作用参数。然而，烃对之间的非零二元交互作用参数通常用于回归(参数拟合)目的。推荐用于 SRK 和 PR 状态方程的非零二元交互作用参数参见表 4.2。含水混合物的交互作用参数见第 16 章。

5.3　组合

表 5.8 显示了表 5.4 中混合物特征化后的组成。特征化的混合物由超过 80 个组分和虚拟组分组成。在进行相平衡计算之前，有必要减少这个数字。组合包含以下内容：

(1) 决定将多少个碳数馏分组合(分组)成一个假组分。

(2) 将单碳数馏分的临界温度(T_c)，临界压力(p_c)和偏心因子(ω)进行平均，得到代表整个假组分的临界温度(T_c)，临界压力(p_c)和偏心因子(ω)。

5 C_{7+} 特征化

表 5.8　表 5.4 中已特征化但未组合的混合物

组　分	摩尔分数（%）	分子量	在15℃和1.01bar条件下的密度(g/cm³)	临界温度（℃）	临界压力（bar）	偏心因子
N_2	0.12	28.014	—	-146.95	33.94	0.04
CO_2	2.49	44.01	—	31.05	73.76	0.225
C_1	76.43	16.043	—	-82.55	46	0.008
C_2	7.46	30.07	—	32.25	48.84	0.098
C_3	3.12	44.097	—	96.65	42.46	0.152
iC_4	0.590	58.124	—	134.95	36.48	0.176
nC_4	1.21	58.124	—	152.05	38	0.193
iC_5	0.50	72.151	—	187.25	33.84	0.227
nC_5	0.59	72.151	—	196.45	33.74	0.251
C_6	0.79	86.178	0.664	234.25	29.69	0.296
C_7	0.95	95	0.726	258.7	31.44	0.465
C_8	1.08	106	0.747	278.4	28.78	0.497
C_9	0.78	116	0.769	295.6	27.22	0.526
C_{10}	0.592	133	0.781	318.8	23.93	0.574
C_{11}	0.467	152	0.778	339.8	20.58	0.626
C_{12}	0.345	164	0.785	353.6	19.41	0.658
C_{13}	0.375	179	0.802	371.4	18.65	0.698
C_{14}	0.304	193	0.815	386.8	18.01	0.735
C_{15}	0.237	209	0.817	401.7	16.93	0.775
C_{16}	0.208	218	0.824	410.8	16.66	0.798
C_{17}	0.220	239	0.825	428.7	15.57	0.849
C_{18}	0.169	250	0.831	438.7	15.31	0.874
C_{19}	0.140	264	0.841	451.5	15.11	0.907
C_{20}	0.1010	275	0.845	460.8	14.87	0.932
C_{21}	0.0888	291	0.849	473.6	14.48	0.966
C_{22}	0.0780	305	0.853	484.7	14.21	0.996
C_{23}	0.0686	318	0.857	494.8	13.99	1.023
C_{24}	0.0603	331	0.860	504.7	13.8	1.049
C_{25}	0.0530	345	0.864	515.1	13.61	1.075
C_{26}	0.0465	359	0.867	525.4	13.43	1.101
C_{27}	0.0409	374	0.870	536.1	13.26	1.128
C_{28}	0.0359	388	0.873	546.0	13.12	1.151
C_{29}	0.0316	402	0.876	555.8	12.99	1.174
C_{30}	0.0277	416	0.879	565.5	12.88	1.195
C_{31}	0.0244	430	0.881	575.0	12.77	1.216

续表

组　分	摩尔分数（%）	分子量	在15℃和1.01bar条件下的密度(g/cm³)	临界温度（℃）	临界压力（bar）	偏 心 因 子
C_{32}	0.0214	444	0.884	584.4	12.68	1.235
C_{33}	0.0188	458	0.887	593.7	12.59	1.253
C_{34}	0.0165	472	0.889	602.9	12.52	1.270
C_{35}	0.0145	486	0.891	612.0	12.44	1.285
C_{36}	0.0128	500	0.894	621.0	12.38	1.300
C_{37}	0.0112	514	0.896	630.0	12.32	1.313
C_{38}	0.00986	528	0.898	638.8	12.26	1.325
C_{39}	0.00866	542	0.900	647.6	12.21	1.335
C_{40}	0.00761	556	0.902	656.3	12.17	1.344
C_{41}	0.00609	570	0.904	664.9	12.12	1.352
C_{42}	0.00588	584	0.906	673.5	12.09	1.359
C_{43}	0.00517	598	0.908	682.0	12.05	1.364
C_{44}	0.00454	612	0.910	690.5	12.02	1.368
C_{45}	0.00399	626	0.912	698.9	11.99	1.371
C_{46}	0.00351	640	0.914	707.3	11.96	1.372
C_{47}	0.00308	654	0.916	715.6	11.93	1.372
C_{48}	0.00271	668	0.917	723.8	11.91	1.371
C_{49}	0.00238	682	0.919	732.0	11.89	1.369
C_{50}	0.00209	696	0.921	740.2	11.87	1.365
C_{51}	0.00183	710	0.922	748.3	11.85	1.359
C_{52}	0.00161	724	0.924	756.4	11.84	1.353
C_{53}	0.00142	738	0.926	764.4	11.82	1.345
C_{54}	0.00128	752	0.927	772.4	11.81	1.335
C_{55}	0.00109	766	0.929	780.4	11.80	1.325
C_{56}	0.000962	780	0.930	788.3	11.78	1.313
C_{57}	0.000845	794	0.932	796.2	11.77	1.300
C_{58}	0.000743	808	0.933	804.1	11.77	1.286
C_{59}	0.000653	822	0.934	811.9	11.76	1.270
C_{60}	0.000574	836	0.936	819.7	11.75	1.253
C_{61}	0.000504	850	0.937	827.5	11.75	1.236
C_{62}	0.000443	864	0.939	835.2	11.74	1.216
C_{63}	0.000389	878	0.940	843.0	11.74	1.196
C_{64}	0.000342	892	0.941	850.6	11.73	1.175
C_{65}	0.000300	906	0.942	858.3	11.73	1.152
C_{66}	0.000264	920	0.944	866.0	11.73	1.129

续表

组　分	摩尔分数（%）	分子量	在15℃和1.01bar条件下的密度（g/cm³）	临界温度（℃）	临界压力（bar）	偏心因子
C_{67}	0.000232	934	0.945	873.6	11.72	1.104
C_{68}	0.000204	948	0.946	881.2	11.72	1.078
C_{69}	0.000179	962	0.947	888.7	11.72	1.052
C_{70}	0.000157	976	0.949	896.3	11.72	1.024
C_{71}	0.000138	990	0.950	903.8	11.72	0.995
C_{72}	0.000122	1004	0.951	911.3	11.72	0.965
C_{73}	0.000107	1018	0.952	918.8	11.72	0.935
C_{74}	0.0000939	1032	0.953	926.3	11.73	0.903
C_{75}	0.0000825	1046	0.954	933.7	11.73	0.871
C_{76}	0.0000725	1060	0.955	941.2	11.73	0.838
C_{77}	0.0000637	1074	0.956	948.6	11.73	0.804
C_{78}	0.0000560	1088	0.957	956.0	11.74	0.769
C_{79}	0.0000492	1102	0.959	963.4	11.74	0.734
C_{80}	0.0000432	1116	0.960	970.7	11.74	0.697

Pedersen等（1984）推荐了一种基于质量的分组方法，其中每个虚拟组分含有大致相同的质量，并且其中虚拟组分的临界温度（T_c）、临界压力（p_c）和偏心因子（ω）由单碳数组分的临界温度（T_c）、临界压力（p_c）和偏心因子（ω）按质量平均得到。如果第 k 个虚拟组分含有碳数从 m 到 n 的馏分，则其临界温度（T_c）、临界压力（p_c）和偏心因子（ω）根据下式得到：

$$T_{ck} = \frac{\sum_{i=m}^{n} z_i M_i T_{ci}}{\sum_{i=m}^{n} z_i M_i} \tag{5.35}$$

$$p_{ck} = \frac{\sum_{i=m}^{n} z_i M_i p_{ci}}{\sum_{i=m}^{n} z_i M_i} \tag{5.36}$$

$$\omega_k = \frac{\sum_{i=m}^{n} z_i M_i \omega_i}{\sum_{i=m}^{n} z_i M_i} \tag{5.37}$$

其中 z_i 是摩尔分数，M_i 是碳数组分 i 的分子量。基于质量的计算过程确保了 C_{7+} 馏分的所有碳氢化合物段被赋予相同的重要性。表5.9给出了这种分组的一个例子。C_{7+} 馏分分为三组，其质量基本相等。三个 C_{7+} 虚拟组分的质量分数略有不同，因为例如碳数为11的馏分不会分为两个虚拟组分。

表 5.9　表 5.4 中特征化和组合之后的混合物

组　分	摩尔分数(%)	质量分数(%)	临界温度(K)	临界压力(bar)	偏心因子
N_2	0.12	0.11	126.2	33.9	0.040
CO_2	2.49	3.51	304.2	73.8	0.225
C_1	76.43	39.30	190.6	46.0	0.008
C_2	7.46	7.19	305.4	48.8	0.098
C_3	3.12	4.41	369.8	42.5	0.152
iC_4	0.59	1.10	408.1	36.5	0.176
nC_4	1.21	2.25	425.2	38.0	0.193
iC_5	0.50	1.16	460.4	33.8	0.227
nC_5	0.59	1.36	469.6	33.7	0.251
C_6	0.79	2.18	507.4	29.7	0.296
C_7—C_{11}	3.87	14.26	568.0	26.8	0.530
C_{12}—C_{18}	1.86	11.92	668.9	17.4	0.762
C_{19}—C_{80}	0.97	11.25	817.3	13.5	1.108

在文献中可见其他几种组合方式。Danesh 等(1992)提出，对于每个虚拟组分来说，摩尔分数乘以分子量的对数($\sum z_i \ln M_i$)的总和应该是相等的，而并非使虚拟组分有相同的质量。Whitson 等(1989)提出使用求积分法来挑选虚拟组分。这意味着在本质上每个虚拟组分含有更宽范围的分子量，并且具有相同分子量的馏分可以分布在更多的虚拟组分之间。

Leibovici(1993)提出了一种更基础的方法，其观点认为总混合物的状态方程的参数 a 和参数 b 不应受到组合的影响。参数 a 的常规混合规则用式(4.33)表示。通过引入 a_{ij}[式(4.35)]的表达式，混合物的参数 a 可以表示为：

$$a(T) = C_1 \sum_{i=1}^{N} \sum_{j=1}^{N} z_i z_j \frac{T_{ci} T_{cj}}{\sqrt{p_{ci} p_{cj}}} \sqrt{\alpha_i(T) \alpha_j(T)} (1 - k_{ij}) \tag{5.38}$$

混合物的参数 b 与之相似[式(4.23)和式(4.34)]：

$$b = C_2 \sum_{i=1}^{N} z_i \frac{T_{ci}}{p_{ci}} \tag{5.39}$$

其中：C_1 和 C_2 为常数；T_c 为临界温度；p_c 为临界压力；z 为摩尔分数。如果 N 个组分中的一些组分被组合到虚拟组分中，则总体混合物的参数 a 和参数 b 通常不可能不受到影响。按照 Leibovici 等提出的组合方法，混合物在组合之后混合参数大致相同。为了使总混合物的参数 a 和参数 b 保持相同，含有组分 m 至 n 的虚拟组分 k 的参数由下式给出：

$$a_k(T) = C_1 \sum_{i=m}^{n} \sum_{j=m}^{n} z_i z_j \frac{T_{ci} T_{cj}}{\sqrt{p_{ci} p_{cj}}} \sqrt{\alpha_i(T) \alpha_j(T)} (1 - k_{ij}) \tag{5.40}$$

$$b_k = C_2 \sum_{i=m}^{N} z_i \frac{T_{ci}}{p_{ci}} \tag{5.41}$$

其中 $\alpha(T)$ 的定义式见式(4.24)。此外，对于虚拟组分 k 必须满足以下关系[根据式(4.21)]：

$$a_k(T) = C_1 \frac{T_{ck}^2}{p_{ck}} a_k(T) \tag{5.42}$$

并且可以根据式(5.40)和式(5.42)得出以下关系:

$$\frac{T_{ck}^2}{p_{ck}}\alpha(T) = \sum_{i=m}^{n}\sum_{j=m}^{n} z_i z_j \frac{T_{ci}T_{cj}}{\sqrt{p_{ci}p_{cj}}} \sqrt{\alpha_i(T)\alpha_j(T)}(1-k_{ij}) \tag{5.43}$$

当 $\alpha_k(T) = 1$ 时,温度 T_{ck} 还必须满足如下关系:

$$\frac{T_{ck}^2}{p_{ck}} = \sum_{i=m}^{n}\sum_{j=m}^{n} z_i z_j \frac{T_{ci}T_{cj}}{\sqrt{p_{ci}p_{cj}}} \sqrt{\alpha_i(T)\alpha_j(T)}(1-k_{ij}) \tag{5.44}$$

根据参数 b 的定义可以得到关系:

$$\frac{T_{ck}}{p_{ck}} = \sum_{i=m}^{N} z_i \frac{T_{ci}}{p_{ci}} \tag{5.45}$$

通过消去临界压力 p_{ck},式(5.37)和式(5.38)可以很容易地化简为只有一个未知量 T_{ck} 的方程,所以给定 T_{ck} 即可求得 p_{ck}。接下来确定与温度相关的参数 α。式(5.36)右侧的所有参数都是已知的,因此可以计算一系列与温度值对应的 $\alpha_k(T)$ 的数值。这些数值可以拟合得到关于 T 的四次多项式,该多项式用作确定虚拟组分 k 在相平衡计算中的温度相关参数 α。

使用这种组合方法,单相系统的混合物参数 a 将与虚拟组分的数量无关。如果计算过程涉及两相或多相,仅有当组成虚拟组分的单组分在两相之间平均分配时(具有相同的 K 因子),计算结果才与虚拟组分的数量无关。但是这种情况很少出现,并且根据 Jensen(1995) 的说法,Leibovici 的组合方法并没有给出与基于质量的组合方法相同精度的模拟结果。K 因子在 5.4 节[式(5.46)中的定义]中进一步讨论。

Lomeland 和 Harstad(1994) 提出了一种组合方案,这种方法将虚拟组分状态方程的参数 a 和参数 b 的变化最小化。

Newley 和 Merrill(1989) 提出了一种有些类似的组合方案,其使式(5.46)中定义的 K 因子的变化最小化,而不是状态方程参数的变化。

5.4 解组合

油藏组分模拟往往非常耗时,随着组分数量的增加,模拟时间也随之增加。因此,油藏组分模拟研究中使用的成分通常会大量地组合。此外,在油藏组分模拟中一些明确组分也会进行组合。表5.10显示的是表5.4中组成在特征化之后总共组合成6个虚拟组分。N_2 和 C_1 组合在一起,CO_2 与 C_2—C_3 组合在一起,所有的 C_4—C_6 组分都组合在一个馏分中。C_{7+} 馏分的组合方式与表5.9中的组合方式相同。

表5.10 表5.4中组成在特征化之后总共组合成6个虚拟组分

组　分	摩尔分数(%)	质量分数(%)	临界温度(K)	临界压力(bar)	偏心因子
$N_2 + C_1$	76.55	39.40	190.4	46.0	0.008
$CO_2 + C_2 + C_3$	13.07	15.11	323.9	52.8	0.143
C_4—C_6	3.68	8.06	457.7	34.2	0.233
C_7—C_{11}	3.87	14.26	568.0	26.8	0.530
C_{12}—C_{18}	1.86	11.92	668.9	17.4	0.762
C_{19}—C_{80}	0.97	11.25	817.3	13.5	1.108

在将生产井中流体分离成原油和气的加工过程中，压力通常比储层中压力要低很多。对于油藏条件合理的组合方法对于加工条件来说不一定是合理的。因此，以一种有益的方式可以将组合成分从油藏模拟组分分解为其原始成分，这一过程十分令人关注。这种分离的过程叫解组合。

烃混合物在压力—温度闪蒸时，组分 i 最终在气相和液相中的相对摩尔量由各组分的 K 因子确定：

$$K_i = \frac{y_i}{x_i} \tag{5.46}$$

其中：y_i 是气相中组分 i 的摩尔分数；x_i 是组分 i 在液相中的摩尔分数。如果两个组分 i 和 j 具有大致相同的 K 因子，则在闪蒸之前将它们合并到一个虚拟组分中是合理的。组合组分的 K 因子与两个组分分别处理时的 K 因子大致相同。

一些文章为了加速闪蒸计算，提出了在闪蒸计算时交替使用解组合的方法（Drohm 和 Schlijper，1985；Danesh 等，1992；Leibovici 等，1996）。对大量组分组合的流体进行闪蒸计算，并且使用适当的 K 因子关联式，在每次闪蒸计算之后，对所得到的相组分进行解组合。这种计算方式与使用全组分碳数高效闪蒸算法（在第 6 章中讨论）的闪蒸计算相比，是否能节省计算时间是值得怀疑的。此外，解组合将不可避免地引入不准确之处。

5.5 多相流体混合

经常需要将多种油藏组分混合。例如，将多种流体引入同一个加工厂的情况。当表示混合流体时，可以使用每个流体的虚拟组分都保留的组合组成，也可以使用真正的混合物组成。表 3.6 和表 5.11 列出了两种储层流体的组合和混合组成之间的差异。它们是以等摩尔原则进行组合或混合的。组合组成见表 5.12。这两个混合物最初单独特征化。两个流体都使用三个虚拟组分来表示 C_{7+} 馏分。从表 5.12 可以看出，两个流体的虚拟组分性质不同。在组合组成中，每个单独混合物中的化合物的物质的量浓度进行简单平均，用得到的平均值做明确组分的物质的量。组合的组成中包含两个混合物中所有的虚拟组分。当需要在混合组成中追踪各个进料流中的组分时，对流体进行组合是有利的，但是当待组合的流体数量较多时这种做法是不切实际的。对于每种新流体，在特定流体中发现的虚拟组分的数量使组分数量增加。这种情况下，对单个组成进行混合更具吸引力。这意味着通过混合流体中具有代表性的虚拟组分表示混合流体，而不是必须包含每个组成中的所有虚拟组分去表示。

表 5.11 凝析气流体的摩尔组成

组　分	摩尔分数(%)	分　子　量	15℃和1.01bar条件下的密度(g/cm³)
N_2	0.96	—	—
CO_2	0.77	—	—
C_1	83.57	—	—
C_2	6.16	—	—
C_3	3.07	—	—

续表

组　分	摩尔分数(%)	分　子　量	15℃和1.01bar条件下的密度(g/cm³)
iC_4	0.44	—	—
nC_4	1.12	—	—
iC_5	0.35	—	—
nC_5	0.50	—	—
C_6	0.48	—	—
C_7	0.67	95	0.724
C_8	0.60	103	0.748
C_9	0.38	116	0.765
C_{10+}	0.93	165	0.811

表5.12　表5.11中的气体组成和表3.6中的油组成按照等物质的量进行组合

组分	特征化的气体组成				特征化的油组成				组合组成			
	摩尔分数(%)	临界温度(K)	临界压力(bar)	偏心因子	摩尔分数(%)	临界温度(K)	临界压力(bar)	偏心因子	摩尔分数(%)	临界温度(K)	临界压力(bar)	偏心因子
N_2	0.96	126.2	33.94	0.040	0.39	126.2	33.94	0.040	0.68	126.2	33.94	0.040
CO_2	0.77	304.2	73.76	0.225	0.30	304.2	73.76	0.225	0.54	304.2	73.76	0.225
C_1	83.56	190.6	46.00	0.008	40.20	190.6	46.00	0.008	61.88	190.6	46.00	0.008
C_2	6.16	305.4	48.84	0.098	7.61	305.4	48.84	0.098	6.89	305.4	48.84	0.098
C_3	3.07	369.8	42.46	0.152	7.95	369.8	42.46	0.152	5.51	369.8	42.46	0.152
iC_4	0.44	408.1	36.48	0.176	1.19	408.1	36.48	0.176	0.82	408.1	36.48	0.176
nC_4	1.12	425.2	38.00	0.193	4.08	425.2	38.00	0.193	2.60	425.2	38.00	0.193
iC_5	0.35	460.4	33.84	0.227	1.39	460.4	33.84	0.227	0.87	460.4	33.84	0.227
nC_5	0.50	469.6	33.74	0.251	2.15	469.6	33.74	0.251	1.33	469.6	33.74	0.251
C_6	0.48	507.4	29.69	0.296	2.79	507.4	29.69	0.296	1.64	507.4	29.69	0.296
C_7—C_8(气)	1.27	539.3	30.6	0.476	—	—	—	0.563	0.64	539.3	30.61	0.476
C_9—C_{11}(气)	0.87	587.7	24.57	0.566	—	—	—	0.894	0.43	587.7	24.57	0.566
C_{12}—C_{42}(气)	0.44	668.3	18.82	0.752	—	—	—	1.256	0.22	668.4	18.82	0.752
C_7—C_{13}(油)	—	—	—	—	19.33	584.2	25.42	0.563	9.67	584.2	25.42	0.563
C_{14}—C_{26}(油)	—	—	—	—	8.64	722.4	16.20	0.894	4.32	722.4	16.20	0.894
C_{27}—C_{80}(油)	—	—	—	—	3.98	952.8	13.32	1.256	1.99	952.8	13.32	1.256

建议在组合成虚拟组分之前进行混合。例如 NFUILD 不同流体要进行混合，混合流体中碳数组分 i 的性质可以通过下式得到：

$$T_{ci}^{mix} = \frac{\sum_{j=1}^{NFLUID} Frac(j) z_i^j T_{ci}^j}{\sum_{j=1}^{NFLUID} Frac(j) z_i^j} \tag{5.47}$$

$$p_{ci}^{mix} = \frac{\sum_{j=1}^{NFLUID} Frac(j) z_i^j p_{ci}^j}{\sum_{j=1}^{NFLUID} Frac(j) z_i^j} \tag{5.48}$$

$$\omega_i^{mix} = \frac{\sum_{j=1}^{NFLUID} Frac(j) z_i^j \omega_i^j}{\sum_{j=1}^{NFLUID} Frac(j) z_i^j} \tag{5.49}$$

并且摩尔分数和平均分子量可以根据下式得到:

$$z_i^{mix} = \sum_{j=1}^{NFLUID} Frac(j) z_i^j \tag{5.50}$$

$$M_i^{mix} = \frac{\sum_{j=1}^{NFLUID} Frac(j) z_i^j M_i^j}{\sum_{j=1}^{NFLUID} Frac(j) z_i^j} \tag{5.51}$$

在这些方程中,z_i^j是碳数组分i在要混合的第j个组成中的摩尔分数。类似地,T_{ci}^j,p_{ci}^j和ω_{ci}^j分别是碳数组分i第j个组成中的临界温度,临界压力和偏心因子。$Frac(j)$是总混合物中第j组成的摩尔分数。通过使用式(5.47)至式(5.51),得到混合组成,其可以使用在5.3节中针对单一组分概述的方法之一进行组合。如果第k个虚拟组分包含第m到第n的碳数组分,则第k个虚拟组分性质如下所示:

$$T_{ck}^{mix} = \frac{\sum_{i=m}^{n} z_i^{mix} M_i^{mix} T_{ci}^{mix}}{\sum_{i=m}^{n} z_i^{mix} M_i^{mix}} \tag{5.52}$$

$$p_{ck}^{mix} = \frac{\sum_{i=m}^{n} z_i^{mix} M_i^{mix} p_{ci}^{mix}}{\sum_{i=m}^{n} z_i^{mix} M_i^{mix}} \tag{5.53}$$

$$\omega_k^{mix} = \frac{\sum_{i=m}^{n} z_i^{mix} M_i^{mix} \omega_i^{mix}}{\sum_{i=m}^{n} z_i^{mix} M_i^{mix}} \tag{5.54}$$

表 5.13 显示了表 5.11 中的气体和表 3.6 中的油以等物质的量混合的组分。

表 5.13　表 5.11 中的气体组成与表 3.6 中的油组成按照相等物质的量混合

组　分	摩尔分数(%)	临界温度(K)	临界压力(bar)	偏心因子
N_2	0.675	126.2	33.94	0.040
CO_2	0.535	304.2	73.76	0.225
C_1	61.885	190.6	46.00	0.008
C_2	6.885	305.4	48.84	0.098
C_3	5.510	369.8	42.46	0.152

续表

组　　分	摩尔分数(%)	临界温度(K)	临界压力(bar)	偏心因子
iC_4	0.815	408.1	36.48	0.176
nC_4	2.600	425.2	38.00	0.193
iC_5	0.870	460.4	33.84	0.227
nC_5	1.325	469.6	33.74	0.251
C_6	1.635	507.4	29.69	0.296
C_7—C_{12}	10.008	575.5	26.26	0.545
C_{13}—C_{25}	5.113	708.6	16.76	0.857
C_{26}—C_{80}	2.144	945.6	13.36	1.248

5.6　将多个组分特征化为若干个虚拟组分

在过程模拟、油藏组成和流动模拟中,将不同的储层流体特征化为一组虚拟组分(也称为共同的状态方程)可能是有利的。并且这也具有实用性,比如许多工业生产液流进入相同的分离装置时,通常需要分别对每个液流以及混合流进行模拟。如果使用同一组虚拟组分表示不同的组成,则液流可以很容易地混合而不必增加组分数量。

最初,将要特征化为同样虚拟组分的各混合物中的"+"馏分劈分为碳数馏分。对于每个 C_{7+} 碳数馏分,以常规的方式估算临界温度(T_c)、临界压力(p_c)和偏心因子(ω)。对于所有流体组成,如图 5.7 所示,使用相同的分割点进行组合,并为每个馏分确定一组共同的临界温度(T_c)、临界压力(p_c)和偏心因子(ω):

$$T_{ci}^{\text{unique}} = \frac{\sum_{j=1}^{NFLUID} Wgt(j) z_i^j T_{ci}^j}{\sum_{j=1}^{NFLUID} Wgt(j) z_i^j} \tag{5.55}$$

组分	流体1	流体2	……	
…				
…				
C_7	*xx*	*yy*		⎫
C_8	*xx*	*yy*		⎬ 虚拟组分1
C_9	*xx*	*yy*		⎭
C_{10}	…	…		⎫
C_{11}	…	…		⎪
C_{12}	…	…		⎬ 虚拟组分2
C_{13}	…	…		⎭
C_{14}	…	…		
…				
…				
…				

图 5.7　相同虚拟组分的规则

$$p_{ci}^{unique} = \frac{\sum_{j=1}^{NFLUID} Wgt(j) z_i^j T_{ci}^j}{\sum_{j=1}^{NFLUID} Wgt(j) z_i^j} \quad (5.56)$$

$$\omega_i^{unique} = \frac{\sum_{j=1}^{NFLUID} Wgt(j) z_i^j \omega_i^j}{\sum_{j=1}^{NFLUID} Wgt(j) z_i^j} \quad (5.57)$$

NFLUID 是要特征化为相同虚拟组分的组成数量，z_i^j 是组成编号为 j 中组分（碳数馏分）为 i 的摩尔分数，$Wgt(j)$ 是分配给组成编号为 j 的质量。

为了确定在每个虚拟组分中包含哪些碳数馏分，计算虚构的摩尔组成，该组成假设能够代表所有单个组成。在该虚构的组成中，（假）组分 i 的摩尔分数为：

$$z_i^{unique} = \frac{\sum_{j=1}^{NFLUID} Wgt(j) z_i^j}{\sum_{j=1}^{NFLUID} Wgt(j)} \quad (5.58)$$

并且其分子量为：

$$M_i^{unique} = \frac{\sum_{j=1}^{NFLUID} Wgt(j) z_i^j M_i^j}{\sum_{j=1}^{NFLUID} Wgt(j) z_i^j} \quad (5.59)$$

该虚构的组分作为一个普通的组分组合到虚拟组分中。组合确定每个虚拟组分的碳数范围和临界温度（T_c）、临界压力（p_c）和偏心因子（ω）。组合后，组成中的组分性质假定适用于所有单独的组成。如果第 k 个虚拟组分含有第 m 到第 n 的碳数组分，则第 j 个组成中该虚拟组分的摩尔分数将是：

$$z_k^j = n \sum_{i=m} z_i^j \quad (5.60)$$

表 5.14 显示了表 3.6 和表 5.11 中组成特征化为相同的虚拟组分的结果。两个流体的质量相同。这就是为什么临界温度（T_c），临界压力（p_c）和偏心因子（ω）与两个组成以相等物质的量混合时的相同。这可以通过比较表 5.13 和表 5.14 中的组分性质看出。

表 5.14　表 5.11 中的气体组成特征化为与表 3.6 中的油组成具有相同的虚拟组分的结果

组　　分	气体摩尔分数(%)	油摩尔分数(%)	临界温度(K)	临界压力(bar)	偏心因子
N_2	0.960	0.390	126.2	33.94	0.040
CO_2	0.770	0.300	304.2	73.76	0.225
C_1	83.570	40.200	190.6	46.00	0.008
C_2	6.160	7.610	305.4	48.84	0.098
C_3	3.070	7.950	369.8	42.46	0.152
iC_4	0.440	1.190	408.1	36.48	0.176
nC_4	1.120	4.080	425.2	38.00	0.193
iC_5	0.350	1.390	460.4	33.84	0.227

续表

组　分	气体摩尔分数(%)	油摩尔分数(%)	临界温度(K)	临界压力(bar)	偏心因子
nC_5	0.500	2.150	469.6	33.74	0.251
C_6	0.480	2.790	507.4	29.69	0.296
C_7—C_{12}	2.276	17.740	575.5	26.26	0.545
C_{13}—C_{25}	0.301	9.925	708.6	16.76	0.857
C_{26}—C_{80}	0.002	4.285	945.6	13.36	1.248

5.7 稠油组成

通常采用黑油关联式来对稠油进行PVT模拟计算，这些关联式以易于测量的量，如原油的API重度指数、气体相对密度和气油比来表示流体性质。随着二次采油技术的应用，例如注气增产和热力增产措施，对稠油油藏进行基于状态方程的组成模拟变得越来越重要。

稠油在标准条件下，密度非常高。原油基本上是链烷烃(P)、环烷烃(N)和芳香烃(A)化合物的混合物。芳香烃的密度高于相同分子量的环烷烃和链烷烃的密度。这与化学分析一致，表明稠油富含芳香族化合物。对于API重度指数低于30的油可以称之为稠油。API重度指数定义式见式(5.12)。

存在于原油中的大部分C_{10+}芳香族化合物都含有一个或多个具有链烷烃侧枝的芳香族环状结构的组分。与具有大致相同分子量的正构或有一些支链的链烷烃相比，这些化合物的熔点低。由于这个原因，稠油中不太可能有蜡沉淀。由于高分子量化合物可能在低温条件下溶解在原油中，所以在生产条件甚至储层条件下，稠油的黏度可能非常高。

通过向稠油储层中注气，可以提高采收率。如果气体溶解在原油中，则会降低原油黏度并促进生产，进一步提高采收率。注入气体可能具有将原油分解成两个液相的副作用。这种副作用是人们不希望发生的，因为较重的液相黏度非常大，难以进行开采。存在两个液相也意味着传统的油藏模拟程序无法对油藏流体行为进行很好的模拟表征，原因在于石油工业中使用的标准油藏模拟程序不能处理多于一个的烃液相。

5.7.1 稠油油藏流体组成

表5.15至表5.17显示了三种稠油组成(Krejbjerg和Pedersen，2006)。表5.15中储层流体组成的API重度指数为28。这种油在重油中属于非常轻的那一类。表5.16显示了储层原油闪蒸到标准条件(1.01bar和15℃)的流体组成，API重度指数为18。最后，表5.17显示了API重度指数为10的稠油油藏的组成。

表5.15　稠油储层流体的摩尔组成

组　分	摩尔分数(%)	分子量	1.01bar和15℃条件下的密度(g/cm^3)
N_2	0.49	—	—
CO_2	0.31	—	—

续表

组 分	摩尔分数(%)	分 子 量	1.01bar 和 15℃条件下的密度(g/cm³)
C_1	44.01	—	—
C_2	3.84	—	—
C_3	1.12	—	—
iC_4	0.61	—	—
nC_4	0.72	—	—
iC_5	0.69	—	—
nC_5	0.35	—	—
C_6	1.04	—	—
C_7	2.87	96	0.738
C_8	4.08	107	0.765
C_9	3.51	121	0.781
C_{10}	3.26	134	0.792
C_{11}	2.51	147	0.796
C_{12}	2.24	161	0.810
C_{13}	2.18	17	0.825
C_{14}	2.07	190	0.836
C_{15}	2.03	206	0.842
C_{16}	1.67	222	0.849
C_{17}	1.38	237	0.845
C_{18}	1.36	251	0.848
C_{19}	1.19	263	0.858
C_{20}	1.02	275	0.863
C_{21}	0.89	291	0.868
C_{22}	0.78	305	0.873
C_{23}	0.72	318	0.877
C_{24}	0.64	331	0.881
C_{25}	0.56	345	0.885
C_{26}	0.53	359	0.889
C_{27}	0.48	374	0.893
C_{28}	0.46	388	0.897
C_{29}	0.45	402	0.900
C_{30+}	9.96	449.1	0.989

注：API 重度指数为 28。储层温度为 74℃，此温度下的饱和压力为 227.2bar。

资料来源：Data from Krejbjerg, K. and Pedersen, K. S., Controlling VLLE equilibrium with a cubic Eos in heavy oil modeling, presented at *57th Annual Technical Meeting of the Petroleum Society(Canadian International Petroleum Conference)*, Calgary, Canada, June 13-15, 2006。

表 5.16　稠油油藏闪蒸到标准条件(15℃和1.01bar)下油的摩尔组成

组　分	摩尔分数(%)	分子量	1.01bar 和 15℃ 条件下的密度(g/cm³)
nC_5	1.07	—	—
C_6	0.47	—	—
C_7	1.22	96	0.791
C_8	3.44	107	0.820
C_9	4.42	121	0.837
C_{10}	5.21	134	0.849
C_{11}	6.07	147	0.853
C_{12}	4.99	161	0.868
C_{13}	5.63	175	0.884
C_{14}	4.68	190	0.896
C_{15}	4.62	206	0.902
C_{16}	5.44	222	0.910
C_{17}	3.08	237	0.905
C_{18}	3.94	251	0.909
C_{19}	2.91	263	0.919
C_{20}	2.75	275	0.925
C_{21}	2.53	291	0.930
C_{22}	3.13	305	0.935
C_{23}	1.43	318	0.940
C_{24}	2.01	331	0.944
C_{25}	1.87	345	0.948
C_{26}	1.80	359	0.953
C_{27}	1.19	374	0.957
C_{28}	1.18	388	0.961
C_{29}	1.73	402	0.964
C_{30}	1.07	416	0.968
C_{31}	0.99	430	0.972
C_{32}	0.90	444	0.975
C_{33}	1.23	458	0.978
C_{34}	0.75	472	0.982
C_{35}	0.71	486	0.985
C_{36}	0.33	500	0.989
C_{37}	0.64	514	0.990
C_{38}	0.60	528	0.993
C_{39}	0.56	542	0.997
C_{40}	0.39	556	0.999
C_{41+}	15.03	761	1.002

注：API 重度指数为 18。

资料来源：Data from Krejbjerg, K. and Pedersen, K. S., Controlling VLLE equilibrium with a cubic Eos in heavy oil modeling, presented at *57th Annual Technical Meeting of the Petroleum Society (Canadian International Petrolem Conference)*, Calgary, Canada, June 13-15, 2006。

表 5.17 稠油储层流体的摩尔组成

组分	摩尔分数(%)	分子量	1.01bar 和 15℃条件下的密度(g/cm³)
CO_2	1.44	—	—
C_1	18.72	—	—
C_2	0.14	—	—
C_3	0.03	—	—
iC_4	0.01	—	—
nC_4	0.01	—	—
iC_5	0.01	—	—
nC_5	0.27	—	—
C_6	0.41	—	—
C_7	0.13	96	0.722
C_8	0.32	107	0.745
C_9	0.45	121	0.764
C_{10}	0.90	134	0.778
C_{11}	1.45	147	0.789
C_{12}	1.97	161	0.800
C_{13}	2.50	175	0.811
C_{14}	2.57	190	0.822
C_{15}	2.86	206	0.832
C_{16}	2.91	222	0.839
C_{17}	2.96	237	0.870
C_{18}	2.99	251	0.852
C_{19}	3.07	263	0.857
C_{20}	2.72	275	0.862
C_{21}	2.90	291	0.867
C_{22}	2.20	305	0.872
C_{23}	2.26	318	0.877
C_{24}	2.14	331	0.881
C_{25}	1.96	345	0.885
C_{26}	1.77	359	0.889
C_{27}	1.68	374	0.893
C_{28}	1.82	388	0.896
C_{29}	1.64	402	0.899
C_{30}	1.63	416	0.902
C_{31}	1.36	430	0.906
C_{32}	1.33	444	0.909
C_{33}	1.12	458	0.912
C_{34}	1.19	472	0.914
C_{35}	1.00	486	0.917
C_{36+}	25.17	1038.1	1.104

注：API 重度指数为 10。储层温度为 52℃，此温度下的饱和压力为 71.5bar。

资料来源：Data from Krejbjerg, K. and Pedersen, K. S., Controlling VLLE equilibrium with a cubic Eos in heavy oil modeling, presented at *57th Annual Technical Meeting of the Petroleum Society* (*Canadian International Petroleum Conference*), Calgary, Canada, June 13-15, 2006。

图 5.8 显示了表 5.15 中储层流体的 C_{7+} 摩尔分数(对数刻度)与碳数的关系曲线图。如虚线所示,得到的近似线性关系与式(5.15)的一致。图 5.9 显示了表 5.16 中油的相似关系图。对于这种油,满足式(5.15)的线性关系大致从 C_{11} 开始,并且 C_7—C_{10} 的摩尔分数远低于 C_{11}—C_{40} 摩尔分数的最佳拟合线(图 5.9 中的虚线)。对于表 5.47 中的混合物,如图 5.10 所示,直线性大致从 C_{17} 开始,C_7—C_{10} 的浓度几乎可以忽略不计。

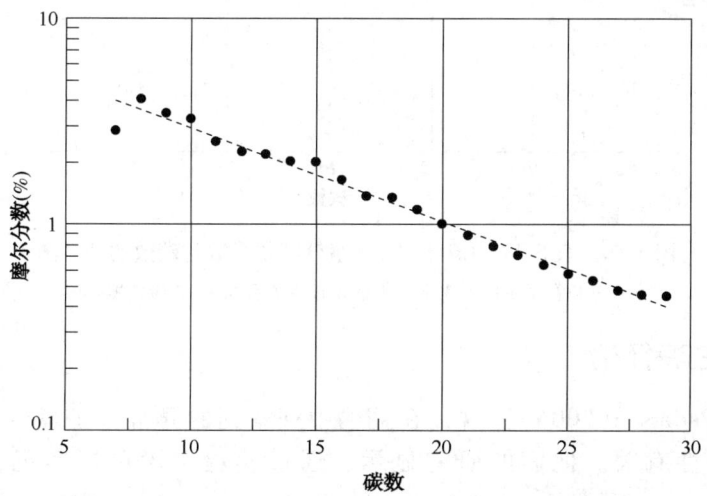

图 5.8　表 5.15 中流体的 C_{7+} 组分摩尔分数与碳数的关系图
摩尔分数在图中以点表示,虚线是根据式(5.15)的最佳拟合线

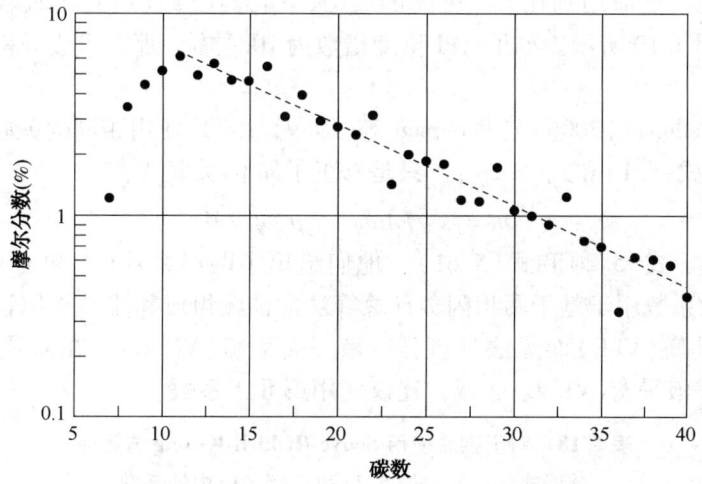

图 5.9　表 5.16 中流体的 C_{7+} 组分摩尔分数与碳数的关系图
摩尔分数在图中以点表示,虚线是根据方程 5.15 的最佳拟合线

图 5.9 和图 5.10 表明了一种趋势,即低 API 重度也意味着较轻的 C_{7+} 组分浓度也较低。这些组分可能由于长时间的生物降解而从储层中消失,留下了基本上由 C_{11+} 烃组成的储层流体和由 C_1 主导的轻馏分。

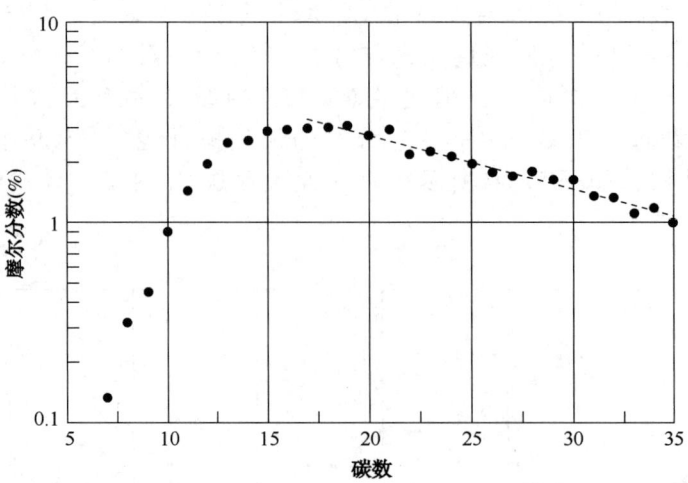

图5.10 表5.17中流体的C_{7+}组分摩尔分数与碳数的关系图

摩尔分数在图中以点表示，虚线是根据方程5.15的最佳拟合线

5.7.2 稠油特征化

Krejbjerg和Pedersen(2006)发现，在稠油中观察到的异常分子量分布可能与液体成分之间有限混合性有关。他们的研究显示，通过实验手段可以实现稠油的液—液相分裂。

能否实现最佳的C_{7+}特征化取决于是否有必要再现这种液—液相分裂。Krejbjerg和Pedersen使用式(5.15)将"+"馏分劈分为最大碳数为C_{200}。对于API重度指数低于25的油，重要的是将组成分析扩展应用到比C_{7+}更高的碳数，因为式(5.15)对于较轻的C_{7+}馏分将无效，如图5.9和图5.10所示。如果API重度指数为10左右，那么组成分析至少对C_{20+}一定是可用的。

Krejbjerg和Pedersen(2006)与Pedersen等(1989，1992)使用相同的关联式计算临界温度T_c和临界压力p_c[式(5.1)和式(5.2)]，只是修正了m的关联式：

$$m = f_1 + f_2 \ln m + f_3 \rho + f_4 \sqrt{M} \tag{5.61}$$

对于式(5.1)、式(5.2)和式(5.61)，他们给出了两组系数（Ⅰ和Ⅱ）。这些系数见表5.18。推荐第Ⅰ组系数用于基于两相闪蒸计算算法的油藏组成和流动模拟程序，该模拟程序能够处理气—液平衡(VLE)而无法处理气—液—液平衡(VLLE)。在需要相态的全部信息时，包括气—液—液平衡(VLLE)区域，建议使用第Ⅱ组系数。

表5.18 对于稠油使用Soave-Redlich-Kwong方程时
关联式(5.1)、式(5.2)和式(5.61)中的系数

系 数	1	2	3	4	5
第Ⅰ组系数					
c	830.631	17.5228	4.55911×10^{-2}	-11348.4	—
d	0.802988	1.78396	156.740	-6965.59	0.25
f	-4.72680×10^{-2}	6.02932×10^{-2}	1.21051	4.76676×10^{-3}	—

续表

系　　数	1	2	3	4	5
第Ⅱ组系数					
c	1948.17	-173.805	0.327780	-2449.00	—
d	11.5465	-9.12042	0.830005	354.507	0.25
f	-1.54778	-0.233701	5.53193	-1.48403×10^{-2}	—

注：临界温度单位为 K，临界压力单位为 atm。

资料来源：Data from Krejbjerg, K. and Pedersen, K. S., Controlling VLLE equilibrium with a cubic Eos in heavy oil modeling, presented at *57th Annual Technical Meeting of the Petroleum Society (Canadian International Petroleum Conference)*, Calgary, Canada, June 13-15, 2006。

表 5.19 显示了在模拟气—液平衡时对于稠油用于 Peng-Robinson(PR)方程的稠油系数（与 PR 对应的系数为表 5.18 中的第Ⅰ组系数）。第 6 章介绍了液—液相分裂影响相平衡实验数据的例子。

表 5.19 对于稠油使用 Pen-Robinson 方程时关联式(5.1)、式(5.2)和式(5.61)中的系数

系　　数	1	2	3	4	5
c	913.222	10.1134	4.54194×10^{-2}	-13586.7	—
d	1.28155	1.26838	167.106	-8101.64	0.25
f	-0.238380	6.10147×10^{-2}	1.32349	6.52067×10^{-3}	—

注：临界温度单位为 K，临界压力单位为 atm。

5.8 PC-SAFT 特征化方法

在第 4.9 节提出的 PC-SAFT 状态方程模型使用三个组分参数：链节数(m)、链节直径(σ)和链节能量(ε)。PC-ASAFT 组分参数与组分的物理特性并不是唯一相关的，如同立方型状态方程中的临界温度 T_c、临界压力 p_c 和偏心因子 ω。Gross 和 Sadowski 于 2001 年拟合密度和饱和压力数据确定了明确组分的链节数(m)、链节直径(σ)和链节能量(ε)。Pedersen 等(2012)提出了用于 C_{7+} 碳数馏分的 PC-SAFT 特征化方法。

表 5.20 显示了链烷烃和芳香族 C_6，C_7 和 C_{16} 组分和一种环烷 C_7 组分的链节数(m)、链节直径(σ)和链节能量(ε)。可观察到以下趋势：

（1）在分子量相同的情况下，芳香族组分的链节能量(ε)高于正构组分的链节能量(ε)。

表 5.20 来自 Gross 和 Sadowski(2001)和 Ting 等(2007)的芳香烃和链烷烃的链节数(m)、链节直径(σ)和链节能量(ε)的实例值

组分类型	分子式	名称	分子量	密度 (g/cm³)	链节数 m	链节直径 (Å)	链节能量 ε (K)
链烷烃 C_6	C_6H_{14}	正己烷	86.178	0.664	3.0576	3.7983	236.77
链烷烃 C_7	C_7H_{16}	正庚烷	100.205	0.690	3.4831	2.8049	238.40
环烷烃 C_7	C_6H_{12}	环己烷	84.162	0.783	2.5303	3.8499	278.11

组分类型	分子式	名称	分子量	密度 (g/cm³)	链节数 m	链节直径 (Å)	链节能量 ε (K)
芳香烃 C_7	C_6H_6	苯	78.114	0.886	2.4653	3.6478	287.35
芳香烃 C_{16}	$C_{16}H_{10}$	芘	202.25	1.271	3.68	4.12	427.35
链烷烃 C_{16}	$C_{16}H_{34}$	正十六烷	226.40	0.774	6.6485	3.9552	254.70

注：密度在大气压和288K条件下测得。

(2) 在分子量相同的情况下，芳香族组分的链节数(m)低于链烷烃组分的链节数(m)。

(3) 链节数(m)，链节直径(σ)和链节能量(ε)随着分子量的增加而增加。

(4) 链节数(m)和链节能量(ε)的变化大于链节直径(σ)。

为了符合这些趋势，在计算稠油的组分参数链节数(m)、链节直径(σ)和链节能量(ε)时，有必要考虑链烷烃(P)、环烷烃(N)和芳香烃(A)组分的分布以及每个碳数馏分的分子量/密度。从 C_7 开始，碳数馏分 i 的 PC-SAFT 参数 m 和 ε 由下式确定：

$$m_i = m_{C_7} + 2.82076 \times 10^{-2} \times \left(\frac{M_i}{\rho_i} - \frac{M_{C_7}}{\rho_{C_7}} \right) \tag{5.62}$$

$$\frac{\varepsilon_i \times m_i}{k} = (\varepsilon m)_{C_7} + 7.97066 \times (M_i \rho_i^{0.25} - M_{C_7} \rho_{C_7}^{0.25}) \tag{5.63}$$

其中：k 是玻尔兹曼常数；M_i 是分子量；ρ_i 是碳数馏分 i 的密度。

$$m_{C_7} = P\text{-}fraction(i) \times m_{PC_7} + N\text{-}fraction(i) \times m_{NC_7} + A\text{-}fraction(i) \times m_{AC_7} \tag{5.64}$$

$$M_{C_7} = P\text{-}fraction(i) \times M_{PC_7} + N\text{-}fraction(i) \times M_{NC_7} + A\text{-}fraction(i) \times M_{AC_7} \tag{5.65}$$

$$\rho_{C_7} = \frac{M_{C_7}}{P\text{-}fraction(i) \times \dfrac{M_{PC_7}}{\rho_{PC_7}} + N\text{-}fraction(i) \times \dfrac{M_{NC_7}}{\rho_{NC_7}} + A\text{-}fraction(i) \times \dfrac{M_{AC_7}}{\rho_{AC_7}}} \tag{5.66}$$

$$(\varepsilon m)_{C_7} = P\text{-}fraction(i) \times m_{PC_7} \times \varepsilon_{PC_7} + N\text{-}fraction(i) \times m_{PC_7} \times \varepsilon_{PC_7} + A\text{-}fraction(i) \times m_{PC_7} \times \varepsilon_{PC_7} \tag{5.67}$$

$P\text{-}fraction(i)$，$N\text{-}fraction(i)$ 和 $A\text{-}fraction(i)$ 分别代表碳数馏分 i 中的链烷烃、环烷烃和芳香烃馏分。这些馏分(PNA 分布)是使用 Nes 和 Western(1951)的方法得到的。下标 PC_7 代表 C_7 正构链烷烃(正庚烷)的性质，NC_7 代表 C_7 环烷(环己烷)的性质，AC_7 代表 C_7 芳香族(苯)的性质。上述三种 C_7 组分的性质见表5.20。压力为大气压，温度为288.15K的条件下，发现 σ 与液体密度相当。组合的 C_{7+} 馏分的 PC-SAFT 参数可以通过下式得到：

$$m_i = \frac{\sum_{j=n_{\text{first}}}^{n_{\text{last}}} z_j m_j}{\sum_{j=n_{\text{first}}}^{n_{\text{last}}} z_j} \tag{5.68}$$

$$\sigma_i = \frac{\sum_{j=n_{\text{first}}}^{n_{\text{last}}} z_j \sigma_j}{\sum_{j=n_{\text{first}}}^{n_{\text{last}}} z_j} \tag{5.69}$$

$$m_i = \frac{\sum_{j=n_{\text{first}}}^{n_{\text{last}}} \sum_{k=n_{\text{first}}}^{n_{\text{last}}} z_j z_k \sqrt{\varepsilon_j \varepsilon_k}}{\sum_{j=n_{\text{first}}}^{n_{\text{last}}} \sum_{k=n_{\text{first}}}^{n_{\text{last}}} z_j z_k} \quad (5.70)$$

其中：z 代表摩尔分数；n_{first} 和 n_{last} 分别代表组合的 C_{7+} 虚拟组分中第一个和最后一个碳数。

表 3.26 为中东地区储层流体的组成及进行 PVT 实验的注入气组成。使用上述方法对流体进行 PC-SAFT 特征化，特征化后的流体见表 5.21。

表 5.21 用于表 3.26 中储层流体的 PC-SAFT 状态方程模型

组 分	摩尔分数(%)	分子量	链节数	链节直径 σ(Å)	链节能量 ε(K)
N_2	0.292	28.014	1.21	3.31	90.96
CO_2	0.223	44.01	2.07	2.79	169.21
C_1	21.647	16.043	1	3.7	150.03
C_2	6.755	30.07	1.61	3.52	191.42
C_3	7.021	44.097	2	3.62	208.11
iC_4	1.325	58.124	2.26	3.76	216.53
nC_4	4.227	58.124	2.33	3.71	222.88
iC_5	1.817	72.151	2.56	3.83	230.75
nC_5	2.680	72.151	2.69	3.77	231.2
C_6	4.144	86.178	3.06	3.8	236.77
C_7	4.112	96.0	3.01	3.77	270.19
C_8	4.179	107.0	3.33	3.77	269.98
C_9	3.696	121.0	3.76	3.77	268.93
C_{10}—C_{13}	11.228	152.0	4.68	3.77	267.78
C_{14}—C_{17}	6.901	211.7	6.45	3.77	267.28
C_{18}—C_{22}	4.590	271.5	8.18	3.77	268.49
C_{23}—C_{30}	4.417	363.9	10.79	3.77	271.52
C_{31}—C_{37}	2.92	469.9	13.74	3.77	275.01
C_{38}—C_{45}	2.526	574.3	16.58	3.78	278.41
C_{46}—C_{55}	2.262	698.7	19.91	3.78	282.29
C_{56}—C_{66}	1.685	844.8	23.75	3.78	286.40
C_{67}—C_{80}	1.352	1016.6	28.21	3.79	290.67

注：非零二元交互作用参数见表 5.22。

资料来源：Pedersen, K. S., Leekumjorn, S., Krejbjcrg, K. and Azeem, J., Modeling of EOR PVT data using PC-SAFT equation, SPE-162346-PP, presented at the *Abu Dhabi International Petroleum Exhibition & Conference* in Abu Dhabi, USA, November 11-14, 2012.

与立方型状态方程不同，PC-SAFT 方程中二元交互作用参数的值较难确定，但是可以使用立方型方程的二元交互作用参数用于初次估值。表 5.22 显示了对于表 5.21 中的流体组成公式(4.84)中的二元交互作用参数(k_{ij})。使用 PC-SAFT 方程的模拟结果见 7.6 节。

表 5.22　对于表 5.21 中的流体使用 PC-SAFT 状态方程时的非零二元交互作用参数(k_{ij})

组　分	氮　气	二氧化碳
N_2	—	—
CO_2	-0.0315	—
C_1	0.0278	0.1200
C_2	0.0407	0.1200
C_3	0.0763	0.1200
iC_4	0.0944	0.1200
nC_4	0.0700	0.1200
iC_5	0.0867	0.1200
nC_5	0.0878	0.1200
C_6	0.0800	0.1200
C_7	0.0800	0.1200
C_8	0.0800	0.1200
C_9	0.0800	0.1200
C_{10}—C_{13}	0.0800	0.0600
C_{14}—C_{17}	0.0800	0.0600
C_{18}—C_{22}	0.0800	0.0600
C_{23}—C_{30}	0.0800	0.0800
C_{31}—C_{37}	0.0800	0.0800
C_{38}—C_{45}	0.0800	0.0800
C_{46}—C_{55}	0.0800	0.1200
C_{56}—C_{66}	0.0800	0.1200
C_{67}—C_{80}	0.0800	0.1500

参　考　文　献

Abramowitz, M. and Stegun, I. A., Eds., *Handbook of Mathematical Functions*, Dover Publications, Inc., New York, 256-257, 1972.

Cavett, R. H., Physical Data for Distillation Calculation, Vapor-Liquid Equilibria, 27th Midyear Meeting, API Division of Refining, San Francisco, CA, May 15, 1964.

Danesh, A., Xu. D., and Todd, A. C., A Grouping Method to Optimize Oil Description for Compositional Simulation of Gas Injection Processes, SPE 20745, Res. Eng., 343-348, August 1992.

Daubert, T. E., State-of-the-art property predictions, *Hydrocarbon Processing*, 107-112, March 1980.

Drohm, J. R. and Schlijper, A. G., An inverse lumping method: Estimating compositional data from lumped information, SPE 14267, presented at *SPE ATCE*, Las Vegas, NV, September 22-25, 1985.

Gross, J. and Sadowski, G., Perturbed-chain SAFT: An equation of state based on perturbation theory for chain molecules, *Ind. Eng. Chem. Res.* 40, 1244-1260, 2001.

Jalowka, J. W. and Daubert, T. E., Group contribution method to predict critical temperature and pressure of hydrocarbons, *Ind. Eng. Chem. Process Des. Dev.* 25, 139-142, 1986.

Jensen, J. O., C_{7+}-characterization for the Peng-Robinson equation of state, Thesis Project, Institute of Applied Chemistry, Technical University of Denmark, 1995. Journal of Physical and Chemical Reference Data, vol 11, supp. 2, 1982.

Katz, D. L. and Firoozabadi, A., Predicting phase behavior of condensate/crude-oil systems using methane interaction coefficients, *J. Petroleum Technol.* 20, 1649-1655, 1978.

Kesler, M. G. and Lee, B. I., Improve prediction of enthalpy of fractions, *Hydrocarbon Processing* 55, 153-158, 1976.

Krejbjerg, K. and Pedersen, K. S., Controlling VLLE equilibrium with a cubic EoS in heavy oil modeling, presented at *57th Annual Technical Meeting of the Petroleum Society (Canadian International Petroleum Conference)*, Calgary, Canada, June 13-15, 2006.

Leibovici, C. F., A consistent procedure for the estimation of properties associated to lumped systems, *Fluid Phase Equilib.* 87, 189-197, 1993.

Leibovici, C., Stenby, E., and Knudsen, K., A consistent procedure for pseudo-component delumping, *Fluid Phase Equilib.* 117, 225-232, 1996.

Lomeland, F. and Harstad, O., Simplifying the task of grouping components in compositional reservoir simulation, SPE 27581, presented at the *European Petroleum Computer Conference in Aberdeen U. K.*, March 15-17, 1994.

Nes, K. and Westerns, H. A. van, *Aspects of the Constitution of Mineral Oils*, Elsevier, New York, 1951.

Newley, T. M. J. and Merrill Jr., R. C. Pseudocomponent selection for compositional simulation, SPE 19638, presented at *SPE ATCE*, San Antonio, TX, October 8-11, 1989.

Newman, S. A., Correlations evaluated for coal tar liquids, *Hydrocarbon Processing*, 133-142, December 1981.

Pedersen, K. S., Thomassen, P., and Fredenslund, Aa., SRK-EOS calculation for crude oils, *Fluid Phase Equilib.* 14, 209-218, 1983.

Pedersen, K. S., Thomassen, P., and Fredenslund, Aa., Thermodynamics of petroleum mixtures containing heavy hydrocarbons. 1. Phase envelope calculations by use of the Soave-Redlich-Kwong equation of state, *Ind. Eng. Chem. Process Des. Dev.* 23, 163-170, 1984.

Pedersen, K. S., Thomassen, P., and Fredenslund, Aa., Thermodynamics of petroleum mixtures containing heavy hydrocarbons. 3. Efficient flash calculation procedures using the SRK equation of state, *Ind. Eng. Chem. Process Des. Dev.* 24, 948-954, 1985.

Pedersen, K. S., Thomassen, P., and Fredenslund, Aa., Characterization of gas condensate mixtures, *Advances in Thermodynamics*, Taylor & Francis, New York, 1, 137-152, 1989.

Pedersen, K. S., Blilie, A. L., and Meisingset, K. K., PVT calculations on petroleum reservoir fluids using measured and estimated compositional data for the plus fraction, *Ind. Eng. Chem. Res.* 31, 1378-1384, 1992.

Pedersen, K. S., Milter, J., and Sørensen, H., Cubic equations of state applied to HT/HP and highly aromatic fluids, *SPE J.* 9, 186-192, 2004.

Pedersen, K. S., Leekumjorn, S., Krejbjerg, K. and Azeem, J., Modeling of EOR PVT data using PC-SAFT equation, SPE-162346-PP, presented at the *Abu Dhabi International Petroleum Exhibition & Conference*, Abu Dhabi, UAE, November 11-14, 2012.

Peneloux, A., Rauzy, E., and Fréze, R., A consistent correction for Redlich-Kwong-Soave volumes, *Fluid Phase Equilib.* 8, 7-23, 1982.

Poling, B. E., Prausnitz, J. M., and O'Connell, J. P., *The Properties of Gases and Liquids*, McGraw-Hill, New York, 2000.

Riazi, M. R. and Daubert, T. E., Simplify property predictions, *Hydrocarbon Processing*, 115-116, March 1980.

Riazi, M. R., A continuous method for C7 + characterization of petroleum fluids, *Ind. Eng. Chem. Res.* 36, 4299-4307, 1997.

Rønningsen, H. P., Skjevrak, I., and Osjord, E., Characterization of North Sea petroleum fractions: Hydrocarbon group types, density and molecular weight, *Energy Fuels* 3, 744-755, 1989.

Sim, J. S. and Daubert, T. E., Prediction of vapor-liquid equilibria of undefined mixtures, *Ind. Eng. Chem. Process Des. Dev.* 19, 386-393, 1980.

Sørensen, H., Pedersen, K. S., Christensen, P. L., Method for generating shale gas fluid composition from depleted sample, presented at the *International Gas Injection Symposium*, Calgary, September 24-27, 2013.

Teja, A. S., Lee, R. J., Rosenthal, R. D., and Anselme, M., Correlations of the critical properties of alkanes and alkanols, *Fluid Phase Equilib.* 56, 153-169, 1990.

Twu, C. H., Prediction of thermodynamic properties of normal paraffins using only normal boiling point, *Fluid Phase Equilib.* 11, 65-81, 1983.

Twu, C. H., An internally consistent correlation for predicting the critical properties and molecular weights of petroleum and coal-tar liquids, *Fluid Phase Equilib.* 16, 137-150, 1984.

Watanasiri, S., Owens, V. H., and Starling, K. E., Correlations for estimating critical constants, acentric factor, and dipole moment for undefined coal-fluid fractions, *Ind. Eng. Chem. Process Des. Dev.* 24, 294-296, 1985.

Whitson, C. H., Effect of physical properties estimation on equation-of-state predictions, SPE 1120, presented at the *57th Annual Fall Technical Conference and Exhibition of the Society of Petroleum Engineers of AIME*, New Orleans, LA, September 26-29, 1982.

Whitson, C. H., Characterizing hydrocarbon plus fractions, *SPE J.* 23, 683-694, 1983.

Whitson, C. H., Andersen, T. F., and Søreide, I., C7 + characterization of related equilibrium fluids using gamma distribution, *Advances in Thermodynamics*, Taylor & Francis, New York, 1, 35-56, 1989.

Zuo, J. Y. and Zhang, D., Plus fraction characterization and PVT data regression for reservoir fluids near critical conditions, SPE 64520, presented at the *SPE Asia Pacific Oil and Gas Conference in Brisbane*, Australia, October 16-18, 2000.

6 闪蒸和相包络线计算

图 6.1 为一两相压力—温度(PT)闪蒸过程示例。将 N 个组分组成的混合物进料导入处于恒温恒压状态的闪蒸分离器中。分离器中存在两种相。在气油分离器中，气由顶部排出，油从底部排出。如果压力(p)、温度(T)和进料($Z_1, Z_2, Z_3, \cdots, Z_N$)中的组分摩尔分数已知，则闪蒸计算可得出如下结果：

(1) 相数。

(2) 各相的物质的量。图 6.1 采用 β 表示气相的摩尔分数。

(3) 各相的摩尔组成。图 6.1 中，将气相中组分的摩尔分数表示为($y_1, y_2, \cdots, y_N$)，液相中组分的摩尔分数表示为($x_1, x_2, \cdots, x_N$)。

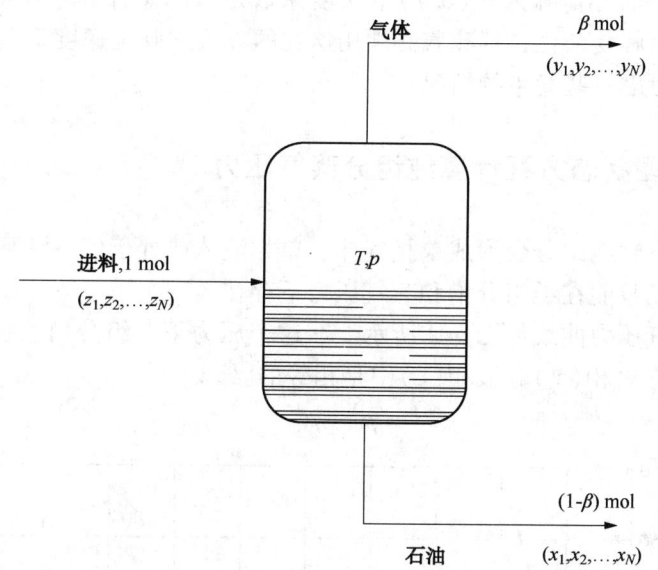

图 6.1 油气藏流体混合物的压力—温度(PT)闪蒸过程原理

如附录 A 中式(A.36)所示，如下关系式可用于处于平衡状态的两相：

$$\frac{y_i}{x_i} = \frac{\varphi_i^{\mathrm{L}}}{\varphi_i^{\mathrm{V}}} \quad (i = 1, 2, \cdots, N) \tag{6.1}$$

由各组分的物料平衡可得出：

$$z_i = \beta y_i + (1 - \beta) x_i \quad (i = 1, 2, \cdots, N) \tag{6.2}$$

此外，各相组分的摩尔分数之和必须等于 1，由此得出一个补充关系式，该式经常采用 Rachford 和 Rice(1952)提出的形式表示如下：

$$\sum_{i=1}^{N} (y_i - x_i) = 0 \tag{6.3}$$

引入平衡比或 K 因子，可以将上述方程简化为：

$$K_i = \frac{y_i}{x_i} = \frac{\varphi_i^L}{\varphi_i^V} \quad (i=1,2,\cdots,N) \qquad (6.4)$$

使用式(6.4)，可将式(6.2)整理为下式：

$$y_i = \frac{z_i K_i}{1+\beta(K_i-1)} \quad (i=1,2,\cdots,N) \qquad (6.5)$$

$$x_i = \frac{z_i}{1+\beta(K_i-1)} \quad (i=1,2,\cdots,N) \qquad (6.6)$$

这 $2N$ 个方程和式(6.3)可简化为下面的 $(N+1)$ 个方程：

$$\ln K_i = \ln\varphi_i^L - \ln\varphi_i^V \quad (i=1,2,\cdots,N) \qquad (6.7)$$

$$\sum_{i=1}^{N}(y_i-x_i) = \sum_{i=1}^{N} \frac{z_i(K_i-1)}{1+\beta(K_i-1)} = 0 \qquad (6.8)$$

在固定温度(T)和压力(p)的情况下，变量的数量也是($N+1$)，这些变量为(K_1, $K_2,\cdots,K_N$)和 β。在解式(6.7)和式(6.8)之前，需要确保确实有两种相存在，而不是只有单个气相或单个液(石油)相。输入式(6.7)的逸度系数是从闪蒸计算中获得的相组成的函数，这使得两个方程的求解复杂化，意味着必须用迭代的方式来确定逸度系数。通常在处理闪蒸问题之前，可首先考虑一些简单的情况。

6.1 由立方型状态方程计算纯组分蒸气压力

忽略固态情形下，纯组分会形成单相气体、单相液体或处于气—液平衡状态。给定温度下，处于平衡的两相只能在纯组分饱和蒸气压力下存在。

甲烷和苯的蒸气压力曲线如图6.2所示。在这个压力下，组分(此处称为"i")的化学位(定义式见附录A)在气相(V)和液相(L)中是相等的。

$$\mu_i^V = \mu_i^L \qquad (6.9)$$

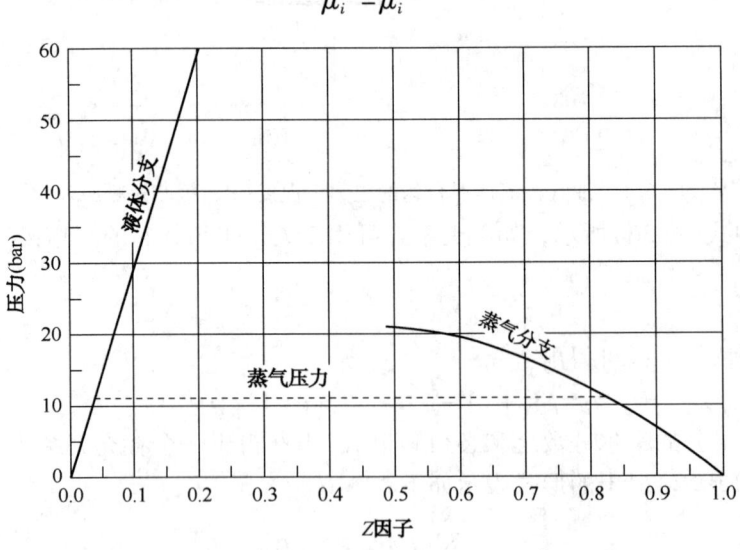

图 6.2　244K 条件下乙烷的 PZ 曲线

图中的虚线表示实际温度下乙烷蒸气压力的位置，其可由图 6.3 中的交点获得

对于纯组分而言,化学位相等还意味着逸度系数相等
$$\varphi_i^V = \varphi_i^L \quad (6.10)$$
SRK 和 PR 方程的逸度系数表达式见式(4.64)和式(4.65)。

可由立方型状态方程确定纯组分的蒸气压力,但是要通过迭代的方式。图 6.2 中给出了使用 Soave-Redlich-Kwong 状态方程算出的 244K 温度下乙烷气相和液相的 Z 因子。Z 因子可通过解式(4.30)的最大(气相)和最小(液相)根求得。蒸气 Z 因子曲线在压力 21bar 左右通过最高点,这表明 Z 的多项式在较高压力下只有一个实根。蒸气压力必然在式(4.30)表示的压缩因子多项式至少有两个实根的压力范围内。否则,就不可能将压缩因子分配给处于平衡状态的两个相。

图 6.3 给出了对应于图 6.2 中 Z 因子的逸度系数曲线图。根据式(6.10),图 6.3 中纯组分的蒸气压力可由液相和气相逸度系数相同时的压力确定,即液体曲线(实线)和蒸气曲线(虚线)之间的交点。这两条曲线在压力约为 11bar 的情况下相交,因此为蒸气压力。该压力在图 6.2 中用虚线表示。图 6.2 中位于蒸气压力线之下的液体 Z 因子曲线部分并不表示真实存在的物理状态。蒸气压力线之上的蒸气 Z 因子曲线部分同理。低于蒸气压力线的蒸气 Z 因子曲线部分表示的是未饱和气体状态,而蒸气压力线之上的液体 Z 因子曲线部分表示的是未饱和液体的状态。

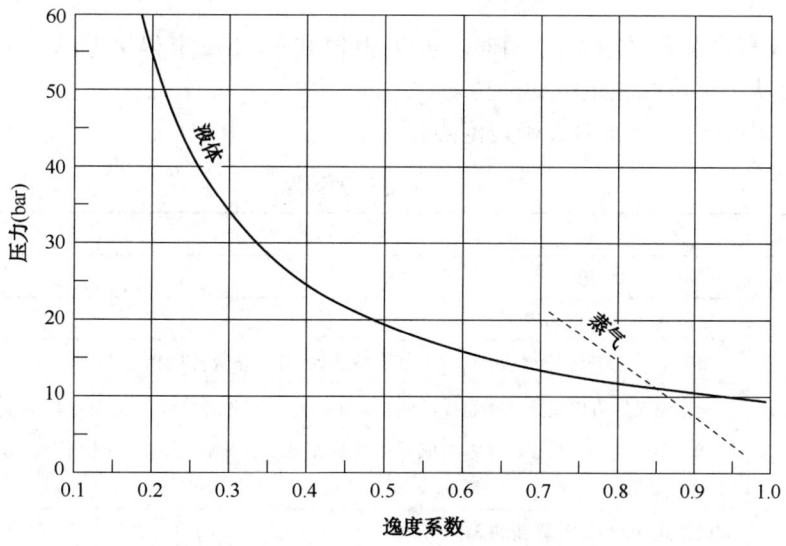

图 6.3　244K 下乙烷的汽相和液相逸度系数
两条曲线在蒸气压力下相交

对于一个有效的饱和点算法,估算合理的蒸气压力初值是非常必要的,或者至少这个压力估算值能使式(4.30)表示的 Z 的多项式有两个实根。这是比较液相和汽相逸度系数所必须的。Dong 和 Lienhard (1986)的关联式可以用于给对比蒸气压 $p_r^{sat} = \dfrac{p^{sat}}{p_c}$ 赋初值:

$$\ln(p_r^{sat}) = 5.37270\left(1 - \dfrac{1}{T_r}\right) + \omega(7.49408 - 11.18177 T_r^3 + 3.68769 T_r^6 + 17.92998 \ln T_r) \quad (6.11)$$

式中:T_r 是对比温度(T/T_c);ω 是由式(1.1)定义的偏心因子。

6.2 由立方型状态方程计算混合物饱和压力

如果单组分未处于其蒸气压力状态下，那么在平衡状态下就只存在一个相。若存在两个或更多组分，由于平衡相组成未知，因此相数的确定就不再是微不足道的了。在研究常规 PT 闪蒸问题前，实用的做法是首先考虑混合物饱和压力确定的问题。对于最初以液体形式存在的混合物而言，饱和点压力测定为看到液体中形成第一个气泡时的压力。因此，液体的饱和压力点又被称之为"泡点"。对于开始时以气体形式存在的混合物而言，饱和压力是形成第一个液滴时的压力。气体的饱和压力因此又称为"露点"。与常规 PT 闪蒸计算相比，泡点和露点计算较为简单，因为某种意义上，平衡相之一的组成与进料的组成相等。

泡点压力下，气相摩尔分数 β 等于"0"，式（6.8）可以简化为：

$$F = \sum_{i=1}^{N} z_i (K_i - 1) = 0 \tag{6.12}$$

对于给定的泡点压力估算值，可以根据 K 因子近似值得出 K 因子估算值（Wilson，1969）：

$$\ln K_i = \ln \frac{p_{ci}}{p} + 5.373(1+\omega_i)\left(1 - \frac{T_{ci}}{T}\right) \tag{6.13}$$

液相的组成与进料组成相同，同时，如果根据式（6.13）求得 K 因子，则可以根据式（6.5）获取泡点状态下蒸气相组成的初值。

按照表 6.1 中的迭代方案可以确定泡点压力。

表 6.1 泡点压力计算

步骤	内容
1	赋泡点压力初值
2	使用式（6.13）估算 K 因子
3	根据 $y_i^{j+1} = z_i K_i^j$, $i=1,2,\cdots,N$，（j 表示迭代次数）估算蒸气相组成
4	使用泡点压力以及蒸气相组成的估算结果，计算汽相和液相的逸度系数 $[(\varphi_i^V, i=1,2,\cdots,N)$ 和 $(\varphi_i^L, i=1,2,\cdots,N)]$。液体组成等于进料组成。分别使用式（4.64）和式（4.65）计算 SRK 和 PR 逸度系数
5	根据式（6.7），计算新的 K 因子
6	求取 $F = \sum_{i=1}^{N} z_i K_i - 1$
7	求取 $\dfrac{dF}{dp} = \sum_{i=1}^{N} z_i K_i \left(\dfrac{\partial \ln \varphi_i^L}{\partial p} - \dfrac{\partial \ln \varphi_i^V}{\partial p}\right)$
8	由 $p^{j+1} = p^j - \dfrac{F^j}{\dfrac{dF^j}{dp}}$，计算第（$j+1$）次的泡点压力估算值
9	如果不收敛，则返回到步骤 3

还可以计算某一特定压力下的泡点和露点，在此情况下，温度是一个有待确定的未知参

数。露点温度可以按表6.2中所述方法算出。

表 6.2 露点温度计算

步骤	内容
1	赋露点温度初值
2	使用式(6.13)估算 K 因子
3	根据 $x_i^{j+1} = \dfrac{z_i}{K_i^j}(i=1,2,\cdots,N)$，估算液相组分，其中，$j$ 是迭代次数
4	使用当前露点温度和液相组成的估算值，计算气—液相的逸度系数 $[(\varphi_i^V, i=1,2,\cdots,N)$ 和 $(\varphi_i^L, i=1,2,\cdots,N)]$。蒸气组成等于进料组成。SRK 和 PR 逸度系数可由式(4.64)和式(4.65)分别计算
5	根据式(6.7)计算新的 K 因子
6	求取 $F = \sum_{i=1}^{N} \dfrac{z_i}{K_i} - 1$
7	求取 $\dfrac{\mathrm{d}F}{\mathrm{d}T} = \sum_{i=1}^{N} \dfrac{z_i}{K_i}\left(\dfrac{\partial \ln \varphi_i^V}{\partial T} - \dfrac{\partial \ln \varphi_i^L}{\partial T}\right)$
8	根据 $T^{j+1} = T^j - \dfrac{F^j}{\dfrac{\mathrm{d}F^j}{\mathrm{d}T}}$ 计算第 $(j+1)$ 次的露点温度估算值
9	如果不收敛，则返回步骤3

虽然原则上泡点和露点计算比 PT 闪蒸计算简单，但一般情况下无法预知所研究的混合物在特定压力(p)或温度(T)下是否真的存在泡点或露点，因此泡点和露点计算比较困难。图1.6中给出了某种天然气混合物的相包络线。在 $-60℃$ 左右的温度下，泡点线终止于临界点(CP)。因此，较高温度下泡点计算得出的答案应该是泡点的位置无法确定。但是，要将无饱和压力的情况与饱和压力计算引起数值问题的情况区分开来，是十分困难的。

此外，图1.6中还显示，所研究的天然气在高于临界温度的温度区间内有两个露点压力。这种情况会造成饱和压力计算中出现收敛问题，且最多要确定高露点(upper dew point)或低露点(lower dew point)。如同6.4节所述，相包络线计算将追踪给定温度或压力下存在的所有饱和压力的轨迹。

6.3 闪蒸计算

Michelsen 和 Mollerup(2007)对闪蒸计算方法进行了非常详细的介绍。此外，他们还探讨了如何推导出形成快速、稳定性好的闪蒸算法所需的热力学状态函数和导数。

6.3.1 稳定性分析

闪蒸计算存在一个问题，即通常情况下相数是无法预知的。因此，闪蒸计算的一个要素是确定当前存在的相态数量。这通常可以通过稳定性分析来实现(Michelsen，1982a)。

如同附录 A 中所说明的那样，封闭体系会试图将其分子安置在使其吉布斯自由能 G 最小的位置上。假定有两个纯组分样品，分别命名为 1 和 2，将其导入一个压力和温度都固定的封闭釜中。如果混合过程造成吉布斯自由能 G 的下降，则上述两个样品将发生混合。图 6.4 例示了二元混合物混合的 ΔG 能变（ΔG^{mix}）。如果这两种物质按任何比例都是可混合的，则混合的 ΔG 曲线如曲线 I 所示。对于组分 1 摩尔分数为零的情况，"混合物"将由纯组分 2 组成，混合能变 ΔG 为零。如果引入一定量的组分 1，则混合能变 ΔG 起先会降低，接着会经历一个最小值。对于"混合物"由纯组分 1 组成的情况而言，混合能变 ΔG 也为零。考虑一个混合物，其中组分 1 的摩尔分数等于 x_1^m。如果这种混合物分裂为相 A 和相 B，其中组分 1 的摩尔分数分别为 x_1^A 和 x_1^B。在相分裂发生后，整个体系会有一个混合的能变 ΔG，该能变 ΔG 由通过 x_1^m（图中未提供）的垂线与连接曲线 I 上 A 和 B 的虚线之间的交叉点确定。这种相分裂由于会增加混合的能变 ΔG，因此不会发生。混合物可以说是稳定的。这一结论对于曲线 I 上所有的混合物都是正确的。

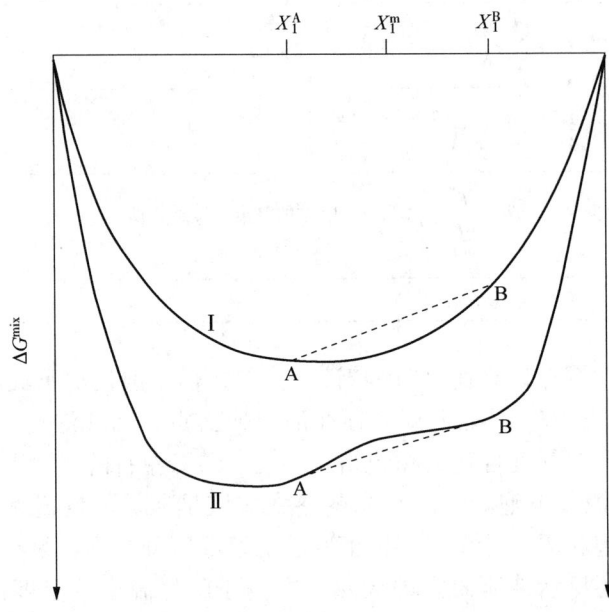

图 6.4　二元混合物稳定性分析原理

曲线 II 显示了两种物质之间部分互溶的情况。同样，假设混合物中组分 1 的摩尔分数等于 x_1^m。假定这种混合物分裂成两相——相 A 和相 B，两相中组分 1 的摩尔分数分别为 x_1^A 和 x_1^B。

类似于曲线 I 上的情况，相分裂发生后，整个体系将会有一个混合的能变 ΔG，该能变 ΔG 是由通过 x_1^m 的垂直线与连接曲线 II 上 A 和 B 的虚线的交点所确定的。在这种情况下，相分裂会导致混合能变 ΔG 减少。也就是说，组分 1 的摩尔分数等于 x_1^m 的混合物将自发分裂成两个分离的相——相 A 和相 B。两个相中组分 1 的摩尔分数分别为 x_1^A 和 x_1^B。可以认为，混合物是不稳定的。下面的比例式给出了形成相 A 和相 B 的相对物质的量：

$$\frac{x_1^m - x_1^A}{x_1^B - x_1^m}$$

混合能变 ΔG 曲线上点 A 处的切线方程为：

$$\Delta G^{mix}(x_1) = \Delta G^{mix}(x_1^A) + \left\{\frac{d[\Delta G^{mix}(x_1^A)]}{dx_1}\right\}(x_1 - x_1^A) \quad (6.14)$$

混合能变 ΔG 曲线上点 B 处的切线方程为:

$$\Delta G^{mix}(x_1) = \Delta G^{mix}(x_1^B) + \left\{\frac{d[\Delta G^{mix}(x_1^B)]}{dx_1}\right\}(x_1 - x_1^B) \quad (6.15)$$

能变 ΔG 相对于组分 1 的摩尔分数的导数可表示为:

$$\frac{d\Delta G^{mix}}{dx_1} = \frac{\partial G}{\partial n_1}\frac{dn_1}{dx_1} + \frac{\partial G}{\partial n_2}\frac{dn_2}{dx_1} = \mu_1 - \mu_2 \quad (6.16)$$

式中: n_1 和 n_2 分别是组分 1 和组分 2 的物质的量,mol;μ_1 和 μ_2 是组分 1 和组分 2 的化学位,其值可由相同点的混合能变 ΔG 的导数求得。混合能变 ΔG 曲线上点 A 处的切线方程可以改写为:

$$\Delta G^{mix}(x_1) = \Delta G^{mix}(x_1^A) + (\mu_1^A - \mu_2^A)(x_1 - x_1^A) \quad (6.17)$$

或

$$\Delta G^{mix}(x_1) = \mu_1^A x_1^A + \mu_2^A(1 - x_1^A) + (\mu_1^A - \mu_2^A)(x_1 - x_1^A)$$
$$= \mu_1^A x_1 + \mu_2^A(1 - x_1) \quad (6.18)$$

混合能变 ΔG 曲线上点 B 处的切线方程可以改写为:

$$\Delta G^{mix}(x_1) = \mu_1^B x_1 + \mu_2^B(1 - x_1) \quad (6.19)$$

当两条切线重合时,有如下关系:

$$\mu_1^A x_1 + \mu_2^A(1 - x_1) = \mu_1^B x_1 + \mu_2^B(1 - x_1) \quad (6.20)$$

通常,只有在位置 A 和位置 B 处两个组分的化学位相同时,上述关系式才成立。每个组分的化学位相同意味着相平衡,并且可以断定,处于平衡的两个相位于混合能变 ΔG 曲线的公切线上。

上述结果可用于如下判据:如果在进料组成点上,混合能变 ΔG 曲线的切线在任何地方都不与混合能变 ΔG 曲线相交,那么混合物就仍是单相的(是稳定的)。如果该切线与混合能变 ΔG 曲线相交,就会出现两种或三种相。

图 6.5 显示的是由摩尔分数为 0.4 的甲烷(C_1)和摩尔分数为 0.6 的二氧化碳(CO_2)组成

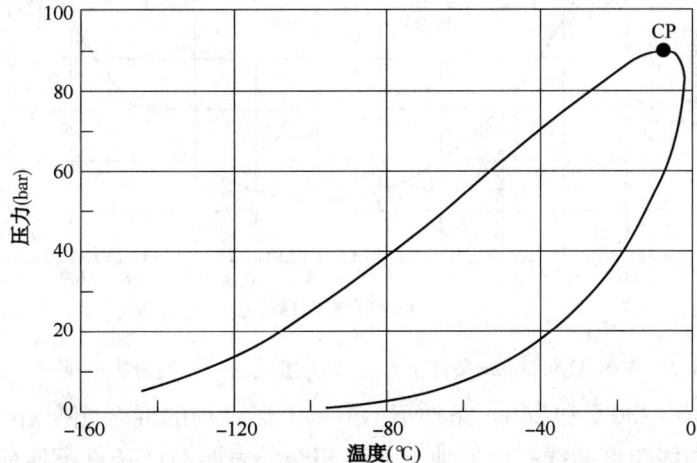

图 6.5　由摩尔分数为 0.4 的 C_1 和摩尔分数为 0.6 的二氧化碳(CO_2)
组成的混合物的相包络线

的混合物的相包络线。该相包络线由 Soave-Redlich-Kwong 状态方程[式(4.20)]计算得到。图 6.6 至图 6.8 可用来研究该体系在不同条件下的混合能变 ΔG。图 6.6 给出了 -42℃ 和 20bar 条件下的能变 ΔG^{mix}。根据图 6.5 中的相包络线可以看到，在上述条件下，混合物将分裂成两个相。-42℃ 和 20bar 条件下 PT 闪蒸计算结果见表 6.3。可以看到，表 6.3 中液相和气相所含的甲烷摩尔分数与图 6.6 中的甲烷摩尔分数是完全相同的，它们的能变 ΔG^{mix} 曲线有一条公切线。根据图 6.6，可以进一步断定，在 -42℃ 和 20bar 条件下，所含甲烷摩尔分数约大于 0.49 的 C_1 和二氧化碳（CO_2）二元混合物是单相的。如果 C_1 的摩尔分数再大一些，能变 ΔG^{mix} 曲线的切线不会与曲线相交。

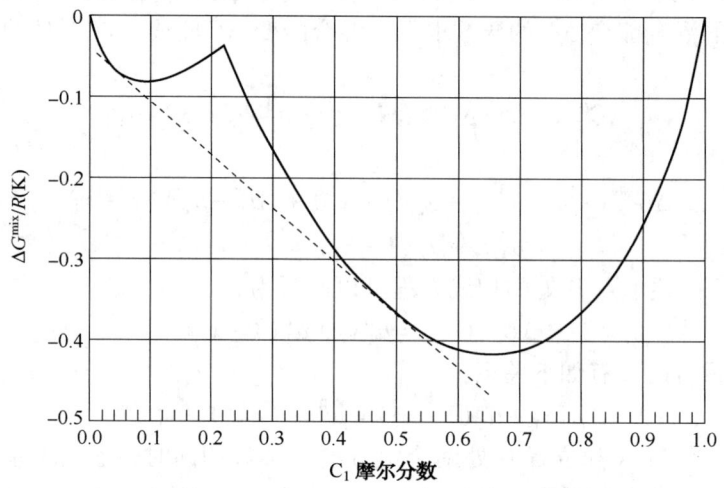

图 6.6　-42℃ 和 20bar 条件下，C_1 和 CO_2 二元混合物的能变 ΔG^{mix}

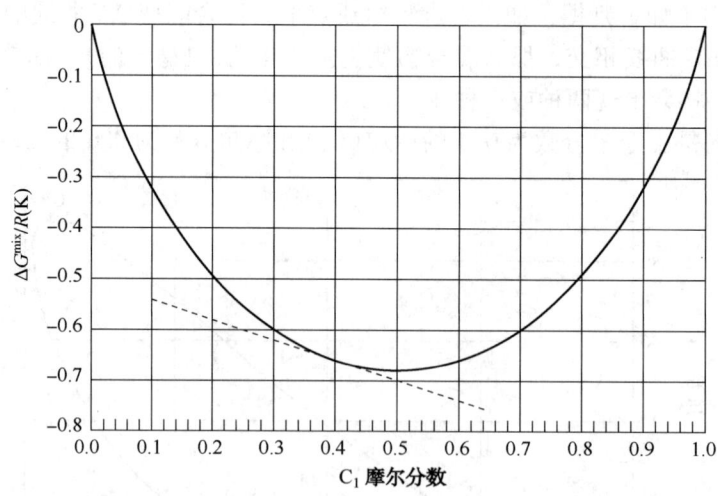

图 6.7　在 30℃ 和 26bar 条件下 C_1 和 CO_2 组成的二元混合物的能变 ΔG^{mix}

图 6.7 中给出了 -30℃ 和 26bar 条件下 C_1—CO_2 混合物的混合能变 ΔG 曲线。C_1 的摩尔分数为 0.40 点的切线与该曲线在任何地方都不相交，表明在此条件下所研究的混合物是单相的。这与图 6.5 中的相包络线是一致的。

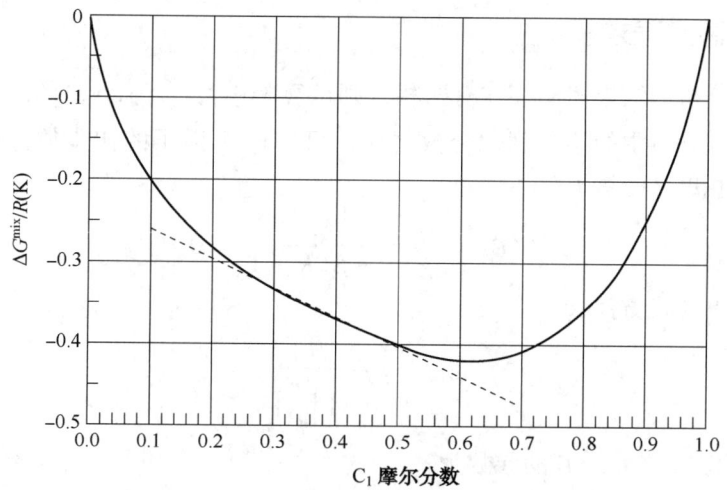

图 6.8 在 -7.6℃ 和 90bar 条件下，C_1 和 CO_2 组成的二元混合物的能变 ΔG^{mix}

在该条件下，摩尔分数为 0.4 的 C_1 和摩尔分数为 0.6 的 CO_2 组成的混合物处于临界点

图 6.8 中给出了 -7.6℃ 和 90bar 条件下 C_1—CO_2 混合物的混合能变 ΔG 曲线，在此条件下，摩尔分数为 0.4 的 C_1 和摩尔分数为 0.6 的 CO_2 的混合物处于临界点（CP）。在 C_1 摩尔分数为 0.40 的点附近，能变 ΔG^{mix} 曲线非常平坦，几乎与曲线在该点处的切线重合。在临界点（CP）处，气相和液相是相等的。

如果从两相侧接近临界点（CP），能变 ΔG^{mix} 曲线上的两个最小值（图 6.6）将彼此接近，并最终正好在临界点 CP 上交汇。当在单相侧离开 CP 时，混合能变 ΔG 曲线的扁平部分将逐渐变为弧形，形成类似图 6.7 中所示的图形。

如同上文所述二元混合物的情况，稳定性分析可推广至多组分混合物。对于多组分混合物，混合能变 ΔG 曲线会变成混合能变 ΔG 平面且切线变为切平面。如果混合能变 ΔG 表面上某摩尔组成点处的切面在任何地方都不与混合能变 ΔG 表面相交，则混合物仍旧是单相的。与混合能变 ΔG 表面相交表明存在两个或两个以上的相。考虑混合能变 ΔG 表面上进料摩尔组成 $(Z_1, Z_2, \cdots, Z_N)$ 点处的切面。从该平面到试算 y 相 $(y_1, y_2, \cdots, y_N)$ 混合能变 ΔG 表面的距离（切面距离或 TPD）为：

$$\text{TPD}(y_1, y_2, \cdots, y_N) = \sum_{i=1}^{N} y_i \left(\mu_i^{y\text{-phase}} - \mu_i^{\text{feed}} \right) \tag{6.21}$$

表 6.3　-42℃ 和 20bar 条件下 C_1 和 CO_2 混合物闪蒸计算结果

项　目		进　料	液　体	气　体
组分摩尔分数（%）	C_1	40.0	4.2	48.8
	CO_2	60.0	95.8	51.2
相摩尔分数（%）		100.0	80.3	19.7

如果对于所有可能的试算相 $(y_1, y_2, \cdots, y_N)$ 而言，切面距离（TPD）都是非负的，那么，进料混合物将只形成一相。另一方面，如果可以确定使切面距离为负值的试算相的位置，则混合物将分裂为两个或两个以上的相。

6.3.2 闪蒸方程求解

如果稳定性分析的结果表明存在有两相，则试算相$(y_1, y_2, \cdots, y_N)$的组分摩尔分数与进料混合物$(z_1, z_2, \cdots, z_N)$中的组分摩尔分数之比，可用作K因子的初步估计值。解 Rachford-Rice 方程求取汽相摩尔分数β：

$$F(\beta) = \sum_{i=1}^{N} \frac{z_i(K_i - 1)}{1 + \beta(K_i - 1)} = 0 \tag{6.22}$$

同时，可使用如下迭代方案：

$$\beta_{j+1} = \beta_j - \frac{F_j}{\left(\dfrac{dF}{d\beta}\right)_j} \tag{6.23}$$

式中，j 表示迭代次数。F 对 β 的导数为：

$$\frac{dF}{d\beta} = -\sum_{i=1}^{N} \frac{z_i(K_i - 1)^2}{[1 + \beta(K_i - 1)]^2} \tag{6.24}$$

在确定了β后，可对应假设的K因子根据式(6.5)和式(6.6)确定相摩尔分数的新估计值。由立方型状态方程可以确定这些组分的逸度系数；根据式(6.4)可求得新的K因子。通过式(6.22)至式(6.24)，可以确定新的β。这里介绍的逐次置换过程非常耗时，尤其是对于近临界的混合物(即所有的K因子都接近1的混合物)来说。采用 Michelsen 所述的方法(1982b，1998)可加速收敛。

对于某些体系而言[如 Heidemann 和 Michelsen(1995)所述]，逐次置换同样也会导致收敛问题，因此必须采用不同的方法。比如，当需要考虑气体水合物相时，逐次置换是不合适的。在第14章中会进一步探讨气体水合物闪蒸算法。

如果将所有的二元交互作用参数都设置为"0"，使用立方型状态方程，可以在两相闪蒸计算中节省大量的计算时间。无论有多少个组分，若没有非零的交互作用参数，则闪蒸计算可减化为只涉及3个参数(Pedersen 等，1985；Michelsen，1986a)。此外，将组分对分为 $k_{ij}=0$ 以及 $k_{ij}\neq 0$ 的组分对(Hendriks，1987；Jensen 和 Fredenslund，1987)同样可以节省时间。

在瞬态组成模拟(如储层模拟，动态流动或过程模拟)中，利用相组成只在时间和位置上可能会适度变化的事实，可以显著减少闪蒸计算时间。假设在时间为t时位置x处的闪蒸结果为单相液体，并且，该液体高度不饱和。除非压力、温度或组成从时间t到$t+\Delta t$发生显著变化，否则，在时间$t+\Delta t$时，位置x处不可能存在气相。Rasmussen 等曾于2006年提出一种了解不饱和度的方法，并且只要体系明显是单相，则可跳过相当费时的稳定性分析。此外，Rasmussen 等还概述了在两相区节省算时的方法，即采用上一个时间步长获得的闪蒸结果赋初值。

6.3.3 多相 PT 闪蒸

6.3.1节中所述稳定性分析可以推广至测试可能存在的三个或更多个相(Michelsen，1982a)。当所研究的相数超过两个时，稳定性分析的复杂性就会有所增加。图6.9中的上半部分给出了一个体系，该体系预期为具有类似液体性质的单相，其吉布斯自由能为G^0。该体系可以通过分裂出一个蒸气相来检验稳定性。如果将混合物分为气—液体系($G' < G^0$)能

减少体系的总吉布斯自由能的话,正确的闪蒸结果将由两种或多种相组成。在多相闪蒸计算中,继续进行稳定性分析以寻找另一种液相,如果该过程表明将混合物分裂为一气—液—液体系($G'' < G'$),可以进一步降低吉布斯自由能。此外,也可能液—液体系中没有气相,而该体系的吉布斯自由能甚至更低。对于多相闪蒸计算,这一部分也需要进行研究,但在图6.9中却并未涉及。可以继续进行稳定性分析,寻找第三个液相,依此类推。如图6.9所示,第四个相也可以是一个固相,例如,固体蜡,第11章中将进一步研究。如果较之三相的结果($G''' < G''$),吉布斯自由能减小,那么,就会形成固相。图6.9的下半部分表示的是从一混合物开始的一系列类似的稳定性分析,作为单相,这种混合物具有类似蒸气的特性。

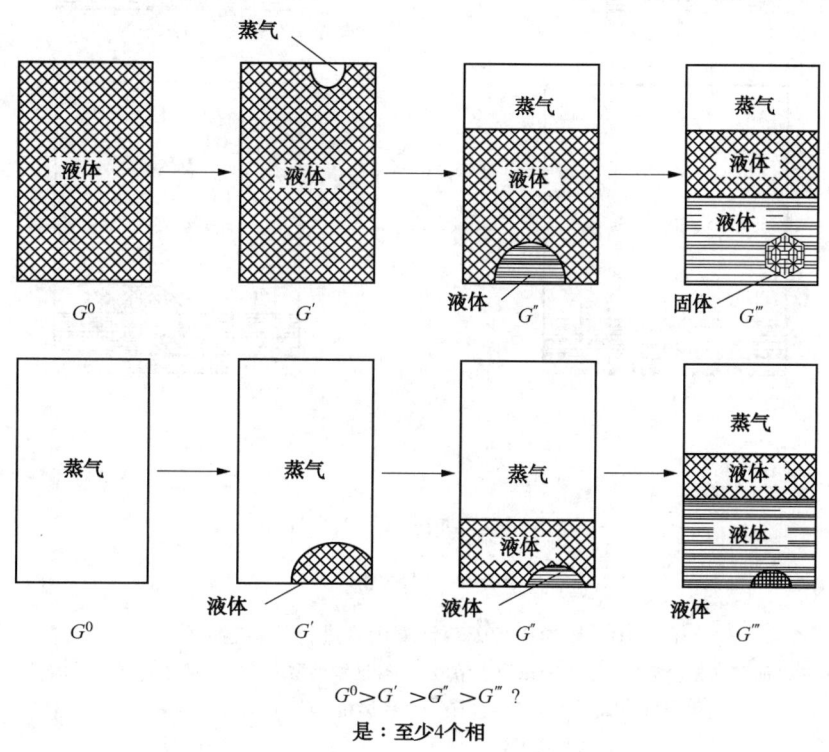

图6.9 通用多相闪蒸中的稳定性分析

G表示总吉布斯自由能量。$G = G^0$对应于一个相,$G = G'$对应于两个相,依此类推

多相闪蒸计算所需的时间也可以缩短,例如,如果已知其中一相可能是水溶液相。图6.10上半部分给出了烃类化合物和水(含水)的混合物。初步稳定性分析表明,富水液相将会分裂出来。作为一个单相,其余的烃混合物具有类似液体的属性。如果除了汽相、烃类液相和水溶液相,不考虑其他相,那么,图6.10中就只需要对可能存在的烃类气相进行稳定性分析。如果三相体系的吉布斯自由能(G')低于两相体系的吉布斯自由能(G^0),则闪蒸结果就是一个三相体系。图6.10的下半部分给出了由水和类蒸气烃类混合物组成的混合物。就是否有液态烃类相的沉淀,对其进行稳定性检验。计算中虑及的相只限于气体、烃类液体以及液态水,并且计算中进一步假定只能存在一种给定类型的相,此时闪蒸计算简单得多,因此,比通用多相闪蒸计算需要的时间要少。因此,在针对某一特定目的设计或选择闪蒸算法时,建议要利用任何先前有关体系的知识。

对于由J相组成的体系,对应的Rachford-Rice方程[式(6.3)]如下:

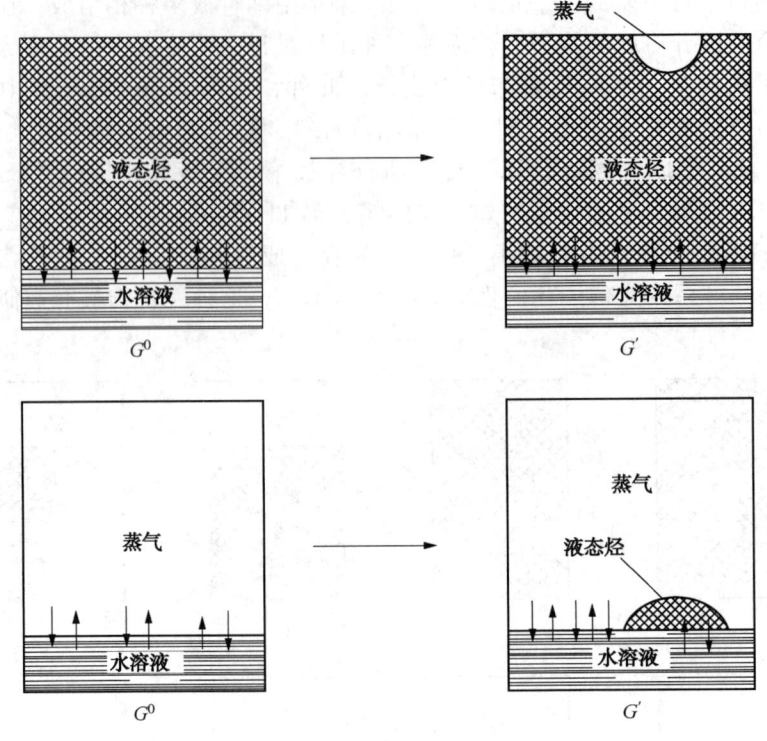

图 6.10　作为三相闪蒸计算内容进行的稳定性分析

其中，研究的相包括气体、烃液以及水溶液(没有这些类型之外的任何相)。G 表示总吉布斯自由能(Gibbs)。$G = G^0$ 对应于一个烃类相，$G = G'$ 对应于两个烃类相

$$\sum_{i=1}^{N} \frac{z_i(K_i^m - 1)}{H_i} = 0 \quad (m = 1, 2, \cdots, J-1) \tag{6.25}$$

其中

$$H_i = 1 + \sum_{m=1}^{J-1} \beta^m (K_i^m - 1) \tag{6.26}$$

式中：β^m 表示相 m 的摩尔分数；K_i^m 是组分 i 在相 m 和相 J 中的摩尔分数之比。在对 K 因子进行初始估算后，使用与 6.3.2 节中所述的用于两相算法类似的方法，由式(6.25)和式(6.26)可以求出相的摩尔分数 $\beta^1 \sim \beta^J$。之后，可以根据下式获得各相的组成：

$$y_i^m = \frac{z_i K_i^m}{H_i} \quad (i = 1, 2, \cdots, N; m = 1, 2, \cdots, J-1) \tag{6.27}$$

式中，y_i^m 和 y_i^J 分别表示相 m 和相 J 中组分 i 的摩尔分数。与两相闪蒸计算情况相同，多相闪蒸计算速度可以得到显著提高(Michelson，1982b)。

在储层和过程模拟中，无水油气混合物通常被视为不可能形成两个以上流体相的体系。可以使用多相闪蒸算法研究这种假设的有效性。表 6.4 中给出了轻凝析气的组成。这一凝析

气对于 PR 方程,采用第 5 章中 Pedersen 等提出的特征化方法进行特征化。特征化后的组成见表 6.5。采用 SRK 状态方程进行多相闪蒸计算。表 6.6 中给出了 52bar 压力和 -72℃ 温度下这种混合物的 PT 闪蒸结果。可以看出,在这些条件下,混合物分裂为一个气相和两个液相。

$$y_i^J = \frac{z_i}{H_i} \quad (i = 1, 2, \cdots, N) \tag{6.28}$$

表 6.4 凝析气的摩尔组成

组 分	摩尔分数(%)	分 子 量	15℃和1.01bar条件下的密度(g/cm^3)
N_2	0.08	—	—
CO_2	2.01	—	—
C_1	82.51	—	—
C_2	5.81	—	—
C_3	2.88	—	—
iC_4	0.56	—	—
nC_4	1.24	—	—
iC_5	0.52	—	—
nC_5	0.60	—	—
C_6	0.72	—	—
C_{7+}	3.06	140.3	0.774

表 6.5 对于 PR 状态方程,特征化后的表 6.4 中的凝析气

组 分	摩尔分数(%)	T_c(℃)	p_c(bar)	偏心因子
N_2	0.08	-147.0	33.94	0.040
CO_2	2.01	31.1	73.76	0.225
C_1	82.51	-82.6	46.00	0.008
C_2	5.81	32.3	48.84	0.098
C_3	2.88	96.7	42.46	0.152
iC_4	0.56	135.0	36.48	0.176
nC_4	1.24	152.1	38.00	0.193
iC_5	0.52	187.3	33.84	0.227
nC_5	0.60	196.5	33.74	0.251
C_6	0.72	234.3	29.69	0.296
C_7—C_9	1.66	280.4	26.72	0.373
C_{10}—C_{13}	0.91	352.5	21.29	0.518
C_{14}—C_{55}	0.49	473.1	16.67	0.803

表 6.6 使用 PR 状态方程，表 6.5 中凝析气在 52bar 和 −72℃条件下的多相 PT 闪蒸计算

项 目		进 料	气	液 I	液 II
组分摩尔分数(%)	N_2	0.08	0.18	0.08	0.05
	CO_2	2.01	1.08	1.88	2.36
	C_1	82.51	96.45	87.95	75.66
	C_2	5.81	1.86	5.28	7.28
	C_3	2.88	0.33	2.17	4.00
	iC_4	0.56	0.03	0.38	0.81
	nC_4	1.24	0.05	0.76	1.83
	iC_5	0.52	0.01	0.28	0.79
	nC_5	0.60	0.01	0.29	0.93
	C_6	0.72	0.00	0.29	1.14
	C_7—C_9	1.66	0.00	0.48	2.73
	C_{10}—C_{13}	0.91	0.00	0.14	1.54
	C_{14}—C_{55}	0.49	0.00	0.01	0.87
相摩尔分数(%)		100	17.51	26.15	56.33

在石油和天然气生产中通常不会遇到零下 72℃（−72℃）的温度环境。因此，在这些条件下出现第三种相几乎没有什么实际意义。但是，如 6.4 节所述，对于相包络线计算而言，第三相区的存在确实有些影响。

富二氧化碳体系在一些温度下可以形成三相，这种情况可能发生在石油和天然气生产过程中。表 6.7 提供了储层石油的组成情况。从表 6.8 可看到，对于 PR 方程，采用 Pedersen 等提出的 C_{7+} 特征化方法对这种混合物进行的特征化。表 6.9 中则给出了摩尔分数 50% 的表 6.8 中的油与 50 摩尔分数 50% CO_2 混合物在 100bar 压力和 9℃温度条件下的多相 PT 闪蒸计算结果。

表 6.7 储层石油的摩尔组成

组 分	摩尔分数(%)	分 子 量	15℃和1.01bar状态下的密度(g/cm²)
N_2	0.546	—	—
CO_2	2.826	—	—
C_1	55.565	—	—
C_2	8.594	—	—
C_3	5.745	—	—
iC_4	1.009	—	—
nC_4	2.435	—	—
iC_5	0.895	—	—
nC_5	1.240	—	—
C_6	1.581	—	—
C_7	2.552	91.5	0.738
C_8	2.747	101.2	0.765
C_9	1.699	119.1	0.781
C_{10+}	12.564	254.9	0.870

表 6.8　特征化后表 6.7 中的石油组成

组　分	摩尔分数(%)	T_c(℃)	p_c(bar)	偏心因子
N_2	0.546	−147.0	33.94	0.040
CO_2	2.826	31.1	73.76	0.225
C_1	55.566	−82.6	46.00	0.008
C_2	8.594	32.3	48.84	0.098
C_3	5.745	96.7	42.46	0.152
iC_4	1.009	135.0	36.48	0.176
nC_4	2.435	152.1	38.00	0.193
iC_5	0.895	187.3	33.84	0.227
nC_5	1.240	196.5	33.74	0.251
C_6	1.581	234.3	29.69	0.296
C_7—C_{13}	11.483	316.5	24.96	0.442
C_{14}—C_{22}	5.089	466.1	16.56	0.792
C_{23}—C_{80}	2.990	676.5	13.28	1.137

可以看到，混合物分离为一个气相和两个液相。其中一个液相(液体Ⅰ)很少，并且从实际的角度上看，可能几乎没有什么影响力。然而，第三种相的存在可能会干扰采用两相闪蒸算法进行的 PT 闪蒸计算。两相算法不会寻找第三种相。一旦稳定性分析表明存在一个以上的相，算法就会开始寻找两相解决方案，即，满足式(6.1)的解。任何这种解都会被视为是正确的。对于实际上形成了 3 种相的混合物而言，式(6.1)可能不止有一个解，而两相解的迭代可能会导致其在两个邻近组成间波动，造成两者都满足式(6.1)。如果闪蒸运算收敛到一个结果上，就会出现错误。因此，最好有一个两相闪蒸算法，适用于类似表 6.6 和表 6.9 中所述的情况，将两个液相合二为一。

表 6.9　表 6.8 中的油与 CO_2 按照 1∶1 摩尔比混合的石油在 100bar 和 9℃条件下的多相 PT 闪蒸计算结果

项　目		进　料	气　体	液体Ⅰ	液体Ⅱ
组分摩尔分数(%)	N_2	0.27	0.46	0.30	0.15
	CO_2	51.41	54.85	58.74	48.80
	C_1	27.78	37.03	29.10	21.58
	C_2	4.30	3.86	4.19	4.60
	C_3	2.87	1.88	2.55	3.55
	iC_4	0.51	0.27	0.42	0.66
	nC_4	1.22	0.57	0.95	1.66
	iC_5	0.45	0.16	0.32	0.64
	nC_5	0.62	0.21	0.42	0.91
	C_6	0.79	0.19	0.47	1.20
	C_7—C_{13}	5.74	0.51	2.25	9.38
	C_{14}—C_{22}	2.55	0.01	0.27	4.33
	C_{23}—C_{80}	1.50	0.00	0.01	2.56
相摩尔分数(%)		100.00	38.90	2.61	58.49

注：计算中采用了 PR 状态方程。

但是，这只有使用真实的三相或多相闪蒸算法，并采用手工方式合并两种液相，才能实现。

Krejbjerg 和 Pedersen(2006)报告的实验数据已表明，液—液分离可能只有对低温储层中的重油才会发生。表 5.16 中的重油与 C_1 重新组合，气油比为 $29.7 Sm^3/Sm^3$，并在 24℃ 温度下与由等物质的量的 C_1，C_2，C_3 和 C_4 组成的气体混合。当后者气体的质量分数超过 34% 时，可以看到液相一分为二，随着注入气体的浓度增加，两种液相的压力范围变宽。实验观测获得的相边界绘制在图 6.11 中（圆圈和实线）。可以看到，图中偏下部区域（V+L+L）有 3 个相：1 个气（或汽）相（V）和 2 个液相（L）。该区上方是一个有 2 个处于平衡状态的液相（L+L）区。此外，使用 5.7.2 节中所述的方法对流体进行表征，图中还显示了采用 SRK 状态方程模拟的相界（点划线）。模拟计算使用了表 5.18 中的第 II 套系数。虽然有两个液相的区域在压力上的扩展无法达到实验中那种程度，但是，仍在模拟中再现了液—液相分裂的存在。

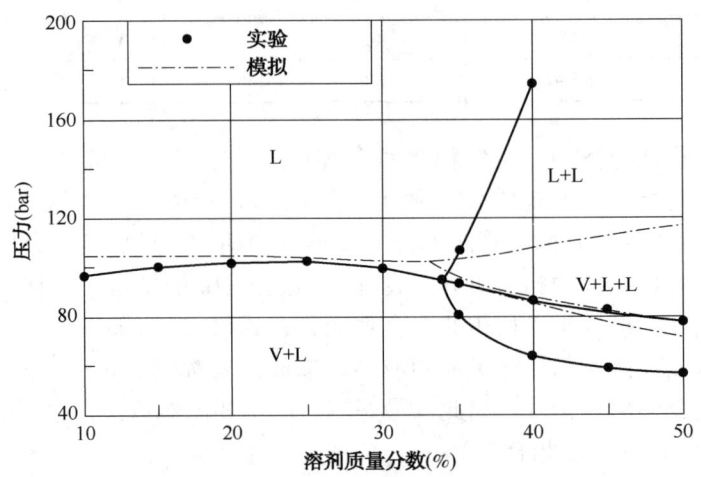

图 6.11　表 5.16 中石油的实测和模拟相图

石油最初与 C_1 重新混合，气油比达 $29.7 Sm^3/Sm^3$；然后在 24℃ 温度下，同 C_1，C_2，C_3 和 nC_4 的等物质的量混合物混合。模拟结果采用表 5.18 中的第 II 套系数

6.3.4　具有纯水相的三相 PT 闪蒸

在石油和天然气生产过程中，水经常作为第三种相存在。天然气和石油成分在水相中的溶解度通常十分有限。因此，如果在近似 PT 闪蒸计算中将水相视为纯水，通常是可以接受的。在此情况下，与所有组分都可以出现于所有相中的通用多相闪蒸计算相比，PT 闪蒸计算可以简化很多（Michelsen，1981）。如图 6.12 所示，这类似于图 6.10，但由于不必考虑水相中其他组分的溶解性，因此计算上更为简化。

在需要检验是否有纯水相的三相 PT 闪蒸中，起初假设进料只形成一个混合相（带有一些溶解水的气或油）。检验纯水是否会从这种假想的相中分离出来。

通过将纯水相中水的化学势与进料中水的化学势比较，进行测试。纯水化学势的表示采用如下形式：

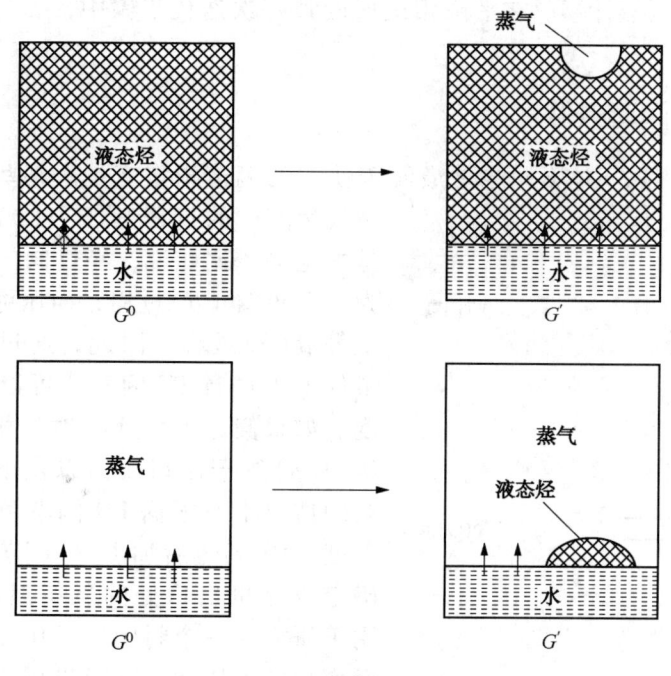

图 6.12 三相闪蒸计算中的稳定性分析

其中，考虑的相为气体、液烃，以及纯液态水（每种类型不超过一个相）。

G 表示总吉布斯（Gibbs）能量。$G = G_0$，对应一个烃类相；$G = G'$，对应两个烃类相

$$(\mu_w)_{pure} = \mu_w^0 + RT(\ln f_w)_{pure} = \mu_w^0 + RT[\ln p + \ln(\varphi_w)_{pure}] \tag{6.29}$$

并且，进料中水的化学势可以表示为：

$$(\mu_w)_{mix} = \mu_w^0 + RT[\ln p + \ln(\varphi_w)_{mix} + \ln z_w] \tag{6.30}$$

上式中，z_w 表示整个混合物中水的摩尔分数。在附录 A 中对术语"化学式""逸度"和"逸度系数"进行了说明。如果纯水的化学势小于其在混合物中组分的化学势，那么，纯液态水相将会发生沉淀：

$$(\mu_w)_{pure} < (\mu_w)_{mix} \tag{6.31}$$

根据逸度系数，可将该关系式改写为：

$$\ln(\varphi_w)_{mix} + \ln z_w > \ln(\varphi_w)_{pure} \tag{6.32}$$

如果液态水确实发生沉淀，则可根据下列方程求出混合相（烃+水）中水的摩尔分数 x_w：

$$\ln(\varphi_w)_{mix} + \ln x_w - \ln(\varphi_w)_{pure} = 0 \tag{6.33}$$

其余的水可在纯液态水相中获得。

对其余的混合烃相与由式(6.33)确定了摩尔分数的水进行两相闪蒸计算。如果该混合物分裂为两相，则接着要调整纯水的量，假定每一个混合相都必须满足式(6.33)。

如果纯水相未同进料混合物分离，即，不满足式(6.32)，那么就要对整个进料混合

物进行常见的两相闪蒸计算。在平衡相组成的每一次迭代步骤中，要检验是否会形成纯水相。

6.3.5 其他闪蒸条件

压力(p)和温度(T)并不一定是最便于使用的闪蒸指定变量。某些发生在石油和天然气生产中的过程其压力(p)和温度(T)并不是恒定的。比如说，经过阀门的过程可以近似为一个等焓(H)过程；而压缩过程可近似为一个等熵(S)过程。因此，通过在阀门入口处的条件下先进行 PT 闪蒸，可以模拟阀门后的温度。如果假定出口处的焓是相同的，那么，在压力(p)等于出口压力以及焓(H)等于入口处焓的情况下，根据 PH 闪蒸可以求得出口处的温度。PT 闪蒸后加上 PS 闪蒸可以类似地用于确定压缩机出口处的近似温度。VT 闪蒸可以用于研究在一个封闭体系中压力是如何随温度而变化的。比如，它可以用于模拟关闭期间管道内的状态。

图 6.13 给出了 4 种不同的闪蒸条件的应用。闪蒸计算中，可选闪蒸条件变量(H, S 或 V)取代变量 p 或 T，或可以将闪蒸计算作为在 PT 闪蒸中进行一次迭代。

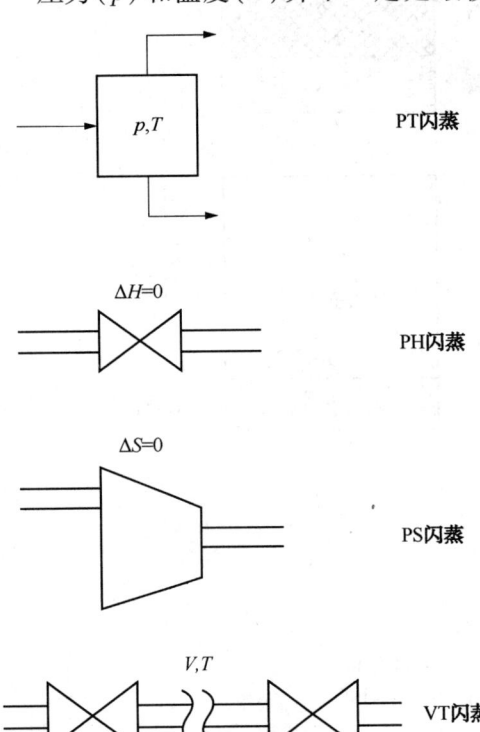

图 6.13 替代闪蒸条件的应用领域

后者意味着压力(p)和(或)温度(T)是猜测的，并且针对各压力(p)和温度(T)，都进行了溶液检验，以确定其与闪蒸条件变量的对应性。Michelsen(1999)提出了使用替代或基于状态的闪蒸条件变量的闪蒸计算方法。

6.4 相包络线计算

原则上，对于第 1 章中介绍的相包络线，可以采用 6.2 节中所述的算法，计算一系列的饱和点来完成，但如果需要完整的相包络线，则不推荐使用该方法。因为那样不仅浪费时间，而且在高温和接近临界点(CP)的情况下可能会引发收敛性问题。此时，可采用 Michelsen(1980)所述的方法。在适度的压力下(<20bar)从露点或泡点侧启动相包络线计算。在启动压力下，饱和点温度的计算详见 6.2 节。由于压力适度，因此比较容易收敛。第二个饱和压力的计算在稍高一些的压力下进行。第三个点以及之后的饱和点在计算时都要使用前述相包络线上两个点中任何一点上的 K 因子、压力和温度。这样可以确保初始估算值的合理性，同时，使用 Michelsen 所述的方法时，在确定临界点位置和通过临界点上时不会出现问题。也可以按照 Michelsen 和 Heideman(1981)介绍的方法来确定临界点(CP)的位置。

Michelsen 的相包络线构建方法不仅限于露点线和泡点线,还可用于在相包络线中构建内线,即,PT 值(对于该值,气相摩尔分数等于某一特定值)。图 6.14 显示了采用 SRK 状态方程计算获得的表 6.8 中石油的相包络线。可以看到,露点线和泡点线以及内线相交于临界点(CP)。在临界点处,气相和液相是无法区分的,因此,气相摩尔分数 β 可以赋任何一个介于 0 和 1 之间的值。

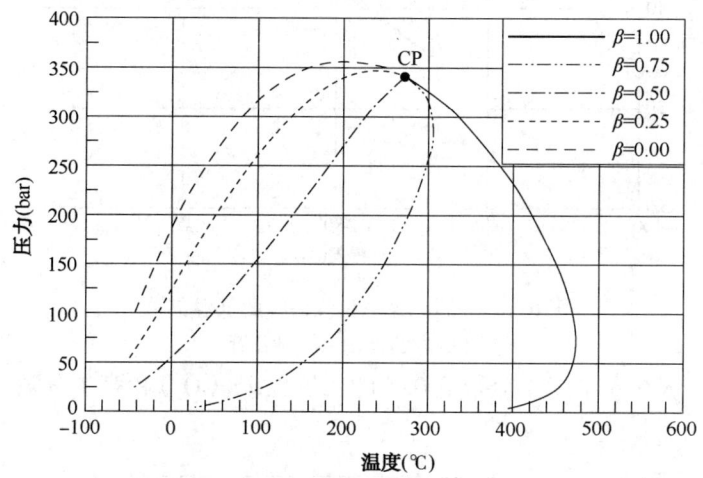

图 6.14 使用 SRK 状态方程计算得到的表 6.8 中石油的相包络线
CP 表示临界点,β 表示蒸气摩尔分数

图 6.15 给出了针对表 6.5 中的凝析气进行相包络线计算的结果。没有找到临界点。乍看起来,似乎是模拟失败,但事实上确实有更合理的解释。通过表 6.6 中所示的 PT 闪蒸结果,可以看出,所研究的混合物于低温条件下在 PT 区形成了三种相。该三相区的位置已确定(Michelsen,1986b),如图 6.15 以及图 6.16 中放大显示部分所示。如果混合物仅形成了两种相,那么,临界点的位置就在该区附近。该示例说明烃类混合物并不一定总是会有临界点(CP)。

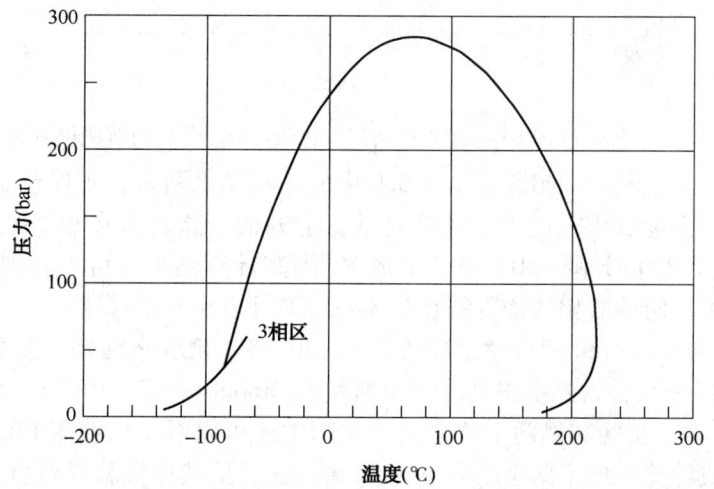

图 6.15 使用 PR 状态方程计算得到的表 6.5 中烃类凝析气相包络线

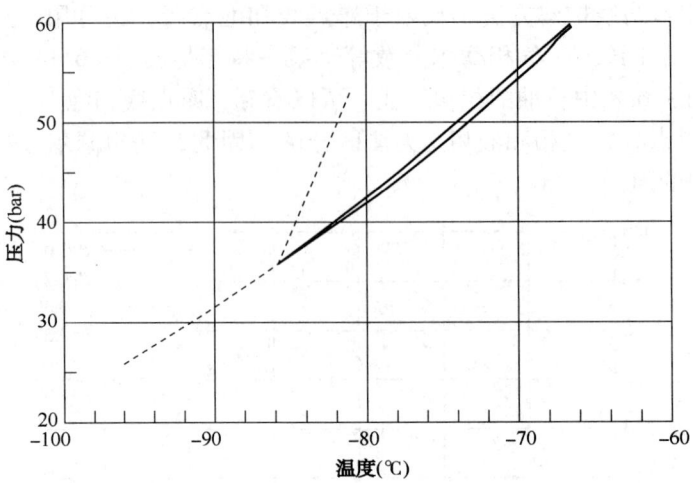

图 6.16　图 6.15 中相包络线的低温部分
图中实线表示三相区的位置

图 6.17 显示了表 6.8 中摩尔分数为 0.5 的二氧化碳（CO_2）和摩尔分数为 0.5 的石油相包络线。

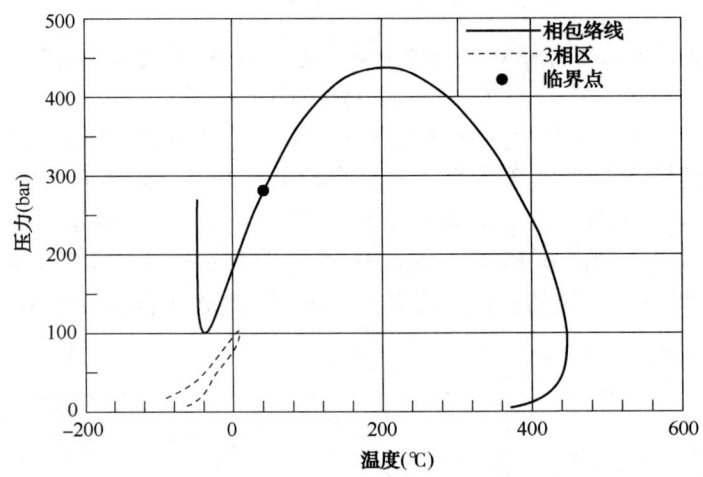

图 6.17　表 6.7 中以 1∶1 摩尔比同二氧化碳（CO_2）混合的石油相包络线

存在一个相当大范围的三相区，如表 6.9 中的闪蒸结果所示，扩展至温度 0℃ 以上。在约 −40℃ 温度下，相包络线在压力上几乎是垂直上升的。这表示在相界处存在液—液相平衡。表 6.10 给出了 200bar 和 −50℃ 条件下的 PT 闪蒸计算结果。可以看到，形成了两个组成大致相同的液相。两种液相的密度都在 $0.8g/cm^3$ 以上。

图 6.18 所示为针对由 9.87% 摩尔分数 CO_2、40.23% 摩尔分数 H_2S 以及 49.90% 摩尔分数的 C_1 组成的三组分混合物测量得到的实验饱和点（Robinson 等，1981）。如图中所示（实心圆），对于此混合物，实验测得两个临界点。从图中还可以看出，使用 PR 状态方程对同一混合物的相包络线计算再现了两个临界点（CP）的存在。虽然模拟临界点（CP）的位置略微偏离实验观测到的结果，但是考虑到临界点（CP）的周边是具有近临界相态特征的区域，因此，实际上计算值与实验值的符合性还不错。

表 6.10　表 6.8 中的石油与二氧化碳以等摩尔比混合时在 200bar 压力和 −50℃温度下的 PT 闪蒸计算结果

	项目	进料	液体 I	液体 II
组分摩尔分数(%)	N_2	0.27	0.31	0.27
	CO_2	51.41	64.84	50.54
	C_1	27.78	24.09	28.02
	C_2	4.30	3.33	4.36
	C_3	2.87	2.01	2.93
	iC_4	0.51	0.32	0.52
	nC_4	1.22	0.77	1.25
	iC_5	0.45	0.26	0.46
	nC_5	0.62	0.35	0.64
	C_6	0.79	0.40	0.82
	C_7—C_{13}	5.74	2.62	5.95
	C_{14}—C_{22}	2.55	0.59	2.67
	C_{23}—C_{80}	1.50	0.13	1.58
相摩尔分数(%)		100	6.13	93.87
密度(g/cm³)		—	0.845	0.813

注：使用 PR-Peneloux 方程计算相组成和相密度。

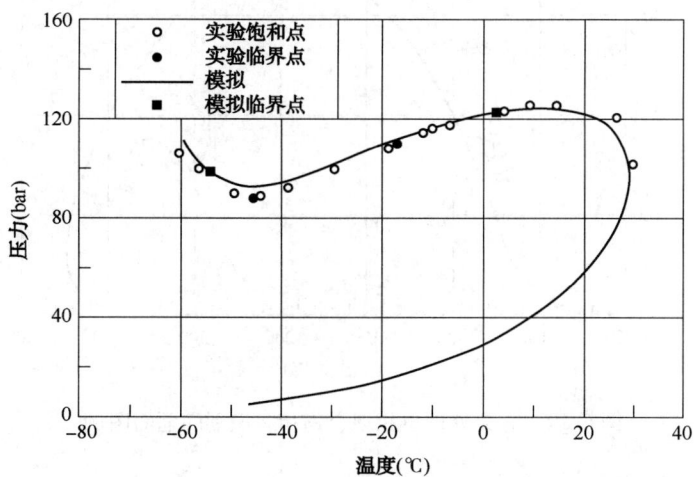

图 6.18　测得的由摩尔分数为 9.87% 的二氧化碳(CO_2)、摩尔分数为 40.23% 的 H_2S 以及摩尔分数为 40.90% 的 C_1(Robinson 等，1981) 组成的三组分混合物的实验饱和点(圆圈)

实心圆是通过实验确定的临界点(CP)。实线表示使用 PR 状态方程模拟的相包络线，其中二元交互作用参数为 CO_2—H_2S：0.0974，CO_2—C_1：0.110 和 H_2S—C_1：0.069。两个实心方块表示模拟临界点

烃类相边界受含水组分存在的影响很大，且必须考虑附加（含水）的相，这些情况使含水以及可能还含有水合物抑制剂的相包络线计算变得复杂化。针对如何进行烃—水混合物的相包络线计算，Lindeoff 和 Michelsen（2003）简要提出了一个方法。第 16 章给出了这一算法的应用实例。

6.5 相态识别

对于无水混合物而言，当温度高于 15℃ 时很少见到液—液相分裂。如果油或气体混合物的 PT 闪蒸计算表明存在两种相，则其中密度较低的一个通常被视为气体或蒸气，密度较高的则通常被视为液体或油。对于单相溶液，并不十分清楚是将这个单相视为气体还是液体。一般情况下，不存在普遍认可的区分气体和液体的定义。由于在石油行业，术语"气"和"油"用得非常多，因此，需要尝试为区分这两种类型的相而建立一种合理的判据。图 6.19 所示为挥发油的相包络线。图中（点1—点4）标示了 4 种单相情形。点 1 在泡点侧两相区之外。因此，自然将这些情况下的混合物归入液体。点 4 同样也在两相区之外，但在露点一侧，表明混合物在这些条件下呈气态。在点 2 和点 3 状态下，不是很确定该将混合物视为气体还是液体。点 2 位置的温度低于临界温度。这表明，点 2 状态下的混合物可能是液体。类似地，点 3 所处位置的温度高于临界温度，表明液体在点 3 状态下呈气态。这就得出如下的相态识别判据（图 6.20）。

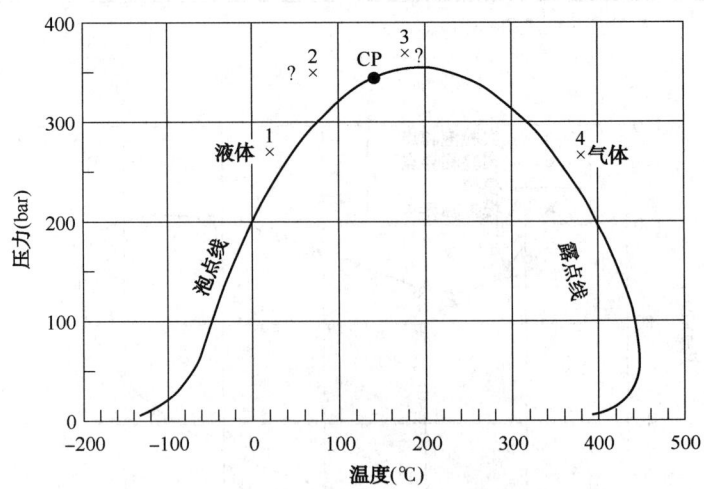

图 6.19　有关处理单相混合物相态识别问题的图例

（1）液相：
① 如果压力低于临界压力，且温度低于泡点；
② 如果压力高于临界压力，且温度低于临界温度。
（2）气相：
① 如果压力低于临界压力，且温度高于泡点；
② 如果压力高于临界压力，且温度高于临界温度。

上述判据的不足是，必须模拟临界点（CP）并且可能还要模拟实际压力下的露点或泡点温度。在计算时间十分要紧的情况下，这不太实际。因此，采用下面所示较为简单的判据，

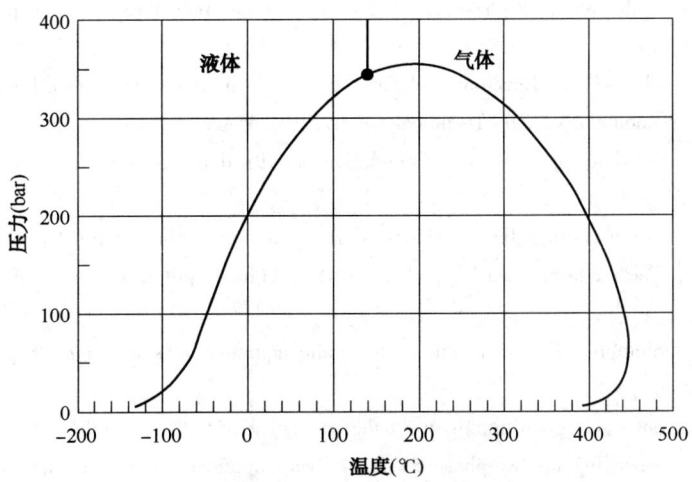

图 6.20 可能的相态识别判据

通常更为方便：

液相

$$\frac{V}{b} < Const$$

气相

$$\frac{V}{b} > Const$$

式中：V 表示摩尔体积；b 表示立方型状态方程的 b 参数；$Const$ 表示一个常数，其数值大小取决于状态方程。对于第 4 章中介绍的 SRK 和 PR 而言，设定 $Const = 1.75$ 较方便。

只要采用的热力学模型是相同的，与相的类型无关（按照原来使用立方型状态方程的情况），那么，对于模拟物理性质而言，相态识别判据并无重要性。

参 考 文 献

Dong, W.-G. and Lienhard, J. H., Corresponding states correlation of saturated metastable properties, *Can. J. Chem. Eng.* 64, 158-161, 1986.

Heidemann, R. A. and Michelsen, M. L., Instability of successive substitution, *Ind. Eng. Chem. Res.* 34, 958-966, 1995.

Hendricks, E. M., Simplified phase equilibrium equations for multicomponent systems, *Fluid Phase Equilib.* 33, 207-221, 1987.

Jensen, B. H. and Fredenslund, Aa., A simplified flash procedure for multicomponent mixtures containing hydrocarbons and one non-hydrocarbon using two-parameter cubic equations of state, *Ind. Eng. Chem. Res.* 26, 2129-2134, 1987.

Krejbjerg, K. and Pedersen, K. S., Controlling VLLE equilibrium with a cubic EoS in heavy oil modeling presented at 57*th Annual Technical Meeting of the Petroleum Society* (Canadian International Petroleum Conference), Calgary, Canada, June 13-15, 2006.

Lindeloff, N. and Michelsen, M. L., Phase Envelope calculations for hydrocarbon-water mixtures, SPE 85971, *SPE J.*, 298-303, September 2003.

Michelsen, M. L., Calculation of phase envelopes and critical points for multicomponent mixtures, *Fluid Phase Equilib.* 4, 1-10, 1980.

Michelsen, M. L., Three-Phase Envelope and Three-Phase Flash Algorithms with a Liquid Water Phase, SEP Report 8123, Institut for Kemiteknik, The Technical University of Denmark, 1981.

Michelsen, M. L. and Heideman, R. A., Calculation of critical points from cubic two-constant equations of state, *AIChE J.* 27, 521-523, 1981.

Michelsen, M. L., The isothermal flash problem. Part I. Stability, *Fluid Phase Equilib.* 9, 1-19, 1982a.

Michelsen, M. L., The isothermal flash problem. Part II. Phase-split calculation, *Fluid Phase Equilib.* 9, 21-40, 1982b.

Michelsen, M. L., Simplified flash calculations for cubic equations of state, *Ind. Eng. Chem. Process Des. Dev.* 25, 184-188, 1986a.

Michelsen, M. L., Some aspects of multiphase calculations, *Fluid Phase Equilib.* 30, 15-29, 1986b.

Michelsen, M. L., Speeding up two-phase PT-flash, with applications for calculation of miscible displacement, *Fluid Phase Equilib.* 143, 1-12, 1998.

Michelsen, M. L., State function based flash specifications, *Fluid Phase Equilib.* 158-160, 617-626, 1999.

Michelsen, M. L. and Mollerup, J., *Thermodynamic Models: Fundamentals and Computational Aspects*, Tie-Line Publications, Holte, Denmark, 2007.

Pedersen, K. S., Thomassen, P., and Fredenslund, Aa., Thermodynamics of petroleum mixtures containing heavy hydrocarbons. 3. Efficient flash calculation procedures using the SRK-equation of state, *Ind. Eng. Chem. Process. Des. Dev.* 24, 1985, 948-954.

Rachford, H. H. Jr. and Rice, J. D., Procedure for use of electronic digital computers in calculating flash vaporization hydrocarbon equilibrium, *J. Petroleum Technol.* 4, 1952, sec. 1, p. 19 and sec. 2, p. 3.

Rasmussen, C. P., Krejbjerg, K., Michelsen, M. L., and Bjurstrøm, K. E., Increasing computational speed of flash calculations with applications for compositional, transient simulations, SPE 84181, *SPE Reservoir Eval. Eng.* 32-38, February 2006.

Robinson, D. B., Ng, H.-J., and Leu, A. D., The Behavior of CH4-CO2-H2S Mixtures at Sub-Ambient Temperatures, Research Report RR-47, Gas Processors Association, Tulsa, OK, 1981.

Wilson, G. M., A modified Redlich-Kwong equation of state, application to general physical data calculation, Paper No. 15C presented at the 1969 *AIChE 65th National Meeting*, Cleveland, OH, March 4-7, 1969.

7 压力—体积—温度关系(PVT)模拟

在将已特征化的流体组成应用于,例如,组成油藏模拟研究之前,建议先进行 PVT 模拟,并与测量数据进行比较。这可以被看作流体组成的最终质量检验(QC)。该检验可以通过流体特征化来进行,使用第 5 章中描述的 Pedersen 等人的方法,轻于 C_7 的组分不进行组合,而将 C_{7+} 馏分组合成 10~12 个假组分。对于一个准确的"+"馏分,这种流体描述总体上可以提供与测量的 PVT 数据符合较好的计算结果。如果实际应用需要,可以进行进一步的组合。如果这种组合结果使得 PVT 数据匹配变差,则可以进行回归,详见第 9 章。

如果初始流体特征化不能给出所期望的与测量 PVT 数据的匹配,则应该严格地进行组成分析和 PVT 数据检验。"+"馏分分子量不准确是常见的误差源。如第 9 章所述,如果测量数据和模拟的 PVT 数据之间存在的重大偏差在对测量数据进行严格检查分析后仍然存在,则对 PVT 数据进行回归是一种选择,在第 2 章中描述了如何对组成分析进行质量检验(QC)。

7.1 恒质膨胀

恒质膨胀(CME)实验在 3.1.1 节中已经描述。表 3.9 显示了表 3.8 中的凝析气组分的 CME 数据。对于 Soave-Redlich-Kwong 方程结合与温度有关的体积平移参数,对组成进行了特征化,其中采用了式(5.1)至式(5.3)的物性关联式和表 5.3 中的 SRK 系数。表 7.1 显示了组合为 22 个组分(10 个明确组分和 12 个假组分)的特征化混合物。组合从 C_{10} 开始,每个 C_{10+} 馏分含有大约相同的质量。碳数馏分在两个假组分之间不做劈分,这解释了各个假组分在质量上的轻微变化。二元交互作用参数见表 7.2。表 7.3 显示了组合为 6 个假组分的混合物,其二元交互作用参数列于表 7.4,对此,组合从 C_7 开始。分割点同样选择为使每个假组分具有大致相同的质量。在表 7.3 中,N_2 和 C_1 作为两个最易挥发的组分组合在一起。二氧化碳挥发性较低,并与 C_2 和 C_3 组合。最后,C_4—C_6 组分组合在一起。

表 7.1 SRK-Peneloux(T)状态方程,对表 3.8 中凝析气进行的特征化[1]

组分	摩尔分数(%)	质量分数(%)	分子量	T_c(℃)	p_c(bar)	偏心因子	c_0 (cm³/mol)	c_1 [cm³/(mol·K)]
N_2	0.600	0.577	28.0	−147.0	33.94	0.040	0.92	0.0000
CO_2	3.340	5.044	44.0	31.1	73.76	0.225	3.03	0.0100
C_1	74.167	40.831	16.0	−82.6	46.00	0.008	0.63	0.0000
C_2	7.901	8.153	30.1	32.3	48.84	0.098	2.63	0.0000
C_3	4.150	6.280	44.1	96.7	42.46	0.152	5.06	0.0000
iC_4	0.710	1.416	58.1	135.0	36.48	0.176	7.29	0.0000
nC_4	1.440	2.872	58.1	152.1	38.00	0.193	7.86	0.0000

续表

组分	摩尔分数(%)	质量分数(%)	分子量	T_c(℃)	p_c(bar)	偏心因子	c_0 (cm³/mol)	c_1 [cm³/(mol·K)]
iC_5	0.530	1.312	72.2	187.3	33.84	0.227	10.93	0.0000
nC_5	0.660	1.634	72.2	196.5	33.74	0.251	12.18	0.0000
C_6	0.810	2.395	86.2	234.3	29.69	0.296	17.98	0.0000
C_7	1.200	3.747	91.0	255.6	34.98	0.453	4.74	0.0194
C_8	1.150	4.104	104.0	279.3	31.23	0.491	10.89	0.0129
C_9	0.630	2.573	119.0	302.6	27.68	0.534	18.23	0.0047
C_{10}	0.500	2.282	133.0	321.1	24.78	0.574	25.88	−0.0050
C_{11}—C_{12}	0.560	2.869	149.3	340.0	21.93	0.619	35.49	−0.0192
C_{13}	0.280	1.614	168.0	362.4	20.39	0.669	39.92	−0.0321
C_{14}—C_{15}	0.390	2.504	187.1	383.6	19.13	0.720	43.16	−0.0469
C_{16}—C_{17}	0.290	2.126	213.7	409.3	17.47	0.788	47.97	−0.0715
C_{18}—C_{19}	0.220	1.829	242.3	434.3	16.09	0.857	51.18	−0.0999
C_{20}—C_{22}	0.171	1.695	288.8	473.0	14.70	0.963	48.87	−0.1500
C_{23}—C_{28}	0.178	2.116	346.4	518.2	13.83	1.080	35.07	−0.2000
C_{29}—C_{80}	0.121	2.026	487.9	624.3	12.85	1.269	−18.13	−0.3100

① 流体由 10 个明确组分和 12 个 C_{7+} 组分表示，c_0 和 c_1 为 Peneloux 体积平移系数，其定义式见式(5.9)。二元交互作用参数见表 7.2。

表 7.2　用于表 7.1 中混合物的非零二元交互作用参数

组　分	N_2	CO_2
CO_2	−0.032	—
C_1	0.028	0.120
C_2	0.041	0.120
C_3	0.076	0.120
iC_4	0.094	0.120
nC_4	0.070	0.120
iC_5	0.087	0.120
nC_5	0.088	0.120
C_6	0.080	0.120
C_{7+}	0.080	0.100

表 7.3　SRK-Peneloux(T) 状态方程，对表 3.8 中凝析气进行的特征化①

组分	摩尔分数(%)	质量分数(%)	分子量	T_c(℃)	p_c(bar)	偏心因子	c_0 (cm³/mol)	c_1 [cm³/(mol·K)]
N_2+C_1	74.767	41.406	16.1	−83.45	45.83	0.0085	0.63	0.0000
CO_2+C_2—C_3	15.392	19.478	36.9	52.71	53.24	0.1483	3.37	0.0000

续表

组分	摩尔分数(%)	质量分数(%)	分子量	T_c(℃)	p_c(bar)	偏心因子	c_0 (cm³/mol)	c_1 [cm³/(mol·K)]
C_4—C_6	4.150	9.630	67.6	182.31	34.42	0.2306	10.82	0.0000
C_7—C_9	2.980	10.424	101.9	276.53	31.70	0.4883	10.12	0.0127
C_{10}—C_{15}	1.730	9.269	156.1	351.01	21.61	0.6439	35.96	-0.0247
C_{16}—C_{80}	0.980	9.793	291.2	493.08	14.99	0.9936	50.57	-0.1500

① 使用三个组合的明确组分和三个 C_{7+} 馏分表征流体组成。c_0 和 c_1 是式(5.9)定义的 Peneloux 体积平移参数。二元交互作用参数见表 7.4。

表 7.4 用于表 7.3 中混合物的非零二元交互作用参数

组 分	N_2 + C_1	CO_2 + C_2—C_3
CO_2 + C_2—C_3	0.0261	—
C_4—C_6	0.0007	0.0260
C_7—C_9	0.0006	0.0217
C_{10}—C_{15}	0.0006	0.0217
C_{16}—C_{80}	0.0006	0.0217

实验和模拟 CME 结果绘制在图 7.1 至图 7.3 中。图 7.1 显示相对体积(总体积除以饱和点体积),图 7.2 显示液体体积(液体体积占饱和点体积百分比),图 7.3 显示气相 Z 因子[定义见式(3.2)]。对于组合成 22 个(假)组分的混合物组成,模拟结果列于表 7.1 和表 7.2,同样,组合成 6 个假组分的混合物的模拟结果列于表 7.3 和表 7.4。模拟的相对体积和 Z 因子与实验结果吻合良好,但在实验和模拟液体体积之间存在一些偏差。第 9 章给出了如何通过回归来改善与实验值的符合。

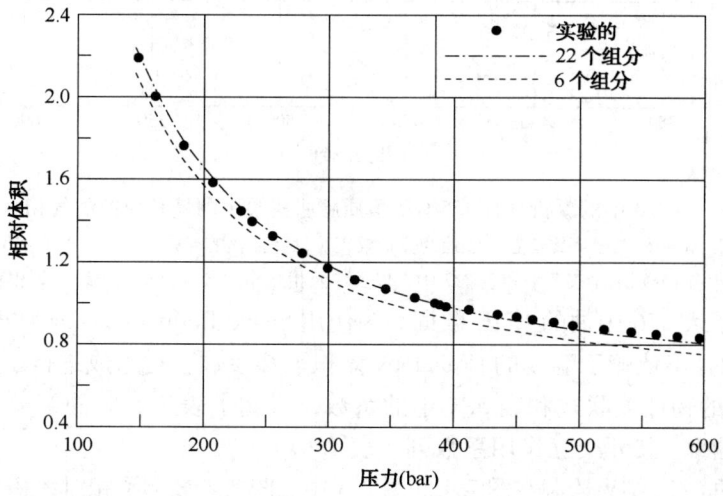

图 7.1 表 3.8 中的凝析气在 155℃下恒质膨胀实验中测量和模拟的相对体积
在模拟中使用 SRK 方程及具有温度依赖的体积校正。已特征化的混合物组成(分别含有 22 个和 6 个(假)组分)分别示于表 7.1 和表 7.3 中,以及二元相互作用参数分别示于表 7.2 和表 7.4 中

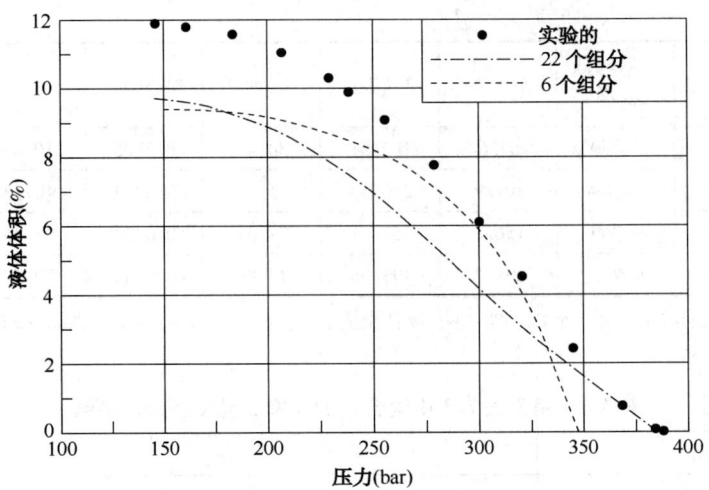

图 7.2 表 3.8 中的凝析气在 155℃下恒质膨胀实验中测量和模拟的
液体体积(饱和点体积百分比)

在模拟中使用 SRK 方程及具有温度依赖的体积校正。已特征化的混合物组成(分别含有 22 个和 6 个
(假)组分)分别示于表 7.1 和表 7.3 中,以及二元相互作用参数分别示于表 7.2 和表 7.4 中

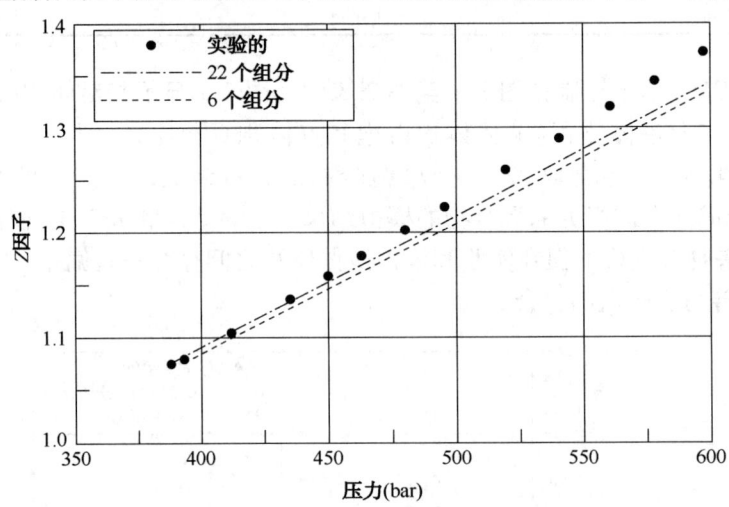

图 7.3 表 3.8 中的凝析气在 155℃下恒质膨胀实验中测量和模拟的气相 Z 因子

在模拟中使用 SRK 方程及具有温度依赖的体积校正。已特征化的混合物组成(分别含有 22 个和
6 个(假)组分)分别示于表 7.1 和表 7.3 中,以及二元相互作用参数分别示于表 7.2 和表 7.4 中

表 3.5 显示了表 3.6 中油的 CME 数据。为使用 Soave-Redlich-Kwong 和 Peng-Robinson 状态方程以及恒定的(不依赖于温度的)Peneloux 体积平移参数,对组成进行了特征化。使用式(5.1)至式(5.3)的物性关联式和表 5.3 中的系数,得到了表 7.5 中的组分性质。使用三个假组分表示 C_{7+} 馏分。二元交互作用系数列于表 7.6。

实验和模拟的 CME 结果绘制在图 7.4 和图 7.5 中。图 7.4 显示了相对体积(总体积除以饱和点体积),图 7.5 显示了油可压缩性[在式(3.4)中定义]。模拟的相对体积与实验结果吻合良好。使用 PR-Peneloux 方程得到的油可压缩性结果比使用 SRK-Peneloux 方程得到的结果更好。可压缩性由状态方程的函数形式确定,尝试通过回归压缩性数据来改进匹配没有什么意义。

表 7.5 SRK-Peneloux 和 PR-Peneloux 状态方程对表 3.6 中油进行的特征化[①]

组分	摩尔分数(%)	SRK-Peneloux 方程				PR-Peneloux 方程			
		T_c(℃)	p_c(bar)	偏心因子	c_0(cm^3/mol)	T_c(℃)	p_c(bar)	偏心因子	c_0(cm^3/mol)
N_2	0.39	-147.0	33.94	0.040	0.92	-147.0	33.94	0.040	-4.23
CO_2	0.30	31.1	73.76	0.225	3.03	31.1	73.76	0.225	-1.64
C_1	40.20	-82.6	46.00	0.008	0.63	-82.6	46.00	0.008	-5.20
C_2	7.61	32.3	48.84	0.098	2.63	32.3	48.84	0.098	-5.79
C_3	7.95	96.7	42.46	0.152	5.06	96.7	42.46	0.152	-6.35
iC_4	1.19	135.0	36.48	0.176	7.29	135.0	36.48	0.176	-7.18
nC_4	4.08	152.1	38.00	0.193	7.86	152.1	38.00	0.193	-6.49
iC_5	1.39	187.3	33.84	0.227	10.93	187.3	33.84	0.227	-6.20
nC_5	2.15	196.5	33.74	0.251	12.18	196.5	33.74	0.251	-5.12
C_6	2.79	234.3	29.69	0.296	17.98	234.3	29.69	0.296	1.39
C_7—C_{13}	19.33	311.1	25.42	0.563	25.04	318.8	24.38	0.447	15.18
C_{14}—C_{26}	8.64	449.3	16.20	0.894	48.09	482.5	16.10	0.834	27.16
C_{27}—C_{80}	3.98	679.6	13.32	1.256	-51.49	776.1	12.50	1.120	-24.73

① 使用 10 个明确组分和三个 C_{7+} 馏分表征流体组成。c_0 是由式(4.44)定义的 Peneloux 体积平移系数。二元交互作用参数见表 7.6。

表 7.6 用于表 7.5 中油的非零二元交互作用参数

组 分	SRK-Peneloux 方程		PR-Peneloux 方程	
	N_2	CO_2	N_2	CO_2
CO_2	-0.032	—	-0.017	—
C_1	0.028	0.120	0.031	0.120
C_2	0.041	0.120	0.052	0.120
C_3	0.076	0.120	0.085	0.120
iC_4	0.094	0.120	0.103	0.120
nC_4	0.070	0.120	0.080	0.120
iC_5	0.087	0.120	0.092	0.120
nC_5	0.088	0.120	0.100	0.120
C_6	0.080	0.120	0.080	0.120
C_{7+}	0.080	0.100	0.080	0.100

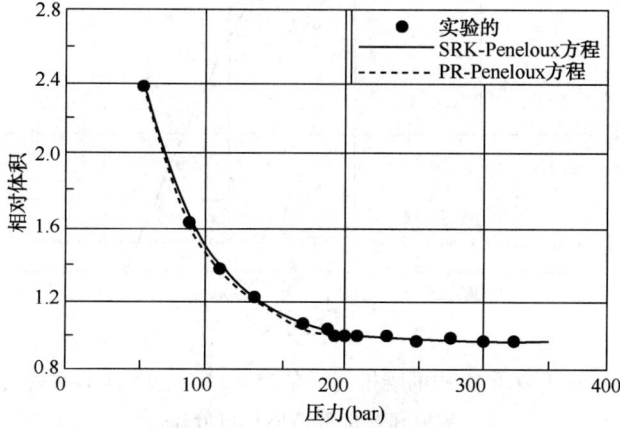

图 7.4 对于表 3.6 中油在 97.5℃下的恒质膨胀实验中测量和模拟的相对体积
模拟中使用具有 Peneloux 体积校正的 SRK 和 PR 方程。特征化的混合
组成示于表 7.5 中，二元交互作用参数示于表 7.6 中

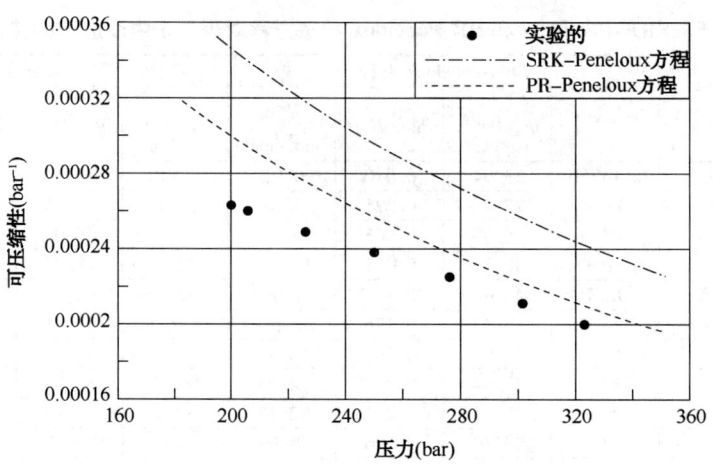

图7.5 表3.6中的油在97.5℃下的恒质膨胀实验中测量和模拟的油可压缩性
模拟中使用具有Peneloux体积校正的SRK和PR方程。特征化的混合
组成示于表7.5中，二元交互作用参数示于表7.6中

7.2 定容衰竭

定容衰竭(CVD)实验在3.1.3节中有描述。表3.16和表3.17显示了表3.15中的凝析气组成的CVD数据。为使用具有恒定体积平移参数的Peng-Robinson方程，对该组成进行了特征化。使用了式(5.1)至式(5.3)的物性关联式和表5.3中的PR系数。混合物组成总共组合成22个组分和假组分。模拟的液体释出曲线在图7.6中显示为虚线。曲率大体趋势与实验数据吻合良好，但是模拟的饱和点(液体释出曲线的起始压力)略高。如第2

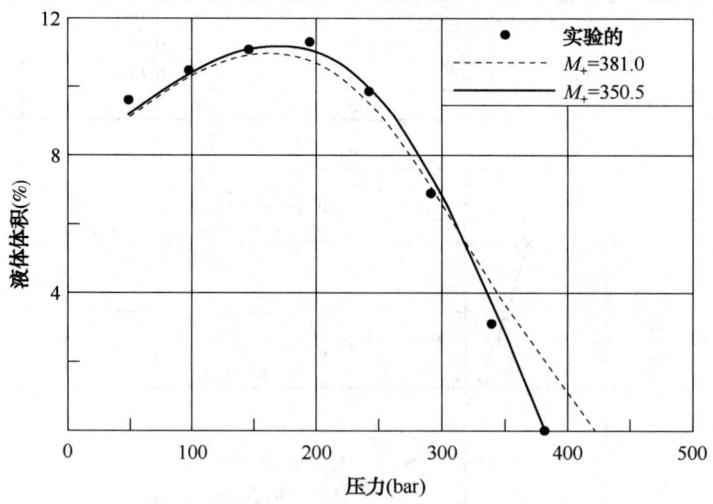

图7.6 对于表3.15中的凝析气，在150.3℃下进行定容衰竭实验的
测量和模拟液体体积百分比
模拟中使用具有Peneloux体积校正的PR方程。虚线为假设"+"馏分分子量为380.0(特征化组
成见表7.1)，实线为假设"+"馏分分子量为350.5。"+"馏分分子量为350.5的特征化
组成见表7.8，二元交互作用参数表示于表7.9中

章中所述，"+"馏分的分子量(M_+)可能略微不准确，这可能会导致不准确的摩尔组成，这是因为组成是以质量组成测量的。表7.7显示了测量的质量组成(表3.15)和基于M_+为381.0(测量值)和M_+为350.5情况下的摩尔组成。后者M_+比实测值低8%，该百分比对于"+"馏分的分子量是符合实际情况的。表7.7中的两组组成均与测得的质量组成一致。

表7.7 凝析气的组成[①]

组 分	质量分数(%)	摩尔分数(%)	
		$M_+ = 381.0$	$M_+ = 350.5$
N_2	0.57	0.64	0.64
CO_2	4.92	3.53	3.53
C_1	35.94	70.78	70.74
C_2	8.51	8.94	8.94
C_3	7.05	5.05	5.05
iC_4	1.56	0.85	0.85
nC_4	3.09	1.68	1.68
iC_5	1.42	0.62	0.62
nC_5	1.80	0.79	0.79
C_6	2.26	0.83	0.83
C_7	3.09	1.06	1.06
C_8	3.51	1.06	1.06
C_9	2.98	0.79	0.79
C_{10}	2.40	0.57	0.57
C_{11}	1.86	0.38	0.38
C_{12}	1.90	0.37	0.37
C_{13}	1.79	0.32	0.32
C_{14}	1.69	0.27	0.27
C_{15}	1.47	0.23	0.23
C_{16}	1.29	0.19	0.19
C_{17}	1.26	0.17	0.17
C_{18}	1.03	0.13	0.13
C_{19}	1.11	0.13	0.13
C_{20+}	7.48	0.62	0.67

① 两种不同"+"馏分分子量(M_+)的摩尔组成。
注：其定容衰竭液体释出曲线绘于图7.6。

图7.7中图示了"+"馏分分子量的调整，其表明每个C_{7+}馏分摩尔分数随分子量增加。

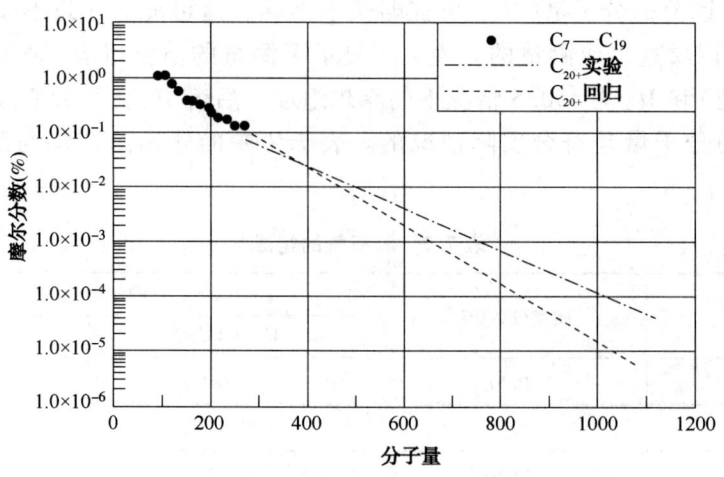

图 7.7　表 3.15 中凝析气的 C_{7+} 摩尔分数

显示了 C_{20}—C_{80} 摩尔分数，分别假定 C_{20+} 分子量为 381.0（点划线）和 C_{20+} 分子量为 350.5（虚线）

图 7.7 中，圆圈表示 C_7—C_{19} 的摩尔分数。点划线显示了由式(5.15)至式(5.17)计算的 C_{20}—C_{80} 的摩尔分数，其中假定"+"馏分分子量(M_+)为 381.0（测量值）。而虚线表示由式(5.15)至式(5.17)计算出的 C_{20}—C_{80} 的摩尔分数，但假定 M_+ 仅为 350.5，该值为模拟饱和点与测量值一致的分子量。从图 7.7 中可以看出，与 $M_+ = 381.0$ 的线相比，$M_+ = 350.5$ 的线与 C_7—C_{19} 摩尔分数线可以更好地符合。这表明将"+"馏分分子量从 381.0 调整到 350.5 是合理的，而不仅仅是一个方便的拟合工具。

从图 7.6 中的实线可以看出，使用基于 350.5 的"+"馏分分子量的摩尔组成，可以得到几乎完美的液体释出曲线的一致性。特征化的组成（对于 M_+ 为 350.5）见表 7.8，二元交互作用参数见表 7.9。图 7.8 显示了实验测定的和模拟的在实验过程中从实验釜中累积排出气体的摩尔分数，图 7.9 和图 7.10 分别显示了实验测定的和模拟的气相和两相 Z 因子，表 7.10 显示了在每个压力阶段模拟的排出气体的摩尔组成。实验测定的气体组成可以从表 3.16 中看出。所有模拟结果与测量数据吻合良好。

表 7.8　PR-Peneloux 状态方程，表 7.7 中的凝析气进行的特征化($M_+ = 350.5$)[①]

组　　分	摩尔分数 (%)	分子量	T_c(℃)	p_c(bar)	偏心因子	c_0 (cm^3/mol)
N_2	0.640	28.0	-147.0	33.94	0.040	-4.23
CO_2	3.528	44.0	31.1	73.76	0.225	-1.64
C_1	70.742	16.0	-82.6	46.00	0.008	-5.20
C_2	8.935	30.1	32.3	48.84	0.098	-5.79
C_3	5.047	44.1	96.7	42.46	0.152	-6.35
iC_4	0.850	58.1	135.0	36.48	0.176	-7.18
nC_4	1.679	58.1	152.1	38.00	0.193	-6.49
iC_5	0.620	72.2	187.3	33.84	0.227	-6.20

续表

组　分	摩尔分数（%）	分子量	T_c(℃)	p_c(bar)	偏心因子	c_0（cm³/mol）
nC_5	0.790	72.2	196.5	33.74	0.251	-5.12
C_6	0.830	86.2	234.3	29.69	0.296	1.39
C_7	1.059	92.2	255.8	30.34	0.325	5.76
C_8	1.059	104.6	280.4	27.84	0.366	9.98
C_9	0.790	119.1	305.0	25.16	0.414	12.85
C_{10}—C_{11}	0.949	141.8	341.3	22.32	0.490	18.56
C_{12}	0.370	162.0	368.8	20.43	0.552	21.85
C_{13}	0.320	177.0	389.1	19.45	0.599	24.85
C_{14}—C_{15}	0.500	199.8	417.4	18.14	0.668	26.72
C_{16}—C_{17}	0.360	224.0	445.3	17.02	0.740	26.29
C_{18}—C_{19}	0.260	260.5	484.3	15.74	0.841	22.87
C_{20}—C_{22}	0.271	288.6	513.5	15.09	0.915	20.29
C_{23}—C_{27}	0.232	340.7	564.4	14.15	1.037	11.17
C_{28}—C_{77}	0.170	462.5	682.4	12.87	1.206	-16.43

① 流体由10个明确组分和12个C_{7+}组分表示，c_0为Peneloux体积平移系数，其定义式见式(4.44)。二元交互作用参数见表7.9。

表7.9　用于表7.8中混合物的非零二元交互作用参数

组　分	N_2	CO_2
N_2	-0.017	—
CO_2	0.031	0.120
C_1	0.052	0.120
C_2	0.085	0.120
C_3	0.103	0.120
iC_4	0.080	0.120
nC_4	0.092	0.120
iC_5	0.100	0.120
nC_5	0.080	0.120
C_6	0.080	0.100
C_{7+}	0.080	0.100

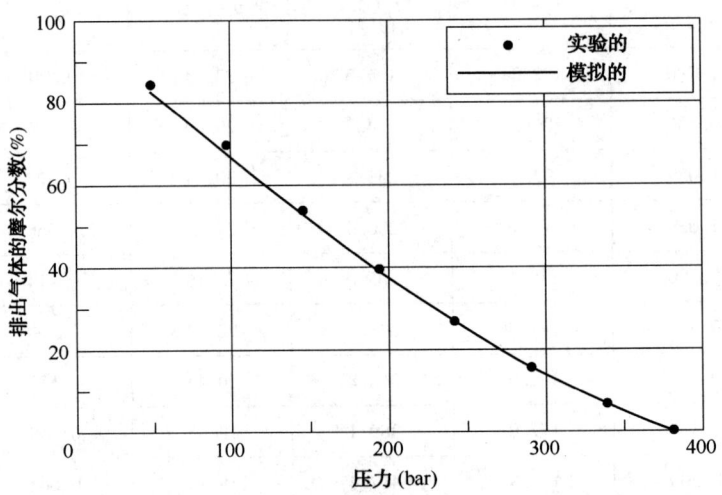

图 7.8 对于表 3.15 中质量分数组成的凝析气,在 150.3℃ 下定容
衰竭实验中测量和模拟的累积排出气体的摩尔分数

其摩尔组成列于表 7.7,"+"馏分分子量(M_+)为 350.5。在模拟中使用
具有 Peneloux 体积校正的 PR 方程。特征化组成见表 7.8,
表 7.9 显示了二元交互作用参数。

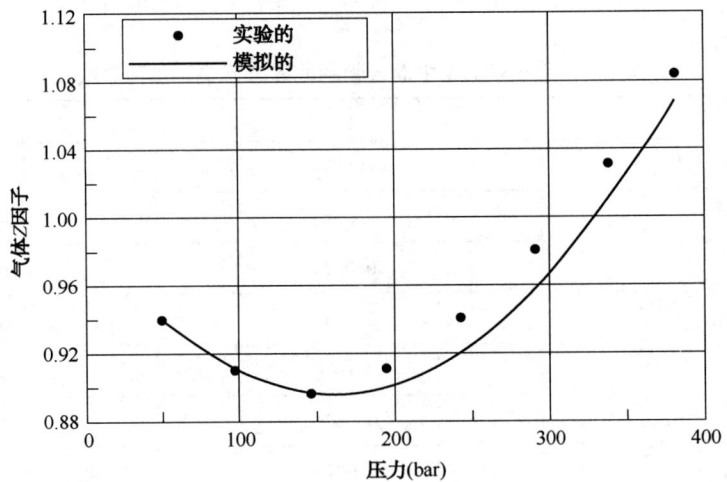

图 7.9 对于表 3.15 中质量分数组成的凝析气,在 150.3℃ 下
定容衰竭实验中测量和模拟的气相 Z 因子

其摩尔组成列于表 7.7,"+"馏分分子量(M_+)为 350.5。在模拟中使用具有
Peneloux 体积校正的 PR 方程。特征化组成见表 7.8,
表 7.9 显示了二元交互作用参数

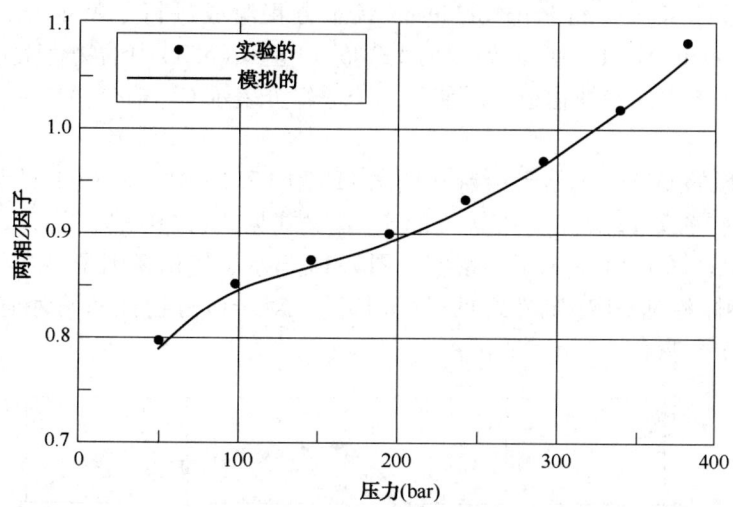

图 7.10　对于表 3.15 中重量%组成的凝析气，在 150.3℃下定容衰竭
实验中测量和模拟的两相 Z 因子

其摩尔组成列于表 7.7，"+"馏分分子量(M_+)为 350.5。在模拟中使用具有 Peneloux 体积校正的 PR 方程。特征化组成见表 7.8，表 7.9 显示了二元交互作用参数

表 7.10　模拟的定容衰竭实验中排出气体的摩尔组成

	压力(bar)	381.5①	338.9	290.6	242.3	194.1	145.8	97.5	49.3
	N_2	0.64	0.65	0.66	0.67	0.68	0.68	0.67	0.66
	CO_2	3.53	3.54	3.57	3.60	3.63	3.66	3.69	3.69
	C_1	70.74	71.28	72.05	72.90	73.67	74.18	74.24	73.31
	C_2	8.94	8.95	8.97	9.00	9.06	9.14	9.25	9.39
组分摩尔分数(%)	C_3	5.05	5.03	5.01	4.98	4.98	5.01	5.10	5.33
	iC_4	0.85	0.84	0.84	0.83	0.82	0.82	0.83	0.89
	nC_4	1.68	1.66	1.64	1.62	1.60	1.59	1.63	1.75
	iC_5	0.62	0.61	0.60	0.58	0.57	0.56	0.57	0.63
	nC_5	0.79	0.78	0.76	0.74	0.72	0.70	0.72	0.79
	C_6	0.64	0.65	0.66	0.67	0.68	0.68	0.67	0.66
	C_{7+}	6.34	5.84	5.13	4.33	3.58	2.98	2.62	2.80
C_{7+}摩尔质量(g/mol)		164	155	146	136	128	122	117	114

① 饱和压力。

注：对于表 3.15 中质量分数组成的混合物和表 7.7 中的摩尔组成，其"+"馏分分子量为 350.5，实验在 150.3℃条件下进行。模拟中使用具有 Peneloux 体积校正的 PR 方程。特征化组成见表 7.8，表 7.9 中显示了二元交互作用参数。实验测定的气体组成可以从表 3.16 中得到。

7.3　差异脱气

在 3.1.2 节介绍了如何进行差异脱气实验。表 3.13 显示了表 3.6 中油的差异脱气数据。

为使用 Soave-Redlich-Kwong 和 Peng-Robinson 状态方程组成进行了特征化,并采用恒定的(与温度无关)Peneloux 体积平移参数。使用式(5.1)至式(5.3)中的物性关联式和表 5.3 中的系数生成了表 7.5 中的特征化组分。使用三个假组分表示 C_{7+} 馏分。二元交互作用参数见表 7.6。

实验的和模拟的差异脱气结果绘制在图 7.11 至图 7.16 中。图 7.11 显示了 B_o 因子[定义式见式(3.9)],图 7.12 显示了溶解气油比[定义式见式(3.10)],图 7.13 显示了 B_g [定义式见式(3.11)],图 7.14 显示了油密度,图 7.15 显示了气相 Z 因子[定义式见式(3.2)],图 7.16 显示了气体相对密度[定义式见式(3.12)]。对于所有物性和两种应用的状态方程,模拟和实验结果十分吻合。

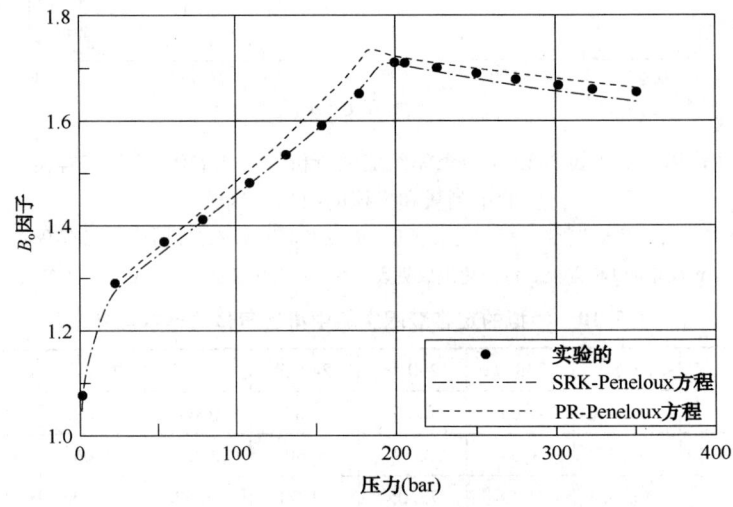

图 7.11　表 3.6 中油在 97.5℃下的微分实验中测量和模拟的油层(B_o)因子
模拟中使用具有 Peneloux 体积校正的 SRK 和 PR 方程。特征化的混合物组成示于表 7.5 中,
二元交互作用参数示于表 7.6 中

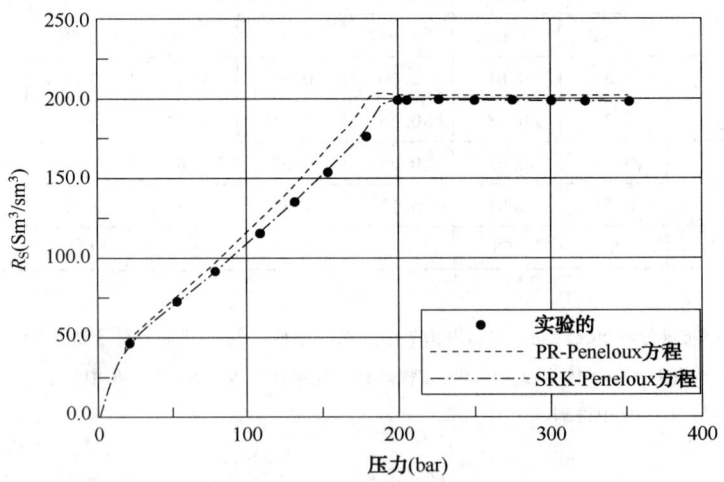

图 7.12　对于表 3.6 中的油,97.5℃的差异脱气实验的测量和模拟溶解气油比(R_S)
在模拟中使用具有 Peneloux 体积校正的 SRK 和 PR 方程。特征化的混合物组成示于表 7.5 中,
二元交互作用参数示于表 7.6 中

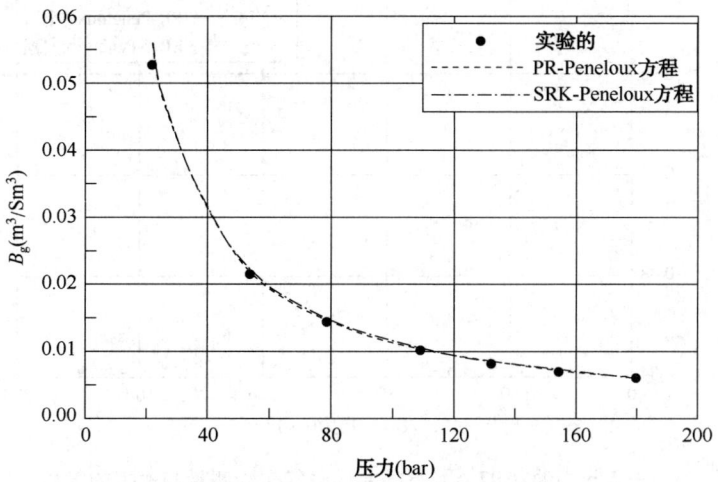

图 7.13 表 3.6 中油在 97.5℃下的差异脱气实验的测量
和模拟气体地层体积系数(B_g)

模拟中使用具有 Peneloux 体积校正的 SRK 和 PR 方程。特征化的
混合物组成示于表 7.5 中，二元交互作用参数示于表 7.6 中

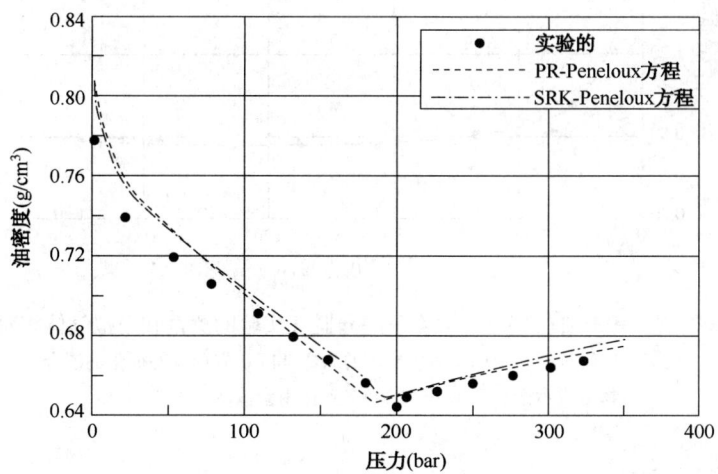

图 7.14 表 3.6 中油在 97.5℃温度下差异脱气
实验的测量和模拟油密度

模拟中使用具有 Peneloux 体积校正的 SRK 和 PR 方程。特征化
的混合物组成示于表 7.5 中，二元交互作用参数示于表 7.6 中

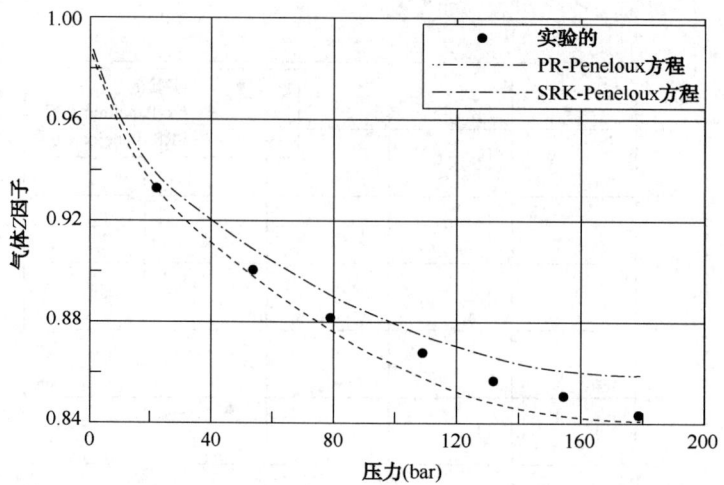

图 7.15　表 3.6 中油在 97.5℃ 下的差异脱气实验测量和模拟的气相 Z 因子

模拟中使用具有 Peneloux 体积校正的 SRK 和 PR 方程。特征化的混合
物组成示于表 7.5 中，二元交互作用参数示于表 7.6 中

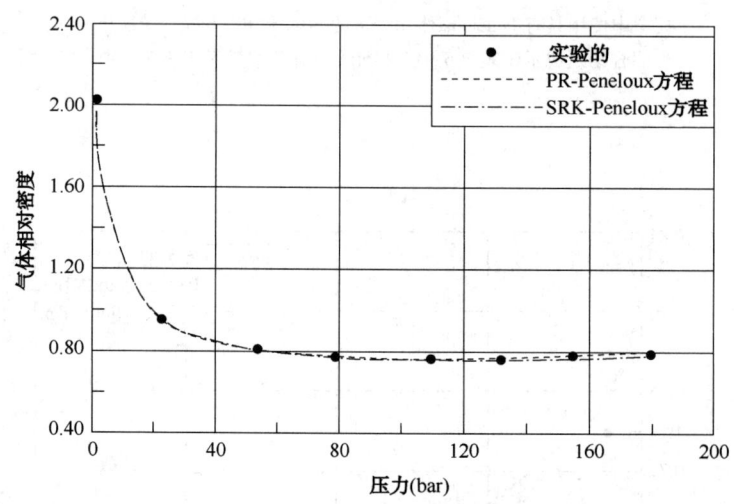

图 7.16　表 3.6 中油在 97.5℃ 温度下差异脱气实验的测量和模拟气体相对密度

模拟中使用具有 Peneloux 体积校正的 SRK 和 PR 方程。特征化的混合
物组成示于表 7.5 中，二元交互作用参数示于表 7.6 中

7.4　分离器测试

在 3.1.4 节中介绍了如何进行分离器测试，表 3.18 列出了实验的主要结果。表 3.19 显示了表 3.20 中油组成的分离器测试结果。该组成为使用 Soave-Redlich-Kwong 和 Peng-Robinson 状态方程进行了特征化，并且使用了恒定（温度无关）Peneloux 体积平移参数。表 7.11 中的特征化组成是采用式(5.1)至式(5.3)的物性关联式和表 5.3 中的系数生成的。使用 4 个假组分表示 C_{7+} 馏分。二元交互作用参数见表 7.12。表 7.13 显示了采用 SRK-Peneloux 和 PR-Peneloux 的模拟分离器数据。模拟分离器气体组成可从表 7.14 中看出。使用 PR-Peneloux

方程模拟的饱和点略低于测量值。除此之外，模拟结果与分离器数据吻合良好。

表7.11　表3.20中的油为SRK-Peneloux和PR-Peneloux状态方程进行的特征化[①]

组　分	摩尔分数(%)	SRK-Peneloux方程				PR-Peneloux方程			
		T_c(℃)	p_c(bar)	偏心因子	c_0 (cm^3/mol)	T_c(℃)	p_c(bar)	偏心因子	c_0 (cm^3/mol)
N_2	0.59	-147.0	33.94	0.040	0.92	-147.0	33.94	0.040	-4.23
CO_2	0.36	31.1	73.76	0.225	3.03	31.1	73.76	0.225	-1.64
C_1	40.81	-82.6	46.00	0.008	0.63	-82.6	46.00	0.008	-5.20
C_2	7.38	32.3	48.84	0.098	2.63	32.3	48.84	0.098	-5.79
C_3	7.88	96.7	42.46	0.152	5.06	96.7	42.46	0.152	-6.35
iC_4	1.20	135.0	36.48	0.176	7.29	135.0	36.48	0.176	-7.18
nC_4	3.96	152.1	38.00	0.193	7.86	152.1	38.00	0.193	-6.49
iC_5	1.33	187.3	33.84	0.227	10.93	187.3	33.84	0.227	-6.20
nC_5	2.09	196.5	33.74	0.251	12.18	196.5	33.74	0.251	-5.12
C_6	2.84	234.3	29.69	0.296	17.98	234.3	29.69	0.296	1.39
C_7—C_{10}	14.44	296.1	25.38	0.536	25.51	303.5	25.05	0.416	10.96
C_{11}—C_{17}	9.23	387.5	18.54	0.735	47.08	407.9	18.53	0.648	25.15
C_{18}—C_{31}	5.23	501.1	14.08	1.026	36.31	546.3	14.71	0.986	21.45
C_{32}—C_{80}	2.66	719.3	13.48	1.278	-96.82	826.4	12.26	1.103	-47.07

① 使用总共10个明确组分和4个C_{7+}组分描述流体。c_0是式(4.44)定义的Peneloux体积平移参数。二元交互作用参数可见表7.12。

表7.12　用于表7.11中混合物的非零二元交互作用参数

组　分	SRK-Peneloux方程		PR-Peneloux方程	
	N_2	CO_2	N_2	CO_2
CO_2	-0.032	—	-0.017	—
C_1	0.028	0.120	0.031	0.120
C_2	0.041	0.120	0.052	0.120
C_3	0.076	0.120	0.085	0.120
iC_4	0.094	0.120	0.103	0.120
nC_4	0.070	0.120	0.080	0.120
iC_5	0.087	0.120	0.092	0.120
nC_5	0.088	0.120	0.100	0.120
C_6	0.080	0.120	0.080	0.120
C_{7+}	0.080	0.100	0.080	0.100

表 7.13　表 3.20 中油组成分离器模拟结果[①]

阶　段	压力(bar)	温度(℃)	气油比(Sm³/m³)	B_0系数(m³/Sm³)
SRK-Peneloux 方程				
饱和压力点	196.0	97.8	—	1.562
1	68.9	89.4	105.1	1.255
2	22.7	87.2	33.6	1.152
3	6.9	83.9	15.3	1.095
4	2.0	77.2	10.9	1.044
标态	1.0	15.0	0.0	1.000
PR-Peneloux 方程				
饱和压力点	181.8	97.8	—	1.564
1	68.9	89.4	99.9	1.264
2	22.7	87.2	36.5	1.151
3	6.9	83.9	16.3	1.091
4	2.0	77.2	11.5	1.037
标态	1.0	15.0	0.0	1.000

① 实验结果可见表 3.19。模拟中使用具有 Peneloux 体积校正的 SRK 和 PR 方程。表 7.11 为特征化的混合物组成，表 7.12 为二元交互作用参数。

表 7.14　表 7.13 中分离器系列中各级气体的模拟摩尔组成

阶　段	第 1 级	第 2 级	第 3 级	第 4 级
SRK-Peneloux 方程				
N_2	1.32	0.56	0.14	0.01
CO_2	0.57	0.70	0.67	0.31
C_1	77.80	64.69	37.06	9.06
C_2	9.47	14.35	19.68	15.06
C_3	6.52	11.96	23.94	34.30
iC_4	0.69	1.30	2.98	5.75
nC_4	1.89	3.59	8.58	18.11
iC_5	0.40	0.73	1.83	4.47
nC_5	0.55	0.98	2.46	6.16
C_6	0.41	0.66	1.61	4.24
C_{7+}	0.41	0.49	1.05	2.54
PR-Peneloux 方程				
N_2	0.90	0.39	0.10	0.01
CO_2	0.48	0.57	0.53	0.24
C_1	77.70	64.86	37.62	9.43
C_2	9.75	14.53	19.80	15.17
C_3	6.52	11.71	23.24	33.28
iC_4	0.67	1.24	2.82	5.45
nC_4	1.94	3.59	8.48	17.86
iC_5	0.42	0.75	1.83	4.47
nC_5	0.57	0.99	2.44	6.09
C_6	0.41	0.63	1.53	4.02
C_{7+}	0.63	0.74	1.60	4.01

注：实验结果可见表 3.21。模拟中使用具有 Peneloux 体积校正的 SRK 和 PR 方程，表 7.11 所示为特征化混合物组成，表 7.12 为二元交互作用参数。

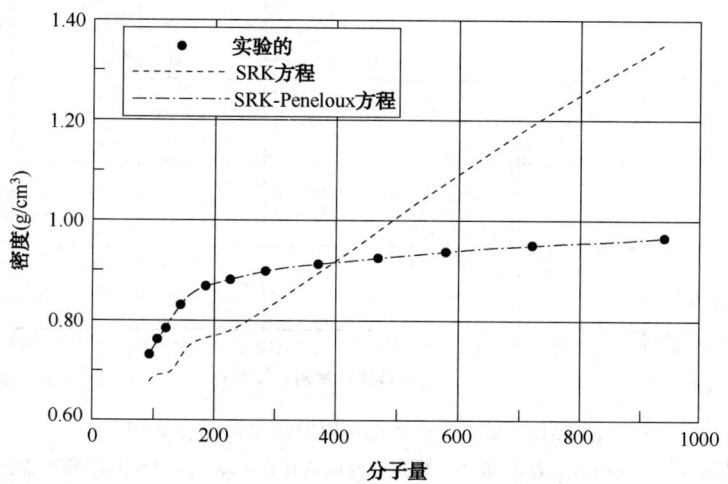

图7.17 表7.15中油C_{7+}假组分在1.01bar和15℃
条件下的密度与分子量关系图

此外还绘制了使用具有和不具有体积校正的SRK
状态方程计算的假组分密度

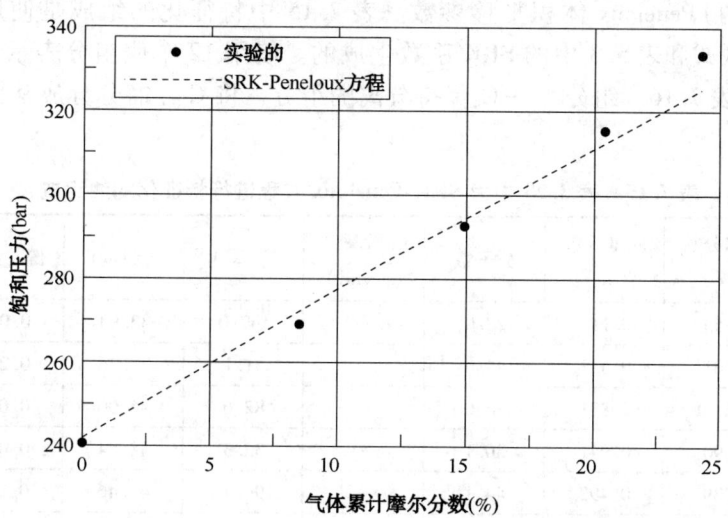

图7.18 表3.28中油膨胀实验中的测量和模拟饱和点

注入气体组成也示于表3.28中。在模拟中使用具有Peneloux体积
校正的SRK方程。特征化的储层流体组成见表7.15，表7.16中为
二元交互作用参数。实验膨胀数据见表3.27

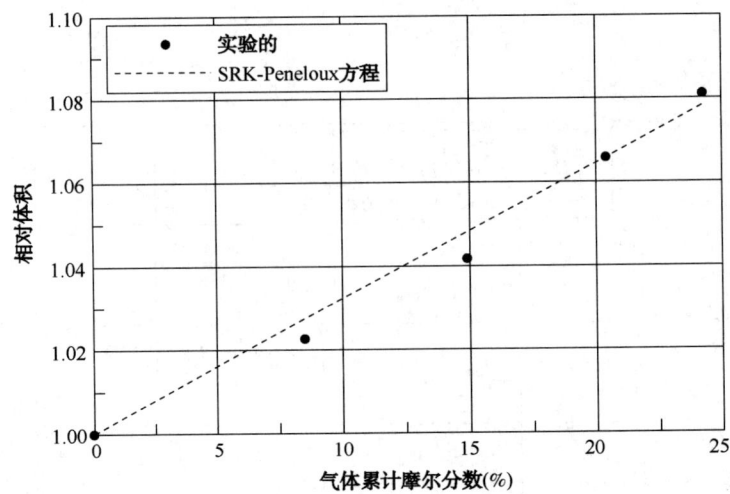

图 7.19　表 3.28 中油的测量和模拟膨胀体积

注入气体组成也示于表 3.28 中。模拟中使用具有 Peneloux 体积校正的 SRK 方程。特征化的储层流体组成见表 7.15，表 7.16 中为二元交互作用参数。实验膨胀数据见表 3.27

7.5　膨胀实验

膨胀实验在 3.2.1 节中进行了描述。表 3.27 显示了表 3.28 中油在注入相同表格中的气体后的膨胀实验结果。油组成为 Soave-Redlich-Kwong 状态方程进行了特征化，并使用恒定（不依赖于温度的）Peneloux 体积平移参数。表 7.15 中特征化的组成是使用式(5.1)至式(5.3)的物性关联式和表 5.3 中的 SRK 系数生成的。使用 12 个假组分表示 C_{7+} 馏分。二元交互作用参数见表 7.16。组分 C_7—C_9 保持分离的组分，将 C_{10+} 馏分分成 9 个大约相同质量的假组分。

表 7.15　表 3.28 中为 SRK-Peneloux 方程进行特征化的油组成

组　分	摩尔分数（%）	质量分数（%）	分子量	密度（g/cm³）	T_c(℃)	p_c(bar)	偏心系数	C_0（cm³/mol）
N_2	0.53	0.119	28.0	—	147.0	33.94	0.040	0.92
CO_2	1.01	0.357	44.0	—	31.1	73.76	0.225	3.03
C_1	45.30	5.831	16.0	—	82.6	46.00	0.008	0.63
C_2	3.90	0.941	30.1	—	32.3	48.84	0.098	2.63
C_3	1.39	0.492	44.1	—	96.7	42.46	0.152	5.06
iC_4	0.63	0.294	58.1	—	135.0	36.48	0.176	7.29
nC_4	0.81	0.378	58.1	—	152.1	38.00	0.193	7.86
iC_5	0.69	0.399	72.2	—	187.3	33.84	0.227	10.93
nC_5	0.41	0.237	72.2	—	196.5	33.74	0.251	12.18
C_6	1.02	0.705	86.2	—	234.3	29.69	0.296	17.98
C_7	4.220	3.250	96.0	0.7330	261.4	31.56	0.468	10.37

续表

组　　分	摩尔分数 (%)	质量分数 (%)	分子量	密度 (g/cm³)	T_c(℃)	p_c(bar)	偏心系数	c_0 (cm³/mol)
C_8	3.530	3.030	107.0	0.7630	282.4	29.61	0.500	14.24
C_9	3.500	3.397	121.0	0.7840	304.5	26.87	0.540	20.38
C_{10}—C_{12}	8.011	9.350	145.5	0.8306	341.9	24.58	0.610	24.47
C_{13}—C_{15}	6.521	9.741	186.2	0.8698	389.8	21.33	0.719	29.22
C_{16}—C_{18}	4.840	8.831	227.5	0.8809	428.7	18.60	0.823	33.42
C_{19}—C_{23}	3.672	8.344	283.3	0.8969	476.6	16.60	0.953	28.72
C_{24}—C_{30}	3.203	9.523	370.6	0.9121	541.9	14.80	1.124	8.65
C_{31}—C_{37}	2.232	8.400	469.1	0.9255	607.9	13.75	1.266	-28.01
C_{38}—C_{46}	1.906	8.856	579.2	0.9377	676.9	13.11	1.354	-79.15
C_{47}—C_{58}	1.489	8.629	722.4	0.9504	761.4	12.65	1.344	-155.06
C_{59}—C_{80}	1.179	8.895	940.5	0.9657	884.2	12.34	1.058	-279.82

注：使用总共 10 个明确组分和 12 个 C_{7+} 组分表征流体。c_0 是式(4.44)定义的 Peneloux 体积平移参数，二元交互作用参数可见表 7.16。

表7.16 与表7.15中的油一起使用的非零二元交互作用参数

组　　分	N_2	CO_2
CO_2	-0.032	
C_1	0.028	0.120
C_2	0.041	0.120
C_3	0.076	0.120
iC_4	0.094	0.120
nC_4	0.070	0.120
iC_5	0.087	0.120
nC_5	0.088	0.120
C_6	0.080	0.120
C_{7+}	0.080	0.100

为了了解 Peneloux 体积校正的重要性，表 7.15 中特征化的混合物在 1.01bar 压力和 15℃ 温度下 C_{7+} 假组分密度与分子量的关系如图 7.17 所示。对于组合的组分，"实验"密度由式(5.25)和式(5.26)确定。图 7.17 中绘制的是使用具有和不具有体积校正的 SRK 状态方程(EoS)计算的 C_{7+} 假组分的密度。假组分的 EoS 密度为 M/V，其中 M 为分子量，V 为假组分的摩尔体积。摩尔体积由式(3.2)、式(4.29)和式(4.30)得到。对于分子量低于 400 的假组分，SRK 方程模拟密度太低(摩尔体积过大)。对于较高的分子量，SRK 密度太高(摩尔体积太低)。这就解释了为什么表 7.15 中的体积平移参数对于较轻的 C_{7+} 假组分是正值，而对于最重的 C_{7+} 假组分而言是负值。体积校正参数由式(4.44)定义，它只是 SRK 摩尔体积与实际摩尔体积之差。对于 C_{7+} 假组分，体积平移参数由式(5.6)得到，如图 7.17 所示，它将确保标准条件下的 SRK-Peneloux 密度与实验密度一致。

实验和模拟的膨胀结果绘制在图 7.18 和图 7.19 中。图 7.18 显示了饱和压力如何随着加入的气体而增加，图 7.19 显示了在每个饱和压力下相对于添加任何气体之前的饱和油体积的膨胀体积。可以看到，模拟性质与测量的膨胀数据非常吻合。

7.6 采用 PC-SAFT 状态方程的 PVT 模拟

Pedersen 等(2012)已经证实,不管在常规条件下,还是使用气体注入条件下的 PVT 数据(Al-Ajmi,2011),采用 PC-SAFT 状态方程,按照 5.8 节中的特征化步骤,对表 3.26 中的数据进行流体组成模拟,均可以得到很好的结果。用 PC-SAFT 表征的流体组成见表 5.21,二元交互作用参数见表 5.22。图 7.20 显示了表 3.25 中膨胀实验的实验和模拟饱和压力、图 7.21 中为膨胀液密度。将摩尔分数 275% 的气体加入的最后一个膨胀阶段的饱和点模拟为符合实验数据的露点。图 7.22 显示了摩尔比为 100:225 和 100:275 的储层流体以及注入气体混合的储层流体的模拟相包络图。在后一种混合物的相包络图上可以看到两个临界点,两个临界点之间的饱和点被模拟为泡点。较低的温度临界点处于 81℃ 的温度,高于储层的温度 77℃,81℃ 以下的相包络线是液—液相边界。由于在相界处形成的初生相比在较高压力下存在的单相流体更重,所以进行膨胀实验的 PVT 实验将相态边界定为露点。

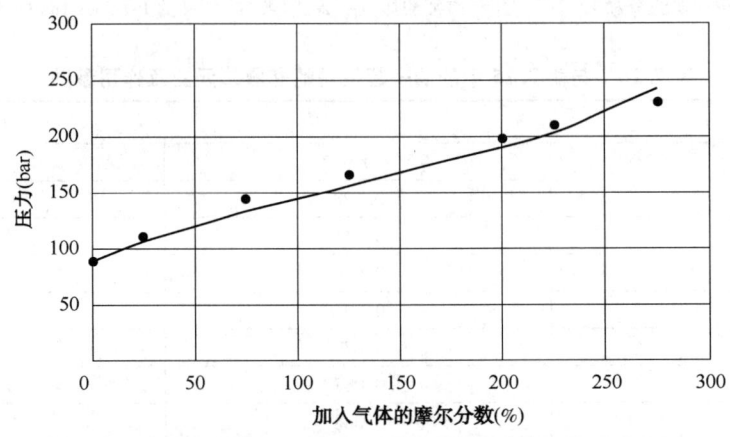

图 7.20 表 3.26 中的油在 77℃ 下的测量和模拟饱和压力作为添加的气体量的函数
气体组成列于表 3.26 中。模拟中使用 PC-SAFT 方程,特征化的储层流体组成见表 5.21,
二元交互作用参数见表 5.22。实验膨胀数据见表 3.25

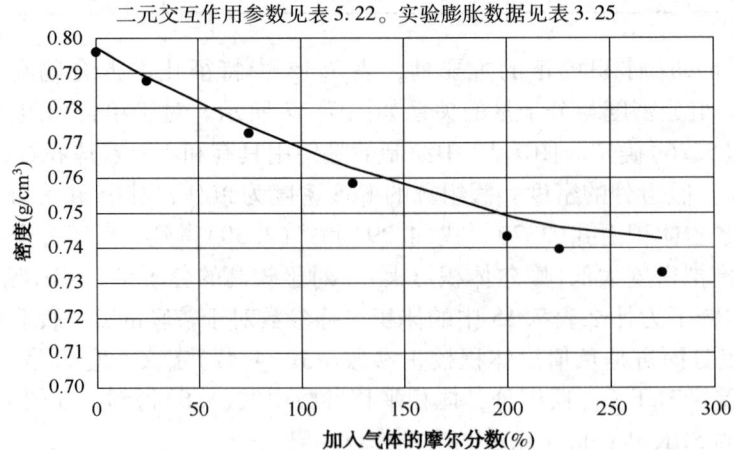

图 7.21 表 3.26 中的油,在 77℃ 下饱和点处的膨胀流体的
测量和模拟密度与加入气体的函数
气体组成也列于表 3.26,模拟中使用 PC-SAFT 状态方程,特征化的储层流体
组成如表 5.21 所示,二元交互作用参数见表 5.22,实验膨胀数据见表 3.25

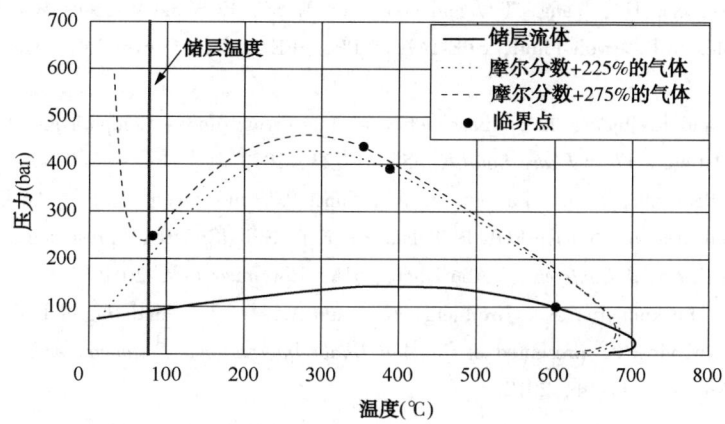

图7.22 表3.26中油以及加入了气体的油的模拟相包络线
注入气摩尔比分别为100∶225和100∶275。使用PC-SAFT状态方程，
其特征化的储层流体组成见表5.21

对于表3.32中的流体，Leekumjorn和Krejbjerg(2013)等给出了PC-SAFT状态方程PVT模拟结果，并且可以看出与Negahban等(2010)报道的常规和气体注入下的PVT数据匹配良好。Larsen等(2011)表明，对于墨西哥湾油气藏流体高压下的压缩因子而言，PC-SAFT状态方程比SRK-Peneloux方程式匹配更好。

7.7 PVT模拟的意义

前述实例说明了这样一个事实，即从准确的组成分析以及使用针对特定状态方程定制的C_{7+}特征化方法通常可以得到令人满意的PVT性质模拟。当模拟定容衰竭实验(CVD)时，实验测量的"+"馏分分子量的不准确性可能必须如对表3.15中的流体组成那样进行评估，在实验测量和模拟的油压缩性之间可能会出现一些偏差。对于表3.6中的油，SRK-Peneloux模拟就是这种情况，如图7.5所示。匹配实验液体压缩性的问题是立方型状态方程本身的缺陷，而不是通过调整状态方程参数能轻易解决的。

考虑到通常情况下仅基于准确的组成分析就可以预测油和凝析气的PVT性质，人们可能会想知道为什么要花费很多精力来调整状态方程参数以匹配实验PVT数据。这是有一些原因的。组成分析并不总是与第3章所述的性质相同。大多数组成分析是基于气相色谱法，与基于实沸点(TBP)分析的组成数据的模拟相比，此类型的分析通常会导致PVT模拟结果的准确性较差。提到的两个分析技术在第2章中进行了描述。调整状态方程参数的另一个原因是需要将一些组分组合成非常少的假组分(例如，总共6个)，以减少油藏组成模拟的计算时间。当使用5.6节中描述的相同的假组分来表示储层不同区域的流体时，也可能需要回归。实验PVT数据的回归在第9章中讨论。

参 考 文 献

Al-Ajmi, M., Tybjerg, P., Rasmussen, C.P., and Azeem, J.S., EoS modeling for two major Kuwaiti oil reser-voirs, SPE 141241-PP, presented at the *SPE Middle East Oil and Gas Show*, Manama, Bahrain, 20-23 March, 2011.

Larsen, J., Sørensen, H., Yang, T., and Pedersen, K. S., EOS and Viscosity Modeling for a Highly Undersaturated Gulf of Mexico Reservoir Fluid, SPE-147075-PP, SPE ATCE, Denver, Co, October 30-November 2, 2011.

Leekumjorn, S. and Krejbjerg, K., Phase behavior of reservoir fluids: Comparisons of PC-SAFT and cubic equation of state simulations, *Fluid Phase Equilib.* 359, 17-23, 2013.

Negahban, S., Pedersen, K. S., Baisoni. M. A., Sah, P., and Azeem, J. S., An EoS Model for a Middle East Reservoir fluid with an extensive EOR PVT data material, SPE-136530-PP presented at the *Abu Dhabi International Petroleum Exhibition & Conference*, Abu Dhabi, UAE November 1-4, 2010.

Pedersen, K. S., Leekumjorn, S., Krejbjerg, K., and Azeem, J., Modeling of EOR PVT data using PC-SAFT equation, SPE-162346-PP, presented at the *Abu Dhabi International Petroleum Exhibition & Conference* in Abu Dhabi, UAE, November 11-14, 2012.

8 物理性质

立方型状态方程不仅适用于相组成和相量的计算,对状态方程中的密度、热容、焓和熵等物理性质亦可进行计算(Mollerup 和 Michelson,1992),可对相组成和相性质进行连贯的热力学表征。

8.1 密度

立方型方程可以写成摩尔体积 V 或压缩因子 Z 的三项式。式(4.9)为含摩尔体积 V 的范德华三阶多项式,式(4.30)为含压缩因子 Z 的 Soave Redlich Kwong(SRK)三阶多项式。

式(4.53)中的广义立方型状态方程可以写成:

$$V^3 + \psi_1 V^2 + \psi_2 V + \psi_3 = 0 \tag{8.1}$$

其中

$$\psi_1 = \delta_1 + \delta_2 + \delta_3 - \frac{RT}{p} \tag{8.2}$$

$$\psi_2 = \delta_1\delta_2 + \delta_1\delta_3 + \delta_2\delta_3 - \frac{(\delta_2 + \delta_3)RT}{p} + \frac{a(T)}{p} \tag{8.3}$$

$$\psi_3 = \delta_1\delta_2\delta_3 - \delta_2\delta_3 \frac{RT}{p} + \delta_1 \frac{a(T)}{p} \tag{8.4}$$

不同立方型状态方程中 δ_1,δ_2 和 δ_3 的值可在表4.4中找到。式(8.1)可能有一个或三个实根。对于给定的相组成,当有一个以上的根时,具有较低 Gibbs 能量的根为正确值(稳定)。摩尔体积(V)与密度(ρ)的关系如下:

$$\rho = \frac{M}{V} \tag{8.5}$$

其中,M 为(平均)分子量。

8.2 焓

在给定 T 和 p 时,一个相的焓 H 可表示为两部分的总和,分别是理想气体焓和剩余焓:

$$H = \sum_{i=1}^{N} z_i H_i^{id} + H^{res} \tag{8.6}$$

式中:N 是组分数;z_i 是组分 i 的摩尔分数;H_i^{id} 是组分 i 的摩尔理想气体焓。

$$H_i^{id} = \int_{T_{ref}}^{T} C_{p_i}^{id} dT \tag{8.7}$$

式中,T_{ref} 是参考温度,273.15K 是适宜的选择值。当 T_{ref} = 273.15K 时,式(8.6)的 H 为在 T_{ref} = 273.15K 时相对于理想气体焓的焓值。$C_{p_i}^{id}$ 是组分 i 的摩尔理想气体热容,可由温度的三次多项式计算得到:

$$C_{p_i}^{id} = C_{1,i} + C_{2,i}T + C_{3,i}T^2 + C_{4,i}T^3 \tag{8.8}$$

Poling 等(2000)已列表给出了明确组分的 $C_1 \sim C_4$，T 的单位为 K。对于重烃和当 T 的单位为 °R 时，以 Btu/lb 为单位的热容的 $C_1 \sim C_4$ 系数可由如下方程计算(Kesler 和 Lee，1976)：

$$C_1 = -0.33886 + 0.02827K - 0.26105CF + 0.59332\omega \cdot CF \tag{8.9}$$

$$C_2 = (-0.9291 - 1.1543K + 0.0368K^2) \times 10^{-4} + CF(4.56 - 9.48\omega) \times 10^{-4} \tag{8.10}$$

$$C_3 = -1.6658 \times 10^{-7} + CF(0.536 - 0.6828\omega) \times 10^{-7} \tag{8.11}$$

$$C_4 = 0 \tag{8.12}$$

其中，ω 为偏心因子。

$$CF = \left[\frac{(12.8-K)(10-K)}{10\omega}\right]^2 \tag{8.13}$$

K 为 Watson 特性因数：

$$K = \frac{T_B^{1/3}}{SG} \tag{8.14}$$

T_B 为常压沸点，°R；SG 为相对密度，其在第 5 章中已定义，约等于以 g/cm³ 为单位的液体密度。

H 的剩余项可由热力学基本方程通过所采用的状态方程导出：

$$H^{res} = -RT^2 \sum_{i=1}^{N} z_i \frac{\partial \ln\varphi_i}{\partial T} \tag{8.15}$$

φ_i 为组分 i 的逸度系数；z_i 为组分 i 的摩尔分数。求导时组成不变。不同于平衡相组成，焓会受到潜在的 Peneloux 体积校正影响。下式给出了由 Peneloux 体积校正(Pen)SRK 或 Peng-Robinson(PR)方程计算得到的焓与不含体积校正(SRK/PR)的相同方程计算得到焓之间的关系：

$$H_{Pen} = H_{SRK/PR} - cp \tag{8.16}$$

式中：p 为压力；c 为体积校正。

8.3 内能

内能 U 与焓 H 的关系如下：

$$U = H - pV \tag{8.17}$$

式中：p 为压力；V 为摩尔体积。

8.4 熵

熵可由理想气体熵和剩余熵的总和来进行计算：

$$S = \sum_{i=1}^{N} z_i S_i^{id} + S^{res} \tag{8.18}$$

组分 i 在温度 T 时的理想气体熵可由式(8.19)计算：

$$S_i^{id} = \int_{T_{ref}}^{T} \frac{C_{p_i}^{id}}{T} dT - T\ln\frac{p}{p_{ref}} - R\ln z_i \tag{8.19}$$

p_{ref} 为参考压力，1 个标准大气压(1.01325bar)是合适的选择。如果 $T_{ref} = 273.15$，$p_{ref} = 1$ 个标准大气压，则式(8.18)中的熵 S 代表相对于在 273.15K 和 1 个标准大气压状态下相同组分理想气体的熵。$C_{\text{p}_i}^{\text{id}}$为组分$i$的摩尔理想气体热容,可通过式(8.8)计算得出。

剩余熵可由下式得到:

$$S^{\text{res}} = \frac{H^{\text{res}}}{T} - R\sum_{i=1}^{N} z_i \ln\varphi_i \tag{8.20}$$

其中,剩余焓(H^{res})可由式(8.15)得到。

对于恒定流体组分,熵不会受到潜在的Peneloux体积校正影响。

8.5 热容

恒定压力下的热容为恒定压力状态下焓对温度的导数:

$$C_p = \left(\frac{\partial H}{\partial T}\right)_p \tag{8.21}$$

其中,焓可由8.2节中描述的公式得到。

恒定体积下的热容与恒定压力下的热容之间的关系如下:

$$C_V = C_p - T\left(\frac{\partial V}{\partial T}\right)_p \left(\frac{\partial p}{\partial T}\right)_V \tag{8.22}$$

式中的导数部分可通过所采用的状态方程得出。

热容不会受到潜在的Peneloux体积校正影响,在T确定的情况下为常量。

8.6 Joule-Thomson 系数

Joule-Thomson系数定义为恒定焓状态下温度对压力的导数,其与C_p和焓之间的关系如下:

$$\mu_{\text{jT}} = \left(\frac{\partial T}{\partial p}\right)_H = -\frac{1}{C_p}\left(\frac{\partial H}{\partial p}\right)_T \tag{8.23}$$

8.7 声速

声速表示为:

$$u_{\text{sonic}} = -\frac{V}{\sqrt{M}}\sqrt{\left(\frac{\partial p}{\partial V}\right)_S} = \frac{V}{\sqrt{M}}\sqrt{\frac{C_p}{C_V}\left(\frac{\partial p}{\partial T}\right)_V \left(\frac{\partial T}{\partial V}\right)_p} \tag{8.24}$$

式中:M为分子量;C_p可由式(8.21)得到;C_V可由式(8.22)得到;V和导数可通过所应用的状态方程得到。

8.8 计算示例

储层温度(T^{res})下和标准条件下的气相Z因子表示为[见式(3.8)]:

$$\frac{Z^{T\text{res}}}{Z^{\text{std}}} = \frac{p^{T\text{res}} V^{T\text{res}} T^{\text{std}}}{p^{\text{std}} V^{\text{std}} T^{\text{res}}} \tag{8.25}$$

PVT实验室会给出差异脱气实验中测得的气体Z因子(在3.1.2节中有描述)。标准的

做法是假设 $Z^{std} = 1.0$，由式（8.25）来确定 Z 因子。这是一种存疑的假设。表 8.1 显示了大气压力和 60°F（15.6℃）条件下的纯气体压缩因子数据。氮和甲烷的 Z 因子接近 1.0。对于二氧化碳和除甲烷以外的烃，与 1.0 的差异超过 0.5%。差异脱气实验中低压阶段排出的气体富含 C_2—C_4，其 Z^{std} 的数量级为 0.98。因此，差异脱气实验中低压阶段报导的 Z 因子将偏高约 2%。从表 8.1 可以看出，SRK-Peneloux 方程、PR-Peneloux 方程和 PC-SAFT 方程均能很好地模拟 Z 因子数据。

表 8.1　大气压力条件下 Z 因子的实验和模拟数据

组成	实验数据 Z 因子	SRK-Peneloux Z 因子	偏差（%）	PR-Peneloux Z 因子	偏差（%）	PC-SAFT Z 因子	偏差（%）
N_2	0.9997	0.9998	0.0	0.9996	0.0	0.9996	0.0
CO_2	0.9943	0.9943	0.0	0.9939	0.0	0.9943	0.0
C_1	0.9981	0.9980	0.0	0.9977	0.0	0.9979	0.0
C_2	0.9916	0.9915	0.0	0.9910	−0.1	0.9916	0.0
C_3	0.9820	0.9826	0.1	0.9819	0.0	0.983	0.1
iC_4	0.9703	0.9728	0.2	0.9720	0.2	0.9734	0.3
nC_5	0.9661	0.9704	0.4	0.9696	0.4	0.9712	0.5

注：N_2 和 CO_2 数据源自 Hilsenrath（1995），烃数据来自美国石油学会 API（1958）。

表 8.2 显示了表 8.3 中天然气组成的 Z 因子数据（Jaeschke 和 Humphreys，1991）。还列出了 SRK-Peneloux 方程、PR-Peneloux 方程和 PC-SAFT 方程的模拟结果。可以看出，实验数据与 SRK-Peneloux 方程的模拟结果几乎是完美匹配，而其他两个方程的偏差稍大。

表 8.2　表 8.3 中的气体组成的 Z 因子数据（Jaeschke 和 Humphreys，1991）

温度（℃）	压力（bar）	实验数据 Z 因子	SRK-Peneloux Z 因子	偏差（%）	PR-Peneloux Z 因子	偏差（%）	PC-SAFT Z 因子	偏差（%）
0	20	0.9303	0.9299	0.0	0.9235	−0.7	0.9274	−0.3
0	30	0.8957	0.8944	−0.1	0.8853	−1.2	0.8899	−0.6
0	40	0.8597	0.8587	−0.1	0.8476	−1.4	0.8517	0.9
0	50	0.8233	0.8233	0.0	0.8107	−1.5	0.8129	−1.3
0	60	0.7868	0.7886	0.2	0.7752	−1.5	0.7742	−1.6
0	70	0.7507	0.7555	0.6	0.742	−1.2	0.7366	−1.9
10	20	0.9397	0.9384	−0.1	0.9322	−0.6	0.9356	−0.4
10	30	0.9088	0.9076	−0.1	0.8989	−1.1	0.9028	−0.7
10	40	0.8778	0.877	−0.1	0.8663	−1.3	0.8697	−0.9
10	50	0.8471	0.847	0.0	0.8348	−1.5	0.8366	−1.2
10	60	0.8163	0.818	0.2	0.8048	−1.4	0.8038	−1.5
10	70	0.7863	0.7904	0.5	0.7769	−1.2	0.7721	−1.8
20	20	0.9472	0.9457	−0.2	0.9398	−0.8	0.9428	−0.5
20	30	0.9203	0.9189	−0.2	0.9106	−1.1	0.9139	−0.7

续表

温度 (℃)	压力 (bar)	实验数据 Z因子	SRK-Peneloux Z因子	偏差(%)	PR-Peneloux Z因子	偏差(%)	PC-SAFT Z因子	偏差(%)
20	40	0.8936	0.8926	−0.1	0.8823	−1.3	0.8851	−1.0
20	50	0.867	0.8669	0.0	0.8551	−1.4	0.8564	−1.2
20	60	0.8407	0.8423	0.2	0.8295	−1.3	0.8283	−1.5
20	70	0.8157	0.8119	0.4	0.8057	−1.2	0.8013	−1.8
平均绝对值偏差(%)				0.2		1.2		1.1

表 8.3　天然气组成

组　　成	摩尔分数(%)
N_2	0.439
CO_2	1.9285
C_1	84.3346
C_2	8.8946
C_3	3.1919
nC_4	0.9844
nC_5	0.1825
nC_6	0.0325
nC_7	0.0061
nC_8	0.0012

注：其 Z 因子数据列于表 8.2。

对于一系列的温度，图 8.1 显示了表 5.11 中凝析气的焓与压力的关系。焓是利用经 Peneloux 校正的 SRK 状态方程计算得出的[式(4.43)]。对于恒定的焓，在低压时温度随压力增加而增加。最高增幅出现在两相区内。在这一区域，由于压力增加导致凝液析出，所以

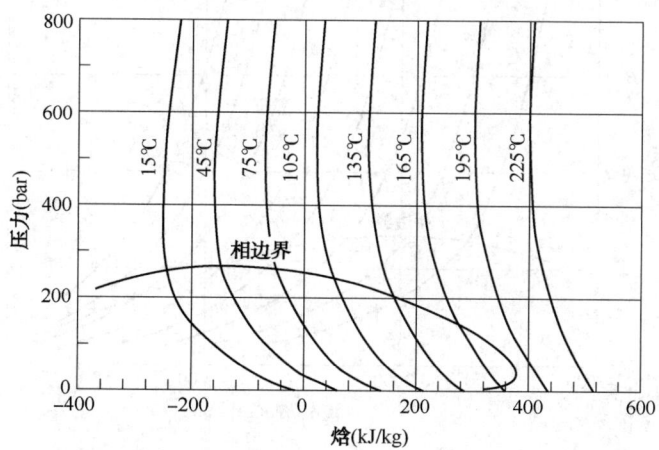

图 8.1　表 5.11 中凝析气在焓—压(HP)相图中的等温线
利用经 Peneloux 校正的 SRK 状态方程计算得出

焓在恒定温度条件下随压力增加而降低。对于恒定焓，这意味着温度上的显著升高。两相区外，压力对焓的影响不太明显。在压力大于400bar时，恒定焓的温度随着压力的升高而降低。单相区的温度随压力无论是升高还是降低，都取决于式(8.23)定义的Joule-Thomson系数。对于正Joule-Thomson系数，当H恒定时，温度将随压力增加而增加；而当流体的Joule-Thomson系数为负时，温度将会降低。从图8.1可以看出，表5.11中的流体组成在压力高于400bar时存在负的Joule-Thomson系数。图8.2显示了表3.6中石油组成的类似图例，采用的是PR-Peneloux方程[式(4.48)]。

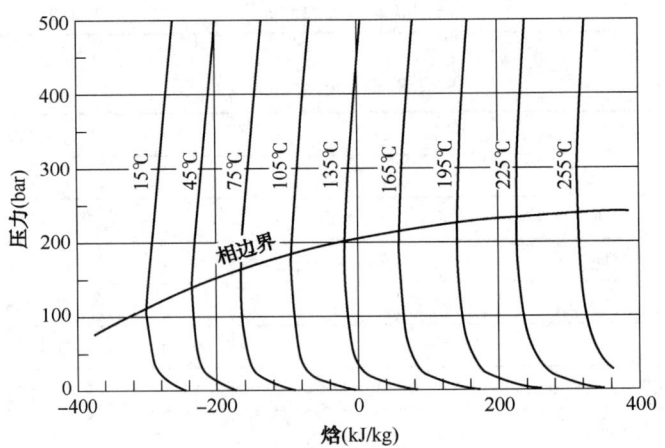

图8.2　表3.6中石油在焓—压(HP)相图中的等温线
利用经Peneloux校正的PR状态方程计算得出

图8.3和图8.4显示了压力和熵的对应关系图。压缩过程通常近似视为等熵过程。因此，如果表5.11中的凝析气或表3.6中的石油经历一个压缩过程，由图8.3和图8.4可以预判出温度。例如，如果表5.11的凝析油气混合物从45℃、300bar压缩至500bar后，从图8.3可看出，预判出口温度为75℃。

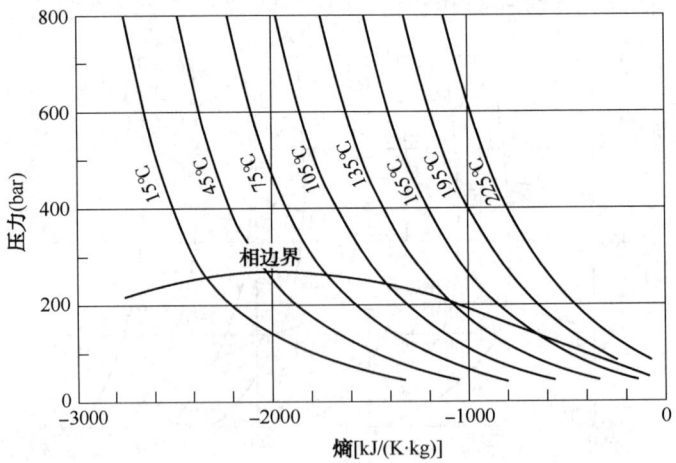

图8.3　表5.11中凝析气在熵—压(SP)相图中的等温线
利用经Peneloux校正的SRK状态方程计算得出

8 物理性质

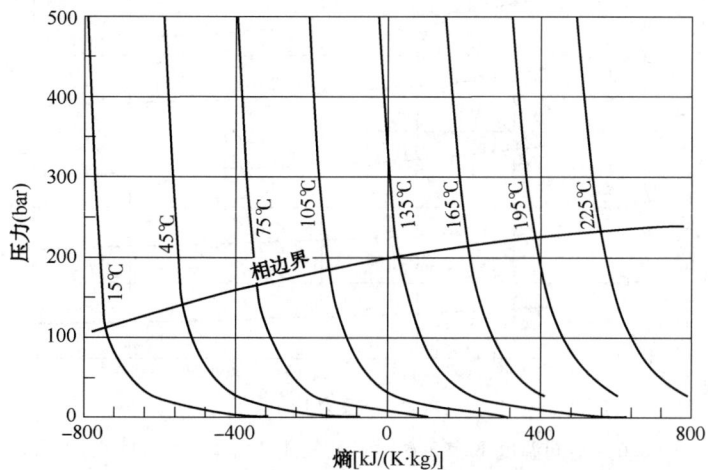

图 8.4　表 3.6 中石油在熵—压(SP)相图中的等温线
利用经 Peneloux 校正的 PR 状态方程计算得出

图 8.5 显示了表 3.6 中石油的声速图，利用体积校正的 PR 方程，由式(8.24)计算得出。对于恒定温度来说，声速随压力的增加而增加，而对于恒定压力来说，声速随温度的增加而降低。

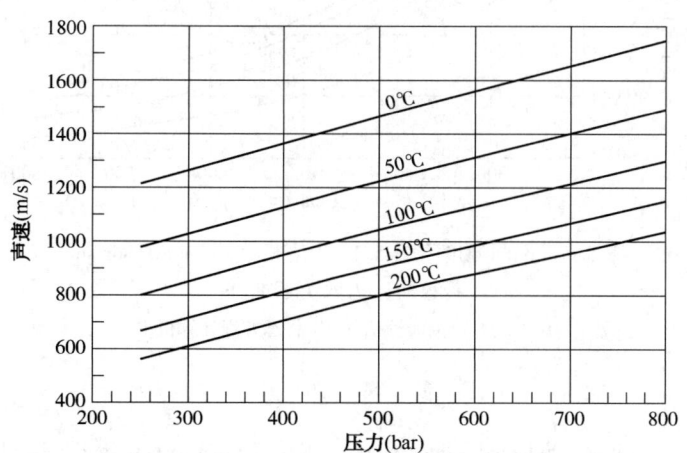

图 8.5　不同温度下表 3.6 中石油的声速与压力的关系曲线
利用经 Peneloux 校正的 PR 状态方程计算得出

由图 8.6 可以看出，对于表 3.6 中的石油，液体油混合物的热容(C_p)随温度的增加而增加，而受压力影响不大。

图 8.7 显示了表 5.11 中凝析气的 Joule-Thomson 系数，利用 Peneloux 体积校正后的 PR 方程计算出 4 个不同温度下的值。

低压时 Joule-Thomson 系数为正，意味着在恒定焓状况下压力增加将带来温度的升高。受温度影响，在压力处于 350~500bar 范围时，Joule-Thomson 系数为 0。当压力更高时，如果在恒定焓状态下压力进一步升高，则温度将会下降。

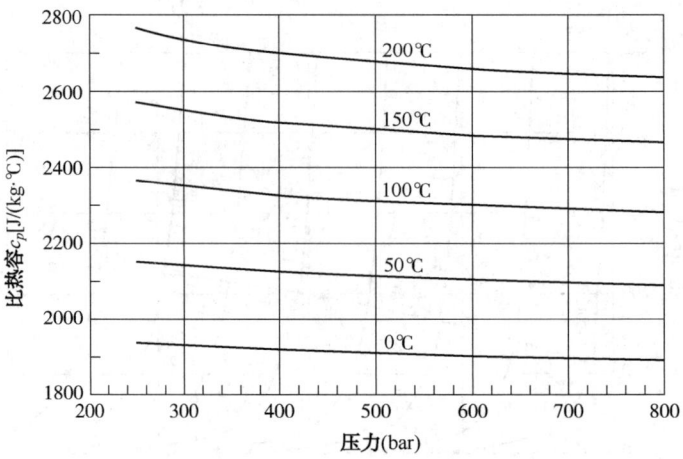

图 8.6　不同温度下表 3.6 中石油的比热容与压力的关系曲线

利用经 Peneloux 校正的 PR 状态方程计算得出

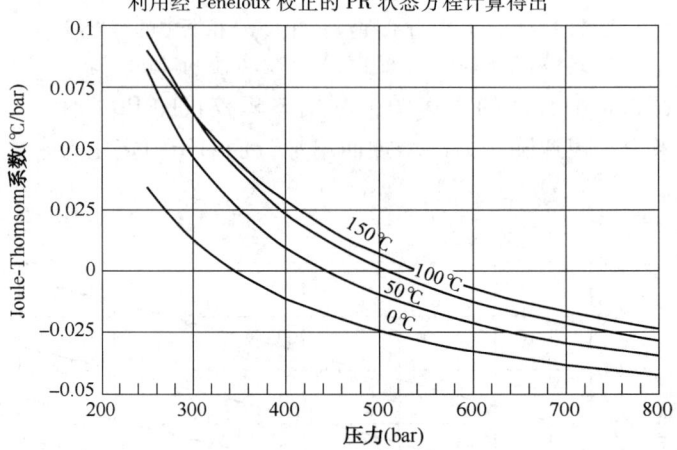

图 8.7　不同温度下表 5.11 中凝析气的 Joule-Thomson
系数与压力的关系曲线

利用经 Peneloux 校正的 PR 状态方程计算得出

参 考 文 献

American Petroleum Institute, Selected values of properties of hydrocarbons and related compounds, API Research Projects 44, Pittsburgh, Carnegie Institute of Technology, October 31, 1958.

Hilsenrath, J., Tables of thermal properties of gases, U.S. Dept. of Commerce, National Bureau of Standards, 1955.

Jaeschke, M. and Humphreys, A. E., The GERG Databank of High Accuracy Compressibility Factor Measurements, VDI Verlag, Düsseldorf, 1991.

Kesler, M. G. and Lee, B. I., Improve prediction of enthalpy of fractions, *Hydrocarbon Processing* 55, 153-158, 1976.

Mollerup, J. and Michelsen, M. L., Calculation of thermodynamic equilibrium properties, *Fluid Phase Equilib.* 74, 1-15, 1992.

Poling, B. E, Prausnitz, J. M., and O'Connell, J. P., *The Properties of Gases and Liquids*, McGraw-Hill, New York, 2000.

9 PVT 实验数据的回归

通过调整模型参数试图消除实测 PVT 数据与拟合数据之间的偏差在石油工业是普遍做法。这个传统可以追溯到极度稀缺扩展的组成分析的年代，那时候原油组成只分析到 C_{7+}，甚至 C_{6+}，没有既定程序劈分"+"馏分，因此很难实现 PVT 性质的精准预测。作为起始点，Coats(1982)围绕着如何对分析到 C_{6+} 或 C_{7+} 的原油组成进行拟组分化开展了广泛的工作。

在 20 世纪 80 年代，开展实沸点蒸馏(TBP)或者其他扩展组成分析已经很普遍了。那些不同类型的分析方法在第 5 章中已经用于开发劈分"+"馏分的流程。PVT 模拟结果经常受实验不确定性的影响，通过结合改进的分析技术与适当的 C_{7+} 特征化方法可以提高 PVT 模拟质量。

然而，回归现在仍然经常被用到，一个原因是组分油藏模拟研究需要考虑重烃组分合并，而重烃组分合并经常在某种程度上会影响模拟结果的质量。利用第 5 章所述方法将多种不同的原油组成特征化为相同的拟组分之后，为了使 PVT 数据的模拟结果可以接受，也会需要用到回归。

而且，对于近临界点的流体而言，也有可能需要用到回归。对于该混合物，PVT 模拟结果的质量在很大程度上依赖于其临界点性质与实验值的符合程度。

第 3 章呈现的 PVT 数据是一个参数回归所需数据的典型来源。数据资料包括饱和点、相密度、相对的气和油体积、相组成、临界混合物组成(膨胀实验测得)、最小混相压力(细管实验测得)。

9.1 参数回归的缺点

对于 PVT 模拟程序的要求不仅限于要能预测油藏条件下的体积性质、相分率和饱和点。PVT 模拟软件还经常用于预测生产和运输条件下的相态行为，需要计算的不仅仅是饱和点和体积性质。第 8 章所说的焓、熵、热容、Joule-Thomson 系数和声速等性质也要用同一模型计算。这使得 PVT 模拟程序包能够生成 PVT 性质表，然后输入到生产和流动模拟程序。

能够用于回归的典型 PVT 数据主要包括油藏温度下测得的数据。利用回归预测的参数应使模型重新计算的结果接近于实测 PVT 数据，这就意味着这些参数能够最佳模拟油藏温度下的相行为。对于未参与回归的性质(如焓、熵等热力学性质)，回归所得的参数不能保证是有效的。同样，在实验数据没有覆盖的温度压力下，对于参与回归的性质(如饱和压力、体积性质)，也没有理由相信能够得到改进的模拟结果。例如，在与当前 PVT 实验条件迥异的情况下，或者对于为了提高石油采收率而正在注气的油藏流体，经过常规 PVT 数据回归之后的 PVT 程序用来生成的性质表，可能会导致错误的结果。参数回归的潜在风险示于图 9.1。

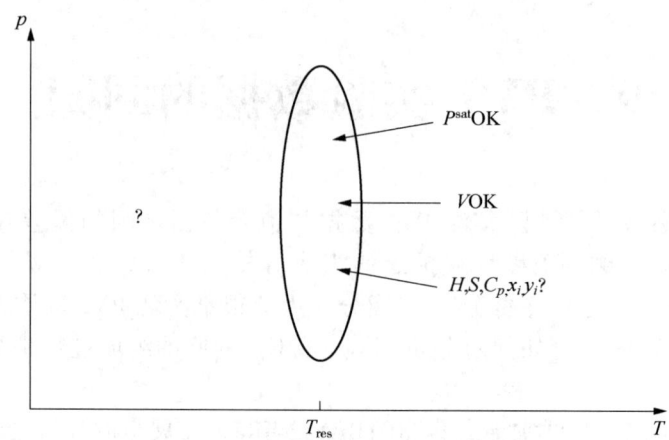

图 9.1 回归 PVT 实验数据的风险

当温度接近油藏温度时(T_{res}),对于体积性质和饱和压力,回归大体上能够改进与实验值的匹配,对于任何其他的性质则得不到改善的拟合。远离油藏温度时,对于体积性质和饱和压力,回归值也是值得怀疑的

p^{sat}—饱和压力;V—体积;H—焓;S—熵;C_V—定容热容;x_i—液相中组分 i 的摩尔分数;y_i—汽相中组分 i 的摩尔分数;T_{res}—油藏温度

下一节将要介绍一些有用的回归参数,以及如何利用这些参数使其具有物理意义。

9.2 体积平移参数

带体积修正的 SRK 和 PR 方程[式(4.43)与式(4.48)]中的参数 c 在不影响相平衡结果(饱和压力、相组成、相摩尔分数)的前提下能够影响密度。对于 C_{7+} 拟组分,参数 c 确定为真实摩尔体积与使用 SRK/PR 方程(不带体积修正)计算的摩尔体积之间的偏差。前者(真实摩尔体积)是组分的分子量与标准状态下的密度之比,不同碳数组分的分子量和密度可由实测的体系组成或者 C_{7+} 经特征化获得。式(5.6)给出了计算参数 c(Peneloux 体积修正方程)的公式。以这种方式确定 C_{7+} 的参数 c,隐含的假设条件是真实摩尔体积与使用 SRK/PR 方程计算的摩尔体积之间的差保持恒定,与温度、压力、混合物组成无关。这一假设不一定是可靠的。二者之差有可能随着温度而变化,式(5.9)中的体积修正是温度的线性函数或者把参数 c 当作回归参数,都可以解释这种变化。在相平衡数据符合良好但是体积数据符合不佳的情况下,后一种方法是有用的。

9.3 "+"馏分的临界温度 T_c、临界压力 p_c 和偏心因子 ω

调整"+"馏分分子量(处理方法见第 7 章)和 C_{7+} 体积平移参数之后,PVT 数据的计算值与实测值仍可能存在较大偏差。对于饱和压力或密度很少存在这些偏差,因为在"+"馏分分子量(图 7.7)和体积平移参数初始调整时已经考虑这些量了。这一阶段问题通常与凝析气的液体析出曲线(图 7.2)或者膨胀曲线上临界点的拟合不佳(处理过程见 9.10 节)有关。剩下用于回归的参数有 C_{7+} 组分的临界温度 T_c、临界压力 p_c 和偏心因子 ω 以及二元交互作用系数(k_{ij})。Pedersen(1988)等反对将非零二元交互作用参数作为回归参数，因为烃—烃非零二元交互作用参数经常导致液—液相分裂的错误预测结果。另外，临界温度 T_c、临界压力 p_c 和偏心因子 ω 的调整一定要慎重。然而必须指出的是，用于 C_{7+} 组分的临界温度 T_c、临界压力 p_c 和偏心因子 ω 的关联式不像明确组分的 T_c、p_c 和偏心因子 ω 的关联式那样建立在基础的物性数据之上。对于一份详尽的油藏流体 PVT 数据资料，它们可看作某些平均性质的经验关联式，这在第 5 章中已作了进一步处理。第 5 章所给出的关联式对于每一个单独油藏流体组成来说不一定是最佳选择。

9.4 性质关联式中系数的回归

Christensen(1999)概述了一种回归程序，能够提高给定 PVT 性质的一致性，而不致使数据没有覆盖的温度和压力条件下的性质变差，仅对回归过程中没有覆盖的性质有微小影响。该程序没有回归单个组分的性质(典型的如临界温度 T_c、临界压力 p_c、拟组分的偏心因子)，而是将 T_c、p_c 和 m 关联式[式(5.1)至式(5.3)]中的系数作为回归参数。这能确保临界温度 T_c、临界压力 p_c 和偏心因子随着分子量的变化曲线更加平滑，如果调节单个拟组分的性质，则得不到这样的平滑曲线。Christensen 的逐步回归步骤总结如下：

(1) 回归饱和压力。允许"+"馏分的分子量在 ±10% 范围内调整，保持质量组成恒定。

(2) 评价实测数据与计算数据之间的偏差是否影响密度预测的准确性。如果影响了，允许 C_{7+} 组分的体积平移参数在 ±100% 范围内调整(对于所有的 C_{7+} 组分都是这个范围)。

(3) 确定式(5.1)至式(5.3)中两个或三个最敏感的系数(一定比例变化下，这些系数对于计算结果的影响很大)。

(4) 对上一步确定的最敏感系数做参数回归(最大调整幅度 ±20%)。

9.5 目标函数和权重因子

回归计算过程中需要最小化的目标函数定义为：

$$OBJ = \sum_{j=1}^{N_{OBS}} \left(\frac{r_j}{w_j}\right)^2 \tag{9.1}$$

式中：N_{OBS} 指的是回归用到的实验观察值的数量；w_j 是第 j 个观察值的权重因子；r_j 是第 j 个观察值的残差。

$$r_j = \frac{OBS_j - CALC_j}{OBS_j} \tag{9.2}$$

式中：OBS 代表观察值；CALC 代表计算值。对于恒质膨胀实验或者定容衰竭实验所得出的液体析出曲线，建议给所有的观察值和计算值增加一个常数。较小液滴析出的数据点相对于较大液滴析出的数据点更重要，增加这个常数是为了减小这种重要性。为了方便起见，这个常数赋值为最大液体析出量除以 3。分配给第 j 个观察值的权重因子(w_j)与用户自定义权重

($WOBS_j$)之间的关系如下：

$$WOBS_j = \frac{1}{w_j^2} \tag{9.3}$$

一种基于 Marquardt 原则(1963)的最小化算法适用于确定参数,以达到式(9.1)中的目标函数最小化。

回归参数的个数一定不能超过数据点的个数。为了确保回归参数的适用性,建议限制回归参数的数量(NPAR):

$$NPAR = 1 + \ln(NOBS) \tag{9.4}$$

9.6 凝析气的回归案例

图 7.2 揭示了实测液体析出曲线(组成见表 3.9)与表 3.8 中凝析气两条拟合液体析出曲线存在一些偏差。其中一个拟合是把流体特征化为 22 个组分(见表 7.1),另一个拟合是把流体特征化为 6 个组分(见表 7.3)。

按照 9.4 节所述步骤对表 3.9 中的恒质膨胀数据进行了回归,表 3.8 中的流体组成特征化为 22 个(拟)组分(包括 10 个明确组分、12 个拟组分)。对用来确定 C_{7+} 组分临界温度 T_c 和临界压力 p_c 的关联式[式(5.1)和式(5.2)]中的系数 c_2、c_3 和 d_2[式(5.1)和式(5.2)]进行了回归。修正式(5.1)中的系数 c_1 和式(5.2)中的系数 d_1,使得典型 C_7 组分(定义为分子量94,标准状态下密度为 $0.745g/cm^3$)的临界温度 T_c 和临界压力 p_c 保持恒定。按照这个步骤,回归将会使 T_c 和 p_c 随分子量的变化曲线在 C_7 组分的默认值周围转动。表 9.1 列出了需要输入到式(5.1)和式(5.2)中的经过回归的系数。相对于使用表 5.3 中标准系数确定的临界温度 T_c 和临界压力 p_c,最大 20% 的调整幅度是可以接受的。经过特征化和回归处理的流体组成示于表 9.2。摩尔分数与表 7.1 中相比略微不同,这是因为 C_{20+} 分子量从 362 到 364.4,增大了 0.7%。C_{7+} 体积平移参数较式(5.6)计算所得降低了 39%。图 9.2 和图 9.3 分别绘制了回归前后 C_{7+} 拟组分的临界温度和临界压力。临界温度 T_c 和临界压力 p_c 随分子量的变化趋势在回归前后是一致的。临界温度 T_c 随着分子量单调增加,临界压力 p_c 随着分子量单调减少。回归前后的恒质膨胀拟合结果如图 9.4 至图 9.6 所示。从图 9.5 可以看出回归显著提高了液体析出曲线的拟合性,但是图 9.4 却显示拟合的相对体积几乎不受回归影响。最后,图 9.6 表明了回归能稍微改善饱和压力之上的气相 Z 压缩因子的拟合结果。总之,经过回归之后的 PVT 数据拟合几乎完美。

表 9.1 对于表 3.8 中的凝析气由表 3.9 中的恒质膨胀数据进行回归后得到的关联式(5.1)至式(5.3)中的系数

系 数	1	2	3	4	5
c	-2.9446×10^2	1.6170×10^2	4.36029×10^{-1}	-1.8774×10^3	—
d	2.19628	-6.2191×10^{-1}	2.0846×10^2	-3.9872×10^3	1.0
e	7.4310×10^{-1}	4.8122×10^{-3}	9.6707×10^{-3}	-3.7184×10^{-6}	—

注：采用了 SRK-Peneloux(T)状态方程(经特征化的混合物组成见表 9.2)。

表 9.2 表 3.8 中凝析气组成特征化为 22 个组分和拟组分用于 SRK-Peneloux(T)状态方程计算

组分	摩尔分数(%)	质量分数(%)	分子量	T_c(℃)	p_c(bar)	偏心因子	c_0 (cm³/mol)	c_1 [cm³/(mol·K)]
N_2	0.600	0.577	28.0	-147.0	33.94	0.040	0.92	0.0000
CO_2	3.340	5.044	44.0	31.1	73.76	0.225	3.03	0.0100
C_1	74.170	40.831	16.0	-82.6	46.00	0.008	0.63	0.0000
C_2	7.901	8.153	30.1	32.3	48.84	0.098	2.63	0.0000
C_3	4.151	6.280	44.1	96.7	42.46	0.152	5.06	0.0000
iC_4	0.710	1.416	58.1	135.0	36.48	0.176	7.29	0.0000
nC_4	1.440	2.872	58.1	152.1	38.00	0.193	7.86	0.0000
iC_5	0.530	1.312	72.2	187.3	33.84	0.227	10.93	0.0000
nC_5	0.660	1.634	72.2	196.5	33.74	0.251	12.18	0.0000
C_6	0.810	2.395	86.2	234.3	29.69	0.296	17.98	0.0000
C_7	1.200	3.747	91.0	255.6	34.98	0.453	4.74	0.0194
C_8	1.150	4.104	104.0	278.4	28.97	0.491	22.07	0.0264
C_9	0.630	2.573	119.0	303.7	24.28	0.534	42.24	0.0273
C_{10}	0.500	2.282	133.0	327.4	21.26	0.574	59.73	0.0191
C_{11}—C_{12}	0.560	2.869	149.3	354.7	18.77	0.619	78.13	0.0017
C_{13}	0.280	1.614	168.0	377.8	16.49	0.669	104.34	0.0001
C_{14}—C_{15}	0.390	2.504	187.1	400.7	15.30	0.720	129.38	-0.0066
C_{16}—C_{17}	0.290	2.126	213.7	432.7	13.98	0.788	159.02	-0.0282
C_{18}—C_{19}	0.220	1.829	242.3	464.7	12.87	0.857	186.98	-0.0556
C_{20}—C_{22}	0.166	1.695	288.9	511.7	11.75	0.963	228.09	-0.0980
C_{23}—C_{28}	0.176	2.116	346.6	563.0	11.04	1.080	274.00	-0.1400
C_{29}—C_{80}	0.125	2.026	490.5	683.1	10.24	1.270	365.24	-0.2500

注：C_{7+}组分的临界温度 TC 和临界压力 PC 由式 5.1 和 5.2 确定，其中的系数通过对表 3.9 中的恒质膨胀数据进行回归得到，可见表 9.1。二元交互作用参数未经回归，见表 7.2。

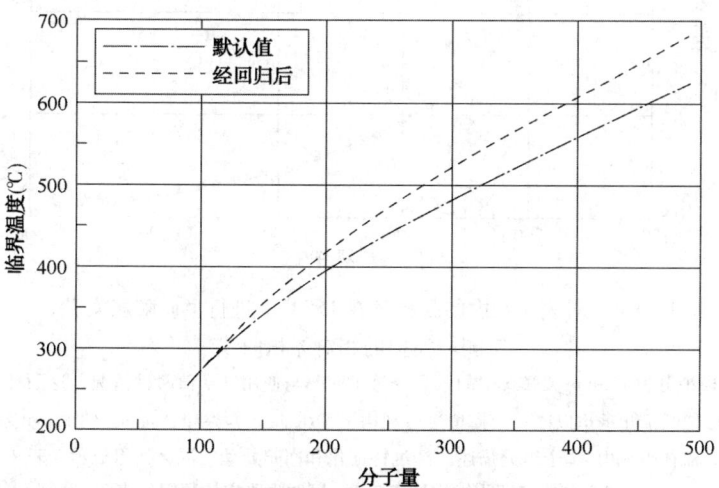

图 9.2 对表 3.9 中的恒质膨胀数据进行回归前后表 3.8 凝析气中 C_{7+}拟组分的临界温度

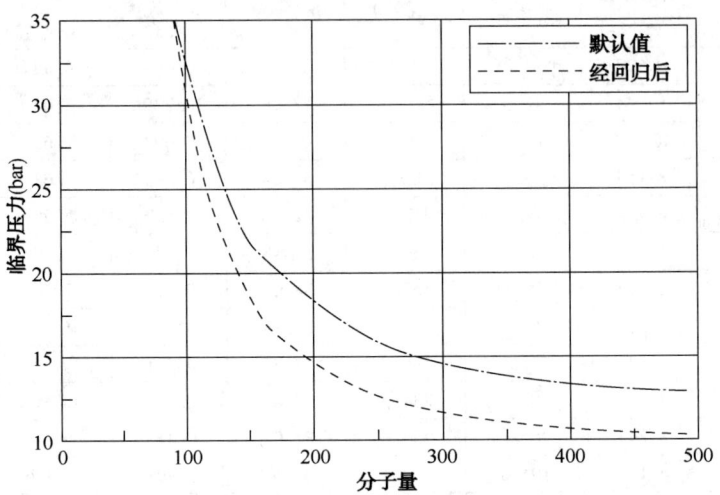

图 9.3 对表 3.9 中的恒质膨胀数据进行回归前后表 3.8 凝析气中 C_{7+} 拟组分的临界压力

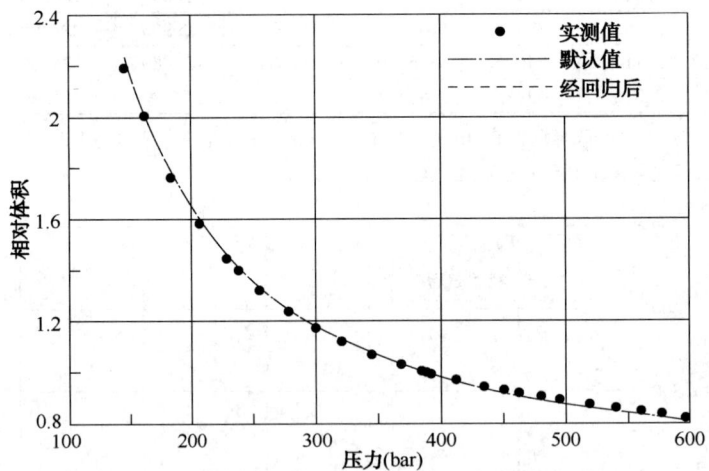

图 9.4 对表 3.8 中的凝析气在 155℃下进行恒质膨胀实验，实测与模拟的相对体积曲线

模拟分为 T_c 和 p_c 关联式中的系数经过了回归与使用默认值两种情况，这两种模拟结果几乎难以区分。模拟过程利用了 SRK 状态方程和 Peneloux(T) 体积修正，流体组成由 22 个组分描述。经过特征化和回归处理的混合物组成示于表 9.2。

回归之前的特征化组成见表 7.1，恒质膨胀实验数据见表 3.9

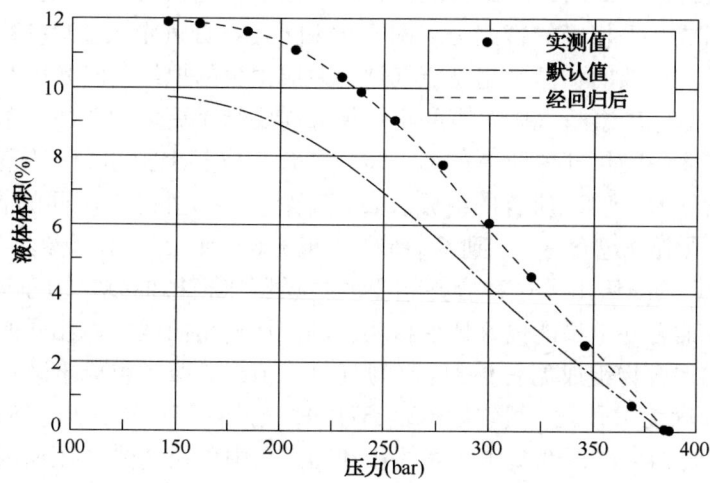

图 9.5　对表 3.8 中的凝析气在 155℃下进行恒质膨胀实验，实测与模拟的
液体析出体积（占饱和压力下体积的百分比）曲线

模拟分为 T_c 和 p_c 关联式中的系数经过了回归与使用默认值两种情况。模拟过程采用了 SRK 状态方程和 Peneloux(T) 体积修正，流体组成由 22 个组分描述。经过特征化和回归处理的混合物组成示于表 9.2。回归之前的特征化组成见表 7.1，恒质膨胀实验数据见表 3.9

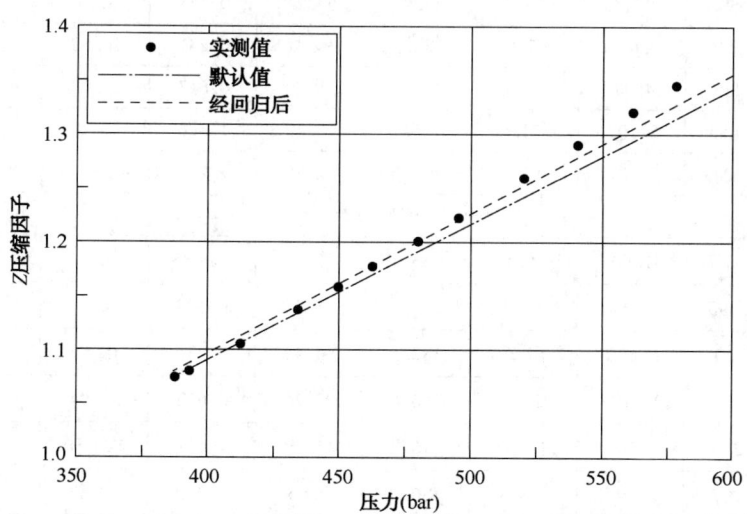

图 9.6　对表 3.8 中的凝析气在 155℃下进行恒质膨胀实验，实测
与模拟的气体 Z 压缩因子曲线

模拟分为 T_c 和 p_c 关联式中的系数经过了回归与使用默认值两种情况。模拟过程采用了 SRK 状态方程和 Peneloux(T) 体积修正，流体组成由 22 个组分描述。经过特征化和回归处理的混合物组成示于表 9.2。回归之前的特征化组成见表 7.1，恒质膨胀实验数据见表 3.9

从图 7.2 可以看出，表 3.8 中流体组成（特征化后的混合物组成见表 7.3）按照默认的六组分描述，进行模拟后得到的恒质膨胀液体释出量过小，饱和压力过低。第 5 章建议将 C_{7+} 组分合并成质量组成几乎相等的拟组分。对于油和 C_{7+} 组分表示成 10～12 个拟组分的凝析气，这种建议是真实有效的，但是当凝析气被合并成很少的拟组分时必须小心谨慎。模拟的液体析出曲线过小意味着凝析气中含有的重烃组分需要给予更多的关注。基于质量组成相等的合并原则，表 3.8 中凝析气中所有的 C_{7+} 馏分被合并成三个拟组分，从表 7.3 可以看出，最重的拟组分包含从 C_{16} 到 C_{80} 所有的组分。表 9.3 给出了另外一种不同的合并结果（未经回归），其中最重的拟组分包含从 C_{51} 到 C_{80} 所有的组分（二元交互作用参数列于表 9.4）。图 9.7 至图 9.9 中的点划线给出了这种合并结果的恒质膨胀模拟曲线。由于改变了合并结果，比图 7.2 中六组分的合并结果能更好地模拟实测的液体析出曲线。对相同的合并结果进行了回归。特征化后的混合物组成见表 9.3（经回归后）。拟组分摩尔组成略微不同于未经回归的混合物摩尔组成，因为 C_{20+} 分子量从 362～371.9，增加了 2.7%。C_{7+} 体积平移参数较式 (5.6) 的计算值降低 34%。图 9.7 中相对体积和图 9.9 中单相气体 Z 压缩因子几乎不受回归影响。回归后模拟与实测液体析出曲线符合得更好（图 9.8）。

表 9.3　表 3.8 中凝析气组成特征化为 6 个拟组分，用于 SRK-Peneloux(T) 状态方程计算

组　分	摩尔分数 (%)	质量分数 (%)	分子量	T_c(℃)	p_c(bar)	偏心因子	c_0 (cm^3/mol)	c_1 [$cm^3/(mol \cdot K)$]
未经回归								
$N_2 + C_1$	74.767	41.410	16.1	−83.45	45.83	0.0085	0.63	0.0000
$CO_2 + C_2$—C_3	15.392	19.479	36.9	52.71	53.24	0.148	3.37	0.0015
C_4—C_6	4.150	9.631	67.6	182.3	34.42	0.231	10.82	0.0000
C_7—C_{20}	5.286	24.271	133.8	333.2	25.00	0.613	25.67	−0.0177
C_{21}—C_{50}	0.400	5.101	371.6	545.7	13.62	1.130	30.13	−0.2200
C_{51}—C_{80}	0.004	0.109	791.6	802.0	12.35	1.271	−189.10	−0.5000
经回归后								
$N_2 + C_1$	74.777	41.401	16.1	−83.45	45.83	0.0085	0.63	0.0000
$CO_2 + C_2$—C_3	15.393	19.474	36.9	52.71	53.24	0.148	3.37	0.0015
C_4—C_6	4.151	9.630	67.6	182.3	34.42	0.231	10.82	0.0000
C_7—C_{20}	5.279	24.194	133.6	336.6	23.76	0.612	36.94	−0.0109
C_{21}—C_{50}	0.393	5.109	379.0	576.8	11.39	1.141	128.80	−0.2100
C_{51}—C_{80}	0.007	0.192	798.9	886.0	9.66	1.260	60.53	−0.4900

注：对 C_{7+} 组分 T_c 和 p_c 关联式[式(5.1)和式(5.2)]中的系数进行回归，提高表 3.9 中恒质膨胀数据的符合性。二元交互作用参数未经回归，示于表 9.4。

表 9.4　表 9.3 中混合物用到的非零二元交互作用参数

组　分	$N_2 + C_1$	$CO_2 + C_2$—C_3
$CO_2 + C_2$—C_3	—	—
C_4—C_6	0.0261	—

续表

组 分	$N_2 + C_1$	$CO_2 + C_2—C_3$
$C_7—C_{20}$	0.0007	0.0260
$C_{21}—C_{50}$	0.0006	0.0217
$C_{51}—C_{80}$	0.0006	0.0217

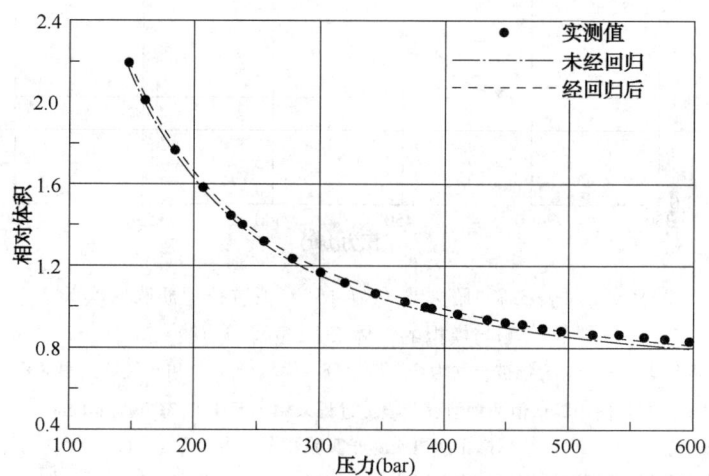

图 9.7　对表 3.8 中的凝析气在 155℃下进行恒质膨胀实验，
实测与模拟的相对体积曲线

如表 9.3 所示，混合物被合并为 6 个拟组分。模拟分为 T_c 和 p_c 关联式中的系数经过了回归与使用默认值两种情况。模拟过程采用了 SRK 状态方程和 Peneloux(T) 体积修正。恒质膨胀实验数据见表 3.9。

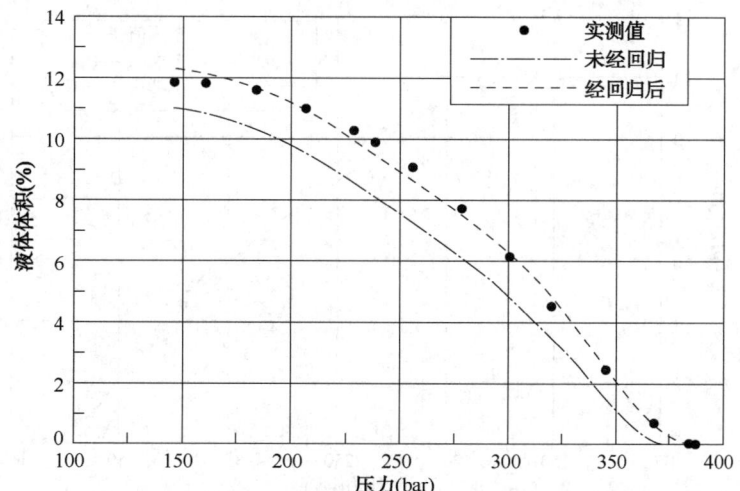

图 9.8　对表 3.8 中的凝析气在 155℃下进行恒质膨胀实验，实测与模拟的
液体析出体积(占饱和压力下体积的百分比)曲线

如表 9.3 所示，混合物被合并为 6 个拟组分。模拟分为 T_c 和 p_c 关联式中的系数经过了回归与使用默认值两种情况。模拟过程采用了 SRK 状态方程和 Peneloux(T) 体积修正。恒质膨胀实验数据见表 3.9。

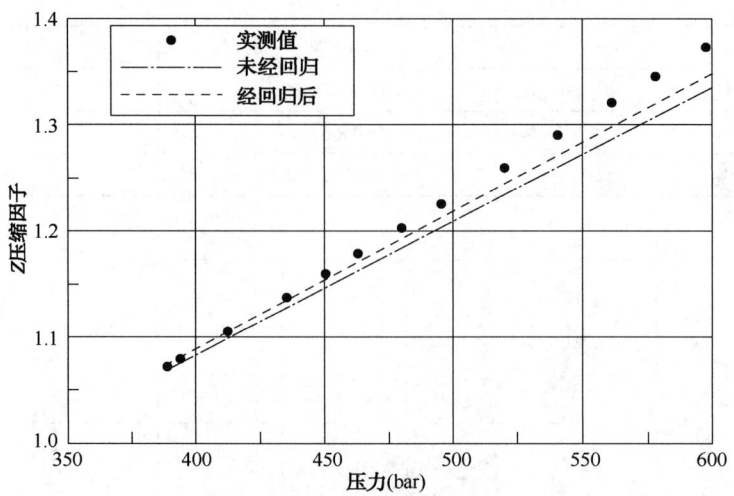

图 9.9 对表 3.8 中的凝析气在 155℃下进行恒质膨胀实验，
实测与模拟的气体 Z 压缩因子曲线

如表 9.3 所示，混合物被合并为 6 个拟组分。模拟分为 T_c 和 p_c 关联式中的系数经过了回归与使用默认值两种情况。模拟过程采用了 SRK 状态方程和 Peneloux(T) 体积修正。恒质膨胀实验数据见表 3.9

表 9.3 中回归后的组成中最重的拟组分涵盖了 C_{51} 到 C_{80} 组分，但是只占了总混合物 0.007% 的摩尔体积(质量分数为 0.192%)。有人会好奇含量这么小的组分是否影响 PVT 性质。图 9.10 显示了 C_{51} 到 C_{80} 组分被忽略后模拟的液体析出曲线(点划线)。图 9.10 也绘制了考虑 C_{51} 到 C_{80} 组分后模拟的液体析出曲线(虚线)。从图中可以看出 C_{50+} 组分使得模拟的饱和压力增加约 50bar，略微增加了整体的液体析出水平。这说明了特征化时考虑 C_{50+} 组分的含量很重要。

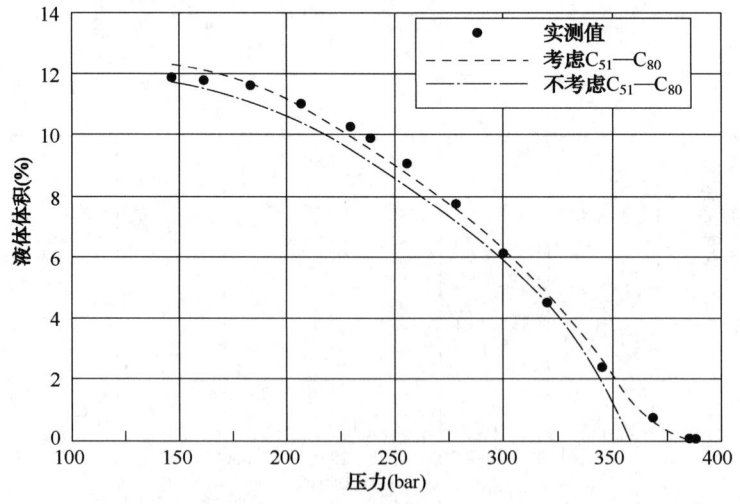

图 9.10 对表 3.8 中的凝析气在 155℃下进行恒质膨胀实验，实测与模拟的
液体析出体积(占饱和压力下体积的百分比)曲线

如表 9.3 所示，混合物被合并为 6 个拟组分。虚线表示表 9.3 中的组成经回归后的模拟结果。
点划线表示使用相同特征化方法但忽略 C_{50+} 组分后的模拟结果。恒质膨胀实验数据见表 3.9

9.7 调整单个拟组分性质

对于9.4节描述的并在9.6节举例说明的回归程序,一种可替代的选择是调整一个或多个拟组分的性质(临界温度 T_c、临界压力 p_c 或者偏心因子),由默认特征化的性质开始。表7.5给出了经特征化的油组成(加组分见表3.6)。最重的拟组分包含 C_{27}—C_{80} 的烃,当流体特征化后用于SRK-Peneloux状态方程时,临界温度定为679.6℃。利用SRK状态方程模拟的相包络线如图9.11中实线所示。图9.11中虚线所示的是 C_{27}—C_{80} 组分的临界温度从679.6℃增加到850℃之后模拟的相包络线。除了增大了两相区,临界温度的变化还产生了三相区,包括一个气相和两个液相。表9.5列出了温度100℃、压力212bar下油的闪蒸计算结果。与图9.11中相包络线一致,当使用默认特征化方法时出现了单一液相。当 C_{27}—C_{80} 组分的临界温度从679.6℃增加到850℃之后,混合物分成了三相,包括一个气相和两个液相。

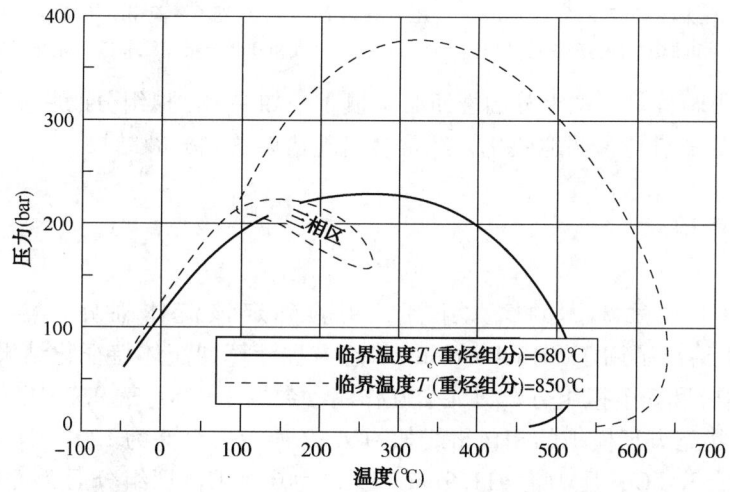

图9.11 表3.6中油经特征化后用SRK-Peneloux状态方程模拟的相包络线

实线是利用默认特征化方法(表7.5)计算得到的相包络线。虚线表示 C_{27}—C_{80} 组分的临界温度从679.6℃增加到850℃之后模拟的相包络线。除了增大了两相区,临界温度的变化还产生了三相区,包括一个气相和两个液相,通过表9.5中的闪蒸计算结果进一步举例说明

表9.5 温度100℃、压力212bar下,表3.6中油利用SRK-Peneloux状态方程得到的闪蒸计算结果

组 分	摩尔分数(%)				
	默认特征化方法		C_{27}—C_{80} 组分的 T_c 从679.6℃增加到850℃		
	初始投料组成	液相	气相	第一液相	第二液相
N_2	0.39	0.39	1.201	0.387	0.352
CO_2	0.30	0.30	0.399	0.302	0.291
C_1	40.20	40.20	76.592	40.381	37.919
C_2	7.61	7.61	8.331	7.688	7.420
C_3	7.95	7.95	6.104	8.051	7.851

续表

组 分	摩尔分数(%)				
	默认特征化方法			C_{27}—C_{80}组分的T_c从679.6℃增加到850℃	
	初始投料组成	液相	气相	第一液相	第二液相
iC_4	1.19	1.19	0.740	1.208	1.178
nC_4	4.08	4.08	2.203	4.135	4.073
iC_5	1.39	1.39	0.596	1.411	1.392
nC_5	2.15	2.15	0.846	2.180	2.160
C_6	2.79	2.79	0.832	2.834	2.809
C_7—C_{13}	19.33	19.33	2.055	19.451	20.010
C_{14}—C_{26}	8.64	8.64	0.103	8.637	9.093
C_{27}—C_{80}	3.98	3.98	0.000	3.334	5.451
总计	100	100	1.77	64.85	33.38

注：利用默认特征化方法(表7.5)，温度100℃、压力212bar条件下出现单一液相。如果C_{27}—C_{80}组分的临界温度从679.6℃增加到850℃，相同条件下混合物将分裂出三相：包括一个气相和两个液相。非零二元交互作用参数见表7.6。

这个例子说明调整单个拟组分的性质必须慎重。如果C_{7+}拟组分的临界温度T_c和临界压力p_c不随着分子量平滑且单调地变化，经常会出现错误的相分裂结果。

9.8 近临界流体

表9.6给出了油藏流体的摩尔组成，实验确定该流体临界点温度157℃，压力387.5bar。表9.7给出了用于SRK-Peneloux状态方程计算的流体特征化结果，C_{7+}组分分别合并为12个拟组分和6个拟组分。二元交互作用参数见表9.8。表9.7中两种特征化流体利用SRK-Peneloux状态方程模拟的相包络线如图9.12所示。合并为12个C_{7+}拟组分后，模拟的临界点温度为153.6℃，压力为411.9bar。合并为6个C_{7+}拟组分后，模拟的临界点温度为183.96℃，压力为411.4bar。尽管临界压力几乎不受合并结果的影响，但是临界温度随着合并程度的增加而增大。油藏条件下，近临界点的流体通常能观察到这种现象，这使得PVT数据的回归，尤其是对于合并程度高的流体组成，其液体析出曲线的回归将变得更加复杂。

表9.6 临界点温度157℃、压力387.5bar下的油藏流体摩尔组成

组 分	摩尔分数(%)	分 子 量	1.01bar、15℃下的密度(g/cm³)
N_2	0.46	—	—
CO_2	3.36	—	—
C_1	62.36	—	—
C_2	8.90	—	—
C_3	5.31	—	—
iC_4	0.92	—	—
nC_4	2.08	—	—

续表

组 分	摩尔分数(%)	分 子 量	1.01bar、15℃下的密度(g/cm³)
iC_5	0.73	—	—
nC_5	0.85	—	—
C_6	1.05	—	—
C_7	1.85	95	0.733
C_8	1.75	106	0.756
C_9	1.40	121	0.772
C_{10}	1.07	135	0.791
C_{11}	0.84	150	0.795
C_{12}	0.76	164	0.809
C_{13}	0.75	177	0.825
C_{14}	0.64	190	0.835
C_{15}	0.58	201	0.841
C_{16}	0.50	214	0.847
C_{17}	0.42	232	0.843
C_{18}	0.42	248	0.846
C_{19}	0.37	256	0.858
C_{20+}	2.63	406	0.897

表 9.7 表 9.6 中的油藏流体分别特征化为 12 个和 6 个 C_{7+} 拟组分

	C_{7+} 组分由 12 个拟组分表示						C_{7+} 组分由 6 个拟组分表示					
组分	摩尔分数(%)	分子量	T_c(℃)	p_c(bar)	偏心因子	c_0(cm³/mol)	组分	摩尔分数(%)	分子量	T_c(℃)	p_c(bar)	偏心因子	c_0(cm³/mol)
N_2	0.46	28.0	-147.0	33.94	0.040	0.92	N_2	0.46	28.0	-147.0	33.94	0.040	0.92
CO_2	3.36	44.0	31.1	73.76	0.225	3.29	CO_2	3.36	44.0	31.1	73.76	0.225	3.29
C_1	62.36	16.0	-82.6	46.00	0.008	0.63	C_1	62.36	16.0	-82.6	46.00	0.008	0.63
C_2	8.90	30.1	32.3	48.84	0.098	2.63	C_2	8.90	30.1	32.3	48.84	0.098	2.63
C_3	5.31	44.1	96.7	42.46	0.152	5.06	C_3	5.31	44.1	96.7	42.46	0.152	5.06
iC_4	0.92	58.1	135.0	36.48	0.176	7.29	iC_4	0.92	58.1	135.0	36.48	0.176	7.29
nC_4	2.08	58.1	152.1	38.00	0.193	7.86	nC_4	2.08	58.1	152.1	38.00	0.193	7.86
iC_5	0.73	72.2	187.3	33.84	0.227	10.93	iC_5	0.73	72.2	187.3	33.84	0.227	10.93
nC_5	0.85	72.2	196.5	33.74	0.251	12.18	nC_5	0.85	72.2	196.5	33.74	0.251	12.18
C_6	1.05	86.2	234.3	29.69	0.296	17.98	C_6	1.05	86.2	234.3	29.69	0.296	17.98
C_7	1.85	95.0	259.7	31.95	0.465	9.63	C_7	1.85	95.0	259.7	31.95	0.465	9.63
C_8	1.75	106.0	279.9	29.44	0.497	14.65	C_8	1.75	106.0	279.9	29.44	0.497	14.65
C_9	1.40	121.0	302.6	26.08	0.540	22.84	C_9	1.40	121.0	302.6	26.08	0.540	22.84
C_{10}—C_{11}	1.91	141.6	331.0	23.03	0.599	31.63	C_{10}—C_{15}	4.64	165.1	361.8	20.82	0.669	38.44

续表

组分	C₇₊组分由12个拟组分表示						组分	C₇₊组分由6个拟组分表示					
	摩尔分数(%)	分子量	T_c(℃)	p_c(bar)	偏心因子	c_0(cm³/mol)		摩尔分数(%)	分子量	T_c(℃)	p_c(bar)	偏心因子	c_0(cm³/mol)
C_{12}—C_{13}	1.51	170.5	365.6	20.28	0.676	40.07	C_{16}—C_{25}	2.91	265.1	458.9	15.80	0.919	46.44
C_{14}—C_{15}	1.22	195.2	392.7	18.89	0.741	42.42	C_{26}—C_{80}	1.43	488.8	634.9	13.06	1.246	-17.76
C_{16}—C_{18}	1.34	230.3	425.3	16.86	0.829	47.78	—	—	—	—	—	—	—
C_{19}—C_{21}	0.85	271.0	460.9	15.64	0.924	44.72	—	—	—	—	—	—	—
C_{22}—C_{25}	0.72	323.1	501.8	14.53	1.034	35.68	—	—	—	—	—	—	—
C_{26}—C_{30}	0.57	384.9	547.3	13.73	1.147	17.21	—	—	—	—	—	—	—
C_{31}—C_{39}	0.52	476.7	610.2	13.05	1.274	-19.73	—	—	—	—	—	—	—
C_{40}—C_{80}	0.35	678.6	743.1	12.45	1.310	-119.67	—	—	—	—	—	—	—

注：没有进行回归。二元交互作用参数见表9.8。

表9.8　用于表9.7和9.10中混合物组成的非零二元交互作用参数

组　分	N_2	CO_2
N_2	-0.032	—
CO_2	0.028	0.120
C_1	0.041	0.120
C_2	0.076	0.120
C_3	0.094	0.120
iC_4	0.070	0.120
nC_4	0.087	0.120
iC_5	0.088	0.120
nC_5	0.080	0.120
C_6	0.080	0.100
C_{7+}	0.080	0.100

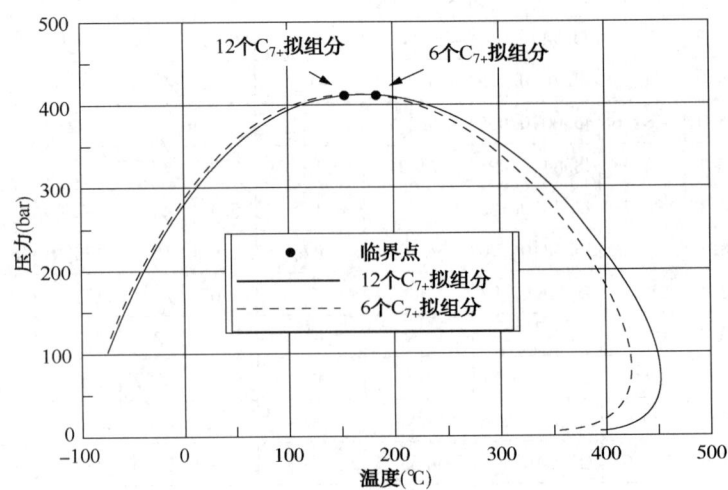

图9.12　表9.6中油藏流体的模拟相包络线

C_{7+}组分分别被12个拟组分(实线)和6个拟组分(虚线)所代表。合并为12个C_{7+}拟组分后，模拟的临界点温度为153.6℃，压力为411.9bar。合并为6个C_{7+}拟组分后，模拟的临界点温度为183.96℃，压力为411.4bar。表9.7给出了合并后的流体组成

在四种不同的温度下（两种低于临界温度，两种高于临界温度）对表 9.6 中流体进行恒质膨胀实验。实测液体析出曲线见表 9.9。当温度低于临界温度时，液体析出曲线开始时液相含量 100%（饱和点就是泡点），当温度高于临界温度（饱和点是露点），液体析出曲线开始时液相含量为 0。图 9.13 给出了这四种不同温度下的液体析出曲线。温度低于混合物临界温度的两条液体析出曲线开始时液相含量为 100%，温度高于混合物临界温度的两条液体析出曲线开始时液相含量为 0。

表 9.9　表 9.6 中油藏流体在四种不同温度下测得的液体析出曲线

温度 = 142.2℃		温度 = 151.1℃		温度 = 163.3℃		温度 = 170.0℃	
压力 (bar)	液体体积 (%)	压力 (bar)	液体体积 (%)	压力 (bar)	液体体积 (%)	压力 (bar)	液体体积 (%)
449.2	—	449.2	—	449.2	—	449.2	—
435.4	—	435.4	—	435.4	—	435.4	—
421.6	—	421.6	—	421.6	—	421.6	—
414.7	—	407.8	—	407.8	—	407.8	—
407.8	—	403.0	—	403.0	—	403.0	—
403.0	—	400.9	—	400.9	—	394.0	—
394.0	—	394.0	—	394.0	—	387.1	—
390.6①	100.0	389.3①	100.0	387.1	—	383.9①	0.0
380.2	80.0	387.1	83.2	385.7①	0.0	380.2	39.0
373.3	67.2	383.7	57.7	383.7	35.2	378.5	39.7
366.4	58.7	380.2	51.2	381.9	42.2	376.8	41.0
359.5	53.1	373.3	49.3	380.2	43.5	373.3	42.0
345.8	50.6	366.4	48.7	376.8	44.6	369.9	42.8
332.0	49.7	352.6	48.3	373.3	45.0	366.4	43.2
318.2	49.5	338.9	48.4	366.4	45.2	359.5	43.7
290.6	49.1	325.1	48.5	359.5	45.5	352.6	43.9
263.0	48.4	311.3	48.5	352.6	45.5	345.8	43.9
235.6	47.7	283.7	48.2	338.9	45.5	332.0	43.8
194.3	46.4	256.1	47.5	325.1	45.5	318.2	43.7
152.4	45.2	228.5	46.7	311.3	45.5	304.4	43.6
111.3	43.6	201.0	45.7	297.5	45.4	276.8	43.4
89.7	42.7	159.6	44.1	269.9	45.0	249.2	43.0
—	—	122.4	42.2	242.3	44.5	221.6	42.5
—	—	—	—	214.8	43.8	194.1	41.7
—	—	—	—	187.2	43.3	152.7	40.8
—	—	—	—	145.8	42.0	129.9	40.2
—	—	—	—	126.7	41.4	—	—

① 饱和压力。

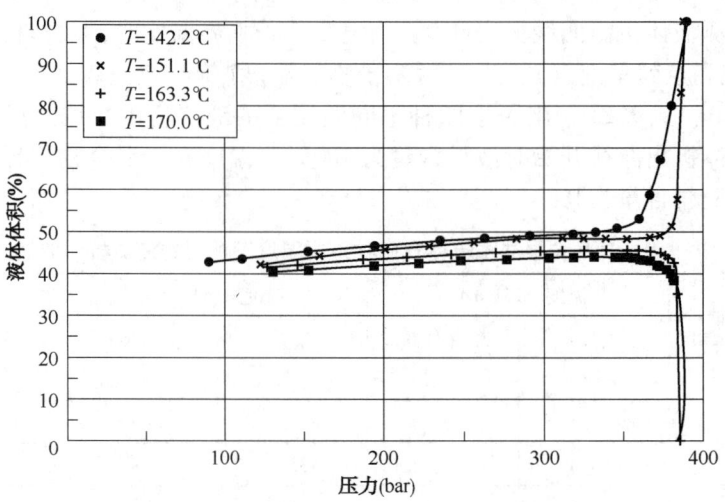

图9.13 表9.6中油藏流体在四种不同温度下测得的液体析出曲线

其中两种低于临界温度157℃，两种高于157℃。数据点列于表9.9

图9.14至图9.17显示了恒质膨胀模拟的液体析出曲线。对于两个较低的实验温度（142.2℃和151.1℃），使用12个和6个C_{7+}拟组分模拟得到的曲线均能较好地符合实测的液体析出曲线。对于两个较高的实验温度（163.3℃和171.0℃），使用6个C_{7+}拟组分模拟的液体析出曲线开始时液相含量100%，然而实测的曲线开始时液相含量为0。造成这种矛盾的原因要从图9.12中模拟的临界点说起，当流体使用6个C_{7+}拟组分描述时，模拟的临界点温度为183.96℃。对于163.3℃和171.0℃，该流体的饱和点在相包络线的泡点线分支上，此处液相体积为100%，与最开始分离出的气体处于平衡状态。

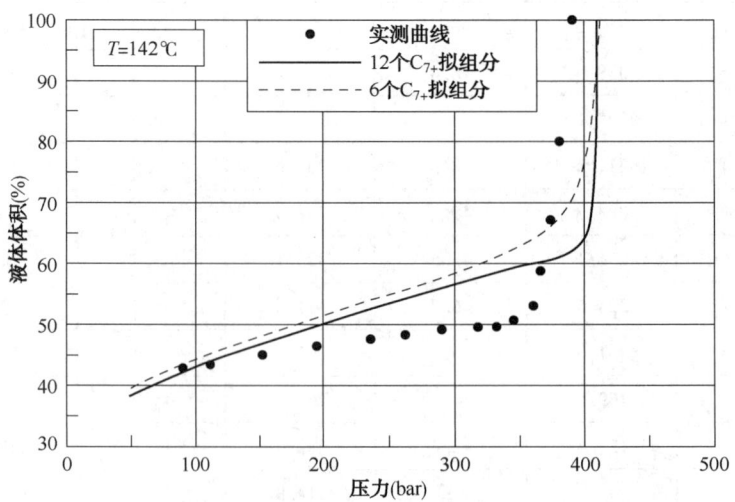

图9.14 表9.6中油藏流体在142.2℃温度下的实测
（见表9.9）与模拟的液体析出曲线

流体分别被12个（实线）和6个C_{7+}拟组分（虚线）所代表。

没有进行回归。流体组成见表9.7

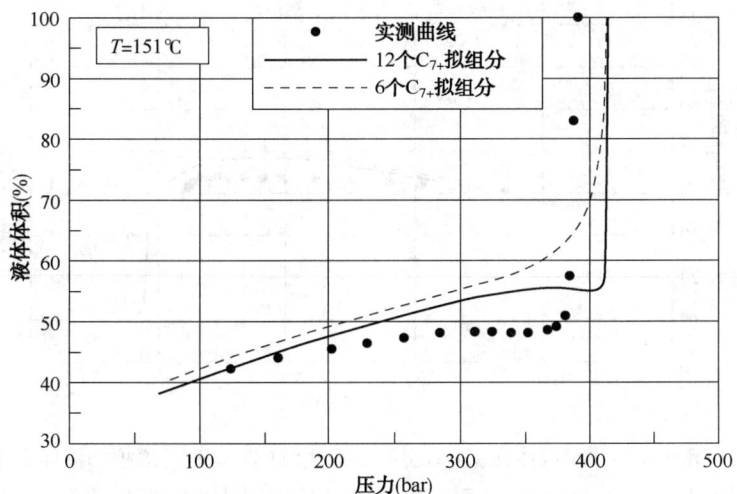

图9.15 表9.6中油藏流体在151.1℃温度下的实测(表9.9)
与模拟拟合的液体析出曲线

流体分别被12个(实线)和6个C_{7+}拟组分(虚线)所代表。
没有进行回归。流体组成见表9.7

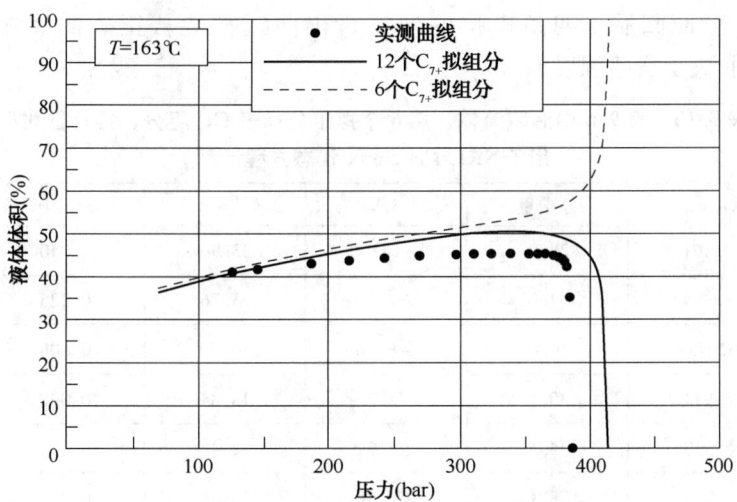

图9.16 表9.6中油藏流体在163.3℃温度下的实测(表9.9)
与模拟的液体析出曲线

流体分别被12个(实线)和6个C_{7+}拟组分(虚线)所代表。
没有进行回归。流体组成见表9.7

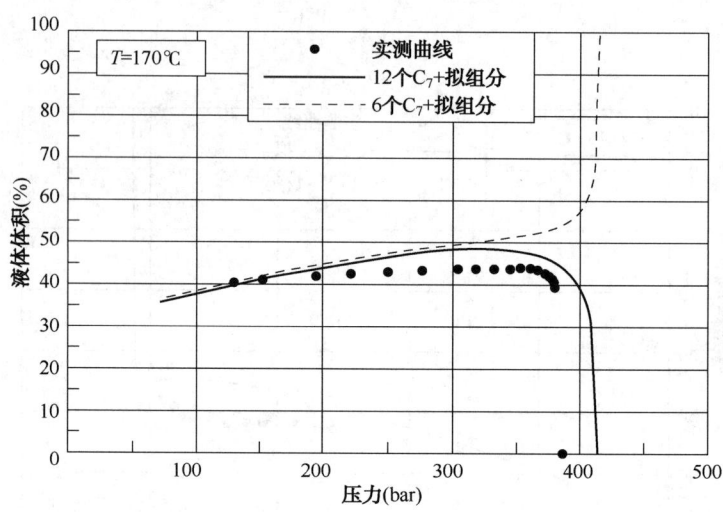

图 9.17 表 9.6 中油藏流体在 170℃ 温度下的实测（表 9.9）与模拟的液体析出曲线

流体分别被 12 个（实线）和 6 个 C_{7+} 拟组分（虚线）所代表。没有进行回归。流体组成见表 9.7

使用 6 个 C_{7+} 拟组分描述流体组成，经回归后试图匹配实测临界点的温度 157℃ 和压力 387.5bar 以及表 9.9 中四个饱和压力。对 C_{7+} 组分临界温度 T_c 和临界压力 p_c 关联式 [式 (5.1) 和式 (5.2)] 中的系数 c_2、c_3 和 d_2 进行了回归。修正式 (5.1) 中的系数 c_1 和式 (5.2) 中的系数 d_1，使得典型 C_7 组分的临界温度 T_c 和临界压力 p_c 保持恒定（详见 9.6 节）。C_{20+} 分子量增加 5% 使质量组成保持恒定。经回归后的流体组成见表 9.10。回归后模拟的临界点温度为 157℃，压力为 392bar。这意味着经回归后，混合物临界温度下降了 20 多摄氏度。从图 9.18 可以看出，经回归后，四条模拟的液体析出曲线都能从正确的液相体积分数开始（100% 或者 0，取决于实验温度）。

表 9.10 表 9.6 中油藏流体，用 6 个拟组分代表 C_{7+} 组分，经特征化后用于 SRK-Peneloux 状态方程计算

组分	摩尔(%)	分子量	T_c(℃)	p_c(bar)	偏心因子	c_0(cm³/mol)
N_2	0.461	28.0	−147.0	33.94	0.040	0.92
CO_2	3.364	44.0	31.1	73.76	0.225	3.29
C_1	62.438	16.0	−82.6	46.00	0.008	0.63
C_2	8.911	30.1	32.3	48.84	0.098	2.63
C_3	5.317	44.1	96.7	42.46	0.152	5.06
iC_4	0.921	58.1	135.0	36.48	0.176	7.29
nC_4	2.083	58.1	152.1	38.00	0.193	7.86
iC_5	0.731	72.2	187.3	33.84	0.227	10.93
nC_5	0.851	72.2	196.5	33.74	0.251	12.18
C_6	1.051	86.2	234.3	29.69	0.296	17.98
C_7	1.852	95.0	259.7	31.95	0.465	9.63

续表

组分	摩尔(%)	分子量	T_c(℃)	p_c(bar)	偏心因子	c_0(cm³/mol)
C_8	1.752	106.0	268.3	30.17	0.497	8.6
C_9	1.402	121.0	291.4	27.16	0.540	13.13
C_{10}—C_{15}	4.646	165.1	340.7	22.63	0.669	13.06
C_{16}—C_{26}	2.858	266.8	433.0	17.90	0.924	-7.24
C_{27}—C_{80}	1.362	521.7	565.6	15.27	1.258	-161.12

注：对临界点(温度157℃，压力387.5bar)进行了回归处理。二元交互作用参数未经回归，见表9.8。

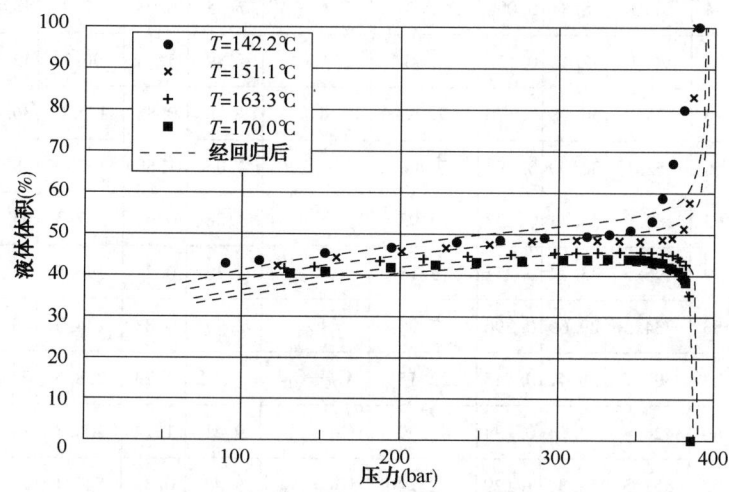

图9.18　表9.6中油藏流体在四种不同温度下的液体析出曲线
其中两种低于临界温度157℃，两种高于157℃。虚线表示表9.10中经特征化
后的流体利用SRK-Peneloux状态方程获得的模拟结果。实验数据列于表9.9

如果没有选择直接对混合物临界点进行拟合，很难获得较好的符合结果。

9.9　不同流体特征化为相同的拟组分

第5章将多种流体特征化为相同的拟组分。当处理流线网络中多股流体时，这种做法能够保证组分的总个数较少。当某油田所包括的区块流体组成各不相同时，对该油田进行油藏模拟研究时也很有用。典型例子是含有气顶的油藏和含油区中间有一层油气过渡带，在第14章会做进一步讨论。表3.6给出了油藏原油组成，表3.15给出了凝析气组成。

气顶下面的含油区也叫油柱。根据第5章将多种流体组成特征化为相同拟组分的原理，对两种不同流体进行特征化，结果（参数未经回归）见表9.11。图9.19至图9.24中虚线显示了油藏油的差异脱气模拟结果。表3.13中实测的差异脱气结果也在同一图中显示。模拟的结果可以与图7.11至图7.16中只针对油藏油进行特征化得到的模拟结果进行对比。虽然描述油藏油组成时使用了与凝析气相同的C_{7+}拟组分，但是图9.19至图9.24中的模拟结果几乎不受影响。

表9.11 表3.6中油藏油与表3.15中凝析气特征化为相同的拟组分

	参数未经回归						参数经回归后					
组分	油(表3.6)	凝析气(表3.15)	T_c (℃)	p_c (bar)	偏心因子	c_0 (cm³/mol)	组分	油(表3.6)	凝析气(表3.15)	T_c (℃)	p_c (bar)	偏心因子	c_0 (cm³/mol)
N_2	0.39	0.64	-147.0	33.94	0.040	0.92	N_2	0.39	0.64	-147.0	33.94	0.040	0.92
CO_2	0.30	3.53	31.1	73.76	0.225	3.03	CO_2	0.30	3.53	31.1	73.76	0.225	3.29
C_1	40.20	70.79	-82.6	46.00	0.008	0.63	C_1	39.91	70.73	-82.6	46.00	0.008	0.63
C_2	7.61	8.94	32.3	48.84	0.098	2.63	C_2	7.55	8.93	32.3	48.84	0.098	2.63
C_3	7.95	5.05	96.7	42.46	0.152	5.06	C_3	7.89	5.05	96.7	42.46	0.152	5.06
iC_4	1.19	0.85	135.0	36.48	0.176	7.29	iC_4	1.18	0.85	135.0	36.48	0.176	7.29
nC_4	4.08	1.68	152.1	38.00	0.193	7.86	nC_4	4.05	1.68	152.1	38.00	0.193	7.86
iC_5	1.39	0.62	187.3	33.84	0.227	10.93	iC_5	1.38	0.62	187.3	33.84	0.227	10.93
nC_5	2.15	0.79	196.5	33.74	0.251	12.18	nC_5	2.13	0.79	196.5	33.74	0.251	12.18
C_6	2.79	0.83	234.3	29.69	0.296	17.98	C_6	2.77	0.83	234.3	29.69	0.296	18.10
C_7—C_{12}	17.74	4.23	302.7	26.41	0.545	22.15	C_7—C_{12}	17.61	4.23	298.5	27.72	0.545	12.80
C_{13}—C_{23}	9.25	1.66	426.4	17.04	0.834	48.39	C_{13}—C_{23}	9.41	1.74	400.3	19.81	0.835	-5.60
C_{24}—C_{80}	4.96	0.38	651.5	13.38	1.229	-24.40	C_{24}—C_{80}	5.43	0.39	540.1	16.96	1.202	-115.89

注：参数 c_0 指的是式(4.44)中定义的 Peneloux 体积平移参数，二元交互作用参数未经回归，见表9.12。

表9.12 用于表9.11中各组分的非零二元交互作用参数

组分	SRK-Peneloux	
	N_2	CO_2
CO_2	-0.032	—
C_1	0.028	0.120
C_2	0.041	0.120
C_3	0.076	0.120
iC_4	0.094	0.120
nC_4	0.070	0.120
iC_5	0.087	0.120
nC_5	0.088	0.120
C_6	0.080	0.120
C_{7+}	0.080	0.100

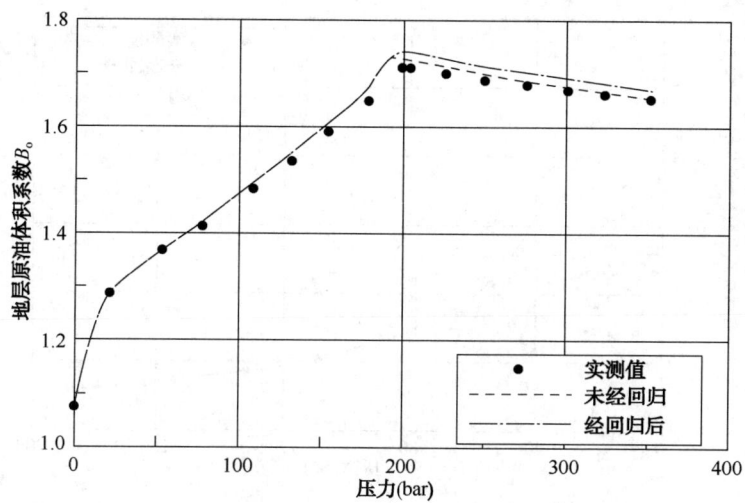

图 9.19　表 3.6 中油藏油在 97.5℃下进行差异脱气实验
得到的实测和模拟地层原油体积系数 B_o

实验结果见表 3.13。表 9.11 给出了该油藏油和表 3.15 中凝析气
的特征化结果，利用 SRK-Peneloux 状态方程计算得到模拟结果。
二元交互作用参数列于表 9.12

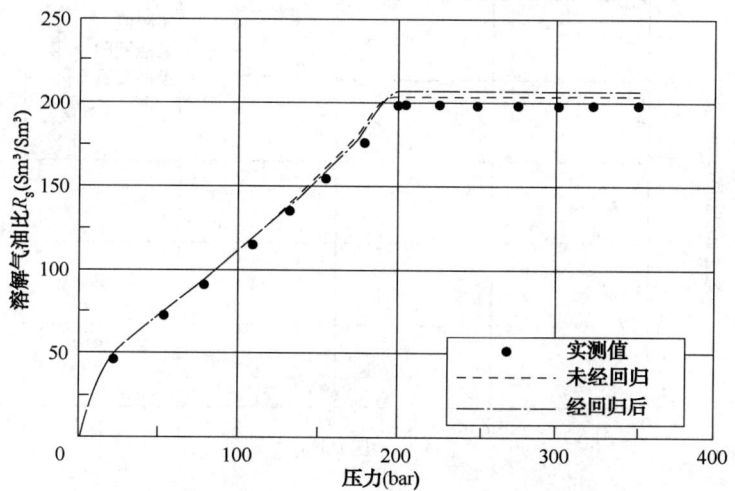

图 9.20　表 3.6 中地层油在 97.5℃下进行差异脱气
实验得到的实测和模拟溶解气油比

实验结果见表 3.13。表 9.11 给出了该地层油和表 3.15 中凝析气
的特征化结果，利用 SRK-Peneloux 状态方程计算得到模拟结果。
二元交互作用参数列于表 9.12

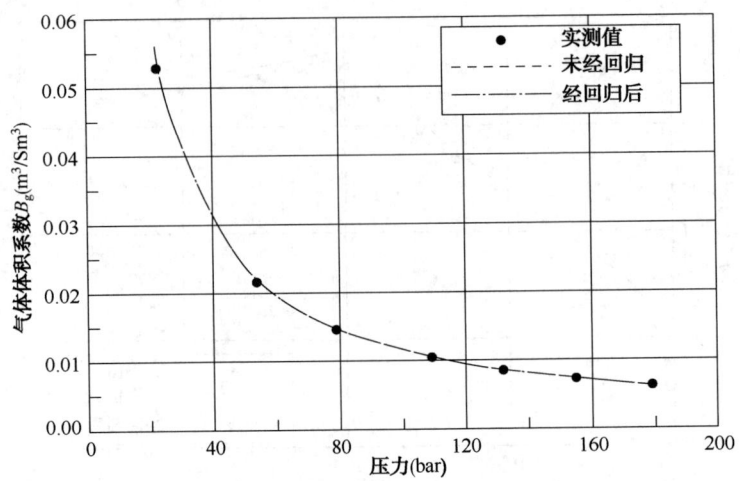

图 9.21　表 3.6 中地层油在 97.5℃下进行差异脱气实验得到的实测和模拟气体体积系数 B_g

实验结果见表 3.13。表 9.11 给出了该地层油和表 3.15 中凝析气的特征化结果，利用 SRK-Peneloux 状态方程计算得到模拟结果。二元交互作用参数列于表 9.12

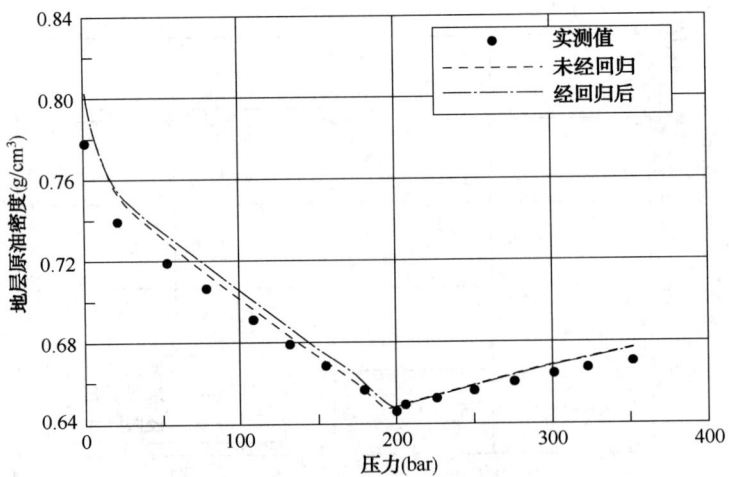

图 9.22　表 3.6 中地层油在 97.5℃下进行差异脱气实验得到的实测和模拟地层原油密度

实验结果见表 3.13。表 9.11 给出了该地层油和表 3.15 中凝析气的特征化结果，利用 SRK-Peneloux 状态方程计算得到模拟结果。二元交互作用参数列于表 9.12

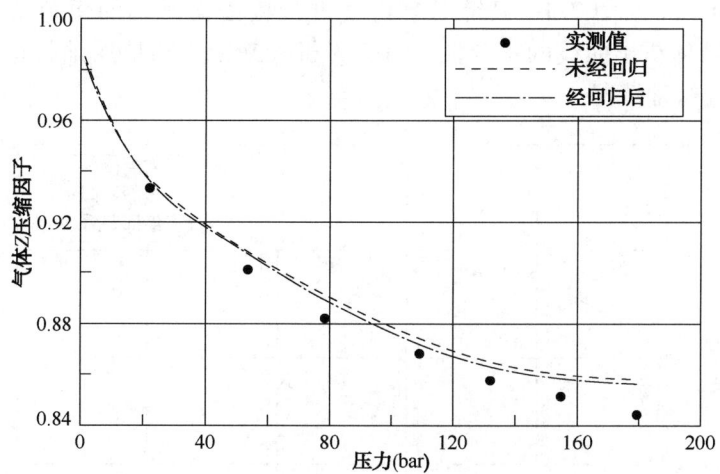

图 9.23 表 3.6 中地层油在 97.5℃下进行差异脱气实验得到的实测和模拟气体 Z 压缩因子

实验结果见表 3.13。表 9.11 给出了该地层油和表 3.15 中凝析气的特征化结果，利用 SRK-Peneloux 状态方程计算得到模拟结果。二元交互作用参数列于表 9.12

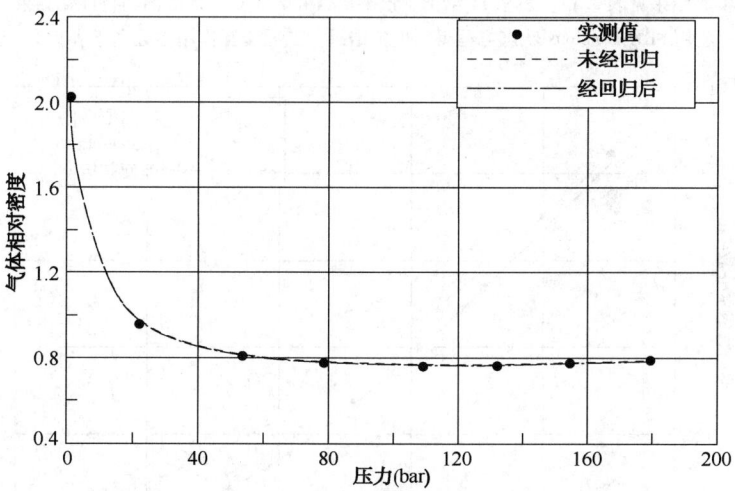

图 9.24 表 3.6 中地层油在 97.5℃下进行差异脱气实验得到的实测和模拟气体相对密度

实验结果见表 3.13。表 9.11 给出了该地层油和表 3.15 中凝析气的特征化结果，利用 SRK-Peneloux 状态方程计算得到模拟结果。二元交互作用参数列于表 9.12

表 3.15 中凝析气的定容衰竭模拟结果如图 9.25 至图 9.28 所示，该混合物与表 3.6 中地层油特征化为相同的拟组分。表 3.17 中实测的定容衰竭结果也在图中显示。模拟的结果可以与图 7.6、图 7.8 至图 7.10 只针对凝析气进行特征化得到的模拟结果作对比。在图 9.25 中需要提高液体析出曲线的符合性。对于凝析气来说，与地层油特征化为相同的拟组分时，经常会出现这种情况。

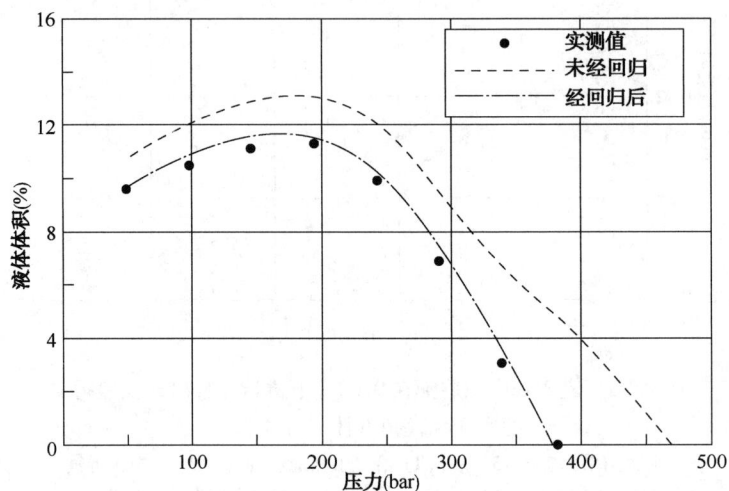

图 9.25　表 3.15 中凝析气在 150.3℃下定容衰竭实验得到的
实测和模拟液体析出体积百分比

实验结果见表 3.17。表 9.11 给出了该凝析气和表 3.6 中地层油的特征化结果，利用 SRK-Peneloux 状态方程得到模拟结果。二元交互作用参数列于表 9.12

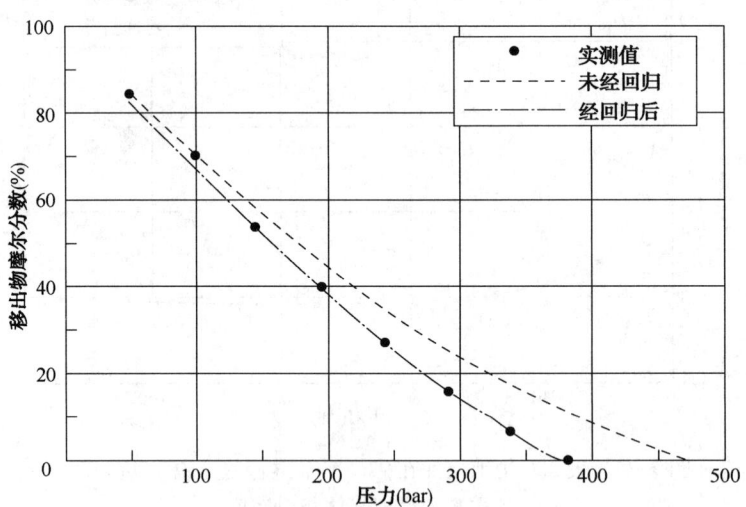

图 9.26　表 3.15 中凝析气在 150.3℃下定容衰竭实验得到的
实测和模拟移出物累积摩尔分数

实验结果见表 3.17。表 9.11 给出了该凝析气和表 3.6 中地层油的特征化结果，利用 SRK-Peneloux 状态方程得到模拟结果。二元交互作用参数列于表 9.12

对 C_{7+} 组分临界温度 T_c、临界压力 p_c 和 m 关联式[式(5.1)到式(5.3)]中的系数 c_2，c_3，

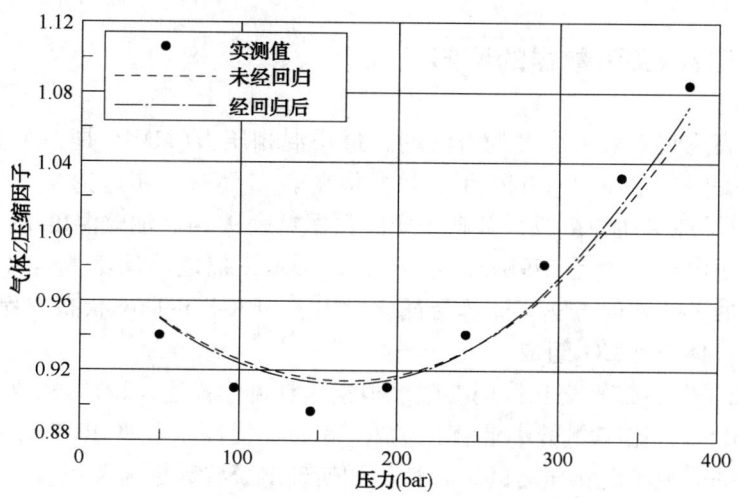

图 9.27　表 3.15 中凝析气在 150.3℃下定容衰竭实验得到的实测和模拟气相 Z 压缩因子
实验结果见表 3.17。表 9.11 给出了该凝析气和表 3.6 中地层油的特征化结果，
利用 SRK-Peneloux 状态方程得到模拟结果。二元交互作用参数列于表 9.12

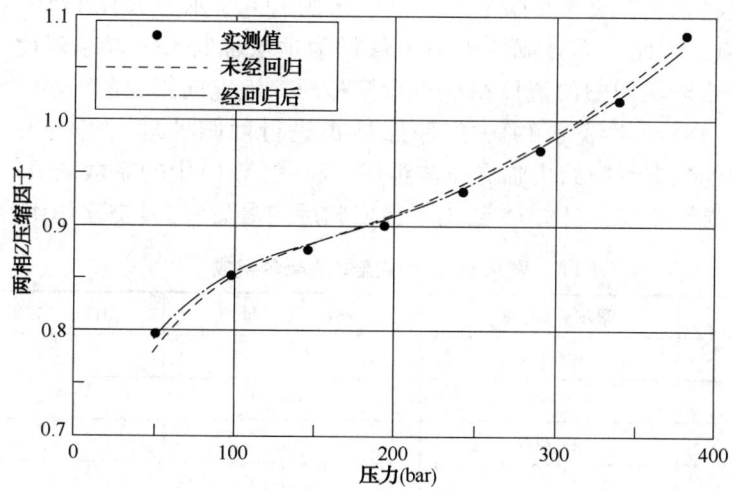

图 9.28　表 3.15 中凝析气在 150.3℃下定容衰竭实验得到的实测和模拟两相 Z 压缩因子
实验结果见表 3.17。表 9.11 给出了该凝析气和表 3.6 中地层油的特征化结果，
利用 SRK-Peneloux 状态方程得到模拟结果。二元交互作用参数列于表 9.12

d_2，d_3 和 e_2 进行了回归。修正式(5.1)中的系数 c_1、式(5.2)中的系数 d_1 和式(5.3)中的系数 e_1 使得典型 C_7 组分的临界温度 T_c、临界压力 p_c 和偏心因子保持恒定（详见 9.6 节）。为了保持质量组成恒定，地层油和凝析气允许"+"馏分分子量在 ±10% 范围内调整。结合表 9.12 中的二元交互作用参数，表 9.11 给出了这两种流体的特征化结果（参数经过了回归）。表 3.6 中地层油 C_{10+} 分子量从 453.0 减小到 407.7，表 3.15 中凝析气 C_{20+} 分子量从 381.0 减小到 342.9。图 9.19 至图 9.24 中点划线显示了地层油差异脱气模拟结果，图 9.25 至图 9.28 中点划线显示了凝析气定容衰竭结果。与实测数据的符合几乎完美，值得注意的是两种流体组成都是用相同的三种 C_{7+} 拟组分描述。

9.10 注气膨胀实验数据的回归

油田为了提高采收率采用注气的方法时,最小混相压力(MMP)是一个关键性质。最小混相压力(MMP)的概念在3.2.4节中引入,并将在第15章进一步讨论。

表9.13给出了地层油的组成,其膨胀实验数据见表9.14。油藏温度121℃下,CO_2作为注入气体时的最小混相压力是179bar。如表9.15所示,把地层油组成合并为8个拟组分。利用第5章介绍的Pedersen方法将流体特征化后用于SRK-Peneloux状态方程计算。CO_2保持独立,因为注入气体由纯CO_2组成。

表9.16给出了非零二元交互作用参数。根据这种流体描述,121℃温度下CO_2的模拟最小混相压力是151bar,比实测最小混相压力小28bar。提高采收率PVT研究会涉及大量数据,问题是为了提高最小混相压力的符合性,如何确定哪些数据需要拟合,哪些数据需要详细描述。

油藏中发生混相时,流体正处于临界点状态。由于油气多次接触发生了混相,混相区临界流体的组成是未知的。因此,混相区临界流体的组成无法回归。但是膨胀曲线上的临界点可以进行回归。表9.14中膨胀实验显示,当注入的CO_2摩尔分数在175%~225%时,饱和点从泡点转为露点。因此,临界流体组成可假设为地层油与CO_2以摩尔比100:200混合而成。利用表9.15中未经回归的流体组成进行模拟时,泡点向露点的转变发生在注入CO_2摩尔分数在50%~100%。对表9.14中的膨胀数据进行回归处理。当注入CO_2摩尔分数为200%时需要回归的数据点应给出临界流体组成。将式(5.1)中的系数$c_1 \sim c_3$和式(5.2)中的系数d_1和d_2用作调节参数。表9.15给出了经回归后的参数(二元交互作用参数见表9.16)。

表9.13 地层流体的摩尔组成

组 分	摩尔分数(%)	分 子 量	1.01bar、15℃下的密度(g/cm^3)
N_2	0.363	—	—
CO_2	2.991	—	—
C_1	29.066	—	—
C_2	7.163	—	—
C_3	6.577	—	—
iC_4	1.845	—	—
nC_4	4.231	—	—
iC_5	2.274	—	—
nC_5	2.864	—	—
C_6	4.104	—	—
C_7	4.537	98	0.714
C_8	4.451	113	0.736
C_9	3.83	123	0.757
C_{10}	2.828	136	0.774
C_{11}	4.370	151	0.787
C_{12}	3.038	168	0.803

续表

组　　分	摩尔分数(%)	分 子 量	1.01bar、15℃下的密度(g/cm³)
C_{13}	1.926	187	0.814
C_{14}	2.051	206	0.825
C_{15}	1.447	215	0.832
C_{16}	1.288	223	0.843
C_{17}	1.454	245	0.848
C_{18}	1.019	260	0.860
C_{19}	0.736	272	0.870
C_{20+}	5.546	509	0.952

注：CO_2 膨胀实验数据见表 9.14。

表 9.14　表 9.13 中地层油在 121℃下注入 CO_2 得到的膨胀实验数据

阶段	CO_2 摩尔分数/初始地层油摩尔分数(%)	气油比 (Sm³/Sm³)	饱和压力 (bar)	饱和点	膨胀体积/初始地层油体积	密度 (g/cm³)
1	0	0	142.01	Bubble	1.0000	0.6382
2	50	76.9	198.27	Bubble	1.2128	0.6442
3	100	153.7	230.61	Bubble	1.4325	0.6454
4	150	230.7	253.91	Bubble	1.6501	0.6470
5	175	269.1	265.43	Bubble	1.7537	0.6496
6	225	346.1	283.77	Dew	1.9637	0.6530

表 9.15　表 9.13 中地层油组成利用未经回归和经回归后的参数得到的特征化结果

组　　分	摩尔分数(%)	分子量	T_c(℃)	p_c(bar)	偏心因子	c_0(cm³/mol)
CO_2	2.991	44.01	31.05	73.76	0.2250	3.03
$N_2 + C_1$	29.429	16.19	−83.92	45.74	0.0087	0.63
$C_2 + C_3$	13.740	36.78	69.20	45.18	0.1290	3.79
$C_4—C_6$	15.318	70.34	191.20	33.67	0.2414	11.77
$C_7—C_{11}$	20.016	123.06	304.78	24.54	0.5531	28.11
$C_{12}—C_{15}$	8.462	189.57	385.14	18.40	0.7298	48.12
$C_{16}—C_{30}$	6.935	279.02	474.37	15.80	0.9547	41.40
$C_{31}—C_{80}$	3.108	642.34	742.77	13.96	1.2515	−118.70
未经回归的参数						
CO_2	2.999	44.01	31.05	73.76	0.2250	3.03
$N_2 + C_1$	29.507	16.19	−83.92	45.74	0.0087	0.63
$C_2 + C_3$	13.777	36.78	69.20	45.18	0.1290	3.79
$C_4—C_6$	15.359	70.34	191.20	33.67	0.2414	11.77
$C_7—C_{11}$	20.069	123.06	306.88	27.49	0.5531	8.07
$C_{12}—C_{15}$	8.484	189.57	368.03	22.08	0.7298	−3.71
$C_{16}—C_{30}$	6.890	282.92	428.69	18.96	0.9661	−39.43
$C_{31}—C_{80}$	2.915	683.56	568.21	16.75	1.2394	−324.59

注：二元交互作用参数见表 9.16。

表 9.16　表 9.15 中流体组成用到的非零二元交互作用参数

组分	CO_2	$N_2 + C_1$
$N_2 + C_1$	0.1181	
$C_2 + C_3$	0.1200	0.0007
C_4—C_6	0.1200	0.0010
C_7—C_{11}	0.1000	0.0010
C_{12}—C_{15}	0.1000	0.0010
C_{16}—C_{30}	0.1000	0.0010
C_{31}—C_{80}	0.1000	0.0010

注：未经回归和经回归后的参数用到了相同的非零二元交互作用参数。

121℃温度下，利用回归后的流体组成计算得到的最小混相压力是 175bar，比实测最小混相压力只少了 4bar。这个例子说明了通过先评价数据资料，然后回归关键数据，可以省去许多不必要的回归工作。在上述实例中，目标是拟合最小混相压力，而拟合最小混相压力的关键是拟合膨胀曲线上的临界点。

9.11　从衰竭样品中获得原始油藏流体组成

如果凝析气藏生产了足够长的时间，油藏压力降至饱和压力以下，这种情况下不可能取得具有代表性的样品。衰竭的凝析气藏含有从气体中反凝析出来的自由液相。无论采用何种取样技术，获得的样品总是会包含浓度可以忽略不计的凝析液。

2013 年，Sørensen 等提出了一种能够重新获得凝析气藏原始组成的数值方法，该方法基于衰竭样品中 C_{36+} 组分的分析。

正如式(5.15)所述，油藏流体的组成存在一种模式。对于 C_{7+} 组分，摩尔分数(z)的对数与碳原子数(C_n)的关系近乎一条直线。如第 5 章所示，这是基于化学反应平衡原理。

凝析气藏生产过程类似于图 9.29 所描述的定容衰竭实验。当饱和的凝析气流体移去一部分物质后，液体开始析出。这就像定容衰竭实验中一开始增大体积使压力下降，然后从 PVT 釜中移去多余的气体体积。这对应于凝析气藏中只有气相产出而凝析液留在了地层中。随着更多的物质被移出，压力进一步下降，产出的气体中仍然含有少量的液体。通过模拟图

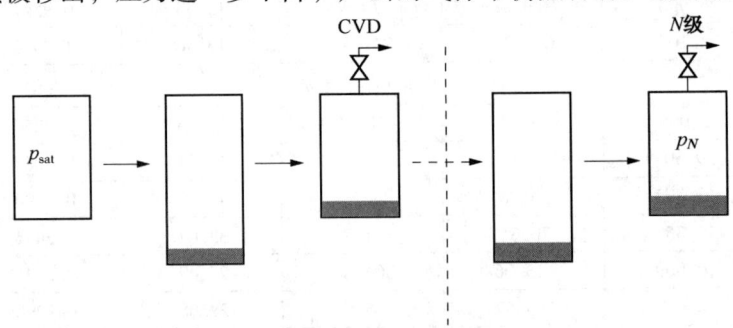

图 9.29　定容衰竭实验流程图
p_{sat}—饱和压力；p_N—N 级压力

9.29所示的N级定容衰竭实验,可以得到一个粗略的关于产出流体的组成随着时间变化的概念,或者更准确地说是随着油藏压力下降变化的概念。然而前提是要求油藏流体初始组成已知。只有当流体样品是在油藏压力降至原始油藏流体饱和压力之前获得的,才能得到油藏流体初始组成。

如果获取的是衰竭样品,我们能获得实际压力下气相的组成。这个组成在目前的PVT釜(油藏)压力下与液体达到饱和状态。

当衰竭气体被取样时,关于已产出流体组成的数据很少甚至缺失,留在油藏中的液体相关数据也不存在。然而除非气体样品大量地衰竭,这时样品能提供足够的信息用来评估原始油藏流体组成。

1mol原始油藏流体包括以下部分:
(1) X_1mol 已产出气体;
(2) X_2mol 刚被取样的流体(衰竭气体);
(3) X_3mol 留在油藏的液体(露点液体)。

如果已产出的气体与刚被取样的流体组成相同,问题就简化为找到取样时油藏液体的组成和摩尔比$(X_1+X_2)/X_3$。

油藏中气相是饱和的。由于油藏温度下液体与气体在饱和点处于平衡状态,因此,当衰竭气体被取样时可以获知油藏液体组成。

假定下列关系适用于正在被处理的烃流体:

$$\ln(z_{C_n}) = A + BM_{C_n} + DM_{C_n}^2 \tag{9.5}$$

z_{C_n}是C_n组分的摩尔分数,M_{C_n}是C_n组分的分子量。对于衰竭样品,D是负数,对于比原始油藏流体含有更多液相的流体,D是正数。式(9.5)中用的是分子量,而不像式(5.15)中用的是碳原子数。假设C_{7+}组分的分子量随着碳原子数线性增加,式(5.15)与式(9.5)在$D=0$的情况下完全符合。$M_{C_n}^2/M_{C_n}$随着碳原子数的变化比C_n^2/C_n快,所以式(9.5)中用的是摩尔分数z_{C_n},而不是碳原子数C_n。

如果假设已经产出的气体与刚产出的气体(刚完成取样)组成相同,通过将露点液体加入到刚产出的气体,直到图9.30所示D变成0,此时能得到一个合适的摩尔比$(X_1+X_2)/X_3$。对于每一个混合比例,式(9.5)中的A,B和D通过最小二乘法获得。从C_7到最高碳原子数每一个组分的分子量作为自变量,随之变化的摩尔分数作为需要拟合的数据。摩尔分数指的是组合流体(气体+露点液体)的摩尔分数。X_1,X_2和X_3加起来必须等于1,才能用于

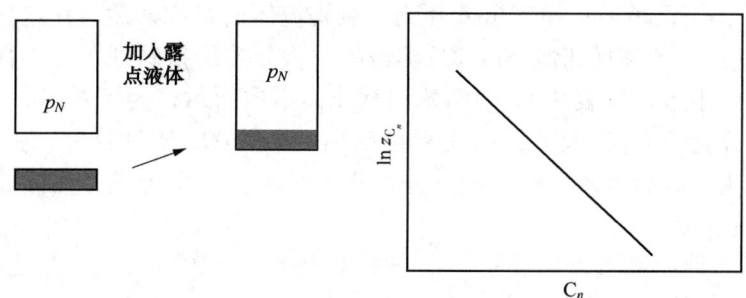

图9.30　液体富集过程

得到的流体组成符合式(5.15)及式(9.5)(当$D=0$时)

确定(X_1+X_2)和X_3。V^{liq}指的是目前压力下露点液体的摩尔体积。

(X_1+X_2)mol 的取样流体结合X_3摩尔的露点液体能获得大概的原始油藏流体组成。该流体是图9.31（最左侧PVT釜）中开始的点。油藏温度下饱和点处该流体的摩尔体积(V^{res})是初始假设的原始油藏流体的摩尔体积。在目前（取样）的压力(p_N)下，有效的容积空间由X_2mol 气体和X_3mol 液体填充。X_2可定义为充满($V^{res}-X_3V^{liq}$)体积所需的衰竭气体物质的量(mol)。

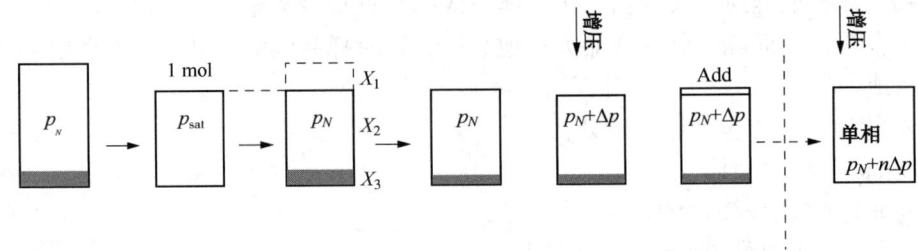

图9.31 从衰竭凝析气藏取样重新获得原始油藏流体组成的步骤

X_2确定了，将X_2mol 的衰竭气体与X_3mol 的露点液体进行反向定容衰竭模拟实验，就能够获得已产出气体的组成。进行反向定容衰竭模拟实验时，逐步增加压力，压力每增加0.1bar，加入足够体积的气相使得总体积达到V^{res}。当所有的液体溶解于气相时，模拟实验停止。此时，总的物质的量应该等于1.0。如果不等于1，用反向定容衰竭模拟实验中的流体计算一个新的V^{res}，然后用这个摩尔体积进行新的反向定容衰竭模拟实验。

对于最终的组成，式(9.5)中的D需要检查是否接近于0。如果不是的话，利用X_1mol气体的适宜组成，使式(9.5)中的D等于0，进而确定摩尔比$(X_1+X_2)/X_3$，然后重新估计X_3。总之，这个额外的循环不是必需的。

9.11.1 实际算例

在单相区获得的凝析气藏流体样品，其质量分数和摩尔分数见表9.17。组分被分析到C_{36+}。使用第5章介绍的Pedersen等方法将流体特征化后用于SRK-Peneloux状态方程计算。C_7—C_{35}没有合并，C_{36+}作为一个拟组分处理。

为了获得具有代表性的衰竭流体组成，在油藏温度129℃、压力306bar条件下，利用饱和的原始油藏流体进行了两组40级定容衰竭模拟实验。最终的压力分别是266bar和226bar。表9.17给出了266bar和226bar压力下衰竭流体的组成，然后在这两个压力下分别取样。对于C_{30+}组分，气相色谱分析(GC)测得的质量分数能精确到3位小数，对应着摩尔分数能精确到4位小数。如表9.17中原始油藏流体组成所示，为了对C_{36+}进行组成分析，所有碳原子数组分直到C_{35}以及C_{36+}浓度要精确到至少0.001质量分数。从表9.17可以看出，在226bar压力下，衰竭流体的组成只分析到了C_{30+}，更重的组分在标准色谱分析中没有足够的浓度定量分离。

图9.32显示了原始油藏流体和每一个衰竭流体摩尔分数与碳原子数之间的关系曲线。可以看出原始油藏流体变化趋势近乎一条直线，这与式(5.15)一致，然而两条衰竭流体的曲线则更加弯曲。

对于三种流体而言，通过拟合表9.17中C_{7+}组分的摩尔分数与碳原子数的关系曲线，可以确定式(9.5)中常数 A，B 和 D 的最优数值，拟合终点是最后一个明确组分(C_{35} 或者 C_{29})。表 9.18 给出了最优常数。D 的数值必须高于 10^{-6} 才有意义。可以看出，对于原始油藏流体 D 在数值上低于 10^{-6}，这印证了式(5.15)与式(9.5)之间良好的近似性。D 对于两种衰竭流体是负数，这与图 9.32 中摩尔分数的对数值与碳原子数关系曲线向下弯曲一致。

表 9.17 原始凝析气藏流体衰竭样品和重新获得的原始油藏流体的组成

组分	原始凝析气藏流体		266bar 压力下衰竭样品摩尔分数(%)	266bar 压力下衰竭样品重新获得的原始油藏流体摩尔分数(%)	226bar 压力下衰竭样品摩尔分数(%)	226bar 压力下衰竭样品重新获得的原始油藏流体摩尔分数(%)
	质量分数(%)	摩尔分数(%)				
N_2	0.130	0.1301	0.1314	0.1300	0.1339	0.1310
CO_2	4.710	2.9994	3.0091	3.0000	3.0299	3.0002
H_2S	0.980	0.8059	0.8023	0.8060	0.7971	0.8050
C_1	42.660	74.5291	75.0142	74.4907	75.9553	74.7637
C_2	8.550	7.9697	7.9730	7.9701	7.9831	7.9705
C_3	5.890	3.7434	3.7260	3.7500	3.6902	3.7402
iC_4	1.700	0.8197	0.8127	0.8200	0.7975	0.8161
nC_4	3.510	1.6924	1.6739	1.6900	1.6343	1.6801
iC_5	1.820	0.7070	0.6956	0.7080	0.6706	0.7010
nC_5	2.100	0.8157	0.8011	0.8170	0.7690	0.8080
C_6	3.080	1.0016	0.9763	1.0000	0.9186	0.9881
C_7	3.514	0.9973	0.9634	1.0000	0.8859	0.9791
C_8	3.081	0.8159	0.7827	0.8190	0.7057	0.7980
C_9	2.741	0.6279	0.5969	0.6300	0.5239	0.6110
C_{10}	2.387	0.4808	0.4527	0.4830	0.3861	0.4660
C_{11}	2.060	0.4154	0.3869	0.4180	0.3194	0.4000
C_{12}	1.774	0.3088	0.2838	0.3110	0.2251	0.2950
C_{13}	1.517	0.2402	0.2174	0.2420	0.1648	0.2280
C_{14}	1.296	0.1826	0.1621	0.1840	0.1163	0.1720
C_{15}	1.105	0.1520	0.1317	0.1540	0.0883	0.1420
C_{16}	0.937	0.1189	0.1001	0.1200	0.0623	0.1100
C_{17}	0.786	0.0907	0.0739	0.0920	0.0425	0.0830
C_{18}	0.655	0.0759	0.0597	0.0772	0.0316	0.0687
C_{19}	0.540	0.0606	0.0460	0.0618	0.0225	0.0543
C_{20}	0.444	0.0467	0.0340	0.0477	0.0154	0.0416
C_{21}	0.370	0.0369	0.0253	0.0378	0.0103	0.0325
C_{22}	0.305	0.0296	0.0191	0.0304	0.0071	0.0260
C_{23}	0.250	0.0218	0.0132	0.0224	0.0045	0.0191
C_{24}	0.205	0.0178	0.0101	0.0184	0.0031	0.0154

续表

组分	原始凝析气藏流体		266bar 压力衰竭样品摩尔分数(%)	266bar 压力下衰竭样品重新获得的原始油藏流体摩尔分数(%)	226bar 压力衰竭样品摩尔分数(%)	226bar 压力下衰竭样品重新获得的原始油藏流体摩尔分数(%)
	质量分数(%)	摩尔分数(%)				
C_{25}	0.168	0.0141	0.0073	0.0146	0.0021	0.0123
C_{26}	0.137	0.0116	0.0055	0.0120	0.0014	0.0098
C_{27}	0.112	0.0084	0.0036	0.0088	0.0008	0.0068
C_{28}	0.092	0.0066	0.0026	0.0069	0.0005	0.0051
C_{29}	0.075	0.0056	0.0020	0.0059	0.0004	0.0049
C_{30}	0.061	0.0041	0.0013	0.0043	0.0007	0.0152
C_{31}	0.050	0.0033	0.0009	0.0035		
C_{32}	0.040	0.0027	0.0007	0.0029		
C_{33}	0.033	0.0022	0.0005	0.0023		
C_{34}	0.026	0.0017	0.0003	0.0018		
C_{35}	0.021	0.0013	0.0002	0.0014		
C_{36+}	0.089	0.0047	0.0005	0.0050		

表 9.18 对于表 9.17 中流体，式(9.5)中的最优常数

流体	A	B	D
表 9.17 中原始凝析气藏流体	-3.0402	-1.6743×10^{-2}	-2.9279×10^{-7}
表 9.17 中 266bar 压力下衰竭流体	-3.3815	-1.2665×10^{-2}	-1.4862×10^{-5}
表 9.17 中 226bar 压力下衰竭流体	-3.3192	-1.2905×10^{-2}	-2.5184×10^{-5}

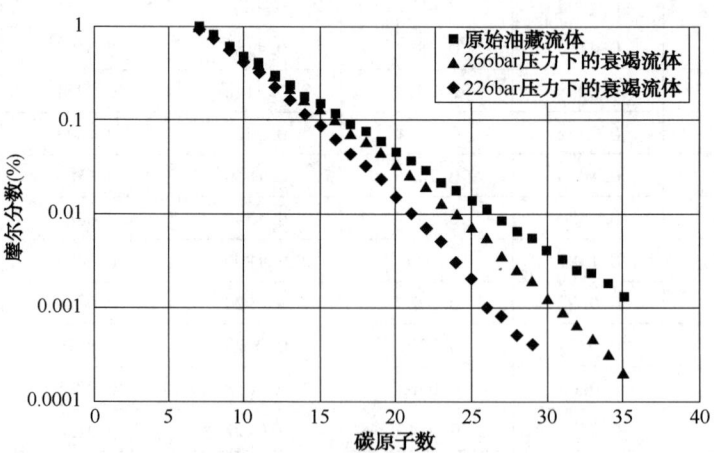

图 9.32 表 9.17 中的原始油藏流体以及定容衰竭实验分别降压到 266bar 和 226bar 得到的衰竭流体，其摩尔分数(取对数)与碳原子数的关系曲线
衰竭流体组成也在表 9.17 中给出

从衰竭样品重新获取原始油藏流体组成的步骤在前面部分已描述，图 9.30 与图 9.31 给出了实验流程图，两组重新获得的原始油藏流体组成见表 9.17。

为了测试重新获取的流体组成能否较好地拟合实际的油藏流体，对原始油藏流体和两种重新获得的"原始油藏流体"进行定容衰竭实验。拟合的液体析出曲线如图 9.33 所示。衰竭流体的液体析出曲线也在图 9.33 中给出。这给出了一个关于重新获取原始油藏流体组成时需要补偿多少"液体损失"的概念。可以看出，衰竭样品压力为 266bar 时，此压力比原始油藏流体的饱和压力小了 40bar，重新获取的原始油藏流体组成几乎完美匹配。基于 226bar 压力下衰竭流体重新获得的流体组成，其液体析出曲线略低于实际原始油藏流体。对于该流体必须考虑到的是衰竭样品液体析出相对体积最大为 3%，但是由此重新获得的流体与真实的原始油藏流体的液体析出量级相同，均比衰竭样品的液体析出体积高出 2 倍多。

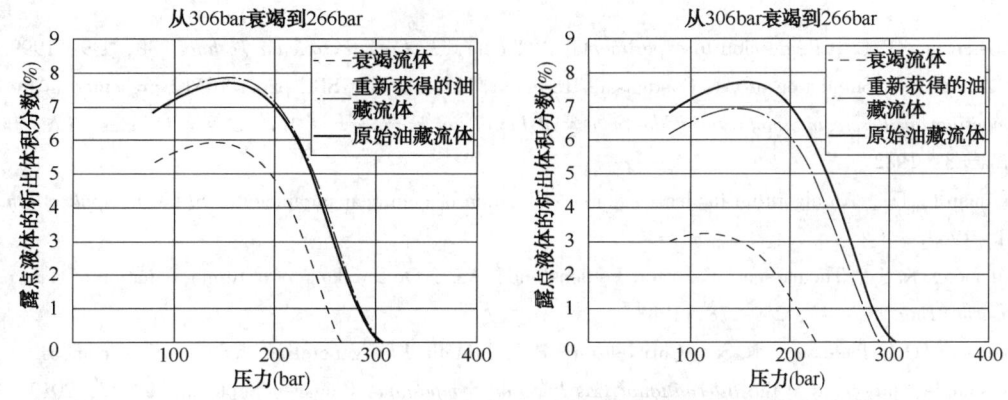

图 9.33　表 9.17 中流体在 129℃ 下进行定容衰竭实验的拟合结果

正如前文所述，226bar 压力下衰竭流体的摩尔组成只分析到了 C_{30+}，原始油藏流体与重新获得的流体之间在液体析出曲线上的差异主要是由于较重组分浓度过低。

9.11.2　衰竭地层油与页岩油样品

Sørensen 等已经证明从衰竭凝析气样品重新获取原始油藏流体组成的步骤稍加修改也能适用于致密油藏的凝析气样品，比如页岩油藏，由于近井地带的压降过大，原本在油藏中处于单相的流体在到达井筒前将会分离成两相。

除了 API 重度低于 25°API 的重质芳香烃外，地层油组成也符合式（5.15）的规律，但是重新获取原始油藏流体组成的步骤适用于凝析气样品，却不适用于地层油。如果地层油分成两相，产出物可能来自气相，也可能来自油相，或者二者都有。凝析气样品通过液体富集过程可以使式（9.5）中 D 等于 0，这要求气相是主导组分，显然对于地层油不存在这种情况。如果产出物包含油藏条件下的原油，与之处于平衡状态下的气相组成可以由饱和点计算获得。有关原始饱和点或者原始气油比的信息可能存在，并可用于计算重组率，这样就能够重新获得原始油藏流体组成。

衰竭油藏大部分情况下会同时产出油和气。油藏条件下对产出液进行 PT 闪蒸实验，能够得到油藏中平衡相的组成。假设油藏中气相和油相的组成与原始油藏流体饱和点处平衡相的组成相比没有发生太大的变化，油藏流体组成可由两个平衡相的组成按一定数学关系组合得到。

$$z_i = y_i\beta + x_i(1-\beta) \qquad (i=1,2,\cdots,N) \tag{9.6}$$

式中：z_i 是组分 i 在原始油藏流体中的摩尔分数；y_i 和 x_i 分别是油藏条件下组分 i 在气相中和液相中的摩尔分数。$\beta/(1-\beta)$ 是摩尔重组率，N 是组分的个数。β 可以从初始气油比或者初始饱和点信息中获取。

式(9.6)说明了油藏流体组成是油藏条件下气相和液相组成的线性组合。有人会问式(9.6)对于分离器样品中的气相和液相是否也成立。问题是在原始饱和压力下重新组合分离器气体和液体能否重新获得原始油藏流体组成。答案是否定的。尽管产出流体是分离器组分的线性组合，但是除非产出流体和原始油藏流体完全相同，否则 β 不存在，只有在这种情况下才能从分离器样品重新获得原始油藏流体组成。

参 考 文 献

Christensen, P. L. , Regression to experimental PVT data, *J. Can. Petroleum Technol.* 38, 1-9, 1999.

Coats, K. H. , Simulation of Gas Condensate Reservoir Performance, SPE paper 10512 presented at the Sixth *SPE symposium on Reservoir Simulation of the Society of Petroleum Engineers of AIME*, New Orleans, LA, January 31-February 3, 1982.

Marquardt, D. , An algorithm for least-squares estimation of nonlinear parameters, *SIAM J. Appl. Math.* 11, 431-441, 1963.

Pedersen, K. S. , Thomassen, P. , and Fredenslund, Aa. , On the dangers of tuning equation of state parameters, *Chem. Eng. Sci.* 43, 269-278, 1988.

Sørensen, H. , Pedersen, K. S. , Christensen, P. L. , Method for generating shale gas fluid composition from depleted sample, presented at the *International Gas Injection Symposium*, Calgary, September 24-27, 2013.

10 传递性质

10.1 黏度

加在流体外部的应力(图 10.1)会使得流体受力部分的分子沿着所加应力的方向发生移动,而移动的分子又会与相邻的分子相互作用,导致相邻的分子也发生移动,但是移动速度要小于应力直接作用的分子。动力黏度 η 定义如下:

$$\eta = \frac{\tau_{xy}}{\frac{\partial v_x}{\partial y}} \tag{10.1}$$

式中:τ_{xy} 为剪切应力(即单位面积上的力,$\tau_{xy} = F/A$);v_x 为 x 方向流体速度;$\frac{\partial v_x}{\partial y}$ 为剪切速率。

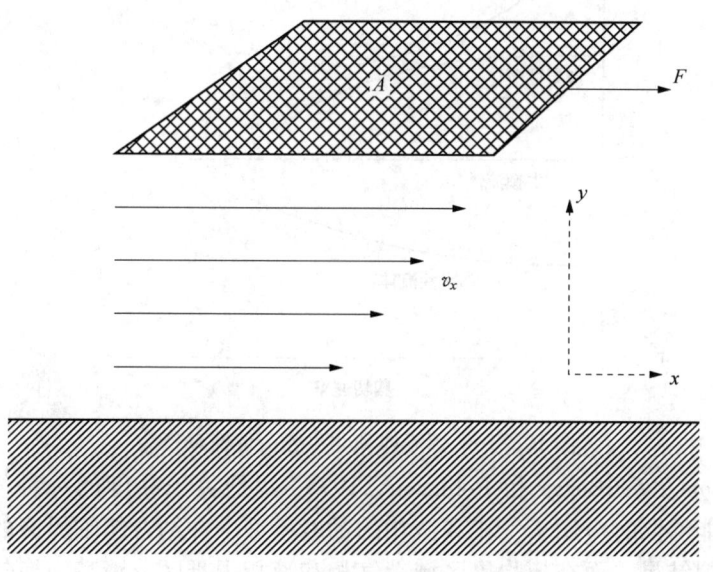

图 10.1 流体受外部应力示意图

如果黏度与剪切速率无关,那么该流体就表现牛顿流体行为。图 10.2 展示了牛顿流体和其他三种非牛顿流体的流动行为。拟塑性流体和膨胀性流体的剪切速率和剪切应力之间呈现非线性关系。拟塑性流体的黏度随着剪切速率的增加而减小,而膨胀性流体的情况恰好相反。与牛顿流体类似,宾汉塑性流体的剪切应力与剪切速率呈线性关系。但是对于宾汉塑性流体,只有当剪切应力(压力)超过某一静态剪切应力时,流体才会发生流动。

黏度是地下模拟、井的设计以及管道和过程模拟的一项关键指标。油气系统的黏度有多种表达方式,简单的需要 API 重度和温度这样的整体信息,更复杂的则依赖于混合物的组

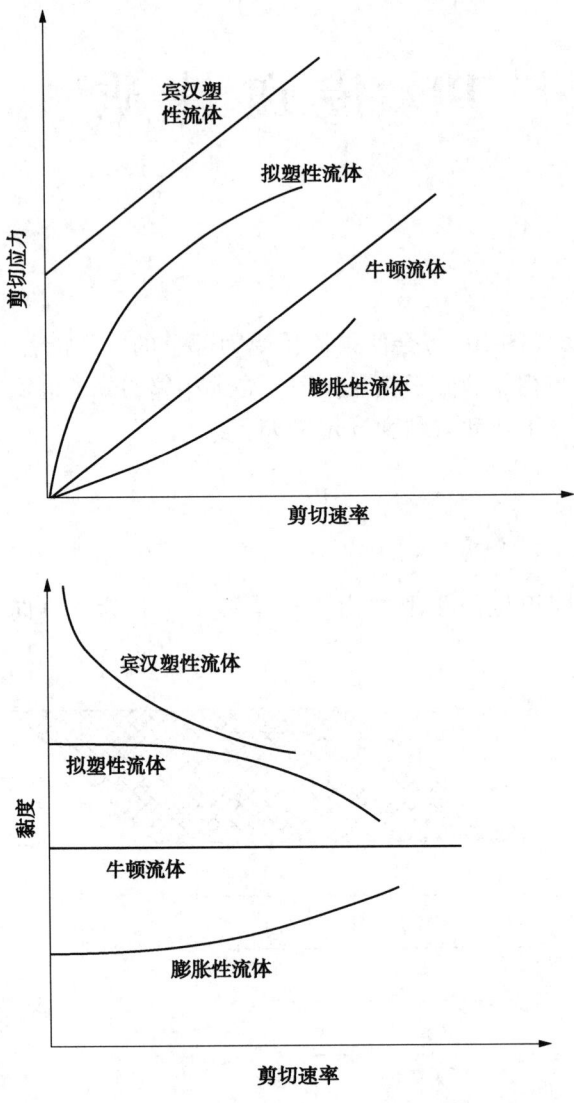

图 10.2 牛顿流体和非牛顿流体流动行为

成。Beggs-Robinson 关系(Beggs 和 Robinson，1975)就是关于黏度的一种简单的表达方式。本章将重点研究能够同时应用于气相和液相的黏度模型，并结合超临界区的温度和压力进一步给出连续性模拟结果，而在超临界区域，气相和液相很难区分清楚。换句话说，这类黏度模型应该与相态无关。

黏度的国际单位制是 $N·s/m^2$，与其他常用的黏度单位的换算关系如下：

$1N·s/m^2 = 1kg/(m·s) = 1Pa·s = 1000mPa·s = 1000 \text{centipoise}(cP) = 10\text{poise}(P)$。

运动黏度为动力黏度与密度之比。如果动力黏度的单位取 P，密度的单位取 g/cm^3，那么运动黏度的单位为 Stokes 或者 cm^3/s。

10.1.1 对比状态黏度模型

对比状态原理(CSP)应用广泛，其中一项著名的例子就是 Standing 和 Katz(1942)提出的

经典的 Z 因子关联图表。其基本思想是已知一种物质的某种性质时，通过对比状态可以确定另一结构与之相近的物质的该种性质。

举个例子，对于许多物质的对比黏度($\eta_r = \eta/\eta_c$)，可以根据对比状态原理与对比压力($p_r = p/p_c$)和对比温度($T_r = T/T_c$)通过一个简单的函数 f 联系起来，即：

$$\eta_r = f(p_r, T_r) \tag{10.2}$$

在近临界状态下几乎没有黏度数据。在考虑了稀薄气体的基础之上(Hirschfelder, 1954)，临界黏度 η_c 可以近似地表达为：

$$\eta_c = \frac{p_c^{2/3} M^{1/2}}{T_c^{1/6}} \tag{10.3}$$

M 表示相对分子质量。根据式(10.3)可以得到对比黏度的表达式为：

$$\eta_r = \frac{\eta(p, T) T_c^{1/6}}{p_c^{2/3} M^{1/2}} \tag{10.4}$$

如果对于某一特定的组分(参考组分)，式(10.2)中的函数 f 是已知的，那么就能计算该多组分物质中其他任一组分在任一压力和温度条件下的黏度。比如组分 x 在压力为 p、温度为 T 时的黏度计算公式为：

$$\eta_x(p,T) = \frac{\left(\dfrac{p_{cx}}{p_{co}}\right)^{2/3} \left(\dfrac{M_x}{M_o}\right)^{1/2}}{\left(\dfrac{T_{cx}}{T_{co}}\right)^{1/6}} \eta_o \left(\frac{pp_{co}}{p_{cx}}, \frac{TT_{co}}{T_{cx}}\right) \tag{10.5}$$

式中下标 o 指的是参考组分。

由于已经有大量的关于甲烷的黏度数据，Hanley 等(1975)提出了如下甲烷黏度与密度和温度的关系式：

$$\eta(\rho, T) = \eta_o(T) + \eta_1(T)\rho + \Delta\eta'(\rho, T) \tag{10.6}$$

式中，η_o 指稀薄气体黏度，通过下式计算获得：

$$\eta_o = \frac{GV(1)}{T} + \frac{GV(2)}{T^{2/3}} + \frac{GV(3)}{T^{1/3}} + GV(4) + GV(5)T^{1/3} + GV(6)T^{2/3} +$$
$$GV(7)T + GV(8)T^{4/3} + GV(9)T^{5/3} \tag{10.7}$$

式中，ρ 为密度，mol/L。

常数 $GV(1) \sim GV(9)$ 通过表 10.1 可以查到。η_1 可以用下面的经验关系式获得：

$$\eta_1(T) = A + B\left(C - \ln\frac{T}{F}\right)^2 \tag{10.8}$$

式中，常数 A，B，C 以及 F 均由表 10.1 查得。最后，$\Delta\eta'$ 的表达式为：

$$\Delta\eta'(\rho, T) = \exp\left(j_1 + \frac{j_4}{T}\right)\left\{\exp\left[\rho^{0.1}\left(j_2 + \frac{j_3}{T^{3/2}}\right) + \theta\rho^{0.5}\left(j_5 + \frac{j_6}{T} + \frac{j_7}{T^2}\right)\right] - 1.0\right\} \tag{10.9}$$

参数 θ 是真实密度 ρ 和临界密度 ρ_c 的函数。

$$\theta = \frac{\rho - \rho_c}{\rho_c} \tag{10.10}$$

常数 $j_1 \sim j_7$ 可通过表 10.1 查得。

表 10.1 对比态黏度模型方程中的常数，黏度单位为 10^{-4} cP

方程式	常数	值
式(10.7)	$GV(1)$	-2.090975×10^5
	$GV(2)$	2.647269×10^5
	$GV(3)$	-1.472818×10^5
	$GV(4)$	4.716740×10^4
	$GV(5)$	-9.491872×10^3
	$GV(6)$	1.219979×10^3
	$GV(7)$	-9.627993×10^1
	$GV(8)$	4.274152
	$GV(9)$	-8.141531×10^{-2}
式(10.8)	A	1.696985927
	B	-0.133372346
	C	1.4
	F	168.0
式(10.9)	j_1	-10.3506
	j_2	17.5716
	j_3	-3019.39
	j_4	188.730
	j_5	0.0429036
	j_6	145.290
	j_7	6127.68
式(10.28)	k_1	-9.74602
	k_2	18.0834
	k_3	-4126.66
	k_4	44.6055
	k_5	0.976544
	k_6	81.8134
	k_7	15649.9

甲烷密度根据 McCarty(1974)提出的 Benedict-Webb-Rubin(BWR)方程计算得出：

$$p = \sum_{n=1}^{9} a_n(T)\rho^n + \sum_{n=10}^{15} a_n(T)\rho^{2n-17} e^{-\gamma\rho^2} \qquad (10.11)$$

式中，常数 $a_1 \sim a_{15}$ 以及 γ 通过表 10.2 查得。

表 10.2 式(10.11)中的常数

常数	值/表达式
a_1	RT
a_2	$N_1 T + N_2 T^{1/2} + N_3 + N_4/T + N_5/T^2$

续表

常　数	值/表达式
a_3	$N_6 T + N_7 + N_8/T + N_9/T^2$
a_4	$N_{10} T + N_{11} + N_{12}/T$
a_5	N_{13}
a_6	$N_{14}/T + N_{15}/T^2$
a_7	N_{16}/T
a_8	$N_{17}/T + N_{18}/T^2$
a_9	N_{19}/T^2
a_{10}	$N_{20}/T^2 + N_{21}/T^3$
a_{11}	$N_{22}/T^2 + N_{23}/T^4$
a_{12}	$N_{24}/T^2 + N_{25}/T^3$
a_{13}	$N_{26}/T^2 + N_{27}/T^4$
a_{14}	$N_{28}/T^2 + N_{29}/T^3$
a_{15}	$N_{30}/T^2 + N_{31}/T^3 + N_{32}/T^4$
N_1	$-1.8439486666 \times 10^{-2}$
N_2	1.0510162064
N_3	-1.6057820303×10
N_4	8.4844027563×10^2
N_5	$-4.2738409106 \times 10^4$
N_6	$7.6565285254 \times 10^{-4}$
N_7	$-4.8360724197 \times 10^{-1}$
N_8	8.5195473835×10
N_9	$-1.6607434721 \times 10^4$
N_{10}	$-3.7521074532 \times 10^{-5}$
N_{11}	$2.8616309259 \times 10^{-2}$
N_{12}	-2.8685298973
N_{13}	$1.1906973942 \times 10^{-4}$
N_{14}	$-8.5315715698 \times 10^{-3}$
N_{15}	3.8365063841
N_{16}	$2.4986828379 \times 10^{-5}$
N_{17}	$5.7974531455 \times 10^{-6}$
N_{18}	$-7.1648329297 \times 10^{-3}$
N_{19}	$1.2577853784 \times 10^{-4}$
N_{20}	2.2240102466×10^4
N_{21}	$-1.4800512328 \times 10^6$
N_{22}	5.0498054887×10
N_{23}	1.6428375992×10^6

续表

常　数	值/表达式
N_{24}	$2.1325387196 \times 10^{-1}$
N_{25}	3.7791273422×10
N_{26}	$-1.1857016815 \times 10^{-5}$
N_{27}	-3.1630780767×10
N_{28}	$-4.1006782941 \times 10^{-6}$
N_{29}	$1.4870043284 \times 10^{-3}$
N_{30}	$3.1512261532 \times 10^{-9}$
N_{31}	$-2.1670774745 \times 10^{-6}$
N_{32}	$2.4000551079 \times 10^{-5}$
γ	0.0096

注：压力(p)单位为 atm(1atm=1.01325bar)；密度(ρ)单位为 mol/L；温度(T)单位为 K；$R=0.08205616$ atm/(mol·K)。

通过式(10.6)和式(10.11)能够计算任意压力和温度下的甲烷黏度，从而使得式(10.5)可以将甲烷作为一个方便的参考组分。

式(10.5)所表达的简单的对比态原理，也很好地适用于轻烃组分如 C_1，C_2 和 C_3 的混合物。如果混合物中含有重烃组分，则需要修正对比态原理。Pedersen 等(1984)通过引进一个修正因子 α 来表示与经典对比态原理的偏差，并利用下式来计算压力 p 和温度 T 时混合物的黏度：

$$\eta_{\text{mix}}(p,T) = \left(\frac{T_{\text{c,mix}}}{T_{\text{co}}}\right)^{-1/6} \left(\frac{p_{\text{c,mix}}}{p_{\text{co}}}\right)^{2/3} \left(\frac{M_{\text{c,mix}}}{M_{\text{o}}}\right)^{1/2} \left(\frac{\alpha_{\text{mix}}}{\alpha_{\text{o}}}\right)^{-1/6} \eta_{\text{o}}(p_{\text{o}},T_{\text{o}}) \qquad (10.12)$$

其中

$$p_{\text{o}} = \frac{p p_{\text{co}}}{p_{\text{c,mix}}} \frac{\alpha_{\text{o}}}{\alpha_{\text{mix}}} \qquad (10.13)$$

$$T_{\text{o}} = \frac{T T_{\text{co}}}{T_{\text{c,mix}}} \frac{\alpha_{\text{o}}}{\alpha_{\text{mix}}}$$

不同的分子对(i 和 j)的临界温度和临界摩尔体积为：

$$T_{cij} = \sqrt{T_{ci} T_{cj}} \qquad (10.14)$$

$$V_{cij} = \frac{1}{8}(V_{ci}^{1/3} + V_{cj}^{1/3})^3 \qquad (10.15)$$

组分 i 的临界摩尔体积又与临界温度和临界压力有关：

$$V_{ci} = \frac{RZ_{ci}T_{ci}}{p_{ci}} \qquad (10.16)$$

式中，Z_{ci} 为组分 i 在临界点的压缩因子。假设 Z_c 是与组分无关的常数，那么 V_{cij} 可以重新表达为：

$$V_{cij} = \frac{1}{8}\text{constant}\left[\left(\frac{T_{ci}}{p_{ci}}\right)^{1/3} + \left(\frac{T_{cj}}{p_{cj}}\right)^{1/3}\right]^3 \qquad (10.17)$$

混合物的临界温度为：

$$T_{c,\text{mix}} = \frac{\sum_{i=1}^{N}\sum_{j=1}^{N} z_i z_j T_{cij} V_{cij}}{\sum_{i=1}^{N}\sum_{j=1}^{N} z_i z_j V_{cij}} \tag{10.18}$$

式中，z_i 和 z_j 分别为组分 i 和 j 的摩尔分数；N 为组分数。式(10.18)也可以写成：

$$T_{c,\text{mix}} = \frac{\sum_{i=1}^{N}\sum_{j=1}^{N} z_i z_j \left[\left(\frac{T_{ci}}{p_{ci}}\right)^{1/3} + \left(\frac{T_{cj}}{p_{cj}}\right)^{1/3}\right]^3 \sqrt{T_{ci} T_{cj}}}{\sum_{i=1}^{N}\sum_{j=1}^{N} z_i z_j \left[\left(\frac{T_{ci}}{p_{ci}}\right)^{1/3} + \left(\frac{T_{cj}}{p_{cj}}\right)^{1/3}\right]^3} \tag{10.19}$$

对于混合物的临界压力 $p_{c,\text{mix}}$，通常利用如下的关系式进行计算：

$$p_{c,\text{mix}} = \text{constant}\, \frac{T_{c,\text{mix}}}{V_{c,\text{mix}}} \tag{10.20}$$

其中

$$V_{c,\text{mix}} = \sum_{i=1}^{N}\sum_{j=1}^{N} z_i z_j V_{cij} \tag{10.21}$$

由此可导出 $p_{c,\text{mix}}$ 计算式：

$$p_{c,\text{mix}} = \frac{8 \sum_{i=1}^{N}\sum_{j=1}^{N} z_i z_j \left[\left(\frac{T_{ci}}{p_{ci}}\right)^{1/3} + \left(\frac{T_{cj}}{P_{cj}}\right)^{1/3}\right]^3 \sqrt{T_{ci} T_{cj}}}{\left\{\sum_{i=1}^{N}\sum_{j=1}^{N} z_i z_j \left[\left(\frac{T_{ci}}{p_{ci}}\right)^{1/3} + \left(\frac{T_{cj}}{p_{cj}}\right)^{1/3}\right]^3\right\}^2} \tag{10.22}$$

前述的混合规则如 Murad 和 Gubbins(1977)推荐的方法。

混合物分子量为：

$$M_{\text{mix}} = 1.304 \times 10^{-4} (\overline{M}_w^{2.303} - \overline{M}_n^{2.303}) + \overline{M}_n \tag{10.23}$$

式中 $\overline{M}_w$ 和 $\overline{M}_n$ 分别为质量平均分子量和数均分子量：

$$\overline{M}_w = \frac{\sum_{i=1}^{N} z_i M_i^2}{\sum_{i=1}^{N} z_i M_i} \tag{10.24}$$

$$\overline{M}_n = \sum_{i=1}^{N} z_i M_i \tag{10.25}$$

式(10.23)中的常数通过实验黏度数据利用经验法得到。

混合物中的参数 α 为：

$$\alpha_{\text{mix}} = 1.000 + 7.378 \times 10^{-3} \rho_r^{1.847} M_{\text{mix}}^{0.5173} \tag{10.26}$$

利用式(10.26)同样可以计算 α_o(参考组分的 α 值)，只不过将 M_{mix} 用参考组分(甲烷)的分子量代替。对比密度 ρ_r 的定义为：

$$\rho_r = \frac{\rho_o\left(\frac{TT_{co}}{T_{c,\text{mix}}}, \frac{pp_{co}}{p_{c,\text{mix}}}\right)}{\rho_{co}} \tag{10.27}$$

甲烷的临界密度 ρ_{co} 为 0.16284g/cm^3。

利用对比态模型进行黏度模拟的计算步骤如下：

（1）通过式（10.19）和式（10.22）计算混合物临界温度 T_c 和临界压力 p_c；

（2）通过式（10.11）计算温度为 $\dfrac{TT_{co}}{T_{c,mix}}$，压力为 $\dfrac{pp_{co}}{p_{c,mix}}$ 时的甲烷密度，通过式（10.27）计算对比密度；

（3）通过式（10.23）计算混合物分子量（M_{mix}）；

（4）通过式（10.26）计算修正系数 α_{mix}，用同样的表达式计算 α_o，计算过程中将式中的 M_{mix} 用甲烷的分子量代替；

（5）通过式（10.13）计算甲烷的参考压力（p_o）和参考温度（T_o）；

（6）通过式（10.12）计算混合物黏度。

图 10.3 是通过式（10.11）计算的温度由 20K 变化到 140K 时甲烷压力随密度变化的曲线。温度越低，压力—密度曲线越陡，同时密度和甲烷黏度越不准确。

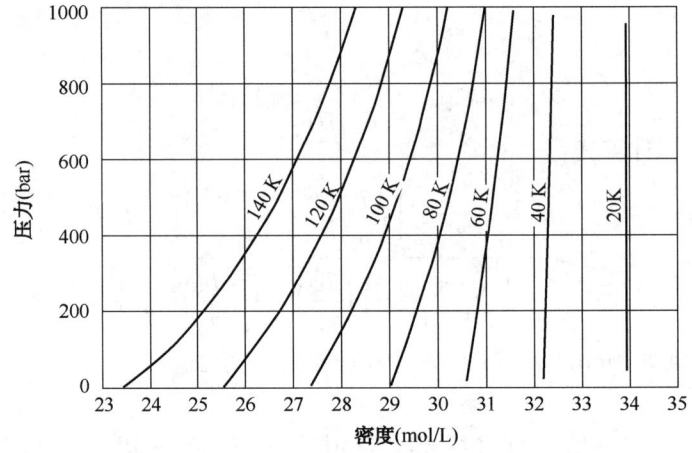

图 10.3　根据 McCarty（1974）模型计算的甲烷压力—密度曲线

温度范围为 20~140K

图 10.4 展示了压力由 100bar 变化到 2000bar 时甲烷密度随温度变化的曲线。虚线是利用 Hanley 等（1975）的模型参数和式（10.6）计算的结果。在密集的液相区，式（10.6）的左侧

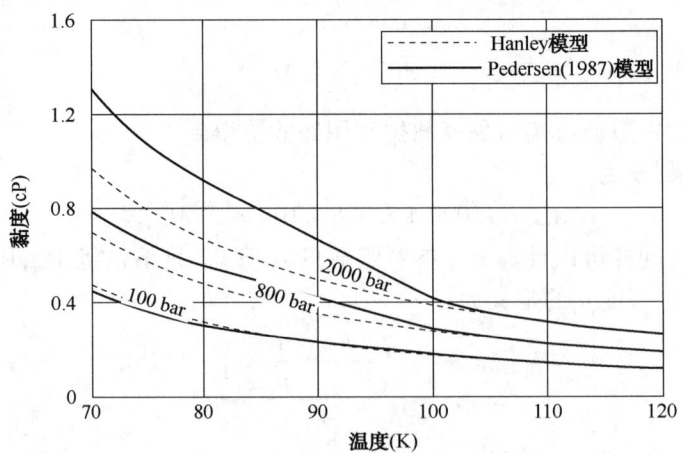

图 10.4　模拟的甲烷黏度—温度曲线

压力范围为 100~2000bar

由 $\Delta\eta'(\rho,T)$ 项决定。

甲烷在参考状态下为固态，此时 Hanley 模型就会有些问题。这种情况是甲烷的参考温度低于 91K，对应的对比温度为 0.48。与甲烷相比，支链烷烃、环烷烃和芳香烃的熔融温度都位于较低的对比温度。为了解决这个问题，Pedersen 和 Fredenslund(1987)提出，当甲烷参考温度(T_o)低于 91 K 时，用式(10.28)代替 $\Delta\eta'(\rho,T)$。

$$\Delta\eta''(\rho,T) = \exp\left(k_1 + \frac{k_4}{T}\right)\left\{\exp\left[\rho^{0.1}\left(k_2 + \frac{k_3}{T^{3/2}}\right) + \theta\rho^{0.5}k_5 + \frac{k_6}{T} + \frac{k_7}{T^2}\right] - 1.0\right\} \quad (10.28)$$

常数 $k_1 \sim k_7$ 由表 10.1 查得。

通过在黏度表达式中引进 $\Delta\eta''$ 作为第四项就可以保证甲烷位于冰点上下的黏度的连续性：

$$\Delta\eta(\rho,T) = \Delta\eta_o(T) + \Delta\eta_1(T) + F_1\Delta\eta'(\rho,T) + F_2\Delta\eta''(\rho,T) \quad (10.29)$$

$$F_1 = \frac{\text{HTAN} + 1}{2}; \quad F_2 = \frac{1 - \text{HTAN}}{2} \quad (10.30)$$

$$\text{HTAN} = \frac{\exp(\Delta T) - \exp(-\Delta T)}{\exp(\Delta T) + \exp(-\Delta T)} \quad (10.31)$$

以及

$$\Delta T = T - T_F \quad (10.32)$$

式中，T_F 为甲烷的冰点(91K)。

利用修正的 Pedersen-Fredenslund 方法计算的甲烷黏度在图 10.4 中如实线所示。对于甲烷参考温度低于 91K、甲烷处于固态的情况，修正的黏度表达式比原始的 Hanley 方法计算的甲烷黏度要大。与甲烷参考温度为 91K 时相比，在较低对比温度条件下通过计算得到的黏度与石油的黏度数据有较好的一致性。

10.1.2 对比态黏度模型对稠油的适应性

尽管 Pedersen 和 Fredenslund(1987)提出的以甲烷作为参考组分的对比态模型的经典形式可以扩展到甲烷为固态时的情形，但是一般来讲，经典的对比态模型并不适用于黏度高于 10cP 的稠油。正如图 10.3 所示，当温度低于 60K 时，甲烷密度—压力曲线几乎是垂直的，因此不能通过压力 p 和温度 T 确定密度变化。

基于 8 种不同稠油油藏流体的黏度数据，Lindeloff 等提出了一个新的稠油黏度模型，从而扩展对比态黏度模型的应用范围。在大气压力和 15℃ 时，8 种流体的 C_{7+} 组分的密度都高于 0.9g/cm^3，其中 3 种流体的 C_{7+} 组分的密度都高于 1g/cm^3，说明芳香组分的含量较高。对于此 3 种流体，C_{7+} 组分的平均分子量超过了 500。对于芳香族含量有些高(已降解)的原油，一般不会发生析蜡，而且在黏度数据存在的温度范围内，原油行为严格服从牛顿流体流动规律。

以稳定原油的黏度为起点，而不是以甲烷为参考组分和式(10.12)来确定相应的黏度。基于对北海石油和凝析液进行大量的黏度测试，Rønningsen(1993)提出了稳定原油黏度 η_0(单位 cP)在大气压力下的半经验关系式：

$$\lg\eta_0 = -0.07995 - 0.1101M - \frac{371.8}{T} + \frac{6.215M}{T} \quad (10.33)$$

式中：M 为平均分子量；T 为温度，K。当 $T > 564.49\text{K}$ 时，0.01101 前面的"$-$"变为"$+$"。为

了将该关系式扩展到含气原油，Lindeloff 等提出利用下式来计算有代表性的平均分子量 M：

$$M = \overline{M}_n \left[\frac{1.5}{\text{Visfac3} \times (3^{\text{rd}}\text{CSP})} \right]^{\text{Visfac4} \times (4^{\text{rd}}\text{CSP})} \quad \left(\text{当}\frac{\overline{M}_w}{\overline{M}_n} \leq 1.5\right) \quad (10.34)$$

$$M = \overline{M}_n \left[\frac{\overline{M}_w}{\text{Visfac3} \times (3^{\text{rd}}\text{CSP})} \right]^{\text{Visfac4} \times (4^{\text{rd}}\text{CSP})} \quad \left(\text{当}\frac{\overline{M}_w}{\overline{M}_n} > 1.5\right) \quad (10.35)$$

其中

$$\text{Visfac3} = 0.2252 \left(\frac{T}{M_n}\right) + 0.9738 \quad (10.36)$$

$$\text{Visfac4} = 0.5354 \times \text{Visfac3} - 0.1170$$

式中：(3rd CSP) 和 (4th CSP) 为调节参数，默认为 1.0；$\overline{M}_n$ 为数均分子量；$\overline{M}_w$ 为质量平均分子量；T 为温度，K。

Rønningsen 关系式适用于大气压力下的系统。为了研究压力对参考流体的影响，可以使用下面的压力关系式：

$$\eta = \eta^0 e^{0.00384 \frac{p^{0.8226} - 1}{0.8226}} \quad (10.37)$$

其中：黏度单位为 cP；η^0 为真实温度和大气压力下的黏度；p 为真实压力，atm。

10.1.1 节中介绍的模拟步骤修正如下：

（1）步骤（1）至步骤（5）：仍然按照 10.1.1 节所述进行，除了将计算甲烷黏度的式（10.6）用式（10.29）代替；

（2）步骤（6）：当 $T_0 > 75$K 时，按照甲烷黏度模型，用式（10.12）和式（10.29）计算混合物黏度；当 $T_0 < 65$K 时，则用式（10.33）和式（10.36）；当 65 K $< T_0 <$ 75K 时，则将式（10.12）[和式（10.29）按照甲烷黏度模型]、式（10.33）和式（10.37）计算得到的黏度取质量平均。

通过利用这种方式来补充完善稠油黏度关系，经典的对比态模型仍然适用于更高温度和更轻的原油。在 65~75K 的甲烷参考温度范围内，将对比态和稠油关联黏度取平均值可以保证向稠油黏度曲线过渡更加光滑。

10.1.3 Lohrenz-Bray-Clark 方法

Lohrenz-Bray-Clark（LBC）黏度关联式（1964）将气和油的黏度表示成对比密度 $\rho_r = \rho/\rho_c$ 的四阶多项式：

$$[(\eta - \eta^*)\xi + 10^{-4}]^{1/4} = a_1 + a_2\rho_r + a_3\rho_r^2 + a_4\rho_r^3 + a_5\rho_r^4 \quad (10.38)$$

式中：常数 $a_1 \sim a_5$ 通过表 10.3 查得；η^* 为低压气体混合物黏度；ξ 为降黏系数。

表 10.3 LBC 黏度关联式中的常数

常　　数	式(10.38)中的常数取值
a_1	0.10230
a_2	0.023364
a_3	0.058533
a_4	-0.040758
a_5	0.0093324

$$\xi = \frac{\left(\sum_{i=1}^{N} z_i T_{ci}\right)^{1/6}}{\left(\sum_{i=1}^{N} z_i M_i\right)^{1/2} \left(\sum_{i=1}^{N} z_i p_{ci}\right)^{2/3}} \tag{10.39}$$

式中：N 为混合物中的组分数；z_i 为组分 i 的摩尔分数。

临界密度 ρ_c 通过临界摩尔体积计算得到：

$$\rho_c = \frac{1}{V_c} = \frac{1}{\sum_{i=1}^{N} z_i V_{ci}} \tag{10.40}$$

对于 C_{7+} 组分 i，临界摩尔体积（单位：ft^3/lb）为：

$$V_{ci} = 21.573 + 0.015122 M_i - 27.656 \rho_i + 0.070615 M_i \rho_i \tag{10.41}$$

式中：M_i 为分子量；ρ_i 为 C_{7+} 组分 i 的液相密度，g/cm^3。对于明确组分，可以利用文献中的临界摩尔体积。

稀薄气体混合物黏度 η^* 的计算公式（Herning 和 Zippener，1936）为：

$$\eta^* = \frac{\sum_{i=1}^{N} z_i \eta_i^* \sqrt{M_i}}{\sum_{i=1}^{N} z_i \sqrt{M_i}} \tag{10.42}$$

式（10.43）和式（10.44）可以用来计算组分 i 的稀薄气体黏度 η_i^*：

$$\eta_i^* = 34 \times 10^{-5} \frac{1}{\xi_i} T_{ri}^{0.94} \quad (\text{当 } T_{ri} < 1.5) \tag{10.43}$$

$$\eta_i^* = 17.78 \times 10^{-5} \frac{1}{\xi_i} (4.58 T_{ri} - 1.67)^{5/8} \quad \text{当 } T_{ri} > 1.5 \tag{10.44}$$

其中 ξ_i 的表达式为：

$$\xi_i = \frac{T_{ci}^{1/6}}{M_i^{1/2} p_{ci}^{2/3}} \tag{10.45}$$

由于 LBC 黏度关联式通过计算机编程计算得很快，因此 LBC 黏度关联式方法往往是组分油藏和流动模拟研究的首选。但是作为一个预测模型，LBC 方法得到的结果一般不太准确。为了更好地拟合实验数据，必须将拟组分的临界体积 V_c 或者系数 $a_1 \sim a_5$ 中的一个或者多个当做调节参数。

研究人员做了大量工作（例如，Dandekar 等，1993）试图去修正 Lohrenz-Bray-Clark 黏度关联式以减少调节测试数据的工作量，但是保留了对比密度和黏度之间唯一关系的这一基本假设，特别是对于稠油，这是一个存在问题的假设。

10.1.4 其他黏度模型

商业 PVT 实验室几乎很少测量气体黏度，而是利用如 Lee 关联式（1996）之类的气体黏度关联式来计算气体黏度。气体黏度（单位：cP）计算表达式如下：

$$\eta = 10^{-4} k_v \exp\left[x_v \left(\frac{\rho}{62.4}\right)^{y_v}\right] \tag{10.46}$$

其中

$$x_v = 3.5 + \frac{986}{T} + 0.01M \tag{10.47}$$

$$y_v = 2.4 - 0.2x_v \tag{10.48}$$

$$k_v = \frac{(9.4 + 0.02M)T^{1.5}}{209 + 19M + T} \tag{10.49}$$

式中：T 为温度，°R；ρ 为气体密度，lb/ft^3；M 为分子量。

有学者提出以状态方程的函数形式来表示黏度。下面以 Guo 等(1997)和 Quinones-Cisneros 等(2003)提出的模型作为例子。后者是基于摩擦理论，并将黏度表示为稀薄气体黏度项 η_o 和残余摩擦力项 η_f 之和：

$$\eta = \eta_o + \eta_f \tag{10.50}$$

残余摩擦力项的表达式为：

$$\eta_f = \kappa_f P_f + \kappa_a P_a + \kappa_{ff} P_r^2 \tag{10.51}$$

式中，P_a 和 P_r 分别为 van der Waals[式(4.5)]吸引力贡献值和排斥力贡献值：

$$P_r = \frac{RT}{V-b}; \quad P_a = -\frac{a}{V^2} \tag{10.52}$$

排斥力项和吸引力项也可以用其他状态方程表示，例如 Soave-Redlich-Kwong 方程[式(4.20)]和 Peng-Robinson 方程[式(4.36)]。

式(10.51)中的系数 κ_f，κ_a 以及 κ_{ff} 由下面经验混合规则获得：

$$\kappa_f = \sum_{i=1}^{N} \xi_i \kappa_{fi}; \quad \kappa_a = \sum_{i=1}^{N} \xi_i \kappa_{ai}; \quad \kappa_{ff} = \sum_{i=1}^{N} \xi_i \kappa_{ffi} \tag{10.53}$$

其中

$$\xi_i = \frac{z_i}{M_i^{0.3} \times \mathrm{MM}} \tag{10.54}$$

其中

$$\mathrm{MM} = \sum_{i=1}^{N} \frac{z_i}{M_i^{0.3}} \tag{10.55}$$

式中：z_i 为组分 i 的摩尔分数；M_i 为组分 i 的分子量。

纯组分系数的表达式为：

$$\kappa_{fi} = \frac{\eta_{ci} \hat{\kappa}_{fi}}{p_{ci}}; \quad \kappa_{ai} = \frac{\eta_{ci} \hat{\kappa}_{ai}}{p_{ci}}; \quad \kappa_{ffi} = \frac{\eta_{ci} \hat{\kappa}_{ffi}}{p_{ci}} \tag{10.56}$$

式中，$\hat{\kappa}_{fi}$，$\hat{\kappa}_{ai}$ 以及 $\hat{\kappa}_{ffi}$ 与对比温度有关。关联式中的 16 个常数在不同的状态方程中取值不同。对于明确组分，通过纯组分黏度数据可以确定临界黏度 η_{ci}。对于 C_{7+} 拟组分，可以利用下式计算 η_{ci}：

$$\eta_{ci} = K_c \frac{\sqrt{M_i} p_{ci}^{2/3}}{T_{ci}^{1/6}} \tag{10.57}$$

式中，K_c 为适用于所有 C_{7+} 拟组分的调节参数。K_c 必须由实验得到的黏度数据来确定，这也就意味着该模型的应用必须依赖于混合物的黏度数据。

对于含有固态石蜡颗粒的流体，则需要采用非牛顿黏度模型，第 11 章关于油—蜡悬浊液黏度的部分对该模型进行了描述。

10.1.5 黏度数据和模拟结果

表10.4至表10.6给出了储层流体的摩尔组成,各组分黏度数据见表10.7。表10.4中的混合物是一种高温高压(HT/HP)储层流体。模拟结果如图10.5至图10.7所示,分别用对比态方程(CSP)和LBC黏度模型计算这三种混合物的黏度。LBC模型在模拟表10.6中原油黏度时存在一些问题,如图10.7所示。而与此相反的是,对比态模型对于模拟该数量级的黏度具有非常高的精度。

表10.4 HT/HP凝析油的摩尔组成

组　分	摩尔分数(%)	分子量	1.01bar,15℃时的密度(g/cm^3)
N_2	0.34	—	—
CO_2	3.59	—	—
C_1	67.42	—	—
C_2	9.02	—	—
C_3	4.31	—	—
iC_4	0.93	—	—
nC_4	1.71	—	—
iC_5	0.74	—	—
nC_5	0.85	—	—
C_6	1.38	—	—
C_7	1.50	109.6	0.6912
C_8	1.69	120.2	0.7255
C_9	1.14	129.5	0.7454
C_{10}	0.80	135.3	0.7864
C_{11+}	4.58	236.2	0.8398

注:该混合物的黏度值见表10.7和图10.5。

表10.5 混合油的摩尔组成

组　分	摩尔分数(%)	分子量	1.01bar,15℃时的密度(g/cm^3)
N_2	0.69	—	—
CO_2	3.14	—	—
C_1	52.81	—	—
C_2	8.87	—	—
C_3	6.28	—	—
iC_4	1.06	—	—
nC_4	2.48	—	—
iC_5	0.87	—	—
nC_5	1.17	—	—
C_6	1.45	—	—
C_7	2.40	91.7	0.741

续表

组　分	摩尔分数(%)	分　子　量	1.01bar, 15℃时的密度(g/cm³)
C_8	2.67	104.7	0.767
C_9	1.83	119.2	0.787
C_{10}	1.77	134.0	0.790
C_{11}	1.19	148.0	0.796
C_{12}	1.16	161.0	0.811
C_{13}	1.01	172.0	0.826
C_{14}	1.04	190.0	0.837
C_{15}	0.89	204.0	0.844
C_{16}	0.73	217.0	0.854
C_{17}	0.63	233.0	0.843
C_{18}	0.71	248.0	0.848
C_{19}	0.59	264.0	0.859
C_{20+}	4.57	425.0	0.909

注：该混合物的黏度值见表10.7和图10.6。

表10.6　混合油摩尔组成

组　分	摩尔分数(%)	分　子　量	1.01bar, 15℃时的密度(g/cm³)
N_2	0.291	—	—
CO_2	0.481	—	—
C_1	17.813	—	—
C_2	1.454	—	—
C_3	2.914	—	—
iC_4	1.146	—	—
nC_4	2.750	—	—
iC_5	1.769	—	—
nC_5	2.425	—	—
C_6	3.949	—	—
C_7	4.976	96.2	0.7123
C_8	5.467	109.7	0.7393
C_9	4.387	123.8	0.7583
C_{10+}	50.178	348.6	0.8982

注：该混合物的黏度值(Westvik, 1997)见表10.7和图10.7。

表 10.7　表 10.4 至表 10.6 中各组分的实验黏度值

表 10.4，140℃		表 10.5，164℃		表 10.6，100℃	
压力(bar)	黏度(cP)	压力(bar)	黏度(cP)	压力(bar)	黏度(cP)
1035.2	0.1052	466.0	0.237	304.0	2.468
966.3	0.0999	427.5	0.222	266.6	2.380
894.0	0.0943	405.0	0.211	231.0	2.277
828.4	0.0891	387.0	0.200	221.0	2.230
759.4	0.0837	365.5	0.195	141.0	2.144
690.5	0.0783	353.0	0.190	111.0	2.092
621.5	0.0729	330.1①	0.180	81.0	2.010
552.6	0.0674	304.3	0.197	61.5①	1.866
483.6	0.0619	275.0	0.221	56.0	1.869
414.7	0.0563	248.0	0.250	51.0	1.893
396.4①	0.0547	207.3	0.296	46.0	1.927
—	—	154.0	0.352	38.0	2.012
—	—	107.5	0.433	28.0	2.115
—	—	49.2	0.579	18.0	2.227
—	—	11.4	0.815	—	—
—	—	1.0	1.034	—	—

① 饱和点。

注：黏度曲线如图 10.5 至图 10.7 所示。

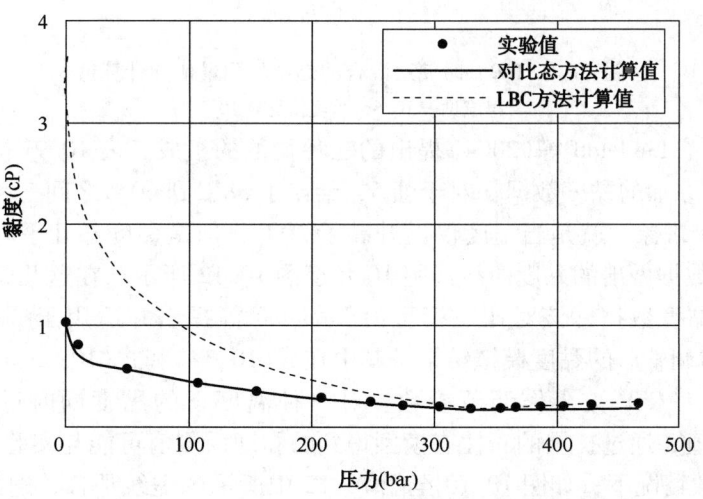

图 10.5　140℃时 HT/HP 凝析油黏度的测量值和计算值
组成见表 10.4，黏度值见表 10.7

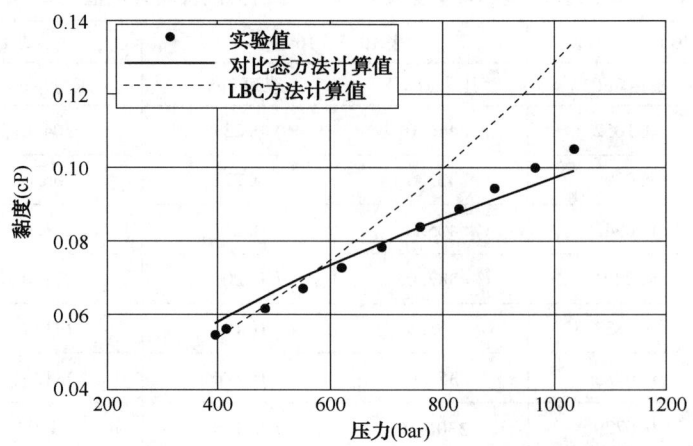

图 10.6　164℃时储层混合油黏度的测量值和计算值
组成见表 10.5，黏度值见表 10.7

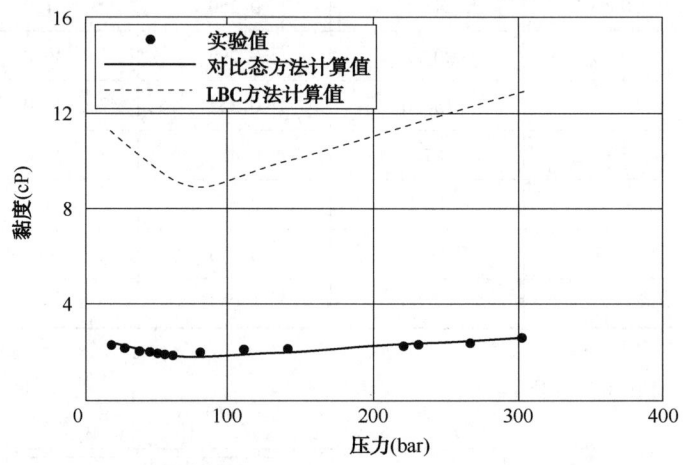

图 10.7　100℃时储层混合油黏度的测量值和计算值
组成见表 10.6，黏度值见表 10.7

表 10.8 列出了 Lindeloff 等（2004）提出的三种稠油的组成。表 10.9（按照 Lindeloff 方法编号）给出了这些原油的黏度数据。对于油 5，给出了 38℃到 60℃之间三种不同温度下的黏度值。其中有一个现象，就是当温度仅仅升高了 20℃，但是黏度却几乎降低了 6 倍。由表 10.9 列出的黏度数据做出的黏度曲线如图 10.8 至图 10.12 所示。在这几张图里也有利用对比态模型计算的黏度数据，该对比态模型由 Lindeloff 等提出并适用于稠油。图 10.8 至图 10.12 中的虚线为调整后的黏度模拟结果，其中在式（10.34）和式（10.35）中默认为 1.0 的两个乘数 3^{rd}CSP 和 4^{th}CSP 被当作调节参数。对三种温度下的黏度同时进行了调整。对于 1000cP 级的黏度值，通过扩展的对比态模型得到的黏度预测值可能与实验值有 2~3 倍的误差，但是在大多数情况下，如图 10.10 至图 10.12 中所示的虚线那样，通过调整式（10.34）和式（10.35）中的两个乘数 3^{rd}CSP 和 4^{th}CSP，就可以使黏度预测值和实验值有良好的匹配性。

表10.8 稠油的组成

项目		油1	油2	油5
组分摩尔分数(%)	N_2	0.90	0.31	0.04
	CO_2	0.14	0.08	1.21
	C_1	38.78	19.43	18.92
	C_2	2.03	1.47	0.04
	C_3	0.06	0.35	0.04
	iC_4	0.01	0.61	0.03
	nC_4	0.05	0.29	0.05
	iC_5	0.00	0.45	0.05
	nC_5	0.00	0.26	0.05
	C_6	0.04	0.90	0.23
	C_{7+}	57.99	75.86	79.34
	$M_{C_{7+}}$	296	337.5	530.2
C_{7+}组分密度(1.01bar, 15℃)(g/cm³)		0.955	0.945	1.009

表10.9 表10.8中组成的实验黏度值

油1		油2		油5			
压力(bar)	黏度(55℃)(cP)	压力(bar)	黏度(77℃)(cP)	压力(bar)	黏度(cP)		
					38℃	49℃	60℃
345.7	8.1	200	11.1	137.9	8500	2268	1505
311.3	7.7	170	10.4	110.3	7756	2085	1348
276.8	7.4	140	9.8	82.7	7011	1898	1167
242.3	7.0	110	9.3	55.2	5945	1735	997
231.0	6.9	70①	8.9	41.4	5541	1760	1061
221.6	6.8	—	—	27.6	5856	2100	1168
214.7	6.7	—	—	13.8	6888	2404	1288
207.9	6.6	—	—	—	—	—	—
202.6①	6.5	—	—	—	—	—	—
173.4	6.9	—	—	—	—	—	—
138.9	7.5	—	—	—	—	—	—
104.4	8.2	—	—	—	—	—	—
70.0	9.0	—	—	—	—	—	—
35.5	10.6	—	—	—	—	—	—
9.8	13.4	—	—	—	—	—	—
1.0	22.7	—	—	—	—	—	—

① 饱和压力。

资料来源：Lindeloff, N. et al. *J. Can. Petroleum Technol.* 43, 47-53, 2004。

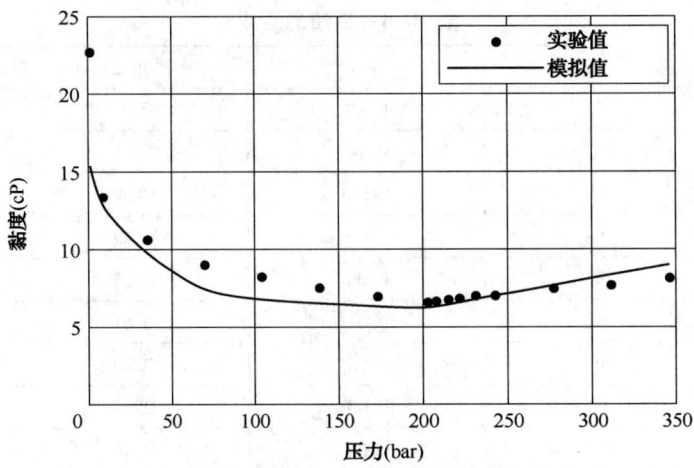

图 10.8　表 10.8 中油 1 在 55℃时黏度测量值和模拟值

黏度数据见表 10.9，模拟值由 Lindeloff(2004)扩展的对比态模型计算得到

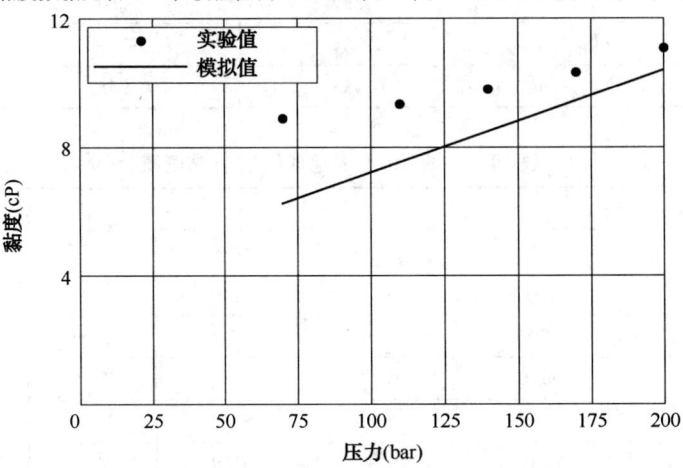

图 10.9　表 10.8 中油 2 在 77℃时黏度测量值和模拟值

黏度数据见表 10.9，模拟值由 Lindeloff(2004)扩展的对比态模型计算得到

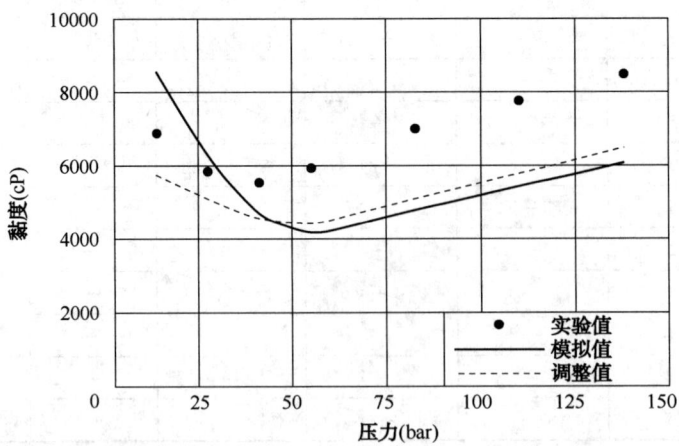

图 10.10　表 10.8 中油 5 在 38℃时黏度测量值和模拟值

黏度数据见表 10.9，模拟值由 Lindeloff(2004)扩展的对比态模型计算得到，
三种不同温度下的黏度值同时调整

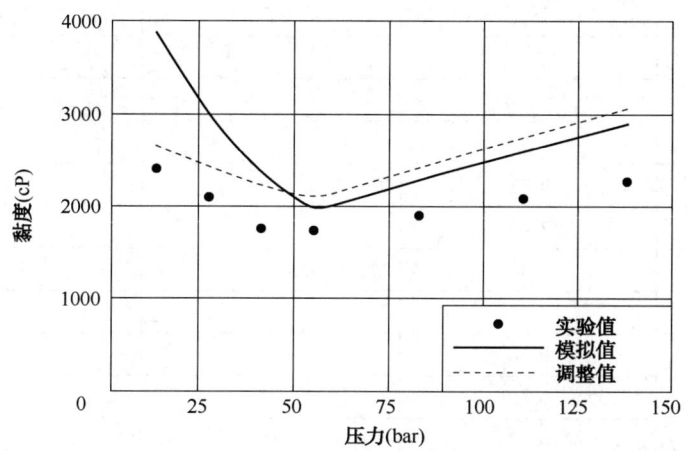

图 10.11　表 10.8 中油 5 在 49℃时黏度测量值和模拟值

黏度数据见表 10.9，模拟值由 Lindeloff(2004)扩展的对比态模型计算得到，
三种不同温度下的黏度值同时调整

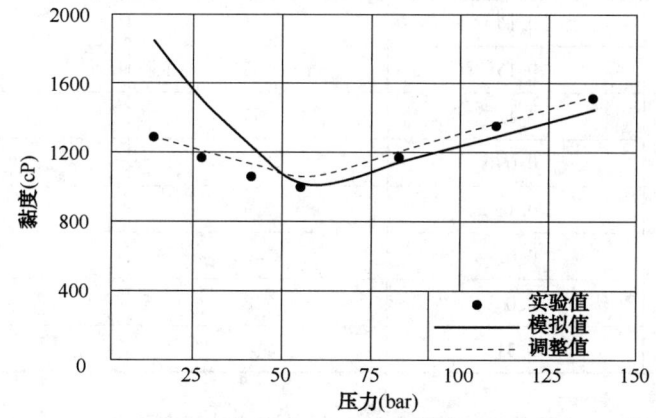

图 10.12　表 10.8 中油 5 在 60℃时黏度测量值和模拟值

黏度数据见表 10.9，模拟值由 Lindeloff(2004)扩展的对比态模型计算得到，
三种不同温度下的黏度值同时调整

气体黏度很少通过测量获得，因为一般来讲，目前常用的黏度关联式给出的结果都在实验误差之内。然而 Kashefi 等(2010)展示了在不同压力和温度下测量的黏度值，包括压力接近 1400bar 和温度高达 200℃ 的情况。流体组成见表 10.10，黏度值见表 10.11。黏度曲线如图 10.13 所示，图 10.13 同时也展示了对比态黏度模型得到的黏度值。

由凝析气冷凝得到的液相流体的黏度也是很重要的，尤其是对于流线模拟，但是这类液体的黏度很少见诸报道，其中有一组数据来自 Al-Meshari 等(2007)。表 10.12 列出了凝析油和近临界储层流体的摩尔组成，表 10.13 则列出了两种流体的黏度值。

表10.10 表10.11中给出黏度值的流体的组成

组　分	摩尔分数(%)	分　子　量	密度(g/cm³)
C_1	69.62		
C_2	13.14		
C_3	9.19		
iC_4	0.67		
nC_4	2.43		
iC_5	0.44		
nC_5	0.57		
C_6	0.56		
C_7	0.60	92	0.733
C_8	0.63	103	0.757
C_9	0.42	116	0.778
C_{10}	0.28	131	0.790
C_{11}	0.24	147	0.789
C_{12}	0.16	161	0.809
C_{13}	0.16	173	0.822
C_{14}	0.15	186	0.839
C_{15}	0.12	203	0.837
C_{16}	0.09	215	0.843
C_{17}	0.10	229	0.841
C_{18}	0.07	246	0.843
C_{19}	0.05	258	0.854
C_{20+}	0.31	384	0.880

表10.11 表10.10中流体组成的气态黏度

50℃		100℃		150℃		200℃	
压力(bar)	黏度(cP)	压力(bar)	黏度(cP)	压力(bar)	黏度(cP)	压力(bar)	黏度(cP)
1381	0.119	1380	0.097	1380	0.085	1379	0.076
1211	0.108	1207	0.089	1207	0.078	1207	0.069
1037	0.099	1035	0.080	1035	0.070	1035	0.064
862	0.087	862	0.071	862	0.062	863	0.056
691	0.076	690	0.062	690	0.054	691	0.047
519	0.065	519	0.052	519	0.044	519	0.039
415	0.057	417	0.048	416	0.038	415	0.034

注：黏度曲线如图10.13所示。

资料来源：Kashefi, K. et al. *J. Petroleum Sci. Eng.* 112, 153-160, 2013。

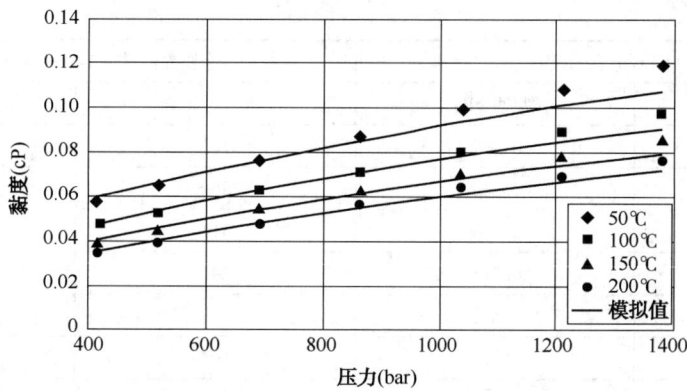

图 10.13　表 10.10 中流体组成的黏度值（Kashefi 等，2013）

实线为根据对比态黏度模型计算得到的模拟值

表 10.12　表 10.13 中给出黏度值的流体的组成

项目		凝析气	近临界流体
组分摩尔分数(%)	N_2	7.08	4.39
	CO_2	0.62	3.24
	C_1	71.04	62.49
	C_2	7.57	4.21
	C_3	3.48	2.81
	iC_4	0.64	1.00
	nC_4	1.43	1.76
	iC_5	0.50	0.92
	nC_5	0.56	1.09
	C_6	0.75	1.85
	C_7	1.07	2.40
	C_8	1.36	2.77
	C_9	0.86	2.26
	C_{10}	0.61	1.76
	C_{11}	0.41	1.25
	C_{12+}	2.02	5.80
C_{12+} 物性参数	密度 (g/cm³)	0.8247	0.84
	分子量	232	240

表 10.13　表 10.12 中流体组成的液体黏度

凝析气，117℃定容衰竭实验		近临界流体，149℃差异脱气实验	
压力(bar)	黏度(cP)	压力(bar)	黏度(cP)
395(饱和点)	—	485	0.223
346	0.264	461	0.222
291	0.277	427	0.219

续表

凝析气，117℃定容衰竭实验		近临界流体，149℃差异脱气实验	
压力(bar)	黏度(cP)	压力(bar)	黏度(cP)
242	0.292	402	0.218
194	0.312	368	0.217
146	0.339	311	0.243
98	0.384	242	0.273
56	0.442	173	0.310
1	0.561	104	0.365
		35	0.508
		1	0.528

注：定容衰竭(CVD)和差异脱气实验(DL)在第3章已经介绍。
资料来源：Al-Meshari, et al., SPE, Presented at *SPE ATEC*, Anaheim, USA, November 11-14, 2007。

表10.14给出了墨西哥湾储层流体的组成，其黏度在高压下测得(Hustad 等，2014)。表10.15给出了氮气浓度不同的含氮气储层流体的黏度以及用对比态黏度模型计算得到的黏度模拟值。

表10.14 墨西哥湾储层流体的组成

组 分	摩尔分数(%)	分 子 量	密度(g/cm³)
N_2	0.123		
CO_2	0.066		
C_1	37.769		
C_2	5.435		
C_3	5.88		
iC_4	0.726		
nC_4	3.285		
iC_5	0.728		
nC_5	2.232		
C_6	2.669		
C_7	4.025	92.9	0.7188
C_8	4.029	106.6	0.7416
C_9	3.355	120.5	0.7619
$C_{10}—C_{11}$	5.438	139.2	0.7852
$C_{12}—C_{14}$	5.444	175.0	0.8154
$C_{15}—C_{17}$	4.589	212.2	0.8461
$C_{18}—C_{20}$	3.038	254.5	0.8645
$C_{21}—C_{25}$	2.838	313.7	0.8884
$C_{26}—C_{30}$	1.694	350.0	0.9035
$C_{31}—C_{35}$	1.763	434.2	0.9240
C_{36+}	4.872	808	1.0093

资料来源：Hustad, O. S. et al., *SPE Reservoir Evaluation & Engineering* 17, 384-395, 2014。

表 10.15 氮气浓度不同的墨西哥湾储层流体在 94℃时黏度的实验值和模拟值

每摩尔储层流体中添加的 N_2 的物质的量(%)	1034bar 时的黏度(cP)		940bar 时的黏度(cP)		840bar 时的黏度(cP)	
	实验值	模拟值	实验值	模拟值	实验值	模拟值
0	2.026	2.179	1.865	2.053	1.706	1.916
0.09	1.712	1.844	1.573	1.734	1.451	1.614
0.18	1.407	1.461	1.295	1.369	1.194	1.270
0.27	1.101	1.130	1.025	1.069	0.960	1.004

注：模拟值由对比态模型计算得到。

资料来源：Hustad, O. S. et al., *SPE Reservoir Evaluation & Engineering* 17, 384-395, 2014。

10.2 导热系数

导热系数用比例常数 λ [单位：mW/(m·K)] 表示，定义式(傅里叶定律)为：

$$q = -\lambda \left(\frac{dT}{dx}\right) \tag{10.58}$$

式中：q 为单位面积上的热流量；dT/dx 为热量传导方向的温度梯度。定义式中的各项如图 10.14 所示。

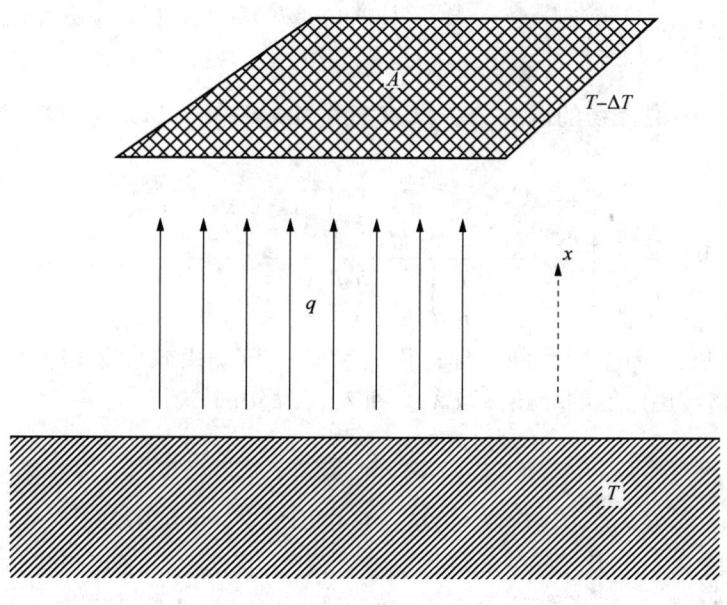

图 10.14 导热系数定义式中的术语

导热系数是一个重要的概念，特别是对于流动研究，因为导热系数影响着热传导，从而影响管道中的温度剖面。例如在处理固体沉淀(蜡、水合物、水垢)的潜在风险时，就需要正确地表示出温度剖面。利用对比态原理(Christensen 和 Fredenslund，1980；Pedersen 和 Fredenslund，1987)，可以计算导热系数。

根据对比态原理，导热系数表达式为：

$$\lambda_r = f(p_r, T_r) \tag{10.59}$$

式中：f 为遵守对比态原理的一组物质的相同的函数。对于对比导热系数 λ_r，其表达式为：

$$\lambda_r(p, T) = \frac{\lambda_r(p, T) T_c^{1/6} M^{1/2}}{p_c^{2/3}} \tag{10.60}$$

利用简化的对比态原理，组分 x 在温度为 T、压力为 p 时的导热系数为：

$$\lambda_x(p, T) = \frac{\left(\dfrac{p_{cx}}{p_{co}}\right)^{2/3}}{\left(\dfrac{T_{cx}}{T_{co}}\right)^{1/6}\left(\dfrac{M_x}{M_o}\right)^{1/2}} \lambda_o(p_o, T_o) \tag{10.61}$$

式中：$p_o = pp_{co}/p_{cx}$，$T_o = TT_{co}/T_{cx}$；λ_o 为参考物质在温度为 T_o、压力为 p_o 时的导热系数。与研究黏度时一样，选取甲烷为参考物质。但是与简化的对比态原理相比，需要做一些修正。多原子物质的导热性（Hanley，1976）可分为两个方面的贡献，一是传递平动能，二是传递内能。

$$\lambda = \lambda_{tr} + \lambda_{int} \tag{10.62}$$

Christensen 和 Fredenslund（1980）提出对比态理论只适用于平动能项，并引进 $\lambda_{int,mix}$ 来修正简化的对比态模型的误差。因此，混合物在温度为 T、压力为 p 时计算导热系数的最终表达式为：

$$\lambda_{mix}(p,T) = \frac{\left(\dfrac{p_{cx}}{p_{co}}\right)^{2/3}}{\left(\dfrac{T_{cx}}{T_{co}}\right)^{1/6}\left(\dfrac{M_x}{M_o}\right)^{1/2}} \left(\frac{\alpha_{mix}}{\alpha_o}\right)\left[\lambda_o(p_o, T_o) - \lambda_{int,o}(T_o)\right] + \lambda_{int,mix}(T) \tag{10.63}$$

含有 N 个组分的混合物的混合分子量 M_{mix} 由 Murad 和 Gubbins（1997）提出的 Chapman-Enskog 理论给出：

$$M_{mix} = \frac{1}{16}\left[\frac{\sum_{i=1}^{N}\sum_{j=1}^{N}\left[z_i z_j \sqrt{\dfrac{1}{M_i}+\dfrac{1}{M_j}}(T_{ci}T_{cj})^{1/4}\right]}{\left[\left(\dfrac{T_{ci}}{p_{ci}}\right)^{1/3}+\left(\dfrac{T_{cj}}{p_{cj}}\right)^{1/3}\right]^2}\right]^{-2} T_{c,mix}^{-1/3} p_{c,mix}^{4/3} \tag{10.64}$$

式中：z 为摩尔分数；i 和 j 为组分下标；$T_{c,mix}$ 和 $p_{c,mix}$ 分别由式（10.19）和式（10.22）给出。参考物质和混合物传递内能的导热系数 $\lambda_{int,o}$ 和 $\lambda_{int,mix}$ 都由下式得出：

$$\lambda_{int} = \frac{1.18653\eta^*(C_p^{id} - 2.5R)f(\rho_r)}{M} \tag{10.65}$$

$$f(\rho_r) = 1 + 0.053432\rho_r - 0.030182\rho_r^2 - 0.029725\rho_r^3 \tag{10.66}$$

η^* 为真实温度和一个大气压下的气体黏度；C_p^{id} 为真实温度下理想气体的热容；R 为气体常数。组分 i 的参数 α 计算如下（Pedersen 和 Fredenslund，1987）：

$$\alpha_i = 1 + 0.0006004\rho_{ri}^{2.043} M_i^{1.086} \tag{10.67}$$

式中，对比密度由式（10.27）给出。式（10.67）也可以用来计算参考组分的 α_o。

α_{mix} 用下面的混合规则计算：

$$\alpha_{mix} = \sum_{i=1}^{N}\sum_{j=1}^{N} z_i z_j \sqrt{\alpha_i \alpha_j} \tag{10.68}$$

该混合规则确保 α 值小的小分子比 α 值大的大分子更重要。小分子的运动能力比大分子强，因此与大分子相比，小分子能够传输更多的能量。

10 传递性质

对参考物质甲烷的导热系数的计算是基于 Hanley(1975) 模型:

$$\lambda(\rho,T) = \lambda_o(T) + \lambda_1(T)\rho + \Delta\lambda'(\rho,T) + \Delta\lambda_c(\rho,T) \tag{10.69}$$

其中,稀薄气体的导热系数 λ_o 计算如下:

$$\lambda_o = \frac{GT(1)}{T} + \frac{GT(2)}{T^{2/3}} + \frac{GT(3)}{T^{1/3}} + GT(4) + GT(5)T^{1/3} + GT(6)T^{2/3} +$$

$$GT(7)T + GT(8)T^{4/3} + GT(9)T^{5/3} \tag{10.70}$$

常数 $GT(1) \sim GT(9)$ 由表 10.16 查得。λ_1 由下面经验关系式求得:

$$\lambda_1(T) = A + B\left(C - \ln\frac{T}{F}\right)^2 \tag{10.71}$$

式中,常数 A,B,C 和 F 由表 10.16 给出。$\Delta\lambda'$ 由式(10.72)计算,同时 $\Delta\lambda'$ 在密集液相区起决定作用。通过引进 $\Delta\lambda_c(\rho,T)$ 来解释纯组分在临界点附近导热系数的增加。而对于混合物,这一项可以忽略不计。系数 $l_1 \sim l_7$ 的值由表 10.16 给出。

$$\Delta\lambda'(\rho,T) = \exp\left(l_1 + \frac{l_4}{T}\right)\left\{\exp\left[\rho^{0.1}\left(l_2 + \frac{l_3}{T^{3/2}}\right) + \theta\sqrt{\rho}\left(l_5 + \frac{l_6}{T} + \frac{l_7}{T^2}\right)\right] - 1.0\right\} \tag{10.72}$$

如同对于黏度一样,可以采用一个"低温项"(Pedersen 和 Fredenslund, 1987)来修正在参考温度下,由于甲烷呈现固态导致甲烷模型而产生的误差。忽略临界项,则甲烷导热系数的最终表达式为:

$$\lambda(\rho,T) = \lambda_o(T) + \lambda_1(T)\rho + F_1\Delta\lambda'(\rho,T) + F_2\Delta\lambda''(\rho,T) \tag{10.73}$$

F_1 和 F_2 由式(10.30)确定。$\Delta\lambda''(\rho,T)$ 的表达式为:

$$\Delta\lambda''(\rho,T) = \exp\left(m_1 + \frac{m_4}{T}\right)\left\{\exp\left[\rho^{0.1}\left(m_2 + \frac{m_3}{T^{3/2}}\right) + \theta\sqrt{\rho}\left(m_5 + \frac{m_6}{T} + \frac{m_7}{T^2}\right)\right] - 1.0\right\} \tag{10.74}$$

式中,系数 $m_1 \sim m_7$ 的值由表 10.16 查得。

表 10.16 计算导热系数的方程中的各个常数

方程式	常数	值
式(10.70)	$GT(1)$	-2.147621×10^5
	$GT(2)$	2.190461×10^5
	$GT(3)$	-8.618097×10^4
	$GT(4)$	1.496099×10^4
	$GT(5)$	-4.730660×10^2
	$GT(6)$	-2.331178×10^2
	$GT(7)$	3.778439×10^1
	$GT(8)$	-2.320481
	$GT(9)$	5.311764×10^2
式(10.71)	A	-0.25276292
	B	0.33432859
	C	1.12
	F	168.0

续表

方程式	常数	值
式(10.72)	l_1	-7.0403639907
	l_2	1.2319512908×10
	l_3	$-8.8525979933 \times 10^2$
	l_4	7.2835897919×10
	l_5	0.74421462902
	l_6	-2.9706914540
	l_7	2.2209758501×10^3
式(10.74)	m_1	-8.55109
	m_2	1.25539×10
	m_3	-1.02085×10^3
	m_4	2.38394×10^2
	m_5	1.31563
	m_6	-7.25759×10
	m_7	1.41160×10^3

导热系数数据和模拟结果。

一般很难找到油气藏流体或者其他多组分烃类混合物的导热系数资料，但是一些二元混合气体和油气窄馏分的导热系数资料还是存在的。表10.17展示了CO_2和C_1的二元混合气体的导热系数数据(Christensen 和 Fredenslund, 1979)，表10.18则给出了窄馏分实验导热系数(Baltatu 等, 1985)。两张表也都给出了对比态模型计算得到的模拟结果。

表10.17 摩尔分数49.39%的CO_2和50.16%的C_1二元混合气体导热系数测量值和模拟值

温度(K)	压力(bar)	导热系数[mW/(m·K)]		误差(%)
		测量值	模拟值	
267.12	17.91	24.45	24.32	-0.5
246.77	11.12	21.77	22.06	1.3
266.93	12.14	23.39	23.60	0.9
228.32	2.64	19.14	19.42	1.5
246.75	2.86	20.65	20.85	1.0
253.94	2.95	21.68	21.41	-1.3

注：模拟结果利用 Christensen-Fredenslund 模型(1980)计算得到。
资料来源：Christensen, P. L. and Fredenslund, Aa., *J. Chem. Eng.* Data 24, 281-283, 1979。

表 10.18　大气压力下窄馏分导热系数测量值和模拟值

油气产品	沸点(℃)	密度(15℃)(g/cm³)	温度(℃)	导热系数 λ[mW/(m·K)] 实验值	导热系数 λ[mW/(m·K)] 模拟值	误差(%)
汽油(无铅)	81.9	0.756	0.0	135.3	133.5	-1.3
汽油(B-70)	111.8	0.750	110.2	89.6	88.2	-1.6
煤油(TS-1)	196.8	0.789	23.2	116.9	119.5	2.2
轻质煤油(科威特原油)	231.3	0.799	60.2	119.7	109.9	-8.2
柴油	255.2	0.848	20.2	121.0	125.7	3.9
煤油(最高含20%的芳香族化合物)	258.1	0.786	60.2	121.6	100.0	-13.0
柴油(真空蒸馏)	313.3	0.851	200.2	92.4	83.9	-9.2
芳香传热油	394.6	0.948	125.2	110.9	111.2	-1.1

注：模拟结果利用 Pedersen-Fredenslund 模型(1987)计算得到。
资料来源：Baltetu, M. E. et al., *Ind. Eng. Chem. Process Res. Dev.* 24, 325-332, 1985。

10.3　气/油表面张力

位于气液平衡表面的分子与活跃在主体液相或气相里面的分子受力不同，相邻的气体分子的引力要比相邻的液体分子的引力小。表层受到拉伸，在材料质量、容器限制以及外力的影响下出现缩小到最小面积的趋势。表面张力或者界面张力 σ 的定义如下：

$$\sigma = \left(\frac{\partial G}{\partial A}\right)_{T,V,N} \tag{10.75}$$

式中：G 为 Gibbs 自由能(见附录 A)；A 为表面积；T 为温度；V 为摩尔体积；N 为分子数。

表面张力可以解释为液体阻止表面积扩大的阻力。表面张力的国际单位制(SI)为 N/m，另一个常用的单位为 dyn/cm，两者的转换关系为 $1 N/m = 10^3 dyn/cm$。

在研究储层中孔隙级流动过程时，必须要了解油气界面张力相关的知识，同时油气界面对于动态管流模拟中研究相间滑移也非常重要。

10.3.1　界面张力模型

Brock 和 Bird(1955)提出了如下近似描述纯非极性组分表面张力的表达式：

$$\sigma = A_c (1 - T_r)^\theta \tag{10.76}$$

其中

$$A_c = p_c^{2/3} T_c^{1/3} (0.133 \alpha_c - 0.281) \tag{10.77}$$

$$\alpha_c = 0.9076 \left(1 + \frac{T_{Br} \ln p_c}{1 - T_{Br}}\right) \tag{10.78}$$

式中：$\theta = 11/9$；T_r 为对比温度(T/T_c)；α_c 为 Riedel 参数(Riedel, 1954)；p_c 为临界压力，atm；T_c 为临界温度，K；T_{Br} 为对比沸点(T_B/T_c)。

我们不清楚如何给混合物的临界温度 T_c 和临界压力 p_c 赋值，而且影响混合物表面张力的临界参数是否和纯组分一样也尚不清楚。对于混合物，用相态的物性参数来描述表面张力更加方便，比如密度，该性质或者可测得，或者可准确计算得到。用如下的近似式(Fisher,

1967)可以将温度相关性转换为密度相关性：

$$\rho_L - \rho_V = B'(T_c - T)^\beta \quad (10.79)$$

式中：ρ_L 和 ρ_V 分别为液相和汽相密度；β 为常数，对于大多数的纯组分，其取值范围为 0.3~0.5；系数 B' 的量纲为密度/温度^x。改写式(10.79)可以将其转换为无量纲常数 B：

$$\frac{\rho_L - \rho_V}{\rho_c} = B(1 - T_r)^\beta \quad (10.80)$$

式中：ρ_c 为临界密度；T_r 为对比温度(T/T_c)。将式(10.8)带入式(10.76)可得：

$$\sigma^{\beta/\theta} = \frac{A_c^{\beta/\theta} V_c}{B}(\bar{\rho}_L - \bar{\rho}_V) \quad (10.81)$$

式中：V_c 为临界体积；$\bar{\rho}_L$ 和 $\bar{\rho}_V$ 分别为液相和汽相的摩尔密度。摩尔密度是指密度除以分子量。系数 $\frac{A_c^{\beta/\theta} V_c}{B}$ 称为等张比容 $[P]$，因此式(10.81)可以改写为：

$$\sigma^{\beta/\theta} = [P](\bar{\rho}_L - \bar{\rho}_V) \quad (10.82)$$

该方程一般称为 Macleod-Sugden 关系式(Macleod，1923；Sugden，1924)。Weinaug 和 Katz(1943)提出令 $\beta/\theta = 1/4$，就可以将该方程扩展应用于混合物：

$$\sigma^{1/4} = \sum_{i=1}^{N} (\bar{\rho}_L [P]_i x_i - \bar{\rho}_V [P]_i y_i) \quad (10.83)$$

式中：i 为组分标记；x 和 y 分别为油相和气相中的摩尔分数。密度单位为 g/cm^3，表面张力单位为 dyn/cm。对于明确组分，等张比容有固定的值。一些常见的油气组分的等张比容见表 10.19。C_{7+} 组分的等张比容的计算方法为：

$$[P]_i = 59.3 + 2.34 M_i \quad (10.84)$$

式中：M_i 为组分的分子量。在一篇综述文章中，Ali(1994)给出了一些其他的等张比容关联式。

表 10.19 一些油气组分的等张比容

化 合 物	等张比容
N_2	41.0
CO_2	78.0
H_2S	80.1
C_1	77.3
C_2	108.9
C_3	151.9
iC_4	181.5
nC_4	191.7
iC_5	225.0
nC_5	233.9
C_6	271.0

资料来源：Poling, B. E. et al., *The Properties of gas and Liquid*, McGraw-Hill, New York, 2000。

Lee 和 Chien(1984)提出了适用于混合物的式(10.82)的二次修正式。表面张力为：

$$\sigma^{1/4} = \bar{\rho}_L [P]_L - \bar{\rho}_V [P]_V \quad (10.85)$$

液相和气相的等张比容 $[P]_L$ 和 $[P]_V$ 的表达式为：

$$[P]_L = \frac{A_{cL}^{1/4} V_{cL}}{B_L}; \quad [P]_V = \frac{A_{cL}^{1/4} V_{cL}}{B_V} \tag{10.86}$$

其中

$$V_{cL} = \sum_{i=1}^{N} x_i V_{ci}; \quad V_{cV} = \sum_{i=1}^{N} y_i V_{ci} \tag{10.87}$$

$$B_L = \sum_{i=1}^{N} x_i B_i; \quad B_V = \sum_{i=1}^{N} y_i B_i \tag{10.88}$$

$$A_{cL} = p_{cL}^{2/3} T_{cL}^{1/3} (0.133 \alpha_{cL} - 0.281); \quad A_{cV} = p_{cV}^{2/3} T_{cV}^{1/3} (0.133 \alpha_{cV} - 0.281) \tag{10.89}$$

$$p_{cL} = \sum_{i=1}^{N} x_i p_{ci}; \quad p_{cV} = \sum_{i=1}^{N} y_i p_{ci} \tag{10.90}$$

$$T_{cL} = \sum_{i=1}^{N} x_i T_{ci}; \quad T_{cV} = \sum_{i=1}^{N} y_i T_{ci} \tag{10.91}$$

$$\alpha_{cL} = \sum_{i=1}^{N} x_i \alpha_{ci}; \quad \alpha_{cV} = \sum_{i=1}^{N} y_i \alpha_{ci} \tag{10.92}$$

x 表示液相摩尔分数；y 表示气相摩尔分数；i 表示组分标记。T_c 的单位为 K；p_c 的单位为 atm；V_c 的单位为 cm³/mol。油气组分的 B 值在表 10.20 中给出。Pedersen 等（1989）提出将 C_{7+} 组分作为一个整体并利用下面的方法来计算等张比容。首先，作为整体的 C_{7+} 组分的临界摩尔体积为（Riedel，1954）：

$$V_{c,C_{7+}} = \frac{RT_{c,C_{7+}}}{p_{c,C_{7+}} [3.72 + 0.26(\alpha_{c,C_{7+}} - 7.0)]} \tag{10.93}$$

表 10.20　确定等张比容的式(10.86)中 B 参数的值(Lee 和 Chien，1984)

化 合 物	B
氮气	3.505
二氧化碳	3.414
甲烷	3.403
乙烷	3.591
丙烷	3.602
正丁烷	3.652
正戊烷	3.690
正己烷	3.726

式中：$T_{c,C_{7+}}$ 和 $p_{c,C_{7+}}$ 为所有 C_{7+} 拟组分的 T_c 和 p_c 的质量平均值；$\alpha_{c,C_{7+}}$ 是利用所有 C_{7+} 拟组分的 T_{Br} 和 p_c 的质量平均值，由式(10.78)计算得到；C_{7+} 组分的 A_c 的计算式为：

$$A_{c,C_{7+}} = p_{c,C_{7+}}^{2/3} T_{c,C_{7+}}^{1/3} (0.133 \alpha_{c,C_{7+}} - 0.281) \tag{10.94}$$

所有 C_{7+} 组分的等张比容为(Nokay，1959)：

$$\lg[\rho_{C_{7+}}] = -8.93275 + 3.6884 \lg\left(\frac{T_{c,C_{7+}}}{\rho_{C_{7+}}^{0.6676}}\right) \tag{10.95}$$

在该表达式中，临界温度的单位为°R。$\rho_{C_{7+}}$ 为 C_{7+} 组分在大气压力条件下的密度，g/cm³。

由式(10.95)可以求得$[\rho_{C_{7+}}]$,重新整理式(10.86)可以确定所有C_{7+}组分的B值。

$$B_{C_{7+}} = \frac{A_{c,C_{7+}}^{1/4} V_{c,C_{7+}}}{[\rho_{C_{7+}}]} \tag{10.96}$$

液相和气相的B值可以由式(10.88)计算得到,而液相和气相的等张比容则可以由式(10.90)计算得到。表面张力通过式(10.85)计算得到,其中密度由第4章介绍的立方型状态方程计算得到。

Danesh等(1991)发现,在分析凝析气系统的界面张力数据的过程中,如果将β/θ由1/4修改为如下的表达式,并运用Weinaug-Katz关联式[式(10.83)]就可以提高计算结果的精度:

$$\frac{\beta}{\theta} = \frac{1}{3.583 + 0.16(\rho_L - \rho_V)} \tag{10.97}$$

式中:ρ_L和ρ_V分别为液相和气相的密度,g/cm³。

10.3.2 界面张力数据和模拟结果

Simon等(1978)展示了高压条件下添加大量二氧化碳的储层流体的油气界面张力数据。储层流体的组成见表10.21,表面张力的测量值见表10.22所示。由Lee和Chien关联式和Weinaug-Katz关联式得到的模拟结果也在表10.22中列出。表10.23给出了另一个石油的油气界面张力数据(Firoozabadi等,1988),原油组成见表10.21。

表10.21 两种储层原油的组成

项 目		Simon等(1978)	Firoozabadi等(1988)
组分摩尔分数(%)	N_2	—	0.03
	CO_2	0.01	2.02
	C_1	31.00	51.53
	C_2	10.41	8.07
	C_3	11.87	5.04
	iC_4	—	0.83
	nC_4	7.32	2.04
	iC_5	—	0.84
	nC_5	4.41	1.05
	C_6	2.55	1.38
	C_{7+}	32.43	27.17
	$M_{C_{7+}}$	199	217
1.01bar和15℃时C_{7+}的密度(g/cm³)		0.869	0.891[①]

① 调整到泡点为82.3℃和316.5bar。

注:两种油的表面张力测量数据见表10.22。

表10.22　表20.21中储层原油溶解CO_2时表面张力测量值和计算值

摩尔比 (CO_2/油)	温度 (℃)	压力 (bar)	表面张力(mN/m)				
			测量值	L&C[式(10.85)]		W-K[式(10.78)]	
				计算值	误差(%)	计算值	误差(%)
55/45	54.4	137.9	0.434	0.428	−1.4	0.354	−18.4
55/45	54.4	156.6	0.0583	—	—	0.0548	−6.0
80/20	54.4	139.2	1.097	0.991	−9.7	0.679	−38.1
80/20	54.4	166.1	0.919	0.883	−3.9	0.437	−52.4
80/20	54.4	201.3	0.775	0.885	−14.2	0.315	−59.4

注：L&C表示Lee和Chien(1984)，W-K表示Weinaug和Katz(1943)。
资料来源：Simon，R. et al.，Soc. *Petroleum Eng. J.* 20-26，February 1978。

表10.23　表10.21中储层原油在82.2℃时表面张力测量值和计算值

压力(bar)	测量值	表面张力(mN/m)			
		L&C[式(10.85)]		W-K[式(10.78)]	
		计算值	误差(%)	计算值	误差(%)
263.0	1.3	1.3	0.0	1.5	15.4
228.5	2.3	2.0	−13.0	2.4	4.3
194.0	3.3	3.1	−6.1	3.7	12.1
159.6	4.6	4.7	2.2	5.5	19.6

注：L&C表示Lee和Chien(1984)，W-K表示Weinaug和Katz(1943)。
资料来源：Firoozabadi，A. et al.，*SPE Reservoir Eng.* 3，265-272，1988。

10.4　扩散系数

考虑A、B组成的一种单相(气相或液相)二元混合物，假设存在浓度梯度，也就是说A和B的浓度随方位发生变化，这种情况下就会存在组分流量$\bar{J}_A$和$\bar{J}_B$：

$$\bar{J}_A = -D_{AB}\frac{dc_A}{dz}$$
$$\bar{J}_B = -D_{BA}\frac{dc_B}{dz}$$

(10.98)

式中：D_{AB}为组分A在组分B中的扩散系数；D_{BA}为组分B在组分A中的扩散系数；dc_A/dz为组分A在z方向的浓度梯度。类似地，dc_B/dz为组分B在z方向的浓度梯度。两个扩散系数均表示在z方向的扩散。对于正构石蜡烃在正构石蜡烃中的扩散，Hayduk和Minhas(1982)提出了扩散系数(单位：m^2/s)的如下表达式：

$$D_i = 13.3 \times 10^{-12} \times T^{1.47} \frac{\eta^{\left(\frac{10.2}{V}\right)-0.791}}{V^{0.791}}$$

(10.99)

式中：T 为温度，K；η 为主体相的黏度，cP；V 为主体相的摩尔体积，cm^3/g。Lindeloff 和 Krejbjerg(2002)曾提出将该表达式用于管道内侧由于分子扩散导致的石蜡沉积的模拟中。第 11 章将会进一步介绍结蜡。

参 考 文 献

Ali, J. K., Prediction of parachors of petroleum cuts and pseudocomponents, *Fluid Phase Equilib.* 95, 383-398, 1994.

Al-Meshari, A., Kokal, S., and Sajjad, A., Measurement of gas condensates, near-critical and volatile oil den-sities, and viscosities at reservoir conditions, SPE 108434, presented at *SPE ATCE*, Anaheim, USA, November 11-14, 2007.

Baltatu, M. E. Ely, J. F., Hanley, H. J. M., Graboski, M. S., Perkins, R. A., and Sloan, E. D., Thermal conductivity of coal-derived liquids and petroleum fractions, I*nd. Eng. Chem. Process Res. Dev.* 24, 325-332, 1985.

Beggs, H. D. and Robinson, J. R., Estimating the viscosity of crude oil systems, *J. Petroleum Technol.* 27, 1140-1141, 1975.

Brock, J. R. and Bird, R. B., Surface tension and the principle of corresponding states, *AIChE J.* 1, 174-177, 1955.

Christensen, P. L. and Fredenslund, Aa., Thermal conductivity of gaseous mixtures of methane with nitrogen and carbon dioxide, *J. Chem. Eng. Data* 24, 281-283, 1979.

Christensen, P. L. and Fredenslund Aa., A corresponding states model for the thermal conductivity of gases and liquids, *Chem. Eng. Sci.* 35, 871-875, 1980.

Dandekar, A., Danesh, A., Tehrani, D. H., and Todd, A. C., A modified viscosity method for improved prediction of dense phase viscosities, presented at the *7th European IOR Symposium*in Moscow, Russia, October 27-29, 1993.

Danesh, A. S, Dandekar, A. Y., Todd, A. C., and Sarkar, R., A modified scaling law and parachor method for improved prediction of interfacial tension of gas-condensate systems, SPE 22710, presented at *SPE ATCE*, Dallas, TX, October 6-9, 1991.

Firoozabadi, A., Katz, D. L., Sonoosh, H., and Sajjadian, V. A., Surface tension of reservoir crude oil-gas systems recognizing the asphalt in the heavy fraction, *SPE Reservoir Eng.* 3, 265-272, 1988.

Fisher, M. E., The theory of equilibrium critical phenomena, *Report of Progress in Physics*, A. C. Stickland, Ed., 616, 1967.

Guo, X. Q., Wang, L. S., Rong, S. X., and Guo, T. M., Viscosity model based on equations of state for hydrocar-bon liquids and gases, *Fluid Phase Equilib.* 139, 405-421, 1997.

Hanley, H. J. M., McCarty, R. D., and Haynes, W. M., Equation for the viscosity and thermal conductivity coef-ficients of methane, *Cryogenics* 15, 413-417, 1975.

Hanley, H. J. M., Prediction of the viscosity and thermal conductivity coefficients of mixtures, *Cryogenics* 16, 643-651, 1976.

Hayduk, W. and Minhas, B. S., Correlations for predictions of molecular diffusivities in liquids, *Can. J. Chem. Eng.* 60, 295-299, 1982.

Herning, F. and Zippener, L., Calculation of the viscosity of technical gas mixtures from the viscosity of the individual gases, *Gas u. Wasserfach* 79, 69-73, 1936.

Hirschfelder, J. O., Curtiss, C. F., and Bird, R. B., *Molecular Theory of Gases and Liquids*, John Wiley

& Sons, New York, 1954.

Hustad, O. S, Jia, N., Pedersen, K. S., Memon, A., and Lekumjorn, S., High pressure data and modeling results for phase behavior and asphaltene onsets of Gulf of Mexico oil mixed with nitrogen, *SPE Reservoir Evaluation & Engineering* 17, 384-395, 2014.

Kashefi, K., Chapoy, A., Bell, K., and Tohidi Kalorazi, B., Viscosity of binary and multicomponent hydrocar-bon fluids at high pressure and high temperature conditions: measurements and predictions, *J. Petroleum Sci. Eng.* 112, 153-160, 2013.

Lee, A., Gonzalez, M., and Eakin, B., The viscosity of natural gases, *J. Petroleum Technol.* 18, 997-1000, 1966.

Lee, S. T. and Chien, M. C. H., A new multicomponent surface tension correlation based on scaling theory, *SPE/ DOE Fourth Symposium on Enhanced Oil Recovery*, Tulsa, Oklahoma, April 14-16, pp. 147-158, 1984.

Lindeloff, N. and Krejbjerg, K., A compositional model simulating wax deposition in pipeline systems, *Energy & Fuels* 16, 887-891, 2002.

Lindeloff, N., Pedersen, K. S., Rønningsen, H. P., and Milter, J., The corresponding states viscosity model applied to heavy oil systems, *J. Can. Petroleum Technol.* 43, 47-53, 2004.

Lohrenz, J., Bray, B. G., and Clark, C. R., Calculating viscosities of reservoir fluids from their compositions, *J. Petroleum Technol.* 1171-1176, October 1964.

Macleod, D. B., On a relation between surface tension and density, *Trans. Faraday Soc.* 19, 38-42, 1923.

McCarty, R. D., A modified Benedict-Webb-Rubin equation of state for methane using recent experimental data, *Cryogenics* 14, 276-280, 1974.

Murad, S. and Gubbins, K. E., Corresponding states correlation for thermal conductivity of dense fluids, *Chem. Eng. Sci.*, 32, 499-505, 1977.

Nokay, R., Estimate petrochemical properties, *Chem. Eng.* 66, 147-148, 1959.

Pedersen, K. S., Fredenslund, Aa., Christensen, P. L., and Thomassen, P., Viscosity of crude oils, *Chem. Eng. Sci.* 39, 1011-1016, 1984.

Pedersen, K. S. and Fredenslund, Aa., An improved corresponding states model for the prediction of oil and gas viscosities and thermal conductivities, *Chem. Eng. Sci.* 42, 182-186, 1987.

Pedersen, K. S., Lund, T., and Fredenslund, Aa., Surface tension of petroleum mixtures, *J. Can. Petroleum. Technol.* 28, 118-123, 1989.

Poling, B. E., Prausnitz, J. M., and O'Connell, J. P. *The Properties of Gases and Liquids*, McGraw-Hill, New York, 2000.

Quinones-Cisneros, S. E., Zéberg-Mikkelsen, C. K., and Stenby, E. H., Friction theory prediction of crude oil viscosity at reservoir conditions based on dead oil properties, *Fluid Phase Equilib.* 212, 233-243, 2003.

Riedel, L., Eine neue universelle Dampfdruckformel. Untersuchungen über eine Erweiterung des Theorems der übereinstimmenden Zustände (in German), *Chemie Ingenieur Technik*, 26, 83-89, 1954.

Rønningsen, H. P., Prediction of viscosity and surface tension of North Sea petroleum fluids by using the average molecular weight, *Energy Fuels* 7, 565-573, 1993.

Simon, R., Rosman, A., and Zana, E., Phase-behavior properties of CO_2-reservoir oil systems, *Soc. Petroleum Eng. J.* 20-26, February 1978.

Standing, M. B. and Katz, D. L., Density of natural gases, *Trans. AIME* 146, 140-149, 1942.

Stiel, L. I. and Thodos, G., The viscosity of nonpolar gases at normal pressures, *AIChE J.* 7, 611-

615, 1961.

Sugden, S., The variation of surface tension with temperature and some related functions, *J. Chem. Soc.* 32-41, 1924.

Weinaug, C. F. and Katz, D. L., Surface tensions of methane-propane mixtures, *Ind. Eng. Chem.* 35, 239-246, 1943.

Westvik, K., Pseudocomponent characterization for the Lohrenz-Bray-Clark Viscosity Correlation, M. Sc. thesis, Stavanger University College, Norway, 1997.

11 石蜡的形成

大多数油藏流体中都含有重烷烃组分，随着流体所处环境温度的降低，这些重烷烃组分可能会沉淀出固体或者固体类似物。当未经处理的井内流体在海底管道中运输时，运输管道中的温度可能会降低，并逐渐接近周围海水的温度。在这种情况下，石蜡的沉淀可能会使运输过程变得困难。石蜡可能会沉积于流体输送管线中，并在其中慢慢形成固体层。随着输送过程的不断进行，如果不对这些固体沉积物进行机械清除，固体层会不断地增厚并最终阻塞输送管线。当然，并不是所有形成的石蜡都会在管壁上发生沉积。有些石蜡组分会像固体颗粒一样沉淀出来存在于原油体相中，并以悬浮状态进行输送。悬浮的石蜡颗粒会导致原油的表观黏度增加，进而会影响原油的流动性能。这部分内容会在第 11.5 节中进行进一步探讨。

石蜡颗粒的化学构成主要包括直链烷烃和轻度支化的烷烃，同时具有长烷烃支链的环烷烃的存在也可能影响石蜡的形成。典型的石蜡分子如图 11.1 所示。实验研究（Bishop 等，1995）发现，固体石蜡中基本不存在分子量高于 C_{50} 的组分，这与石蜡中烷烃的聚集方式有关。大部分直链烷烃与轻度支化的异构烷烃存在于较轻的 C_{7+} 组分中。在更高分子量的组分中，支化程度也更高，因此这些分子不容易进入固相结构中。图 11.2 定性描述了分子结构随着分子量增加的变化趋势。在轻质的 C_{7+} 组分中，无支链或轻度支化的烷烃成分所占比重很大，但是低熔点这一物理特性限制了轻质 C_{7+} 组分在石蜡中的含量。固体石蜡相主要是由 C_{20}—C_{50} 的烷烃组成。

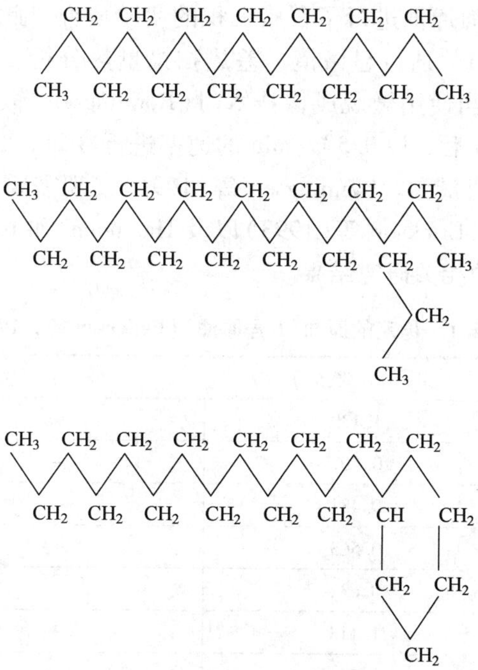

图 11.1 典型的石蜡分子结构示意图

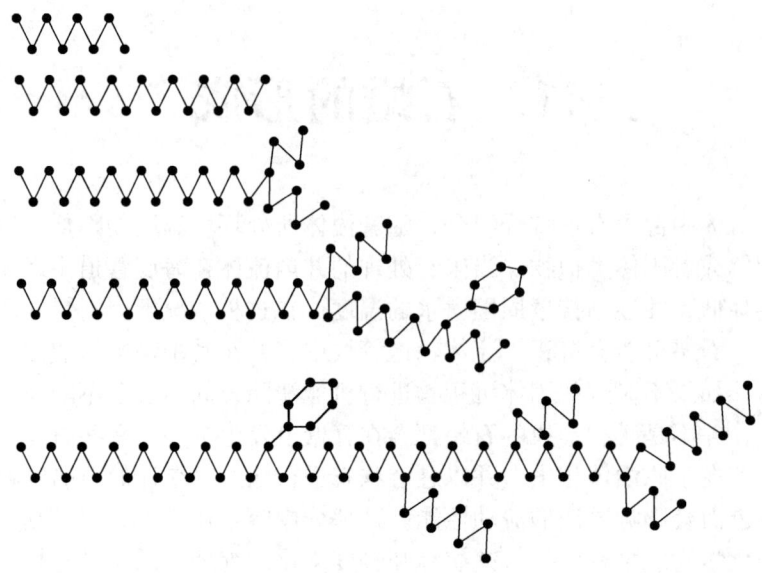

图 11.2　分子结构随分子质量增加的变化情况
其中，支链和环结构随着分子量的增加而增加

11.1　石蜡沉积实验研究

1991年，*Energy & Fuels* 期刊上公开了许多有关石蜡沉积系统实验研究的文献（Rønningsen等，1991；Pedersen等，1991；Hansen等，1991；Pedersen等，1991）。在这些研究中，对17种不同的北海原油进行了石蜡沉积的实验研究。此处主要介绍其中某个原油样品的组分分析，见表11.1。通过显微镜、差热扫描量热分析、黏度计等能够得到析蜡点（WAT）数据，见表11.2。当使用微观成像技术时（Rønningsen等，1991），样品从环境温度加热至80℃，在保持10min后，以0.5℃/min的速率进行冷却。据报道，显微镜中观察到结晶的最高温度（析蜡点）数值最大。Rønningsen等（1991）发现需要再次加热样品至80℃才能重复出析蜡点的实验结果。Erickson等（1993）以及Hammami和Raines（1997）也报道了使用显微成像方法测试析蜡点的相关研究结果。

表 11.1　稳定的原油（1号原油）（Pedersen等，1991）

组　分	摩尔分数（%）	分　子　量	密度（g/cm^3）
C_1	1.139	—	—
C_2	0.507	—	—
C_3	0.481	—	—
iC_4	0.563	—	—
nC_4	0.634	—	—
iC_5	1.113	—	—
nC_5	0.515	—	—
C_6	2.003	—	—

续表

组 分	摩尔分数(%)	分 子 量	密度(g/cm³)
C_7	5.478	91	0.749
C_8	8.756	115	0.768
C_9	7.222	117	0.793
C_{10}	5.414	132	0.808
C_{11}	5.323	148	0.815
C_{12}	4.571	159	0.836
C_{13}	5.289	172	0.850
C_{14}	4.720	185	0.861
C_{15}	4.445	197	0.873
C_{16}	3.559	209	0.882
C_{17}	3.642	227	0.873
C_{18}	3.104	243	0.875
C_{19}	2.717	254	0.885
C_{20}	2.597	262	0.903
C_{21}	1.936	281	0.898
C_{22}	2.039	293	0.898
C_{23}	1.661	307	0.899
C_{24}	1.616	320	0.900
C_{25}	1.421	333	0.905
C_{26}	1.233	346	0.907
C_{27}	1.426	361	0.911
C_{28}	1.343	374	0.915
C_{29}	1.300	381	0.920
C_{30+}	13.234	624	0.953

注：(1) 密度测试条件为温度15℃和压力1.01bar。
(2) 析蜡点测试数据见表11.2。

表11.2 通过显微成像、差热扫描、黏度测试所得的析蜡点   单位：℃

编号	原油特征	显微成像法	DSC法	黏度法
1	可生物降解芳香性原油	30.5	11.0	23
2	烷烃原油	38.5	17.0	28
3	石蜡基原油	41.0	33.5	35
4	石蜡基凝析油	48.0	32.5	31
5	石蜡基原油	39.5	39.5	40
6	石蜡基原油	39.0	39.5	39
7	烷烃原油	34.5	32.0	28

续表

编号	原油特征	显微成像法	DSC 法	黏度法
8	烷烃原油	38.0	32.0	31
9	石蜡基原油	35.5	31.5	34
10	轻质烷烃原油	41.0	31.5	29
11	重质可生物降解环烷烃原油	22.0	—	32
12	烷烃凝析油	32.0	25.5	30
13	超轻烷烃凝析油	<5	−26.0	<10
14	石蜡基原油	33.5	23.0	30
15	烷烃原油	35.0	20.5	30
16	烷烃原油、沥青原油	37.0	34.0	30
17	烷烃原油	39.0	24.0	34

注：所有原油样品均来自北海油田，1 号样品的组分见表 11.1。

资料来源：From Rønningsen, H. P., et al., Wax precipitation from North Sea crude oils. 1. Crystallization and dissolution temperatures, and Newtonian and non-Newtonian flow properties, *Energy Fuels* 5, 895-908, 1991。

  结晶主要发生在原油样品中形成石蜡的过程中，并伴随着热量的释放(即放热过程)。同样地，溶解石蜡颗粒需要进行再次加热处理(即吸热过程)。在差示扫描量热(DSC)实验过程中，上述热效应可用于检测析蜡点。在有关文献(Faust，1978；Hansen 等，1991；letoffe 等，1995)中，对差示扫描量热法测试石蜡析蜡点等进行了概述。从析蜡点以上(通常在80℃)开始，对原油样品以恒定速率进行冷却。在析蜡点以上，样品热量散失的速率基本是恒定的，且由液体热容决定。在析蜡点时，为了保证冷却速率恒定，热量散失会快速增加，这个增加量相当于固化过程中释放的热量。当石蜡不再形成时，随着时间的推移，热量散失速率会再次达到恒定水平。若再次以相同的速率加热样品时，会得到相同的热量曲线。典型的 DSC 曲线如图 11.3 所示。

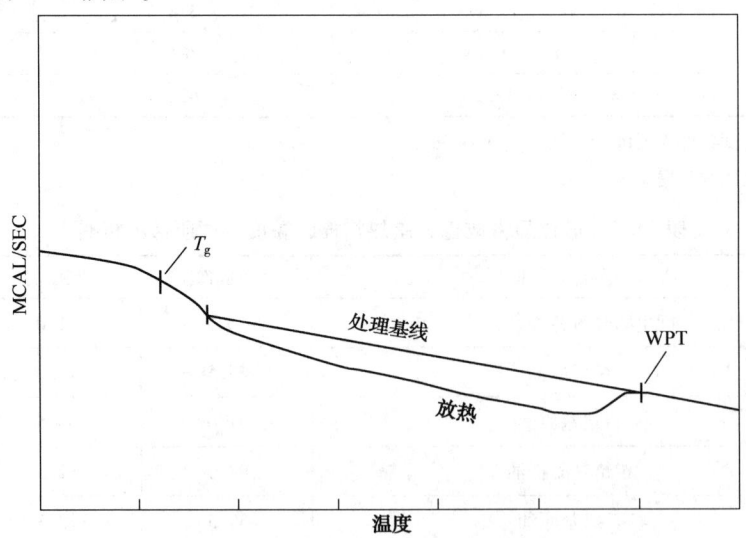

图 11.3　典型的差热扫描量热曲线

WAT 为析蜡稳定点；T_g 表示玻璃转化温度

由于悬浮的石蜡颗粒会使原油的表观黏度增加，因此，也可以通过测试黏温曲线得到石油流体的析蜡点。从高于析蜡点某处的温度开始，随着温度的降低，黏度会出现陡增点，该点对应的温度即为析蜡点。

Ruffier 等(1993)报道了使用超声仪器进行析蜡点的测试。通过测试超声波通过样品的时间变化以及超声波信号强度，可以检测出析蜡点。

如前所述，在1991年发表在 Energy & Fuels 期刊上的4篇中文章，共包含了14种原油和3种凝析油(流体都处于稳定状态)。测得的析蜡点数据见表11.2。其中，当使用显微成像法测量凝析油的析蜡点时(即表11.2中的4号原油)，析蜡点的温度最高。如前所述，C_{50+}组分基本不参加石蜡的形成。在凝析油与稳定原油中，由于石蜡形成物中C_{20}—C_{50}组分的摩尔浓度都很高，凝析油的析蜡点可能超过其他的稳定原油。表11.2揭示了使用不同测试手段获得析蜡点数据的差异。

在1991年发表于 Energy & Fuels 上的有关石蜡研究的文章中，未介绍有关加压条件下的实验数据，但是，Rønningsen 等(1997)在后期研究中研究了65种含气原油在高压下的实验数据。使用了高压过滤装置进行实验，如图11.4所示。原油从高压容器(活塞瓶1)通过管线泵入，通过恒温浴槽中的一系列的温度平衡线圈使其温度保持在80℃。浴槽以6℃/h的速率冷却。过滤器两端的压降被持续记录下来。石蜡沉积作用会使体系的压降急剧增加，析蜡点被定义为由于原油黏度增加使得压降突然增大处所对应的温度。开始沉积的温度很容易通过压差对数值与温度的关系曲线得出。此处将介绍其中某个样品的示例图，如图11.5所示。对每一种原油均进行了一系列测试实验，并且使这些实验中的气体含量逐步降低。在每种原油进行的所有实验中，实验条件都处于相同的压力下(最高含气量时的油样的饱和点)。各阶段这两种原油的摩尔组成见表11.3和表11.4。两种原油的析蜡点数据见表11.5以及如图11.6和图11.7所示。由上述实验结果可以看出，析蜡点随着溶解气量的增加而降低。为溶解每摩尔分数的C_1—C_5气体，析蜡点的下降程度约为0.15~0.5℃。

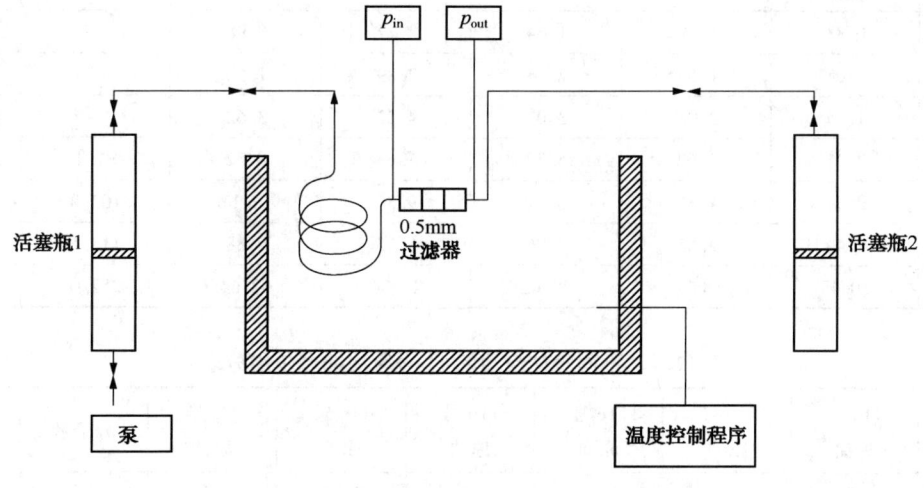

图11.4　析蜡点测试的高压实验装置图

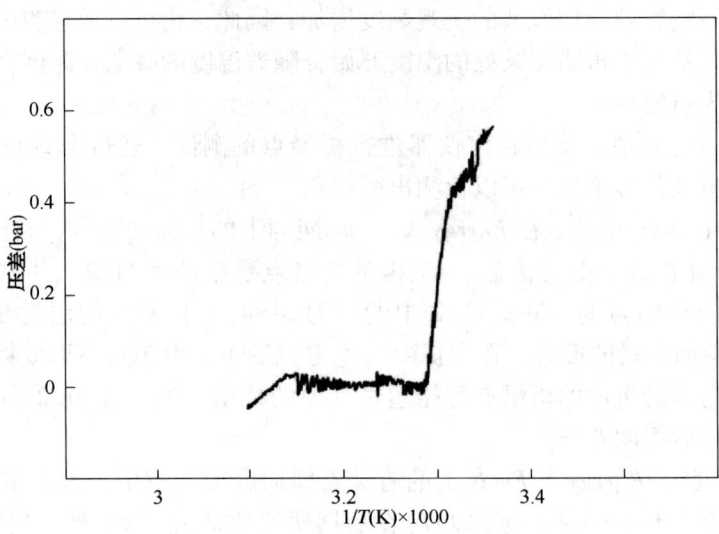

图 11.5 析蜡点的确定

在析蜡点处，压差会迅速增加

表 11.3 研究不同气体含量时 10 号原油的摩尔组分表（Rønningsen 等，1997）

组分	10a 号原油	10b 号原油	10c 号原油	10d 号原油	10e 号原油	分子量	密度 (g/cm^3)
N_2	0.48	0.25	0.08	0.01	0.00	—	—
CO_2	4.04	3.65	2.87	1.28	0.03	—	—
C_1	57.41	41.76	23.88	5.21	0.05	—	—
C_2	9.28	9.34	8.75	5.89	0.24	—	—
C_3	5.62	6.65	7.68	7.75	0.82	—	—
iC_4	1.00	1.29	1.63	1.91	0.38	—	—
nC_4	2.22	2.97	3.89	4.78	1.22	—	—
iC_5	0.83	1.19	1.64	2.17	0.98	—	—
nC_5	1.05	1.53	2.15	2.89	1.50	—	—
C_6	1.35	2.08	3.02	4.22	3.62	—	—
C_7	2.21	3.62	5.38	7.64	8.52	91.4	0.739
C_8	2.59	4.35	6.54	9.36	12.11	103.0	0.771
C_9	1.49	2.55	3.86	5.55	7.88	118.5	0.785
C_{10+}	10.43	18.78	28.63	41.34	62.64	252.0	0.860

表 11.4 不同气体含量的 11 号原油的摩尔组分表

组分	11a 号原油	11b 号原油	11c 号原油	11d 号原油	11e 号原油	11f 号原油	分子量	密度 (g/cm^3)
N_2	0.29	0.13	0.04	0.01	0.02	0.00	—	—
CO_2	5.57	4.92	3.89	2.76	1.77	0.04	—	—

续表

组分	11a 号原油	11b 号原油	11c 号原油	11d 号原油	11e 号原油	11f 号原油	分子量	密度 (g/cm³)
C_1	55.62	38.23	21.97	10.99	4.81	0.06	—	—
C_2	9.06	9.00	8.38	7.17	5.65	0.26	—	—
C_3	5.08	6.03	6.82	7.06	6.81	0.81	—	—
iC_4	0.91	1.18	1.45	1.61	1.67	0.37	—	—
nC_4	1.87	2.53	3.21	3.65	3.87	1.09	—	—
iC_5	0.70	1.02	1.35	1.59	1.74	0.84	—	—
nC_5	0.80	1.18	1.58	1.88	2.07	1.14	—	—
C_6	1.07	1.68	2.33	2.83	3.16	2.74	—	—
C_7	1.95	3.26	4.60	5.64	6.35	6.90	90.5	0.746
C_8	2.27	3.89	5.55	6.82	7.71	9.52	102.6	0.773
C_9	1.39	2.42	3.47	4.28	4.84	6.43	116.7	0.793
C_{10+}	13.42	24.53	35.38	43.72	49.56	69.80	290.0	0.876

注：密度在15℃和标准大气压下进行测定。析蜡点数据表见11.5表和图11.7。

资料来源：From Rønningsen, H. P., et al., An improved thermodynamic model for wax precipitation: experimental foundation and application, paper presented at *8th International Conference on Multiphase 97*, Cannes, France, June 18-20, 1997。

表 11.5　10a—10e 原油和 11a—11f 原油析蜡点测量值与计算值的数据

原油	压力(bar)	实验的析蜡点(℃)	计算的析蜡点(℃)	温度差(℃)
10a	420	16	18	2
10b	420	20	23	3
10c	420	25	29	4
10d	420	26	33	7
10e	420	28	38	10
11a	420	24	25	1
11b	420	27	31	4
11c	420	33	36	3
11d	420	39	38	−1
11e	420	40	40	0
11f	420	42	44	2

注：原油的摩尔组成数据见表11.3和表11.4，析蜡点数据如图11.6和图11.7所示。计算结果依据 Rønningsen 等(1997)给出的模型。

资料来源：Data from Rønningsen, H. P. et al., 8th Intl. Conf. on Multiphase 97, Cannes, 1997。

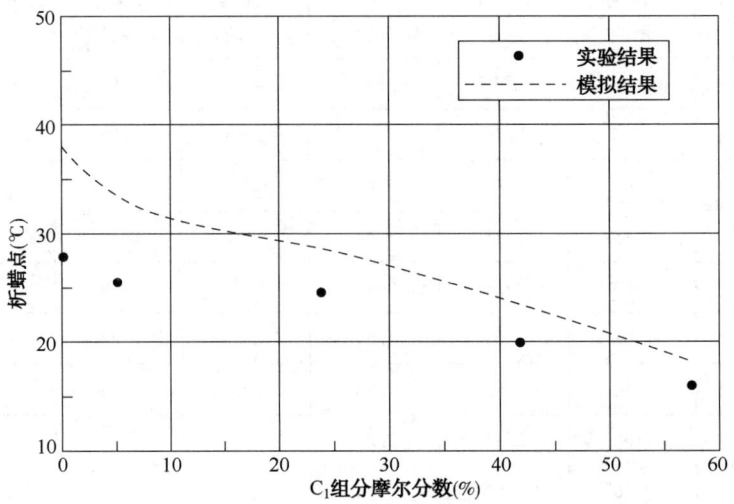

图 11.6　根据表 11.3 和表 11.5 中的 10a—10e 号原油参数
获得的析蜡点计算值和实验结果

计算结果由 Rønningsen 等(1997)给出的模型得到

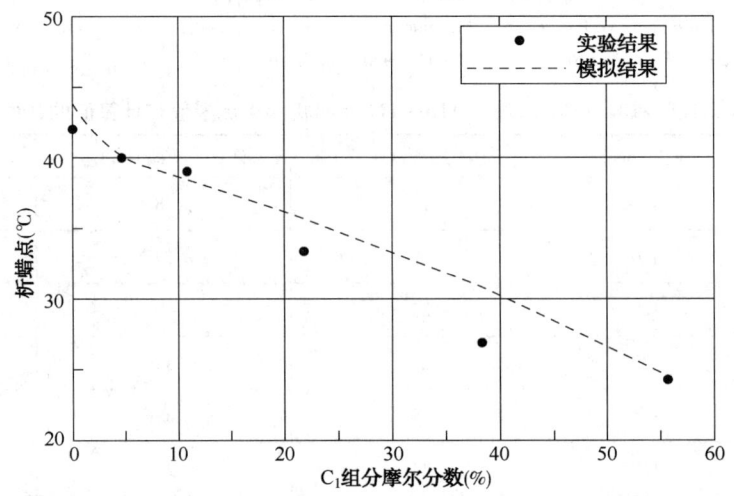

图 11.7　根据表 11.4 和表 11.5 中的 11a—11f 号原油参数
获得的析蜡点计算值和实验结果

计算结果由 Rønningsen 等(1997)给出的模型得到

　　Rønningsen(1997)进一步研究了压力对表 11.3 中 10c 号(单相)原油析蜡点的影响。实验结果见表 11.6。压力每上升 1bar 析蜡点会大约增加 0.02℃，该结果与纯正构烷烃(Brockman，1992)和含气原油的数据(Brown 等，1994)相吻合。Pan 等(1996)使用等压条件下体积随温度的变化关系检测含气原油的析蜡点。当原油温度高于析蜡点温度时，热膨胀系数不随温度发生变化。在析蜡点以下，热膨胀系数随着温度的降低而增大。通过上述变化可以用来检测析蜡点。

表 11.6　根据表 11.3 中数据得到的 10c 号原油析蜡点实验值和计算值

压力(bar)	析蜡点实验值(℃)	析蜡点计算值(℃)	温度差(℃)
400	25	27.7	+2.7
200	20	23.8	+3.8
100	18	20.6	+2.6

注：测试时的压力高于饱和压力。计算结果根据 Rønningsen 等(1997)给出的模型。

Hammami 和 Raines(1997)报道了使用基于激光的固体检测系统能够测量出某些其他含气原油的析蜡点，通过研究他们发现，使用基于激光的固体检测系统所得的析蜡点数值比显微成像测得的析蜡点数值低。这种差异是由于激光固体检测系统检测析蜡点出现时的颗粒粒径标准不同。

该研究进一步证实了 Rønningsen(1991)观察到的现象，不同的析蜡点测试方法会得到略有差异的结果。Monger-McClure 等(1997)报道了使用不同实验方法测得的大量析蜡点实验数据，这些方法主要包括差式扫描量热法、显微成像、过滤法、傅里叶变换红外能量散射(FTIR)等。FTIR 技术可以通过测试石蜡固化过程中增加的散射能量确定出浊点。实验研究了墨西哥湾、特立尼达和美国俄克拉何马州的油样。析蜡点的数据位于 17~56℃。分别使用 4 种方式测量浊点，所有结果与平均值之间的差值在 1.7℃ 以内。

Pedersen 等(1991)使用脉冲核磁共振的方法测量了不同温度下稳定石油中石蜡的生成总量。原油中的质子被射频辐射脉冲激发。脉冲激发后，通过脉冲后 $10\mu s$ 和 $70\mu s$ 的信号振幅能够表征磁化强度的衰减程度。第一个信号正比于固相和液相中的总质子数。第二个信号正比于液相中的质子数。核磁共振信号通过聚乙烯分散在不含石蜡的原油进行标定。不同温度时典型石蜡的沉积量如图 11.8 所示。17 种稳定原油中的石蜡含量最高约为 15%。

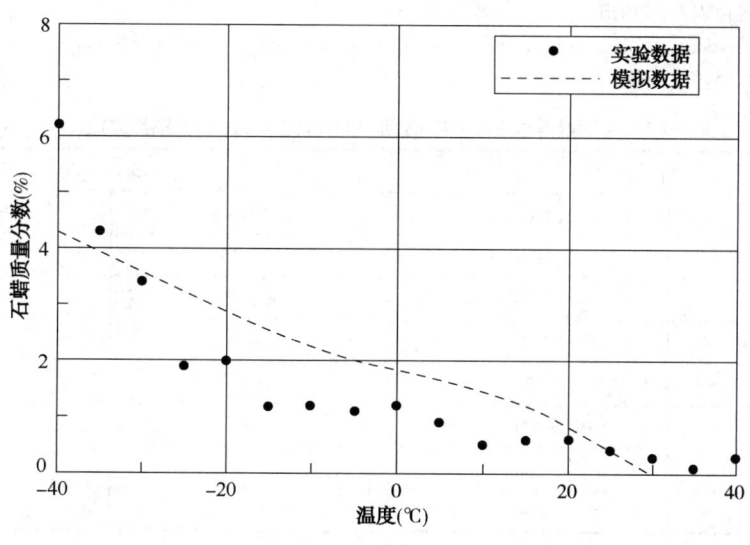

图 11.8　表 11.1 中大气压下测试(Pedersen 等，1991)和计算(Rønningsen 等，1997)得到的石蜡沉积量(石蜡占原油总量的质量分数)

表 11.7 给出了某凝析气的组分（Daridon 等，2001）。表 11.8 给出了该凝析气的析蜡点数据和露点数据，并用该数据作出了相关关系曲线，如图 11.9 所示。

表 11.7　析蜡点测试中的凝析气摩尔组分

组　　分	摩尔分数(%)
N_2	0.56
CO_2	2.90
C_1	69.13
C_2	8.16
C_3	4.01
iC_4	0.87
nC_4	1.60
iC_5	0.83
nC_5	0.74
C_6	1.52
C_7	1.76
C_8	1.56
C_9	1.13
C_{10}	0.91
C_{11+}	4.30

注：(1) C_{11+} 组分的平均分子质量测量值为 237.5。根据露点数据，C_{11+} 组分的密度估测为 $0.846g/cm^3$。
(2) 露点温度由表 11.8 给出。

资料来源：From Daridon, J. -L., et al., Solid-wax-vapor phase boundary of a North Sea waxy crude: Measurement and modeling, *Energy Fuels* 15, 730-735, 2001.

表 11.8　测得表 11.7 中凝析气的析蜡点数据和露点数据

析　蜡　点		露　点	
温度(K)	压力(bar)	温度(K)	压力(bar)
295.15	400	293.15	312.6
294.45	350	302.25	317.5
293.55	300	—	—
292.75	250	—	—
292.95	200	—	—
291.75	150	—	—
290.15	100	—	—

注：数据图如图 11.9 所示。

资料来源：From Daridon, J. -L., et al., Solid-wax-vapor phase boundary of a North Sea waxy crude: Measurement and modeling, *Energy Fuels* 15, 730-735, 2001.

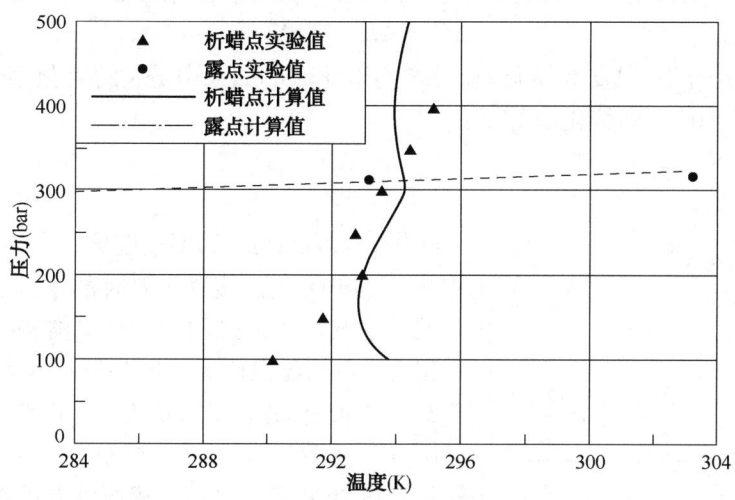

图 11.9　根据表 11.7 中凝析气得到的析蜡点以及露点实验值和计算值
测得的结果见表 11.8

Pan 等(1996)使用可控温的超离心机从含气原油中分离沉积出来的石蜡。上述方法可直接测量石蜡的沉积量。

表 11.9 中概括了前文所述实验中观察到的结果。

表 11.9　石蜡基油藏流体实验结果的总结

序号	内容
1	在足够高温度的条件下，沉积的石蜡会消失(即熔化)
2	析蜡点通常不会超过 60℃
3	C_1—C_5 组分每增加摩尔分数 1%，析蜡点下降约 0.15~0.20℃
4	组分恒定的原油随着压力上升 1bar，析蜡点上升 0.02℃
5	稳定原油中石蜡的质量分数通常不超过 15%

11.2　纯组分熔化作用的热力学描述

当石蜡形成时，某些组分会经历固化过程。当石蜡消失时，石蜡相中的组分则会经历熔化过程。在介绍文献中的不同石蜡热力学模型前，应该首先考虑纯组分 i 从固态到液态相转变过程（即纯组分的熔化过程）的热力学状态。决定相转变与否的主要因素为热力学自发性，因此，可以考察相转变引起吉布斯自由能 G 的变化情况。如果熔化过程导致吉布斯自由能 G 下降，平衡态时组分 i 将会以液体形式存在。如果熔化过程导致吉布斯自由能 G 上升，组分 i 热力学上更趋于保持固体状态。如果吉布斯自由能没有发生变化，则意味着固体与液体状态共存，且组分 i 正好处于熔点。通常存在如下有关 dG 的热力学关系式[结合附录 A 中的式(A.6)和式(A.7)]：

$$dG = dH - TdS \tag{11.1}$$

式中，dH 和 dS 分别为焓变与熵变。当应用于纯组分的熔化时，式(11.1)变为：

$$\Delta G_i^f = \Delta H_i^f - T\Delta S_i^f \tag{11.2}$$

式中，上标 f 代表熔化，ΔH^f 为熔化焓，ΔS^f 为熔化熵。如果组分 i 的熔化刚好发生在熔点温度下(其中，$\Delta G^f = 0$)，则熔化熵等于：

$$\Delta S_i^f = \frac{\Delta H_i^f}{T_i^f} \tag{11.3}$$

式中，T_i^f 为组分 i 的熔点温度。

对于熔化温度 $T \neq T_i^f$ 时的情况，吉布斯自由能的表达式可以通过图 11.10 中描述的假设过程得到。组分 i 在初始温度为 T 时为固体状态 a。转变为温度 T 下的液体状态 d。状态 a—d 路径可变为 a—b，b—c，最后为 c—d。保持组分 i 为固体状态，然后将温度变为 T_i^f，这一过程中涉及的焓变为：

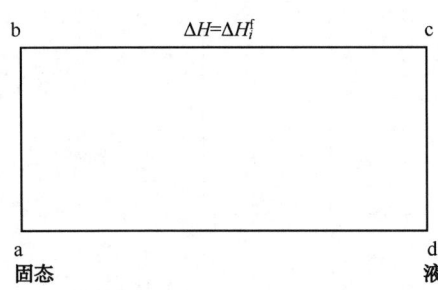

图 11.10　温度 T 下假设的熔化过程

$$\Delta H_{ab} = \int_T^{T_i^f} C_{pi}^S dT \tag{11.4}$$

式中，C_p 为恒压下的热容，上标 S 表示固体状态。在 $T = T_i^f$ 条件下，组分 i 经历一个由固态到液态的相变过程(即熔化过程)。此时相变过程中的焓变为：

$$\Delta H_{bc} = \Delta H_i^f \tag{11.5}$$

最后，液体 i 的温度变为 T，并产生如下的焓变：

$$\Delta H_{cd} = \int_{T_i^f}^T C_{pi}^L dT \tag{11.6}$$

式中，C_{pi}^L 为组分 i 液体时的热容。结合式(11.4)和式(11.6)，可以得到组分 i 在 T 温度下由固态到液态总的焓变为：

$$\Delta H_{ad} = \Delta H_{ab} + \Delta H_{bc} + \Delta H_{cd} = \Delta H_i^f + \int_T^{T_i^f} \Delta C_{pi} dT \tag{11.7}$$

式中，ΔC_{pi} 等于组分 i 固态与液态的热容差。同理，可以推导出状态 a 到状态 d 时的焓变与吉布斯自由能变化：

$$\Delta S_{ad} = \frac{\Delta H_i^f}{T_i^f} + \int_T^{T_i^f} \frac{\Delta C_{pi}}{T} dT \tag{11.8}$$

$$\Delta G_{ad} = \Delta H_i^f \left(1 - \frac{T}{T_i^f}\right) + \int_T^{T_i^f} \Delta C_{pi} dT - \int_T^{T_i^f} \frac{\Delta C_{pi}}{T} dT \tag{11.9}$$

假设固态和液态的热容相等时($\Delta C_{pi} = 0$)，式(11.9)可简化为：

$$\Delta G_{ad} = \Delta G_i^f = \Delta H_i^f \left(1 - \frac{T}{T_i^f}\right) \tag{11.10}$$

熔化焓 ΔH_i^f、熔化温度 T_i^f 以及热容值通常都是在大气压下测得的，但在后文中会使用到参考压力 p_{ref}。

如果 ΔH_i^f、T_i^f 和 ΔC_{pi} 是压力 p_{ref} 时测得的，则式(11.9)和式(11.10)中的吉布斯自由能也是在压力 p_{ref} 时测得的。

多组分系统相平衡的计算需要组分逸度(f)或者逸度系数(φ)。这些符号在附录 A 中进行了注释。对于纯组分 i 而言，吉布斯自由能的改变量可以通过逸度关系式表示[附录 A 中式(A.23)]：

$$dG_i = RT d\ln f_i \tag{11.11}$$

纯组分在参考压力下的逸度又称为参考逸度。f_i^{oL} 表示组分 i 处于液态时的参考逸度，f_i^{oS} 表示组分 i 处于固态时的参考逸度。根据式(11.11)，图 11.10 中参考压力 p_{ref} 时熔化过程中引起的 G 函数变化值可表示为：

$$\Delta G_{ad} = RT[\ln f_i^{oL}(p_{ref}) - \ln f_i^{oS}(p_{ref})] = RT\ln\frac{f_i^{oL}(p_{ref})}{f_i^{oS}(p_{ref})} \tag{11.12}$$

将式(11.12)与式(11.9)结合，可以推导出组分 i 在温度 T 和压力 p_{ref} 下固态逸度与液态逸度的关系式：

$$f_i^{oS}(p_{ref}) = f_i^{oL}(p_{ref})\exp\left(-\frac{\Delta H_i^f}{RT}\left[1 - \frac{T}{T_i^f}\right] - \frac{1}{RT}\int_T^{T_i^f}\Delta C_{pi}dT + \frac{1}{RT}\int_T^{T_i^f}\frac{\Delta C_{pi}}{T}dT\right) \tag{11.13}$$

假设固态与液态下的摩尔体积不受压力的影响，逸度与压力的关系式可以从附录 A 中式(A.27)和式(A.28)得到：

$$f_i^{oL}(p) = f_i^{oL}(p_{ref})\exp\frac{V_i^L(p - p_{ref})}{RT} \tag{11.14}$$

$$f_i^{oS}(p) = f_i^{oS}(p_{ref})\exp\frac{V_i^S(p - p_{ref})}{RT} \tag{11.15}$$

将这两个方程式与式(11.13)相结合，可以推导出组分 i 在压力 p 时固态参考逸度与液态参考逸度之间的关系式：

$$f_i^{oS}(p) = f_i^{oL}(p)\exp\left(-\frac{\Delta H_i^f}{RT}\left[1 - \frac{T}{T_i^f}\right] - \frac{1}{RT}\int_T^{T_i^f}\Delta C_{pi}dT + \frac{1}{RT}\int_T^{T_i^f}\frac{\Delta C_{pi}}{T}dT + \frac{\Delta V_i(p - p_{ref})}{RT}\right) \tag{11.16}$$

式中，ΔV_i 是组分 i 的固相与液相的摩尔体积差。

表 11.10 给出了部分包含 7 个碳原子与 8 个碳原子化合物的热容和熔点数据(Loebel, 1981—1982)。由表 11.10 可以看出，即使相同碳原子的烷烃，它们的性质也有很大差异。当碳原子数目一定时，正构烷烃的熔化焓最大。

表 11.10 部分 C_7 和 C_8 烷烃的熔点和熔化热数据

分子式	化合物	熔点(℃)	熔化热(cal/g)
C_7H_{16}	正庚烷	-90.6	33.78
C_7H_{16}	2-甲基己烷	-118.2	21.16
C_7H_{16}	2-乙基戊烷	-123.8	13.98
C_7H_{16}	2,2,3-三甲基丁烷	-25.0	5.25
C_7H_{14}	甲基环己烷	-126.6	16.43
C_7H_8	甲苯	-94.99	17.17
C_8H_{18}	正辛烷	-56.8	43.21
C_8H_{18}	3-甲基庚烷	-120.5	23.81
C_8H_{18}	4-甲基庚烷	-121.0	22.68
C_8H_{18}	2,2,4-三甲基戊烷	-107.3	18.92

续表

分子式	化合物	熔点(℃)	熔化热(cal/g)
C_8H_{16}	乙基环己烷	-11.3	17.75
C_8H_{16}	反式-1,1-二甲基环己烷	-33.3	4.38
C_8H_{16}	顺式-1,2-二甲基环己烷	-49.9	3.50
C_8H_{16}	反式-1,2-二甲基环己烷	-88.2	22.35
C_8H_{16}	顺式-1,3-二甲基环己烷	-75.6	23.05
C_8H_{16}	反式-1,3-二甲基环己烷	-90.1	21.01
C_8H_{16}	顺式-1,4-二甲基环己烷	-87.4	19.82
C_8H_{16}	反式-1,4-二甲基环己烷	-36.9	26.27
C_8H_{10}	邻-二甲苯	-25.2	30.64
C_8H_{10}	间-二甲苯	-47.8	26.01
C_8H_{10}	对-二甲苯	13.2	37.83

资料来源:Data from Loebel, R., *Handbook of Chemistry and physics*, CRC Press, Boca Raton, FL, 1981-1982。

11.3 石蜡的沉积模型

图 11.11 给出了某个容器中存在热力学平衡时的气相、原油相和石蜡相。在平衡态时,每个相中任何组分 i 的逸度相同:

$$f_i^V = f_i^L = f_i^S \tag{11.17}$$

在这个方程中,上标 V 表示气相、L 表示油相、S 表示石蜡相(固相)。文献中各石蜡热力学模型的不同之处在于计算液相和石蜡相逸度的方法不同。液相混合物中组分 i 的逸度为:

$$f_i^L = x_i^L \gamma_i^L f_i^{oL} \tag{11.18}$$

式中:γ_i^L 表示活度系数;x_i^L 表示液相中组分 i 的摩尔分数。活度系数的定义由附录 A 中的式(A.34)给出。在式(11.18)中,f_i^{oL} 表示实际温度和压力下纯液体的逸度。液相中所有组分的活度系数均等于 1,因此被称为理想液体混合物。对于这样的液相,逸度等于纯组分逸度乘以摩尔分数。在均质的石蜡相中,组分 i 的逸度可以类似于液相逸度,可以表示为:

$$f_i^S = x_i^S \gamma_i^S f_i^{oS} \tag{11.19}$$

式中:γ_i^S 为活度系数;x_i^S 为组分 i 在固相中的摩尔分数;f_i^{oS} 为实际压力温度下组分 i 在纯固相时的逸度。

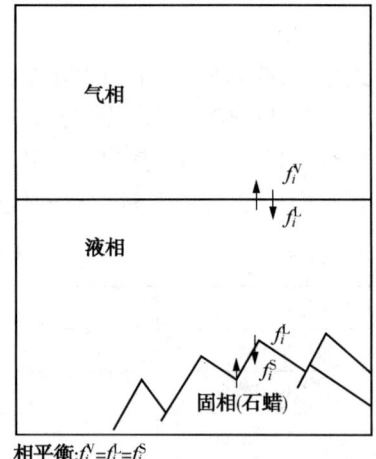

图 11.11 气相、原油和石蜡之间的相平衡
任一组分 i 的逸度均相同

在液体中,组分 i 的逸度还可以由逸度系数表示为[逸度系数的定义由附录 A 中式(A.33)给出]:

$$f_i^L = x_i^L \varphi_i^L p \tag{11.20}$$

当将状态方程用于气液相时,后一个表达式比式(11.18)更接近实际。

11.3.1 活度系数法

Won(1986,1989)使用了正规溶液理论表示液相与固相中单个组分的活度系数。各组分的活度系数由溶解度参数 δ 确定,溶解度参数定义为:

$$\delta_i^L = \sqrt{\frac{\Delta H_i^{vap} - RT}{V_i^L}} \; ; \; \delta_i^S = \sqrt{\frac{\Delta H_i^{vap} - \Delta H_i^f - RT}{V_i^S}} \tag{11.21}$$

式中:ΔH^{vap} 为蒸发摩尔热;ΔH^f 为熔化的摩尔热;V 为摩尔体积。Won 通过下式计算了 N 个组分混合物中组分 i 的活度系数:

$$\ln\gamma_i^L = \frac{V_i^L(\bar{\delta}^L - \delta_i^L)^2}{RT} \; ; \; \ln\gamma_i^S = \frac{V_i^S(\bar{\delta}^S - \delta_i^S)^2}{RT} \tag{11.22}$$

$$\bar{\delta}^L = \sum_{i=1}^N \Phi_i^L \delta_i^L \; ; \; \bar{\delta}^S = \sum_{i=1}^N \Phi_i^S \delta_i^S \tag{11.23}$$

$$\Phi_i^L = \frac{x_i^L V_i^L}{\sum_{j=1}^N x_j^L V_j^L} \; ; \; \Phi_i^S = \frac{x_i^S V_i^S}{\sum_{j=1}^N x_j^S V_j^S} \tag{11.24}$$

式中:Φ_i^L 为液相中组分 i 的摩尔体积分数;Φ_i^S 为固相中组分 i 的摩尔体积分数,这意味着固相与液相的平均溶解度参数为体积平均值。Won(1986)给出了正构烷烃 C_{40} 以下的溶解度参数值,并使用如下表达式给出了组分 i 的熔化焓(单位:cal/mol):

$$\Delta H_i^f = 0.1426 M_i T_i^f \tag{11.25}$$

式中:M 代表分子质量;T^f 代表熔点温度,K。式(11.26)可以用来确定组分 i 的熔化温度:

$$T_i^f = 374.5 + 0.02617 M_i - \frac{20172}{M_i} \tag{11.26}$$

Won 发现液体与固体的摩尔体积(单位:cm³/mol)为:

$$V_i^L = V_i^S = \frac{M_i}{d_{i,25}^L} \tag{11.27}$$

式中,$d_{i,25}^L$ 为组分 i 在 25℃时的液相密度,约为:

$$d_{i,25}^L = 0.8155 + 0.6273 \times 10^{-4} M_i - \frac{13.06}{M_i} \tag{11.28}$$

Won 忽略了压力对逸度的影响。在他早期的工作中(Won,1986),他还忽略了液相与固相热容的差异(ΔC_p)。结合式(11.16)与式(11.19),并忽略压力与 ΔC_p 的影响,固相中组分 i 的逸度可以表示为:

$$f_i^S = x_i^S \gamma_i^S f_i^{oL} \exp\left[-\frac{\Delta H_i^f}{RT}\left(1 - \frac{T}{T_i^f}\right)\right] \tag{11.29}$$

在后续研究中,Won(1989)发现热容在一定程度上影响了 nC_{28} 和 nC_{36} 在 nC_5 和 nC_{12} 中的溶解度。虽然考虑了热容的影响,但仍然忽略了压力的影响,因此固相中组分 i 的逸度表达式为:

$$f_i^S = x_i^S \gamma_i^S f_i^{oL} \exp\left[-\frac{\Delta H_i^f}{RT}\left(1 - \frac{T}{T_i^f}\right) - \frac{\Delta C_p}{R}\left(1 - \frac{T_i^f}{T} + \ln\frac{T_i^f}{T}\right)\right] \tag{11.30}$$

在平衡态时,$f_i^L = f_i^S$,结合式(11.18)和式(11.30)可以得到:

$$\frac{x_i^{\text{L}}}{x_i^{\text{S}}} = \frac{\gamma_i^{\text{S}}}{\gamma_i^{\text{L}}} \exp\left[-\frac{\Delta H_i^{\text{f}}}{RT}\left(1 - \frac{T}{T_i^{\text{f}}}\right) - \frac{\Delta C_p}{R}\left(1 - \frac{T_i^{\text{f}}}{T} + \ln\frac{T_i^{\text{f}}}{T}\right) \right] \tag{11.31}$$

Won 考虑了油藏流体中所有烷烃组分都可能形成石蜡，因此把所有的烷烃都被设定为正构烷烃，并计算溶解度参数、熔化焓和熔点。使用 Won 模型计算出的活度系数位于 0.7~1.0。

使用第 6 章中的稳定性分析和闪蒸技术，可以通过温度、压力和组成等确定出各组分的逸度。但 Won 模型不能满足上述要求。式(11.30)给出了石蜡相中组分 i 的逸度表达式，它是纯组分 i 的液态下逸度的函数，但 Won 没有给出该逸度准确的表达式。他通过式(11.31)关联了液相与固相中组分 i 的摩尔分数。当只考虑液相和石蜡相时，后一个方程可用于表示平衡相。由于 Won 模型只给出了液相与石蜡相中的组分的相对摩尔分数，因此这个模型不适用于同时考虑气相的情况。原则上，当存在气液平衡且 Won 模型认为液相与石蜡相也是平衡态时，这个问题可以通过使用气相与液相的立方型状态方程得到解决。但是，这在热力学上是矛盾的。使用两种不同的液相模型时，对于液相将得到两组不同的组分逸度，其中一个由立方状态方程得到，另一个由活度系数模型得到。由于根据立方状态方程和活度系数模型所得的逸度结果一般不相同，气相与固相中的逸度也就不同，就不能满足式(11.17)和图 11.11 中描述的平衡标准。也即是说，Won 模型仅限于液相—石蜡相平衡时的应用。

Hansen 等(1988)和 Pedersen 等(1991)使用 Won 模型模拟了稳定原油的析蜡点。析蜡点的模拟结果远大于实际测量值。这意味着，相比 Won 模型预测，实际上的固态在热力学上更不易存在。为了使得计算结果与实际测得析蜡点数据吻合，必须修正 Won 模型以使得固相的热力学可行性比液相的更低。这可以通过降低液相中组分 i 的逸度或者增加固相中组分 i 的逸度来实现。由式(11.18)可以看出，液相逸度可以通过假定一个更小的液相活度系数实现。Hansen 等(1988)使用普遍化的高分子溶液理论来得到液相活度系数，并发现液相活度系数在 10^{-10} 数量级。在同一研究中，石蜡相被认为是理想混合物，也即是说，固相的活度系数均等于 1.0。

Pedersen 等(1991)使用与 Won 模型相同的理念。为了得到熔点温度下固相活度系数增大的结果，假设了熔化焓降低约 2 倍。这是基于异构烷烃也参与到了石蜡形成的假设得到的。从表 11.10 可以看出，异构烷的熔化焓低于正构烷的熔化焓。同时，固态溶解度参数经过改进后，可以得到与实验数据更吻合的模拟结果。

Ruffier 等(1997)使用了固相活度系数模型，该模型中固相活度系数与液相活度系数无关。当结合立方状态方程描述气相与液相时，这个模型仍满足热力学一致性。

11.3.2 理想固体溶液的石蜡模型

Erickson 等(1993)强调了正构烷烃与异构烷烃差异的重要性。由于异构烷烃的熔化焓与熔化温度都比正构烷烃低，因此，异构烷烃具有降低析蜡点的作用。但 Erickson 等忽略了活度系数，并且认为液相与固相都是理性溶液。这个观点认为当温度稍微低于纯组分熔点几度时，活度系数项比熔化项低得多。

11.1 节中给出的实验研究结果支持了 Erickson 等的观点。因此，有必要考虑可能形成石蜡的化合物与不可能参与形成石蜡的化合物。稳定原油主要由 C_{10+} 组分构成。如果稳定原油中所有烷烃的熔化性质与它们中的正构烷烃类似，模型预测结果表明，当温度降低至

nC_{10}熔点(243.5K)以下时,几乎所有的原油组分都会变成石蜡。这与实验观察到的现象是不相吻合的(Pedersen 等,1991),实验结果表明,可能发生石蜡沉积的组分总共几乎不会超过总稳定原油质量分数的15%。表11.10 中给出的部分类似结构烷烃的熔点温度与熔化热数据进一步支持了 Erickson 等的观点。异构烷烃的熔化热低于正构烷烃的熔化热。从式(11.16)可以看出,熔化热(ΔH^f)呈指数形式影响固体状态的逸度。也即是说,当低于熔点温度时,组分的固化趋势将随着它的 ΔH^f 呈指数增加,正构烷烃的固化趋势比异构烷烃的高得多。Erickson 等测量了 C_{7+} 组分中轻质部分的正构烷烃含量。他们通过假设正构烷烃的摩尔分数的对数随着碳原子数量增加而线性下降,进而能够得到重组分中正构烷烃含量估测值。

Rønningsen 等(1997)基于如下假设对 Redersen(1995)石蜡模型进行了改进。

只有 C_{7+} 组分才能形成石蜡,并且 C_{7+} 中相同碳原子数的组分中只有部分参与形成石蜡。形成石蜡的部分主要与正构烷烃分数有关。对于某个特定碳原子数组分,参与形成石蜡的摩尔分数与其平均分子量 M_i 和平均密度 ρ_i 有如下关系式:

$$z_i^S = z_i^{tot}\left[1 - (A + BM_i)\left(\frac{\rho_i - \rho_i^P}{\rho_i^P}\right)^C\right] \quad (11.32)$$

式中:z_i^{tot} 表示某一碳原子数组分 i 总的摩尔分数;A,B 和 C 为由石蜡沉积实验数据得到的经验常数;A,B 和 C 的数值由表11.11给出;ρ_i^P 表示碳原子数组分 i 具有相同分子量的正构烷烃的密度。正构烷烃的密度(单位:g/cm³)为:

$$\rho_i^P = 0.3915 + 0.0675\ln M_i \quad (11.33)$$

结合表11.11中的常数,根据式(11.32)可以预测出,碳原子数组分中形成石蜡的摩尔分数随着分子量增加而降低。这与正构烷烃随着碳原子数增加而下降的假设是相吻合的。式(11.32)中的密度项可以用来区分不同石蜡含量中的碳原子数目。如果碳原子组分与对应的正构烷烃接近,式(11.32)中的密度项接近为0,并且石蜡组分接近1。对于芳香基的原油而言,碳原子组分的密度将会更高,这将会降低估测的石蜡含量。当式(11.32)中 z_i^S 的值为负数时,石蜡组分的含量假设等于0。

表11.11 用于切分假组分为石蜡与非石蜡组分的表达式中的常数

常 数	值
A	1.074
B	6.584×10^{-4}
C	0.1915

石蜡相可以被描述为理想固体溶液,这意味着石蜡相中组分 i 的逸度可以表示为:

$$f_i^S = x_i^S f_i^{oS} \quad (11.34)$$

式中,f_i^{oS} 可以由式(11.16)得到。

当计算 f_i^{oS} 时可以不考虑液相与固相热容的差异。

组分 i 的熔化焓和熔化温度可以根据 Won(1986)建议的式(11.25)和式(11.26)得到。

在与石蜡相平衡的气相与液相中,组分 i 的逸度可以根据 SRK 方程得到[即式(4.20)]。式(4.64)给出了由 SRK 方程推导出液相与气相的逸度系数(φ_i^V 和 φ_i^L)的过程。气相与液相的逸度系数与逸度之间的关系分别为:

$$f_i^V = y_i \varphi_i^V p \tag{11.35}$$

$$f_i^L = x_i^L \varphi_i^L p \tag{11.36}$$

式中：y_i 为气相中组分 i 的摩尔分数；x_i 为液相中组分 i 的摩尔分数。同时，液相中纯组分 i 的逸度可以根据 SRK 方程推导出：

$$f_i^{oL} = \varphi_i^{oL}(p) p \tag{11.37}$$

式中，$\varphi_i^{oL}(p)$ 为压力 p 下纯组分的逸度系数。结合式(11.16)、式(11.34)和式(11.37)，并假设 $\Delta C_p = 0$，则石蜡相中组分 i 的逸度可用以下关系式进行表示：

$$f_i^S = x_i^S \varphi_i^{oL}(p) p \exp\left[-\frac{\Delta H_i^f}{RT}\left(1 - \frac{T}{T_i^f}\right) + \frac{\Delta V_i(p - p_{ref})}{RT}\right] \tag{11.38}$$

Templin(1956)通过实验观察到烷烃在固化过程中体积大于减少 10%。式(11.38)中 ΔV_i 假设为液态形式组分 i 的摩尔体积 -10%。

C_{7+} 组分的状态方程的参数(T_c、p_c 和偏心因子)可用第 5 章中 Pedersen 等的 C_{7+} 组分特征化方法得到它们的估值。作为特征化方法的扩展，给 C_{20+} 假组分中的石蜡组分与非石蜡组分赋予不同的临界压力。每个 C_{20+} 假组分中的石蜡组分临界压力可以由式(11.39)得到：

$$p_{ci}^S = p_{ci}\left(\frac{\rho_i^p}{\rho_i}\right)^{3.46} \tag{11.39}$$

p_{ci} 等于 Pedersen 等特征化方法确定的假组分 i 临界压力。ρ_i^p 为根据式(11.33)确定的假组分 i 中石蜡组分的密度。ρ_i 为组分 i 的石蜡组分和非石蜡组分的平均密度。假组分 i 中非石蜡组分的临界压力 p_{ci}^{no-S} 为：

$$\left(\frac{z_i^{tot} - z_i^S}{z_i^{tot}}\right)$$

由下面的公式推导得到：

$$\frac{1}{p_{ci}} = \frac{\left(\frac{z_i^{tot} - z_i^S}{z_i^{tot}}\right)^2}{p_{ci}^{no-S}} + \frac{\left(\frac{z_i^S}{z_i^{tot}}\right)^2}{p_{ci}^S} + \frac{2\frac{z_i^{tot} - z_i^S}{z_i^{tot}} \times \frac{z_i^S}{z_i^{tot}}}{\sqrt{p_{ci}^{no-S}}\sqrt{p_{ci}^S}} \tag{11.40}$$

式中，p_{ci} 为假组分 i 劈分成石蜡组分和非石蜡组分前的临界压力。

由式(11.40)，将假组分 i 劈分成石蜡组分和非石蜡组分后的 SRK 参数 a 与未劈分假组分的参数 a 的值一样。这可以从式(4.33)看出，该式提供了用于 SRK 方程参数 a 的混合规则。使参数 a 的贡献保持不变，可以减小假组分劈分对相态性质(如饱和点)的影响。

当使用式(11.39)和式(11.40)时，对于给定的 C_{20+} 假组分而言，石蜡组分被设置的临界压力低于非石蜡组分。这与相同分子量时"正构烷烃的临界压力小于芳香烷烃和环烷烃的临界压力"相吻合。正如 Rønningsen 等(1997)给出的例子，当忽略这一差异时，拟合溶解气体对析蜡点的减小效应将会变得更为困难。表 11.5 给出表 11.3 和表 11.4 中组分析蜡点的模拟结果，并在图 11.6 和图 11.7 中比较了这些实验结果与模拟结果。通过表 11.6 中测量与计算结果的比较可以看出压力对 10c 号原油析蜡点的影响，其组成已由表 11.3 给出。将组成如表 11.1 中所示的流体处于大气压条件时，随温度降低而沉积出的石蜡质量分数模拟结果与脉冲核磁共振谱所得实验结果的比较结果如图 11.8 所示(虚线)。

表 11.12 给出了表 11.7 中凝析气用于 Rønningsen 等(1997)石蜡模型中的特征化结果。

从 C_7 组分开始劈分为石蜡组分(下标为 S)和非石蜡部分(下标为 no-S)。对于 C_7—C_{20} 假组分，相同碳原子组分的石蜡组分和非石蜡组分的临界温度、临界压力和偏心因子是相同的。假组分中石蜡组分和非石蜡组分具有不同的熔化温度和熔化热。从 C_{20} 开始，石蜡组分的临界压力低于非石蜡组分的临界压力。石蜡组分的临界压力可由式(11.39)得到，非石蜡组分的临界压力可以由式(11.40)得到。二元交互作用参数见表 11.13。

表 11.12　表 11.7 中凝析气用于 Rønningsen 等(1997)的石蜡模型

组　分	摩尔分数(%)	临界温度 T_c(K)	临界压力 p_c(bar)	偏心因子	临界温度 T_f(K)	熔化热 (J/mol)
N_2	0.56	126.2	34.39	0.040	—	—
CO_2	2.90	304.2	74.74	0.225	—	—
C_1	69.13	190.6	46.61	0.008	—	—
C_2	8.16	305.4	49.49	0.098	—	—
C_3	4.01	369.8	43.02	0.152	—	—
iC_4	0.87	408.1	36.96	0.176	—	—
nC_4	1.60	425.2	38.50	0.193	—	—
iC_5	0.83	460.4	34.29	0.227	—	—
nC_5	0.74	469.6	34.19	0.251	—	—
C_6	1.52	507.4	30.08	0.296	—	—
$C_{7\ no\text{-}s}$	0.87	535.3	32.38	0.468	—	—
$C_{7\text{-}S}$	0.89	535.3	32.38	0.468	166.9	9564
$C_{8\text{-}no\text{-}S}$	0.89	555.9	30.15	0.500	—	—
$C_{8\text{-}S}$	0.67	555.9	30.15	0.500	188.8	12058
$C_{9\text{-}no\text{-}S}$	0.68	577.2	27.02	0.540	—	—
$C_{9\text{-}S}$	0.45	577.2	27.02	0.540	211.0	15238
$C_{10\text{-}11\text{-}no\text{-}S}$	0.93	601.6	23.93	0.591	—	—
$C_{10\text{-}11\text{-}S}$	0.57	601.6	23.95	0.591	233.0	19401
$C_{12\text{-}no\text{-}S}$	0.32	627.5	21.23	0.650	—	—
$C_{12\text{-}S}$	0.19	627.5	21.23	0.650	253.4	24357
$C_{13\text{-}14\text{-}no\text{-}S}$	0.53	650.3	19.42	0.707	—	—
$C_{13\text{-}14\text{-}S}$	0.29	650.3	19.42	0.707	268.3	29196
$C_{15\text{-}16\text{-}no\text{-}S}$	0.40	681.3	17.48	0.787	—	—
$C_{15\text{-}16\text{-}S}$	0.21	681.3	17.48	0.787	285.5	36420
$C_{17\text{-}18\text{-}no\text{-}S}$	0.30	708.5	16.25	0.860	—	—
$C_{17\text{-}18\text{-}S}$	0.15	708.5	16.25	0.860	298.0	43335
$C_{19\text{-}20\text{-}no\text{-}S}$	0.23	730.1	15.55	0.917	—	—

续表

组 分	摩尔分数(%)	临界温度 T_c(K)	临界压力 p_c(bar)	偏心因子	临界温度 T_f(K)	熔化热(J/mol)
$C_{19-20-S}$	0.11	730.1	15.55	0.917	306.4	49128
$C_{21-24-no-S}$	0.31	762.8	17.44	1.005	—	—
$C_{21-24-S}$	0.13	762.8	10.23	1.005	317.1	58487
$C_{25-30-no-S}$	0.24	812.4	16.07	1.130	—	—
$C_{25-30-S}$	0.08	812.4	9.52	1.130	330.1	73756
$C_{31-80-no-S}$	0.17	916.5	14.86	1.293	—	—
$C_{31-80-S}$	0.06	916.5	8.90	1.293	344.3	98083

注：下标 S 代表可能形成石蜡的组分，no-S 表示不会进入石蜡相中的组分。SRK 的二元交互作用参数见表 11.13。

表 11.13 用于表 11.12 中混合物的非零二元交互作用参数

组 分	N_2	CO_2
CO_2	−0.032	—
C_1	0.028	0.120
C_2	0.041	0.120
C_3	0.076	0.120
iC_4	0.094	0.120
nC_4	0.070	0.120
iC_5	0.087	0.120
nC_5	0.088	0.120
C_6	0.080	0.120
C_{7+}	0.080	0.100

一些实验研究(例如 Hansen 等，1991)结果表明，石蜡并不是以单一相存在，而是包含多相。Lira-Galeana 等(1996)报道了多固相石蜡模型，其中每个固相都被认为是一个纯组分或假组分。对于特定的组分或者假组分 i 而言，如果它的固态逸度(f_i^S)低于气固平衡的气态逸度或液固平衡的液态逸度，将会出现沉积。该模型使用 Rønningsen 等(1991)和 Pedersen 等(1991)的实验数据进行验证。其中，"+"馏分被劈分为假组分。在这个文献示例中认为最重的四个假组分形成只含有各自组分的石蜡相，且认为该相不会与其他组分发生混相。正如 Pedersen 和 Michelsen(1997)指出的那样，上述石蜡形成的处理方式在物理学上是不合理的。对含有大量组分的混合物进行相平衡计算时，将组分组合成几个假组分是非常必要的，且组合不应使相分布计算产生显著的改变。Lira-Galeana 等的模型不能体现这个原则。

在 Pan 等(1996)的研究工作中，他们适当改进了 Lira-Galeana 等提出的多固相模型。其中，将每个假组分分为链烷烃(P)、环烷烃(N)和芳香烃(A)。这个表示方式可以用于区别环烷烃、芳香烃与链烷烃的熔化焓和熔化温度的差异。即使采用上述改进方法，仍会存在基本的问题，即模型预测结果对所选假组分的数量十分敏感。

Weingarten 和 Euchner(1988)也将石蜡按多个纯固相处理，但他们认为这只是一种简化方式。

11.4 石蜡的 PT 闪蒸计算

除了考虑气相与油相外，PT 闪蒸计算中还需要考虑石蜡相，它可以先进行第 6 章中介绍的常规气液 PT 闪蒸计算。然后再确定闪蒸后液相是否会发生液相与石蜡相的分离。如果石蜡相被认为是一种理想溶液，正如 Rønningsen 等(1997)介绍的那样，固相中组分 i 的逸度系数与其成分无关，并可以使用以下公式进行表示：

$$\varphi_i^S = \frac{f_i^{oS}}{p} \tag{11.41}$$

它给出了下面有关固/液相平衡常数 K 的估值[系数 K 由式(6.4)进行了定义]。

$$K_i^{SL} = \frac{\varphi_i^L}{\varphi_i^S} \quad (i = 1, 2, \cdots, N) \tag{11.42}$$

式中，N 表示组分数。将按式(11.42)得到的系数 K 的估算值代入 Rachford-Rice 方程[式(6.22)]中，通过求解该方程得到 β 的值，进而可以得到固相占总液—固体系摩尔分数的初值。

新一次的石蜡与液相组成预测值如下式所示[与式(6.5)和式(6.5)相似]：

$$x_i^S = \frac{x_i K_i^{SL}}{1 + \beta(K_i^{SL} - 1)} \tag{11.43}$$

$$x_i^L = \frac{x_i}{1 + \beta(K_i^{SL} - 1)} \tag{11.44}$$

式中，x_i 为最初气液 PT 闪蒸计算时液相中组分 i 的摩尔分数。新一次的液相与石蜡相的逸度系数预测值可以由液相与石蜡相模型计算得到。新一次的 K 系数的预测值可以通过式(11.42)得到，新的石蜡相摩尔分数预测值可以通过求解式(6.22)得到。一直进行上述连续迭代，直到 PT 闪蒸的计算结果达到收敛。将最初气液 PT 闪蒸得到的气相与从液相—石蜡相 PT 闪蒸得到的液相混合，对混合物进行新的 PT 闪蒸计算。新气—液闪蒸计算得到的液相与液相—石蜡相 PT 闪蒸得到的石蜡相混合，并以此作为进料进行新的液相—石蜡相 PT 闪蒸计算。持续进行上述计算过程，直到结果达到收敛为止。当然，也可以使用更先进的闪蒸计算方法，但是由于石蜡相具有与气相和液相显著不同的成分，因此上述计算流程的收敛速度通常很快。

11.5 原油—石蜡悬浮液的黏度

当原油中含有固相石蜡颗粒时，可能会表现出非牛顿流体的性质，这意味着黏度会随着剪切速率而变化（dv_x/dy）。表 11.14 给出了析蜡点为 38℃ 的某稳定原油的组成数据。表 11.15 给出了大气压下该原油的黏度数据（Pedersen 和 Rønningsen，2000）。当温度高于析蜡点时，原油表现为牛顿流体的性质（即黏度与剪切速率无关）。在析蜡点以下，黏度随着剪切速率而改变。表 11.15 中的黏度数据如图 11.12 所示。由该图可以看出，悬浮固体石蜡对原油的表观黏度有显著的影响。由图 11.12 还可以看出，低于析蜡点时的黏度与剪切速率有较大关系，且黏度会随着剪切速率增加而减小，这表明该体系呈现宾汉塑性流体的特性，上述内容已经在第 10 章中讨论过。当处于低剪切速率时，固体石蜡对黏度的影响十分显著。因此，当石蜡基原油输送停止后，若要对管线运输进行再次启动是十分困难的。在有关凝胶化石蜡基原油流变性质的文章中，Rønningsen(1992)报道了相关实验研究数据，这可能有利于对上述问题进行定量描述。对于含有固体石蜡颗粒的非牛顿原油体系，Davidson(2004)报道了一个用于模拟管线运输再次启动的模型。

表 11.14 原油的摩尔组成

组 分	摩尔分数(%)	分 子 量	液相密度(g/cm^3)
C_1	0.281	—	—
C_2	0.448	—	—
C_3	1.171	—	—
iC_4	0.503	—	—
nC_4	1.198	—	—
iC_5	0.809	—	—
nC_5	0.933	—	—
C_6	1.989	—	—
C_7	5.981	89.0	0.758
C_8	9.859	100.7	0.789
C_9	7.160	115.5	0.808
C_{10+}	69.668	282.1	0.875

注：其黏度数据见表 11.15。

资料来源：From Pedersen, K. S. and Rønningsen, H. P., Effect of precipitated wax on viscosity—a model for predicting non-Newtonian viscosity of crude oils, *Energy Fuels* 14, 43-51, 2000。

表 11.15 表 11.14 中原油在大气压下的黏度数据

温度(℃)	黏度(cP)			
	析蜡点以上			
80	—	—	2.33	—
70	—	—	2.60	—
60	—	—	3.11	—
50	—	—	3.88	—
40	—	—	4.94	—
	析蜡点以下			
	剪切速率 $30s^{-1}$	剪切速率 $100s^{-1}$	剪切速率 $300s^{-1}$	剪切速率 $500s^{-1}$
34	6.44	6.2	5.9	6.7
32	13.0	9.2	6.8	7.9
30	20.3	11.7	8.0	9.0
28	27.5	14.1	9.4	10.9
26	31.6	16.4	10.9	12.9

续表

温度(℃)	黏度(cP)			
	析蜡点以下			
	剪切速率 $30s^{-1}$	剪切速率 $100s^{-1}$	剪切速率 $300s^{-1}$	剪切速率 $500s^{-1}$
24	36.0	19.4	13.4	16.1
22	43.0	23.9	19.2	22.8
20	53.9	32.4	29.5	33.0
18	73.2	48.2	42.7	43.3
16	104	70.5	57.7	55.3
14	152	100	75.0	69.9
12	212	134	89.8	78.6
10	283	172	105	89.0
8	369	210	126	104
6	470	267	150	114
4	575	326	177	128
2	725	395	200	148

注：该原油的析蜡点为38℃。

资料来源：From Pedersen, K. S. and Rønningsen, H. P., Effect of precipitated wax on viscosity—a model for prediing non-Newtonian viscosity of crude oils, *Energy Fuels* 14, 43-51, 2000。

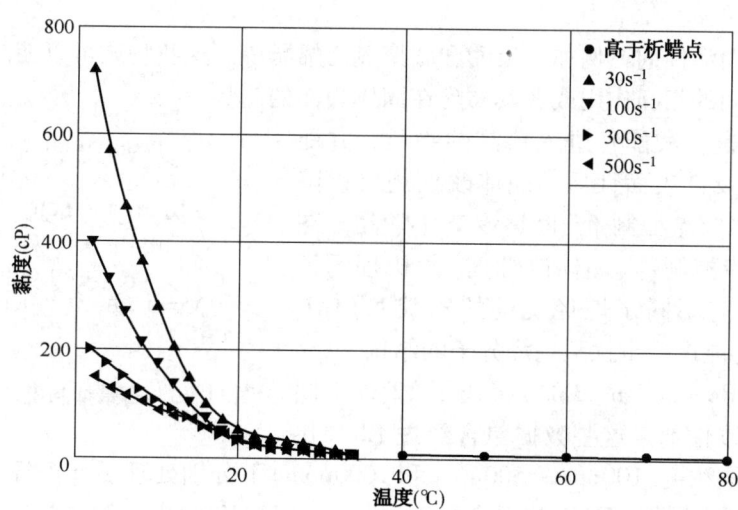

图 11.12 析蜡点以上及以下稳定原油的黏度数据（Pedersen 和 Rønningsen, 2000）
在析蜡点以下，黏度受固体石蜡和非牛顿性的影响。具体数据见表 11.15

析蜡点以下的原油表观黏度可以根据式(11.45)计算（Pedersen 和 Rønningsen, 2000）：

$$\eta = \eta_{liq}\left[\exp(D\phi_{wax}) + \frac{E\phi_{wax}}{\sqrt{dv_x/dy}} + \frac{F\phi_{wax}^4}{dv_x/dy}\right] \quad (11.45)$$

式中：η_{liq} 为原油（不考虑固体石蜡的影响）的黏度；ϕ_{wax} 为沉积石蜡占原油—石蜡悬浮液的体积分数。参数 D，E 和 F 可以由表 11.16 查到。

表 11.16　非牛顿流体黏度表达式[式(11.45)]中的常数

常　数	值
D	37.82
E	83.96
F	8.559×10^6

11.6　石蜡抑制剂

石蜡抑制剂通常被加入石蜡基原油中，用来帮助海底管线的运输。常用的抑制剂可以降低表观黏度和倾点。倾点为特定的测试条件（ASTM D-92）下原油在自身重力作用下能够自由流动的最低温度。在常规操作中，管线中的摩阻压降会随着黏度的增加而增大。当停止运输时，温度可能会降到倾点以下，这使得重启管线变得困难。Rønningsen 等（1991）区分了最大倾点与最小倾点。后者为样品在测试倾点前置于高温（至少 80℃）条件下进行了老化样品的倾点，前者为未经老化样品的倾点。

石蜡抑制剂通常包括 3 个种类：

（1）石蜡晶体改性剂；

（2）洗涤剂；

（3）分散剂。

后两种为表面活性剂，例如，聚酯和胺聚氧乙烯醚等。这些物质可以使晶体分散，因此可以降低它们之间的相互作用或者其黏附在固体表面的趋势。

晶体改性剂是一种能够进入蜡晶的物质，并能改变蜡晶的生长及其表面性质。晶体改性剂可以降低倾点和黏度。"倾点抑制剂"也是该类化学品。图 11.13 描述了石蜡抑制剂（晶体改性剂）的机理示意图。抑制剂中含有不同于烷烃支链的乙酸基（CH_3COO—），因此它能进一步扰乱烷烃分子的结构。

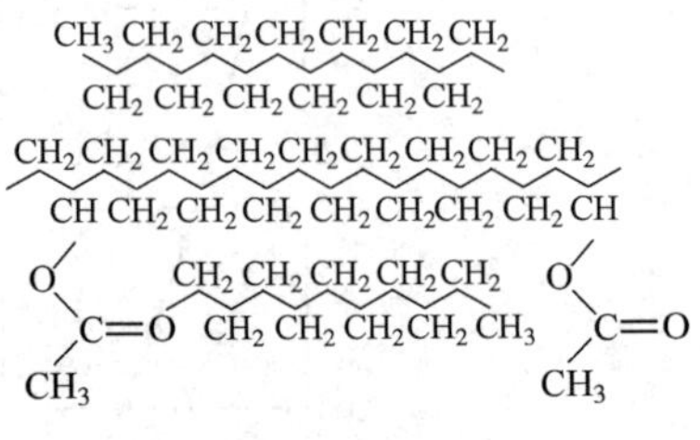

Pedersen 和 Rønningsen（2003）报道了 12 种不同种类的石蜡晶体改性剂。这些数据包含经过 12 种化

图 11.13　石蜡抑制机理（晶体改性剂）

学试剂在 3 种不同浓度（100ppm、500ppm 和 1000ppm）下分别处理后北海原油（石蜡质量分数为 15%）的析蜡点数据、倾点数据和黏度数据。表 11.17 给出了测试抑制剂的类型。"石蜡抑制剂"这一术语不能理解为阻止石蜡从原油中沉积的化学试剂。加入 1000ppm 石蜡抑制剂后，原油析蜡点降低值平均只有 3.3℃，但是所有 12 种抑制剂都在一定程度上降低了其在析蜡点以下的黏度。一般而言，添加 500ppm 抑制剂时的影响很小。最有效的抑制剂为 12 号抑制剂（EVA 与顺丁烯二酸酐和 α 烯烃共聚物的混合物）。图 11.14 给出了未经处理原油和经过 500ppm 12 号抑制剂处理后原油的黏度与温度之间的变化曲线。在原油中加入 500ppm 抑制剂的情况下，原油倾点平均降低了 31℃（即 12 种抑制剂的平均值）。

表 11.17 Pedersen 和 Rønningsen(2003)研究的石蜡抑制剂

序 号	类 别
1	聚甲基丙烯酸烷基酯
2	聚甲基丙烯酸烷基酯
3	聚甲基丙烯酸烷基酯
4	乙烯与乙酸乙烯酯的共聚物
5	未知化合物
6	乙烯与乙酸乙烯酯的共聚物
7	高分子脂肪酸酯
8	高分子脂肪酸酯
9	聚丙烯酸烷基酯与乙烯基吡啶的共聚物
10	甲基丙烯酸酯
11	乙烯与乙酸乙烯酯的共聚物
12	乙烯与乙酸乙烯酯、马来酸酐和 α 烯烃的共聚物

Pedersen 和 Rønningsen(2003)报道了石蜡抑制剂的效果，可以通过特定分子量石蜡组分熔化温度的降低情况来建立相关模型。例如，通过假设石蜡抑制剂可以降低 C_{21}—C_{40} 石蜡组分的熔化温度 15℃，可以对 12 号抑制剂的抑制效应建立相关模型，如图 11.14 所示。

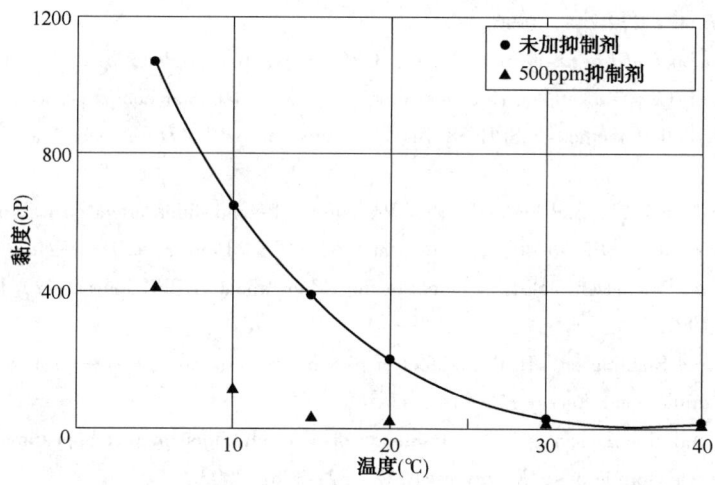

图 11.14 未经处理的原油和使用 500 ppm 抑制剂(表 11.17 中的 12 号抑制剂)处理后的原油黏度(Pedersen 和 Rønningsen, 2003)

未处理原油的析蜡点为 42℃

参 考 文 献

Bishop, A. N., Philip, R. P., Allen, J., and Ruble, T. E., High molecular weight hydrocarbons and the precipita-tion of petroleum-derived waxes. In Organic Geochemistry: *Development and Applications to Energy, Climate, Environment and Human History*, Grimalt, J. O. and Dorronsoro, C., Eds., AIGOA, Donoslia-San Sebastian, Spain, 1995.

Brockman, R., Cloud Points of Hydrocarbon System, Influence of Pressure and Methane Addition, Ph. D. thesis, University of Trondheim, Norway, 1992.

Brown, T. S., Niesen, V. G., and Erickson, D. D., The effects of light ends and high pressure on paraffin forma-tion, SPE 28505, presented at *SPE ATCE*, New Orleans, U. S. A., September 25-28, 1994.

Daridon, J.-L., Pauly, J., Coutinho, J. A. P., and Montel, F., Solid-wax-vapor phase boundary of a North Sea waxy crude: Measurement and modeling, *Energy Fuels* 15, 730-735, 2001.

Davidson, M. R., Nguyen, Q. D., Chang, C., and Rønningsen, H. P., A model for restart of a pipeline with com-pressible gelled waxy crude oil, *J. Non-Newtonian Fluid Mech.* 123, 269-280, 2004.

Erickson, D. D., Niesen, V. G., and Brown, T. S., Thermodynamic measurement and prediction of paraffin pre-cipitated in crude oil, SPE 26604, presented at *SPE ATCE*, Houston, TX, October 3-6, 1993.

Faust, H. R., The thermal analysis of waxes and petrolatums, *Thermochim. Acta* 26, 383-398, 1978.

Hammami, A. and Raines, M. A., Paraffin deposition from crude oils: Comparison of laboratory results to field data, SPE 38776, presented at *SPE ATCE*, San Antonio, TX, October 5-8, 1997.

Hansen, A. B., Larsen, E., Pedersen, W. B., Nielsen, A. B., and Rønningsen, H. P., Wax precipitation from North Sea crude oils. 3. Precipitation and dissolution of wax studied by differential scanning calorimetry, *Energy Fuels* 5, 914-923, 1991.

Hansen, J. H., Fredenslund, Aa., Pedersen, K. S., and Rønningsen, H. P., Thermodynamic model for predicting wax formation in crude oils, *AIChE J.* 34, 1937-1942, 1988.

Létoffé, J. M., Claudy, P., Kok, M. V., Garcin, M., and Volle, J. L., Crude oils: Characterization of waxes precipi-tated on cooling by D. S. C. and thermomicroscopy, *Fuel* 74, 810-817, 1995.

Lira-Galeana, C., Firoozabadi, A., and Prausnitz, J. M., Thermodynamics of wax precipitation in petroleum mixtures, *AIChE J.* 42, 239-248, 1996.

Loebel, R., *Handbook of Chemistry and Physics*, CRC Press, Boca Raton, FL, 1981-1982.

Monger-McClure, T. G., Tackett, J. E., and Merrill, L. S., DeepStar comparisons of cloud point measurements and paraffin prediction methods, SPE 38774, presented at *SPE ATCE*, San Antonio, TX, October 5-8, 1997.

Pan, H., Firoozabadi, A., and Fotland, P., Pressure and composition effect on wax precipitation: Experimental data and model results, SPE 36740, presented at *SPE ATCE*, Denver, CO, October 6-9, 1996.

Pedersen, K. S. and Michelsen, M. L., Letter to the Editor about AIChE Journal 42, 1996, pp. 238-242, *AIChE J.* 43, 1372, 1997.

Pedersen, K. S. and Rønningsen, H. P., Effect of precipitated wax on viscosity—a model for predicting non-Newtonian viscosity of crude oils, *Energy Fuels* 14, 43-51, 2000.

Pedersen, K. S. and Rønningsen, H. P., Influence of wax inhibitors on wax appearance temperature, pour point, and viscosity of waxy crude oils, *Energy Fuels* 17, 321-328, 2003.

Pedersen, W. B., Hansen, A. B., Larsen, E., Nielsen, A. B., and Rønningsen, H. P., Wax precipitation from North Sea crude oils. 2. Solid-phase content as function of temperature determined by pulsed NMR, *Energy Fuels* 5, 908-913, 1991.

Pedersen, K. S., Prediction of cloud point temperatures and amount of wax precipitation, *SPE Production and Facilities*, 46-49, February 1995.

Pedersen, K. S., Skovborg, P., and Rønningsen, H. P., Wax precipitation from North Sea crude oils. 4. Thermodynamic modeling, *Energy Fuels* 5, 924-932, 1991.

Prausnitz, J. M., Lichtenthaler, R. N., and de Azevedo, E. G., *Molecular Thermodynamics of Fluid Phase Equilibria*, Prentice-Hall, Englewood Cliffs, N. J., 1969, chap. 7.

Rønningsen, H. P., Bjørndal, B., Hansen, A. B., and Pedersen, W. B., Wax precipitation from North Sea crude oils. 1. Crystallization and dissolution temperatures, and Newtonian and non-Newtonian flow properties, *Energy Fuels* 5, 895-908, 1991.

Rønningsen, H. P., Rheological behavior of gelled, waxy North Sea crude oils, *J. Petroleum Sci. Eng.* 7,

177-213, 1992.

Rønningsen, H. P., Sømme, B. F., and Pedersen, K. S., An improved thermodynamic model for wax precipitation: experimental foundation and application, paper presented at *8th International Conference on Multiphase 97*, Cannes, France, June 18-20, 1997.

Ruffier-Méray, V., Brucy, F., and Behar, E., Multiphase transport of waxy crudes: Influence of dissolved gases on the wax appearance temperature, paper presented at *8th International Conference on Multiphase 97*, Cannes, France, June 18-20, 1997.

Ruffier-Méray, V., Volle, J. L., Scanz, C., Le Maréchal, P., and Béhar, E., Influence of light ends on the onset crystallization temperature of waxy crudes within the frame of multiphase transport, SPE 26549, presented at *SPE ATCE*, October 3-6, 1993, Houston, TX, U. S. A.

Templin, R. D., Coefficient of volume expansion for petroleum waxes and pure n-paraffins, *Ind. Eng. Chem.* 48, 154-161, 1956.

Weingarten, J. S. and Euchner, J. A., Methods for predicting wax precipitation and deposition, *SPE Prod. Eng.* 3, 121-126, February 1988.

Won, K. W., Continuous thermodynamics for solid-liquid equilibria: Wax formation from heavy hydrocarbon mixtures, *Fluid Phase Equilib.* 30, 265-279, 1986.

Won, K. W., Thermodynamic calculation of cloud point temperatures and wax phase compositions of refined hydrocarbon mixtures, *Fluid Phase Equilib.* 53, 377-396, 1989.

12 沥青质

沥青质是油藏中可能出现沉淀的一类物质，它具有很高的黏度和黏性。这类物质可能会造成生产井与管道中沥青质的沉积。沥青质被定义为室温下原油中不溶于正戊烷或正庚烷但可溶于苯或甲苯的一类物质。沥青质的定义也可以参考图 12.1。在其他烷烃中，沥青质的溶解度非常小。由于大部分油藏流体中都包含烷烃，因此沥青质的沉积问题普遍存在。但是，沥青质沉积现象与第 11 章中讨论的石蜡沉积现象不同，沥青质沉积不仅仅发生在低温环境中，它可能会发生在油藏、生产井、输送管道以及炼油厂的各个环节中。为了提高原油的采收率，通常向油藏中注入其他气体。由于天然气基本上由烷烃构成，因此，注气过程中的沥青质沉积现象会不断加剧。

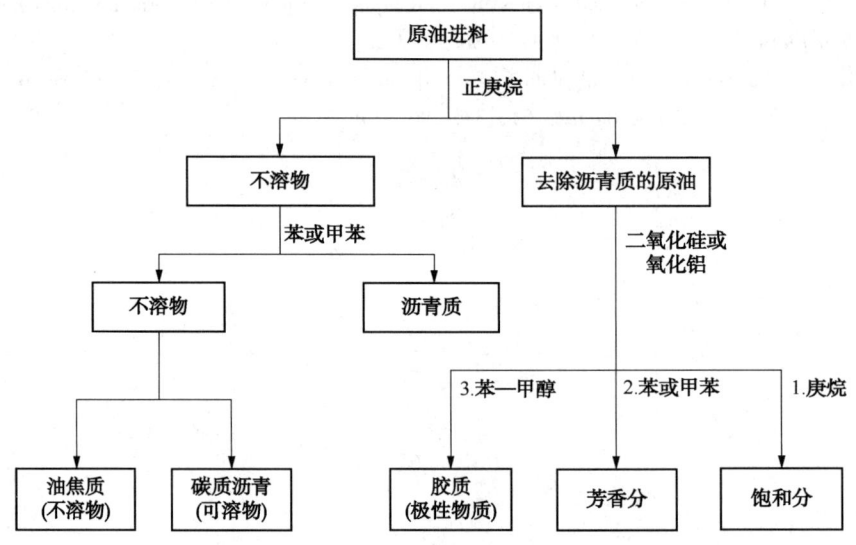

图 12.1　根据溶解性定义的沥青质与胶质

由于沥青质是根据其溶解性定义的，因此实际上沥青质中包含着很大范围内不同的分子。这可以（至少一定程度上）解释为什么有关原油沥青质的性质存在许多不同的争论。一些人认为沥青质相为固体（Hirschberg 等，1984；Chung，1992；Macmillan 等，1995），然而另一些人认为沥青质相为黏性液体（Burke 等，1990；Godbole 等，1995；Ting 等，2003）。

对于沥青质的溶解可逆性也存在几种不同的观点。数年前，大家通常认为已经发生沉积的沥青质不会再次溶解到溶液中。上述观点的支持者们认为沥青质以聚集体的形式溶于原油中，只有当由胶质组成的外部保护层稳定后，沥青质才能溶解于溶液中。如果移除这个保护层后，则会使沥青质形成更大的聚集体。由于不可能再次产生胶质保护层，因此变大后的沥青质聚集体不能形成再次溶解。胶质为具有不同溶解性质的一类物质。如图 12.1 所示，胶质可溶于正庚烷，庚烷中的胶质在溶液中可以被二氧化硅或者氧化铝等吸附富集，然后使用甲醇—苯混合溶液将胶质从吸附物的固体表面中分离提取出来。沥青质沉积不可逆的观点基本上基于以下实验现象：当在稳定原油中加入大量的正戊烷或正庚烷后，沥青质沉积并不能发生再次溶解。上述通过沉积方式产生的沥青质几乎为纯组分，沥青质分子间的黏附力很强，这使得沥青质几乎不可能形成再次溶解。但也存在反对上述观点的其他实验研究，科研人员（Angulo 等，1995；Jamaluddin 等，2000；Jamaluddin 等，2002；Hustad 等，2014）对油藏条件下的沥青质沉积进行了实验研究，研究发现沥青质沉积后可以发生再次溶解，这与普通物质存在溶解平衡一样。本章将基于气—原油—沥青质的相分离理论来介绍沥青质的沉积现象，它可以由经典相平衡原理进行确定，并且沥青质相被视为较重的非晶体液相。

对于某个恒定组分的沥青质而言，它的溶解性会随着压力的降低而下降。对于某个组分固定的原油而言，沥青质沉积量的最大值发生在泡点压力处。如 12.2 图所示，如果储层压力低于泡点压力，原油中的气体浓度会随着气体的蒸发而降低。气相组分（如 N_2，CO_2，C_1 和 C_2 等）是沥青质的不良溶剂，当油相中气体浓度降低时，会使得沥青质在原油中的溶解度变大。沥青质便会缓慢地溶解，最终消失。沥青质能完全溶于原油时的压力称为最小沥青质沉积压力。从泡点压力开始，增大压力也会使沥青质再次发生溶解。

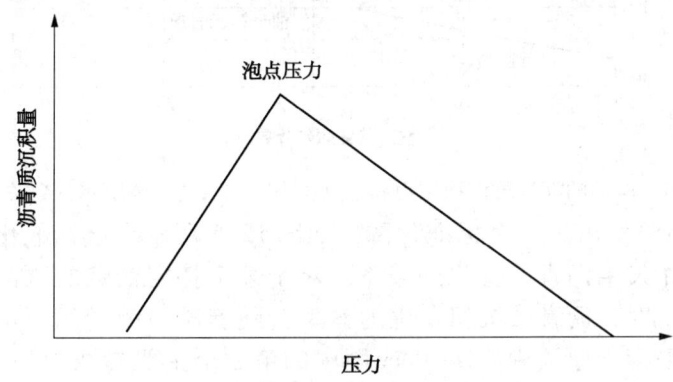

图 12.2　沥青质沉积量与压力之间的关系图
最大沥青质沉积量出现在泡点压力处

虽然烷烃通常被视为沥青质的不良溶剂，但烷烃中沥青质的溶解度也同样会随着压力的增加而增大。当压力足够高时，即达到最高沥青质沉积压力（upper AOP）时，沥青质也会溶解消失。

图 12.3 给出了泡点附近的沥青质相分离压力区间的典型相图。原油中可能存在沥青

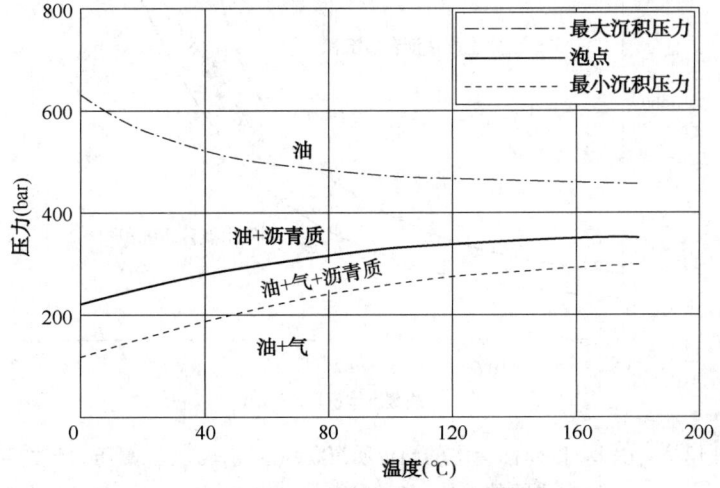

图 12.3　含沥青质原油的相图

质,但当压力降低时,仍然可能会出现不发生沥青质沉积的情况。但当向原油中添加某些气体时,沥青质通常会发生沉积。图 12.4 给出了其中一个典型实例。当气体摩尔分数超过约 8% 时,才出现沥青质沉积现象。沥青质沉积压力区间的范围会随着气体的加入而增加。

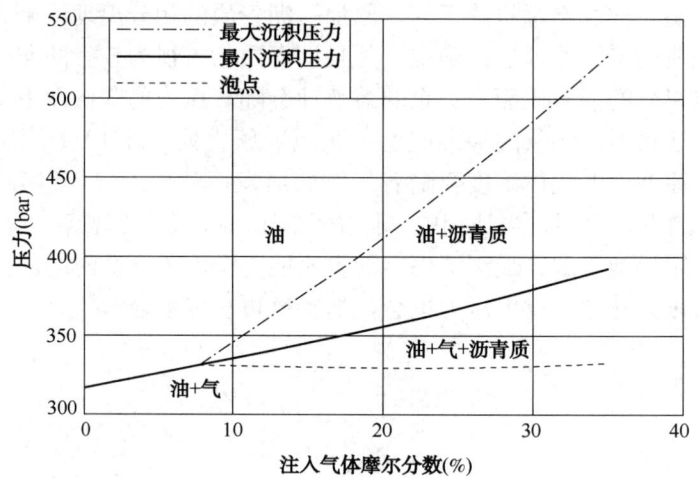

图 12.4　原油的沥青质沉积压力和泡点压力与加入的气体摩尔分数关系图

De Boer 等(1995)给出了一个标准化图,如图 12.5 所示。该标准化图可以帮助我们大致判断油藏流体中发生沥青质沉积的概率。对于某个特定油藏的原油而言,当油藏压力位于泡点压力之上时,沥青质沉积发生的概率会随着压力的增加而增加,因为更高的压力使更多的沥青质溶于原油中。De Boer 图中的第二个主要参数为油藏流体密度(即图 12.5 中的 X 轴)。正如第 1 章所述,相同分子量时碳氢化合物的密度递增顺序为:链烷烃→环烷烃→芳香烃。链烷烃通常被视为沥青质的不良溶剂,然而芳香烃为沥青质的良

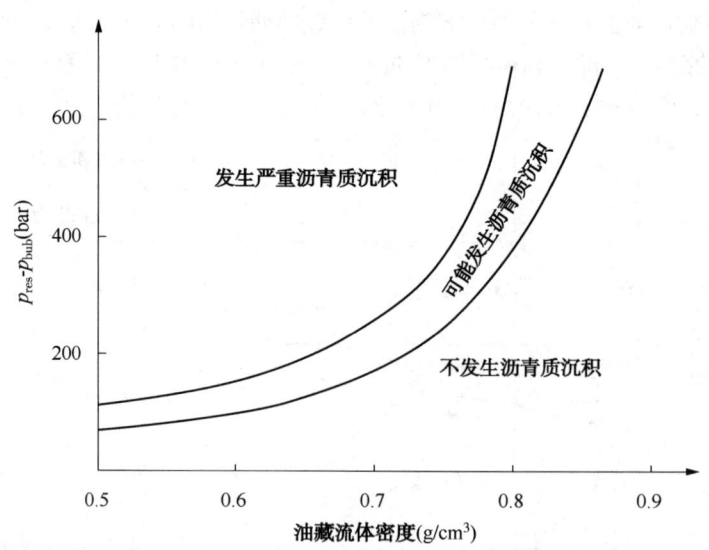

图 12.5　由 De Boer 图给出的沥青质沉积风险与压差(油藏压力与饱和压力之间的差值)和油藏流体密度之间的关系

溶剂，如图12.1所示。因此，与高密度油藏流体(芳香分含量更高)相比，在低密度的油藏流体(即链烷烃与环烷烃含量更高)中更容易发生沥青质沉积现象。这就是De Boer图能够准确反映的主要内容。但需要注意的是，De Boer图中并没有考虑油藏中沥青质含量的影响。油藏流体中沥青质含量高也意味着低分子量的芳香分含量高，由于芳香分是沥青质的良溶剂，因此即使沥青质含量很高，也可能不会出现沥青质沉积现象。这与De Boer图中高密度油藏流体(即芳香分含量较高)不容易发生沥青质沉积的推断是相吻合的。

  沥青质通常被视为较重的芳香性物质，其大致结构如图12.6所示，但有关沥青质分子的大小还无法确定。

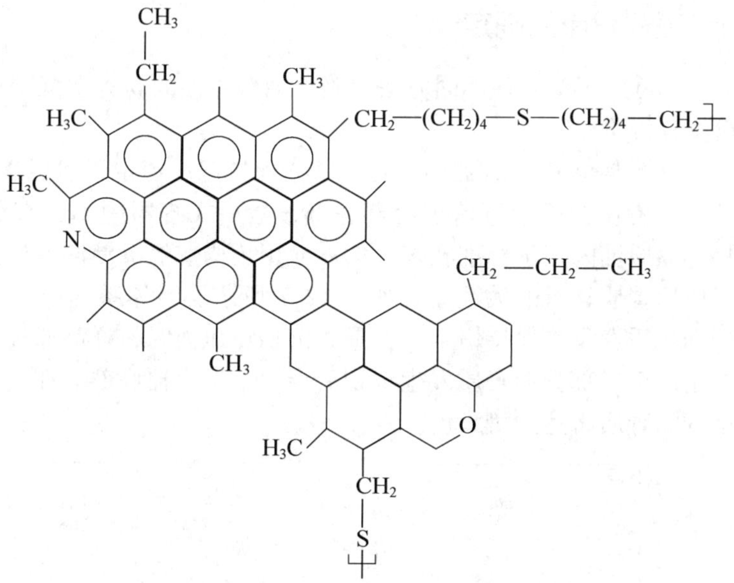

图12.6 沥青质分子的典型结构示意图

  Mansoori(1996)假设沥青质摩尔质量的分布为1000~11000g/mol，最大值为4000~5000g/mol。另一些研究(Koots和Speight，1975；Mullins等，2003)表明，单个沥青质分子的摩尔质量为500~1000g/mol，沥青质以聚集体的形式存在，通过常规摩尔质量测量方法无法将该沥青质聚集体拆散，这就是沥青质所测摩尔质量偏大的原因，文献中报道的摩尔质量可能不是真实的沥青质摩尔质量。

12.1 沥青质沉积实验研究

  沥青质沉积实验研究是深入理解沥青质以及沥青质沉积机理的关键技术。很多文献通过使用实验方法，研究了稳定原油中的沥青质沉积情况。随着实验手段的不断进步，已经可以测出含气原油的沥青质沉积情况。Tavakkoli等(2014)分析了不同实验方法得到的实验结果，研究发现很小的实验偏差都会影响模拟出的沥青质结构。这再次强调了保证沥青质实验数据准确的重要性。

12.1.1 沥青质含量的确定

通常使用 nC_5 或者 nC_7 来确定稳定原油中的沥青质含量（Burke 等，1990）。正构烷烃的大量加入（如 40 倍原油体积的 nC_5）会促使沥青质发生沉积，随后过滤并冲洗沥青质沉积物中的杂质。然后记录稳定原油的总量、加入的正戊烷总量以及分离得到的沥青质总量。沥青质的量与溶剂（正戊烷或者正庚烷）的量之间的关系非常密切。由于沥青质沉积是在标准条件下进行的，因此无法保证此时所得的沥青质总量能反映油藏条件下含气油中沥青质的沉积量。正如图 12.5 中的 De Boer 曲线所示，沥青质沉积的可能性无法通过原油中沥青质的含量进行确定。

12.1.2 沥青质沉积点的确定

Jamaluddin 等（2000）使用了 4 种不同方法来确定油藏原油的沥青质沉积点压力。

12.1.2.1 重量分析法

重量分析法通常是在某个 PVT 容器中进行。首先保持温度恒定，然后逐渐降低压力（间隔为 50bar），沉积的沥青质会逐渐下落至容器底部，最后在容器中不含有沥青质沉积物的上部进行取样。将样品原油闪蒸至标准状态，然后使用正构烷烃沉淀测量样品油中沥青质的含量。不同压力对应沥青质含量的关系曲线如图 12.7 所示。当体系的压力高于最大沉积点压力时，原油中的沥青质含量将保持恒定。在最大沉积点压力时，样品原油中的沥青质含量开始出现下降，这是由于一部分沥青质发生沉积后会下落至容器底部。在泡点压力处，从样品原油中沉积出来的沥青质将达到最大值。

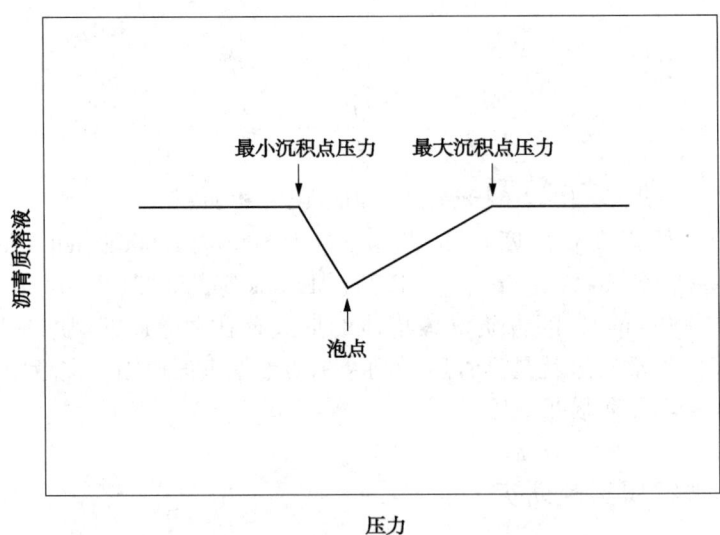

图 12.7 重量分析法时溶液中沥青质含量与压力之间的关系图

此时为重量分析法得到的沥青质沉积量最大值（对应于图 12.2 中的最大值）。当体系的压力处于泡点压力以下，且直到体系压力达到最小沉积点压力时，样品原油中沥青质含量会逐渐增加。当体系压力低于最小沉积点压力后，原油中沥青质含量保持恒定，并等于压力高于最大沉积点压力时的数值，此时所有的沥青质将又溶于原油中。沉积区域外的沥青质含量与泡点处测得的沥青质含量的差值就是油藏流体在降压过程中的沥青质沉积最大值。因此，重量分析法可用于测量沥青质沉积点压力和定量分析沥青质的沉积情况，然而这个方法的缺点是测试时间很长（每个点的测试时间大约为24h）。

12.1.2.2 声共振法

声共振法可以检测出新相的形成，新相可以是沥青质相（最大沉积点压力）或者气相（泡点压力）。但该方法不适用于最小沉积点压力的确定。

12.1.2.3 光散射法

图12.8给出了光散射法的原理图，它能够测试出近红外线通过原油相的透射光强度。在不存在悬浮沥青质颗粒[即压力大于最大沉积压力（$p > \text{AOP}_{\text{upper}}$）时]的均相流体中，光通过流体的散射最小。当体系压力低于最大沉积压力时，沥青质颗粒会开始出现，并造成部分光的散射。透射光的强度会逐渐降低，直到泡点压力时，投射光的强度达到最小。在压力继续降低直到达到最小沉积压力的过程中，由于沥青质颗粒被再次溶解，投射光强度又逐渐增大。

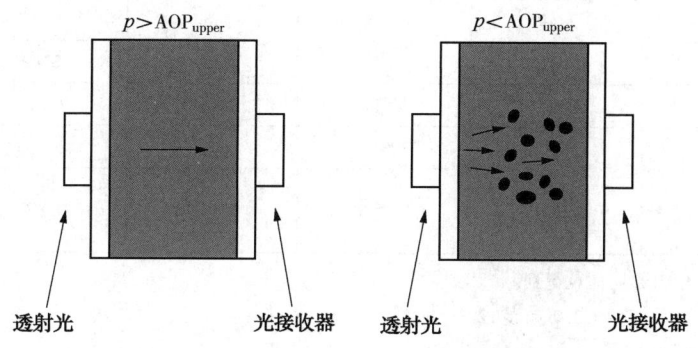

图12.8 光散射法检测沥青质沉积的原理

12.1.2.4 过滤法和其他方法

在过滤实验中，原油以恒定速率流过过滤器。在降压过程或者注气过程中，如果沥青质发生沉积，则可以通过过滤器两端压降的显著增加来确定最大沥青质沉积点压力。这个方法和第11章中所述的石蜡沉积检测方法类似。然后对过滤器中的残留物质进行饱和烷烃（链烃和环烷烃）、芳香烃、胶质和沥青质四组分（SARA）分析。

另一种测量沥青质最大沉积点压力的方法是电导率测试法（Fotland等，1993）。连续测量不同条件下原油的电导率数据。对某个组成不变的测试过程而言，保持最初的压力高于最大沉积点压力，然后使压力逐渐降低，直到电导率出现一个突变，则该压力即为最大沥青质沉积点压力或者泡点压力。在泡点压力以下，可能不会再次出现电导率的突变现象。该方法也适用于高温高压测试条件。

黏度法（Escobedo和Mansoori，1995）是一种相对简单的沥青质沉积点确定方法。该方法基于黏度测试过程中沥青质沉积现象会引起黏度的突然增加。

12.1.3 沥青质沉积压力实验数据

表12.1给出了通过降压实验测量的沥青质沉积压力下5种原油的组成分析结果。表12.2和表12.3给出了沥青质沉积的相关压力数据。

表 12.1　原油摩尔组成分析结果

项　目		Rydahl 等(1997)研究的 2 号原油	Jamaluddin 等(2000)研究的原油 A	Jamaluddin 等(2000)研究的原油 B	Jamaluddin 等(2002)研究的油样	Kokal 等(2003)研究的油样
组分摩尔分数(%)	N_2	0.97	0.48	0.80	0.49	0.18
	CO_2	0.20	0.92	0.05	11.37	5.21
	H_2S	0.00	0.00	0.00	3.22	1.35
	C_1	27.55	43.43	51.02	27.36	25.67
	C_2	7.43	11.02	8.09	9.41	9.19
	C_3	9.02	6.55	6.02	6.70	—
	iC_4	1.29	0.79	1.14	0.81	7.29
	nC_4	4.85	3.70	2.83	3.17	—
	iC_5	1.67	1.28	1.58	1.22	4.99
	nC_5	2.49	2.25	1.63	1.98	3.81
	C_6	3.16	2.70	2.67	2.49	3.59
	C_{7+}	41.39	26.88	24.17	31.79	38.72
$M_{C_{7+}}$		217.7	228.1	368.9	248.3	204.9①
1.01bar，15℃下，C_{7+}的密度(g/cm³)		0.854	0.865	0.875	0.877	0.873

① 值由 99℃下泡点压力数据估算得到。

注：沥青质沉积压力数据见表 12.2 和表 12.3。

Jamaluddin 等(2000；2002)测试了 2 种原油在 4 种不同温度下的最大沉积点压力，见表 12.2。通过这些沉积点压力数据，可以判断出温度对沥青质沉积点的影响规律。其中某种原油(Jamaluddin 等，2002)的最大沉积点压力约在 120℃时达到最小值。表 12.2 中也给出了相应的最小沉积点压力数据。

表 12.2　表 12.1 中原油的沥青质沉积点压力数据

油 样 来 源	温度(℃)	最大沉积点压力(bar)	泡点压力(bar)	最小沉积点压力(bar)
Rydahl 等(1997)研究的 2 号原油	90	200	—	—
Jamaluddin 等(2000)研究的原油 A	99	472.6	222.1	—
Jamaluddin 等(2000)研究的原油 A	104	454.2	226.4	—
Jamaluddin 等(2000)研究的原油 A	110	442.6	225.9	—
Jamaluddin 等(2000)研究的原油 A	116	429.2	226.8	135.1
Jamaluddin 等(2000)研究的原油 B	88	365.4	293.7	264.3
Jamaluddin 等(2002)研究的油样	83.2	372.3	172.4	
Jamaluddin 等(2002)研究的油样	104.2	279.2	186.2	
Jamaluddin 等(2002)研究的油样	120.0	251.7	199.9	
Jamaluddin 等(2002)研究的油样	141.1	262.0	211.0	
Kokal 等(2003)研究的油样	99	172.4	131.0	—

Jamaluddin 等(2000,2002)测量了加入不同比例氮气时原油的沥青质沉积压力数据,实验结果见表 12.3。Gonzalez 等(2012)研究了 N_2,CO_2 和 C_1 的加入对墨西哥湾油藏原油的影响,并发现气体的加入使得沥青质沉积点压力显著增加。

表 12.3 在 147℃氮气注入条件下表 12.1 中 Jamaluddin 等(2002)所研究原油沥青质沉积压力的实验数据

每摩尔原油中加入 N_2 的摩尔分数(%)	最大沉积点压力(bar)	泡点压力(bar)
0	267.0	213.9
5	386.4	281.0
10	541.0	337.2
20	822.0	491.8

表 12.4 给出了 2 种原油的组成分析结果(Rydahl 等,1997),这 2 种原油在任何压力下都不会发生沥青质沉积,除非注入其他的气体。对油藏条件下引起这 2 种原油发生沥青质沉积时所需的天然气量进行了研究,实验结果见表 12.4。表 12.4 还给出了相应天然气的组成和油藏条件。

表 12.4 两种北海原油和注入气体的摩尔组成与油藏条件下引起沥青质沉积需要的最小注入气体量

项 目		Rydahl 等(1997)研究的 1 号原油	Rydahl 等(1997)研究的 3 号原油	注 入 气 体
组分摩尔分数(%)	N_2	1.50	1.63	1.88
	CO_2	0.22	0.17	0.41
	C_1	23.11	31.40	70.69
	C_2	6.92	7.89	13.33
	C_3	8.63	8.62	9.05
	iC_4	1.30	1.25	1.08
	nC_4	5.13	4.74	2.33
	iC_5	1.78	1.62	0.45
	nC_5	2.71	2.50	0.58
	C_6	3.64	3.18	0.13
	C_7	—	—	0.07
	C_{7+}	45.08	36.98	—
	$M_{C_{7+}}$	218.2	212.0	—
1.01bar、15℃下的密度(g/cm³)		0.8547	0.8519	—
油藏温度(℃)		90	90	
油藏压力(bar)		350	320	
沉积点处的气/油摩尔比(最小注入气体量)		0.32	0.19	—

Hammami 等(1995)测量了典型含气原油加入 nC_6,nC_5,nC_4,丙烷和乙烷时引起沥青质沉积的初始浓度。随着烷烃溶剂分子量的不断降低,沥青质沉积点的滴定物浓度呈近似线性下降趋势。这意味着烷烃对沥青质沉积点的影响规律均类似,并与烷烃分子大小无关。

12.2 沥青质沉积模型

文献中报道了许多不同的沥青质模型,这些模型反映出对沥青质沉积机理的不同理解。评价这些模型时,考虑原油与劈分出的沥青质相边界条件是非常有必要的。从单相液体开始,随着压力的逐渐降低,当压力降至最大沉积点压力时,原油不再保持单相而是自发地产生相分离。分离出一个单独的沥青质相而不是继续保持单相流体,其原因是这一过程会引起体系的吉布斯自由能降低(见第 6 章中稳定性分析部分)。热力学基本方程式为[见附录 A 中式(A.24)]:

$$dG = \Delta V dp - \Delta S dT \tag{12.1}$$

当假设为恒温体系时,可以得出最大沉积点压力下原油与沥青质相的总体积比单相时原油的总体积小。成功的沥青质模型必须能描述上述体积变化行为,如图 12.9 所示。

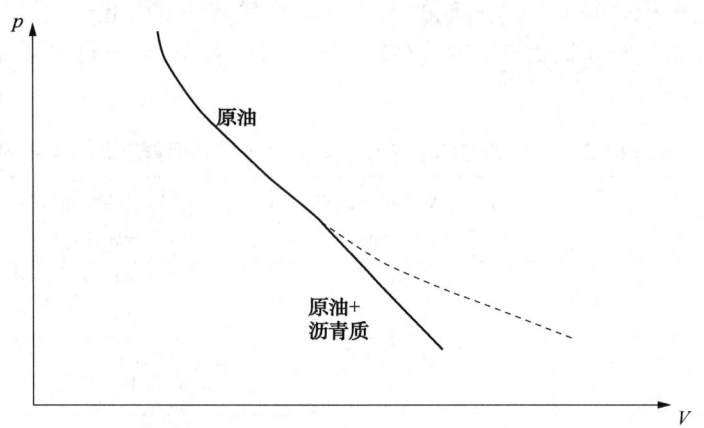

图 12.9　单相原油的压力—体积关系曲线(上部实线和下部虚线)以及原油分裂出沥青质时的压力—体积关系曲线(下部实线)

12.2.1　基于立方型状态方程的沉积模型

假设沥青质沉积是一个常见的液—液相分裂过程,但原则上使用第 4 章中所述立方型状态方程至少可以模拟气—油—沥青质的相平衡过程,包括得到沥青质沉积点压力。Rydahl 等(1997)将 C_{50+} 的芳香分视为沥青质组分。正如第 5 章中描述的方法,原油组成经特征化后,重于 C_{49} 的假组分被劈分为沥青质组分和非沥青质组分。表 12.5 给出了沥青质组分设定时的默认性质参数。

表 12.5　沥青质组分默认性质参数

参　　数	值
T_c^A (K)	1398.5
p_c^A (bar)	14.95
ωA	1.274

资料来源:Rydahl, A. K., Pedersen, K. S., and Hjermstand, H. P., Modeling of live oil asphaltene precipitation, presented at *AIChE Spring Meeting*, Houston, March 9-13, 1997。

假组分 i 中非沥青质组分的临界温度 $T_{ci}^{\text{no-A}}$ 可由以下关系式获得：

$$T_{ci} = \text{Frac}_i^{\text{no-A}} T_{ci}^{\text{no-A}} + \text{Frac}_i^{\text{A}} T_{ci}^{\text{A}} \tag{12.2}$$

式中：T_{ci} 为假组分 i 在劈分为沥青质与非沥青质组分前的临界温度；Frac_i^{A} 为假组分 i 中沥青质相的百分数。假组分 i 中非沥青质部分的临界压力 ($p_{ci}^{\text{no-A}}$) 可由以下方程得到：

$$\frac{1}{p_{ci}} = \frac{(\text{Frac}_i^{\text{no-A}})^2}{p_{ci}^{\text{no-A}}} + \frac{(\text{Frac}_i^{\text{A}})^2}{p_{ci}^{\text{A}}} + \frac{2\text{Frac}_i^{\text{no-A}} \times \text{Frac}_i^{\text{A}}}{\sqrt{p_{ci}^{\text{no-A}}} \sqrt{p_{ci}^{\text{A}}}} \tag{12.3}$$

式中，假组分 i 中非沥青质部分的偏心因子可由式(12.4)得到：

$$\omega_i = \text{Frac}_i^{\text{no-A}} \omega_i^{\text{no-A}} + \text{Frac}_i^{\text{A}} \omega_i^{\text{A}} \tag{12.4}$$

在式(12.2)中，通过式(12.4)可以保证状态方程中参数 a 和 b 只受到劈分相 C_{50+} 中沥青质与非沥青质组分的影响。上述方式的优势在于劈分前和劈分后可得到近似相同的泡点压力和气油比模拟结果。

沥青质组分和 C_1—C_9 烃类的二元交互作用参数的默认值被设定为 0.017，另一些烃类的二元交互作用参数默认值则被设定为 0。通过调整上述模型中的沥青质临界温度与临界压力或者原油中沥青质的浓度，可以拟合出沥青质沉积点压力的实验结果。

表 12.6 给出了使用上述方法进行特征化的样品流体组成及立方型状态方程参数示例[采用 Jamaluddin 等(2002)所研究的原油，并将上述方法用于 SRK 方程中]。表 12.7 给出了二元交互作用参数。表 12.8 给出了原油 A(Jamaluddin 等，2000)用于 PR 方程的特征化参数，表 12.9 给出了 1 号原油(Rydahl 等，1997)用于 SRK 方程的特征化参数。沥青质的 T_c 和 p_c 可以通过调整沉积点压力的实验结果与表 12.5 设定的默认值之间的偏差得到。非零二元交互作用参数可由表 12.7 得到。实验和模拟的沥青质沉积点压力和泡点压力数据，如图 12.10 至图 12.12 所示。

表 12.6 使用 SRK 方程时原油组成的特征化结果

组 分	摩尔分数(%)	分 子 量	T_1℃	p_c(bar)	偏心因子
N_2	0.490	28.0	−147.0	33.94	0.040
CO_2	11.369	44.0	31.1	73.76	0.225
H_2S	3.220	34.1	100.1	89.37	0.100
C_1	27.357	16.0	−82.6	46.00	0.008
C_2	9.409	30.1	32.3	48.84	0.098
C_3	6.699	44.1	96.7	42.46	0.152
iC_4	0.810	58.1	135.0	36.48	0.176
nC_4	3.170	58.1	152.1	38.00	0.193
iC_5	1.220	72.2	187.3	33.84	0.227
nC_5	1.980	72.2	196.5	33.74	0.251
C_6	2.490	86.2	234.3	29.69	0.296
C_7—C_{25}	25.278	176.6	393.1	20.39	0.756
C_{26}—C_{49}	5.524	473.1	620.8	14.19	1.262
C_{50}—C_{64}—PN	0.545	774.8	683.8	13.72	1.313
C_{50}—C_{64}—A	0.192	774.8	1013.6	18.11	1.274
C_{65}—C_{80}—PN	0.183	989.2	845.3	14.10	0.876
C_{65}—C_{80}—A	0.064	989.2	1013.6	18.11	1.274

注：PN 表示链烷烃和环烷烃，A 表示沥青质。二元交互作用参数可由表 12.7 得到。"+"馏分组成见表 12.1。沥青质沉积压力和泡点压力的实验结果与模拟结果如图 12.10 所示。

资料来源：Jamaluddin, A. K. M., et al., An investigation of asphaltene instability under nitrogen injection, SPE 74393 presented at *SPE International Petroleum Conference and Exhibition in Villahermosa*, Mexico, February 10-12, 2002。

表 12.7 表 12.6、表 12.8 和表 12.9 中与混合物有关的二元交互作用参数

组 分	N_2	CO_2	H_2S	C_1—C_9
CO_2	−0.032	—	—	—
H_2S	0.170	0.099	—	—
C_1	0.028	0.120	0.080	—
C_2	0.041	0.120	0.085	—
C_3	0.076	0.120	0.089	—
iC_4	0.094	0.120	0.051	—
nC_4	0.070	0.120	0.060	—
iC_5	0.087	0.120	0.060	—
nC_5	0.088	0.120	0.069	—
C_6	0.080	0.120	0.050	—
C_7—PN	0.080	0.100	—	—
C_{7+}—A	0.080	0.100	—	0.017

表 12.8 使用 PR 状态方程时 Jamaluddin 等(2000)所研究原油 A 的特征化结果

组 分	摩尔分数(%)	分 子 量	T_c(℃)	p_c(bar)	偏心因子
N_2	0.480	28.0	−146.95	33.940	0.04
CO_2	0.919	44.0	31.05	73.760	0.225
C_1	43.391	16.0	−82.55	46.000	0.008
C_2	11.010	30.1	32.25	48.840	0.098
C_3	6.544	44.1	96.65	42.460	0.152
iC_4	0.789	58.1	134.95	36.480	0.176
nC_4	3.787	58.1	152.05	38.000	0.193
iC_5	1.279	72.2	187.25	33.840	0.227
nC_5	2.248	72.2	196.45	33.740	0.251
C_6	2.698	86.2	234.25	29.690	0.296
C_7—C_{25}	22.738	180.4	418.66	19.460	0.6803
C_{26}—C_{49}	3.747	460.3	683.62	13.080	1.2077
C_{50}—C_{64}—PN	0.230	769.2	845.45	10.660	0.9492
C_{50}—C_{64}—A	0.070	769.2	1172.58	17.300	1.274
C_{65}—C_{80}—PN	0.054	982.8	1051.88	10.280	0.1823
C_{65}—C_{80}—A	0.016	982.8	1172.58	17.300	1.274

注:(1) PN 代表链烷烃和环烷烃,A 代表沥青质。二元交互作用参数可从表 12.7 得到。"+"馏分组成见表 12.1。沥青质沉积压力和泡点压力的实验结果与模拟结果如图 12.11 所示。
(2) 沉积压力的实验数据由表 12.2 中给出。

表 12.9 使用 SRK 状态方程时 Rydahl 等(1997)所研究 1 号原油的特征化结果

组　分	原油摩尔分数(%)	气体摩尔分数(%)	分子量	T_c(℃)	p_c(bar)	偏心因子
N_2	1.497	1.88	28.0	−147.0	33.94	0.040
CO_2	0.220	0.41	44.0	31.1	73.76	0.225
C_1	23.066	70.69	16.0	−82.6	46.00	0.008
C_2	6.907	13.33	30.1	32.3	48.84	0.098
C_3	8.614	9.05	44.1	96.7	42.46	0.152
iC_4	1.298	1.08	58.1	135.0	36.48	0.176
nC_4	5.290	2.33	58.1	152.1	38.00	0.193
iC_5	1.777	0.45	72.2	187.3	33.84	0.227
nC_5	2.705	0.58	72.2	196.5	33.74	0.251
C_6	3.633	0.13	86.2	234.3	29.69	0.296
C_7	—	0.07	92.8	253.9	31.78	0.458
C_7—C_{25}	38.340	—	169.4	386.0	20.87	0.741
C_{26}—C_{49}	5.972	—	463.3	611.9	13.81	1.252
C_{50}—C_{80}—PN	0.528	—	814.2	714.8	12.80	1.216
C_{50}—C_{80}—A	0.155	—	814.2	1184.1	15.57	1.274

注：图 12.12 给出了 90℃下注入气体引起沥青质沉积的压力范围的模拟结果。二元交互作用参数见表 12.7。表 12.4 给出了 C_{7+} 组成参数，还给出了注入气体的组成。

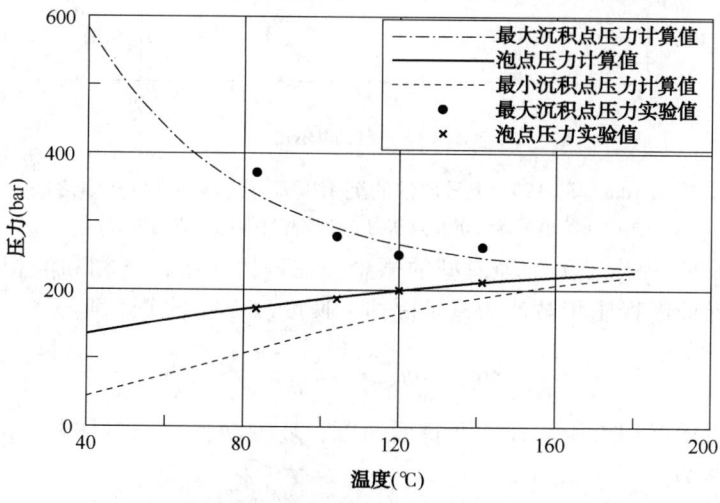

图 12.10　Jamaluddin 等(2002)流体的沥青质沉积压力与泡点压力的实验与模拟结果
沉积压力和泡点压力的实验值由表 12.2 给出。原油组成由表 12.1 给出

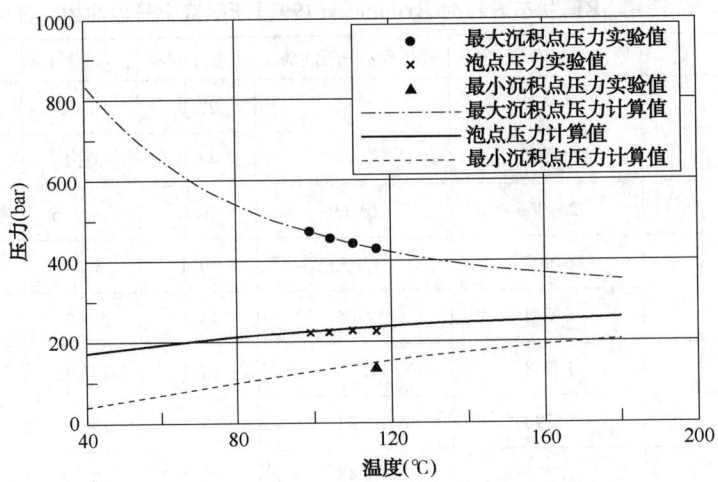

图 12.11　Jamaluddin 等(2000)原油 A 的沥青质沉积压力
与泡点压力的实验与模拟结果

实验沉积压力和泡点压力由表 12.2 给出。原油组成由表 12.1 给出

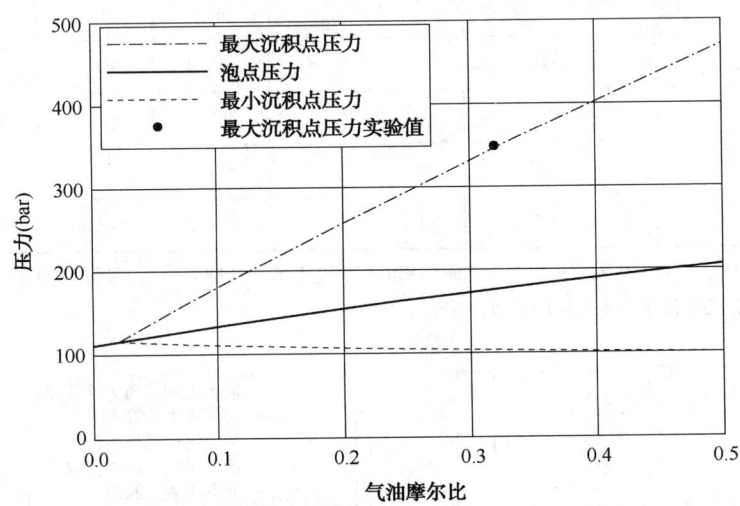

图 12.12　Rydahl 等(1997)1 号原油的沉积压力范围与注入气体量之间的关系

图中还给出了最大沉积点压力。原油和气体的组成见表 12.4

Ngheim 等(1993)提出了另一种模型的概念。在该概念中，气相和液相分别使用立方型状态方程描述，然而沥青质相被认为是纯固体，逸度(f_a)由下式计算：

$$\ln f_a = \ln f_a^* + \frac{V_a(p - p_a)}{RT} \tag{12.5}$$

式中：f_a^* 为在沥青质沉积点压力处的沥青质逸度；V_a 为沥青质摩尔体积；p 为实际压力；p_a 为沥青质沉积点压力。

当将沥青质相视为纯沥青质时，Rydahl 等(1997)提出的沥青质模型需要一个真实的多相闪蒸算法，使用类似于第 6 章提到的烷烃与纯水混合物三相闪蒸算法的简易算法就可以实现。

12.2.2 高分子溶液模型

有关沥青质沉积的多篇文献均认为高分子溶液理论可以用于模拟液相与沥青质的相平衡（如 Hirschberg 等, 1984; Burke 等, 1990; Kawanaka 等, 1991; Kokal 等, 1992; De Boer 等, 1995）。下列描述主要基于 Hirschberg 等（1984）提出的理论。液相（原油）中沥青质能溶解的最大体积分数假设为：

$$(\varPhi_a)_{\max} = \exp\left\{\frac{V_a}{V_L}\left[1 - \frac{V_L}{V_a} - \frac{V_L}{RT}(\delta_a - \delta_L)^2\right]\right\} \tag{12.6}$$

式中：V_L 为液相中非沥青质分子的平均摩尔体积；V_a 为沥青质分子的摩尔体积；δ_L 为非沥青质分子的平均溶解度参数；δ_a 为沥青质分子的溶解度参数。V_L 通过立方型状态方程获得，Hirschberg 等的文章中使用 SRK 方程[即式（4.20）]。沥青质的摩尔体积假设为 $V_a = 4000\text{cm}^3/\text{mol}$。溶解度参数定义为：

$$\delta^2 = \frac{\Delta U^V}{V} \tag{12.7}$$

式中：ΔU^V 为 1mol 液体变为理想气体时的等温蒸发热；V 为摩尔体积。对于液相而言，Hirschberg 等根据 SRK 方程计算了 ΔU^V 值。假定沥青质的溶解度参数为：

$$(\delta_a)_{T=25°C} = (19.50\text{MPa})^{0.5} \tag{12.8}$$

$$\frac{1}{\delta_a}\left(\frac{d\delta_a}{dT}\right) = 1.07 \times 10^{-3}\text{K}^{-1} \tag{12.9}$$

由式（12.6）看出可以，原油中能溶解的沥青质的总量与液相平均溶解度参数和沥青质溶解度参数的差值有关。如果两个参数越接近，则保持溶液状态的沥青质含量就越高。这与图 12.5 中 de Boer 曲线上低密度油藏原油（链烷烃基）发生沥青质沉积可能性比高密度油藏原油（芳香基）更大的结论相吻合。链烷烃的溶解度参数与沥青质的差异很大，然而芳香分的溶解度参数与沥青质更接近。

Hirschberg 等（1984）认为他们的模型存在一个缺点，即没有考虑胶质对沥青质沉积的影响。他们发现液相中大部分沥青质并不是以单个沥青质分子存在，而是一个沥青质分子与两个胶质分子缔合，而模型没有考虑这一点。根据 Hirschberg 等的发现，胶质—沥青质—胶质分子结构的溶解度参数会小于纯沥青质的溶解度参数，并且，其在液相中的溶解度也比纯沥青质的大。上述理论可以解释实验过程中沥青质溶解度随着胶质的浓度上升而增大的现象。

Hirschberg 等（1984）使用了 SRK 方程计算气液相分裂。当考虑液相—沥青质的相平衡时，使用高分子溶液理论处理液相（原油）；当考虑气—液平衡时，使用 SRK 方程进行计算。这不符合热力学一致性，这意味着对于气—油—沥青质的闪蒸计算不总是只有唯一的算法。

12.2.3 热力学—胶体模型

根据热力学—胶体模型（Leontaritis 和 monsoori, 1987; Leontaritis, 1989），沥青质只能存在于均质液体相中，这是因为沥青质形成的胶束受到外部胶质层的保护。沥青质沉积由胶质在液相中的化学势（$\mu_{\text{resin}}^{\text{Liquid phase}}$）与在沥青质胶束中的化学势（$\mu_{\text{resin}}^{\text{Asphaltene micelle}}$）之间关系决定（化学势的定义见附录 A）。达到平衡时：

$$\mu_{\text{resin}}^{\text{Asphaltene micelle}} = \mu_{\text{resin}}^{\text{Liquid phase}} \tag{12.10}$$

如果液相中胶质的化学势降低,则沥青质周围保护层的胶质分子会迁移到原油相中。失去胶质保护层后,会使得沥青质分子聚集并发生沉积。例如,注气过程会引起液相中胶质的化学势下降。加入气体后会使溶液容纳胶质的能力增强,这使得液相中胶质的化学势降低。本书建议使用高分子溶液理论表示液相中胶质的化学势:

$$\mu_{\text{resin}}^{\text{Liquid phase}} = \mu_{\text{resin}}^{\text{ref}} + RT\left[\ln\phi_{\text{resin}} + 1 - \frac{V_{\text{resin}}}{V_L} + \frac{V_{\text{resin}}}{RT}(\delta_L - \delta_{\text{resin}})^2\right] \quad (12.11)$$

式中:$\mu_{\text{resin}}^{\text{ref}}$ 为实际压力和温度条件下纯胶质的化学势;ϕ_{resin} 为液相中胶质的体积分数;V_{resin} 为胶质的摩尔体积;V_L 为剩余液相的平均摩尔体积;δ_{resin} 为胶质的溶解度参数;δ_L 为剩余液相的平均溶解度参数。溶解度参数的概念已经在前文中进行了相关讨论。

热力学胶体模型看似更像是一种模型构架而非定量模型。

12.2.4 PC-SFAT 模型

与使用立方型状态方程相比,4.9 节中介绍的 PC-SFAT 状态方程对可压缩流体的模拟结果更好,这是沥青质模型中的关键条件,因此 PC-SFAT 状态方程可能是沥青质模拟的一个好的备选方案。Ting 等(2007)证实了这个观点。图 12.13 给出了使用表 12.10 中特征化方法得到的沥青质相图。除了沥青质的 ε/k 参数从 420K 降至 380K 外,模拟结果的吻合程度与 SRK 状态方程的(图 12.10)一样好。

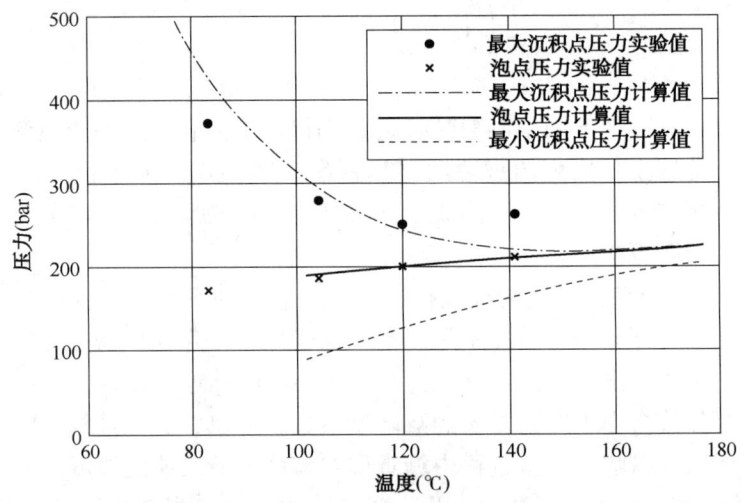

图 12.13 使用 PC-SAFT 方程对 Jamaluddin 等(2000)原油的沥青质相图模拟结果
实验测得数据由表 12.2 给出,SRK 模拟结果如图 12.10 所示

表 12.10 Jamaluddin 等(2002)原油的 PC-SAFT 状态方程参数

组 分	分 子 量	摩尔分数(%)	PC-SAFT 参数		
			$\sigma(\text{Å})$	m	$\varepsilon/k(\text{K})$
CO_2/H_2S	41.80	14.583	2.7852	2.0729	169.21
N_2	28.01	0.495	3.3130	1.2053	90.96
C_1	16.04	27.334	3.7039	1.0000	150.03
气相轻组分	44.60	21.917	3.6130	2.0546	204.96

续表

组　分	分子量	摩尔分数(%)	PC-SAFT 参数		
			$\sigma(\text{Å})$	m	$\varepsilon/k(\text{K})$
链烷烃和环烷烃	207.63	23.853	3.9320	5.9670	254.05
芳香烃(包含胶质)	270.5	11.750	3.8160	6.4730	342.08
沥青质	1700	0.0676	4.3000	29.5000	420.00

注：原始组分数据见表12.1。

资料来源：Gonzalez, D. L., et al., Prediction of asphaltene instability under gas injection with the PC-SAFT equation of state, *Energy Fuels* 19, 1230-1234, 2005。

表12.11 给出了表10.14中不同N_2浓度时墨西哥湾油藏原油的沥青质沉积点压力和泡点压力实验数据和模拟数据。使用PC-SAFT状态方程时结合表12.12中的参数进行模拟。

表12.11　表10.14中油藏流体在94℃时注入氮气后的沥青质沉积压力实验结果与模拟结果

油藏流体中N_2气的摩尔分数(%)	实 验 值		PC-SAFT模拟值	
	沥青质的沉积压力(bar)	饱和压力(bar)	沥青质的沉积压力(bar)	饱和压力(bar)
0	—	176	—	170
9	414	300	392	319
18	940~1027	362	652	477
27	1345	680	804	652

注：使用PC-SAFT状态方程并结合表12.12中的模型参数进行模拟。

资料来源：Hustad, O. S., et al., High pressure data and modeling results for phase behavior onsets of GoM oil mixed with nitrogen, *SPE Reservoir Eval. Eng.* 3, 384-395, 2014。

表12.12　用于表12.11中沥青质沉积压力和饱和压力模拟的PC-SAFT模型参数

组　分	摩尔分数(%)	m	$\sigma(\text{Å})$	$\varepsilon/k(\text{K})$
N_2	0.12	1.205	3.313	90.960
CO_2	0.07	2.073	2.785	169.210
C_1	37.77	1.000	3.704	150.030
C_2	5.44	1.607	3.521	191.420
C_3	5.88	2.002	3.618	208.110
iC_4	0.73	2.262	3.757	216.530
nC_4	3.28	2.332	3.709	222.880
iC_5	0.73	2.562	3.830	230.750
nC_5	2.23	2.690	3.773	231.200
C_6	2.67	3.058	3.798	236.770
C_7	4.02	3.114	3.790	249.483
C_8	4.03	3.516	3.786	251.013
C_9	3.36	3.929	3.783	252.492
C_{10}—C_{11}	5.44	4.480	3.778	254.375
C_{12}—C_{14}	5.44	5.544	3.772	256.256
C_{15}—C_{17}	4.59	6.593	3.769	260.434

续表

组分	摩尔分数(%)	m	$\sigma(\text{Å})$	$\varepsilon/k(\text{K})$
C_{18}—C_{20}	3.04	7.821	3.768	262.374
C_{21}—C_{25}	2.84	9.484	3.770	266.129
C_{26}—C_{30}	1.69	10.457	3.771	269.291
C_{31}—C_{49}	3.31	14.767	3.775	275.595
C_{50}—C_{80}	2.56	28.648	3.597	247.386
C_{50}—C_{80A}	0.76	11.000	4.530	500.000

非零二元交互作用参数

k_{ij}	N_2	CO_2	C_1—C_9
CO_2	−0.0315		
C_1	0.0278	0.12	
C_2	0.0407	0.12	
C_3	0.0763	0.12	
iC_4	0.0944	0.12	
nC_4	0.07	0.12	
iC_5	0.0867	0.12	
nC_5	0.0878	0.12	
C_6	0.08	0.12	
C_7	0.13	0.1	
C_8	0.13	0.1	
C_9	0.13	0.1	
C_{10}—C_{11}	0.13	0.1	
C_{12}—C_{14}	0.13	0.1	
C_{15}—C_{17}	0.13	0.1	
C_{18}—C_{20}	0.13	0.1	
C_{21}—C_{25}	0.13	0.1	
C_{26}—C_{30}	0.13	0.1	
C_{31}—C_{49}	0.13	0.1	
C_{50}—C_{80}	0.13	0.1	
C_{50}—$C_{80\text{-}A}$	0.17	0.1	0.017

12.2.5 其他沥青质沉积模型

Victorov 和 Firoozabadi(1996)与 Pan 和 Firoozabadi(1996,2000)提出了另一种沥青质沉积的胶体模型。根据该模型，沥青质自发地缔合为球状胶核。胶质分子吸附在沥青质胶核的表面，形成一个单分子保护层。沉积是由于沥青质从无限稀释相中向带有胶质外壳的纯沥青质相转变过程中引起的吉布斯自由能降低而导致的结果。为了使用上述模型概念，需要知道溶液中沥青质、胶质和沥青质—胶质胶束的逸度模型，以及胶体形成时引起的吉布斯自由能变化的模型。由于系统的复杂性，使用该模型作为预测模型的潜力是非常有限的。

Fahim 等(2001)提出了另外一种预测沥青质沉积的胶体模型。

Wu 等(1998，2000)将沥青质视为相互吸引的硬球模型，胶质作为相互吸引的链球模型。沥青质会和自身以及胶质结合。在这个模型中，沥青质和胶质分子均使用统计缔合流体理论处理(类似于 PC-SAFT 模型)，其余的组分被当作连续的正构烷烃进行处理。这个模型中没有明确的压力影响关系，而立方型状态方程可用于描述压力的影响。Pan 和 Firoozabadi (1996；2000)提出的模型需要大量的参数。一些参数能够由非标准实验进行确定，但另外一些参数需要进行经验性估算。

Buenrostro-Gonzalez 等(2004)对 Wu 等(2000)模型进行了改进。这个模型是基于用于沥青质—胶质体系的统计流体缔合理论。该 SAFT 改进模型称为 SAFT-VR，其中 VR 代表变量范围。其余部分则当作纯烷烃连续介质处理，介质的溶解性主要依赖于组成和密度，可以通过状态方程进行估算。

Buckley(1999)使用一种半经验方法来预测沥青质沉积点压力，将正构烷烃加入稳定原油中会引起沥青质沉积。根据沉积点处原油的折射率，可以估算出沥青质的折射率。压力和温度与沥青质折射率的关系式使得估算含气原油的沥青质沉积点成为可能。

12.3 沥青质焦油层计算

第 14 章中将讨论组分随着储层埋深的变化情况。分子量较大组分的浓度会随着深度增加而增加。这是重力效应和温度效应（即随着深度的增加，温度会不断上升）共同影响的结果。沥青质是分子量较大的组分，它的浓度也会随着深度的增加而增加。由图 12.14 看出可以，焦油层可能会出现在油层的下方。图 12.14 也给出了是否存在焦油层和焦油层形成时深

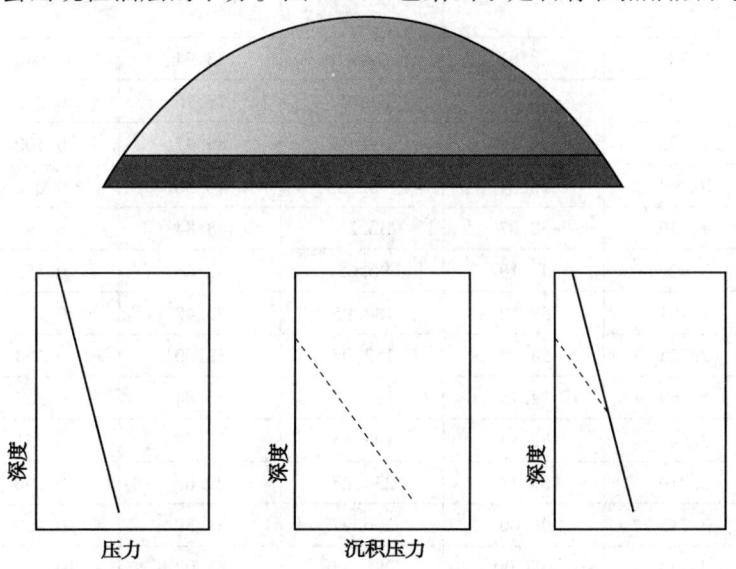

图 12.14　油层—焦油层界面示意图

界面出现在油藏压力与沥青质沉积压力相同时的深度

度的机理概述。图 12.14 中的实线描述了油藏压力随着深度的增加而增加的情况。由图 12.14 中的虚线看出可以，随着深度的增加，沥青质的浓度会不断增加，这使得沥青质沉积点压力不断增加。在沥青质沉积点压力和油藏压力相等的点，油的区域结束而焦油层区域开始。

图 12.15 描述了表 12.13 中所述焦油层形成的模拟结果。当温度为 99℃ 时，该组成流体的沥青质沉积点压力为 172bar。该油样从 192bar 和 500m 深度的油藏中取样得到。由图 12.15 可以看出，沥青质沉积点压力随着深度的增加而增加，当它超过了油藏压力随深度增加而增加的幅度时，在深度为 581m 处二者的压力曲线相交。此处，原油层的形成停止，并在下方开始形成沥青质焦油层。

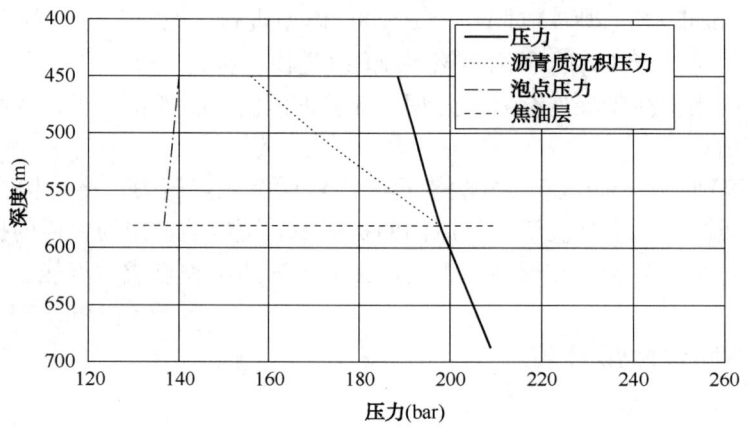

图 12.15　表 12.13 中流体形成焦油层的模拟结果

表 12.13　图 12.15 中焦油层模拟时使用的 SRK-Peneloux 模型参数

组　分	摩尔分数(%)	分 子 量	T_c(℃)	p_c(bar)	偏心因子	体积校正量 (cm^3/mol)
N_2	0.186	28.01	-146.95	33.94	0.040	0.92
CO_2	5.397	44.01	31.05	73.76	0.225	3.03
H_2S	1.398	34.08	100.05	89.37	0.100	1.78
C_1	26.590	16.04	-82.55	46.00	0.008	0.63
C_2	9.519	30.07	32.25	48.84	0.098	2.63
C_3	3.925	44.10	96.65	42.46	0.152	5.06
iC_4	1.101	58.12	134.95	36.48	0.176	7.29
nC_4	2.525	58.12	152.05	38.00	0.193	7.86
iC_5	5.169	72.15	187.05	33.84	0.227	10.93
nC_5	3.947	72.15	196.45	33.74	0.251	12.18
C_6	3.719	86.18	234.25	29.69	0.296	17.98
C_7	3.713	96.00	266.97	34.39	0.468	5.57
C_8	3.344	107.00	285.44	31.02	0.500	11.14
C_9	3.012	121.00	306.20	27.57	0.540	18.31
C_{10}—C_{12}	7.356	146.39	340.37	23.52	0.613	28.67

续表

组 分	摩尔分数(%)	分子量	T_c(℃)	p_c(bar)	偏心因子	体积校正量 (cm^3/mol)
C_{13}—C_{14}	3.766	182.11	380.44	20.08	0.707	38.13
C_{15}—C_{16}	3.055	213.58	411.76	18.19	0.787	41.84
C_{17}—C_{19}	3.536	249.43	444.63	16.84	0.874	40.62
C_{20}—C_{23}	2.385	295.84	484.01	15.78	0.978	32.17
C_{24}—C_{29}	2.424	363.23	536.14	14.86	1.110	11.54
C_{30}—C_{35}	1.510	447.79	595.26	14.23	1.240	−24.08
C_{56}—C_{46}	1.447	559.09	668.53	13.87	1.342	−80.39
C_{47}—C_{80}	0.784	789.61	735.72	13.48	1.234	−262.88
C_{50}—C_{80-A}	0.192	789.61	1125.35	14.95	1.274	−15.56

非零二元交互作用参数

k_{ij}	N_2	CO_2	H_2S	C_1—C_9
CO_2	−0.0315			
H_2S	0.1696	0.0989		
C_1	0.0278	0.1200	0.0800	
C_2	0.0407	0.1200	0.0852	
C_3	0.0763	0.1200	0.0885	
iC_4	0.0944	0.1200	0.0511	
nC_4	0.07	0.1200	0.0600	
iC_5	0.0867	0.1200	0.0600	
nC_5	0.0878	0.1200	0.0689	
C_6	0.08	0.1200	0.0500	
C_7	0.08	0.1000		
C_8	0.08	0.1000		
C_9	0.08	0.1000		
C_{10}—C_{12}	0.08	0.1000		
C_{13}—C_{14}	0.08	0.1000		
C_{15}—C_{16}	0.08	0.1000		
C_{17}—C_{19}	0.08	0.1000		
C_{20}—C_{23}	0.08	0.1000		
C_{24}—C_{29}	0.08	0.1000		
C_{30}—C_{35}	0.08	0.1000		
C_{56}—C_{46}	0.08	0.1000		
C_{47}—C_{80}	0.08	0.1000		
C_{50}—C_{80-A}	0.08	0.1000		0.023

参 考 文 献

Angulo, R., Borges, A., Franseca, M., and Gil, C., Experimental Asphaltene Precipitation Study. Phenomenological Behavior of Venezuelan Live Crude Oils, proceeding from ISCOP'95, November 26-29, 1995, Rio de Janeiro, Brazil.

Buenrostro-Gonzalez, E., Lira–Galeana, C., Gil-Villegas, A., and Wu, J., Asphaltene precipitation in crude oils: Theory and experiments, *AIChE J.* 50, 2552-2570, 2004.

Buckley, J. S., Predicting the onset of asphaltene precipitation from refractive index measurements, *Energy Fuels* 13, 328-332, 1999.

Burke, N. E., Hobbs, R. E., and Kashow, S. F., Measurement and modeling of asphaltene precipitation, *J. Petrol. Technol.* 1440-1446, 1990.

Chapman, W. G., Gubbins, K. E., Jackson, G., and Radosz, M., New reference equation of state for associating liquids, *Ind. Eng. Chem. Res.* 29, 1709-1721, 1990.

Chung, T.-H., Thermodynamic modeling for organic solid precipitation, SPE 24851, presented at *SPE ATCE*, Washington, DC, October 4-7, 1992.

De Boer, R. B., Leerlooyer, K., Eigner, M. R. P., and van Bergen, A. R. D., Screening of crude oils for asphaltene precipitation: Theory, practice and the selection of inhibitors, *SPE Prod. Facilities*, 55-61, 1995.

Escobedo, J. and Mansoori, G. A., Viscometric determination of the onset of asphaltene flocculation: A novel method, *SPE Prod. Facilities*, 115-118, 1995.

Fahim, M. A., Al-Sahhaf, T. A., and Elkilani, A. S., Prediction of asphaltene precipitation for Kuwaiti crude using thermodynamic micellization model, *Ind. Eng. Chem. Res.* 40, 2748-2756, 2001.

Fotland, P., Anfindsen, H., and Fadnes, F. H., Detection of asphaltene precipitation and amounts precipitated by measurement of electrical conductivity, *Fluid Phase Equilib.* 82, 157-164, 1993.

Godbole, S. P., Thele, K. J., and Reinbold, E. W., EOS modeling and experimental observations of three-hydro-carbon phase equilibria, *SPE Reservoir Eng.* 10, 101-108, 1995.

Gonzalez, D. L., Ting, P. D., Hirazaki, G. J., and Chapman, W. G., Prediction of asphaltene instability under gas injection with the PC-SAFT equation of state, *Energy Fuels* 19, 1230-1234, 2005.

Gonzalez, D. L., Mahmoodaghdam, E., Lim, F., and Joshi. N., Effects of gas additions to deepwater Gulf of Mexico reservoir oil: Experimental investigation of asphaltene precipitation and deposition, SPE 159098, presented at *SPE ATCE* in San Antonio, Tx, October 8. 10, 2012.

Hammami, A., Chang-Yen, D., Nighswander, J. A., and Stange, E., An experimental study of the effect of paraffinic solvents on the onset and bulk precipitation of asphaltenes, *Fuel Sci. Technol. Int.* 13, 1167-1184, 1995.

Hirschberg, A., deJong, L. N. J., Schipper, B. A., and Meijer, J. G., Influence of temperature and pressure on asphaltene flocculation, *Soc. Petrol. Eng. J.* 283-292, 1984.

Hustad, O. S, Jia, N., Pedersen, K. S., Memon, A., and Lekumjorn, S., High pressure data and modeling results for phase behavior onsets of GoM oil mixed with nitrogen, *SPE Reservoir Eval. Eng.* 3, 384-395, 2014.

Jamaluddin, A. K. M., Joshi, N., Joseph, M. T., D'Cruz, D., Ross, B., Creek, J., Kabir, C. S., and McFadden, J. D., Laboratory techniques to defines the asphaltene precipitation envelope, presented at the *Petroleum Society's Canadian International Petroleum Conference in Calgary*, Canada, June 4-8, 2000.

Jamaluddin, A. K. M., Joshi, N., Iwere, F., and Gurpinar, F., An investigation of asphaltene instability under nitrogen injection, SPE 74393 presented at *SPE International Petroleum Conference and Exhibition in Villaher-*

mosa, Mexico, February 10-12, 2002.

Kawanaka, S., Park, S. J., and Monsoori, G. A., Organic deposition from reservoir fluids: A thermodynamic predictive technique, *SPE Reservoir Eng.*, 185-192, 1991.

Kokal, S. L., Najman, J., Sayegh, S. G., and George, A. E., Measurement and correlation of asphaltene precipitation from heavy oils by gas injection, *J. Can. Petrol. Technol.* 31, 24-30, 1992.

Kokal, S., Al-Dawood, N., Fontanilla, J., Al-Ghamdi, A., Nasr-El – Din, H., and Al-Rufaie, Y., Productivity decline in oil wells related to asphaltene precipitation and emulsion blocks, *SPE Prod. Facilities* 18, 247-256, 2003.

Koots, J. A. and Speight, J. G., Relation of petroleum resins to asphaltenes, *Fuel* 54, 179-184, 1975.

Leontaritis, K. J. and Monsoori, G. A., Asphaltene flocculation during oil production and processing. A thermodynamic colloidal model, SPE paper 16258, presented at the *SPE Symposium on Oilfield Chemistry in San Antonio*, TX, February 4-6, 1987.

Leontaritis, K. J., Asphaltene deposition: A comprehensive description of problem manifestations and modeling approaches, SPE Paper 18892, presented at the *SPE Production Operations Symposium in Oklahoma City*, Oklahoma, March 13-14, 1989.

MacMillan, D. J., Tackeff, J. E. Jr., Jessee, M. A., and Monger-McClure, T. G., A unified approach to asphaltene precipitation: Laboratory measurement and modeling, *J. Petrol. Technol.* 47, 788-793, 1995.

Mansoori, G. A., Asphaltene, resin and wax deposition from petroleum fluids: Mechanisms and modeling, *Arabian J. Sci. Eng.* 21, 707-723, 1996.

Mullins, O. C., Andrew, E., Pomerantz, A. E., Zuo, J. Y., Andrews, A. B., Hammond, P., Dong, C., Elshahawi, H., Seifert, D. J., Jayant, P., Rane, J. P., Banerjee, S., and Pauchard, V., Asphaltene nanoscience and reservoir fluid gradients, tar mat formation, and the oil-water interface, SPE 166278 presented at the SPE ATCE in New Orleans, Louisiana, USA, September 30-October 2, 2013.

Ngheim, L. X., Hassam, M. S., and Nutakki, R., Efficient modeling of asphaltene precipitation, SPE paper 26642 presented at *SPE ATCE*, Houston, TX, October 3-6, 1993.

Pan, H. and Firoozabadi, A., A thermodynamic micellization model for asphaltene precipitation: Part I: Micellar size and growth, SPE 36751, presented at *SPE ATCE*, Denver, CO, October 6-9, 1996.

Pan, H. and Firoozabadi, A., Thermodynamic micellization model for asphaltene precipitation from reservoir crudes at high pressure and temperature, *SPE Prod. Facilities* 15, 58-65, 2000.

Rydahl, A. K., Pedersen, K. S., and Hjermstad, H. P., Modeling of live oil asphaltene precipitation, presented at *AIChE Spring Meeting*, Houston, March 9-13, 1997.

Tavakkoli, M., Panuganti, S. R., Taghikhani, V., Pishvaie, M. R., and Chapman, W. G., Precipitated asphaltene amount at high-pressure and high-temperature conditions, *Energy Fuels* 28, 1596-1610, 2014.

Ting, P. D., Hirasaki, G. J., and Chapman, W. G., Modeling of asphaltene phase behavior with the SAFT equation of state, *Petrol. Sci. Technol.* 21, 647-661, 2003.

Ting, P. D., Gonzalez, D. L., Hirasaki, G. J., and Chapman, W. G., Application of the PC-SAFT equation of state to asphaltene phase behavior, *Asphaltenes, Heavy Oils, and Petroleomics*, Springer, 301-327, 2007.

Victorov, A. I. and Firoozabadi, A., Thermodynamics of asphaltene deposition using a micellization model, *AIChE J.* 42, 1753-1764, 1996.

Wu, J., Prausnitz, J. M., and Firoozabadi, A., Molecular-thermodynamic framework for asphaltene-oil equilib-ria, *AIChE J.* 44, 1188-1199, 1998.

Wu, J., Prausnitz, J. M., and Firoozabadi, A., Molecular thermodynamics of asphaltene precipitation in reservoir fluids, *AIChE J.* 46, 197-209, 2000.

13 气体水合物

当水接近其凝固点时，将开始形成具有内部空腔的水晶格。此类晶格将处于不稳定状态，除非部分空腔被气体分子所充填。由气体分子所稳定的水结构被称为气体水合物，其形态类似于雪或冰，但是却可以保存于温度远高于水凝固点的环境。甲烷（C_1）和二氧化碳（CO_2）是典型的、具有合适分子大小的气体组分，足以促使水合物晶格保持稳定。气体水合物可能在温度高达35℃时仍处于稳定状态，水合物的形成温度随压力增加而升高。

深水区产出的多相混合物（油气藏流体和地层水）通常经海底管道输送至陆上或海上的处理工厂。从油气田到处理工厂的距离可能很长，因此可能发生显著的温降。在关井期间，温度可能降至周围海水的温度（约4℃）。由于管道内的压力相当高，管道环境可能促使气体水合物的形成。水合物的形成可能导致管道堵塞并最终导致停产，因此，在设计新的多相输送管道时，水合物形成的风险评估就显得尤为重要。

图13.1显示了一种纯"水合物形成"气体组分的相态特征。AB段表示水合物、气态气体以及冰之间的平衡点。BC段表示水合物、气态气体以及液态水之间的平衡点。CD段表示水合物、液态"气体"以及液态水之间的平衡点。

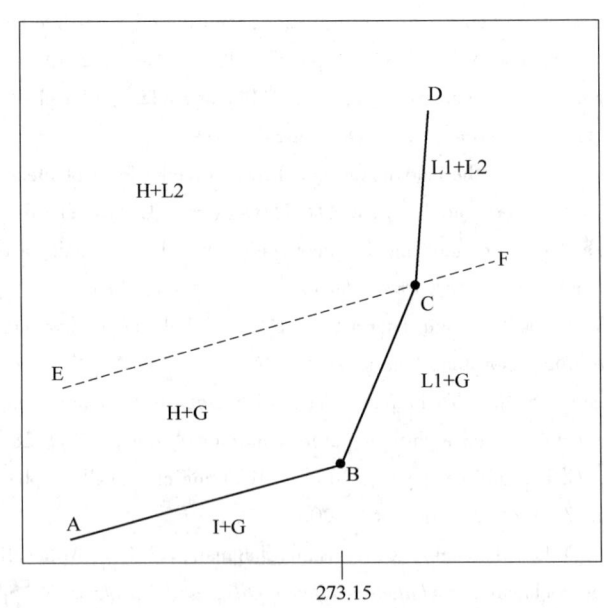

图13.1 一种纯气体组分的水合物形成条件
虚线（EF）表示"水合物形成"气体化合物的蒸气压力曲线。G表示气体，
H表示水合物，I表示冰，L1表示液态水，L2表示液态的"水合物形成"化合物

对于混合气体组分而言，情况略显复杂。水合物曲线可能与气体混合物的相包络线相交，如图13.2所示。图中的AB段、BC段和DE段对应于图13.1中的AB段、BC段和CD

段。图 13.2 中的 CD 段表示水合物、气态"气体"、液态"气体"以及液态水共存并保持平衡。

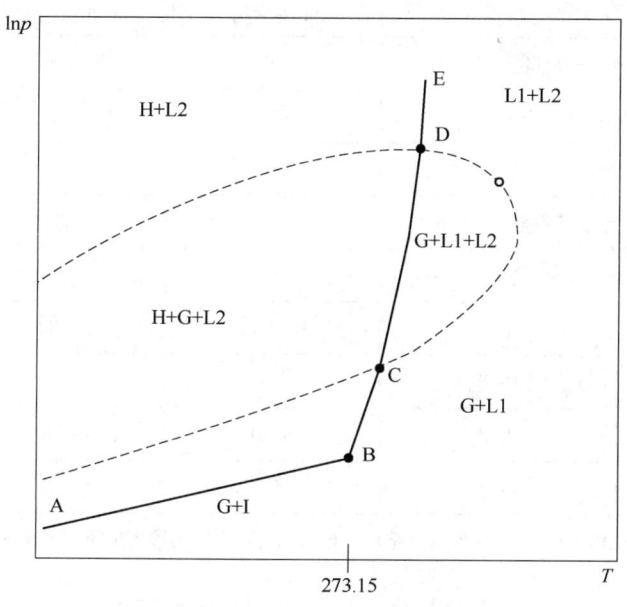

图 13.2　一种气体混合物的水合物形成条件
虚线表示气体混合物的相包络线。G 表示气体，H 表示水合物，I 表示冰，
L1 表示液态水，L2 表示液态的"水合物形成"化合物

Makogan(1997)、Holder 和 Bisnoi(2000)以及 Sloan 和 Koh(2008)已对气体水合物进行了详细论述，其中包括自然存在状态、实验研究以及气体水合物动力学特征。

13.1　水合物类型

当气和油组分与水接触时，可能形成三种不同类型的水合物晶格，即 I 型、II 型以及 H 型结构水合物。各种晶格均含有一系列具有不同尺寸的空腔。三种类型水合物结构的部分物理参数见表 13.1。在稳定状态的水合物中，气态化合物（客体分子）将占据部分空腔。I 型和 II 型结构水合物包含两种不同尺寸的空腔，即小型和大型空腔。H 型结构水合物包含三种不同尺寸的空腔，即小型、中型以及巨型空腔。H 型结构的小型和中型空腔实际上近似与 I 型和 II 型结构的大型空腔具有相同尺寸。术语"小型"和"中型"旨在区别于巨型 H 型结构空腔。空腔结构的如图 13.3 所示。部分客体分子可能进入不只一个空腔尺寸，但是其他分子仅限于进入一个空腔尺寸。例如，甲烷(C_1)可能同时进入 I 型结构和 II 型结构水合物的小型与大型空腔以及 H 型结构水合物的小型与中型空腔。另外，异丁烷(iC_4)可能只能进入 II 型结构水合物的大型空腔。表 13.2 显示了油气产出物中可能进入 I 型、II 型以及 H 型结构水合物空腔的潜在化合物类型。长期以来，人们已知晓 N_2、CO_2 以及 C_1—C_4 在水合物形成中的重要作用，但是最近发现 2,2-二甲基丙烷(2,2-dim-C_3)、环戊烷(cC_5)、环己烷(cC_6)以及苯等组分也可能显著地影响水合物形成条件(Danesh 等，1993；Tohidi 等，1996；Tohidi 等，1997)。上述所提及的组分也被称为 II 型结构重质水合物形成剂。

表 13.1　三种水合物结构的物理参数

		I 型结构	II 型结构	H 型结构
单位晶胞的水分子数量		46	136	34
单位晶胞的小型空腔数量		2	16	3
单位晶胞的中型空腔数量		0	0	2
单位晶胞的大型空腔数量		6	8	0
单位晶胞的巨型空腔数量		0	0	1
空腔直径(Å)	小型	7.95	7.82	8.11
	中型	—	—	8.66
	大型	8.60	9.46	—
	巨型	—	—	11.42

注：I 型和 II 型结构的参数来源于 Erickson(1983)，H 型结构水合物的参数来源于 Mehta 和 Sloan(1996)。

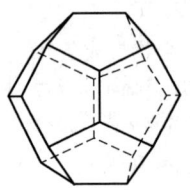

(a) I 型结构

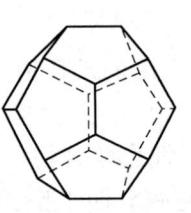 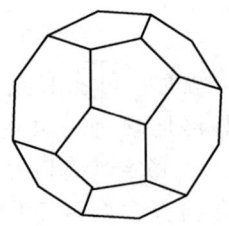

(b) II 型结构

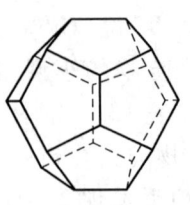 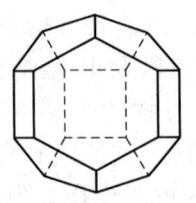 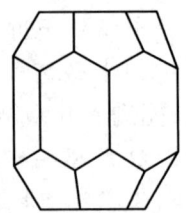

(c) H 型结构

图 13.3　水合物空腔结构

表 13.2　Ⅰ型、Ⅱ型以及 H 型结构水合物的客体分子

化合物	Ⅰ型结构		Ⅱ型结构		H 型结构	
	小型空腔	大型空腔	小型空腔	大型空腔	小型/中型空腔	巨型空腔
N_2	+	+	+	+	+	-
CO_2	+	+	+	+	-	-
H_2S	+	+	+	+	-	-
C_1	+	+	+	+	+	-
C_2	-	+	-	+	-	-
C_3	-	-	-	+	-	-
iC_4	-	-	-	+	-	-
nC_4	-	-	-	+	-	-
2,2-dim-C_3	-	-	-	+	-	-
c-C_5	-	-	-	+	-	-
c-C_6	-	-	-	+	-	-
苯	-	-	-	+	-	-
iC_5	-	-	-	-	-	+
2,2-二甲基丁烷	-	-	-	-	-	+
2,3-二甲基丁烷	-	-	-	-	-	+
2,2,3-三甲基丁烷	-	-	-	-	-	+
3,3-二甲基戊烷	-	-	-	-	-	+
甲基环戊烷	-	-	-	-	-	+
甲基环己烷	-	-	-	-	-	+
顺-1,2-二甲基环己烷	-	-	-	-	-	+
乙基环戊烷	-	-	-	-	-	+
环辛烷	-	-	-	-	-	+
1,1-二甲基环己烷	-	-	-	-	-	+
环庚烷	-	-	-	-	-	+

注："+"表示能够进入空腔；"-"表示不能进入空腔。

H 型结构包括三种不同的空腔尺寸。模拟时通常简化为两种空腔尺寸，即小型/中型和巨型空腔。巨型空腔可容纳含 5~8 个碳原子的分子。小型/中型空腔通常仅充填 N_2 或 C_1。H 型结构水合物直到 1987 年才发现（Ripmeester 等，1987），相对于Ⅰ型和Ⅱ型结构水合物而言，H 型结构水合物在油气产出物中并不常见。由于可能存在利于 H 型结构形成的混合物组分和条件，因此在评估水合物形成的风险时有必要考虑 H 型结构水合物（Mehta 和 Sloan，1999）。

一种组分可进入超过一种水合物空腔并不意味着此纯组分与水混合将形成超过一种结构的水合物。例如，甲烷（C_1）可进入所有三种结构的小型和中型空腔以及Ⅰ型和Ⅱ型结构水合物的大型空腔。但是，纯甲烷仅能形成Ⅰ型结构水合物。只有当其与其他组分混合时，甲烷才能进入Ⅱ型和 H 型结构水合物。表 13.3 显示了纯组分"水合物形成物"所能形成的水合

物结构。正丁烷(nC_4)及更重的分子只有在同时存在更小组分时方可形成水合物。例如,异戊烷(iC_5)与水的二元混合物并不能形成 H 型结构水合物。仅占据巨型空腔并不足以确保水合物结构稳定,同时还必须占据部分小型和中型空腔。此时即需要存在小分子,例如 C_1 或 N_2。

表 13.3 由纯组分形成的水合物结构

组　分	Ⅰ 型结构	Ⅱ 型结构
N_2	×	—
CO_2	×	—
H_2S	×	—
C_1	×	—
C_2	×	—
C_3	—	×
iC_4	—	×

注:"×"表示能够形成水合物;"—"表示不能形成水合物。

13.2　水合物形成模型

当水合物状态相对于非水合物状态(液态水或冰)而言更为积极有利时,则可能形成水合物。水由非水合物状态转变为水合物状态的过程可包括以下两个步骤:

(1) 液态水或冰(α) → 空水合物晶格(β);
(2) 空水合物晶格(β) → 充填的水合物晶格(H)。

式中的 α、β 以及 H 用于区分所考虑的三种状态。β 状态属于纯假设状态,考虑此种状态旨在便于水合物计算。积极有利的状态(H 或 α)是一种具有低化学势的状态(术语化学势的详细论述见附录 A)。水合物状态(H)与纯水状态(α)下,水的化学势差异表示为:

$$\mu_w^H - \mu_w^\alpha = (\mu_w^H - \mu_w^\beta) + (\mu_w^\beta - \mu_w^\alpha) \tag{13.1}$$

右侧第一项($\mu_w^H - \mu_w^\beta$)可视为因气体分子吸附所致的水合物晶格的稳定效应。空水合物晶格与已充填的水合物晶格内,水的化学势差异可由式(13.2)计算而来:

$$(\mu_w^H - \mu_w^\beta) = RT \sum_{i=1}^{N_{CAV}} \nu_i \ln\left(1 - \sum_{k=1}^{N} Y_{ki}\right) \tag{13.2}$$

式中:ν_i 表示单位水分子的 i 型空腔数量;Y_{ki} 表示 i 型空腔被 k 型气体分子占据的概率;N_{CAV} 表示水合物晶格内单位晶胞的空腔数量;N 表示可能进入水合物晶格内空腔的气态化合物数量。基于 Langmuir 吸附理论计算 Y_{ki} 概率:

$$Y_{ki} = \frac{C_{ki} f_k}{1 + \sum_{j=1}^{N} C_{ji} f_j} \tag{13.3}$$

式中:f_k 表示组分 k 的逸度。C_{ki} 表示与温度相关的吸附常数(针对 i 型空腔和气体组分 k)。吸附常数影响水合物晶格内的水—气相互作用。van der Waals 和 Platteeuw(1959)以及多个后续研究(Parrish 和 Prausnitz,1972;Anderson 和 Prausnitz,1986)表明,吸附常数 C 可由

Kihara 势能模型(Kihara, 1953)计算而来：

$$C_{ki} = \frac{4\pi}{kT}\int_0^R \exp\left(\frac{-w(r)}{kT}\right)r^2 dr \quad (13.4)$$

式中：$w(r)$ 表示空腔 i（距分子中心的径向距离为 r）中客体 k 的势能函数；R 表示空腔的半径（此处原文有误——译者注）；k 表示 Boltzmann 常数。采用 Kihara 球芯对势能(一种包含 r、R 以及 3 个 Kihara 参数[针对各种客体组分]的函数)模拟势能函数。水合物形成条件的 Kihara 参数由实验数据估算而来。

吸附常数 C 的简化表达式为(Parrish 和 Prausnitz, 1972；Munck 等, 1988)：

$$C_{ki} = \frac{A_{ki}}{T}\exp\left(\frac{B_{kj}}{T}\right) \quad (13.5)$$

对于可进入 i 型空腔的各种化合物(k)而言，必须基于实验数据确定 A_{ki} 和 B_{ki}。

如式(13.3)所示，表达式中考虑了占据水合物空腔的组分的逸度，以计算式(13.1)中的 $(\mu_w^H - \mu_w^\beta)$。在平衡状态下，各种组分在所有相中应具有相同的逸度。因此，模拟的水合物形成条件将取决于烃类气相和(或)液相与水合物相保持平衡时"水合物形成"组分的逸度。烃相与水合物相保持平衡时的组分逸度通常采用立方型状态方程(EOS)计算而来，例如 SRK[式(4.20)]或 PR 方程[式(4.36)]。因所选用的状态方程(EOS)不同，计算得到的组分逸度也略有不同，其原因可能在于针对选定状态方程(EOS)的水合物参数估算过程。表 13.4 显示了利用 SRK 和 PR 方程计算得到的水合物参数。

表 13.4 计算式(13.5)中 Langmuir 常数所用的 A 和 B 参数

客体组分	结构	小型空腔		大型/巨型空腔	
		A(K/bar)	B(K)	A(K/bar)	B(K)
Soave-Redlich-Kwong 方程[式(4.20)]					
N_2	I	5.280×10^{-2}	932.3	3.415×10^{-2}	2240
N_2	II	7.507×10^{-3}	2004	9.477×10^{-2}	1596
N_2	H	1.318×10^{-5}	3795	—	—
CO_2	I	4.856×10^{-11}	7470	9.862×10^{-2}	2617
CO_2	II	6.082×10^{-5}	3691	1.683×10^{-1}	2591
H_2S	I	9.928×10^{-3}	2999	1.613×10^{-2}	3737
H_2S	II	2.684×10^{-4}	4242	8.553×10^{-1}	2325
C_1	I	4.792×10^{-2}	1594	1.244×10^{-2}	2952
C_1	II	2.317×10^{-3}	2777	1.076	1323
C_1	H	2.763×10^{-4}	3390	—	—
C_2	I	—	—	2.999×10^{-3}	3861
C_2	II	—	—	7.362×10^{-3}	4000
C_3	II	—	—	8.264×10^{-3}	4521
iC_4	II	—	—	8.189×10^{-2}	4013
nC_4	II	—	—	1.262×10^{-3}	4580
$c\text{-}C_5$	II	—	—	1.161×10^{-2}	5479

续表

客体组分	结构	小型空腔 A(K/bar)	B(K)	大型/巨型空腔 A(K/bar)	B(K)
	Soave-Redlich-Kwong 方程[式(4.20)]				
c-C_6	II	—	—	4.365×10^{-4}	5951
Neo C_5	II	—	—	5.472×10^{-4}	5570
苯	II	—	—	2.628×10^{-4}	5951
iC_5	H	—	—	1.639×10^{4}	1699
2,2-二甲基丁烷	H	—	—	1.606×10^{3}	3175
2,3-二甲基丁烷	H	—	—	1.724×10^{2}	3608
2,2,3-三甲基丁烷	H	—	—	7.960×10^{8}	−39.00
3,3-二甲基戊烷	H	—	—	2.789×10^{3}	3183
甲基环戊烷	H	—	—	6.336×10^{1}	4024
甲基环己烷	H	—	—	1.802×10^{3}	3604
顺-1,2-二甲基环己烷	H	—	—	6.873×10^{2}	4114
乙基环戊烷	H	—	—	1.315×10^{2}	4207
环辛烷	H	—	—	2.344×10^{3}	4089
1,1-二甲基环己烷	H	—	—	3.912×10^{1}	5050
环庚烷	H	—	—	1.625×10^{3}	4135
	Peng-Robinson 方程[式(4.36)]				
N_2	I	6.915×10^{-2}	1740	3.342×10^{-2}	2028
N_2	II	6.558×10^{-2}	1444	1.530	229.0
N_2	H	4.836×10^{-5}	3555	—	—
CO_2	I	2.614×10^{1}	38.60	1.113×10^{-3}	3856
CO_2	II	3.071×10^{-3}	2652	4.824×10^{-3}	3183
H_2S	I	3.211×10^{-2}	3357	2.329×10^{-1}	2716
H_2S	II	7.187×10^{-2}	2548	9.357×10^{-4}	4221
C_1	I	8.287×10^{2}	−881.1	2.019×10^{-3}	3405
C_1	II	6.954×10^{-3}	1865	6.354×10^{-3}	2785
C_1	H	2.890×10^{-4}	3484	—	—
C_2	I	—	—	8.547×10^{-3}	3583
C_2	II	—	—	9.765×10^{-3}	3770
C_3	II	—	—	2.970×10^{-5}	6081
iC_4	II	—	—	2.372×10^{-3}	4988
nC_4	II	—	—	2.146×10^{-6}	6305
c-C_5	II	—	—	4.814×10^{-3}	5648
c-C_6	II	—	—	4.293×10^{-4}	5881
Neo C_5	II	—	—	6.684×10^{-2}	4099

续表

客体组分	结构	小型空腔		大型/巨型空腔	
		A(K/bar)	B(K)	A(K/bar)	B(K)
Peng-Robinson 方程[式(4.36)]					
苯	II	—	—	9.029×10^{-4}	5429
iC_5	H	—	—	4.248×10^3	1639
2,2-二甲基丁烷	H	—	—	2.024×10^3	2685
2,3-二甲基丁烷	H	—	—	1.062×10^3	2668
2,2,3-三甲基丁烷	H	—	—	2.503×10^8	-177.3
3,3-二甲基戊烷	H	—	—	1.223×10^3	2973
甲基环戊烷	H	—	—	1.371×10^2	3413
甲基环己烷	H	—	—	1.127×10^1	4547
顺-1,2-二甲基环己烷	H	—	—	1.364×10^3	3371
乙基环戊烷	H	—	—	4.550×10^2	3414
环辛烷	H	—	—	2.243×10^3	3672
1,1-二甲基环己烷	H	—	—	5.013	5036
环庚烷	H	—	—	1.278×10^4	3101

资料来源: Munck, J., et al. Computations of the formation of gas hydrates, Chem. Eng. Sci. 43, 2661-2672, 1988; Madsen, J., et al. Modeling of structure H hydrates using a Langmuir adsorption model, Ind. Eng. Chem. Res. 39, 1111-1114, 2000; Rasmussen, C. P. and Pedersen, K. S., Challenges in modeling of gas hydrate phase equilibria, 4th International Conference on Gas Hydrates, Yokohama Japan, May 19-23, 2002; PVTsim Method Documentation, Calsep A/S, Kgs. Lyngby, Denmark, 2014。

α 状态下,水的化学势可表示为:

$$\mu_w^\alpha = \mu_w^0 + RT\ln\left(\frac{f_w^\alpha}{f_w^0}\right) \tag{13.6}$$

式中: μ_w^0 表示温度 T 时纯水(液态或冰)的化学势; f_w^α 表示 α 相中水的逸度; f_w^0 表示纯冰或液态水的逸度。

当存在与流体水相(α)保持平衡的水合物相(H)时,即满足如下平衡准则:

$$\mu_w^H = \mu_w^\alpha \tag{13.7}$$

此时,即可将式(13.2)和式(13.6)联合表示为:

$$\frac{\mu_w^B - \mu_w^0}{RT} = \ln\left(\frac{f_w^\alpha}{f_w^0}\right) - \sum_{i=1}^{N_{CAV}} \nu_i \ln\left(1 - \sum_{k=1}^{N} Y_{ki}\right) \tag{13.8}$$

以表示空水合物晶格中与纯液相或固相中水的化学势差异。

采用如下的通用热力学关系式[基于附录 A 的式(A.5)推导而来],还可推导出式(13.8)左侧化学势差的另一种表达式。

$$d\left(\frac{\Delta\mu}{RT}\right) = -\frac{\Delta H}{RT^2}dT + \frac{\Delta V}{RT}dp \tag{13.9}$$

式中: R 表示气体常数; ΔH 和 ΔV 表示与从流体水或固态冰相变为空水合物相的摩尔焓和摩尔体积的变化。随后,式(13.8)的左侧项可表示为:

$$\frac{\mu_w^\beta - \mu_w^0}{RT} = \frac{\Delta\mu_w^0}{RT_0} - \int_{T_0}^{T} \frac{\Delta H_0 + \Delta C_p(T - T_0)}{RT^2} dT + \int_{p_0}^{p} \frac{\Delta V}{RT} dp \qquad (13.10)$$

式中：T_0 和 p_0 表示参考温度和参考压力，此时 $\Delta\mu_w$ 已知且等于 $\Delta\mu_w^0$。ΔH_0 表示温度 T_0 时空水合物晶格（β 状态）状态与纯液态或冰态下，水的摩尔焓差。与此类似，ΔC_p 表示 β 状态与液态水或冰状态下，水的摩尔热容差。

在式（13.10）中，假设 ΔC_p 与温度（T）无关，ΔH 与压力无关。采用平均温度近似表示与温度相关的第二项：

$$\overline{T} = \frac{T + T_0}{2} \qquad (13.11)$$

如果所选的参考压力 p_0 等于 0，则式（13.10）可改写为：

$$\frac{\mu_w^\beta - \mu_w^0}{RT} = \frac{\Delta\mu_w^0}{RT_0} - \int_{T_0}^{T} \frac{\Delta H_0 + \Delta C_p(T - T_0)}{RT^2} dT + \frac{p\Delta V}{R\overline{T}} \qquad (13.12)$$

计算 β → α 转变过程中化学势变化所需的常数见表 13.5（Erickson，1983；Mehta 和 Sloan，1996）。

式（13.8）与式（13.12）合并，则可得：

$$\frac{\Delta\mu_w^0}{RT_0} - \int_{T_0}^{T} \frac{\Delta H_0 + \Delta C_p(T - T_0)}{RT^2} dT + \frac{p\Delta V}{R\overline{T}} = \ln\left(\frac{f_w^\alpha}{f_w^0}\right) - \sum_{i=1}^{N_{CAV}} \nu_i \ln\left(1 - \sum_{k=1}^{N} Y_{ki}\right) \qquad (13.13)$$

对于一个给定的压力（p），可利用上式计算水合物形成温度，即满足式（13.13）的最高温度（T）。

采用立方型状态方程，即可求得纯液态水的逸度。基于第 16 章所述的方法，即可推得混合液态水相条件下水的逸度（f_w^α）。当式（13.13）满足时，α 相中水的化学势等于水合物相中水的化学势。如图 13.1 和图 13.2 所示，水合物可能存在于曲线左侧，其中：

$$\mu_w^H - \mu_w^\alpha < 0 \qquad (13.14)$$

表 13.5　从液态（liq）或冰态（ice）水相变为水合物的参数

性质	单位	Ⅰ型结构	Ⅱ型结构	H型结构
$\Delta\mu_w$(liq)	J/mol	1264	883	1187.33
ΔH_0(liq)	J/mol	−4858	−5201	−5162.43
ΔH_0(ice)	J/mol	1151	808	846.57
ΔV(liq)	cm³/mol	4.6	5.0	5.45
ΔV(ice)	cm³/mol	3.0	3.4	3.85
ΔC_p(liq)	J/(mol·K)	−39.16	−39.16	−39.16

注：假设 ΔC_p 与温度无关。其他数据处于 273.15K。

在上述方程中，$\mu_{\alpha w}$ 表示无气体水合物形成时水相中水的化学势；$\mu_{\eta w}$ 表示水合物结构中水的化学势。

水合物属于何种结构（Ⅰ型、Ⅱ型或 H 型）取决于给定条件（温度和压力）和混合物组成时三种结构中的何种结构具有最低化学势。在图 13.1 和图 13.2 中水合物曲线的右侧：

$$\mu_w^H - \mu_w^\alpha > 0 \qquad (13.15)$$

在平衡状态下，不存在水合物，水将以气态、液态或冰的形式存在。

有时仍存在疑问，即是否能够从气相直接形成气体水合物抑或需存在液态或固态水相以促使气体水合物形成。从平衡角度而言，无限制条件阻碍由气相形成水合物。重要的是水合物状态与水合物形成潜在相态(气、液或冰)之间的化学势差。目前，尚无理由证实不可能从含水气相形成气体水合物，但是气相水分子聚集并形成水合物晶格可能需耗费一定时间。水合物形成可能在数小时、数天或者数周之后才开始。从具备水合物形成的有利条件到水合物形成实际启动之间的时间被称为诱导期(Skovborg 等，1993)，研究水合物生长(从水合物开始形成到体系达到热力学平衡状态)的学科被称为水合物动力学。

13.3 水合物抑制剂

液态水相(α)中水的化学势可表示为[附录A的式(A.31)和式(A.33)]：

$$\mu_w^\alpha = \mu_w^0 + RT\ln f_w^\alpha = \mu_w^0 + RT\ln(x_w^\alpha \varphi_w^\alpha p) \tag{13.16}$$

式中：f 表示逸度；φ 表示逸度系数。如果降低水浓度以维持一个恒定的逸度系数，则水的化学势将降低。通过在水中添加一种可溶物质(例如乙醇或乙二醇)，即可降低水的摩尔分数(x_w)。通过降低水相中水的化学势，即可不利于形成水合物。当压力固定时，则意味着稀释水相的水合物形成温度低于纯水相。用于降低水合物形成温度的添加剂被称为水合物抑制剂。其作用不仅限于稀释水，因水溶物质的加入也可能导致水的逸度系数(φ_w)降低，继而降低水合物形成温度。最为常用的水合物抑制剂包括甲醇(MeOH)、乙二醇(MEG)、二甘醇(DEG)以及三甘醇(TEG)。地层水中的天然盐也可作为抑制剂。部分学者(Fadnes 等，1998)曾建议将甲酸盐添加至输送烃和水的管道，以便于降低水合物形成温度。

目前，已存在一些经验关系式，用于估算添加水合物抑制剂的效果。其中最为著名的是 Hammerschmidt(1969) 相关关系：

$$w_{\text{inhibitor}} = \frac{100\Delta T}{\dfrac{K}{M_{\text{Inhibitor}}} + \Delta T} \tag{13.17}$$

式中：ΔT 表示不存在抑制剂时水合物形成温度与水相含抑制剂(质量分数为 $w_{\text{inhibitor}}$)时水合物形成温度之间的温度差；$M_{\text{inhibitor}}$ 表示抑制剂的分子量；K 表示抑制剂相关常数。表 13.6 列出了常用抑制剂的 K 值。相关数值来源于水与给定抑制剂的二元混合物的凝固点降低数据。

表 13.6　式(13.17)中常用抑制剂的 K 值

抑 制 剂	K(kg·K/kmol)	参考文献
MeOH	1623.96	Lide(1981)和Dean(1999)
NaCl	3695.32	Lide(1981)
KCl	3241.29	Lide(1981)
$CaCl_2$	9106.73	Lide(1981)

与采用简化公式计算抑制剂的效果所不同，一种严格的热力学模型可用于水相，详细论述见第 16 章。

13.4 水合物模拟结果

本章的模拟结果基于 Munck 等(1988)的水合物模型。选用 SRK 或 PR 状态方程(EOS)模拟流体相，代入式(13.5)的水合物参数来源于表 13.4。

图 13.4 显示了纯水与甲烷(C_1)混合物的水合物形成条件实验数据和模拟数据。选用 SRK 状态方程(EOS)模拟流体相。

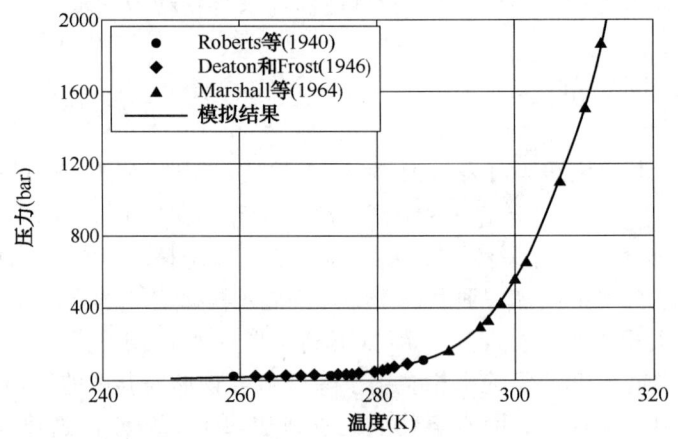

图 13.4　甲烷(C_1)水合物形成条件实验数据和模拟数据

模拟时选用 SRK 状态方程(EOS)，式(13.5)所需的 SRK 水合物参数来源于表 13.4

如表 13.3 所示，纯甲烷(C_1)形成 I 型结构水合物。即便甲烷(C_1)是天然气的主要组分，但大多数天然气将形成 II 型结构水合物。天然气同时含有"II 型结构形成"组分，例如丙烷(C_3)、异丁烷(iC_4)以及正丁烷(nC_4)。由于甲烷(C_1)仅具有微弱的 I 型结构优势，即使存在少量"II 型结构形成"组分即足以促使优势结构转移至 II 型结构。图 13.5 显示了三组

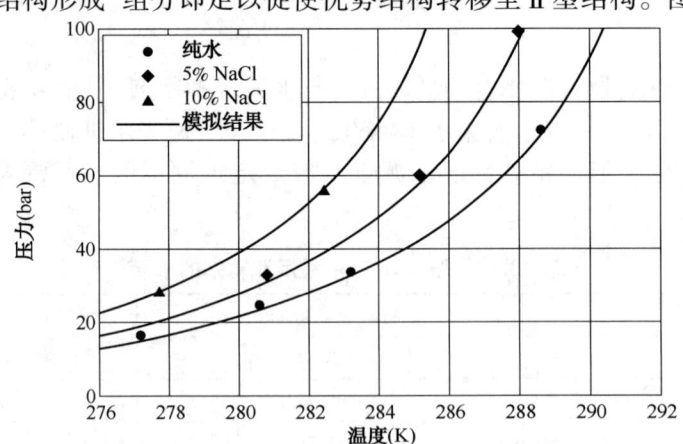

图 13.5　三组分气体混合物(表 13.7)的水合物形成条件实验结果
(Bisnoi 和 Dholabhai，1999)和模拟结果

模拟时选用符合 Huron 和 Vidal 混合规则(第 16 章)的 PR 状态方程(EOS)，
式(13.5)所需的 PR 水合物参数见表 13.4

分气体混合物(表13.7)的水合物形成条件实验结果(Bisnoi 和 Dholabhai,1999)和模拟结果。选用符合 Huron 和 Vidal 混合规则(第16章)的 PR 状态方程(EOS)模拟流体相。如图13.5所示,盐(本实例中为氯化钠[NaCl])作为水合物抑制剂。

表 13.7 图 13.5 和图 13.6 所示实验(**Bisnoi 和 Dholabhai,1999**)
与模拟水合物形成条件所对应的气体组成

组　分	摩尔分数(%)	
	三组分混合物	天然气
CO_2	20	0.5
C_1	78	82.0
C_2	—	11.3
C_3	2	4.2
iC_4	—	0.9
nC_4	—	0.6
iC_5	—	0.1
nC_5	—	0.2
nC_6	—	0.2

图 13.6 显示了天然气混合物(表 13.7)的水合物形成条件实验结果(Bisnoi 和 Dholabhai,1999)和模拟结果。图 13.6 中的 Me15Na5 表示含 15% 甲醇和 5% NaCl 的水。选用符合 Huron 和 Vidal 混合规则(第16章)的 PR 状态方程(EOS)模拟流体相。通过 NaCl 和甲醇的综合影响实现了水合物形成温度降低。

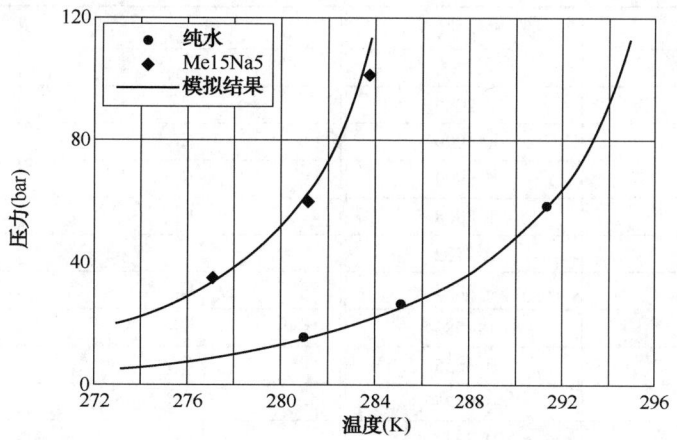

图 13.6　天然气混合物(表 13.7)的水合物形成条件实验结果
(Bisnoi 和 Dholabhai,1999)和模拟结果
Me15Na5 表示含 15% 甲醇和 5% NaCl 的水。模拟时选用符合 Huron 和 Vidal 混合规则
(第 16 章)的 PR 状态方程(EOS),式(13.5)所需的 PR 水合物参数见表 13.4

图 13.7 显示了凝析气(表 13.8)的水合物形成条件实验结果(Ng 等,1985)和模拟结果。MEG 表示乙二醇,MeOH 表示甲醇。选用符合 Huron 和 Vidal 混合规则(第16章)的 SRK 状态方程(EOS)。采用 Pedersen 等(1992)所提出的步骤对烃类流体进行特征化。就质量而言,

与乙二醇(MEG)相比,甲醇(MeOH)是更为有效的水合物抑制剂。甲醇(MeOH)的分子量为32.04,低于乙二醇(MEG)的分子量(62.07)。水合物抑制剂主要通过稀释水相发挥作用[见式(13.16)]。如果质量相同,甲醇(MeOH)的分子数量将是乙二醇(MEG)分子数量的62.07/32.04倍。这即是就质量而言甲醇(MeOH)是两者中更好的一种水合物抑制剂的主要原因。

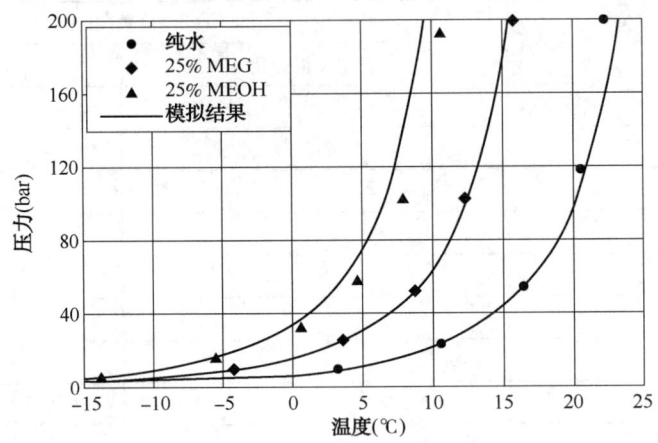

图 13.7 凝析气(表 13.8)的水合物形成条件实验
结果(Ng 等,1985)和模拟结果

MEG 表示乙二醇,MeOH 表示甲醇。模拟时选用符合 Huron 和 Vidal 混合规则
(第 16 章)的 SRK 状态方程(EOS),式(13.5)所需的 SRK 水合物参数见表 13.4。
采用 Pedersen 等(1992)所提出的步骤对烃类流体进行特征化

表 13.8 图 13.7 所示实验(Ng 等,1985)与模拟水合物形成数据所对应的凝析气组成

组　　分	摩尔分数(%)	组　　分	摩尔分数(%)
C_1	74.1333	C_{10}	0.6047
C_2	7.2086	C_{11}	0.3296
C_3	4.4999	C_{12}	0.1529
iC_4	0.8999	C_{13}	0.1012
nC_4	1.8088	C_{14}	0.0538
iC_5	0.8702	C_{15}	0.0208
nC_5	0.8889	C_{16}	0.0117
C_6	1.4582	C_{17}	0.0080
甲基环戊烷	0.3635	C_{18}	0.0065
苯	0.0424	C_{19}	0.0021
c-C_6	0.7284	C_{20}	0.0014
C_7	1.5170	C_{21}	0.0008
甲基环己烷	1.1961	C_{22}	0.0007
甲苯	0.3874	C_{23}	0.0005
C_8	1.4400	C_{24}	0.0004
间二甲苯	0.3577	C_{25}	0.0004
邻二甲苯	0.0654	C_{26}	0.0003
C_9	0.8364	C_{27}	0.0003

图 13.8 显示了分离器液体(表 13.9)的水合物形成条件实验结果(Ng 等,1987)和模拟结果。图中显示了纯水相以及含 13% 和 25% 甲醇(MeOH)水溶液相的水合物数据。选用符合 Huron 和 Vidal 混合规则(第 16 章)的 SRK 状态方程(EOS)模拟数据。采用 Pedersen 等(1992)所提出的步骤对烃类流体进行特征化。如图所示,烃类气体和液体同时存在时,分离器液体泡点之上的水合物曲线更陡(相对于低压段而言)。

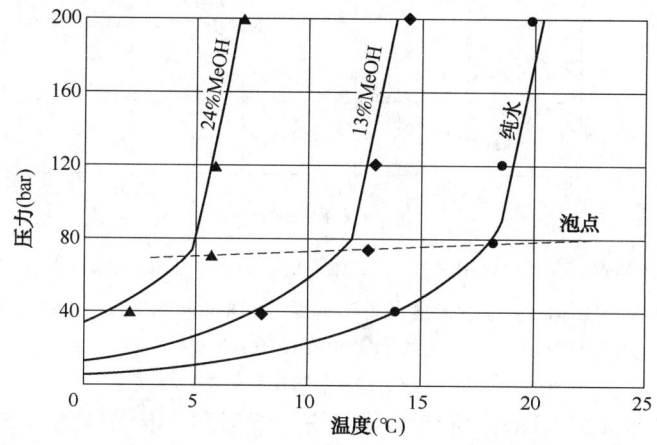

图 13.8　分离器液体(表 13.9)的水合物形成条件实验
结果(Ng 等,1987)和模拟结果

MeOH 表示甲醇。模拟时选用符合 Huron 和 Vidal 混合规则(第 16 章)的 SRK
状态方程(EOS),方程 13.5 所需的 SRK 水合物参数见表 13.4。采用 Pedersen 等
(1992)所提出的步骤对分离器液体进行特征化

表 13.9　图 13.8 所示实验(Ng 等,1987)与模拟水合物形成数据所对应的分离器液体组成

项目		数值
组分摩尔分数(%)	N_2	0.16
	CO_2	2.10
	C_1	26.19
	C_2	8.27
	C_3	7.50
	iC_4	1.83
	nC_4	4.05
	iC_5	1.85
	nC_5	2.45
	C_{6+}	45.60
	平均 M	90.2

注:在模拟过程中,假定所有 C_{6+} 为 C_{7+},假定 C_{7+} 的密度为 $0.84 g/cm^3$。

图 13.9 显示了一种五组分气体混合物的水合物形成条件实验结果(Deaton 和 Frost,1946)和模拟结果。模拟时选用符合 Huron 和 Vidal 混合规则(第 16 章)的 SRK 和 PR 状态方程(EOS)。根据所应用的状态方程(EOS)不同,获得了不同的逸度。尽管采用了针对特定状态方程(EOS)的水合物参数以弥补逸度差异,但是根据所选用的状态方程(EOS)不同,水合物形成条件仍存在微小差异。

尽管当质量浓度相同时,相对于乙二醇(MEG)而言,甲醇(MeOH)是一种更为有效的抑制剂;但是却通常将乙二醇(MEG)作为首选的水合物抑制剂。在 4℃时,乙二醇(MEG)的

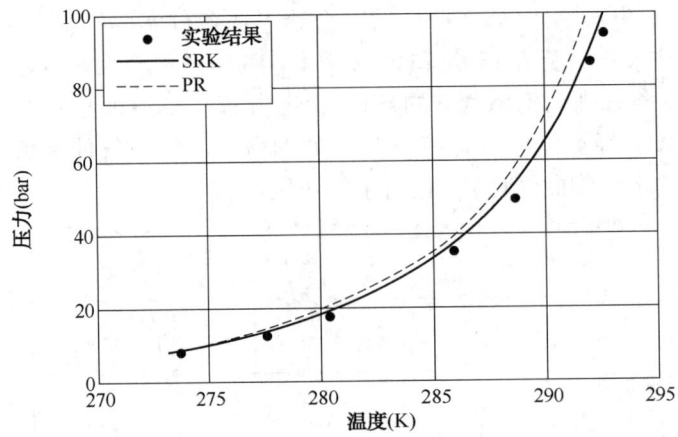

图 13.9 由 N_2(0.3)、CO_2(0.4)、C_1(91.0)、C_2(3.2)、C_3(2.0)以及 C_4(3.1)组成(摩尔分数)的气体的水合物形成条件实验结果(Deaton 和 Frost,1946)和模拟结果
模拟时选用符合 Huron 和 Vidal 混合规则(第16章)的 SRK 和 PR 状态方程(EOS),
式(13.5)所需的水合物参数见表 13.4

纯组分蒸气压力为 1.5×10^{-5} bar,而相同温度条件下甲醇(MeOH)的纯组分蒸气压力为 5×10^{-2} bar。由于存在上述差异,选用甲醇(MeOH)作为抑制剂所造成的气相污染将高于选用乙二醇(MEG)作为抑制剂的情况。

在更冷的区域,可采用大浓度乙二醇(MEG)以确保水合物形成温度降幅足够大,进而避免水合物形成。Hemmingsen 等(2011)已发表由摩尔分数 88.13% 甲烷和 11.87% 丙烷组成的一种体系[其中乙二醇(MEG)的浓度(质量分数)高达 60%]的水合物温度降低数据,见表 13.10。通常而言,含水体系的模拟可能需第 16 章所述的非经典混合规则,但是采用符合经典混合规则的立方型状态方程(EOS)[式(4.33)至式(4.35)]即可很好地描述乙二醇(MEG)—水混合物,其中 SRK 状态方程的 H_2O—MEG k_{ij} 为 -0.063,PR 状态方程的 H_2O—MEG k_{ij} 为 -0.065。PR 模拟结果如图 13.10 所示,具体数据见表 13.10。

表 13.10 由摩尔分数 88.13% 甲烷和 11.87% 丙烷组成的气体在由蒸馏水和乙二醇(MEG)所组成的乙二醇(MEG)水溶液中所形成的水合物的实验水合物分解温度

MEG 质量分数(%)	压力(bar)	温度(±0.1)(℃)
0(蒸馏水)	11.2	6.8
	80.5	22.2
	133.6	24.4
40	12.2	-5.2
	84.8	8.8
	133.3	10.2
50	22.5	-5.2
	89.4	2.1
	174.9	4.3
60	23.6	-14.3
	93.2	-6.7
	172.7	-5.3

资料来源:Hemmingsen P. V. et al., Hydrate temperature depression of MEG solutions at concentration up to 60 wt%. Experimental data and simulation results. Fluid Phase Equilib. 307, 175-179, 2011.

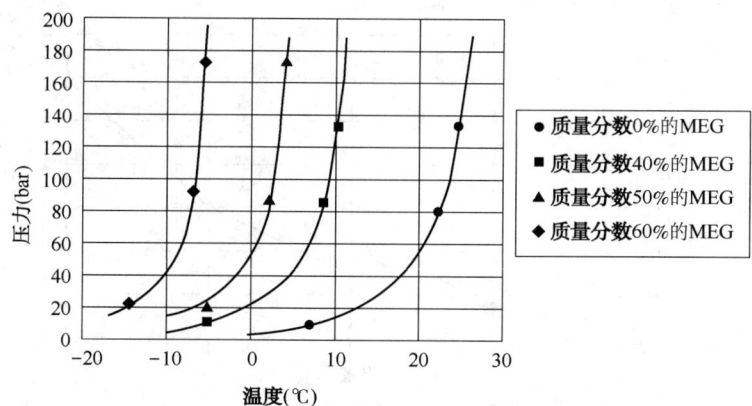

图 13.10 由摩尔分数 88.13% 甲烷和 11.87% 丙烷组成的混合物的水合物形成温度

其中乙二醇(MEG)浓度(质量分数)介于 0~60% (Hemmingsen 等，2011)。选用符合经典混合规则的 PR 状态方程模拟流体相。H_2O—MEG 的 k_{ij} = -0.065

气体混合物的处理过程可能导致严重冷却。气体通常含痕量的水，冷却过程可能导致气体水合物的形成。Løkken 等(2008)确定了温度介于 -20~20℃ 时，与气体水合物初始量保持平衡的天然气中的水浓度。气体与水合物保持平衡时，将处于其水合物初至点，利用 Løkken 等提供的数据即可评估气体在存在水合物形成风险之前所能容许的最高水浓度。气体组成见表 13.11。表 13.12 显示了 150bar 压力条件下，与水合物保持平衡的气体中的含水量。数据绘制于图 13.11，图中同时显示了模拟结果。选用符合 Huron 和 Vidal 混合规则(第 16 章)的 SRK 状态方程模拟气相。

表 13.11 气体组成①

组 分	摩尔分数(%)	组 分	摩尔分数(%)
氮气	0.6032	2,3-二甲基丁烷	0.0068
二氧化碳	2.6094	2-甲基戊烷	0.0416
甲烷	80.138	3-甲基戊烷	0.0216
乙烷	9.4689	C_6	0.0535
丙烷	4.6227	C_7	0.1056
异丁烷	0.6420	C_8	0.0441
正丁烷	1.1427	C_9	0.0074
2,2-二甲基丙烷	0.0136	C_{10}	0.0016
异戊烷	0.2349	C_{11}	0.00011
正戊烷	0.2272	C_{12}	0.00004
环戊烷	0.0121	C_{13}	0.00004
2,2-二甲基丁烷	0.0031		

① 用于研究与气体水合物保持平衡的气相中的水浓度(数据见表 13.12)。

表 13.12 150 bar 压力条件下与气体水合物保持平衡的天然气中的气态水浓度

温度(℃)	气态水浓度(ppm mol)	温度(℃)	气态水浓度(ppm mol)
-20	19	0	72
-10	37	10	150

注：(1) 天然气组成见表 13.11)。
(2) 1ppm mol = 0.0001%(摩尔分数)。

资料来源：Løkken T. V. et al., Water content of high pressure natural gas: Data, prediction and experi-ence from field, presented at *International Gas Union Research Conference*, Paris, October 8-10, 2008。

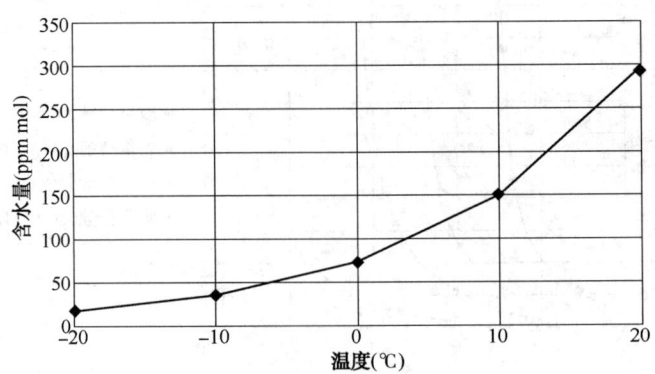

图 13.11 与气体水合物保持平衡的气相中的实测水浓度
（Løkken 等，2008）和模拟水浓度

气体组成见表 13.11。选用符合 Huron 和 Vidal 混合规则（第 16 章）的 SRK 状态方程模拟气相

13.5 水合物 P/T 闪蒸计算

目前，尚无法完全阻止未处理的含地层水的井流物（携地层水）输送管道中水合物的形成。促使一条管道完全处于水合物区之外可能并不具有经济可行性，受环境或技术因素的影响，甚至可能无法使用水合物抑制剂。尤其是在北极地区，当实施深水油气藏生产时，无法使用水合物抑制剂，只有找到输送固态水合物（类似于泥浆）的方法，此类油气田方可投产。在此种情况下，定量确定所形成的水合物量就显得至关重要。换句话说，当至少一个相态为气体水合物相时，即有必要开展闪蒸计算（见第 6 章）。此时需要一种方法用于求得水合物相中组分的逸度。

13.5.1 水合物逸度

一种水合物结构包含水和客体分子，依据下述步骤即可计算其逸度（Cole 和 Goodwin，1990；Michelsen，1991）。仅考虑 I 型结构和 II 型结构水合物。

式(13.2)与式(13.3)合并，则可得：

$$(\mu_w^H - \mu_w^\beta) = RT \sum_{i=1}^{N_{CAV}} \nu_i \ln\left(\frac{1 + \sum_{j=1}^{N} C_{ji}f_j - \sum_{k=1}^{N} C_{ki}f_k}{1 + \sum_{j=1}^{N} C_{ji}f_j}\right)$$

$$= RT \sum_{i=1}^{N_{CAV}} \nu_i \ln\left(\frac{1}{1 + \sum_{j=1}^{N} C_{ji}f_j}\right) = -RT \sum_{i=1}^{N_{CAV}} \nu_i \ln\left(1 + \sum_{j=1}^{N} C_{ji}f_j\right) \quad (13.18)$$

将上述方程展开至两个空腔并使用化学势与逸度之间的关系式[附录 A 的式(A.31)]，则水合物相中水的逸度可表示为：

$$\ln f_w^H - \ln f_w^\beta = -\nu_1 \ln\left(1 + \sum_{k=1}^{N} C_{k1}f_k\right) - \nu_2 \ln\left(1 + \sum_{k=1}^{N} C_{k2}f_k\right) \quad (13.19)$$

式中，f_w^β 表示空水合物晶格中水的逸度，可由式(13.12)推导而来：

$$\ln\left(\frac{f_w^\beta}{f_w^0}\right) = \frac{\Delta \mu_w^0}{RT_0} - \int_{T_0}^{T} \frac{\Delta H_0 + \Delta C_p(T-T_0)}{RT^2} dT + \frac{p\Delta V}{RT} \tag{13.20}$$

式中，f_w^0 表示纯水的逸度。在式(13.3)中，Y_{ki} 表示空腔 i 被 k 型分子所占据的概率；Y_{ki} 也可视为空腔 i 中 k 型分子的分数占据率(n_{ki})：

$$n_{ki} = \frac{C_{ki}f_k}{1 + \sum_{j=1}^{N} C_{ji}f_j} \quad (k=1,2,\cdots,N) \tag{13.21}$$

N 表示组分数量。利用式(13.21)即可计算水合物结构中 k 型分子摩尔分数(x_k)与水摩尔分数(x_w)之间的比值 N_k：

$$N_k = \frac{x_k}{x_w} = \nu_1 n_{k1} + \nu_2 n_{k2} \tag{13.22}$$

式中：ν_1 表示所考虑的水合物结构（Ⅰ型或Ⅱ型）中单位水分子的小型孔穴数量；ν_2 表示相同水合物结构中单位水分子的大型孔穴数量。1 型和 2 型空孔穴的分数可表示为：

$$n_{01} = 1 - \sum_{k=1}^{N} n_{k1} = \frac{1}{\sum_{k=1}^{N} C_{k1}f_k}; \quad n_{02} = 1 - \sum_{k=1}^{N} n_{k2} = \frac{1}{1 + \sum_{k=1}^{N} C_{k2}f_k} \tag{13.23}$$

式(13.23)与式(13.21)合并，则可得：

$$n_{k1} = C_{k1}n_{01}f_k; \quad n_{k2} = C_{k2}n_{02}f_k \tag{13.24}$$

也可表示为：

$$\frac{n_{k1}}{n_{k2}} = \frac{C_{k1}}{C_{k2}} \frac{n_{01}}{n_{02}} = \alpha_k \frac{n_{01}}{n_{02}} \tag{13.25}$$

其中

$$\alpha_k = \frac{C_{k1}}{C_{k2}}$$

单位摩尔水所具有的空孔穴总数(N_0)可表示为：

$$N_0 = \nu_1 n_{01} + \nu_2 n_{02} = \nu_1 + \nu_2 - \sum_{k=1}^{N} N_k \tag{13.26}$$

引入 $\theta = \frac{\nu_2 N_{02}}{N_0}$ 项，表示空的大孔数量除以空孔穴总数(N_0)。将 θ 代入式(13.26)，则可得：

$$\nu_1 n_{01} = (1-\theta)N_0 \tag{13.27}$$

式(13.22)与式(13.25)合并，则可得：

$$\nu_1 n_{k1} = N_k \frac{\alpha_k(1-\theta)}{\theta + \alpha_k(1-\theta)} \tag{13.28a}$$

$$\nu_2 n_{k2} = N_k \frac{\theta}{\theta + \alpha_k(1-\theta)} \tag{13.28b}$$

2 型空孔穴分数与已充填孔穴分数之和应等于 1，可表示为：

$$\nu_2 \left(\sum_{k=1}^{N} n_{k2} + n_{02} \right) = \nu_2 \tag{13.29}$$

基于 θ 的定义和式(13.28)，上述方程可改写为：

$$F(\theta) = \sum_{k=1}^{N} N_k \frac{\theta}{\theta + \alpha_k(1-\theta)} + \theta N_0 - \nu_2 = 0 \qquad (13.30)$$

小型分子可同时进入两种类型的空腔，而大型分子仅能进入大型（2 型）空腔。对于后一种类型的分子（大型分子）而言，其 α_k 等于 0。如果最初的 N_s 组分可同时进入两种类型的空腔，而最后的 N-N_s 化合物仅能进入 2 型空腔，则式（13.30）可改写为：

$$F(\theta) = \sum_{k=1}^{N_s} N_k \frac{\theta}{\theta + \alpha_k(1-\theta)} + \sum_{k=N_s+1}^{N} N_k + \theta N_0 - \nu_2 = 0 \qquad (13.31)$$

F 随 θ 增大而单调上升，因此易于确定满足式（13.31）的 θ。

将式（13.24）的 n_{k2} 和 $\nu_2 = \dfrac{\theta N_0}{n_{02}}$ 代入式（13.28b），则可推导出关于逸度的下述表达式：

$$f_k = \frac{N_k}{N_0} \frac{1}{C_{k2}} \frac{1}{\theta + \alpha_k(1-\theta)} \qquad (13.32)$$

式（13.24）、式（13.27）、式（13.32）以及式（13.19）可表示为：

$$\ln f_w^H - \ln f_w^\beta = \nu_1 \ln\left[\frac{N_0(1-\theta)}{\nu_1}\right] + \nu_2 \ln\left(\frac{N_0\theta}{\nu_2}\right) \qquad (13.33)$$

13.5.2 闪蒸模拟技术

为了便于开展水合物相的闪蒸计算，需对第 6 章所述的步骤进行略微修正。第 6 章所述的技术基于以下假设：即组分逸度在任何浓度下均不会达到极值。如果一种水合物结构中的所有空腔均被客体分子所充填，加入更多的客体分子将导致客体分子的逸度接近无穷大。因此，水合物闪蒸计算某个迭代步骤中会出现过载水合物晶格，就将导致水合物闪蒸计算几乎不可能收敛。

因此，采用"逆"计算步骤进行水合物闪蒸计算（Bisnoi 等，1989）。

（1）建立所有相中（除水合物相和任何纯固相之外）所有组分的逸度系数初始估值。采用 Wilson K 系数近似法［式（6.13）］将烃类组分分离为气相和液相。组分 i 的 K 系数定义为 $y_i/x_i = \varphi_i^L/\varphi_i^V$，式中：$y_i$ 表示蒸气相中组分 i 的摩尔分数；x_i 表示液相中组分 i 的摩尔分数；φ_i^V 表示蒸气相中组分 i 的逸度系数；φ_i^L 表示液相中组分 i 的逸度系数。假设气相为理想气体，即假设所有组分的逸度系数等于 1.0。基于上述假设，则液相逸度系数等于 K 系数。假设烃相无水组分，水相无烃组分。假设水中的组分逸度系数等于实际条件下纯水组分的逸度系数。上述假设条件相当于假设水相为理想溶液。

（2）计算与第（1）步建立的逸度系数相对应的相数量和组成（Michelsen，1988）。

（3）计算混合物的逸度（f_k^{mix}，$k = 1, 2, \cdots, N$）。对于一种非水组分而言，混合物逸度等于烃相中给定组分逸度的摩尔平均值。对于含水组分而言，混合物逸度等于水相中组分的逸度。

（4）计算校正项 θ（注意不要与 13.5.1 节的 θ 混淆），该校正项基于式（13.2）和式（13.3）：

$$\theta = \ln f_w^H - \ln f_w^{mix} = \sum_{i=1}^{N_{CAV}} \nu_i \ln\left(1 - \sum_{k=1}^{N} \frac{C_{ki} f_k}{1 + \sum_{j=1}^{N} C_{ji} f_j}\right) + \ln f_w^\beta - \ln f_w^{mix} \qquad (13.34)$$

上标 H 表示水合物相，β 表示空水合物晶格。基于式(13.35)计算水合物相中组分逸度的新估算值：

$$\ln f_k^H = \ln f_k^{mix} + \theta \quad (k = 1, 2, \cdots, N) \tag{13.35}$$

(5) 若有 N_{HYD} 个水合物形成组分，基于式(13.36)可估算水合物相的组成：

$$\frac{x_k}{x_w} = \sum_{j=1}^{N_{CAV}} \nu_i \frac{C_{ki} f_k}{1 + \sum_{j=1}^{N_{HYD}} C_{ji} f_j} \quad (k = 1, 2, \cdots, N) \tag{13.36}$$

式(13.36)由式(13.21)与式(13.22)合并推导而来。利用式(13.36)即可计算水和其他水合物形成组分的逸度系数。为了防止"非水合物形成物"进入水合物相，指定"非水合物形成物"在水合物相中具有大逸度系数($\ln\varphi_i = 50$)。

(6) 基于各相中组分逸度系数的当前估算值，建立相数量和相组成的新估算值(Michelsen，1988)。

(7) 如果无法收敛，则重复第(3)步。

前述概念很容易扩展至处理冰和其他纯固相，所需要的就是固相的逸度表达式(作为温度的函数)。

Boesen 等(2014)提出了一种水合物闪蒸计算的新方法。此种闪蒸算法将烃类流体相和水溶液相(包括水合物相)作为两个子体系。各个子体系内部存在热力学平衡，但是两个子体系之间的平衡形成则受控于相态之间的组分交换。该算法非常适于研究水合物动力学，但是也可用于存在良好初始估算值时的相平衡计算。例如，在流动模拟过程中，通常存在基于先前部分或先前时间步长的良好估算值。

表 13.13 显示了天然气与水和甲醇混合后的闪蒸计算结果。存在四相平衡的状态。如表所示，并非所有的甲醇最终均在水溶液相中。部分转变为烃相。因此，对于烃—水混合物而言，在计算防止水合物形成所需的甲醇量时，必须考虑上述因素。

表 13.13 100bar 和 4℃条件下，天然气与水和甲醇(MeOH)混合后的闪蒸计算结果

组 分	摩尔分数(%)				
	进料	HC 蒸汽相	HC 液相	水溶液相	Ⅱ型水合物相
H_2O	45.00	0.01	0.01	79.67	85.64
MeOH	5.00	0.10	0.23	19.88	0.00
N_2	0.32	0.74	0.42	0.00	0.03
CO_2	0.41	0.82	0.84	0.05	0.07
C_1	35.72	74.85	59.29	0.36	9.44
C_2	6.19	12.01	15.26	0.04	1.36
C_3	5.01	7.76	13.95	0.01	3.09
iC_4	0.54	0.80	1.82	0.00	0.28
nC_4	1.33	2.20	5.55	0.00	0.08
iC_5	0.19	0.29	0.95	0.00	0.00
nC_5	0.21	0.31	1.11	0.00	0.00
nC_6	0.105	0.12	0.58	0.00	0.00
合计	100.00	36.87	8.86	24.87	29.40

注：选用符合 Huron 和 Vidal 混合规则(第16章)的 SRK 状态方程(EOS)模拟流体相，对于水合物相，选用表13.4所示的 SRK 水合物参数。HC 表示烃。

参 考 文 献

Anderson, F. E. and Prausnitz, J. M., Inhibition of gas hydrates by methanol, *AIChE J.* 32, 1329-1333, 1986.

Bisnoi, P. R., Gupta, A. K., Englezos, P., and Kalogerakis, N., Multiphase equilibrium flash calculations for systems containing gas hydrates, *Fluid Phase Equilib.* 53, 97-104, 1989.

Bisnoi, P. R. and Dholabhai, P. D., Equilibrium conditions for hydrate formation for a ternary mixture of methane, propane and carbon dioxide, and a natural gas mixture in the presence of electrolytes and methanol, *Fluid Phase Equilib.* Vol. 158-160, 821-827, 1999.

Boesen, R. B., Sørensen, H., and Pedersen, K. S., New approach for hydrate flash calculations, *8th International Conference on Gas Hydrates*, Beijing China, July 29-August 1, 2014.

Cole, W. A. and Goodwin, S. P., Flash calculations for gas hydrates: A rigorous approach, *Chem. Eng. Sci.* 45, 569-573, 1990.

Danesh, A., Tohidi, B., Burgass, R. W., and Todd, A. C., Benzene can form gas hydrates, *Trans. IChemE*, 71 (Pt. A), 457-459, 1993.

Dean, J. A., *Lange's Handbook of Chemistry*, 15th ed., McGraw-Hill, New York, 1999.

Deaton, W. M. and Frost, E. M., *Gas Hydrates and Their Relation to the Operation of Natural-Gas Pipe Lines*, U. S. Bureau of Mines Monograph 8, 1946.

Erickson, D. D., Development of a natural gas hydrate prediction computerprogram, M. Sc. thesis, Colorado School of Mines, 1983.

Fadnes, F. H., Jacobsen, T., Bylov, M., Holst, A., and Downs, J. D., Studies on the prevention of gas hydrates formation in pipelines using potassium formate as a thermodynamic inhibitor, SPE 50688, presented at the *SPE European Petroleum Conference in The Hague*, The Netherlands, October 20-22, 1998.

Hammerschmidt, E. G., Possible technical control of hydrate formation in natural gas pipelines, *Brennstoff-Chemie* 50, 1969, 117-123.

Hemmingsen, P. V., Burgass, R., Pedersen, K. S., Kinnari, K., and Sørensen, H., Hydrate temperature depression of MEG solutions at concentration up to 60 wt%. Experimental data and simulation results. *Fluid Phase Equilib.* 307, 175-179, 2011.

Holder, G. D. and Bisnoi, P. R., *Gas Hydrates—Challenges for the Future*, Academy of Sciences, New York, 2000.

Kihara, T., Virial coefficients and models and molecules in gases, *Rev. Mod. Phys.* 25, 831-843, 1953.

Lide, D. R., *Handbook of Chemistry and Physics*, 62nd ed., CRC Press, Boca Raton, FL, 1981.

Løkken, T. V., Bersås, A., Christensen, K. O., Nygaard, C. F., and Solbraa, E., Water content of high pressure natural gas: Data, prediction and experience from field, presented at *International Gas Union Research Conference*, Paris, October 8-10, 2008.

Madsen, J., Pedersen, K. S., and Michelsen, M. L., Modeling of structure H hydrates using a Langmuir adsorption model, *Ind. Eng. Chem. Res.* 39, 1111-1114, 2000.

Makogan, Y. F., *Hydrates of Hydrocarbons*, PennWell Publishing Company, Tulsa, OK, 1997.

Marshall, D. R., Sainto, S., and Kobayashi, R., Hydrates at high pressures: Part i. Methane-water, argon-water, and nitrogen-water systems, *AIChE J.* 10, 202-205, 1964.

Mehta, P. A. and Sloan, E. D., Improved thermodynamic parameters for prediction of structure H hydrate equilibria, *AIChE J.* 42, 2036-2046, 1996.

Mehta, P. A. and Sloan, E. D., Structure H hydrates: Implications for the petroleum industry, *SPE J.* 4, 3-

8, 1999.

Michelsen, M. L., Calculation of multiphase equilibrium in ideal solutions, SEP 8802, The Department of Chemical Engineering, The Technical University of Denmark, 1988.

Michelsen, M. L., Calculation of hydrate fugacities, *Chem. Eng. Sci.* 46, 1192-1193, 1991.

Munck, J., Skjold-Jørgensen S., and Rasmussen, P., Computations of the formation of gas hydrates, *Chem. Eng. Sci.* 43, 2661-2672, 1988.

Ng, H. -J., Chen, C. -J., and Robinson, D. B., The effect of ethylene glycol or methanol on hydrate formation in systems containing ethane, propane, carbon dioxide, hydrogen sulfide or a typical gas condensate, Research Report RR-92, Gas Processors Association, Tulsa, Oklahoma, 1985.

Ng, H. -J., Chen, C. -J., and Sæterstad, T., Hydrate formation and inhibition in gas condensate and hydrocarbon liquid system, *Fluid Phase Equilib.* 36, 99-106, 1987.

Parrish, W. R. and Prausnitz, J. M., Dissociation pressures of gas hydrates formed by gas mixtures, *Ind. Eng. Chem. Process Des. Dev.* 11, 26-35, 1972.

Pedersen, K. S., Blilie, A. L., and Meisingset, K. K., PVT calculations on petroleum reservoir fluids using measured and estimated compositional data for the plus fraction, *Ing. Eng. Chem. Res.* 31, 1378-1384, 1992.

PVTsim Method Documentation, Calsep A/S, Kgs. Lyngby, Denmark, 2014.

Rasmussen, C. P. and Pedersen, K. S., Challenges in modeling of gas hydrate phase equilibria, *4th International Conference on Gas Hydrates*, Yokohama Japan, May 19-23, 2002.

Ripmeester, J. A., Tse, J. S., Ratcliffe, C. I., and Powell, B. M., A new clathrate hydrate structure, *Nature (London)* 325, 135-136, 1987.

Roberts, O. L., Brownscombe, E. R., and Howe, L. S., Methane and ethane hydrates, *Oil Gas J.* 37, 37-42, 1940.

Skovborg, P., Ng, H. J., Rasmussen P., and Mohn, U., Measurement of induction times for the formation of methane and ethane gas hydrates, *Chem. Eng. Sci.* 48, 445-453, 1993.

Sloan, E. D. and Koh, C., *Clathrate Hydrates of Natural Gases*, 3rd ed., CRC Press, Boca Raton, 2008.

Tohidi, B., Danesh, A., Burgass, R. W., and Todd, A. C., Equilibrium data and thermodynamic modelling of cyclohexane gas hydrates, *Chem. Eng. Sci.* 51, 159-163, 1996.

Tohidi, B., Danesh, A., Todd, A. C., Burgass, R. W., and Østergaard, K. K., Equilibrium data and thermodynamic modelling of cyclopentane and neopentane hydrates, *Fluid Phase Equilib.* 138, 241-250, 1997.

van der Waals, J. H. and Platteeuw, J. C., Clathrate solutions, *Adv. Chem. Phys.* 2, 1-57, 1959.

14 油藏埋深对组分变化的影响

随着油藏埋深的变化,压力、温度以及组分等都会随之发生变化。图 14.1 给出了不同深度时油藏压力、温度和 C_1 组分摩尔分数的三条变化曲线。压力和温度随着油藏埋深的增加而升高。烃类中轻组分浓度随着深度的增加而降低,而重组分浓度随着深度增加而升高。Hirschberg(1998)报道了一种极限情况时烃类的组分分布情况,油藏底部的焦油层基本上由沥青质组成(见第 12 章)。

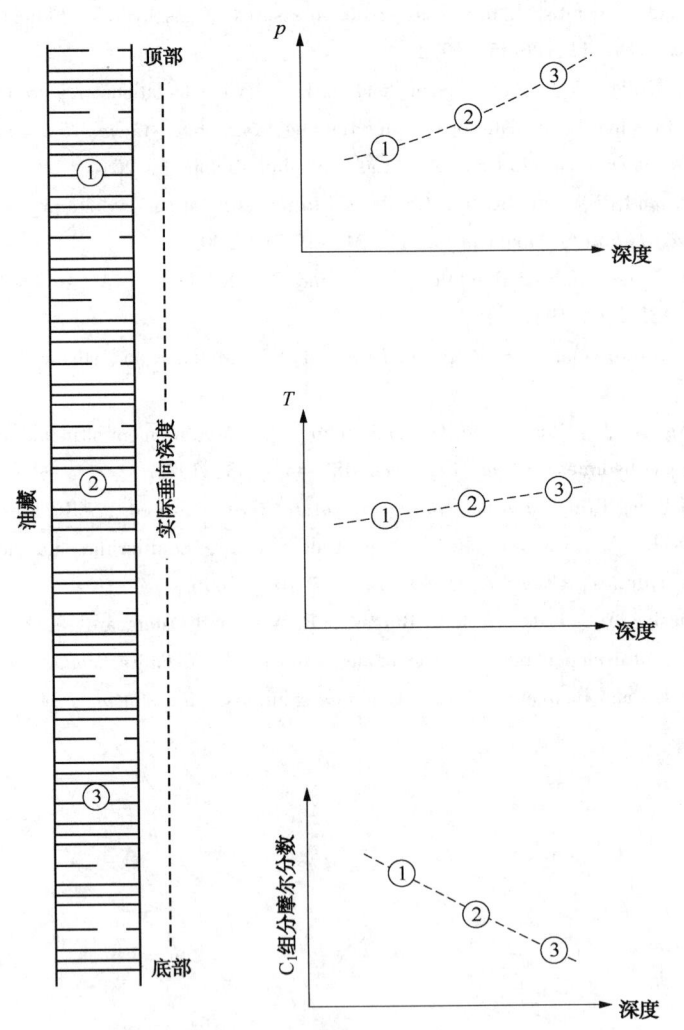

图 14.1　不同深度时的油藏压力、温度和 C_1 组分浓度的变化曲线

同时,有证据显示油藏流体在饱和压力点附近时组分变化最为显著(Fujisawa 等,2004)。

表 14.1 给出了油藏中垂向深度每改变 100m 时压力、温度和组分的变化情况。重力效

应与温度效应的共同作用影响着垂向深度上组分的分布。另外一些因素也可能影响组分的分布，如毛细管力、对流和烃类二次运移作用等，但本文中只考虑重力和温度梯度的影响。

表 14.1　油藏中深度变化引起的典型性质改变量

典型性质	深度每增加 100m 引起的性质改变量	
	原油典型性质	气体典型性质
压力(bar)	4~6	2
温度(℃)	2	2
饱和点(bar)	-8	8
分子量	8~21	0.3~0.4
密度(g/cm³)	0.02~0.15	0.005~0.007
C_1 组分摩尔分数	-1.6	-0.5
C_2—C_6 组分摩尔分数	-0.2	-0.2
C_{7+} 组分摩尔分数	1.8~1.9	0.2~0.3

14.1　等温油藏的相关理论

若忽略高度差，当封闭体系处于平衡状态时，体系中组分 i 在各个位置的化学势都相等。但对于高度差很大的体系而言，不同位置组分化学势相等的准则是不合理的。对这类体系，必须考虑油藏埋深引起的化学势差异。在某个等温系统中，组分 i 平衡态的关系式为：

$$\mu_i(h) - \mu_i(h^\circ) = M_i g(h - h^\circ) \tag{14.1}$$

式中：μ 表示化学势；h 表示深度；M 表示分子量；g 表示重力加速度；h° 表示参考深度。

化学势与逸度的关系式为(参见附录 A)：

$$d\mu_i = RT d\ln f_i = RT d\ln(\varphi_i x_i p) \tag{14.2}$$

式中：T 表示温度。对于某个等温油藏而言，结合式(14.2)和式(14.1)可得到如下关系式：

$$\ln f_i^h - \ln f_i^{h^\circ} = \frac{M_i g(h - h^\circ)}{RT} \tag{14.3}$$

组分 i 的逸度系数与逸度可由如下关系式得到[参见附录 A 式(A.33)]：

$$f_i = \varphi_i z_i p \tag{14.4}$$

对于 N 组分体系而言，式(14.3)可变换为：

$$\ln(\varphi_i^h z_i^h p^h) - \ln(\varphi_i^{h^\circ} z_i^{h^\circ} p^{h^\circ}) = \frac{M_i g(h - h^\circ)}{RT} \quad (i = 1, 2, \cdots, N) \tag{14.5}$$

各组分的摩尔分数之和必定等于 1，如式(14.6)所示：

$$\sum_{i=1}^{N} z_i = 1 \tag{14.6}$$

如果参考深度 h° 处的压力 p^{h° 和组分($Z_i^{h^\circ}$，$i = 1, 2, \cdots, N$)已知，则深度为 h 时存在 $N + 1$ 个变量，即：$Z_i^h (i = 1, 2, \cdots, N)$ 和 p^h。

$N + 1$ 个方程对应着 $N + 1$ 个变量，解方程组可得出压力和组分随高度变化的相关数据。Schulte(1980)介绍了使用这些方程进行求解的过程，并给出了相关实例：通过状态方程获得逸度系数，并结合式(14.5)和式(14.6)得出组分随深度梯度的变化情况。

第4章已表明 Peneloux 体积修正方法[即式(4.43)和式(4.48)中的参数 c]不会影响平衡态的组分。该结论适用于分离器、PVT 釜和其他恒压系统，但是对于随着埋深增加而压力上升的油藏是不适用的。通过 SRK 方程和 PR 方程可以求得组分 i 的逸度系数，经过 Peneloux 修正后，如下式所示：

$$\ln\varphi_{i,\text{SRK}} - \ln\varphi_{i,\text{SRK-Pen}} = \frac{c_i p}{RT} \tag{14.7}$$

$$\ln\varphi_{i,\text{PR}} - \ln\varphi_{i,\text{PR-Pen}} = \frac{c_i p}{RT} \tag{14.8}$$

式中，c 表示体积修正项。在常规相平衡计算中，整个系统的温度和压力相同。因此，式(4.52)中不包含体积修正项。但计算组分随埋深的变化时，就需要考虑体积修正项。随着深度变化，压力会发生改变，温度也可能会发生改变，这些变化与烃类的密度密切相关，而密度性质会受到 Peneloux 修正的影响。

表14.2给出了某油藏(Creek 和 Schrader，1985)在不同深度处的组分变化实例。据报道，该油藏温度为88℃，但文中没有提供任何有关温度随深度变化的信息。通过式(14.5)模拟了组分随深度变化的情况，假设温度恒定，并从油藏底部(压力为317bar，根据文献中的图可以得到)开始模拟组分的变化情况。表14.3给出了模拟结果。SRK 方程和 Peneloux 体积关联式[即式(4.43)]用于模拟计算。使用 Pedersen 等(1992)提出的方法对流体进行特征化。图14.2给出了 C_1 组分摩尔分数随深度变化的实验结果与模拟结果，二者的吻合度较高。

表14.2　不同油藏埋深的组分测量数据

测量数据		1017~1053m	1062~1087m	1076~1111m	1251~1299m	1289~1303m	1274~1322m	1298~1301m	1378~1392m	1378~1392m	1083~1393m
组分摩尔分数(%)	N_2	0.02	0.16	0.12	0.13	0.14	0.14	0.10	0.14	0.03	0.13
	CO_2	1.42	1.31	1.20	1.42	1.50	1.45	1.28	1.04	1.01	1.19
	C_1	71.26	71.85	69.79	67.84	67.37	65.76	65.92	59.67	58.48	58.88
	C_2	11.04	10.60	11.63	11.02	11.70	11.27	11.63	11.67	11.11	11.89
	C_3	5.66	5.73	5.87	5.83	5.92	6.20	6.36	6.58	6.52	6.79
	iC_4	1.39	1.34	1.41	1.45	1.46	1.62	1.63	1.58	1.74	1.82
	nC_4	1.79	1.70	1.82	1.90	1.75	2.15	2.10	2.11	2.31	2.46
	iC_5	0.73	0.66	0.77	0.80	0.81	0.61	0.88	0.90	1.08	1.06
	nC_5	0.66	0.60	0.70	0.76	0.70	0.83	0.81	0.84	1.00	0.99
	C_6	0.83	0.72	0.96	0.96	1.25	1.38	1.06	1.17	1.43	1.39
	C_{7+}	5.20	5.33	5.73	7.89	7.50	8.59	8.23	14.30	15.29	13.40
$M_{C_{7+}}$		148	145	145	155	160	158	157	181	190	180
C_{7+} 组分密度(g/cm³)		0.782	0.782	0.782	0.800	0.799	0.796	0.791	0.811	0.815	0.803

注：测试条件为1.01bar，15℃下。油藏温度为88℃。

资料来源：From Creek, J. L. and Schrader, M. L., East painter reservoir: An example of a compositional gradient from a gravitational field, SPE 14441, presented at *SPE ATCE*, Las Vegas, NV, September 22-25, 1985。

14 油藏埋深对组分变化的影响

表14.3 油藏中不同深度时的组分模拟结果

组 分	不同深度时的摩尔分数(%)								
	1035m	1074m	1093m	1275m	1297m	1298m	1300m	1385m	1388m
N_2	0.19	0.18	0.18	0.15	0.14	0.14	0.14	0.13	0.13
CO_2	1.21	1.22	1.22	1.21	1.21	1.20	1.20	1.19	1.19
C_1	71.33	70.64	70.27	63.56	62.45	62.40	62.31	58.98	58.88
C_2	11.62	11.67	11.70	11.96	11.96	11.96	11.96	11.89	11.89
C_3	5.78	5.86	5.91	6.55	6.62	6.62	6.63	6.79	6.79
iC_4	1.42	1.45	1.47	1.71	1.74	1.75	1.75	1.82	1.82
nC_4	1.82	1.87	1.90	2.28	2.33	2.33	2.33	2.46	2.46
iC_5	0.72	0.74	0.75	0.96	0.98	0.98	0.99	1.06	1.06
nC_5	0.65	0.67	0.68	0.88	0.91	0.91	0.91	0.99	0.99
C_6	0.82	0.85	0.87	1.20	1.25	1.25	1.26	1.39	1.39
C_{7+}	4.45	4.83	5.04	9.54	10.40	10.44	10.52	13.32	13.40

注：油藏温度假设为88℃，并且不随深度而变化。模拟从深度为1388m处开始，该处的压力为317bar。测量组分结果见表14.2。

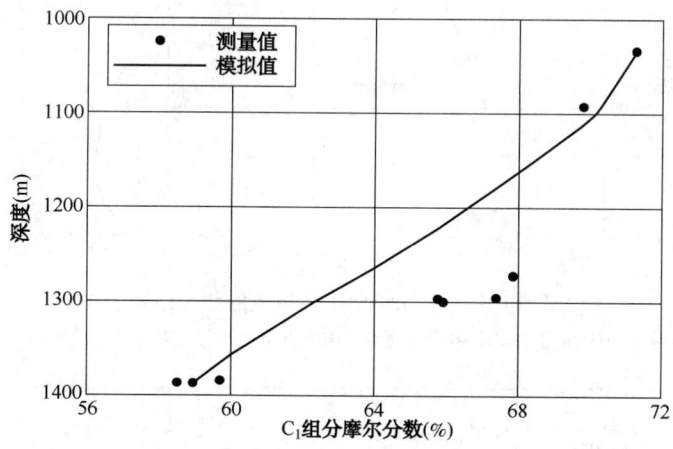

图14.2 油藏中不同深度的 C_1 浓度的测量结果与模拟结果

（测量结果摘自 Creek 和 Schrader，1985），表格数据参见表14.2 和表14.3

表14.4 给出了油藏深度为2635m（作为下文的参考深度）所取流体样品的组分分析结果（Whitson 和 Belery，1994）。此处的温度为95℃，压力为263 bar。图14.3 给出了使用SRK方程和 Pedersen 等（1992）提出的 C_{7+} 组分特征化方法计算得到的参考深度处流体混合物的相包络图。由图14.3 可以看出，取样点的流体为单相液体。随着油藏深度的减小，压力会不断下降。压力略微下降时混合物会分离成两相。同时，在假定的等温油藏中还给出了压力与混合物饱和压力随埋深变化的模拟结果（图14.4）。当油藏参考深度向上移动时，随着油藏压力的下降，饱和压力会不断上升。

表 14.4 当温度为 95℃和压力为 263 bar 时深度为 2635m 处油藏流体的组成分析结果

项 目		结 果
组分摩尔分数(%)	N_2	0.27
	CO_2	0.79
	C_1	46.34
	C_2	6.15
	C_3	4.46
	iC_4	0.87
	nC_4	2.27
	iC_5	0.96
	nC_5	1.41
	C_6	2.10
	C_{7+}	34.38
$M_{C_{7+}}$		225.0
1.01bar 和 15℃下 C_{7+} 组分的密度(g/cm³)		0.870

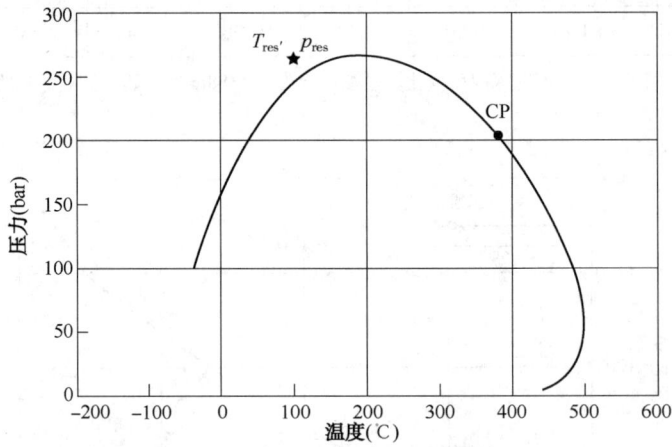

图 14.3 表 14.4 中原油组成的相包络图

2635m 处的温度和压力为参考值。圆点给出了临界点的位置

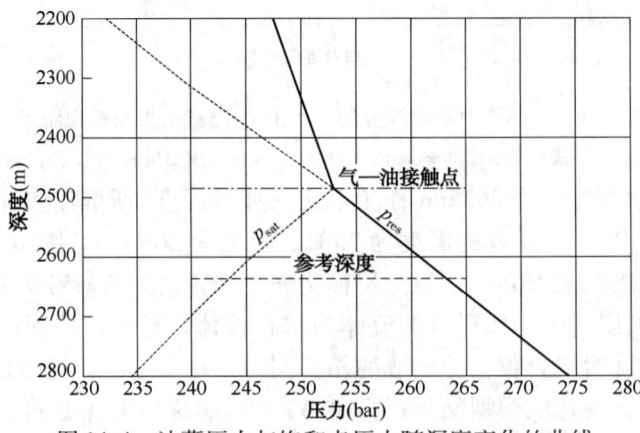

图 14.4 油藏压力与饱和点压力随深度变化的曲线

油藏流体组成见表 14.4

造成饱和压力(泡点)增加的原因是重组分浓度的下降以及轻组分浓度的升高。在深度为 2485m 处，油藏压力与饱和压力相等，分离的气体与原油达到平衡。该点被称为气—油接触点，该点的原油与气体如同在分离器中一样达到平衡。在气—油接触点以下，烃类以原油形式存在，随着埋深的进一步增加，原油中的重组分逐渐富集且轻组分逐渐减少。气—油接触点的气体与原油达到平衡，然而随着深度的不断减小，气体中的轻组分含量逐渐升高且重组分逐渐减少。图 14.5 给出了组分随埋深的变化情况，并给出了气油比随深度的变化情况。该气油比为模拟一级闪蒸至标准条件下(1.01bar 和 15℃)不同埋深时的油藏流体气油比。

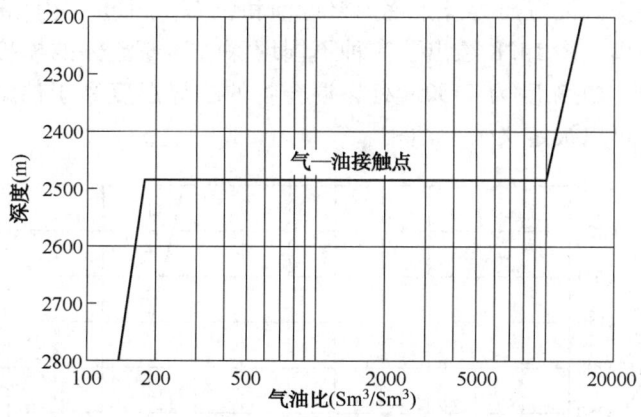

图 14.5　气油比随着埋深的变化曲线
深度为 2635m 时的流体组分由表 14.4 给出

在气—油接触点下方的油层中，气油比为 $100 \sim 200 Sm^3/Sm^3$，并随着油藏埋深的增加而稍微增大。在气—油接触点，可以看到气油比会发生显著变化。在接触点上方的气层中，气油比为 $10000 \sim 15000 Sm^3/Sm^3$，并随着油藏埋深的增加而增大。

图 14.6 给出了不同油藏深度时流体的相包络图。在深度为 2635m 处，原油为未饱和状态(即饱和点压力低于油藏压力，如图 14.6 中的上方▼)。在深度为 2485m 处，原油为饱和

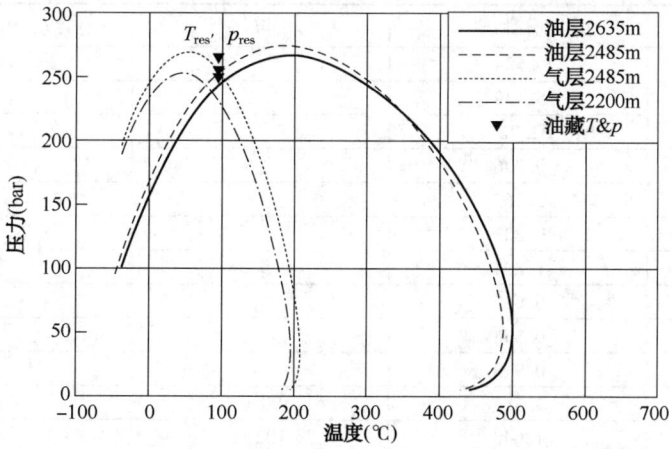

图 14.6　三种不同深度(即 2635m，2485m 和 2200m)的油藏流体的相包络图
▼表示相同深度的油藏压力。深度 2635m 处的组成由表 14.4 给出

状态(即饱和点与油藏压力相等),气相与原油达到平衡。气相的相包络图如图14.6所示。在油藏压力与温度下(如图14.6中的中部▼),原油和气相的相包络图在气油接触点处产生交叉,表示二者在该处达到饱和。最后,图14.6还给出了深度为2200m处的气相包络图。在该点,油藏压力(即图14.6中的下方▼)低于气—油接触点的油藏压力,但高于实际油藏埋深时的饱和压力。该气体的重组分比气油接触点处气体的重组分少,这就是该气体的露点比气—油接触点处气体露点低的原因。

图14.7给出了油藏压力和饱和压力随着高度变化的数据,其中油藏流体的相关参数见表14.5。该图使用与表14.4中混合流体实例中相同的计算模型。可以看出,油藏压力曲线与饱和压力曲线不相交。油藏压力开始逐渐接近饱和压力,超过一定距离后,油藏压力曲线出现弯曲然后逐渐偏离。图14.8给出了三种不同埋深时油藏流体的模拟相包络图,相应的相组成数据见表14.6。在深度为4400m处,混合物的临界温度高于油藏温度。因此,在这些情况下,油藏流体可以被定义为原油相。

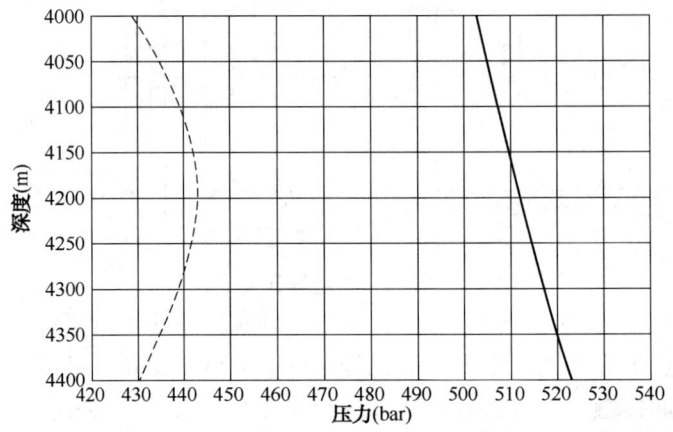

图14.7 油藏流体压力(实线)和饱和点压力(虚线)随深度变化的曲线

4050m处的组成分析结果见表14.5

表14.5 当温度为162℃和压力为505bar时,埋深为4050m处流体的组成分析结果

组　分	摩尔分数(%)	M	密度(1.01bar,15℃)(g/cm³)
N_2	0.504		
CO_2	5.439		
C_1	63.725		
C_2	9.396		
C_3	5.265		
iC_4	0.853		
nC_4	1.894		
iC_5	0.645		
nC_5	0.838		
C_6	0.999		
C_7	1.584	90.6	0.743
C_8	1.648	102.7	0.774
C_9	0.990	116.2	0.790
C_{10+}	6.220	244.1	0.860

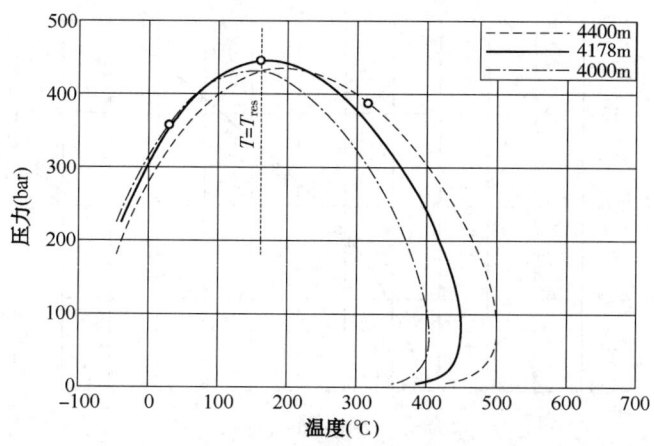

图 14.8 不同深度的油藏流体的相包络图

4050m 处的组成分析结果见表 14.5。圆圈为临界点。油藏温度如垂向虚线所示

表 14.6 三种不同埋深处油藏流体的组成模拟结果

组　分	4000m	4178m	4400m
N_2	0.518	0.459	0.394
CO_2	5.455	5.352	5.161
C_1	64.715	60.368	54.796
C_2	9.401	9.320	9.020
C_3	5.218	5.371	5.387
iC_4	0.840	0.885	0.903
nC_4	1.859	1.987	2.065
iC_5	0.629	0.689	0.730
nC_5	0.816	0.900	0.962
C_6	0.966	1.095	1.194
C_7	1.516	1.797	2.078
C_8	1.567	1.906	2.257
C_9	0.936	1.163	1.401
C_{10+}	5.562	8.708	13.650

注：模拟过程基于表 14.5 中深度为 4050m 的流体组成。流体组成的相包络图如图 14.8 所示。

在深度为 4187m 处，混合流体的临界温度与油藏温度几乎相同，该混合流体被定义为近—临界混合流体。在 4000m 处，混合物的临界温度明显低于油藏温度，该混合物被定义为凝析气。临界点位置的变化情况意味着油藏底部流体表现出原油的相行为。高于临界点的流体开始表现为近—临界混合物，在近临界区域的上方，流体为凝析气。

原油相变为凝析气的现象不会发生在流体组成非连续变化的气—油接触点处，正如表 14.4 中所述的实例流体一样。由图 14.9 可以看出，垂向上升过程中的气油比逐渐增加，并未出现图 14.5 中所述气油比显著改变的情况。

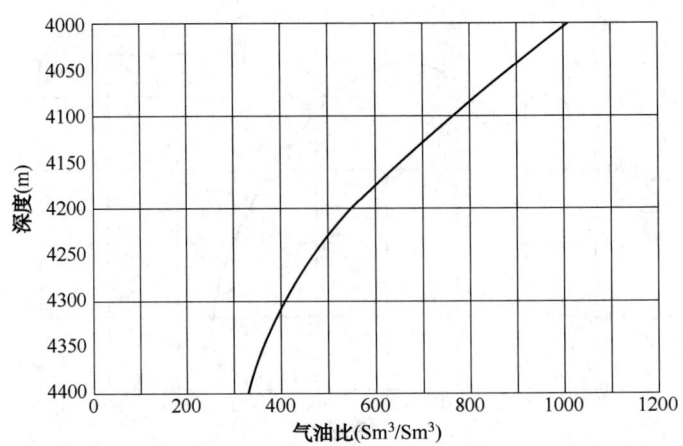

图 14.9　气油比随深度变化的曲线

表 14.5 给出了深度为 4050m 处的组成分析结果

14.2　非等温油藏的相关理论

第 14.1 节中的理论并不适用于存在温度梯度的油藏。在大多数油藏中，油藏温度随着深度的增加而升高（每米约增加 0.02℃）。温度梯度造成温度不同位置之间存在热量流动，因此，油藏流体并不是热力学平衡的。

热量流动会导致体系的熵增加。需要由不可逆热力学理论建立方程，通过求解这些方程，得到存在温度梯度时油藏的摩尔组成。为了简化上述问题，可以假设系统处于静态，即所有的组分流量为 0，并且组分梯度假设为瞬时恒定。与 Schulte（1980）所述的平衡情况相比，这一体系的组分在重力与热量流动影响下处于动态平衡。

在不存在水平梯度的油藏中，单位时间和单位体积的熵产 σ 可以写成（de Groot 和 Mazur，1984）：

$$\sigma = -\frac{1}{T^2}\bm{J}_q\frac{dT}{dh} - \frac{1}{T}\sum_{i=1}^{N}\bm{J}_i\left(\frac{T}{M_i}\frac{d\left(\frac{\mu_i}{T}\right)}{dh} - \bm{g}\right) \tag{14.9}$$

式中：T 为温度；$\bm{J}_q$ 为热通量；$\bm{J}_i$ 为组分 i 相对于中心质量流速的扩散通量。

化学势的微分方程为：

$$T\frac{d\left(\frac{\mu_i}{T}\right)}{dh} = \frac{d\mu_i}{dh} - \frac{\mu_i}{T}\frac{dT}{dh} \tag{14.10}$$

存在如下的热力学基本方程：

$$d\mu_i = -\tilde{S}_i dT + \tilde{V}_i dp + \sum_{j=1}^{N}\left(\frac{d\mu_i}{dz_j}\right)z_j \tag{14.11}$$

式中：$\tilde{S}_i$ 为组分 i 的偏摩尔熵；$\tilde{V}_i$ 为组分 i 的偏摩尔体积；z_j 为组分 j 的摩尔分数。术语偏摩尔函数的定义见附录 A。

化学势的变化量可以分为两个部分，第一部分为恒温过程的 $(d\mu_i)_T$ 项和温度变化对 $d\mu_i$

的贡献项：

$$(\mathrm{d}\mu_i)_T = \tilde{V}_i \mathrm{d}p + \sum_{j=1}^{N}\left(\frac{\mathrm{d}\mu_i}{\mathrm{d}z_j}\right)z_j \Rightarrow \mathrm{d}\mu_i = (\mathrm{d}\mu_i)_T - \tilde{S}_i \mathrm{d}T \tag{14.12}$$

将式(14.12)代入式(14.10)中，得：

$$T\frac{\mathrm{d}\left(\frac{\mu_i}{T}\right)}{\mathrm{d}h} = \left(\frac{\partial \mu_i}{\partial h}\right)_T - \left(\frac{\mu_i}{T} + \tilde{S}_i\right)\frac{\mathrm{d}T}{\mathrm{d}h} \tag{14.13}$$

结合热力学一般关系式：

$$\tilde{H}_i = \mu_i + T\tilde{S}_i \tag{14.14}$$

式中，$\tilde{H}_i$ 为组分 i 的偏摩尔焓。式(14.13)可以简化为：

$$T\frac{\mathrm{d}\left(\frac{\mu_i}{T}\right)}{\mathrm{d}h} = \left(\frac{\partial \mu_i}{\partial h}\right)_T - \frac{\tilde{H}_i}{T}\frac{\mathrm{d}T}{\mathrm{d}h} \tag{14.15}$$

将式(14.15)代入式(14.9)中，得：

$$\sigma = -\frac{1}{T^2}\left(\boldsymbol{J}_q - \sum_{i=1}^{N}\frac{\tilde{H}_i}{M_i}\boldsymbol{J}_i\right)\frac{\mathrm{d}T}{\mathrm{d}h} - \frac{1}{T}\sum_{i=1}^{N}\boldsymbol{J}_i\left[\left(\partial\frac{\mu_i}{M_i}\bigg/\partial h\right)_T - \boldsymbol{g}\right] \tag{14.16}$$

此处的热力学扩散力被定义为：

$$\boldsymbol{F}_i = \boldsymbol{g} - \left(\partial\frac{\mu_i}{M_i}\bigg/\partial h\right)_T \tag{14.17}$$

由式(14.5)可以看出，F_i 为不存在温度梯度时组分梯度分布的驱动力。引入通过导热传递的热量(总传热量减去组分流动时引起的传热量)：

$$\boldsymbol{J}'_q = \boldsymbol{J}_q - \sum_{i=1}^{N}\frac{\tilde{H}_i}{M_i}\boldsymbol{J}_i \tag{14.18}$$

可以得到下面简化的熵产表达式：

$$\sigma = -\frac{1}{T^2}\boldsymbol{J}'_q\frac{\mathrm{d}T}{\mathrm{d}h} - \frac{1}{T}\sum_{i=1}^{N}\boldsymbol{J}_i\left[\left(\partial\frac{\mu_i}{M_i}\bigg/\partial h\right)_T - \boldsymbol{g}\right] \tag{14.19}$$

摩尔扩散通量 $\boldsymbol{J}_q$ 与中心质量流速有关：

$$\sum_{i=1}^{N}\boldsymbol{J}_i = 0 \Rightarrow \boldsymbol{J}_N = -\sum_{i=1}^{N-1}\boldsymbol{J}_i \tag{14.20}$$

结合式(14.20)，式(14.9)可以变换为：

$$\sum_{i=1}^{N}\boldsymbol{J}_i\left[\left(\partial\frac{\mu_i}{M_i}\bigg/\partial h\right)_T - \boldsymbol{g}\right] = \sum_{i=1}^{N-1}\boldsymbol{J}_i\left[\left(\partial\frac{\mu_i}{M_i}\bigg/\partial h\right)_T - \boldsymbol{g}\right] + \boldsymbol{J}_N\left[\left(\partial\frac{\mu_N}{M_N}\bigg/\partial h\right)_T - \boldsymbol{g}\right]$$

$$= \sum_{i=1}^{N-1}\boldsymbol{J}_i\left[\left(\partial\frac{\mu_i}{M_i}\bigg/\partial h\right)_T - \boldsymbol{g}\right] - \sum_{i=1}^{N-1}\boldsymbol{J}_i\left[\left(\partial\frac{\mu_N}{M_N}\bigg/\partial h\right)_T - \boldsymbol{g}\right]$$

$$= \sum_{i=1}^{N-1} \boldsymbol{J}_i \left[\frac{\partial \left(\dfrac{\mu_i}{M_i} - \dfrac{\mu_N}{M_N} \right)}{\partial h} \right]_T \tag{14.21}$$

由此可以消去式(14.9)中的重力项 $\boldsymbol{g}$：

$$\sigma = -\frac{1}{T^2}\boldsymbol{J}'_q \frac{\mathrm{d}T}{\mathrm{d}h} - \frac{1}{T} \sum_{i=1}^{N-1} \boldsymbol{J}_i \left[\frac{\partial \left(\dfrac{\mu_i}{M_i} - \dfrac{\mu_N}{M_N} \right)}{\partial h} \right]_T \tag{14.22}$$

对于热通量和组分通量有如下的唯象关系式(de Groot 和 Mazur)：

$$\boldsymbol{J}_q = -L'_{qq}\frac{\frac{\mathrm{d}T}{\mathrm{d}h}}{T^2} - \frac{1}{T}\sum_{i=1}^{N-1} L'_{qi} \left[\frac{\partial \left(\dfrac{\mu_i}{M_i} - \dfrac{\mu_N}{M_N} \right)}{\partial h} \right]_T \tag{14.23}$$

$$\boldsymbol{J}_j = -L'_{jq}\frac{\frac{\mathrm{d}T}{\mathrm{d}h}}{T^2} - \frac{1}{T}\sum_{i=1}^{N-1} L_{ji} \left[\frac{\partial \left(\dfrac{\mu_i}{M_i} - \dfrac{\mu_N}{M_N} \right)}{\partial h} \right]_T \tag{14.24}$$

式中：L'_{qq}，L'_{qi}，L'_{jq} 和 L_{ji} 为唯象系数(Onsager，1931a，1931b)。

式(14.9)到式(14.24)的理论推导参见 Ghorayeb 和 Firoozabadi(2000)发表的相关文献，但是文中没有给出唯象系数的确定方法。为了使用上述理论框架，式(14.23)和式(14.24)需要以定量的方式改写，使之更容易计算。

定义如下矢量：

$$\boldsymbol{J} = \begin{pmatrix} \boldsymbol{J}_1 \\ \boldsymbol{J}_2 \\ \vdots \\ \boldsymbol{J}_{N-1} \end{pmatrix} \tag{14.25}$$

$$\boldsymbol{\nabla}_T = \begin{pmatrix} \left[\dfrac{\partial \left(\dfrac{\mu_1}{M_1} - \dfrac{\mu_N}{M_N} \right)}{\partial h} \right]_T \\ \left[\dfrac{\partial \left(\dfrac{\mu_2}{M_2} - \dfrac{\mu_N}{M_N} \right)}{\partial h} \right]_T \\ \vdots \\ \left[\dfrac{\partial \left(\dfrac{\mu_{N-1}}{M_{N-1}} - \dfrac{\mu_N}{M_N} \right)}{\partial h} \right]_T \end{pmatrix} \tag{14.26}$$

$$\boldsymbol{L}' = \begin{pmatrix} L'_{1q} \\ L'_{2q} \\ \vdots \\ L'_{N-1,q} \end{pmatrix} \tag{14.27}$$

$$\boldsymbol{L}'^T = (L'_{q1},\ L'_{q2},\ \cdots,\ L'_{q,N-1}) \tag{14.28}$$

及矩阵：

$$L = \begin{pmatrix} L_{11} & L_{12} & \cdots & L_{1,N-1} \\ L_{21} & L_{22} & \cdots & L_{2,N-1} \\ \vdots & \vdots & \ddots & \vdots \\ L_{N-1,1} & L_{N-1,2} & \cdots & L_{N-1,N-1} \end{pmatrix} \qquad (14.29)$$

则式(14.23)和式(14.24)可以变换为：

$$J'_q = -L'_{qq}\frac{\mathrm{d}T}{T^2} - \frac{1}{T}L'^{\mathrm{T}}\boldsymbol{\nabla}_{\mathrm{T}} \qquad (14.30)$$

$$\boldsymbol{J} = -L'\frac{\mathrm{d}T}{T^2} - \frac{1}{T}L\boldsymbol{\nabla}_{\mathrm{T}} \qquad (14.31)$$

式(14.31)乘以 L^{-1} 得到：

$$L^{-1}\boldsymbol{J} = -L^{-1}L'\frac{\mathrm{d}T}{T^2} - \frac{1}{T}\boldsymbol{\nabla}_{\mathrm{T}} \qquad (14.32)$$

$\boldsymbol{Q}$ 定义为：

$$\boldsymbol{Q} = \begin{pmatrix} Q_1 \\ Q_2 \\ \vdots \\ Q_{N-1} \end{pmatrix} = L^{-1}L' \Rightarrow L' = L\boldsymbol{Q} \qquad (14.33)$$

则式(14.32)可变换为：

$$L^{-1}\boldsymbol{J} = -\boldsymbol{Q}\frac{\mathrm{d}T}{T^2} - \frac{1}{T}\boldsymbol{\nabla}_{\mathrm{T}} \qquad (14.34)$$

如果油藏中不存在组分传递，则：

$$\boldsymbol{J} = 0 \Rightarrow -\boldsymbol{Q}\frac{\mathrm{d}T}{T} - \boldsymbol{\nabla}_{\mathrm{T}} = 0 \qquad (14.35)$$

为了理解系数 $\boldsymbol{Q}$ 的重要性，式(14.30)中的系数[L']可以由式(14.33)中的[L][Q]进行代替：

$$J'_q = -L'_{qq}\frac{\mathrm{d}T}{T^2} - \frac{1}{T}\boldsymbol{Q}^{\mathrm{T}}L\boldsymbol{\nabla}_{\mathrm{T}} \qquad (14.36)$$

式(14.31)乘以 $\boldsymbol{Q}^{\mathrm{T}}$，得：

$$\boldsymbol{Q}^{\mathrm{T}}\boldsymbol{J} = -\boldsymbol{Q}^{\mathrm{T}}L'\frac{\mathrm{d}T}{T^2} - \frac{1}{T}\boldsymbol{Q}^{\mathrm{T}}L\boldsymbol{\nabla}_{\mathrm{T}} \qquad (14.37)$$

结合式(14.36)，得：

$$J'_q - \boldsymbol{Q}^{\mathrm{T}}\boldsymbol{J} = -L'_{qq}\frac{\mathrm{d}T}{T^2} + \boldsymbol{Q}^{\mathrm{T}}L'\frac{\mathrm{d}T}{T^2} \qquad (14.38)$$

由上述表达式可以看出，当 $dT/dh > 0$ 时，Q 为组分流动时引起的热量转移量。当不存在温度梯度时，有：

$$\frac{dT}{dh} = 0 \Rightarrow J'_q = Q^T J = \sum_{i=1}^{N-1} Q_i J_i \tag{14.39}$$

从式(14.39)和式(14.18)可以推导出不存在温度梯度时的 J_q 表达式：

$$\frac{dT}{dh} = 0 \Rightarrow J_q = \sum_{i=1}^{N-1} Q_i J_i + \sum_{i=1}^{N} \frac{\tilde{H}_i}{M_i} J_i = \sum_{i=1}^{N-1} Q_i J_i + \sum_{i=1}^{N-1} \frac{\tilde{H}_i}{M_i} J_i + \frac{\tilde{H}_N}{M_N} J_N \tag{14.40}$$

在静态油藏中，式(14.20)可变换为：

$$\frac{dT}{dh} = 0 \Rightarrow J_q = \sum_{i=1}^{N-1} \left(\frac{\tilde{H}_i}{M_i} - \frac{\tilde{H}_N}{M_N} + Q_i \right) J_i \tag{14.41}$$

进一步假设：

$$\frac{dT}{dh} = 0 \Rightarrow J_q = 0 \tag{14.42}$$

则：

$$Q_i = \frac{\tilde{H}_N}{M_N} - \frac{\tilde{H}_i}{M_i} \tag{14.43}$$

该假设首先由 Haase 提出，因此式(14.35)可变换为：

$$-\left(\frac{\partial \frac{\mu_i}{M_i}}{\partial h} - \frac{\partial \frac{\mu_N}{M_N}}{\partial h} \right)_T = \left(\frac{\tilde{H}_N}{M_N} - \frac{\tilde{H}_i}{M_i} \right) \frac{dT}{dh} \frac{1}{T} \tag{14.44}$$

将 Gibbs-Duhem 方程(参见 Smith 等，2001)应用至化学势表达式中：

$$-S\frac{dT}{dh} + V\frac{dp}{dh} - \sum_{j=1}^{N} z_i \frac{d\mu_i}{dh} = 0 \tag{14.45}$$

在恒温条件下：

$$V\frac{dp}{dh} = \sum_{j=1}^{N} z_i \left(\frac{\partial \mu_i}{\partial h} \right)_T \tag{14.46}$$

在油藏条件下，压力梯度可以由式(14.47)进行表示：

$$\frac{dp}{dh} = \rho g \tag{14.47}$$

将该表达式和式(14.17)中的热扩散力引入式(14.46)中，得：

$$V\rho g = \sum_{i=1}^{N} z_i (M_i g - M_i F_i) \tag{14.48}$$

由于

$$V\rho g = g \sum_{i=1}^{N} z_i M_i \tag{14.49}$$

使用式(14.50)对式(14.47)中的流体静力学条件进行完善，得：

$$\sum_{i=1}^{N} z_i M_i F_i = 0 \tag{14.50}$$

结合式(14.17)和式(14.44)，得：

$$F_i - F_N = \left(\frac{\widetilde{H}_N}{M_N} - \frac{\widetilde{H}_i}{M_i}\right)\frac{\mathrm{d}T}{\mathrm{d}h} \cdot \frac{1}{T} \qquad (14.51)$$

上式乘以 $z_i M_i$ 后,并对所有组分 i 进行求和,得:

$$\sum_{i=1}^{N} z_i M_i F_i - F_N \sum_{i=1}^{N} z_i M_i = \frac{\mathrm{d}T}{\mathrm{d}h} \sum_{i=1}^{N} z_i M_i \left(\frac{\widetilde{H}_N}{M_N} - \frac{\widetilde{H}_i}{M_i}\right) \qquad (14.52)$$

由式(14.50)可以看出,方程中的第一项为0,则:

$$F_N = \frac{\mathrm{d}T}{\mathrm{d}h}\cdot\frac{\sum_{i=1}^{N} z_i M_i \left(\frac{\widetilde{H}_i}{M_i} - \frac{\widetilde{H}_N}{M_N}\right)}{\sum_{i=1}^{N} z_i M_i} = \left(\frac{H}{M} - \frac{\widetilde{H}_N}{M_N}\right)\frac{\mathrm{d}T}{\mathrm{d}h}\cdot\frac{1}{T} \qquad (14.53)$$

式中: H 表示混合物的摩尔焓; M 表示平均分子量。将式(14.53)代入式(14.51)中,得:

$$F_i = \left(\frac{H}{M} - \frac{\widetilde{H}_i}{M_i}\right)\frac{\mathrm{d}T}{\mathrm{d}h}\cdot\frac{1}{T}\cdot a \qquad (14.54)$$

F_i 的定义参见式(14.17),可将式(14.54)变换为:

$$\left(\frac{\partial \mu_i}{\partial h}\right)_T = gM_i - M_i\left(\frac{H}{M} - \frac{\widetilde{H}_i}{M_i}\right)\frac{\mathrm{d}T}{\mathrm{d}h}\cdot\frac{1}{T} \qquad (14.55)$$

当 $\mathrm{d}T/\mathrm{d}h \ne 0$ 时,式(14.55)和式(14.5)可等价变换为:

$$RT\ln(\varphi_i^h z_i^h p^h) - RT\ln(\varphi_i^{h^o} z_i^{h^o} p^{h^o}) = M_i g(h - h^o) - M_i\left(\frac{H}{M} - \frac{\widetilde{H}_i}{M_i}\right)\frac{\Delta T}{T} \quad (i=1,2,\cdots,N) \quad (14.56)$$

当温度梯度已知时,油藏的组成分布可由上述 N 个方程结合式(14.6)进行确定。

14.2.1 绝对焓

为了使用式(14.56),需要计算出绝对焓值。关于应用热力学的教科书建议无须计算出绝对焓值,而是计算相对某一参考状态的相对焓值:

$$H^{\mathrm{abs}} = H + H^0 \Rightarrow H = H^{\mathrm{abs}} - H^0 \qquad (14.57)$$

参考状态可以是273.15K条件下的理想气体,使用 H 代替 H^{abs} 不会对纯组分或组分恒定混合物的热平衡计算带来任何问题。对某个混合物进行加热,使之从状态 H_1^{abs} 转变为 H_2^{abs} 时绝对焓的增量可由用式(14.58)表示:

$$\Delta H = H_2^{\mathrm{abs}} - H_1^{\mathrm{abs}} = (H_2 + H^0) - (H_1 + H^0) = H_2 - H_1 \qquad (14.58)$$

式(14.58)中的参考焓值已被消去,该值不用计算。

对于油藏条件而言,上述结果会有所不同。组分会随着埋深而发生改变,并且需要计算出绝对偏摩尔焓。根据 Haase 模型,温度梯度与深度变化正相关是削弱还是增强组成的梯度分布取决于于参考焓随组分分子量的变化。Høier 和 Whitson(2000)发现,相比只考虑重力效应引起的组成梯度分布[式(14.5)]的情况而言,Hasse 模型总是削弱组成随深度的梯度分布,然而他们并没有解释绝对焓值的推导过程。

Rutherford 和 Roof(1959)采用一套存在温度梯度的实验装置上研究了 C_1—nC_4 混合物,

而 Haase 等(1971)研究了 C_1—C_3 混合物。在这些实验中，C_1 组分分布在温度较高一侧。若式(14.56)中忽略高度项，可以看出单位质量偏摩尔焓大于平均值时组分会分布到温度较高的一侧，反之，单位质量偏摩尔焓低于平均值时组分会分布到温度较低的一侧。

Pedersen 和 Lindeloff(2003)使用上述数据计算出参考状态的焓值，见表 14.7。使用 273.15K 下的理想气体作为参考状态，表 14.7 中的绝对理想气体焓即为单位质量理想气体在 273.15K 下的焓。使用这些参考焓值和推导出的相对于参考状态时的焓(如第 8 章所述)，C_1 组分的 $\widetilde{H}_i/M$ 要比 C_3 和 nC_4 大很多，在二元混合物系中，组分更趋于分布在温度较高的一侧。当混合物中的 C_{7+} 组分含量较高时，C_1 组分的 $\widetilde{H}_i/M$ 低于平均值，根据 Pedersen 和 Lindeloff(2003)的研究结果，C_1 更趋于分布在温度较低的一侧。图 14.10 中的实线部分给出了单位质量绝对焓与分子量之间的关系。C_1 组分的单位质量绝对焓比 C_3 和 nC_4 的高，但低于 C_{7+}。图 14.10 中的虚线部分给出了 273.15K 下忽略理想气体焓时的情况。在这种情况下，假设 C_1 组分相比其他任何组分都具有较大的单位质量绝对焓，因此，C_1 组分会被错误地认为分布在温度较高的一侧，即使混合物中含有较多的 C_{7+} 组分。

表 14.7　273.15K 下单位质量的理想气体焓

组　分	$H^{ig}/(M \cdot R)$ (K/g)	组　分	$H^{ig}/(M \cdot R)$ (K/g)
N_2	1.0	C_4	7.1
CO_2	17.0	C_5	37.3
C_1	0.0①	C_6	48.4
C_2	3.9	C_{7+}	50.0
C_3	15.8		

① 选择的参考值。

资料来源：From Pedersen, K.S. and Lindeloff, N., Simulations of compositional gradients in hydrocarbon reservoirs under the influence of a temperature gradient, SPE paper 84364 presented at the *SPE ATCE* in Denver, CO, October 5-8, 2003。

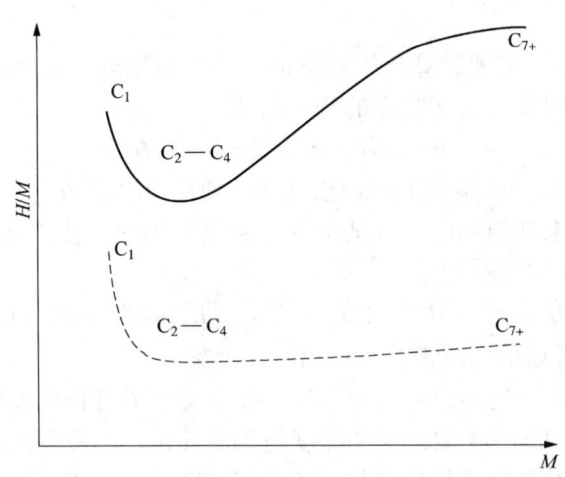

图 14.10　H/M 与分子量的关系曲线

实线表示 273.15K 下根据表 14.7 得到的理想气体焓 H/M 值。
虚线表示假设 273.15K 下理想气体焓为 0 的 H/M 值

当油藏中存在显著高度差时，相比等温油藏而言，对于温度梯度与深度变化正相关的油藏，根据 Pedersen 和 Lindeloff 模型，模拟结果会出现一个更大的浓度梯度分布。

14.2.2 实例：油藏流体的计算

表 14.8 给出了某个温度梯度为 0.013℃/m 的高压凝析气在不同深度处组成的变化数据 (Pedersen 和 Lindeloff, 2003)。

表 14.8 凝析气藏组成随深度的变化情况

组分	4880m			5013m			5133 m (参考深度)	5213m		
	实验值	不考虑温度梯度	温度梯度为 0.013℃/m	实验值	不考虑温度梯度	温度梯度为 0.013℃/m	实验值	实验值	不考虑温度梯度	温度梯度为 0.013℃/m
N_2	0.21	0.18	0.19	0.21	0.18	0.19	0.17	0.16	0.16	0.15
CO_2	0.09	0.06	0.06	0.06	0.06	0.06	0.06	0.10	0.06	0.06
C_1	84.48	81.83	83.79	83.81	80.40	82.02	78.60	75.95	76.97	72.76
C_2	4.05	3.82	3.81	3.94	3.84	3.83	3.86	3.90	3.86	3.82
C_3	2.18	2.21	2.16	2.20	2.25	2.21	2.29	2.30	2.32	2.34
C_4	1.45	1.44	1.38	1.40	1.49	1.45	1.54	1.53	1.58	1.62
C_5	0.98	0.96	0.90	0.86	1.01	0.96	1.05	1.10	1.08	1.13
C_6	0.94	0.92	0.85	0.76	0.97	0.92	1.02	0.92	1.06	1.11
C_{7+}	5.62	8.56	6.86	6.76	9.80	8.36	11.41	14.04	12.91	17.02
$M_{C_{7+}}$	197.3	—	—	218.4	—	—	240.9	260.0	—	—
C_{7+} 组分密度 (g/cm³)	0.8019	—	—	0.8023	—	—	0.8238	0.8400	—	—

注：参考深度处的温度为 89.5℃ 和压力为 933bar。C_{7+} 组分的密度为 1.01bar 和 15℃ 条件下的测量值。

随着油藏深度的变化，组成梯度的模拟过程包含以下两种情况：忽略垂向温度梯度和假设温度梯度为 0.013℃/m。图 14.11 和图 14.12 给出了 C_1 与 C_{7+} 组分分布随深度变化的模拟

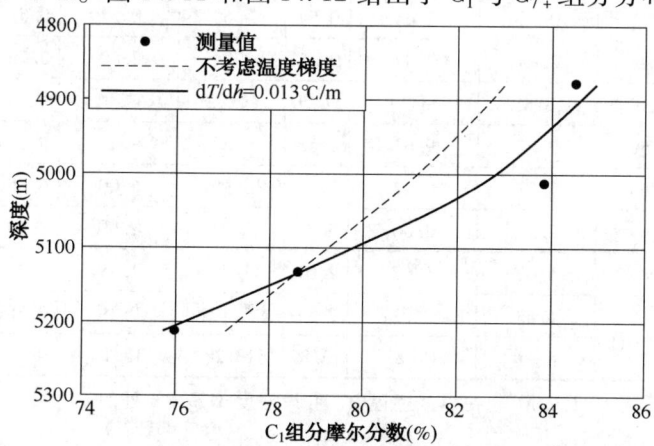

图 14.11 凝析气藏中 C_1 组分摩尔分数随深度变化的实验值和模拟值数据
表格数据参见表 14.8

结果。即使垂向的温度梯度很小(只有 0.013℃/m),模拟结果显示出温度梯度的影响很大,考虑温度梯度时,模拟结果要比假设油藏为等温油藏时的模拟结果更符合实际情况。

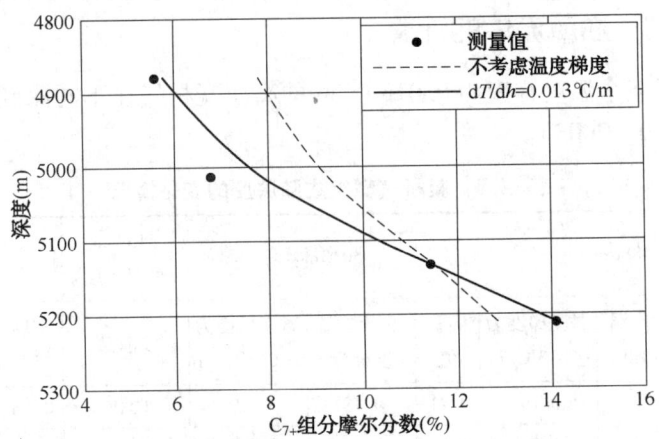

图 14.12　凝析气藏中 C_{7+} 组分的摩尔分数随深度变化的实验值和模拟值数据

表格数据参见表 14.8

表 14.9 给出了垂向温度梯度为 0.025℃/m 的凝析气/挥发性油藏在不同油藏深度时的组成变化数据(Montel 和 Gouel,1985)。随着油藏深度的变化,组成梯度的模拟过程包含以下两种情况:忽略垂向温度梯度和假设温度梯度为 0.025℃/m,图 14.13 和图 14.14 给出了 C_1 和 C_{7+} 组分随深度变化而引起的摩尔分数变化曲线。考虑温度梯度时,模拟结果与实验值吻合度更高。

表 14.9　油藏中组成随深度变化的数据

组　分	摩尔分数(%)									
	3162.5m			3179.5m（参考深度）	3204.5m			3241m		
	实验值	不考虑温度梯度	温度梯度为 0.025℃/m	实验值	实验值	不考虑温度梯度	温度梯度为 0.025℃/m	实验值	不考虑温度梯度	温度梯度为 0.025℃/m
N_2	0.87	0.74	0.76	0.64	0.54	0.60	0.57	0.51	0.58	0.53
CO_2	2.77	2.93	2.93	2.87	2.75	2.84	2.80	2.75	2.82	2.75
C_1	68.31	68.07	68.85	63.14	57.20	60.92	59.01	53.06	59.51	56.53
C_2	9.52	9.59	9.57	9.62	9.53	9.57	9.48	9.84	9.51	9.31
C_3	5.77	5.63	5.57	5.92	6.33	5.99	6.00	6.65	6.02	5.98
C_4	2.75	2.60	2.55	2.86	3.24	2.94	2.99	3.49	2.98	3.02
C_5	1.45	1.46	1.42	1.67	2.01	1.74	1.79	2.25	1.78	1.83
C_6	1.50	1.69	1.63	2.01	2.51	2.12	2.19	2.88	2.18	2.26
C_{7+}	7.07	7.29	6.71	11.27	15.89	13.28	15.18	18.58	14.62	17.79

注:(1) 参考深度的温度为 106.7℃。在模拟过程中,假设深度 3179.5m 处的 C_{7+} 组分的分子量为 210,密度为 0.820g/cm³。

(2) 该油藏从参考深度的重质凝析气逐渐向上过渡到挥发性原油。

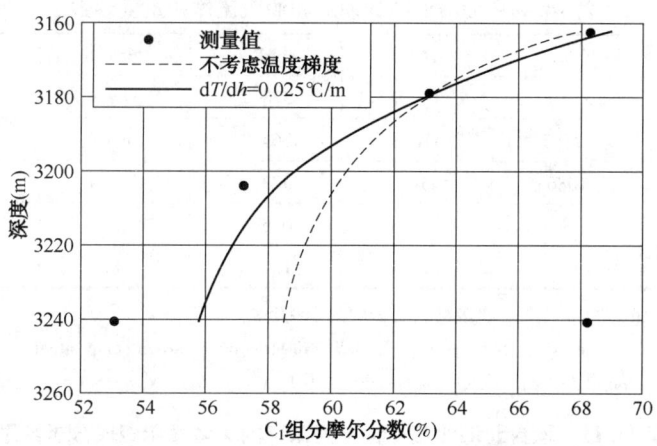

图 14.13 挥发性原油和凝析气藏中 C_1 组分摩尔分数
随深度变化的实验值与模拟值

表格实验数据参见表 14.9

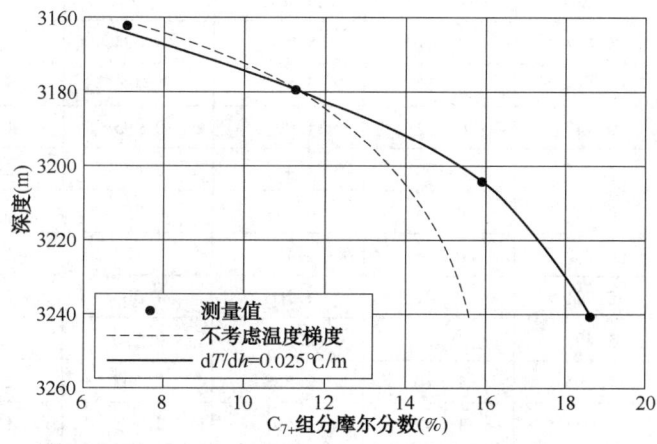

图 14.14 挥发性原油和凝析气藏中 C_{7+} 组分的摩尔分数
随深度变化的实验值与模拟值

表格实验数据参见表 14.9

Pedersen 和 Hjermstad 给出了取自北海油藏 6 种不同深度(垂向间隔 44m)处的流体样品的组成分析结果。流体包含上部分凝析气储层和下部的挥发性油储层,它们之间为气—油接触点。结果表明垂向上的组成变化很大。

垂向组成随深度的变化相比单纯考虑重力影响的变化要大得多。组成变化的主要贡献来源于温度梯度,温度梯度通常约 0.026℃/m。油藏的相关重要参数见表 14.10,表 14.11 给出了 6 种油藏样品流体的组成分析结果。

Pedersen 和 Hjermstad 使用以下关系式计算了 273.15K 条件下的理想气体焓:

$$\frac{H_i^{ig}(273.15K)}{R} = -1342 + 8.367 M_i \tag{14.59}$$

式中:M 是分子量;R 是气体常数。计算结果与实验观察到的现象是吻合的。

表 14.10　北海油藏的油藏和油藏流体的重要参数

深度(m)	3638.2	3644.3	3651.1	3661.6	3676.0	3682.8
压力(bar)	377.8	377.9	378.2	378.8	379.6	380.2
饱和压力(bar)	375.5	372.8	364.2	364.5	360.1	353.8
GOR(Sm^3/Sm^3)	1086	1105	323.0	311.9	285.2	268.3
密度(g/cm^3)	0.367	0.376	0.574	0.581	0.595	0.601
温度(℃)	137.5	137.7	137.8	138.1	138.5	138.7

注：组成分析结果参见表 14.11。气—油接触点的深度为 3647m。

资料来源：Pedersen, K. S. and Hjermstad, H. P., Modeling of large hydrocarbon compositional gradient, SPE paper 101275 presented at *Abu Dhabi International Exhibition and Conference*, Abu Dhabi, UAE, November 5-8, 2006。

表 14.11　取自北海油藏 6 种不同深度的流体摩尔组成分析结果

项　　目		3638.2m	3644.3m	3651.1m	3661.6m	3676.0m	3682.8m
组分摩尔分数(%)	N_2	0.431	0.295	0.358	0.331	0.337	0.395
	CO_2	2.752	2.834	2.332	2.455	2.363	2.060
	C_1	68.861	68.546	56.142	55.261	54.253	53.871
	C_2	8.427	8.341	8.094	8.025	7.961	7.589
	C_3	5.198	5.212	5.535	5.481	5.494	5.575
	iC_4	0.847	0.892	1.001	0.995	1.000	1.009
	nC_4	1.885	2.100	2.439	2.433	2.454	2.514
	iC_5	0.587	0.675	0.879	0.877	0.889	0.900
	nC_5	0.752	0.866	1.184	1.182	1.202	1.396
	C_6	0.921	0.981	1.504	1.504	1.539	1.557
	C_7	1.482	1.519	2.474	2.520	2.579	2.630
	C_8	1.595	1.610	2.583	2.667	2.777	2.823
	C_9	1.031	1.048	1.695	1.779	1.869	1.897
	C_{10+}	5.231	5.080	13.78	14.491	15.282	15.783
$M_{C_{10+}}$		211.3	216.8	281.6	284.3	291.8	297.2
$\rho_{C_{10+}}$ (g/cm^3)		0.8425	0.8440	0.8800	0.8825	0.8847	0.8868

注：重要油藏参数见表 14.10。

参 考 文 献

Creek, J. L. and Schrader, M. L., East painter reservoir: An example of a compositional gradient from a gravitational field, SPE 14441, presented at *SPE ATCE*, Las Vegas, NV, September 22-25, 1985.

de Groot, S. R. and Mazur, P., *Non-Equilibrium Thermodynamics*, Dover Edition, New York, 1984.

Fujisawa, G., Betancourt, S. S., Mullins, O. C., Torgersen, T., O'Keefe, M., Terabayashi, T., Dong, C., and Eriksen, K. O., Large hydrocarbon compositional gradient revealed by in-situ optical spectroscopy, SPE 89704, presented at *SPE ATCE*, Houston, TX, September 26-29, 2004.

Ghorayeb, K. and Firoozabadi, A., Molecular, pressure, and thermal diffusion in non-ideal multicomponent mixtures, *AIChE J.*, 883-891, May 2000.

Haase, R., *Thermodynamics of Irreversible Processes*, Addison-Wesley, Reading, MA, 1969, chap. 4.

Haase, R., Borgmann, H.-W., Dücker, K. H., and Lee, W. P., Thermodiffusion im kritischen Verdampfungsgebiet Binarer Systeme, Z. *Naturforsch.* 26a, 1224-1227, 1971. (in German)

Hirschberg, A., Role of asphaltenes in compositional grading of a reservoir's fluid column, *J. Petrol. Technol.*, 40, 89-94, 1988.

Høier, L. and Whitson, C. H., Compositional grading—Theory and practice, SPE 63085, presented *SPEATCE*, Dallas, October 1-4, 2000.

Montel, F and Gouel, P. L., Prediction of compositional grading in a reservoir fluid column, SPE 14410 presented at *SPEATCE*, Las Vegas, NV, September 22-25, 1985.

Onsager, L., Reciprocal relations in irreversible processes. I, *Phys. Rev.* 37, 405-426, 1931a.

Onsager, L., Reciprocal relations in irreversible processes. II, *Phys. Rev* 37, 2265-2279, 1931b.

Pedersen, K. S., Blilie, A. L., and Meisingset, K. K., PVT Calculations on petroleum reservoir fluids using measured and estimated compositional data for the plus fraction, *Ind. Eng. Chem. Res.* 31, 1378-1384, 1992.

Pedersen, K. S. and Lindeloff, N., Simulations of compositional gradients in hydrocarbon reservoirs under the influence of a temperature gradient, SPE paper 84364 presented at the *SPEATCE* in Denver, CO, October 5-8, 2003.

Pedersen, K. S. and Hjermstad, H. P., Modeling of large hydrocarbon compositional gradient, SPE paper 101275 presented at *Abu Dhabi International Exhibition and Conference*, Abu Dhabi, UAE, November 5-8, 2006.

Peneloux, A., Rauzy, E., and Fréze, R. A., A consistent correction for Redlich-Kwong-Soave volumes, *Fluid Phase Equililb.* 8, 7-23, 1982.

Peng, D.-Y, and Robinson, D. B., A new two constant equation of state, *Ind. Eng. Chem. Fundamen.* 15, 59-64, 1976.

Rutherford, W. M. and Roof, J. G., Thermal diffusion in methane n-butane mixtures in the critical region, *J. Phys. Chem.* 63, 1506-1511, 1959.

Schulte, A. M., Compositional variations within a hydrocarbon column due to gravity, SPE 9235, presented at *SPEATCE*, Dallas, September 21-24, 1980.

Smith, J. M., Van Ness, H. C., and Abbott, M. M., *Chemical Engineering Thermodynamics*, McGraw-Hill, Boston, MA, 2001.

Soave, G., Equilibrium constants from a modified Redlich - Kwong equation of state, *Chem. Eng. Sci.* 27, 1197-1203, 1972.

Whitson, C. H. and Belery, P., Compositional gradients in petroleum reservoirs, SPE 28000 presented at *University of Tulsa/SPE Centennial Petroleum Engineering Symposium in Tulsa*, OK, August 29-31, 1994.

15 最小混相压力

图 15.1 给出了自然衰竭开采原油的示意图。油藏压力会随着开采过程中油藏流体的减少而不断下降,然后油藏压力逐渐降至饱和压力点,此时会不断形成气体,如图 15.1(b)所示。从这个时间开始,主要的油井产出物为气相流体。气相流体中包含的液相组分比油相中的液相组分少,最终采收率可能只占原油总量的几个百分比。

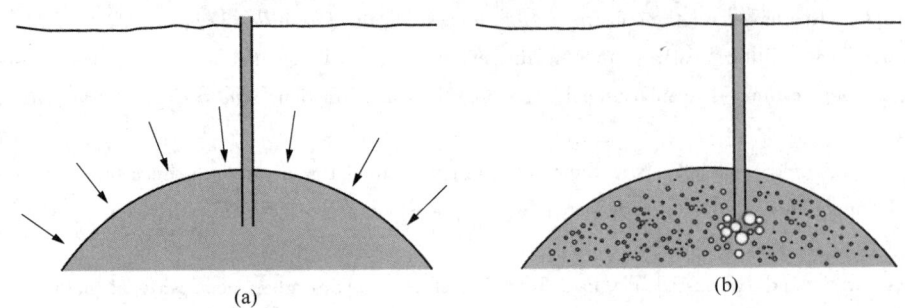

图 15.1 自然衰竭开采原油的示意图

提高采收率(EOR)是指使用各种不同方法以增加油藏中烃类采出程度并使其高于自然衰竭开采过程时的采收率。注水、注气、水气交替注入等开采方式都属于常用的 EOR 技术。对于重质油和高黏度原油而言,通常使用注入蒸气或者蒸气与混合溶剂(溶剂—蒸气辅助重力泄油)的方式进行开采。

注入气体可以是从原油或凝析气中分离出的烃类气体,或者是 CO_2。CO_2 是一种非常有效的注入气体。从环境因素方面考虑时,CO_2 更具有优势。

图 15.2(a)表示气体以活塞式驱替原油,图 15.2(b)表示气体穿过原油进入生产井造成

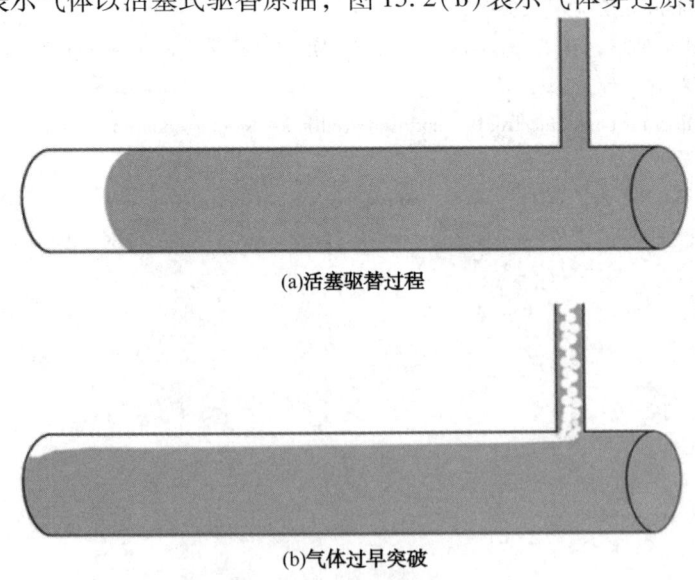

(a)活塞驱替过程

(b)气体过早突破

图 15.2 两种驱油模式示意图

两者都不符合实际情况

气体过早突破。图 15.2 中给出的两种驱油模式都不是真实的驱替机制。

实际上，注入气体会与油藏流体混合，并影响油藏中的油—气相平衡，如图 15.3 所示。气体会选择性地获得油相中的某些组分(汽化机制)，原油也会获得气相中的某些组分(凝结机制)，或者油相和气相均获得其他相中的某些组分(汽化与凝结共同作用)。

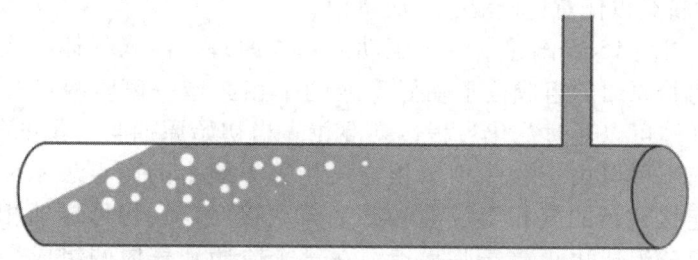

图 15.3　油藏原油和注入气体的传质区域

15.1　三组分混合物

很多有关混相气驱的经典文献均基于三组分混合物和三元相图(Stalkup，1984)。图 15.4 给出了 C_1 组分、C_4 组分和 C_{10} 组分的三元相图。该相图对应某个固定的压力和温度。相图中的每个顶点代表浓度为 100% 的给定组分。位于 0~100% 的任何浓度可以通过该点到三角形底部与相对顶点之间距离的比例进行表示。图 15.4 中的 A 点对应着原油，B 点对应着重质气体混合物，图 15.4 还给出了两相区的位置。虚线为连接处于热力学平衡的气相与液相组成的系线。

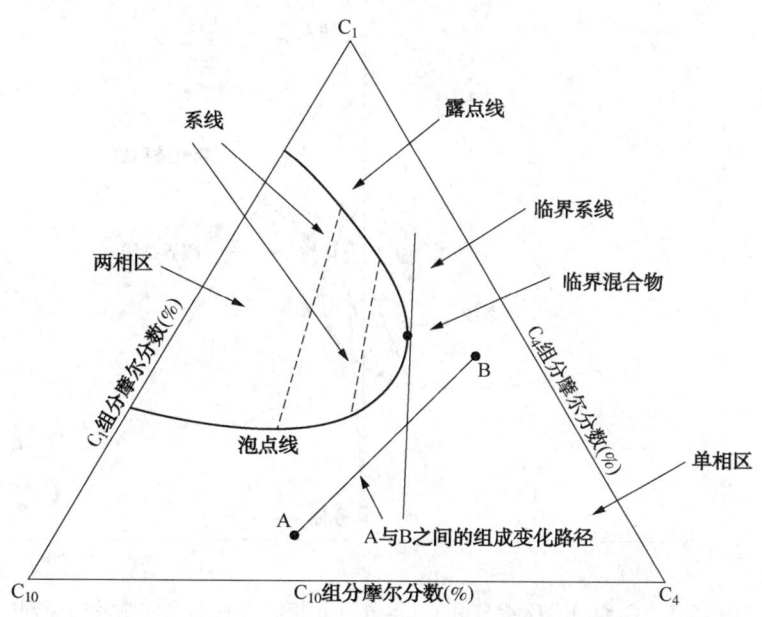

图 15.4　C_1 组分、C_4 组分和 C_{10} 组分的三元相图

组分 A 和 B 可通过一次接触实现混相

两相区临界点处的切线称为临界系线。能否达到混相状态取决于原油和气体相对于临界系线的初始位置，可以通过以下示例进行区别：

（1）一次接触混相。原油和气体均由完全相同的三种组分构成，当三相图中两组成的系线不穿过两相区域时，即可实现一次接触混相，比如图 15.4 中原油 A 与气体 B 的混合物。原油与气体混合物将会以任意比例混合形成单相。

（2）汽化驱动。图 15.5 阐述了汽化驱动的基本原理。注入气体组成位于临界系线的两相区域一侧，初始原油的组成位于临界系线的单相区域一侧。两点的系线穿过两相区域。原油与注入气体可以通过汽化过程达到混相。当初始原油与适量的气体进行混合时，会形成两相。平衡态可以由三相图中单相与两相边界线上的两点表示。如图 15.5 所示，两点由系线进行连接，新的气相组成会和原油再次接触，又将形成新相，它将包含更多的重质组分，其组分组成也更趋于临界点。在某个阶段，气体的组成会与临界点处的组成相同，此临界相与初始原油达到混相状态，这意味着无论临界混合物与原油以何种比例混合，只形成单相。由于汽化过程中的多次接触作用，原油与气体实现混相。使用"汽化"这个术语是由于油相中的中间分子量组分在气相中不断富集。油藏中的汽化过程如图 15.6 所示。注入气体在注入井附近与原油不断发生接触，并萃取出原油中的中间分子量组分。由于气体的流动性比原油的大，新注入的气体会向远离注入井的方向进行驱替；而原油的流动性较小，因此几乎保持停滞状态。在远离注入井的地层，富集后的注入气体继续与新的原油发生接触，并继续从新的原油中富集油相中更多的组分，直到远离注入井一定距离后，富集气体通过多级接触作用后与原油发生完全混相。如图 15.6 所示，对于汽化驱动，混相在气—油前缘得以实现。

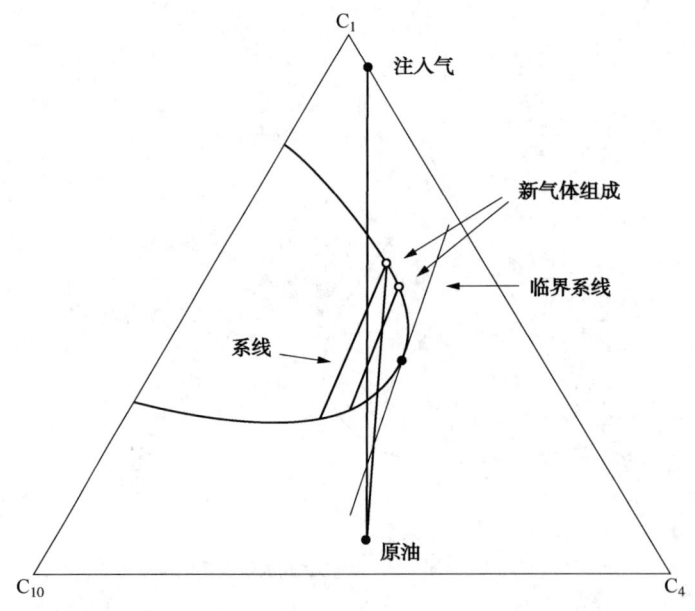

图 15.5　C_1 组分、C_4 组分和 C_{10} 组分三元相图表示的汽化驱动的原理

（3）凝结驱动。凝结驱动的基本原理如图 15.7 所示。初始油藏流体组成位于临界系线两相区域的一侧，注入气体组成位于单相区域的一侧。原油与气相组成的系线穿过两相区

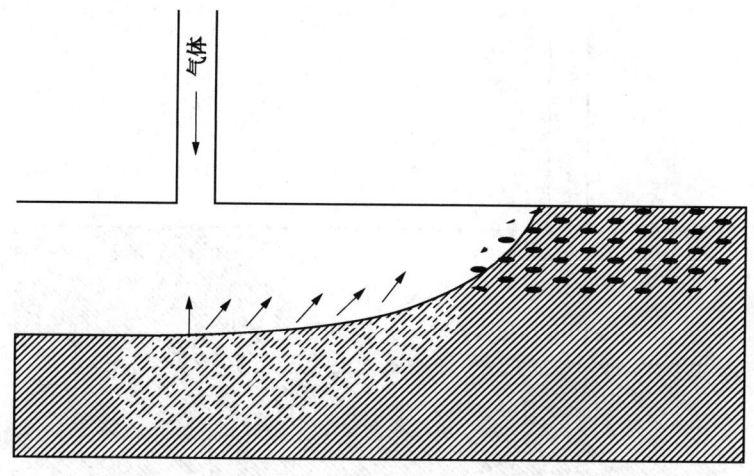

图 15.6 通过汽化驱动达到混相
气体经过油藏地带通过富集原油相中的组分并在气—油前缘达到混相

域。当原油与适当比例的气体进行混合时,会形成两相区域。原油不断地富集气体中的中间分子量组分,其组成也将逐渐接近临界点。当原油已经富集了某些气体组分后,再与新注入的气体接触时,气体中某些较重的组分会进一步发生凝结并进入原油相中,原油组成在某个阶段会与临界点的组成相同。此时既已实现混相,因为新的临界原油可与注入气体以任意比例进行混溶。凝结过程如图 15.8 所示。注入气体与原油在注入井附近发生接触,原油从气相中富集中间分子量组分。脱除了中间组分的气体会被新注入的气体驱替至远离注入井的地带。气相中的某些较重组分将凝结进入油相中。经过多次接触后,在注入井中实现混相。

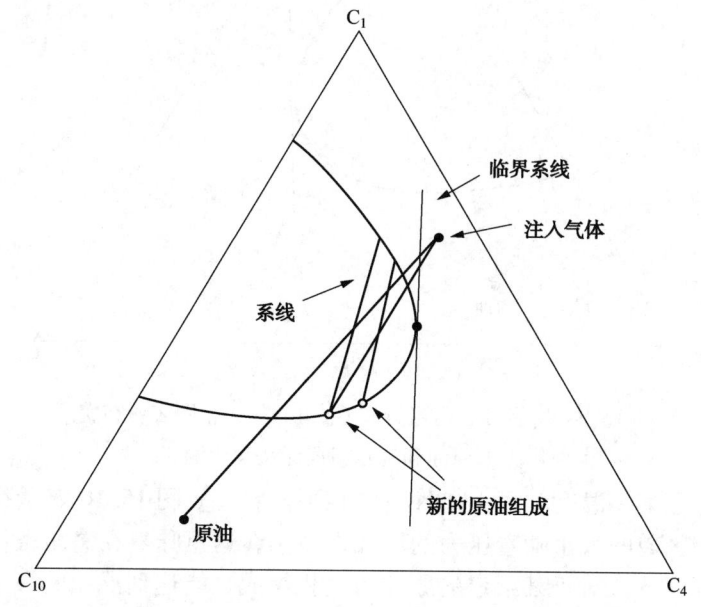

图 15.7 C_1 组分、C_4 组分和 C_{10} 组分三元相图表示的凝结驱动的原理

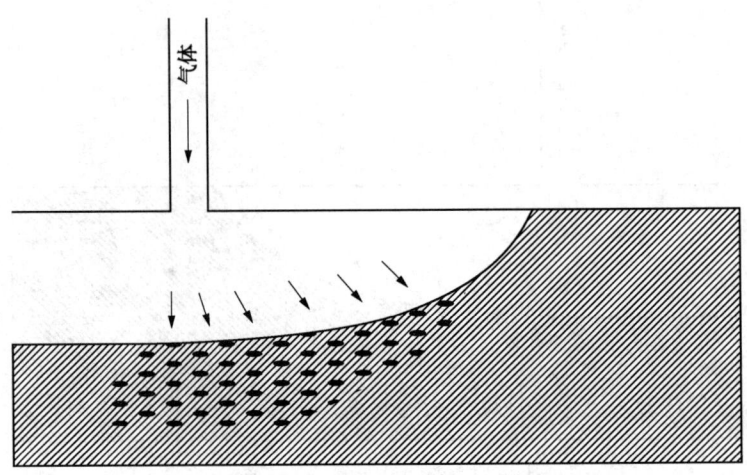

图 15.8　通过凝结驱动达到混相
混相位于注入井附近

（4）不能达到混相状态。如果注入气体和油藏原油的组成都位于临界系线两相区域的同一侧，则不能发生完全混相，如图 15.9 所示。

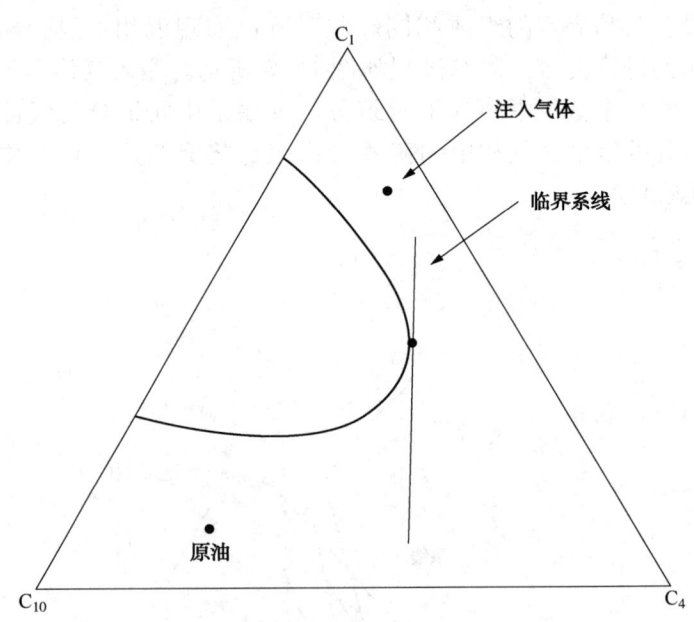

图 15.9　C_1 组分、C_4 组分和 C_{10} 组分三元相图表明在实际
压力下原油和气相组成无法发生混相

三元相图表示在某一温度和压力条件下的相平衡状态。图 15.10 定量描述了压力对两相区域的影响。两相区域的大小随着压力的增加而减小，这意味着在高压条件下，更容易形成混相。在特定的温度下，对于某给定的原油与气相组成，能达到混相的最小压力称为最小混相压力（MMP）。能使油藏原油与注入气体通过一次接触混相的最小压力称为一次接触最小混相压力（FCMMP），如图 15.4 所示。

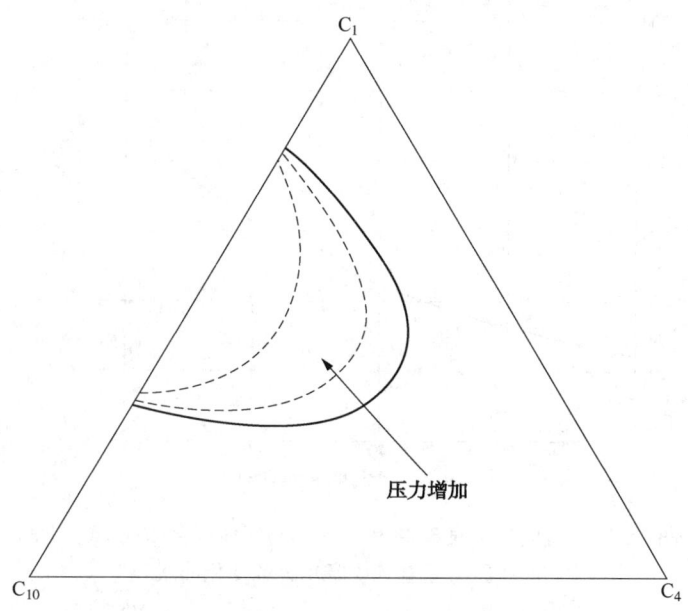

图 15.10 C_1组分、C_4组分和C_{10}组分三元相图中
随着压力增加两相区域的变化趋势

15.2 多组分混合物的最小混相压力

三元相图不适用于四组分或者更多组分的混合物。正如 Pedersen 等(1986)和 Zick (1986)给出的示例,两相区域不能由四组分或者更多组分的混合物的三元相图给出。更重要的是,三元相图只考虑了纯汽化过程或者纯凝析过程驱动机理的混相机理,没有考虑两者共同作用时的混相机理,而上述机理对油气系统的混相压力具有显著的影响。

15.2.1 一次接触最小混相压力

图 15.11 给出了表 3.28 中所述油藏原油的饱和压力,油藏温度为 73℃,影响饱和压力的注入气体组成也列于表 3.28。该曲线与第 3 章中描述的膨胀实验的饱和点基本一致,除了膨胀实验未进行到注入 100% 的气体。使用 SRK 方程进行模拟,原油使用第 5 章中所述的 Pedersen 法进行特征化。最大的饱和压力为 1074bar,气体的摩尔分数为 92.6%。该压力为一次接触最小混相压力。在更高压力下,两相可以在任何比例下达到混相。更常见的是,在远低于一次接触最小混相压力下,通过多次接触作用最终达到混相。

15.2.2 系线法

Jensen 和 Michelsen(1990)介绍了一种使用三元相图表示多组分混合物的通用方法。该方法只考虑纯汽化或纯凝析驱动过程。当某系线穿过其中某初始组成(原油或注入气体)时,可用下式表示 N 组分系统:

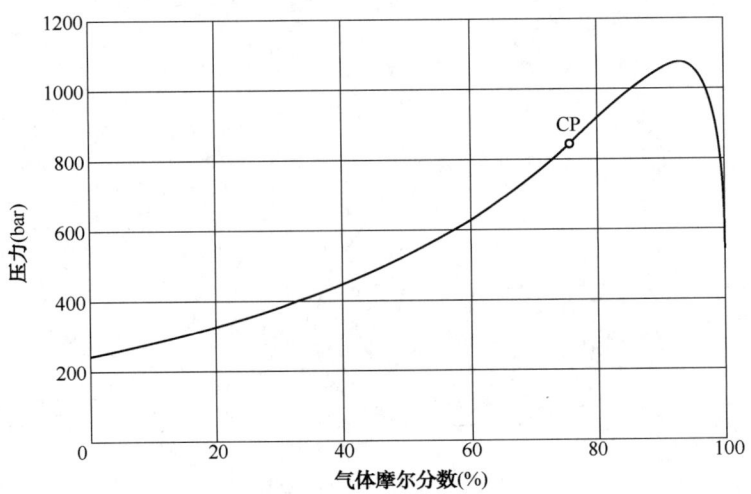

图 15.11　组成列于表 3.28 中的原油与气体混合物在 73℃下的
饱和压力随着气体摩尔分数变化曲线

$$z_i = \beta y_i + (1 + \beta) x_i \quad (i = 1, \cdots, N) \tag{15.1}$$

$$x_i \varphi_i^L = y_i \varphi_i^V \quad (i = 1, \cdots, N) \tag{15.2}$$

$$\sum_{i=1}^{N} (y_i - x_i) = 0 \tag{15.3}$$

式中：z_i 表示汽化驱动中初始原油中组分 i 的摩尔分数，对于凝析驱动过程而言，表示注入气体中组分 i 的摩尔分数；y_i 表示平衡态时气相中组分 i 的摩尔分数；x_i 表示平衡态时液相中组分 i 的摩尔分数；β 为从 $-\infty$ 到 $+\infty$ 之间的任意数值的参数。对于常见的两相闪蒸过程而言，$0 < \beta < 1$，但该限制在此处并不适用；φ_i 表示气相或液相中组分 i 的逸度系数。

式(15.2)表示平衡条件，式(15.3)为摩尔分数之和需满足的条件。

由式(15.1)至式(15.3)存在 $2N+1$ 个方程组，当所有压力低于最小混相压力时，可以得到唯一解。对于汽化驱动过程而言，β 随着压力的增加而降低，在最小混相压力时趋于负无穷大。对于凝析驱动方式而言，β 随着压力的增加而增加，并在混相压力时趋于正无穷大。Jensen 和 Michelsen(1990)指出这个方法并不能总是提供有意义的最小混相压力结果，因为它只考虑纯汽化或纯凝结驱动的情况。Zick(1986)和 Stalkup(1987)第一次指出多于三个组分的多组分混合物会存在汽化和凝析共同作用的混相过程，这意味着气—液两相之间的组分交换并不是只存在一种方式。原油从气相中富集组分，气相从原油中富集组分。在汽化和凝析共同驱动的混相过程中，混相可发生在注入井与气—油前缘的中间位置。在临界点处，发生混相的原油和气相组成是相同的。图 15.12 给出了汽化和凝结共同作用的机理。

能够成功确定油藏原油与注入气体多次接触的最小混相压力的方法必须考虑原油与注入气体之间的三种不同组分交换机理，即汽化、凝析、汽化—凝析共同作用机理。图 15.13 给出了这三种机理的示意图。中等分子量组分(如 C_3—C_6)从原油相进入气相是汽化驱动机理起主导作用。凝析驱动主要是中等分子量组分从气相凝结进入原油相中。当混相机理为汽化和凝析共同作用时，组分的转移可以以任意方式进行。某些组分从气相中凝析进入原油相

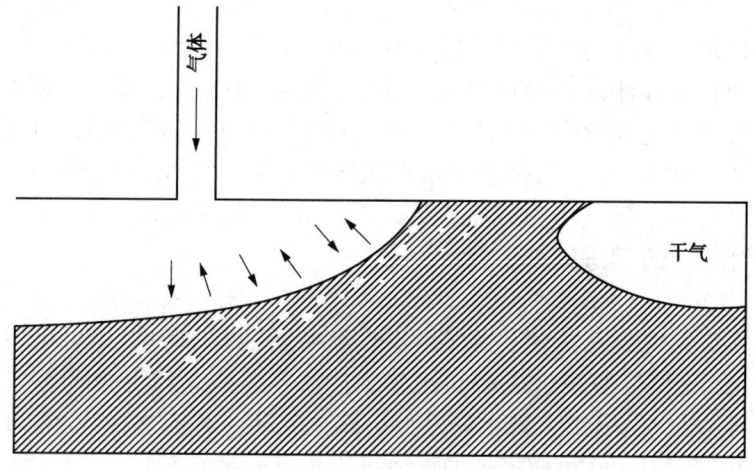

图15.12 通过蒸气和凝析驱动达到混相

混相位置介于注入井与气—油前缘之间

中,而另一些原油相中的组分从原油相汽化进入气相中。

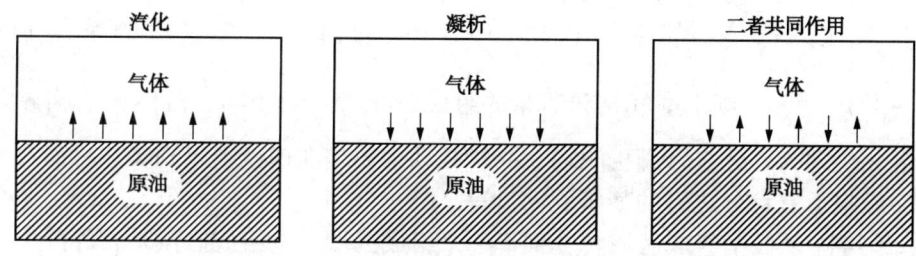

图15.13 计算多次接触混相压力的机理

Monroe等给出了三种系线来控制四组分体系的驱替行为,这些系线分别为:(1)延长线通过注入气组成的系线;(2)延长线通过原油组成的系线;(3)交叉系线。交叉系线与通过原油组成的系线和通过注入气组成的系线有一个交叉点。对于四组分体系,Johns等(1993)指出,当交叉系线控制混相过程时,该体系表现出汽化和凝析共同驱动的机理。

Monroe等还给出了一个具体实例。随着气体的不断注入,在油藏中会形成 $N-1$ 个气液

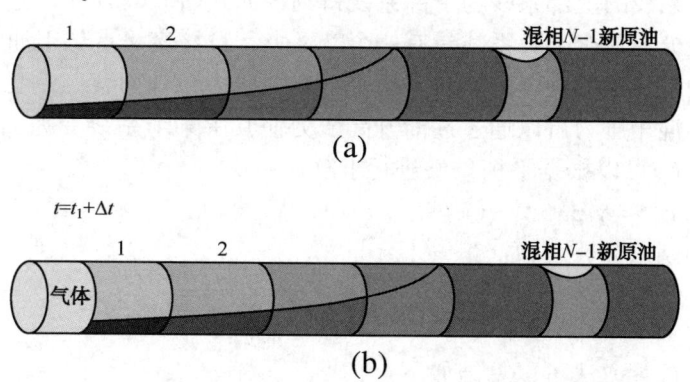

图15.14 混相气体注入过程中 t_1 和 $t_1 + \Delta t$ 时的实际组成区域变化

该区域会随着时间向前推移,并将气体区域留在后端

组成恒定的区域,其中 N 为组分数。如图 15.14 所示,Zhao 等(2006)给出了细管中的实验模拟结果。这些区域随着时间的推移而逐渐移动将气体留在后部,如图 15.14(b)所示。少部分不可动原油仍残留在注入井附近(图 15.14 中没有显示)。当某一区域的气体与液体的组成相同时,流体组成达到此时的临界点,并达到混相状态。这意味着连接两相组成的系线长度此时为 0。当气油接触后,气体会再次接触新的原油,气体接触新的原油前已经和原油进行了多次接触。连接平衡气体和原油的系线会在气/油前缘延伸到新的原油组成。在数学表达方面,可以用如下方程进行表示:

$$(1-\beta_1)x_i^1 + \beta_1 y_i^1 = z_i^{\text{oil}} \quad (i=1, 2, \cdots, N) \tag{15.4}$$

式中,β 的范围为负无穷到正无穷,上标 oil 表示初始油藏原油。如果系线的长度变为 0,气/油前缘处平衡的气相与油相组成相同。流体在临界点处达到混相状态且实现混相驱动。如果混相过程发生在气/油前缘,则百分之百为汽化驱动。对于这种混相机理的最小混相压力而言,Jensen 和 Michelesen 早期提出的算法可以给出正确的答案。

在进口端处,新注入的气体与原油接触,而该原油在一段时间后已经和新注入的气体发生过多次接触。连接平衡气、油组成的系线会延伸到注入气组成,其数学表达式如下:

$$(1-\beta_{N-1})x_i^{N-1} + \beta_{N-1} y_i^{N-1} = z_i^{\text{inj}} \quad (i=1, 2, \cdots, N) \tag{15.5}$$

上标 inj 代表注入气体。如果通过式(15.5)中的摩尔分数表示的系线长度 $L_n = \sqrt{\sum_{i=1}^{N}(y_i^n - x_i^n)^2}$ 为零,则平衡气相和油相的组成在注入井处相同。流体处于临界点,并达到混相。混相机理为百分之百凝析驱动。凝析驱动主要是在理论上得到关注,而在实际情况中,未见文献报道有百分之百的凝析驱动过程。

在图 15.14 中从一个组成区域转变到下一个组成区域,总组成必然是相邻两个区域相组成的数学加和,其表达式如下:

$$\beta_j y_i^j + (1-\beta_j)x_i^j = \beta_{j+1} y_i^{j+1} + (1-\beta_{j+1})x_i^{j+1} \quad (i=1, 2, \cdots, N, j=1, 2, \cdots, N-1) \tag{15.6}$$

Johns 和 Orr(1997)以及 Wang 和 Orr(1997,1998)报道了一种基于式(15.4)至式(15.6)的通用算法,以确定 N 个组分混合物的汽化—凝析共同作用的最小混相压力。初始原油与注入气体的系线可以使用 Jensen 和 Michelsen 方法进行描述[即式(15.1)]。$N-3$ 个交叉系线可由穿过该交叉系线的上部系线与下部系线得到,如式(15.6)所示。这与 Johns 等(1993)实验观察到的四组分中单个交叉系线具有一个交叉点,且该交叉点位于油藏原油组分与注入气体组分系线上的现象是相吻合的。对于某个给定的压力条件而言,一旦这 $N-1$ 个关键系线被确定,则最小混相压力可以通过逐渐升高压力使其中某个系线变为临界系线(即长度为 0)来确定。式(15.6)可以根据平衡条件进行求解:

$$x_i^j \varphi_i^{L,j} = y_i^j \varphi_i^{V,j} \quad (i=1, 2, \cdots, N, j=1, 2, \cdots, N-1) \tag{15.7}$$

平衡条件下的摩尔分数之和:

$$\sum_{i=1}^{N}(y_i^j - x_i^j) = 0 \quad (j=1, 2, \cdots, N-1) \tag{15.8}$$

多组分系线的计算方法可以总结如下:
(1) 首先求解式(15.4)和式(15.5)。
(2) 得到一系列的交叉系线,对于某个给定油藏温度和较低压力条件,可以求解出式

(15.6)至式(15.8)。

(3) 随着压力的不断升高，继续求解出步骤(1)与(2)中的所有方程，然后将上述求解结果代入先前估算的初始压力中。

(4) 重复步骤(3)，直至其中某个系线变为一个点(即系线的长度为0)，将上述条件代入其他系线中进行计算，直至 $L_n = \sqrt{\sum_{i=1}^{N}(y_i^n - x_i^n)^2} \approx 0$。此时的压力为最小混相压力，当系线长度为0时，此时的系线连接着两个完全相同的临界组成。

Jessen 等(1998)介绍了一种改进方法，该方法主要关注运算速度与数值的稳定性。

对于纯汽化驱动过程而言，原油系线[即式(15.4)]此时变为临界线。在纯凝结驱动过程中，注入气体系线[即式(15.5)]变为临界线。如果第一个变为临界线的系线是 $N-3$ 中的系线，则混相过程为汽化和凝结共同控制。

Johns 等(2002)报道了一种定量描述驱替过程的方法。在每一条系线上，气相摩尔分数 β 等于0.5的点是固定的。d_1 表示原油系线上 $\beta = 0.5$ 处的点到第二条系线 $\beta = 0.5$ 处的点的距离。该距离根据第一条系线与第二条系线上 $\beta = 0.5$ 处的各组分摩尔分数方差和的平方根确定。d_2 表示后者中的点到第三条系线 $\beta = 0.5$ 处的距离，依此类推。对于四组分混合物而言，第三条系线是最后的系线(其中一条系线穿过注入气体组成)。此时汽化驱动分率可以由以下方程给出：

$$V_m = \frac{d_2}{d_1 + d_2} \quad (15.9)$$

对于某多组分体系而言，Johns 等定义汽化分率为总汽化路径长度与总组成路径之间的比值：

$$V_m = \frac{\sum_{k=1}^{N-2} d_{k,v}}{\sum_{k=1}^{N-2} d_k} \quad (15.10)$$

式中，对于汽化驱替的系线，$d_{k,v}$ 不等于零。在这种情况下，沿着气相的系线相比沿着油相系线更长。

表3.36给出了原油(原油组成见表3.35)与注入 CO_2 之间的细管实验数据。由图3.20可以看出，85.7℃下的实验最小混相压力为208bar。该体系的最小混相压力可以使用汽化—凝析共同作用机理并结合 SRK 方程进行模拟。特征化后的流体组成见表15.1，非零二元交互作用参数见表15.2。最小混相压力模拟值为209bar，这与实验测得的最小混相压力数值接近。

表15.1 表3.35中所述原油组成的体积修正 SRK 状态方程模型

组分	摩尔分数(%)	分子量	临界温度(℃)	临界压力(bar)	偏心因子	体积修正系数(cm^3/mol)
N_2	1.025	28.01	−146.95	33.94	0.0400	0.92
CO_2	0.251	44.01	31.05	73.76	0.2250	3.03
C_1	17.242	16.04	−82.55	46.00	0.0080	0.63
C_2	5.295	30.07	32.25	48.84	0.0980	2.63
C_2	4.804	44.10	96.65	42.46	0.1520	5.06

续表

组　分	摩尔分数(%)	分子量	临界温度(℃)	临界压力(bar)	偏心因子	体积修正系数(cm^3/mol)
C_4	2.592	58.12	145.80	37.44	0.1868	7.65
C_5	0.89	72.15	190.85	33.80	0.2364	11.42
C_6	0.134	86.18	234.25	29.69	0.2960	17.98
C_7—C_{17}	40.524	151.78	349.01	21.03	0.6554	40.42
C_{18}—C_{29}	17.22	311.81	492.09	13.70	1.0185	54.65
C_{30}—C_{80}	10.023	567.94	681.74	12.02	1.2787	−40.39

注：非零二元交互作用参数见表15.2。

表 15.2　表 15.1 中体积修正 SRK 状态方程模型的非零二元交互作用参数

组　分	N_2	CO_2
CO_2	−0.0315	
C_1	0.0278	0.12
C_2	0.0407	0.12
C_2	0.0763	0.12
C_4	0.0789	0.12
C_5	0.0871	0.12
C_6	0.0800	0.12
C_7—C_{17}	0.0800	0.08
C_{18}—C_{29}	0.0800	0.08
C_{30}—C_{80}	0.0800	0.08

表 15.3 和表 15.4 给出了某些其他细管实验数据(Glasø，1985；Firoozabadi 和 Aziz，1986)。

表 15.3　细管驱替实验和最小混相压力实验中原油与气体的组成

项　目		油藏原油 A	油藏原油 B	油藏原油 C	注入气体 A	注入气体 B	注入气体 C
组分摩尔分数(%)	N_2	0.47	0.92	0.18	0.50	1.40	0.29
	CO_2	0.49	0.36	0.44	0.76	1.35	0.76
	C_1	42.01	40.60	43.92	72.04	82.17	73.05
	C_2	6.05	5.22	10.71	12.41	8.42	13.95
	C_3	2.93	3.31	8.81	8.60	4.53	8.17
	iC_4	0.61	0.68	1.30	1.19	0.49	0.77
	nC_4	0.99	1.89	3.99	2.55	0.95	1.89
	iC_5	0.58	0.87	1.36	0.58	0.18	0.29
	nC_5	0.42	1.30	1.83	0.65	0.19	0.33
	C_6	0.92	1.92	2.55	0.35	0.16	0.26
	C_{7+}(气体时为C_7)	44.53	42.93	24.91	0.37	0.16	0.26
$M_{C_{7+}}$		196.0	215.1	231.0	—	—	—
C_{7+}组分密度(g/cm^3)		0.883	0.869	0.855	—	—	—
油藏温度(℃)		92	79	99	—	—	—
最小混相压力(bar)		390	470	360	—	—	—

注：细管实验的最小混相压力被定义为采收率达到95%时的压力。

资料来源：Data from Glasø, Ø., Generalized minimum miscibility pressure correlation, *Soc. Peiroleum Eng. J.* 927-934, December 1985。

表 15.4 细管驱替实验和最小混相压力实验中原油与气体的组成

项 目		油藏原油 XA	油藏原油 XC	油藏原油 XD	注入气体 XA	注入气体 XC	注入气体 XD
组分摩尔分数(%)	N_2	0.25	0.00	0.46	—	2.48	—
	CO_2	3.60	0.00	1.34	—	—	—
	C_1	56.83	50.39	49.01	100	87.83	100
	C_2	9.37	8.82	7.04	—	7.50	—
	C_3	5.48	5.91	4.93	—	1.91	—
	iC_4	1.46	0.89	0.95	—	—	—
	nC_4	2.61	3.28	2.52	—	0.26	—
	iC_5	1.20	0.94	1.16	—	—	—
	nC_5	1.39	1.29	1.52	—	—	—
	C_6	1.26	1.36	3.34	—	—	—
	C_{7+}	16.59	27.12	27.73	—	—	—
$M_{C_{7+}}$		183.3	249.6	250.2	—	—	—
C_{7+} 组分密度(g/cm³)		0.827	0.900	0.870	—	—	—
油藏温度(℃)		171	107	151	—	—	—
最小混相压力(bar)		331	414	434	—	—	—

注：未使用文中 XB 原油的数据，其原因在于注入气体的摩尔分数之和不等于 100。
资料来源：Data from Firoozabadi, A. and Aziz, K., Analysis and correlation of nitrogen and lean-gas miscibility pressure, *SPE Reservoir Eng.* 575-582，November 1986。

上述体系的最小混相压力数据模拟结果见表 15.5，其最小混相压力模拟数值一般比细管实验测得的数值低 5%～15%。

表 15.5 最小混相压力的实验结果与模拟结果对比

实验组成见下表	温度(℃)	最小混相压力实验值(bar)	最小混相压力模拟值(bar)	差值(%)
表 3.21	85.7	208	214	+3
表 15.1	92	390	319	−22
表 15.1	79	470	421	−12
表 15.1	99	360	320	−13
表 15.2	171	331	315	−5
表 15.2	107	414	394	−5
表 15.2	151	434	412	−5

注：使用汽化和凝结共同控制混相的方法进行模拟过程。

在有关混相驱与确定最小混相压力的文献中，常见的分析方法主要基于流体动力学理论与色谱技术。Helfferich(1981)对有关汽化—凝结共同控制的气体驱替文献中使用的术语和假设进行了详细的介绍。

15.2.3 非混相系统

并非所有的气体—原油体系都具有最小混相压力。某些气体—原油混合体系经过多次接触后，会形成液—液系统，为不可混相的状态，且它们不依赖于压力的变化。当 CO_2 作为注入气体时，两相中都存在较多的CO_2，但其中某相的C_{7+}浓度会更高。对于非混相驱过程而言，采收率与压力关系曲线不会出现如图3.19所示的明显弯曲现象，采收率曲线反而会更为圆滑，如图15.15所示。当采收率曲线中不存在明显弯曲时，工业上通常将采收率达到90%~95%时的压力视为最小混相压力。实际上，很多类似的体系均处于非混相状态。

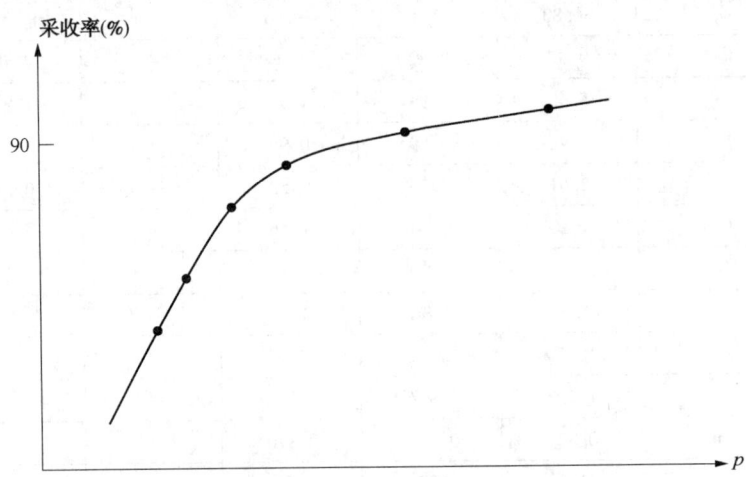

图 15.15　典型细管实验采收率曲线

该曲线表明该驱动机理为非混相驱。即使未达到混相状态，采收率仍然很高，
这是由于两种液相的流度接近

表15.6给出了某油藏原油的组成分析结果，该油藏的温度为48.6℃（Lindeloff等，2013）。使用CO_2作为注入气体时的细管实验采收率数据见表15.7，采收率曲线如图15.16所示。实验用的细管长度分别为9.1m和18.3m。在采收率与压力关系曲线上，未出现明显的弯曲，这意味着并未达到混相状态。

表 15.6　油藏原油的摩尔组成

项　目		数　值
组分摩尔分数(%)	N_2	0.148
	CO_2	0.99
	C_1	20.429
	C_2	1.725
	C_3	2.916
	iC_4	1.784
	nC_4	2.819
	iC_5	3.421
	nC_5	0.057
	C_6	1.989
	C_{7+}	63.721
C_{7+}组分分子量		306
C_{7+}组分密度(g/cm³)		0.915

注：其中细管实验数据由表15.7和图15.16给出。油藏原油和CO_2的摩尔比为1:2，饱和点和相包络如图15.17所示。

表 15.7　48.3℃下 CO_2 驱替表 15.6 中所述原油时的细管实验数据

9.1m 细管		18.3m 细管	
压力(bar)	采收率(体积分数)(%)	压力(bar)	采收率(体积分数)(%)
173.4	79.05	173.4	73.25
207.9	86.61	207.9	84.58
242.3	91.14	242.3	93.18
276.8	92.79	276.8	96.67
311.3	93.62		

资料来源：Lindeloff, et al., Investigation of miscibility behavior of CO_2 rich hydrocarbon systems-with application for gas injection EOR, SPE 15599, presented at *SPE ATCE*, New Orleans, LA, September 30-October 2, 2013。

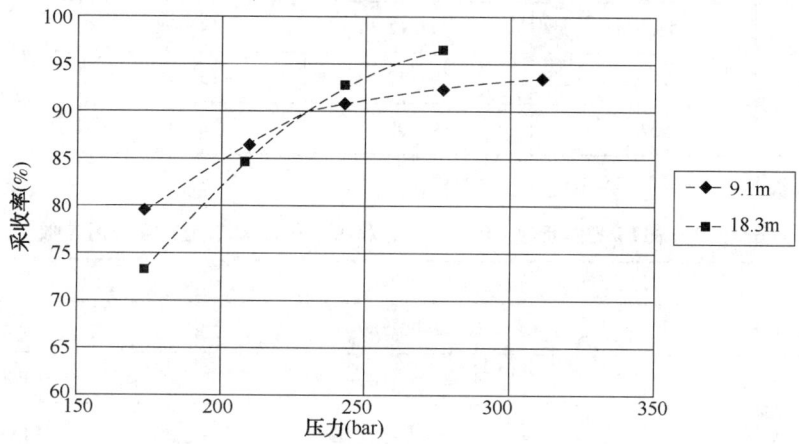

图 15.16　在 48.6℃下，细管实验中 CO_2 驱替表 15.6 中所述原油时的
采收率与压力之间的关系曲线

细管长度分别为 9.1m 和 18.3m。具体数据见表 15.7

油藏流体与 CO_2 按摩尔比 1∶2 进行实验，可以得到两个饱和点。饱和点如图 15.17 所示，图中还给出了相应的相包络图。当温度低于 50℃ 左右时，饱和压力随着温度的降低而升高。这清楚地表明存在两个液相，且该体系不依赖于压力的变化，无法达到混相状态。这

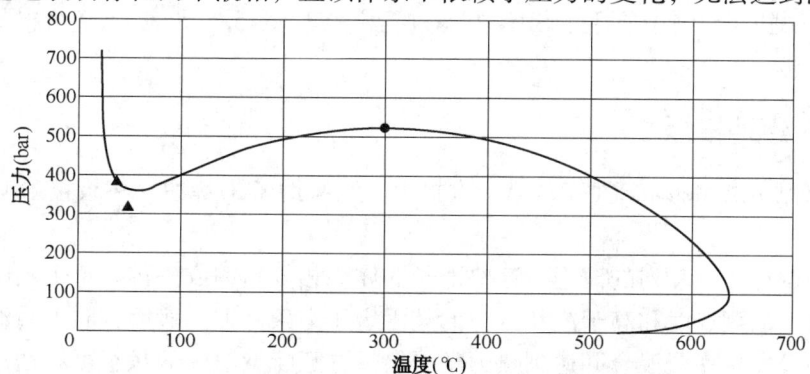

图 15.17　三角形给出的两个实验饱和点（即 37.8℃，387.3bar 和 48.6℃，326.2bar）
其中，混合物中 CO_2 与表 15.6 中所述油藏流体的摩尔比为 2∶1。实线给出了通过 SRK 方程和
表 15.8 和表 15.9 所述状态方程模型模拟出的相包络线。实心圆点为模拟结果的临界点

也是细管实验中无法达到混相状态的原因。由于两个液相的流度很接近,无论系统中能否达到混相状态,采收率都较高,而 15.2.2 节中的系线法不能对此作出正确解答。

表 15.8 表 15.6 中所述原油的 SRK 状态方程模型

组 分	摩尔分数(%)	临界温度(℃)	临界压力(bar)	偏心因子
CO_2	0.99	31.05	73.76	0.2250
$N_2 + C_1$	20.577	−83.36	45.85	0.0084
$C_2 + C_3$	4.641	78.14	44.29	0.1365
$C_4 + C_6$	10.072	182.66	34.2	0.2284
$C_7 - C_{16}$	32.426	326.83	20.87	0.6221
$C_{17} - C_{29}$	16.114	497.12	14.67	0.9507
$C_{30} - C_{47}$	9.397	691.57	13.99	1.2461
$C_{48} - C_{80}$	5.783	893.08	14.08	1.0944

注:非零二元交互作用参数见表 15.9。

表 15.9 表 15.8 中所述 SRK 状态方程模型的非零二元交互作用参数

组 分	CO_2	$N_2 + C_1$
$N_2 + C_1$	0.1189	
$C_2 + C_3$	0.1200	0.0005
$C_4 + C_6$	0.1200	0.0006
$C_7 - C_{16}$	0.1142	0.0006
$C_{17} - C_{29}$	0.0952	0.0006
$C_{30} - C_{47}$	0.0952	0.0006
$C_{48} - C_{80}$	0.1089	0.0006

图 15.17 中的相包络图使用了 SRK 方程进行模拟。表 15.8 和表 15.9 给出了八组分 EOS 模型的相关描述。

15.2.4 逐池模拟

逐池模拟程序由 Metcalfe(1972)第一次提出,它有助于了解油气多级接触时的相态变化过程。

首先,假设存在一系列的池子,这些池子的体积相等且并成一排。每个池中都充满着油藏原油,并处于油藏温度和高于饱和压力的某固定压力条件下。然后,向 1 号池中加入一定量的气体。假设发生完全混合并达到热力学平衡。这意味着池中的状态可以通过使用第 6 章中描述的 PT 闪蒸计算得到。在注入气体与池中流体混合后,气体体积加上流体的体积后比初始体积大。过剩的体积将转移到 2 号池。Metcalfe 等使用了 3 种不同的准则来定义过量体积,如图 15.18 所示。

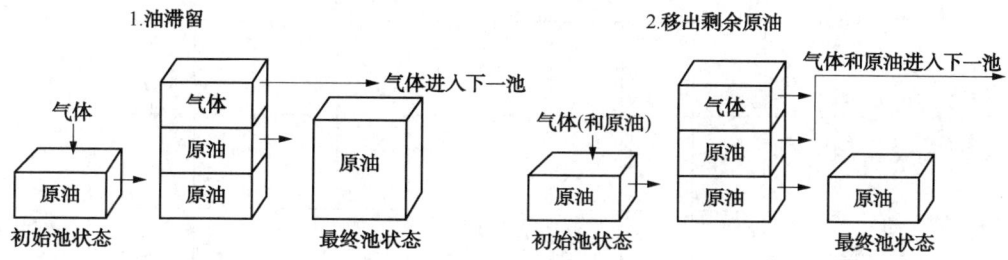
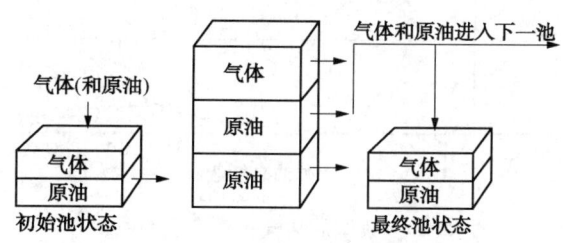

图 15.18 从一个池向下一个池转移过量流体的准则

(1) 油滞留：1 号池内形成的所有气体转移到 2 号池中，而所有的油则滞留在 1 号池内。

(2) 移出过量体积：将 1 号池内形成的所有气体转移到 2 号池中。如果剩下的油相体积超过初始池体积，则过量体积的油也转移到 2 号池中。

(3) 相流度准则：池的体积在整个计算过程中保持不变，将过剩的体积转移到 2 号池中。如果存在两相，则气体和液体根据它们的相对流度进行转移。

$$气体转移体积 = V_{\text{excess}}/1 + M_{o/g}$$
$$油相转移体积 = V_{\text{excess}} M_{o/g}/1 + M_{o/g}$$

式中：V_{excess} 为过剩体积；原油饱和度为池内原油的体积分数；$M_{o/g}$ 为油气流度比。

$$M_{o/g} = \frac{K_{ro} \eta_g}{K_{rg} \eta_o} \tag{15.11}$$

在式 (15.11) 中，K_{ro} 和 K_{rg} 分别表示油气两相相对渗透率；η_o 表示油相黏度，η_g 表示气相黏度。相对渗透率可以通过气油岩心驱替实验进行确定（参考 Dandekar，2013）。图 15.19 给出了相渗曲线。如果不存在相对流度的数据，则可以使用黏度—流度准则代替。油相与气相的流度比可以通过原油与气相的相对渗透率比值乘以气相与原油相的黏度比值得到。对于液—液驱替过程而言，使用黏度流度准则可能更为准确，这是因为任何相对渗透率的测定都是对气—液体系而不是液—液体系进行的。

过剩体积从 1 号池转移到 2 号池并对全池内混合物进行 PT 闪蒸计算（假设达到平衡态）。然后，将过剩体积从 2 号池继续转移到 3 号池，依此类推。最后一个池的过剩体积流体闪蒸至标准态。

当完成一组计算后，将新的一组注入气体注入 1 号池中，然后继续逐池计算直至在池温度和压力下注入气体的体积等于全部池体积的 1.2 倍为止。如果最后一个池的过剩体积流体闪蒸至标准状态下的稳定油体积总和等于全部池内的初始原油闪蒸至标准状态下的体积，则

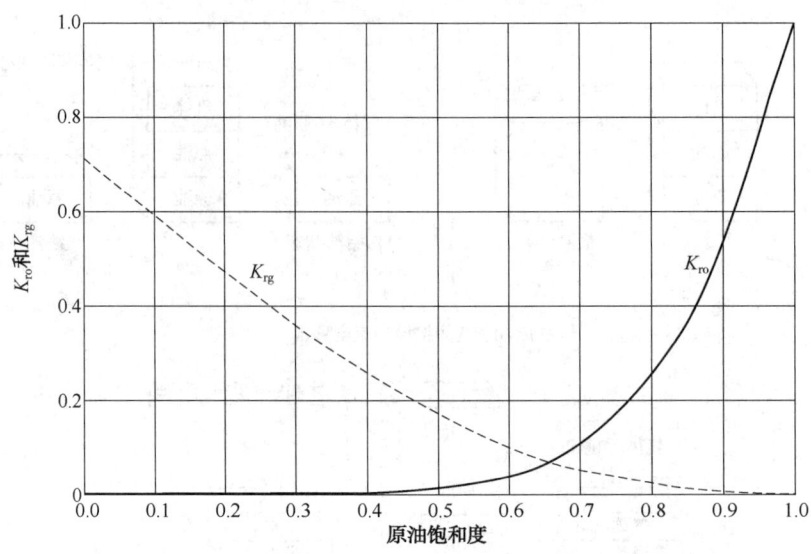

图 15.19　典型的油气相对渗透率曲线

原油驱替的采收率达到 100%。

图 15.20 给出了细管模拟的采收率结果，该原油的组成见表 3.35，实验温度为 85.7℃，将 CO_2 作为注入气体并使用 Peneloux 修正的 SRK 方程进行模拟。细管模拟中使用了 2000 个池和 10000 个气体注入时间步长。过量体积从一个池向下一个池移动时使用移出过量体积准则。如图 15.20 所示，模拟的最小混相压力为 210bar，这与实验数据 208bar 十分接近（图 3.20）。

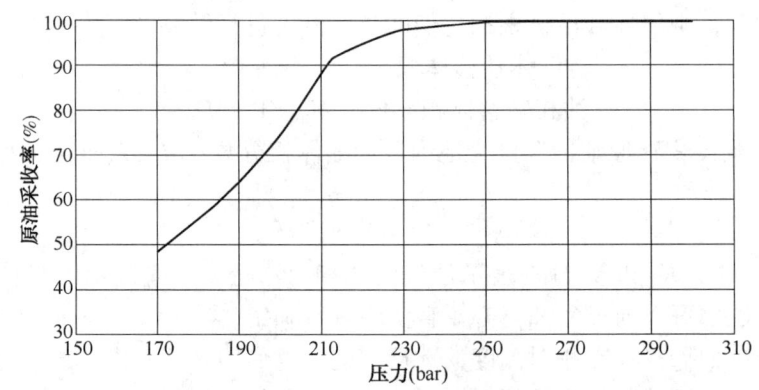

图 15.20　85.7℃ 下，表 3.21 中所述原油与注入气体 CO_2 的细管模拟结果

采收率的实验值可由表 3.22 和图 3.13 得到

与系线法不同，逐池模拟法无法提供最小混相压力的分析方法，但可以使用它判断出是否发生混相。池中的流体在临界点形成混相。两相组成在平衡时是相同的，所有组分的 K 因子数值为 1。组分的 K 因子被定义为组分在气相与液相中的摩尔分数比。以下准则用于确定是否发生混相：

$$\sum_{i=1}^{N} (\ln K_i)^2 < 1 \tag{15.12}$$

$$|T_c(\text{mixture}) - T| < 5K \text{ and } |p_c(\text{mixture}) - p| < 5\text{bar} \tag{15.13}$$

式中，T 和 p 分别为池内的温度和压力。混合物为池内油气相具有相同摩尔组成的混合物。混合物的临界点 (T_c, p_c) 可以根据 Michelsen 和 Heideman(1981) 方法进行计算。

同时，混相状态也意味着它们几乎具有相同的相密度。对于表 15.1 给出的原油组成，式(15.12)和式(15.13)中的混相准则说明混相过程发生在第 1641 号池的第 6442 步中。图 15.21 给出了细管内模拟的相密度，当到达这一步时，它们的密度几乎相等，实际上各相的组成都处于临界点。由图 15.14 可以看出，密度相近的区域其组成也非常相近。

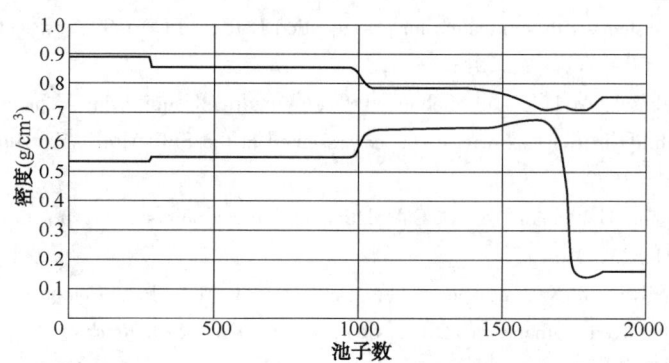

图 15.21　在温度为 85.7℃ 和压力为 210bar 下，表 15.1 中所述原油与 CO_2 细管
模拟实验中时间为 6642 步(总共 10000 步)时的油相与气相密度
根据式(15.12)和式(15.13)中的准则，在该时间下，在第 1641 号池子中达到混相状态

逐池模拟的计算时间十分长，但是可以向细管或油藏中连续注入气体来加快 $N-1$ 个恒定组成区域的计算过程，如图 15.14 所示。当两个相邻池相同时间步长的相组成几乎相同或者某个池在后续两步中几乎相同时，可以通过 K 因子闪蒸计算[式(6.22)至式(6.24)]提供正确的闪蒸结果。Belkadi 等(2011)介绍了一个计算步骤以确定何时需要 K 因子闪蒸计算，何时需要全组分闪蒸计算。

参 考 文 献

Belkadi, A., Yan, W., Michelsen, M. L., and Stenby, E. H., Comparison of two methods for speeding up flash calculations in compositional simulations, SPE 142132, SPE Reservoir Simulation Symposium, The Woodlands, TX, USA, 21-23 February, 2011.

Dandekar, A. Y., *Petroleum Reservoir Rock and Fluid Properties*, 2nd ed, Taylor & Francis: Boca Raton, FL, USA, 2013.

Firoozabadi, A. and Aziz, K., Analysis and correlation of nitrogen and lean-gas miscibility pressure, *SPE Reservoir Eng.* 1, 575-582, November 1986.

Glasø, Ø., Generalized minimum miscibility pressure correlation, *Soc. Petroleum Eng. J.* 25, 927-934, December 1985.

Helfferich, F. G., Theory of multicomponent, multiphase displacement in porous media, *Soc. Petroleum Eng. J.* 21, 51-62, February 1981.

Jensen, F. and Michelsen, M. L., Calculation of first contact and multiple contact minimum miscibility pressures, *in situ*, 14, 1-14, 1990.

Jessen, K., Michelsen, M. L., and Stenby, E., Global approach for calculation of minimum miscibility pressure, *Fluid Phase Equilibria* 153, 251-263, 1998.

Johns, R. T., Dindoruk, B., and Orr, F. M., Analytical theory of combined condensing/vaporizing gas drives, *SPE Adv. Technol. Ser.* 2, 7-16, 1993.

Johns, R. T. and Orr, F. M., Miscible gas displacement of multicomponent oils, *Soc. Petroleum Eng. J.* 2, 268-279, 1997.

Johns, R. T., Yuan, H., and Dindoruk, B., Quantification of displacement mechanisms in multicomponent gasfloods, SPE 77696, presented at *SPE ATCE* in San Antonio, TX, September 29-October 2, 2002.

Lindeloff, N., Mogensen, K. M., Pedersen, K. S., and Tybjerg, P., Investigation of miscibility behavior of CO_2 rich hydrocarbon systems-with application for gas injection EOR, SPE 15599, presented at *SPE ATCE*, New Orleans, LA, September 30-October 2, 2013.

Metcalfe, R. S., Fussel, D. D., and Shelton, J. L., A multicell equilibrium separation model for the study of multiple contact miscibility in rich-gas drives, paper presented at the SPE-AIME *47th Annual Meeting*, San Antonio, TX, October 8-11, 1972.

Michelsen, M. L. and Heideman, R. A. Calculation of critical points from cubic two-constant equations of state, *AIChE J.* 27, 521-523, 1981.

Monroe, W. W., Silva, M. K., Larsen, L. L., and Orr, F. M., Jr., Composition paths in four-component systems: effect of dissolved methane on 1D CO_2 flood performance, *SPE Reservoir Eng.* 5, 423-432, 1990.

Pedersen, K. S., Fjellerup, J., Thomassen, P., and Fredenslund, A., Studies of gas injection into oil reservoirs by a cell-to-cell simulation model, SPE 15599, presented at *SPE ATCE*, New Orleans, LA, October 5-8, 1986.

Stalkup, F. I., *Miscible Displacement*, Monograph Vol. 8, H. L. Doherty Series, Society of Petroleum Engineers, 1984.

Stalkup, F. I., Displacement behavior of the condensing/vaporizing gas drive process, paper 16715 presented at the *SPE ATCE*, Dallas, TX, September 27-30, 1987.

Wang, Y. and Orr, F. M., Jr., Analytical calculation of minimum miscibility pressure, *Fluid Phase Equilib.* 139, 101-124, 1997.

Wang, Y. and Orr, F. M., Jr., Calculation of minimum miscibility pressure, SPE paper 39683 presented at the *SPE/DOE Improved Oil Recovery Symposium in Tulsa*, OK, April 19-22, 1998.

Zhao, G.-B., Adidharma, H., Towler, B., and Radosz, M., Using multiple-mixing-cell model to study minimum miscibility pressure controlled by thermodynamic equilibrium tie lines, *Ind. Eng. Chem. Res.* 45, 7913-7923, 2006.

Zick, A. A., A combined condensing/vaporizing mechanism in the displacement of oil by enriched gases, SPE 15493, presented at *SPE ATCE*, New Orleans, LA, October 5-8, 1986.

16 地层水和水合物抑制剂

油气生产过程中通常伴有地层水产生,这些水来自烃类区域的下方。生成的地层水通常含有溶解盐。作业者可进一步添加甲醇或乙二醇来抑制水合物形成(第13章)。水和油的混溶性是相当有限的,而气体和凝析气中的水含量是相当可观的。烃类在水相中的溶解度通常很小,但不容忽视。在北极和其他环境敏感地区,水相中的烃浓度会决定将地层水倾倒入海里前是否需要进行清洁。

由于分子间具有更多的极性作用力,水、醇和乙二醇会与烃类发生分离。水的分子量为18,与甲烷(分子量为16)相似,但水的绝对临界温度比甲烷高出3倍以上,临界压力几乎是甲烷的5倍。这是因为水分子之间存在吸引(缔合)作用,使得水的行为与分子量较高的物质类似。

立方型状态方程结合经典的压力参数 a 的混合规则[式(4.33)]基于各相分随机分布的假设。这一假设不适用于溶解在烃相中的水。如图16.1上图所示,某一局部区域的水浓度有可能比其他区域高。在通常情况下,采用UNIQUAC(Abrams和Prausnitz,1975)或UNIFAC(Fredenslund等,1977)等 G^E(或活度系数)模型来描述这种混合物的相平衡。与具有经典混合规则的立方型状态方程相对的是,G^E 模型可描述与整体(宏观)组成不同的局部区域的相,这种现象如图16.1所示。然而,经典 G^E 模型仅限应用于相当低的压力(小于10bar)。最优的热力学工具应该是经过扩展的或改进的,并能用于描述含极性组分混合物的立方型状态方程。

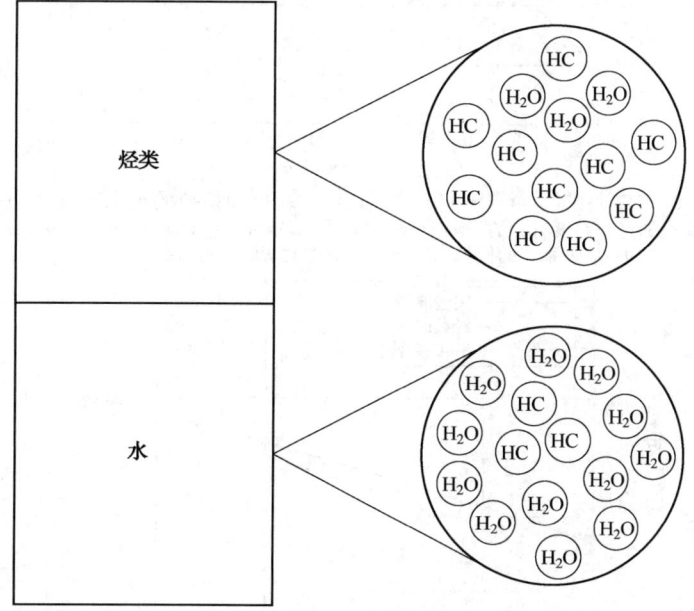

图16.1 烃相中含水和水相中含烃时的分子分布放大图
局部组成与整体(宏观)组成不同

16.1 烃—水相平衡模型

处理烃和水混合物的最佳方式是使用第 4 章中提出的 SRK 或 PR 方程[分别是式(4.20)和式(4.36)]。为成功起见，状态方程必须能够描述纯水和含烃水的相态特性。图 16.2 给出了纯水的蒸气压曲线(ASME 蒸气数据表，1979)。图 16.2 中还给出了计算得到的水蒸气压力曲线，计算时采用 SRK 方程，并分别结合与温度有关的经典 Soave 关系式[式(4.21)]和 Mathaias 和 Copeman(M - C)参数 a 表达式。当低于 50℃时，采用与温度有关的经典 Soave 关系式模拟出的水蒸气压力偏低，而采用 M - C 关系式(与 ASME 中的数据几乎没有区别)则呈现非常好的匹配关系。该结果在图 16.3 中得到了进一步展现，它呈现出图 16.2 中 0 ~ 50℃温度区间蒸气压力曲线的放大图。图 16.3 中采用与温度有关的经典 Soave 关系式和 M - C 关系式得出的蒸气压力之间的偏差并不太大。然而，当液态水与烃类气体在 0 ~ 50℃低压状态下接触时，模拟计算的烃类气体中水的浓度与模拟的水的蒸气压力大致成正比。在 4℃时，水的实际蒸气压力比采用经典 Soave 关系式得到的预测值约高 50%。在计算水和天然气混合物的相平衡的过程中，上述不同可能会导致气体中的预测含水量明显低于实际值。在更高温度条件下，采用经典 Soave 关系式和 M - C 关系式均可以取得较为满意的计算结果。

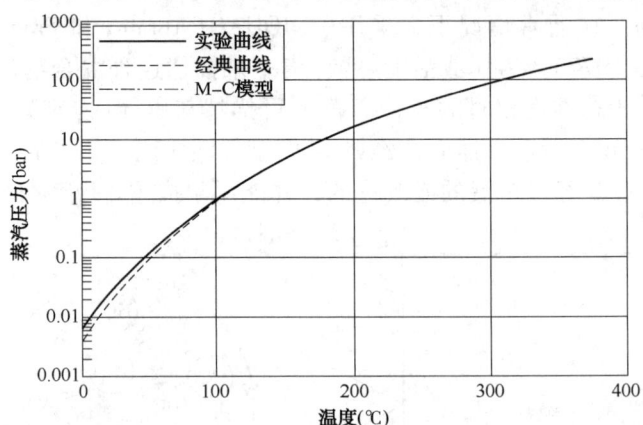

图 16.2 "实验的"(ASME 蒸气数据表，1979)和模拟的纯水蒸气压力曲线
模拟结果是通过与温度有关的经典 Soave 关系式和 Mathaias-Copeman(M - C)关系式得到。
M - C 关系式的模拟结果与实验测得的蒸气压力数据几乎一致

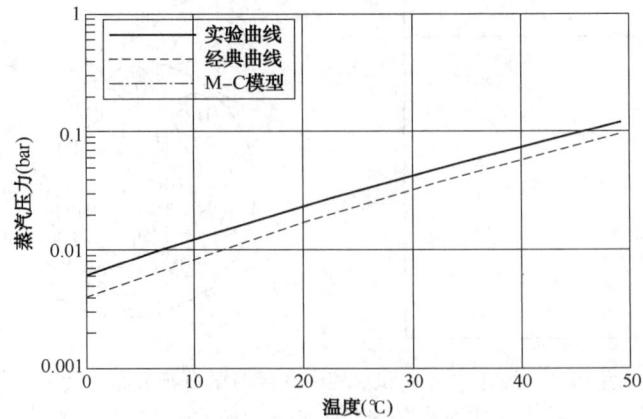

图 16.3 图 16.2 中处于温度在 0 ~ 50℃范围内的蒸气压力曲线放大图

表 16.1 显示的是典型的水和烃构成组合的二元交互作用参数(k_{ij})。通过混合规则将交互作用参数引入到状态方程的参数 a 中，如式(4.33)和式(4.35)所示。表 16.2 显示的是在 6.9～206.9bar 的压力范围以及 369.6K 和 394.3K 温度(Kobayashi 和 Katz，1953)的丙烷(C_3)和水(H_2O)的相互溶解度数据。溶解度数据在图 16.4 和图 16.5 中呈现。两图中的虚线分别显示的是通过 SRK 方程计算的 C_3 在 H_2O 中的溶解度和 H_2O 在 C_3 中的溶解度(C_3—H_2O 交互作用参数见表 16.1)。Mathias-Copeman 表达式[式(4.27)和式(4.28)]用于计算水的参数 a，经典 Soave 关系式[式(4.21)]用于计算 C_3 的参数 a。在以 C_3 主导的相中，水的浓度可通过 SRK 状态方程很好地进行计算(如图 16.5 所示)，而水相中的 C_3 含量计算值几乎可以忽略不计，它比实验结果低几个数量级(如图 16.4 所示)。这两张图表明通过一个 k_{ij} 是不可能获得与实验结果匹配的烃中水的溶解度及水中烃的溶解度。表 16.1 中的 k_{ij} 值是通过很好匹配烃相中水的溶解度实验值得到的，这是以牺牲水中烃溶解度为代价的，模拟时其值几乎为零。可以大致忽略烃类在水中的溶解度来进行模拟，这可以满足许多实际的目的，但准确的溶解度模拟结果对某些应用而言是非常重要的。例如，烃类物质苯(如图 1.1 所示)在水中具有相当高的溶解度。由于苯是一种有毒化学品，在处理与油层中苯含量较高的流体接触的地层水时会存在一些环境上的限制。因此，具有一个能准确描述水中烃溶解度的热力学模型是非常重要的。图 16.4 和图 16.5 中的 Huron – Vidal(H – V)模型为此类模型的一个实例，将在本章后续部分进行讨论。

表 16.1 SRK 和 PR 方程中水—烃的二元交互作用参数(k_{ij})举例

组　　分	H_2O	组　　分	H_2O
N_2	0.08	iC_4	0.52
CO_2	0.15	nC_4	0.52
H_2S	0.03	iC_5	0.50
C_1	0.45	nC_5	0.50
C_2	0.45	C_6	0.50
C_3	0.53	C_{7+}	0.50

表 16.2 丙烷(C_3)和水(H_2O)的相互溶解度

温度(K)	压力(bar)	水中的丙烷摩尔分数	丙烷中的水摩尔分数
369.6	6.9	0.000058	0.13300
369.6	27.6	0.000213	0.03034
369.6	48.2	0.000277	0.00815
369.6	68.9	0.000287	0.00752
369.6	103.5	0.000296	0.00703
369.6	137.9	0.000304	0.00665
369.6	206.9	0.000316	0.00619

续表

温度(K)	压力(bar)	水中的丙烷摩尔分数	丙烷中的水摩尔分数
394.3	6.9	0.000051	0.29990
394.3	27.6	0.000231	0.07260
394.3	48.2	0.000338	0.03622
394.3	68.9	0.000379	0.01897
394.3	103.5	0.000400	0.01455
394.3	137.9	0.000414	0.01370
394.3	206.9	0.000444	0.01265

资料来源：Data from Kobayashi, R. and Katz, D.L., Vapor-liquid equilibria for binary hydrocarbon-water systems, *Ind. Eng. Chem.* 45, 440-446, 1953。

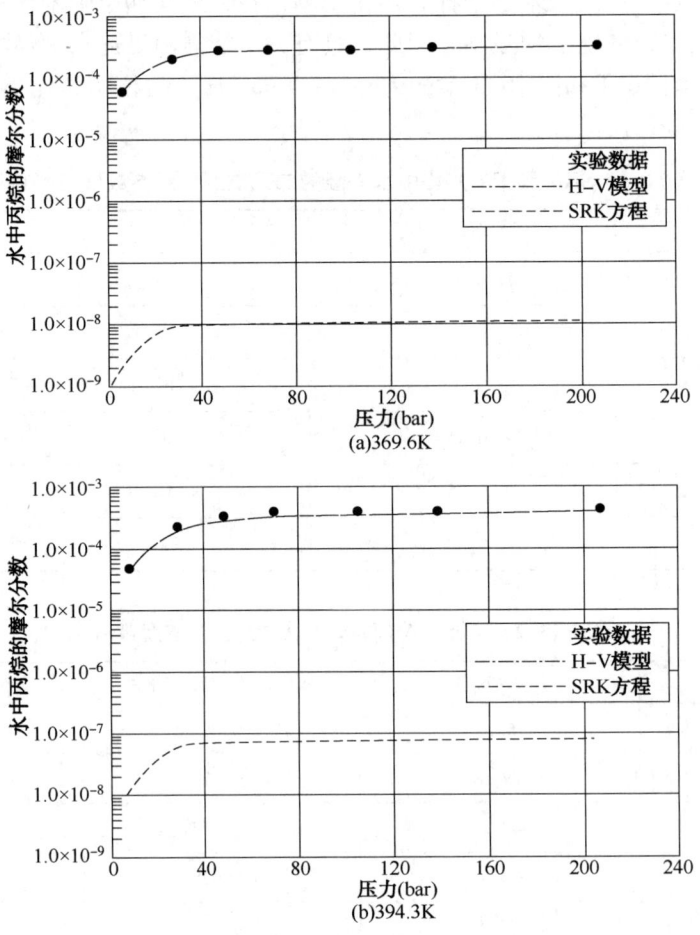

图 16.4 水中的丙烷溶解度实验数据和模拟结果

实验数据可见表 16.2

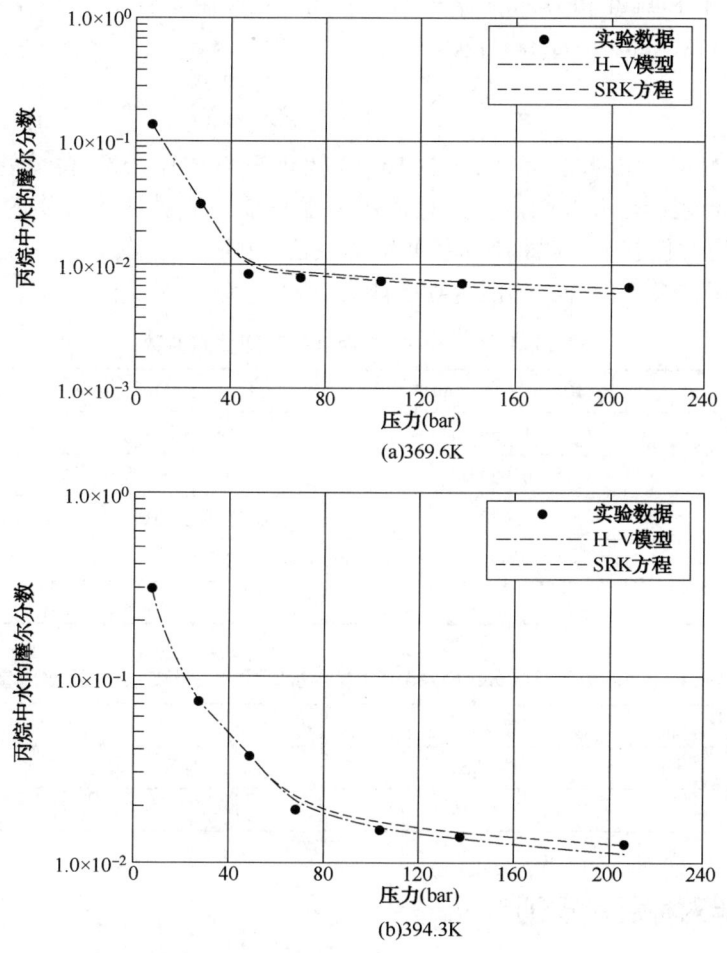

图 16.5 丙烷中水的溶解度实验数据和模拟结果
实验数据可见表 16.2

16.1.1 Kabadi-Danner 方法

为了在立方型状态方程框架中处理烃-水混合物，Kabadi 和 Danner(1985)在 SRK 方程中加入了额外的与浓度相关的交叉系数 a_{ij}[式(4.35)]，当 i 或 j 为水(w)时：

$$a_{wi} = a'_{wi} + a''_{wi} z_w \tag{16.1}$$

第一项可通过式(4.35)得到：

$$a'_{wi} = \sqrt{a_w a_i}(1 - k_{wi}) \tag{16.2}$$

在第二项中，z_w 是水的摩尔分数，有：

$$a''_{wi} = G_i \left[1 - \left(\frac{T}{T_{cw}}\right)^{0.8}\right] \tag{16.3}$$

式中，G_i 为 n 个不同的基团贡献量总和，这些基团构成了烃类分子 i，有：

$$G_i = \sum_{j=1}^{n} g_j \tag{16.4}$$

T_{cw} 是水的临界温度(647.3K)。表 16.3 给出了基团贡献参数 g 的实例。

表 16.4 列出了 Kabadi 和 Danner 给出的水—烃交互作用参数 k_{wi}。对于有 N 个组分的混合物而言，参数 a 的 Kabadi-Danner 表达式如下：

$$a = \sum_{i=1}^{N}\sum_{j=1}^{N} z_i z_j a_{ij} + \sum_{i=1}^{N} z_w^2 z_i a''_{wi} \tag{16.5}$$

可以看出，对于不含水的体系，式(16.5)就化简为式(4.33)表示的经典混合规则。Kabadi-Danner 混合规则也存在缺点，其只适用于水是唯一的极性化合物的情况。在海上管道中运输的油气通常伴有水合物抑制剂（如甲醇或乙二醇）。这就要求混合规则具备处理含有烃类和两种或多种极性化合物的混合物的能力。

表 16.3 式(16.4)中用到的基团贡献参数

组　　分	$g_j(10^5\,\mathrm{atm}\cdot\mathrm{m}^6\cdot\mathrm{mol}^{-2})$	组　　分	$g_j(10^5\,\mathrm{atm}\cdot\mathrm{m}^6\cdot\mathrm{mol}^{-2})$
CH_4	1.3580	环烷 CH_2	0.7488
正构 CH_3	0.9822	环烷 CH	0.7352
正构 CH_2	1.0780	芳香族 CH	0.5117
正构 CH	0.9728	芳香族 C	0.3902
正构 C	0.8687		

表 16.4 Kabadi 和 Danner(1985 年)混合规则中水—烃二元交互作用参数

烃(i)	k_{wi}	烃(i)	k_{wi}
正构烷烃	0.500	芳香烃	0.315
环烷烃	0.445		

16.1.2 非对称混合规则

业界提出，可采用组分摩尔分数的高阶多项式混合规则来替换常用的计算参数 a 的二次型混合规则[式(4.33)]，目的是得到一个更适用于含有极性化合物的混合物的混合规则。Panagiotopoulos 和 Reid(1986)提出了一个混合规则实例，其将参数 a 分为两项：

$$a = a_1 + a_2 \tag{16.6}$$

经典混合规则[式(4.33)]用来求 a_1，求 a_2 的混合规则为：

$$a_2 = \sum_{i=1}^{N} z_i \sum_{j=1}^{N} z_j^2 \sqrt{a_i a_j}\, l_{ij} \tag{16.7}$$

式中，l_{ij} 为组分 i 和 j 之间的二元交互作用参数，且 $l_{ii}=0$。Panagiotopoulos 和 Reid 的混合规则受限于，当一个组分被分成两个或更多相同的次组分时，其不是恒定的。可以通过式(16.7)的简化形式看出：

$$D = \sum_{i=1}^{N} z_i \sum_{j=1}^{N} z_j^2 l_{ij} \tag{16.8}$$

对于二元混合物体系而言，考虑到 $l_{11}=l_{22}=0$，公式可以写成下面形式：

$$D = z_1 z_2 (z_2 l_{12} + z_1 l_{21}) \tag{16.9}$$

对于组分为 1,3 和 4 构成的三元混合物而言，D 表达式为(其中，$l_{11}=l_{33}=l_{44}=0$)：

$$D = z_1(z_3^2 l_{13} + z_4^2 l_{14}) + z_3(z_1^2 l_{31} + z_4^2 l_{34}) + z_4(z_1^2 l_{41} z_3^2 l_{43}) \tag{16.10}$$

如果组分 3 和 4 与组分 2 相同，则 $z_3 = z_4 = z_2/2$，式(16.10)中的 D 表达式可简化为（其中 3 和 4 相同，$l_{34} = l_{43} = 0$）：

$$D = z_1 z_2 \left(\frac{z_2}{2} l_{12} + z_1 l_{21} \right) \tag{16.11}$$

式(16.9)和式(16.11)应该是相同的，但事实却不同。对用于油气混合物的混合规则来说，在细分成两个或多个相同组分时的这种恒定性是一项不良属性。如第 5 章所述，数量巨大的纯组分使得将其处理成假组分成为必要，而每个假组分由一定范围的具有相似性质的纯组分构成。计算结果对于假组分数量的敏感度必须尽可能地小。因此，Panagiotopoulos 和 Reid 提出的混合规则以及其他类似的混合规则，在这种情况下是不恰当的。Michclsen 和 Kistenmacher(1990)已对非对称混合规则的应用进行了分析，这种对子组分保持不变的问题通常被称为 Michclsen-Kistenmacher 综合征。

16.1.1 节提到的 Kabadi-Danner 混合规则同样患有 Michelsen-Kistenmacher 综合征，但这并不很重要，因为其只将水的摩尔分数表示成指数的形式，而且无须将水细分为子组分。

Mathias 等(1991)提出了一个混合规则，其将整个求和值表示成指数形式，而不仅仅是摩尔分数。参数 a 的第二项的表达式为：

$$a_2 = \sum_{i=1}^{N} z_i \left[\sum_{j=1}^{N} z_j (a_i a_j)^{1/6} l_{ij}^{1/3} \right]^3 \tag{16.12}$$

由于这种混合规则不包含摩尔分数指数形式的项，对于组分细分成两个或多个相同的子组来说此混合规则是不变的。Jessen 和 Hurttia(1994)研究了这种混合规则对烃类、水、甲醇或乙二醇混合物相平衡的描述。尽管由于其在组分细分方面的简单性和不变性，该模型具有吸引力，但其缺乏充分呈现烃和水组分之间相互溶解度的能力。

16.1.3 Huron-Vidal 混合规则

在低压情况下，活度系数模型（或 G^E 模型）可以很好地描述如水—烃混合物的部分混溶体系，如 NRTL（非随机、双液）模型(Renon 和 Prausnitz，1968)。它将过量 Gibbs 能表示为：

$$\frac{G^E}{RT} = \sum_{i=1}^{N} z_i \frac{\sum_{j=1}^{N} \tau_{ji} z_j \exp(-\alpha_{ji} \tau_{ji})}{\sum_{k=1}^{N} z_k \exp(-\alpha_{ki} \tau_{ki})} \tag{16.13}$$

Gibbs 自由能和活度系数在附录 A 中有进一步解释。考虑到在 j 型分子周围的 i 型分子的摩尔分数可能偏离实际相中 i 型分子的整体摩尔分数，所以 α_{ij} 为非随机性参数。NRTL 模型能用来描述微观层面组分偏离整体（或宏观）组分的相。如图 16.1 所示，这种偏差存在于水溶解在烃相中和烃溶解在水相中等情况。因此，NRTL 模型也被称为局部组分模型。当式(16.13)中的 α_{ij} 为 0 时，混合物完全是随机的，同一类型的分子不会呈现如图 16.1 中的聚集状态。参数 τ_{ji} 的表达式为：

$$\tau_{ji} = \frac{g_{ji} - g_{ii}}{RT} \tag{16.14}$$

式中，g_{ji} 为 $j-i$ 相互作用的能量参数特征值。τ_{ji} 表示 j 和 i 分子相互作用能与两个 i 分子相互作用能之间的偏差。

混合物的过量 Gibbs 能 G^E 可用混合物的逸度 f 和纯组分逸度 f_i^* 来表示：

$$G^E = RT\left(\ln f - \sum_{i=1}^{N} z_i \ln f_i^*\right) \tag{16.15}$$

对于 SRK 方程而言，混合物逸度 f 和纯组分逸度 f_i^* 的关系为：

$$\ln f = -\ln\left[\frac{p(V-b)}{RT}\right] + \frac{pV}{RT} - 1 - \frac{a}{bRT}\ln\left(\frac{V+b}{V}\right) \tag{16.16}$$

$$\ln f_i^* = -\ln\left[\frac{p(\widetilde{V}_i^* - b_i)}{RT}\right] + \frac{p\widetilde{V}_i^*}{RT} - 1 - \frac{a_i}{b_i RT}\ln\left(\frac{\widetilde{V}_i^* + b_i}{\widetilde{V}_i^*}\right) \tag{16.17}$$

式中：V 是混合物的摩尔体积；$\widetilde{V}_i^*$ 是组分 i 的偏摩尔体积，偏摩尔性质在附录 A 中有介绍。通过将式(16.16)和式(16.17)中的逸度表达式添加至式(16.15)中，得到 G^E 表达式如下：

$$\frac{G^E}{RT} = -\ln\left[\frac{p(V-b)}{RT}\right] + \sum_{i=1}^{N} z_i \ln\left[\frac{p(\widetilde{V}_i^* - b_i)}{RT}\right] + \frac{pV}{RT} - \sum_{i=1}^{N} z_i \frac{p\widetilde{V}_i^*}{RT}$$

$$- \frac{1}{RT}\left[\frac{a}{b}\ln\left(\frac{V+b}{V}\right) - \sum_{i=1}^{N} z_i\left(\frac{a_i}{b_i}\right)\ln\left(\frac{\widetilde{V}_i^* + b_i}{\widetilde{V}_i^*}\right)\right] \tag{16.18}$$

在无穷压力下，表达式可表示为：

$$G_\infty^E = -\left[\frac{a}{b} - \sum_{i=1}^{N} z_i\left(\frac{a_i}{b_i}\right)\right]\lambda \tag{16.19}$$

式中，$\lambda = \ln 2$。上述方程变换形式后，可得到如下的 SRK 方程中参数 a 的混合规则：

$$a = b\left[\sum_{i=1}^{N}\left(z_i \frac{a_i}{b_i}\right) - \frac{G_\infty^E}{\lambda}\right] \tag{16.20}$$

对于 PR 方程，也可得到相同的混合规则，其中：

$$\lambda = \frac{1}{2\sqrt{2}}\ln\left(\frac{\sqrt{2}+1}{\sqrt{2}-1}\right) \tag{16.21}$$

为了应用包含式(16.13)表示的 G^E 的式(16.20)的混合规则，必须获得相互作用参数 α_{ij} 和混合物中的每一个二元体系的 $(g_{ji} - g_{ii})$。由经典混合规则得到的参数 a 能很好地描述烃类体系，因此无需对烃—烃之间的交互作用参数进行估算。为了实现这一目标，Huron 和 Vidal(1979)建议对式(16.13)中的 NRTL 方程进行如下修改，并仅在无穷压力下使用 G^E 表达式：

$$\frac{G_\infty^E}{RT} = \sum_{i=1}^{N} z_i \frac{\sum_{j=1}^{N} \tau_{ji} b_j z_j \exp(-\alpha_{ji}\tau_{ji})}{\sum_{k=1}^{N} b_k z_k \exp(-\alpha_{ki}\tau_{ki})} \tag{16.22}$$

通过与式(16.13)进行比较，可以看出，Huron 和 Vidal 将 SRK 方程中的参数 b 引入到了 G^E 的表达式中。这一调整对于两个不同的烃类对是非常实用的，因为它使得计算参数 a，可使用经典混合规则中的参数来确定参数 a_{ji}，g_{ji} 和 g_{ii}。Huron 和 Vidal 证明，当二元交互作用参数取下面的值时，式(16.22)可简化成式(4.33)中的经典混合规则：

$$\alpha_{ji} = 0 \tag{16.23}$$

$$g_{ii} = -\frac{a_i}{b_i}\lambda \tag{16.24}$$

$$g_{ji} = -2\frac{\sqrt{b_i b_j}}{b_i + b_j}\sqrt{g_{ii}g_{jj}}(1 - k_{ij}) \tag{16.25}$$

式中,k_{ij}为经典 SRK 混合规则的二元交互作用参数[见式(4.33)和式(4.35)]。

在这种情况下,为将式(16.20)简化为经典 SRK 混合规则,首先可将由式(16.24)得到的 g_{ii} 和 g_{jj} 代入式(16.25),得到下面的公式:

$$g_{ji} = -2\lambda \sqrt{a_i a_j}\frac{1}{b_i + b_j}(1 - k_{ij}) \tag{16.26}$$

通过整合式(16.14)和式(16.22),并如式(16.23)表示的设 $\alpha_{ji} = 0$,可以得到无穷压力下的过量 Gibbs 能的表达式:

$$\frac{G_\infty^E}{RT} = \sum_{i=1}^N z_i \frac{\sum_{j=1}^N \frac{g_{ji} - g_{ii}}{RT}b_j z_j}{\sum_{k=1}^N b_k z_k} = \sum_{i=1}^N z_i \frac{\sum_{j=1}^N \frac{g_{ji} - g_{ii}}{RT}b_j z_j}{b} \tag{16.27}$$

然后,通过采用式(16.26)的 g_{ji} 和式(16.24)的 g_{ii},无穷压力下的 G^E 表达式可表示为:

$$G_\infty^E = -\frac{2\lambda}{b}\sum_{i=1}^N\sum_{j=1}^N z_i z_j \sqrt{a_i a_j}\frac{b_j}{b_i + b_j}(1 - k_{ij}) + \lambda \sum_{i=1}^N z_i \frac{a_i}{b_i} \tag{16.28}$$

将这一表达式代入式(16.20),参数 a 可表示为:

$$a = 2\sum_{i=1}^N\sum_{j=1}^N z_i z_j \sqrt{a_i a_j}(1 - k_{ij})\frac{b_j}{b_i + b_j} \tag{16.29}$$

由于 $k_{ij} = k_{ji}$,这一表达式可改写成:

$$a = \sum_{i=1}^N\sum_{j=1}^N \left[z_i z_j \sqrt{a_i a_j}(1 - k_{ij})\left(\frac{b_j}{b_i + b_j} + \frac{b_i}{b_i + b_j}\right)\right] = \sum_{i=1}^N\sum_{j=1}^N z_i z_j \sqrt{a_i a_j}(1 - k_{ij}) \tag{16.30}$$

这与式(4.33)中的经典混合规则相同。

Huron-Vidal 混合规则对非极性体系中溶入一定量极性组分的情况是很有吸引力的。仅需要指定含有极性组分二元对的 Huron-Vidal 交互作用参数。对于非极性化合物的二元体系,Huron-Vidal 参数可由式(16.23)至式(16.25)得到,其只用到了经典 SRK/PR 混合规则中的参数。这种方法的优势见表 16.5,其中给出了当储层流体与水和甲醇混合时需要确定 Huron and Vidal 交互作用参数的组分对。经典混合规则用于组分水和 C_{7+} 的二元体系。C_{7+} 在水相中的溶解度可以忽略不计,应用 k_{ij} 可给出组分水在 C_{7+} 中溶解度的合理匹配。在 Huron-Vidal 混合规则中,需要确定的参数个数少于其他类似的非经典混合规则。例如,采用 MHV-2 模型(Michelsen,1990)和 Wong-Sandler 模型(1992),需要计算所有不同组分间的二元交互作用参数。表 16.5 中的 C_{7+} 可能包含若干虚拟组分,利用 Huron-Vidal 混合规则,大量的参数计算工作可以省掉,而其他模型,如局部组成模型,则无法实现。Huron-Vidal 混合规则还具有另外的优点,在没有极性组分存在时,其计算结果与用经典 SRK 混合规则获取的结果一致。对于凝析气,Kristensen 等(1993)采用 Huron-Vidal 混合规则通过 SRK 方程描述了甲醇在水相、液态烃相和气态烃相中的分布。经典 SRK 混合规则应用于水—甲醇和水—烃的二元对。在相关工作中，Pedersen 等(1996)将 Huron-Vidal 混合规则应用于水—甲醇和水—烃的二元对。Perdersen 等的工作中所使用的 Huron-Vidal 交互作用参数见表 16.6。

表 16.5 需要给定的 Huron 和 Vidal 二元交互作用参数 $[a_{ji}\text{和}(g_{ji}-g_{ii})]$

组分	H_2O	CH_3OH	C_1	C_2	C_3	C_4	C_5	C_6	C_{7+}
H_2O	No	Yes	Yes	Yes	Yes	Yes	Yes	Yes	No
CH_3OH	Yes	No	Yes	Yes	Yes	Yes	Yes	Yes	No
C_1	Yes	Yes	No	No	No	No	No	No	No
C_2	Yes	Yes	No	No	No	No	No	No	No
C_3	Yes	Yes	No	No	No	No	No	No	No
C_4	Yes	Yes	No	No	No	No	No	No	No
C_5	Yes	Yes	No	No	No	No	No	No	No
C_6	No	Yes	No	No	No	No	No	No	No
C_{7+}	No	Yes	No	No	No	No	No	No	No

注：当 Huron 和 Vidal 混合规则(1979)用于与水和甲醇混合的储层流体时使用。

表 16.6 甲醇/水与所示第二组分构成的二元体系的 Huron 和 Vidal 交互作用参数

第二组分	甲醇(1)			水(1)		
	$(g_{12}-g_{22})/R(K)$	$(g_{21}-g_{11})/R(K)$	a_{12}	$(g_{12}-g_{22})/R(K)$	$(g_{21}-g_{11})/R(K)$	a_{12}
H_2O	288	276	1.20	—	—	—
N_2	357	1130	0.40	689	3921	0.15
CO_2	247	2970	0.40	16	1652	0.15
H_2S	58	886	0.40	118	1294	0.15
C_1	77	2094	0.40	410	2291	0.15
C_2	255	1610	0.40	492	2281	0.15
C_3	465	1418	0.40	847	2650	0.15
nC_4	516	1049	0.40	793	2501	0.15
iC_5	675	1056	0.40	1120	2900	0.15
nC_5	774	1195	0.40	1109	2901	0.15
nC_6	829	1164	0.40	1187	2878	0.15

资料来源：Data from Pedersen, K. S., et al. Phase equilibrium calculations for unprocessed well streams containing hydrate inhibitors, *Fluid Phase Equilib*. 126, 13-28, 1996。

对于交互作用参数 g_{ji} 和 g_{ij}，Pedersen 等(2001)提出了一个线性温度依赖关系，其中：i 为 H_2O；j 代表 N_2、CO_2、C_1、C_2、C_3 或 nC_4 中的一个组分。

$$g_{ij}-g_{jj}=(g'_{ij}-g'_{jj})+T(g''_{ij}-g''_{jj}) \tag{16.31}$$

$$g_{ji}-g_{ii}=(g'_{ji}-g'_{ii})+T(g''_{ji}-g''_{ii}) \tag{16.32}$$

式中，T 为绝对温度。Pedersen 等推荐的交互作用参数见表 16.7。

表16.7　（水和所示第二组分）二元混合物的与温度相关的 Huron-Vidal 交互作用参数

第二组分	$(g'_{12}-g'_{22})/R(K)$	$(g''_{12}-g''_{22})/R(-)$	$(g'_{21}-g'_{11})/R(K)$	$(g''_{21}-g''_{11})/R(-)$	α_{ij}
N_2	-64.5	-1.05	4643	-2.10	0.08
CO_2	-4127	8.9	3932	-5.89	0.03
C_1	-570.5	3.46	4559	-6.54	0.15
C_2	-504.3	0.8	3640	-2.14	0.09
C_3	-1584	-0.442	3517	-0.097	0.07
nC_4	4968	-19.6	-3067	15.7	0.06

资料来源：Data from Pedersen, K. S., Milter, J., and Rasmussen, C. P., Mutual solubility of water and a reservoir fluid at high temperatures and pressures: Experimental and simulated data, *Fluid Phase Equilib.* 189, 85-97, 2001。

16.1.4　烃—盐水相平衡

伴随着油气储层流体共同产出的地层水，通常会含有溶解盐类。这些盐类会影响烃和水的相互溶解度。

Sorensen 等（2002）提出使用 SRK 状态方程与 Huron-Vidal 混合规则来处理烃和盐水混合体系。盐类被视为具有虚拟临界性质的"普通"成分。在水相中，每个盐分子被认为可分成许多个"分子"，这些分子数目与盐溶解于水中形成的离子数目一致。例如，NaCl 会分为钠离子和氯离子，被视为两个虚拟的分子（Na^+ 和 Cl^-）。在地层水中最常见的盐离子的性质见表 16.8。这些性质接近于三甘醇（TEG）。TEG 对于水性质的影响与盐近似，如降低凝固点，降低气体的溶解度。此外，TEG 具有低挥发性及在液态烃中的低溶解度。为确保在相平衡模拟过程中盐类不会处于烃相中，在油相和气相中的盐组分被赋予大逸度系数。

表16.8　盐的虚拟参数

盐	$T_c(K)$	$p_c(bar)$	偏心因子	离子数量	结晶水数量
NaCl	700	35.5	1.0	2	0
KCl	700	35.5	1.0	2	0
$CaCl_2$	800	35.5	1.0	3	6

资料来源：Data from Sørensen, H., et al. Modeling of gas solubility in brine, *Org. Chem.* 33, 635-642, 2002。

盐的存在会降低水相中水的摩尔分数。水浓度降低程度与盐的含量和盐分解时形成的离子数有关。例如，NaCl 会分离成 Na^+ 和 Cl^-，这种对水的稀释效果是未分离的 NaCl 分子的 2 倍。$CaCl_2$ 可表示为 3 个分子。每个钙离子假设与 6 个水分子缔合，由此减少了自由水分子的数量。假设流体最初具有 100mol 的水分子。加入 1mol $CaCl_2$ 后，根据 Sorensen 等提出的模型，$CaCl_2$ 会与 6 mol 的水缔合，并分解成 3 mol 盐，这一过程与温度和压力无关。在该模型中，会有 94mol 自由水和 3mol 盐。Ca^{2+} 与 H_2O 的缔合作用类似于固态中 $CaCl_2$ 与结晶水的键力作用。图 16.6 展示了 NaCl 和 $CaCl_2$ 在水溶液中的分布状态。

盐溶于水中将使水相中的气体溶解度下降。Pedersen 和 Milter（2004）根据气体溶解度的下降对 SRK 和 PR 方程中的 Huron-Vidal 交互作用参数进行了估算。这一工作得到了水—盐体系的 Huron-Vidal 交互作用参数。表 16.9 列出了这一交互作用参数。

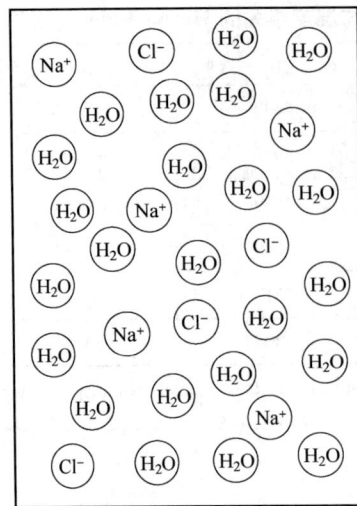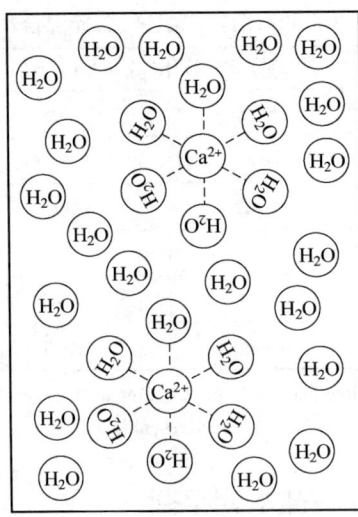

图 16.6 水溶液中的 NaCl 和 $CaCl_2$

假设 NaCl 会分离成钠离子和氯离子,并与周围的水分子产生相同作用。$CaCl_2$ 会分解为钙离子和两个氯离子,每个钙离子会结合 6 个水分子

表 16.9 气体(1)和盐(2)以及水(1)和盐(2)的 Huron-Vidal 交互作用参数

方程	盐	α_{12}	$(g_{12}-g_{22})/R(K)$	$(g_{12}-g_{11})/R(K)$
	\multicolumn{4}{c}{$N_2(1)$}		
	NaCl(2)	0.007	-461.0	46394
	KCl(2)	0.008	2335	41212
	$CaCl_2(2)$	0.000	1306	8873
	\multicolumn{4}{c}{$CO_2(1)$}		
	NaCl(2)	0.023	2463	0.0
	KCl(2)	0.000	1539	-972.5
	$CaCl_2(2)$	-0.034	1903	889.5
	\multicolumn{4}{c}{$C_1(1)$}		
SRK 方程	NaCl(2)	0.099	3674	6493
	KCl(2)	0.000	1306	8650
	$CaCl_2(2)$	0.092	2810	9284
	\multicolumn{4}{c}{$C_2(1)$}		
	NaCl(2)	0.104	3674	6493
	KCl(2)	0.000	1360	8650
	$CaCl_2(2)$	0.082	2810	9284
	\multicolumn{4}{c}{$H_2O(1)$}		
	NaCl(2)	-0.734	-11.7	95.12
	KCl(2)	-0.826	650.8	92.26
	$CaCl_2(2)$	-2.104	170.5	66.88
	$NaHCO_3(2)$	-0.791	-26.6	114

续表

方　程	盐	α_{12}	$(g_{12}-g_{22})/R(K)$	$(g_{12}-g_{11})/R(K)$
PR 方程	$N_2(1)$			
	NaCl(2)	0.006	-957.9	46151
	KCl(2)	0.008	2293	36188
	$CaCl_2(2)$	0.000	1489	8740
	$CO_2(1)$			
	NaCl(2)	0.016	2447	0.90
	KCl(2)	0.000	1517	47.10
	$CaCl_2(2)$	-0.016	1932	-686
	$C_1(1)$			
	NaCl(2)	0.104	3676	6886
	KCl(2)	0.000	1481	8440
	$CaCl_2(2)$	0.082	2648	7670
	$C_2(1)$			
	NaCl(2)	0.000	606.0	5506
	KCl(2)	0.000	1862	8280
	$CaCl_2(2)$	0.000	1509	7927
	$H_2O(1)$			
	NaCl(2)	-0.781	-19.72	94.70
	KCl(2)	-0.563	1009	92.36
	$CaCl_2(2)$	-0.785	-9.70	96.68
	$NaHCO_3(2)$	0.000	4123	361.3

资料来源：Data from Pedersen, K. S. and Milter, J., Phase equilibrium between gas condensate and brine at HT/HP conditions, SPE 90309, presented at the *SPE ATCE*, Houston, TX, September 26-29, 2004。

16.1.5　缔合模型

水相物质倾向于相互缔合（相互黏附）。这是含水的混合物的相态行为比烃类混合物的相态行为更难以建模的主要原因。水的临界点为 647.3K 和 220.9bar。如果没有水分子之间的自缔合，水的临界点会更接近 C_1（190.6K 和 46bar）。Kontogeorgis 等（1996）提出以单一水分子的（虚拟）性质为出发点，使模型能够描述水—水自缔合现象。该模型方法被称为立方型＋缔合（Cubic Plus Association），简称 CPA。CPA 模型将压缩因子［式（3.2）］表示为：

$$Z^{CPA} = Z^{SRK} + Z^{Assoc} \tag{16.33}$$

式中：Z^{SRK} 来自 SRK 状态方程［式（4.20）］的 Z 因子；Z^{Assoc} 为缔合项，对于非缔合组分而言，其为零，比如烃；对于缔合组分而言，则为非零，比如水。类似于 Huron-Vidal 模型，CPA 模型可在不含水状况下简化为常规的立方型状态方程。CPA 模型之所以有吸引力，是因为它解决了常规立方型状态方程无法表征纯水组分的问题。Lundstrom 等（2006）证实，对于液体的可压缩性［见式（3.4）中的定义］、纯水和甲醇的声速［见式（8.24）中的定义］，选用 CPA 模型比选用常规 SRK 状态方程表征得更好。

Aaustegard 等(2006)发现,采用与温度呈线性关系的交互作用参数的 Huron 和 Vidal 模型来描述水和 CO_2 + CH_4 气体互溶性,结果稍微优于 CPA 模型。研究采用的是温度高达 350℃和压力高达 3000bar 时的数据。可以断定此起点时分子处于非缔合状态,而 CPA 方程并不像常规立方型状态方程那样限定于模拟出正确的临界点。通常情况下,对于缔合流体, CPA 方程并不适合模拟过高的临界温度和压力。

第 12 章中提到的 PC-SAFT 方程也有缔合项,可用于描述缔合流体。

16.2 烃—水相平衡实验数据

表 16.10 显示的是压力为 75.8bar、温度为 10~50℃情况下,混合有水和甲醇的凝析气的相平衡实验和计算数据(Kristensen 等,1993)。凝析气的摩尔组成见表 16.11。表 16.10 还给出了采用 SRK 状态方程结合 Huron-Vidal 混合规则模拟的结果。

表 16.10 水和甲醇混合凝析气流体的相平衡实验和计算数据

项目	进料	汽体		液态烃		水相	
		实验	计算	实验	计算	实验	计算
10℃,75.8bar							
甲醇	7.50	0.051	0.047	0.482	0.491	15.7	15.6
水	40.09	0.034	0.016	1.195	0.014	84.3	84.4
凝析气	52.41	99.915	99.937	98.323	98.996	—	0.0
注入比例	100.00	39.4	38.4	13.2	14.1	47.3	47.5
50℃,75.8bar							
甲醇	4.70	0.326	0.263	0.933	0.901	15.0	15.2
水	24.85	0.213	0.160	0.314	0.103	85.0	84.8
凝析气	70.45	99.461	99.577	98.753	98.996	—	—
注入比例	100.00	57.4	56.7	13.5	14.1	29.1	29.2

资料来源:Data from Kristensen, J. N., et al. A combined Soave-Redlich-Kwong and NRTL equation for calculating the distribution of methanol between water and hydrocarbon phases, *Fluid Phase Equilib.* 82, 1992-206, 1993。

表 16.11 凝析气的摩尔组成

组 分	摩尔分数(%)	组 分	摩尔分数(%)
N_2	2.280	iC_5	0.530
CO_2	0.373	nC_5	0.684
C_1	71.274	C_6	1.268
C_2	7.979	C_7	1.275
C_3	4.725	C_8	0.884
iC_4	0.675	C_9	0.827
nC_4	1.741	C_{10+}	5.488

注:C_{7+} 的密度为 $0.82g/cm^3$,分子量为 212。水和甲醇混合凝析气流体的相平衡数据见表 16.10。

资料来源:Data from Kristensen, J. N., et al. A combined Soave-Redlich-Kwong and NRTL equation for calculating the distribution of methanol between water and hydrocarbon phases, *Fluid Phase Equilib.* 82, 199-206, 1993。

表 16.12 显示的是压力为 120~200bar、温度为 7℃ 左右情况下，混合有水和甲醇的储层石油的相平衡实验和计算数据（Pedersen 等，1996）。储层石油（混合物 1）的组成见表 16.13。表 16.12 也显示了通过 Huron-Vidal 混合规则，并采用表 16.6 中的二元相互作用参数，用 SRK 方程模拟的结果。表 16.14 显示了类似的凝析气（混合物 2）的相平衡数据，其组成见表 16.13。

表 16.12　混有水和甲醇的油（表 16.13 中混合物 1）的相平衡实验和计算数据

项　目	进　料	烃　相		水　相	
		实验	计算	实验	计算
$p=120$bar，$T=6.5$℃					
油藏流体	60.48	99.815	99.731	—	—
甲醇	5.97	0.185	0.231	15.08	14.76
水	33.55	—	—	84.92	84.89
$p=200$bar，$T=7.9$℃					
油藏流体	63.85	99.804	99.734	—	—
甲醇	5.46	0.196	0.228	15.08	14.71
水	30.69	—	—	84.92	84.91

资料来源：Data from Pedersen, K. S., et al. Phase equilibrium calculations for unprocessed well streams containing hydrate inhibitors, *Fluid Phase Equilib.* 126, 13-28, 1996。

表 16.13　储层流体的摩尔组成

项　目		混合物 1	混合物 2
组分摩尔分数（%）	N_2	0.15	0.64
	CO_2	2.05	3.10
	C_1	25.52	72.74
	C_2	8.06	8.01
	C_3	7.69	4.26
	iC_4	1.78	0.73
	nC_4	3.95	1.49
	iC_5	1.82	0.53
	nC_5	2.39	0.64
	C_6	4.29	0.81
	C_7	6.71	1.08
	C_8	7.85	1.20
	C_9	6.31	1.08
	C_{10+}	21.43	3.70
$M_{C_{7+}}$		158	169
C_{7+} 组分密度（g/cm^3）		0.83	0.82

注：混有水和甲醇的流体的相平衡数据见表 16.12。密度在压力 1.01bar 和温度 15℃ 条件下测定。

资料来源：Data from Pedersen, K. S., et al. Phase equilibrium calculations for unprocessed well streams containing hydrate inhibitors, *Fluid Phase Equilib.* 126, 13-28, 1996。

表 16.14　混有水和甲醇的凝析气(表 16.13 中的混合物 2)
相平衡实验和计算值数据(摩尔分数)　　单位:%

项目	进料	液态烃		汽态烃		水相	
		实验值	计算值	实验值	计算值	实验值	计算值
$p=60.3\text{bar}, T=3.6℃$							
烃	84.76	99.799	99.675	99.957	99.936	—	—
甲醇	2.99	0.201	0.288	0.0429	0.0441	18.68	18.21
水	7.32	—	—	—	—	81.32	81.40
$p=149.9\text{bar}, T=7.7℃$							
烃	64.04	99.812	99.741	99.931	99.909	—	—
甲醇	6.72	0.188	0.214	0.0687	0.0636	18.68	18.44
水	29.22	—	—	—	—	81.32	80.93

资料来源：Data from Pedersen, K. S., et al. Phase equilibrium calculations for unprocessed well streams containing hydrate inhibitors, *Fluid Phase Equilib.* 126, 13-28, 1996。

　　表 16.15 显示的是凝析气的组成。在高压和高温条件下，测定了其与纯水和盐水的互溶性。相平衡数据见表 16.16，盐水组成见表 16.17。表 16.16 使我们更好地理解了水和烃在高温高压下的相互溶解度，以及储层条件下溶解盐对气体在水中的溶解度影响。Pedersen 和 Milter(2004)的模拟结果见表 16.18。其采用 SRK 和 PR 状态方程进行计算，并采用了表 16.7 和表 16.9 中的交互作用系数。$CaCl_2$ 的交互作用参数也被用于 $ZnCl_2$，$MgCl_2$ 和 $BaCl_2$。采用式(4.33)中的经典混合规则，其中 $k_{ij}=0.5$，来计算气体和 $NaHCO_3$ 的交互作用。

表 16.15　与纯水和盐水混合的储层流体(见表 16.16)相平衡时的摩尔组成

组分	摩尔分数(%)	分子量	密度(g/cm^3)
N_2	0.369	—	—
CO_2	4.113	—	—
C_1	69.243	—	—
C_2	8.732	—	—
C_3	4.270	—	—
iC_4	0.877	—	—
nC_4	1.641	—	—
iC_5	0.625	—	—
nC_5	0.720	—	—
C_6	0.972	—	—
C_7	2.499	94.7	0.738
C_8	0.732	114.2	0.748
C_9	0.637	128.3	0.769
C_{10+}	4.571	229.5	0.961

注：密度在压力 1.01bar 和温度 15℃ 条件下测定。
资料来源：Data from Pedersen, K. S. and Milter, J., Phase equilibrium btween gas condensate and brine at HT/HP conditions, SPE 90309, presented at the *SPE ATCE*, Houston, TX, September 26-29, 2004。

表 16.16　表 16.15 中与纯水和盐水混合的凝析气的相平衡组成测量值

项　目	纯水		盐水	
	气相	水相	气相	无盐水
1000bar 和 35℃。进料中每摩尔无盐水含 0.69mol 的凝析气				
H_2O	0.055	99.4331	0.054	99.5845
N_2	0.337	0.0068	0.345	0.0000
CO_2	3.761	0.2130	4.323	0.1798
C_1	69.183	0.3420	68.934	0.2274
C_2	8.751	0.0043	8.580	0.0068
C_3	4.321	0.0002	4.258	0.0008
iC_4	0.898	0.0000	0.883	0.0001
nC_4	1.707	0.0001	1.637	0.0001
iC_5	0.688	0.0003	0.642	0.0000
nC_5	0.787	0.0001	0.740	0.0000
C_6	1.002	0.0000	0.989	0.0000
C_{7+}	8.511	0.0005	8.615	0.0000
1000bar 和 120℃。进料中每摩尔无盐水含 0.74mol 的凝析气				
H_2O	0.753	99.3724	0.663	99.5699
N_2	0.343	0.0274	0.357	0.0000
CO_2	4.068	0.1465	4.413	0.0940
C_1	68.583	0.4306	68.328	0.3204
C_2	8.586	0.0164	8.564	0.0127
C_3	4.244	0.0024	4.254	0.0019
iC_4	0.880	0.0001	0.872	0.0001
nC_4	1.666	0.0002	1.604	0.0003
iC_5	0.660	0.0008	0.629	0.0000
nC_5	0.754	0.0002	0.729	0.0000
C_6	0.982	0.0001	0.973	0.0000
C_7	8.481	0.0029	8.614	0.0007
1000bar 和 200℃。进料中每摩尔无盐水含 0.61mol 的凝析气				
H_2O	4.683	98.9982	4.235	99.4011
N_2	0.391	0.0063	0.366	0.0000
CO_2	3.816	0.2113	4.188	0.1040
C_1	65.207	0.7455	65.249	0.4652
C_2	8.184	0.0286	8.244	0.0217
C_3	4.048	0.0040	4.102	0.0041
iC_4	0.845	0.0003	0.841	0.0003
nC_4	1.621	0.0005	1.549	0.0006

续表

项 目	纯水		盐水	
	气相	水相	气相	无盐水
1000bar 和 200℃。进料中每摩尔无盐水含 0.61mol 的凝析气				
iC$_5$	0.663	0.0005	0.635	0.0004
nC$_5$	0.765	0.0004	0.746	0.0002
C$_6$	1.010	0.0001	1.029	0.0001
C$_{7+}$	8.765	0.0045	8.816	0.0024
700bar 和 200℃。进料中每摩尔无盐水含 0.54mol 的凝析气				
H$_2$O	5.725	99.1809	5.094	99.4996
N$_2$	0.346	0.0056	0.380	0.0000
CO$_2$	3.795	0.1765	4.168	0.1059
C$_1$	64.466	0.6011	65.005	0.3750
C$_2$	8.134	0.0246	8.188	0.0149
C$_3$	4.040	0.0037	4.038	0.0016
iC$_4$	0.838	0.0003	0.827	0.0002
nC$_4$	1.585	0.0005	1.525	0.0004
iC$_5$	0.641	0.0006	0.609	0.0002
nC$_5$	0.744	0.0005	0.707	0.0001
C$_6$	0.980	0.0003	0.972	0.0000
C$_{7+}$	8.706	0.0056	8.487	0.0021

注：盐水的组成见表 16.17。

资料来源：Data from Pedersen, K. S. and Milter, J., Phase equilibrium between gas condensate and brine at HT/HP conditions, SPE 90309, presented at the *SPE ATCE*, Houston, TX, September 26-29, 2004。

表 16.17 用于表 16.16 中相平衡研究的盐水组成

组 分	摩尔分数(%)	组 分	摩尔分数(%)
H$_2$O	97.347	CaCl$_2$	0.075
NaHCO$_3$	0.035	MgCl$_2$	0.008
NaCl	2.404	SrCl$_2$	0.014
KCl	0.094	BaCl$_2$	0.024

表 16.18 水相中 CO$_2$ 和 C$_1$ 浓度及气态烃相中水的浓度模拟结果

项 目	纯水		盐水	
	SRK 方程	PR 方程	SRK 方程	PR 方程
$p=1000\text{bar}, T=35℃$				
水中 CO$_2$	0.215	0.218	0.188	0.189
水中 C$_1$	0.421	0.408	0.306	0.297
H$_2$O 蒸气	0.052	0.051	0.049	0.049

续表

项 目	纯水		盐水	
	SRK 方程	PR 方程	SRK 方程	PR 方程
$p=1000\text{bar}$, $T=120℃$				
水中 CO_2	0.171	0.175	0.134	0.137
水中 C_1	0.396	0.391	0.293	0.290
H_2O 蒸气	0.843	0.815	0.788	0.762
$p=1000\text{bar}$, $T=200℃$				
水中 CO_2	0.208	0.213	0.155	0.161
水中 C_1	0.759	0.757	0.508	0.509
H_2O 蒸气	4.868	4.689	4.479	4.318
$p=700\text{bar}$, $T=200℃$				
水中 CO_2	0.182	0.186	0.137	0.141
水中 C_1	0.657	0.652	0.448	0.446
H_2O 蒸气	5.876	5.668	5.386	5.201

注：通过 SRK 和 PR 方程计算，其中采用 Huron-Vidal 混合规则。经实验确定的相组成见表 16.16。
资料来源：Data from Pedersen, K. S. and Milter, J., Phase equilibrium between gas condensate and brine at HT/HP conditions, SPE 90309, presented at the *SPE ATCE*, Houston, TX, September 26-29, 2004。

Ng 和 Chen(1995)、Kokal 等(2003)给出了其他油藏流体和水的相平衡数据。前者的研究还包括烃、水、甲醇和烃、水和乙二醇(MEG)模型系统的相平衡数据。Ng 等(1993)进一步给出了温度范围为 25~204℃，压力高达 69bar 时，气、水和三甘醇(TEG)模型系统的相平衡数据。

16.3 水的性质

纯水的密度可采用经 Peneloux 体积修正[式(4.43)和式(4.48)]的 SRK 或 PR 状态方程进行精确计算。这种校正可能与温度有依赖关系[式(5.9)]。要得出如声速[式(8.24)]等性质准确的结果需要如 Keyes 等(1968)提出的主要应用于水的模型来计算。

模拟水的黏度需要考虑水分子之间极性作用力的特定模型(例如，Meyer 等，1967；Schmidt，1969)。这同样适用于水的导热系数的计算，可以使用 Sengers-Keyes 模型(1971)。
液态水的表面张力(单位：mN/m)可以由以下公式计算得到：

$$\sigma = 235.8\left(1-\frac{T}{T_c}\right)^{1.256}\left[1-0.625\left(1-\frac{T}{T_c}\right)\right] \tag{16.34}$$

式中：T 为温度；T_c 为水的临界温度。
水相和烃相(气或油)间的界面张力 σ 可以由下式(Firoozabadi 和 Ramey，1988)计算得出：

$$\sigma^{1/4} = \frac{a_1\Delta\rho^{b_1}}{T_r^{0.3125}} \tag{16.35}$$

其中

$$\Delta\rho = |\rho_w - \rho_{HC}| \tag{16.36}$$

在这一公式中，ρ_w 是水相密度，ρ_{HC} 为烃相密度。密度单位为 g/cm^3。a_1 和 b_1 为常量，σ 的单位为 dyn/cm(=1mN/m)，见表 16.19。

表 16.19　烃和水之间界面张力表达式中的常量[式(16.35)]

$\Delta\rho$ (g/cm³)	a_1	b_1
<0.2	2.2062	-0.94716
0.2~0.5	2.9150	-0.76852
≥0.5	3.3858	-0.62590

16.3.1　水合物抑制剂和水混合物的黏度

Akler(1966)以及 van Velzen 等(1972)提出了计算甲醇、乙醇和乙二醇在大气压力下的黏度表达式。这些黏度数据可通过 Lucas(1981)方法进行压力校正。Grunberg 和 Nisaan(1949)混合规则可用于确定水—水合物抑制剂混合物的黏度。

16.3.2　盐水的性质

含溶解盐的水相密度可采用 Numbere 等(1977)提出的关联式计算：

$$\frac{\rho_s}{\rho_w} - 1 = C_s[7.65 \times 10^{-3} - 1.09 \times 10^{-7}p + C_s(2.16 \times 10^{-5} + 1.74 \times 10^{-9}p) -$$

$$(1.07 \times 10^{-5} - 3.24 \times 10^{-10}p)T + (3.76 \times 10^{-8} - 1.0 \times 10^{-12}p)T^2] \quad (16.37)$$

式中：ρ_s 为盐水密度，g/cm³；ρ_w 为同样温度压力条件下的无盐水密度，g/cm³；C_s 为盐的质量浓度；T 为温度，℉；p 为压力，psi(绝)。

Numbere 等(1977)还提出了含溶解盐的水相黏度的关联式：

$$\frac{\eta_s}{\eta_w} - 1 = -1.87 \times 10^{-3}C_s^{0.5} + 2.18 \times 10^{-4}C_s^{2.5} +$$

$$(T^{0.5} - 1.35 \times 10^{-2}T)(2.76 \times 10^{-3}C_s - 3.44 \times 10^{-4}C_s^{1.5}) \quad (16.38)$$

式中：η_s 为盐水黏度；η_w 为同样温度压力条件下的纯水黏度；T 为温度，℉。

16.3.3　油—水乳液的黏度

油和水在生产井或管道输送时，可能会形成油包水或水包油的乳液。水—油乳液的黏度会比这两种物质纯组分时的黏度高出若干数量级。

随着水/油比值的变化，当由油包水乳液变成水包油乳液时(转化点)，乳液的黏度达到最大值。下列公式(Ronningsen,1995)可用来预测油包水乳液的黏度：

$$\ln\eta_r = -0.06671 - 0.000775t + 0.03484\phi + 0.0000500t\phi \quad (16.39)$$

式中：η_r 为相对黏度(乳液/油)；ϕ 为水的体积分数；t 为温度，℃。

如果存在黏度实验数据(在某一 ϕ 时的 η_r)，可以采用如下的 Pal 和 Rhodes(1989)的关联式：

$$\eta_{r,h} = \left[1 + \frac{\dfrac{\phi_w}{(\phi)_{\eta_r=100}}}{1.19 - \dfrac{\phi_w}{(\phi)_{\eta_r=100}}}\right]^{2.5} \quad (当 \phi_w < \phi_{Inv}) \quad (16.40)$$

$$\eta_{r,w} = \left[1 + \frac{\dfrac{\phi_h}{(\phi)_{\eta_r=100}}}{1.19 - \dfrac{\phi_h}{(\phi)_{\eta_r=100}}}\right]^{2.5} \quad (当 \phi_w < \phi_{Inv}) \quad (16.41)$$

其中，$\eta_{r,h}$ 为油包水乳液和油相黏度的比值，$\eta_{r,w}$ 为水包油乳液和水相黏度的比值。通过下式，用 φ 和 η_r 的实验值计算 $\varphi_{\eta r} = 100$ 时的值：

$$(\phi)_{\eta_r = 100} = \frac{\phi}{1.19(1 - \eta_r^{-0.4})} \tag{16.42}$$

式中，η_r 为式(16.40)中的 $\eta_{r,h}$ 和式(16.41)中的 $\eta_{r,w}$。

16.4 烃—水混合物相包络线

Lindeloff 和 Michelsen(2003)提出了计算烃和水混合物相包络线的程序。表 16.20 显示的是凝析气的组成(见 Lindeloff 和 Michelsen 文章中的流体 B)。流体为使用 PR 状态方程进行了特征化。模拟的相包络线如图 16.7 中的虚线所示。以摩尔比为 2.09∶1.00 混合的凝析气和水的混合物相包络线也示于图 16.7 中。Huron-Vidal 混合规则用于水和烃类气体组分二元对。图 16.8 给出了表 16.20 中的凝析气与水相(水/甲醇的摩尔比为 71.4/28.6)混合的相包络线。混合比率为每摩尔水相中混入 1.49mol 储层流体。Huron-Vidal 混合规则用于由烃类气体组分和水或甲醇组成的组分对。在图 16.8 中，可以看到这一混合物有 4 个临界点。图 16.7 和图 16.8 表明，组分水对石油储层流体烃相的相态行为有显著影响。

表 16.20 凝析气摩尔组分

组 成	摩尔分数(%)	组 成	摩尔分数(%)
CO_2	2.79	nC_4	1.60
C_1	71.51	iC_5	0.82
C_2	5.77	nC_5	0.64
C_3	4.10	C_6	1.05
iC_4	1.32	C_{7+}	10.40

注：在 1.01bar 和 15℃ 条件下 C_{7+} 密度为 0.82g/cm³，C_{7+} 摩尔质量为 191。流体与 Lindeloff 和 Michelsen(2003)文章中的流体 B 相同。

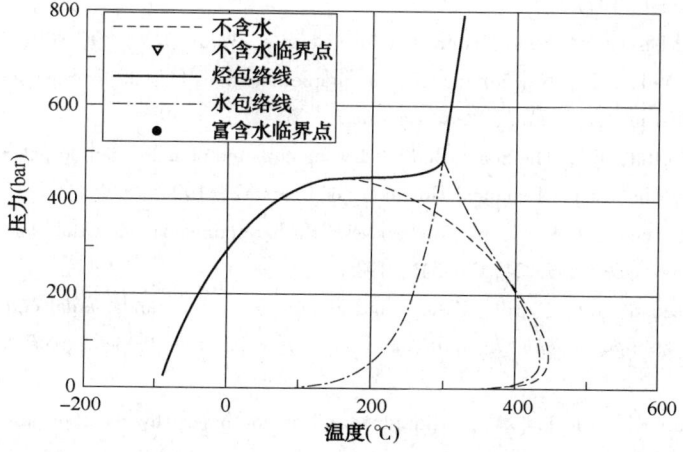

图 16.7 表 16.20 中的流体与水按 2.09∶1.00 摩尔比混合时模拟的相包线
此热力学模型采用 Huron-Vidal 混合规则的 PR 状态方程

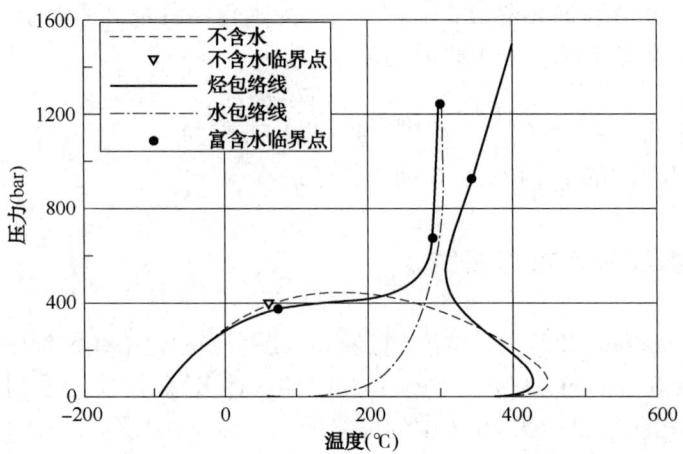

图 16.8　表 16.20 中的流体与水相(水/甲醇的摩尔比为 71.4: 28.6)混合的相包络线
混合比率为每摩尔水相混入 1.49mol 储层流体

参 考 文 献

Abrams, D. S. and Prausnitz, J. M., Statistical thermodynamics of liquid mixtures: A new expression for the excess Gibbs energy of partly or completely miscible systems, *AIChE J.* 21, 116-128, 1975.

Alder, B. J., *Prediction of Transport Properties of Dense Gases and Liquids*, UCRL 14891-T, University of California, Berkeley, CA, May 1966.

ASME Steam Tables, 4th ed. App. I, The American Society of Mechanical Engineers., New York, 11-29, 1979.

Austegard, A., Solbraa, E., De Koeijer, G. and Mølnvik, M. J., Thermodynamic models for calculating mutual solubilities in H_2O—CO_2—CH_4 mixtures, *Chem. Eng. Res. Des.* 84, 781-794, 2006.

Firoozabadi, A. and Ramey, H. J., Surfacc tension of water-hydrocarbon systems at reservoir conditions, *J. Can. Petrol. Technol* 27, 41-48, 1988.

Fredenslund, A., Gmehling, J., and Rasmussen, P., *Vapor-Liquid Equilibria using UNIFAC*, Elsevier, Amsterdam, North-Holland, 1977.

Grunberg, L. and Nissan, A. H., Mixture law for viscosity, *Nature* 164, 799-800, 1949.

Huron, M. J. and Vidal, J., New mixing rules in simple equations of state for representing vapor-liquid equilibria of strongly non ideal mixtures, *Fluid Phase Equilib.* 3, 255-271, 1979.

Jessen, K. and Hurttia, R., The Soave-Redlich-Kwong equation of state used on polar mixtures, B. Sc. Thesis, Institute of Applied Chemistry, Technical University of Denmark, 1994.

Kabadi, V. N. and Danner, R. P., A modified Soave-Redlich-Kwong equation of state for water-hydrocarbon phase equilibria, *Ind. Eng. Process Des. Dev.* 24, 537-541, 1985.

Keyes, F. G., Keenan, J. H., Hill, P. G., and Moore, J. G., A fundamental equation for liquid and vapor water, presented at the *Seventh International Conference on the Properties of Steam*, Tokyo, Japan, September 1968.

Kobayashi, R. and Katz, D. L., Vapor-liquid equilibria for binary hydrocarbon-water systems. *Ind. Eng. Chem.* 45, 440-446, 1953.

Kokal, S., Al-Dokhi, M., and Sayegh, S., Phase behavior of gas condensate/water system, SPE 87307, *SPE Reservoir Evaluation and Engineering*, 412-420, December 2003.

Kontogeorgis, G. M., Voutsas, E. C., Yakoumis, I. V., and Tassios, D. P., An equation of state for associating fluids, *Ind. Eng. Chem. Res.* 35, 4310-4318, 1996.

Kristensen, J. N., Christensen, P. L., Pedersen, K. S., and Skovborg, P., A combined Soave-Redlich-Kwong and NRTL equation for calculating the distribution of methanol between water and hydrocarbon phases, *Fluid Phase Equilib.* 82, 199-206, 1993.

Lindeloff, N. and Michelsen, M. L., Phase envelope calculations for hydrocarbon-water mixtures, SPE 85971, *SPEJ.* 8, 298-303, 2003.

Lucas. K., Die Druckabhängigkeil der Viskosität von Flüssigkeiten, *Chemie Ingenieur Technik.* 53, 959-960. 1981 (in German).

Lundstrøm, C., Michelsen, M. L., Kontogeorgis, G. M., Pedersen. K. S., and Sørensen, H., Comparison of the SRK and CPA equations of state for physical properties of water and methanol, *Fluid Phase Equilib.* 247, 149-157. 2006.

Mathias, P. M., Prausnitz, J. M., and Klotz, H. C., Equation of state mixing rules for multicomponeni mixtures: The problem of invariance, *Fluid Phase Equilib.* 67, 31-44, 1991.

Meyer, C. A., McClintock, R. B., Silversiri, G. J., and Spencer, R. C., Jr., Thermodynamic and transport properties of steam, 1967 *ASME Steam Tables*, 2nd cd., ASME, 1967.

Michelsen, M. L. and Kislenmacher, H., On composition-dependent interaction coefficients, *Fluid Phase Equilib.* 58, 229-230, 1990.

Michelsen. M. L., A modified Huron-Vidal mixing rule for cubic equations of state. *Fluid Phase Equilib.* 60. 213-219, 1990.

Ng, H. J., Chen, C. J., and Razzaghi, M., Vapor-Liquid equilibria of selected aromatic hydrocarbons in trieth ylene glycol. *Fluid Phase Equilib.* 82. 207-214, 1993.

Ng, H. J. and Chen, C. J., Vapor-Liquid and Vapor-Liquid-Liquid Equilibria for H_2S, CO_2, Selected Light Hydrocarbons and a Gas Condensate in Aqueous Methanol or Ethylene Glycol Solutions, Research Report RR-149, Gas Processors Association, Tulsa, Oklahoma, 1995.

Numbere, D., Bringham, W. E., and Standing, M. B., Correlations for Physical Properties of Petroleum Reservoir Brines, Petroleum Research Institute, Stanford University, 1977.

Pal, R. and Rhodes, E., Viscosity/concentration relationships for emulsions, *J. Rheology* 33, 1021-1045, 1989.

Panagiotopoulos, A. Z. and Reid, R. C., New mixing rule for cubic equations of state for highly polar, asymmetric systems, *ACS Symposium Series* 300, 571-582, 1986.

Pedersen, K. S., Michelsen, M. L., and Fredheim. A. O., Phase equilibrium calculations for unprocessed well streams containing hydrate inhibitors, *Fluid Phase Equilib.* 126, 13-28, 1996.

Pedersen, K. S., Milter, J., and Rasmusssen, C. P., Mutual solubility of water and a reservoir fluid at high temperatures and pressures: Experimental and simulated data, *Fluid Phase Equilib.* 189, 85-97, 2001.

Pedersen, K. S. and Milter, J., Phase equilibrium between gas condensate and brine at HT/HP conditions, SPE 90309, presented at the *SPEATCE*, Houston. TX, September 26-29, 2004.

Renon, H. and Prausnitz, J. M., Local composition in thermodynamic excess functions for liquid mixtures, *AIChEJ.* 14, 135-144, 1968.

Rønningsen, H. P., Conditions for predicting viscosity of W/O emulsions based on North Sea crude oils, SPE Paper 28968, presented at the *SPE International Symposium on Oilfield Chemistry*, San Antonio, TX, February 14-17, 1995.

Schmidt, E., *Properties of Water and Steam in SI-Units*, Springer-Verlag, New York, 1969.

Sengers, J. V. and Keyes, P. H., Scaling of the thermal conductivity near the gas-liquid critical point, *Tech. Rep.* 71-061. University of Maryland, 1971.

Sørensen, H., Pedersen, K. S., and Christensen, P. L., Modeling of gas solubility in brine, *Org. Chem.* 33, 635-642, 2002.

van Velzen, D., Cardozo, R. L. and Langekamp, H., A Liquid Viscosity-Temperature-Chemical Constitution Relation for Organic Compounds, *Ind. Eng. Chem. Fundam.* 11, 20-25, 1972.

Wong, D. S. H. and Sandler, S. I., A theoretically correct mixing rule for cubic equations of state, *AIChE J.* 38, 671-680, 1992.

17 结 垢

井筒中的油藏流体产出液通常含有来自地层底部含水层的地层水。地层水中含有较多的盐,其中大部分盐可溶于水,例如:NaCl,KCl,CaCl。也可能含有一些溶解度较低的盐类,例如:$BaSO_4$或$CaCO_3$,$CaSO_4$。在一定条件下,这些盐类物质会发生沉淀并生成固体物质。盐类物质的沉淀过程通常被称为结垢过程,结垢作用是管道输送含有地层水的井流物过程中的潜在威胁。在油藏开采过程中,当为提高采收率而注入的海水与地层水接触时,可能会出现结垢现象。

17.1 盐沉淀的规则

如果某种盐类物质的浓度高于其沉淀平衡常数,就会出现沉淀。盐类物质的化学计量沉淀平衡常数被定义为该饱和盐类水溶液中各离子摩尔浓度的乘积。例如$CaSO_4$的沉淀平衡常数为:

$$K_{sp}(CaSO_4) = m_{Ca^{2+}} + m_{SO_4^{2-}} \tag{17.1}$$

式中,m表示物质的量浓度,mol/L。$CaSO_4$的热力学沉淀平衡常数K_{sp}^o被定义为水溶液中饱和状态下Ca^{2+}和SO_4^{2-}活度的乘积:

$$K_{sp}^o(CaSO_4) = a_{Ca^{2+}} + a_{SO_4^{2-}} \tag{17.2}$$

其中

$$a_{Ca^{2+}} = m_{Ca^{2+}} \gamma_{Ca^{2+}}; \quad a_{SO_4^{2-}} = m_{SO_4^{2-}} \gamma_{SO_4^{2-}} \tag{17.3}$$

γ表示活度系数,它的定义参见附录A中的式(A.34)。结合式(17.1)和式(17.3)可以看出,化学计量和热力学沉淀平衡常数的关系如下(再次使用$CaSO_4$举例说明):

$$K_{sp} = \frac{K_{sp}^o}{\gamma_{Ca^{2+}} + \gamma_{SO_4^{2-}}} \tag{17.4}$$

由式(17.4)可以看出,如果所有的活度系数都等于1.0,那么化学计量和热力学的沉淀平衡常数相等。

地层水中最可能沉淀的盐类物质如下:硫酸钙($CaSO_4$)、硫酸钡($BaSO_4$)、硫酸锶($SrSO_4$)、碳酸钙($CaCO_3$)、碳酸铁($FeCO_3$)、硫化铁(FeS)。

当存在氧气时,铁离子会以氧化铁的形式沉淀,这是基于地层水中的O_2为自由态。对于某一给定的盐类物质是否发生沉淀,受许多因素的影响。显然,构成盐的离子浓度是重要因素,但是酸碱度($pH = -\lg[H^+]$,其中$[H^+]$为氢离子浓度,mol/L),CO_2和H_2S溶解在水相中的浓度以及其他离子的浓度(例如Na^+,K^+和Cl^-)都会对沉淀的形成产生影响。然而摩尔浓度由离子浓度决定,所以活度系数也会受到其他所有的因素影响。

(1)酸平衡:

$$H_2O \rightleftharpoons H^+ + OH^-$$

$$H_2O + CO_2 \rightleftharpoons H^+ + HCO_3^-$$

$$HCO_3^- \rightleftharpoons H^+ + CO_3^{2-}$$

$$HA \rightleftharpoons H^+ + A^-$$

$$H_2S \rightleftharpoons H^+ + HS^-$$

式中，HA 代表普通有机酸。

（2）硫酸盐的沉淀反应：

$$Ca^{2+} + SO_4^{2-} \rightleftharpoons CaSO_4(s)$$

$$Ba^{2+} + SO_4^{2-} \rightleftharpoons BaSO_4(s)$$

$$Sr^{2+} + SO_4^{2-} \rightleftharpoons SrSO_4(s)$$

式中，s 代表固体或者沉淀物。

（3）亚铁离子矿物的沉淀反应：

$$Fe^{2+} + CO_3^{2-} \rightleftharpoons FeCO_3(s)$$

$$Fe^{2+} + HS^- \rightleftharpoons H^+ + FeS(s)$$

（4）碳酸钙沉淀反应：

$$Ca^{2+} + CO_3^{2-} \rightleftharpoons CaCO_3(s)$$

上述反应的平衡常数和热力学沉淀平衡常数如下：

$$K_{H_2O}^o = m_{H^+} m_{OH^-} \times \frac{\gamma_{H^+} \gamma_{OH^-}}{a_{H_2O}} \tag{17.5}$$

$$K_{CO_2,1}^o = \frac{m_{H^+} m_{HCO_3^-}}{m_{CO_2}} \times \frac{\gamma_{H^+} \gamma_{HCO_3^-}}{\gamma_{CO_2} a_{H_2O}} \tag{17.6}$$

$$K_{CO_2,2}^o = \frac{m_{H^+} m_{CO_3^{2-}}}{m_{HCO_3^-}} \times \frac{\gamma_{H^+} \gamma_{CO_3^{2-}}}{\gamma_{HCO_3^-}} \tag{17.7}$$

$$K_{HA}^o = \frac{m_{H^+} m_{A^-}}{m_{HA}} \times \frac{\gamma_{H^+} \gamma_{A^-}}{\gamma_{HA}} \tag{17.8}$$

$$K_{H_2S}^o = \frac{m_{H^+} m_{HS^-}}{m_{H_2S}} \times \frac{\gamma_{H^+} \gamma_{HS^-}}{\gamma_{H_2S}} \tag{17.9}$$

$$K_{CaSO_4}^o = m_{Ca^{2+}} m_{SO_4^{2-}} \gamma_{Ca^{2+}} \gamma_{SO_4^{2-}} \tag{17.10}$$

$$K_{BaSO_4}^o = m_{Ba^{2+}} m_{SO_4^{2-}} \gamma_{Ba^{2+}} \gamma_{SO_4^{2-}} \tag{17.11}$$

$$K_{SrSO_4}^o = m_{Sr^{2+}} m_{SO_4^{2-}} \gamma_{Sr^{2+}} \gamma_{SO_4^{2-}} \tag{17.12}$$

$$K_{FeCO_3}^o = m_{Fe^{2+}} m_{CO_3^{2-}} \gamma_{Fe^{2+}} \gamma_{CO_3^{2-}} \tag{17.13}$$

$$K_{CaCO_3}^o = m_{Ca^{2+}} m_{CO_3^{2-}} \gamma_{Ca^{2+}} \gamma_{CO_3^{2-}} \tag{17.14}$$

$$K_{FeS}^o = \frac{m_{Fe^{2+}} m_{HS^-}}{m_{H^+}} \times \frac{\gamma_{Fe^{2+}} \gamma_{HS^-}}{\gamma_{H^+}} \tag{17.15}$$

通过比较式(17.10)至式(17.14)和式(17.2)可以看出，$CaCO_3$，$BaSO_4$，$SrSO_4$ 和 $CaCO_3$ 的平衡常数等于热力学溶度积常数。

总之，存在如下因素影响盐类物质的沉淀：

（1）离子的物质的量浓度；

(2) 酸碱性；
(3) 平衡常数(其中一些等于沉淀平衡常数)；
(4) 所有离子的活度系数。

17.2 平衡常数

温度会影响水的电离过程，可用下式进行描述(Olofsson 和 Hepler，1975)：

$$-\lg(K_{H_2O}^o(T)) = \frac{142613.6}{T} + 4229.195\lg T - 9.7384T + 0.0129638T^2 - 1.15068 \times 10^{-5}T^3 + 4.602 \times 10^{-9}T^4 - 8908.483 \tag{17.16}$$

式中，T 为温度，K。

在压力 1bar 的条件下，其他平衡常数与温度的关系可由下式进行描述：

$$\ln K^o(T) = A + \frac{B}{T} + C\ln T + DT + \frac{E}{T^2} \tag{17.17}$$

式中，常数 A～E 由表 17.1 给出，有机酸通常为乙酸。碱度(A_T)被定义为：

$$A_T = m_{HCO_3^-} + 2m_{CO_3^{2-}} + m_A + m_{OH^-} + m_{H^+} \tag{17.18}$$

表 17.1 温度与平衡常数关系方程[式(17.17)]中的系数值

参数	A	B	C	$10^3 D$	E	参考文献
$K_{CO_2,1}$	-820.4327	50275.5	126.8339	-140.2727	-3879660	Haarberg(1989)
$K_{CO_2,2}$	-248.4192	11862.4	38.92561	-74.8996	-1297999	Haarberg(1989)
K_{HA}	-10.937	0	0	0	0	Haarberg(1989)
K_{H_2S}	-16.1121	0	0	0	0	Kaasa and Østvold(1998)
K_{CaSO_4}	11.6592	-2234.4	0	-48.2309	0	Haarberg(1989)
$K_{CaSO_4 \cdot 2H_2O}$	815.978	-26309.9	-138.361	167.863	18.6143	Haarberg(1989)
K_{BaSO_4}	208.839	-13084.5	-32.4716	-9.58318	2.58594	Haarberg(1989)
K_{SrSO_4}	89.6687	-4033.9	-16.0305	-1.34671	31402.1	Haarberg(1989)
K_{FeCO_3}	21.804	-56.448	-16.8397	0.02298	0	Kaasa and Østvold(1998)
K_{FeS}	-8.3102	0	0	0	0	Kaasa and Østvold(1998)
K_{CaCO_3}	-395.448	6461.5	71.558	-180.28	24847	Haarberg(1989)

注：温度的单位为 K。当温度低于 373.15K 时，系数为 1atm 下的值。当温度高于 373.15K 时，系数为水的蒸气压下的值。

上述方程右边的和不受 pH 值的影响。

这是一个方便的定义方法，因为在 pH 值变化过程中，可以保持碱度不变。压力与平衡常数的关系如下：

$$\frac{\partial \ln K}{\partial p} = \frac{p\Delta\kappa - \Delta V}{RT} \tag{17.19}$$

式中：R 为通用气体常数；ΔV 为反应引起的摩尔体积的变化量。压缩系数变化量 $\Delta \kappa$ 由下式给出：

$$\Delta \kappa = \left(\frac{\partial \Delta V}{\partial p}\right)_T \tag{17.20}$$

式(17.19)可以通过积分运算得到：

$$\ln\left(\frac{K_i^\circ(p)}{K_i^\circ(p^{\text{Ref}})}\right) = \frac{-\Delta V(p - p^{\text{Ref}}) + \frac{1}{2}\Delta\kappa(p - p^{\text{Ref}})^2}{RT} \tag{17.21}$$

硫酸盐沉淀反应的压缩系数变化量可用温度的三次多项式表示，温度的单位为℃。

$$10^{-3}\Delta\kappa = a + bt + ct^2 + dt^3 \tag{17.22}$$

不同硫酸盐的系数 a，b，c 和 d 值列在表 17.2 中。Haarberg(1989)推导了 CO_2 酸平衡条件下压缩系数与温度的关系：

$$10^3\left(\Delta\frac{\partial V}{\partial p}\right)_{CO_2,1} = 10^3\left(\Delta\frac{\partial V}{\partial p}\right)_{CO_2,2} = -39.3 + 0.233T - 0.000371T^2 \tag{17.23}$$

式中：T 为温度，K；$\partial V/\partial p$ 的单位为 $cm^3/(mol \cdot bar)$。对于碳酸钙和碳酸铁的沉淀反应而言，Haarberg 等(1990)发现压缩系数为 $0.015 cm^3/(mol \cdot bar)$，且不受温度变化的影响。

表 17.2　硫酸盐矿物沉淀反应中压缩系数方程[式(17.22)]中的各系数值

系　　数	a	$10^2 b$	$10^3 c$	$10^6 d$
$BaSO_4$	17.54	-1.159	-17.77	17.06
$SrSO_4$	17.83	-1.159	-17.77	17.06
$CaSO_4$	16.13	-0.944	-16.52	16.71
$CaSO_4 \cdot 2H_2O$	17.83	-1.543	-16.01	16.84

注：t 单位为℃，$\Delta\kappa$ 的单位为 $cm^3/(mol \cdot bar)$。

资料来源：Data from Atkinson, A. and Mecik, M., The chemistry of scale prediction, *J. Petroleum Sci. Eng.* 17, 113-121, 1997。

除了前文所提及的反应外，大部分反应的压力对平衡常数的影响可以忽略。

硫酸盐的偏摩尔体积的变化量可以如下简式表示：

$$\Delta V = A + BT + CT^2 + DI + EI^2 \tag{17.24}$$

式中，I 为离子强度，mol/L。

$$I = \frac{1}{2}\sum_i m_i |z_i|^2 \tag{17.25}$$

式中，z 表示离子带电量(正电或者负电)；m 为物质的量浓度；下标 i 表示离子种类。硫酸盐沉淀反应的常数 $A \sim E$ 列在表 17.3 中。

表 17.3　硫酸盐矿物沉淀反应中体积变化关系式[式(17.24)]中的各系数值

系　　数	A	B	$10^3 C$	D	E
$BaSO_4$	-343.6	1.746	-2.567	11.9	-4.0
$SrSO_4$	-306.9	1.574	-2.394	20.0	-8.2
$CaSO_4$	-282.3	1.438	-2.222	21.7	-9.8
$CaSO_4 \cdot 2H_2O$	-263.8	1.358	-2.077	21.7	-9.8

注：T 的单位为 K，I 的单位为 mol/L，ΔV 的单位为 cm^3/mol。

资料来源：Data from Haarberg, T., Mineral Deposition during Oil Recovery, Ph. D. thesis, Department of Inorganic Chemistry, University of Trondheim, Norway, 1989。

对于碳酸钙和碳酸铁的沉淀反应，Haarberg(1989)描述偏摩尔体积的变化量为：

$$\Delta V_{CaCO_3} = \Delta V_{FeCO_3} = -328.7 + 1.738T - 0.002794T^2 \quad (17.26)$$

Haarberg(1989)给出了 CO_2 的偏摩尔体积变化量和酸平衡之间的关系：

$$\Delta V_{CO_2,1} = \Delta V_{CO_2,2} = -141.4 + 0.735T - 0.001190T^2 \quad (17.27)$$

式(17.26)和式(17.27)中 ΔV 的单位为 cm^3/mol，T 的单位为 K。

17.3 活度系数

活度系数可以使用 Pizer 模型计算(Pitzer 1973，1975，1979，1986；Pitzer 等，1984)。Pitzer 使用渗透系数表示水的活度。

$$\ln a_{H_2O} = -\phi M_{H_2O} \sum_i m_i \quad (17.28)$$

式中：M 为分子量；m 为体积物质的量浓度；i 为所有离子种类。

渗透系数为：

$$(\phi - 1)\sum_i m_i = -\frac{2A_\varphi I^{3/2}}{1 + bI^{1/2}} + \sum_c \sum_a m_c m_a (B_{ca}^\phi + ZC_{ca}) + \\ \sum_{c>c'}\sum_{c'} m_c m_{c'}\left(\Phi_{cc'}^\phi + \sum_a m_a \psi_{cc'a}\right) + \sum_{a>a'}\sum_{a'} m_a m_{a'}\left(\Phi_{aa'}^\phi + \sum_c m_c \psi_{ca'a}\right) \quad (17.29)$$

对于阳离子而言，Pitzer 用下式表示活度系数：

$$\ln\gamma_M = z_M^2 F + \sum_a m_a (2B_{Ma} + ZC_{Ma}) + \sum_c m_c \left(2\Phi_{Mc} + \sum_a m_a \psi_{Mca}\right) + \\ \sum_{a>a'}\sum_{a'} m_a m_{a'} \Phi_{Maa'} + |z_M| \sum_c \sum_a m_c m_a C_{ca} \quad (17.30)$$

对于阴离子而言，活度表示为：

$$\ln\gamma_X = z_X^2 F + \sum_c m_c (2B_{cX} + ZC_{cX}) + \sum_a m_a \left(2\Phi_{Xa} + \sum_c m_c \Psi_{cXa}\right) + \\ \sum_{c>c'}\sum_{c'} m_c m_{c'} \Psi_{cc'X} + |z_X| \sum_c \sum_a m_c m_a C_{ca} \quad (17.31)$$

式中：a 和 a' 表示阴离子种类；c 和 c' 表示阳离子的种类；m 为物质的量浓度，mol/L；I 表示离子强度，它的定义见式(17.25)。ψ_{ijk} 为模型参数，对应阳离子—阳离子—阴离子组合和阳离子—阴离子—阴离子的组合。ψ_{ijk} 的值可以从表17.4 得到。式(17.29)至式(17.31)的其他参数如下式所示：

$$F = -A_\phi \left[\frac{\sqrt{I}}{1 + b\sqrt{I}} + \frac{2}{b}\ln(1 + b\sqrt{I})\right] + \sum_c \sum_a m_c m_a B'_{ca} + \\ \sum_{c>c'}\sum_{c'} m_c m_{c'} \Phi'_{cc'} + \sum_{a>a'}\sum_{a'} m_a m_{a'} \Phi'_{aa'} \quad (17.32)$$

式中，b 为通用常数，数值为 $1.2\ kg^{1/2}/mol^{1/2}$，并且

$$A_\phi = \frac{1}{3}\sqrt{2\pi N_0 d_w}\left(\frac{e^2}{4\pi\varepsilon_0 DkT}\right)^{3/2} \quad (17.33)$$

式中：N_0 为阿伏伽德罗常数(6.022×10^{23})；d_w 为水的密度，kg/m^3；e 为单位电荷量(1.602×10^{-19})；ε_0 为真空电导率；k 为玻尔兹曼常数(1.381×10^{-23})；D 为水的介电常数，它可以

用如下温度的三次多项式表示，温度单位为℃（MΦrk1989）：
$$D = 87.740 - 0.4008t + 9.398 \times 10^{-4}t^2 - 1.410 \times 10^{-6}t^3 \tag{17.34}$$

$$Z = \sum_i m_i |z_i| \tag{17.35}$$

$$B_{MX}^{\phi} = \beta_{MX}^{(0)} + \beta_{MX}^{(1)} \exp(-\alpha_1 \sqrt{I}) + \beta_{MX}^{(2)} \exp(-\alpha_2 \sqrt{I}) \tag{17.36}$$

$$B_{MX} = \beta_{MX}^{(0)} + \beta_{MX}^{(1)} g(\alpha_1 \sqrt{I}) + \beta_{MX}^{(2)} g(\alpha_2 \sqrt{I}) \tag{17.37}$$

$$B'_{MX} = \frac{\beta_{MX}^{(1)} g'(\alpha_1 \sqrt{I}) + \beta_{MX}^{(2)} g'(\alpha_2 \sqrt{I})}{I} \tag{17.38}$$

其中，下标 M 代表某一种阳离子，X 代表某一种阴离子。25℃下的参数 $\beta(0)$，$\beta(1)$ 和 $\beta(2)$ 的值参见表17.4。α_1 和 α_2 为常数，对于带电量为 +1 或者 -1 的离子，$\alpha_1 = 2\text{kg}^{1/2}/\text{mol}^{1/2}$，对于带电量为 +2 或者 -2，$\alpha_1 = 1.4\text{kg}^{1/2}/\text{mol}^{1/2}$，$\alpha_2$ 等于 $12\text{kg}^{1/2}/\text{mol}^{1/2}$：

$$g(x) = \frac{2[1-(1+x)\exp(-x)]}{x^2} \tag{17.39}$$

$$g'(x) = \frac{-2\left[1-\left(1+x+\frac{x^2}{2}\right)\exp(-x)\right]}{x^2} \tag{17.40}$$

$$C_{MX} = \frac{C_{MX}^{\phi}}{2\sqrt{|z_M z_X|}} \tag{17.41}$$

表 17.4　25℃下 Pitzer 参数值

离子	H^+	Na^+	K^+	Mg^{2+}	Ca^{2+}	Sr^{2+}	Ba^{2+}	Fe^{2+}
25℃时的参数 $\beta^{(0)}$								
OH^-	0.00000	0.08640	0.12980	0.00000	-0.17470	0.00000	0.17175	0.00000
Cl^-	0.17750	0.07650	0.04810	0.35090	0.30530	0.28340	0.26280	0.33593
SO_4^{2-}	0.02980	0.01810	0.00000	0.21500	0.20000	0.20000	0.20000	0.25680
HCO_3^-	0.00000	0.02800	-0.01070	0.32900	-1.49800	0.00000	0.00000	0.00000
CO_3^{2-}	0.00000	0.03620	0.12880	0.00000	-0.40000	0.00000	0.00000	1.91900
HS^-	0.00000	-0.10300	-0.33700	0.46600	0.069000	0.00000	0.00000	0.00000
25℃时的参数 $\beta^{(1)}$								
离子	H^+	Na^+	K^+	Mg^{2+}	Ca^{2+}	Sr^{2+}	Ba^{2+}	Fe^{2+}
OH^-	0.00000	0.25300	0.32000	0.00000	-0.23030	0.00000	1.20000	0.00000
Cl^-	0.29450	0.26640	0.21870	1.65100	1.70800	1.62600	1.49630	1.53225
SO_4^{2-}	0.00000	1.05590	1.10230	3.36360	3.19730	3.19730	3.19730	3.06300
HCO_3^-	0.00000	0.04400	0.04780	0.60720	7.89900	0.00000	0.00000	14.76000
CO_3^{2-}	0.00000	1.51000	1.43300	0.00000	-5.30000	0.00000	0.00000	-5.13400
HS^-	0.00000	0.88400	0.88400	2.26400	2.26400	0.00000	0.00000	0.00000

续表

25℃时的参数 $\beta^{(2)}$								
离子	H^+	Na^+	K^+	Mg^{2+}	Ca^{2+}	Sr^{2+}	Ba^{2+}	Fe^{2+}
OH^-	0.00000	0.00000	0.00000	0.00000	0.00000	0.00000	0.00000	0.00000
Cl^-	0.00000	0.00000	-0.00000	0.00000	0.00000	-0.00000	-0.00000	-0.00000
SO_4^{2-}	0.00000	0.00000	0.00000	-32.7400	-54.2400	-54.2400	-54.2400	-42.000
HCO_3^-	0.00000	0.00000	0.00000	0.00000	0.00000	0.00000	0.00000	0.00000
CO_3^{2-}	0.00000	0.00000	0.00000	0.00000	-879.200	0.00000	0.00000	-274.00
HS^-	0.00000	0.00000	0.00000	0.00000	0.00000	0.00000	0.00000	0.00000
参数 C^ϕ								
离子	H^+	Na^+	K^+	Mg^{2+}	Ca^{2+}	Sr^{2+}	Ba^{2+}	Fe^{2+}
OH^-	0.00000	0.00410	0.00410	0.00000	0.00000	0.00000	0.00000	0.00000
Cl^-	0.00080	0.000127	-0.00079	0.00651	0.00215	-0.00089	-0.01938	-0.00861
SO_4^{2-}	0.04380	0.00571	0.01880	0.02797	0.00000	0.00000	0.00000	0.02090
HCO_3^-	0.00000	0.00000	0.00000	0.00000	0.00000	0.00000	0.00000	0.00000
CO_3^{2-}	0.00000	0.00520	0.00050	0.00000	0.00000	0.00000	0.00000	0.00000
HS^-	0.00000	0.00000	0.00000	0.00000	0.00000	0.00000	0.00000	0.00000
参数 θ								
离子	H^+	Na^+	K^+	Mg^{2+}	Ca^{2+}	Sr^{2+}	Ba^{2+}	Fe^{2+}
H^+	0.00000	—	—	—	—	—	—	—
Na^+	0.03600	0.00000	—	—	—	—	—	—
K^+	0.00500	-0.01200	0.00000	—	—	—	—	—
Mg^{2+}	0.10000	0.07000	0.00000	0.00000	—	—	—	—
Ca^{2+}	0.06120	0.07000	0.03200	0.00700	0.00000	—	—	—
Sr^{2+}	0.06500	0.05100	0.00000	0.00000	0.00000	0.00000	—	—
Ba^{2+}	0.00000	0.06700	0.00000	0.00000	0.00000	0.00000	0.00000	—
Fe^{2+}	0.00000	0.00000	0.00000	0.00000	0.00000	0.00000	0.00000	0.00000
离子	OH^-	Cl^-	SO_4^{2-}	HCO_3^-	CO_3^{2-}	HS^-		
OH^-	0.00000							
Cl^-	-0.05000	0.00000	—	—	—	—		
SO_4^{2-}	-0.01300	0.02000	0.00000	—	—	—		
HCO_3^-	0.00000	0.03590	0.01000	0.00000	—	—		
CO_3^{2-}	0.10000	-0.05300	0.02000	0.08900	0.00000	—		
HS^-	0.00000	0.00000	0.00000	0.00000	0.00000	0.00000		

续表

25℃时的参数 ψ 阴离子1被固定为 Cl^-

离子	H^+	Na^+	K^+	Mg^{2+}	Ca^{2+}	Sr^{2+}	Ba^{2+}	Fe^{2+}
H^+	0.00000	—	—	—	—	—	—	—
Na^+	−0.00400	0.00000	—	—	—	—	—	—
K^+	−0.01100	−0.00180	0.00000	—	—	—	—	—
Mg^{2+}	−0.01100	−0.01200	−0.02200	0.00000	—	—	—	—
Ca^{2+}	−0.01500	−0.00700	−0.02500	−0.01200	0.00000	—	—	—
Sr^{2+}	0.00300	−0.00210	0.00000	0.00000	0.00000	0.00000	—	—
Ba^{2+}	0.01370	−0.01200	0.00000	0.00000	0.00000	0.00000	0.00000	—
Fe^{2+}	0.00000	0.00000	0.00000	0.00000	0.00000	0.00000	0.00000	0.00000

阴离子1被固定为 SO_4^-

离子	H^+	Na^+	K^+	Mg^{2+}	Ca^{2+}	Sr^{2+}	Ba^{2+}	Fe^{2+}
H^+	0.00000	—	—	—	—	—	—	—
Na^+	0.00000	0.00000	—	—	—	—	—	—
K^+	0.19700	−0.01000	0.00000	—	—	—	—	—
Mg^{2+}	0.00000	−0.01500	−0.04800	0.00000	—	—	—	—
Ca^{2+}	0.00000	−0.05500	0.00000	0.02400	0.00000	—	—	—
Sr^{2+}	0.00000	0.00000	0.00000	0.00000	0.00000	0.00000	—	—
Ba^{2+}	0.00000	0.00000	0.00000	0.00000	0.00000	0.00000	0.00000	—
Fe^{2+}	0.00000	0.00000	0.00000	0.00000	0.00000	0.00000	0.00000	0.00000

阴离子1被固定为 HCO_3^-

离子	H^+	Na^+	K^+	Mg^{2+}	Ca^{2+}	Sr^{2+}	Ba^{2+}	Fe^{2+}
H^+	0.00000	—	—	—	—	—	—	—
Na^+	0.00000	0.00000	—	—	—	—	—	—
K^+	0.00000	−0.00300	0.00000	—	—	—	—	—
Mg^{2+}	0.00000	0.00000	0.00000	0.00000	—	—	—	—
Ca^{2+}	0.00000	0.00000	0.00000	0.00000	0.00000	—	—	—
Sr^{2+}	0.00000	0.00000	0.00000	0.00000	0.00000	0.00000	—	—
Ba^{2+}	0.00000	0.00000	0.00000	0.00000	0.00000	0.00000	0.00000	—
Fe^{2+}	0.00000	0.00000	0.00000	0.00000	0.00000	0.00000	0.00000	0.00000

阴离子1被固定为 CO_3^{2-}

离子	H^+	Na^+	K^+	Mg^{2+}	Ca^{2+}	Sr^{2+}	Ba^{2+}	Fe^{2+}
H^+	0.00000	—	—	—	—	—	—	—
Na^+	0.00000	0.00000	—	—	—	—	—	—
K^+	0.00000	0.00300	0.00000	—	—	—	—	—
Mg^{2+}	0.00000	0.00000	0.00000	0.00000	—	—	—	—
Ca^{2+}	0.00000	0.00000	0.00000	0.00000	0.00000	—	—	—
Sr^{2+}	0.00000	0.00000	0.00000	0.00000	0.00000	0.00000	—	—
Ba^{2+}	0.00000	0.00000	0.00000	0.00000	0.00000	0.00000	0.00000	—
Fe^{2+}	0.00000	0.00000	0.00000	0.00000	0.00000	0.00000	0.00000	0.00000

续表

阳离子1 被固定为 Na^+						
离子	OH^-	Cl^-	SO_4^{2-}	HCO_3^-	CO_3^{2-}	HS^-
OH^-	0.00000	—	—	—	—	—
Cl^-	−0.00600	0.00000	—	—	—	—
SO_4^{2-}	−0.00900	0.00140	0.00000	—	—	—
HCO_3^-	0.00000	−0.01430	−0.00500	0.00000	—	—
CO_3^{2-}	−0.01700	0.00000	−0.00500	0.00000	0.00000	—
HS^-	0.00000	0.00000	0.00000	0.00000	0.00000	0.00000

阳离子1 被固定为 K^+						
离子	OH^-	Cl^-	SO_4^{2-}	HCO_3^-	CO_3^{2-}	HS^-
OH^-	0.00000	—	—	—	—	—
Cl^-	−0.00800	0.00000	—	—	—	—
SO_4^{2-}	−0.05000	0.00000	0.00000	—	—	—
HCO_3^-	0.00000	0.00000	0.00000	0.00000	—	—
CO_3^{2-}	−0.01000	0.02400	−0.00900	−0.03600	0.00000	—
HS^-	0.00000	0.00000	0.00000	0.00000	0.00000	0.00000

阳离子1 被固定为 Mg^{2+}						
离子	OH^-	Cl^-	SO_4^{2-}	HCO_3^-	CO_3^{2-}	HS^-
OH^-	0.00000	—	—	—	—	—
Cl^-	−0.00000	0.00000	—	—	—	—
SO_4^{2-}	0.00000	−0.00400	0.00000	—	—	—
HCO_3^-	0.00000	−0.09600	−0.16100	0.00000	—	—
CO_3^{2-}	0.00000	0.00000	0.00000	0.00000	0.00000	—
HS^-	0.00000	0.00000	0.00000	0.00000	0.00000	0.00000

阳离子1 被固定为 Ca^{2+}						
离子	OH^-	Cl^-	SO_4^{2-}	HCO_3^-	CO_3^{2-}	HS^-
OH^-	0.00000	—	—	—	—	—
Cl^-	−0.02500	0.00000	—	—	—	—
SO_4^{2-}	0.00000	−0.01800	0.00000	—	—	—
HCO_3^-	0.00000	0.00000	0.00000	0.00000	—	—
CO_3^{2-}	0.00000	0.00000	0.00000	0.00000	0.00000	—
HS^-	0.00000	0.00000	0.00000	0.00000	0.00000	0.00000

资料来源：Data from Haarberg, T., Mineral deposition during oil recovery, Ph. D. thesis, Department of Inorganic Chemistry, University of Trondheim, Norway, 1989。

式中，25℃下的 C_{MX}^ϕ 列于表17.4。Φ_{ij}^ϕ 可由下式表示：

$$\Phi_{ij}^\phi = {}^S\theta_{ij} + {}^E\theta_{ij}(I) + I{}^E\theta'_{ij}(I) \tag{17.42}$$

式中，${}^S\theta$ 参见表17.4，且：

$$E_{\theta_{ij}}(I) = \frac{z_i z_j}{4I}\left[J(x_{ij}) - \frac{1}{2}J(x_{ii}) - \frac{1}{2}J(x_{jj})\right] \tag{17.43}$$

$$^{E}\theta'_{ij}(I) = -\frac{E_{\theta_{ij}}(I)}{I} + \frac{z_i z_j}{8I^2}\left[x_{ij}J'(x_{ij}) - \frac{1}{2}x_{ii}J'(x_{ii}) - \frac{1}{2}x_{jj}J'(x_{jj})\right] \tag{17.44}$$

$$x_{ij} = 6z_i z_j A_\phi \sqrt{I} \tag{17.45}$$

式中,A_ϕ 的定义可由式(17.33)给出。下标 ij 表示两个阳离子或两个阴离子。

$$J(x) = \frac{x}{4 + \frac{4.581}{x^{0.7237}}\exp(-0.0120x^{0.528})} \tag{17.46}$$

式(17.44)中 J' 是 J 的导数。Pitzer 参数中 Ψ_{ijk} 和 $^s\theta_{ij}$ 与温度无关,而 $\beta_{ij}^{(0)}$,$\beta_{ij}^{(1)}$,$\beta_{ij}^{(2)}$ 和 $\beta_{ij}^{(3)}$ 与温度有关。温度变化对这些参数的影响可表示为:

$$X(T) = X(298.15) + \left(\frac{\partial X}{\partial T}\right)_{298.15}(T - 298.15) + \frac{1}{2}\left(\frac{\partial^2 X}{\partial T^2}\right)_{298.15}(T - 298.15)^2 \tag{17.47}$$

式中,温度系数 $\left(\frac{\partial X}{\partial T}\right)_{298.15}$ 和 $\left(\frac{\partial^2 X}{\partial T^2}\right)_{298.15}$ 参见表 17.5。

表 17.5 Pitzer 参数关系式 [式(17.47)] 中温度系数的数值

离子	H^+	Na^+	K^+	Mg^{2+}	Ca^{2+}	Sr^{2+}	Ba^{2+}	Fe^{2+}
\multicolumn{9}{c}{$\beta^{(0)}$ 对温度的一阶偏导数($\times 100$)}
OH^-	0.00000	-0.01879	0.00000	0.00000	0.00000	0.00000	0.00000	0.00000
Cl^-	-0.18133	0.07159	0.03579	-0.05311	0.02124	0.02493	0.06410	0.00000
SO_4^{2-}	0.00000	0.16313	0.09475	0.00730	0.00000	0.00000	0.00000	0.00000
HCO_3^-	0.00000	0.10000	0.10000	0.00000	0.00000	0.00000	0.00000	0.00000
CO_3^{2-}	0.00000	0.17900	0.11000	0.00000	0.00000	0.00000	0.00000	0.00000
HS^-	0.00000	0.00000	0.00000	0.00000	0.00000	0.00000	0.00000	0.00000

离子	H^+	Na^+	K^+	Mg^{2+}	Ca^{2+}	Sr^{2+}	Ba^{2+}	Fe^{2+}
\multicolumn{9}{c}{$\beta^{(0)}$ 对温度的一阶偏导数($\times 100$)}
OH^-	0.00000	0.00003	0.00000	0.00000	0.00000	0.00000	0.00000	0.00000
Cl^-	0.00376	-0.00150	-0.00025	0.00038	-0.00057	-0.00621	0.00000	0.00000
SO_4^{2-}	0.00000	-0.00115	0.00008	0.00094	0.00000	0.00000	0.00000	0.00000
HCO_3^-	0.00000	-0.00192	0.00000	0.00000	0.00000	0.00000	0.00000	0.00000
CO_3^{2-}	0.00000	-0.00263	0.00102	0.00000	0.00000	0.00000	0.00000	0.00000
HS^-	0.00000	0.00000	0.00000	0.00000	0.00000	0.00000	0.00000	0.00000

离子	H^+	Na^+	K^+	Mg^{2+}	Ca^{2+}	Sr^{2+}	Ba^{2+}	Fe^{2+}
\multicolumn{9}{c}{$\beta^{(1)}$ 对温度的一阶偏导数($\times 100$)}
OH^-	0.00000	0.27642	0.00000	0.00000	0.00000	0.00000	0.00000	0.00000
Cl^-	0.01307	0.07000	0.11557	0.43440	0.36820	0.20490	0.32000	0.00000
SO_4^{2-}	0.00000	-0.07881	0.46140	0.64130	5.46000	5.46000	5.46000	0.00000
HCO_3^-	0.00000	0.11000	0.11000	0.00000	0.00000	0.00000	0.00000	0.00000
CO_3^{2-}	0.00000	0.20500	0.43600	0.00000	0.00000	0.00000	0.00000	0.00000
HS^-	0.00000	0.00000	0.00000	0.00000	0.00000	0.00000	0.00000	0.00000

续表

离子	$\beta^{(1)}$对温度的二阶偏导数($\times 100$)							
	H^+	Na^+	K^+	Mg^{2+}	Ca^{2+}	Sr^{2+}	Ba^{2+}	Fe^{2+}
OH^-	0.00000	-0.00124	0.00000	0.00000	0.00000	0.00000	0.00000	0.00000
Cl^-	-0.00005	0.00021	-0.00004	0.00074	0.00232	0.05000	0.00000	0.00000
SO_4^{2-}	0.00000	0.00908	-0.00011	0.00901	0.00000	0.00000	0.00000	0.00000
HCO_3^-	0.00000	0.00263	0.00000	0.00000	0.00000	0.00000	0.00000	0.00000
CO_3^{2-}	0.00000	-0.04170	0.00414	0.00000	0.00000	0.00000	0.00000	0.00000
HS^-	0.00000	0.00000	0.00000	0.00000	0.00000	0.00000	0.00000	0.00000

离子	$\beta^{(2)}$对温度的一阶偏导数							
	H^+	Na^+	K^+	Mg^{2+}	Ca^{2+}	Sr^{2+}	Ba^{2+}	Fe^{2+}
OH^-	0.00000	0.00000	0.00000	0.00000	0.00000	0.00000	0.00000	0.00000
Cl^-	0.00000	0.00000	0.00000	0.00000	0.00000	0.00000	0.00000	0.00000
SO_4^{2-}	0.00000	0.00000	0.00000	-0.06100	-0.51600	-0.51600	-0.51600	0.00000
HCO_3^-	0.00000	0.00000	0.00000	0.00000	0.00000	0.00000	0.00000	0.00000
CO_3^{2-}	0.00000	0.00000	0.00000	0.00000	0.00000	0.00000	0.00000	0.00000
HS^-	0.00000	0.00000	0.00000	0.00000	0.00000	0.00000	0.00000	0.00000

离子	$\beta^{(2)}$对温度的二阶偏导数							
	H^+	Na^+	K^+	Mg^{2+}	Ca^{2+}	Sr^{2+}	Ba^{2+}	Fe^{2+}
OH^-	0.00000	0.00000	0.00000	0.00000	0.00000	0.00000	0.00000	0.00000
Cl^-	0.00000	0.00000	0.00000	0.00000	0.00000	0.00000	0.00000	0.00000
SO_4^{2-}	0.00000	0.00000	0.00000	-0.01300	0.00000	0.00000	0.00000	0.00000
HCO_3^-	0.00000	0.00000	0.00000	0.00000	0.00000	0.00000	0.00000	0.00000
CO_3^{2-}	0.00000	0.00000	0.00000	0.00000	0.00000	0.00000	0.00000	0.00000
HS^-	0.00000	0.00000	0.00000	0.00000	0.00000	0.00000	0.00000	0.00000

离子	C^ϕ对温度的一阶偏导数($\times 100$)							
	H^+	Na^+	K^+	Mg^{2+}	Ca^{2+}	Sr^{2+}	Ba^{2+}	Fe^{2+}
OH^-	0.00000	-0.00790	0.00000	0.00000	0.00000	0.00000	0.00000	0.00000
Cl^-	0.00590	-0.01050	-0.00400	-0.01990	-0.01300	0.00000	-0.01540	0.00000
SO_4^{2-}	0.00000	-0.36300	-0.00625	-0.02950	0.00000	0.00000	0.00000	0.00000
HCO_3^-	0.00000	0.00000	0.00000	0.00000	0.00000	0.00000	0.00000	0.00000
CO_3^{2-}	0.00000	0.00000	0.00000	0.00000	0.00000	0.00000	0.00000	0.00000
HS^-	0.00000	0.00000	0.00000	0.00000	0.00000	0.00000	0.00000	0.00000

离子	C^ϕ对温度的二阶偏导数($\times 100$)							
	H^+	Na^+	K^+	Mg^{2+}	Ca^{2+}	Sr^{2+}	Ba^{2+}	Fe^{2+}
OH^-	0.00000	0.00007	0.00000	0.00000	0.00000	0.00000	0.00000	0.00000
Cl^-	-0.00002	0.00015	0.00003	0.00018	0.00005	0.00000	0.00000	0.00000
SO_4^{2-}	0.00000	0.00027	-0.00023	-0.00010	0.00000	0.00000	0.00000	0.00000
HCO_3^-	0.00000	0.00000	0.00000	0.00000	0.00000	0.00000	0.00000	0.00000
CO_3^{2-}	0.00000	0.00000	0.00000	0.00000	0.00000	0.00000	0.00000	0.00000
HS^-	0.00000	0.00000	0.00000	0.00000	0.00000	0.00000	0.00000	0.00000

资料来源：Data from Haarberg, T., Mireral deposition during oil recovery, Ph. D thesis, Department of Inorganic Chemistry, University of Trondheim, Norway, 1989。

由于 Na 和 Cl 离子会出现在很多系统中，Pitzer 等(1984)开发了一种替代性的且更精确的表达式来描述温度和压力对这些参数的影响：

$$X(T) = \frac{Q_1}{T} + Q_2 + Q_3 p + Q_4 \ln(T) + (Q_5 + Q_6 p)T +$$

$$(Q_7 + Q_8 p)T^2 + \frac{Q_9 + Q_{10}p}{T-227} + \frac{Q_{11} + Q_{12}p}{680-T} \tag{17.48}$$

式中：压力 p 的单位为 bar；温度 T 的单位为 K；系数 Q_1，Q_2，$\cdots$，Q_{12} 由表 17.6 给出。

表 17.6 式(17.48)中 NaCl 的 Pitzer 参数的温度系数

系 数	$\beta_{NaCl}^{(0)}$	$\beta_{NaCl}^{(1)}$	C_{NaCl}^{ϕ}
Q_1	-6.5681518×10^2	1.1931966×10^2	-6.1084589
Q_2	2.486912950×10^1	$-4.8309327 \times 10^{-1}$	4.0217793×10^{-1}
Q_3	$5.381275267 \times 10^{-5}$	0	2.2902837×10^{-5}
Q_4	-4.4640952	0	$-7.5354649 \times 10^{-2}$
Q_5	$1.110991383 \times 10^{-2}$	1.4068095×10^{-3}	$1.531767295 \times 10^{-4}$
Q_6	$-2.657339906 \times 10^{-7}$	0	$-9.0550901 \times 10^{-8}$
Q_7	$-5.309012889 \times 10^{-6}$	0	$-1.53860082 \times 10^{-8}$
Q_8	$8.634023325 \times 10^{-10}$	0	8.69266×10^{-11}
Q_9	-1.579365943	-4.2345814	$3.53104136 \times 10^{-1}$
Q_{10}	$2.202282079 \times 10^{-3}$	0	$-4.3314252 \times 10^{-4}$
Q_{11}	9.706578079	0	$-9.187145529 \times 10^{-2}$
Q_{12}	$-2.686039622 \times 10^{-2}$	0	5.1904777×10^{-4}

注：压力的单位为 bar，温度的单位为 K。

资料来源：Data from Pitzer, K. S., *Thermodynamics*, Appendix, X, McGraw Hill, New York, 1995。

17.4　计算过程

初步评估盐类是否出现沉淀可以通过计算饱和率 SR 实现。硫酸钙的饱和率计算式如下：

$$SR_{CaSO_4} = \frac{m_{Ca^{2+}} m_{SO_4^{2-}}}{K_{sp}^o} \tag{17.49}$$

式中，物质的量浓度为不考虑沉淀情况时的浓度。当盐类的饱和率大于 1 时，可能出现沉淀，但是实际的物质的量浓度会低于该值，这是由于其中一种离子或两种离子可能参与其他盐的沉淀。相关的溶解度指数 SI 被定义为：

$$SI_{CaSO_4} = \lg(SR_{CaSO_4}) = \lg\left(\frac{m_{Ca^{2+}} m_{SO_4^{2-}}}{K_{sp}^o}\right) \tag{17.50}$$

当 SI 大于 0 时，盐类可能发生沉淀。如果 SI 为负数，则盐类不会发生沉淀。SR 和 SI 都是定性描述沉淀的方法，当定量计算盐类沉淀量时，该方法不再适用。

通过计算平衡态时溶液中的离子数量，估算出水溶液中沉淀出的矿物质量。多余的盐成分会发生沉淀。对于发生沉淀的盐必须满足式(17.10)至式(17.15)给出热力学平衡常数，而这并不适用于不发生沉积的盐类物质。对于不发生沉淀的盐类物质而言，式(17.10)至式(17.15)中的物质的量浓度和活度系数的乘积小于热力学平衡常数。

使用迭代法求解方程组。对于所有离子的活度系数，最初设定为 1。在 1bar 条件下，使

用式(17.16)和式(17.17)可以计算出平衡常数,其中迭代过程如下:

(1) 使用式(17.21)修正压力对平衡常数的影响。

(2) 化学计量平衡常数通过热力学平衡常数[式(17.4)]和活度系数(第一次迭代计算活度系数为1.0)进行计算。

(3) 计算 CO_2(水溶液中)对 H_2S(水溶液中)的浓度比。CO_2(水溶液中)和 H_2S(水溶液中)的浓度为固定值(取决于与水相平衡的烃相中 CO_2 和 H_2S 的逸度)。

(4) 计算硫酸盐沉淀量,不考虑其他沉淀反应。

(5) 比照溶度积核对铁离子矿物($FeCO_3$ 和 FeS)的离子积。只有其中一种铁离子矿物会出现沉淀,因为对于固定的 $CO_2(aq)$ 对 $H_2S(aq)$ 的相对浓度而言,两种盐同时沉淀将不满足溶度积。

(6) 比照溶度积核对碳酸钙的离子积。如果未超过溶度积,则进行步骤(8),否则进行步骤(7)。

(7) 使用双重循环迭代法计算碳酸钙与铁离子矿物同时沉淀的情况。内循环计算碳酸钙的沉淀量。该沉淀会影响硫酸盐沉淀的数量,这是因为 Ca^{2+} 已经从溶液中去除。硫酸盐沉淀量通过每一次内循环迭代进行修正。在外循环中,迭代变量为亚铁离子沉淀物。当亚铁离子积和热力学溶度积一致时达到收敛。

(8) 活度系数使用 Pitzer 的活度模型计算。

(9) 从步骤(1)开始重复计算步骤直到收敛。

17.5 计算实例

表17.7给出了两种水矿物组分分析,其中一种为地层水,另一种为海水。图17.1给出了在温度为80℃和压力为135bar的情况下地层水与海水不同混合比得到的沉淀物总量。假设水与含有4.8%(摩尔分数)的 CO_2、且不含 H_2S 的气体平衡。可以看出,$BaSO_4$ 和 $SrSO_4$ 出现了沉淀。

表17.7 地层水与海水的矿物分析结果

项 目		地 层 水	海 水
矿物分析(mg/L)	Na^+	8442	10680
	K^+	159	396
	Ca^{2+}	671	409
	Mg^{2+}	25	1279
	Ba^{2+}	11	0.02
	Sr^{2+}	150	7.9
	Cl	14245	19221
	SO_4^{2-}	4	2689
基于 HCO_3^- 的碱度		517	141

注:不存在有机酸。

资料来源:Data from Kaasa, B., Prediction of pH, mineral precipitation and multiphase equilibria during oil production, Ph. D. thesis, Department of Inorganic Chemistry, University of Trondheim, Norway, 1998.

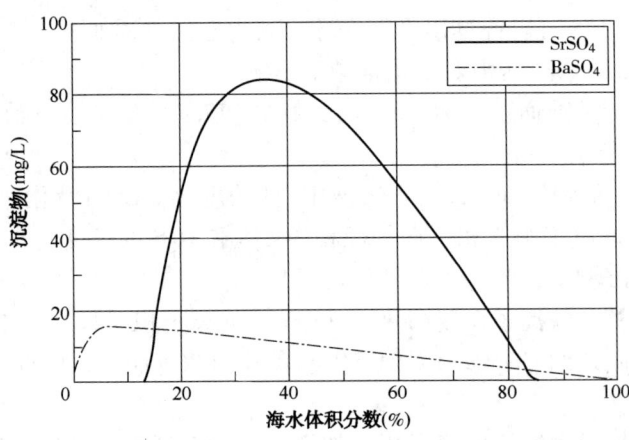

图 17.1　在 80℃ 和 135bar 条件下，混合地层水与海水（表 17.7）的沉淀模拟结果
假设水与含有 4.8%（摩尔分数）的 CO_2 且不含 H_2S 的气体平衡

对于显示在表 17.8 中的地层水与海水的组合，类似的曲线如图 17.2 和图 17.3 所示。当水与只含 CO_2 而不含 H_2S 的气体平衡时，铁离子沉淀物为 $FeCO_3$。如果水含有 H_2S 和 CO_2，铁离子沉淀为 FeS（图 17.3）。

表 17.8　地层水与海水的矿物分析结果

项　　目		地　层　水	海　水
矿物分析（mg/L）	Na^+	14834	10680
	Ca^{2+}	1275	450
	Mg^{2+}	335	1130
	Ba^{2+}	50	0
	Sr^{2+}	335	9
	Fe^{2+}	30	0
	Cl^-	26200	20950
	SO_4^{2-}	0	3077
基于 HCO_3^- 的碱度		415	170

注：不存在有机酸。

资料来源：Data from Haarberg, T., et al., The effect of ferrous iron on mineral scaling during oil recovery, *Acta Chem. Scand.* 44, 907-915, 1990。

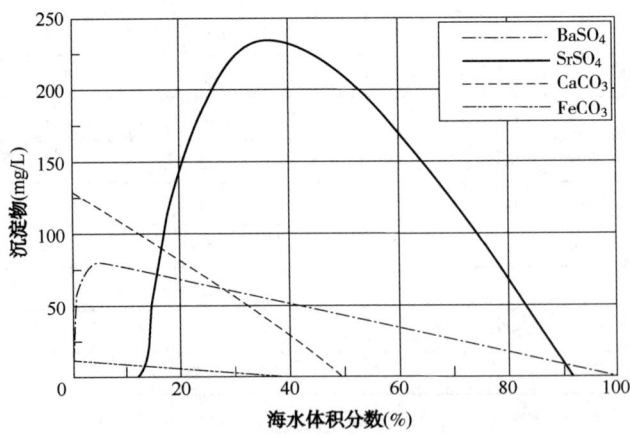

图 17.2　在 25℃ 和 1bar 条件下，混合地层水与海水（表 17.8）的沉淀模拟结果
假设水与含有 3.6%（摩尔分数）CO_2 且不含 H_2S 的气体平衡

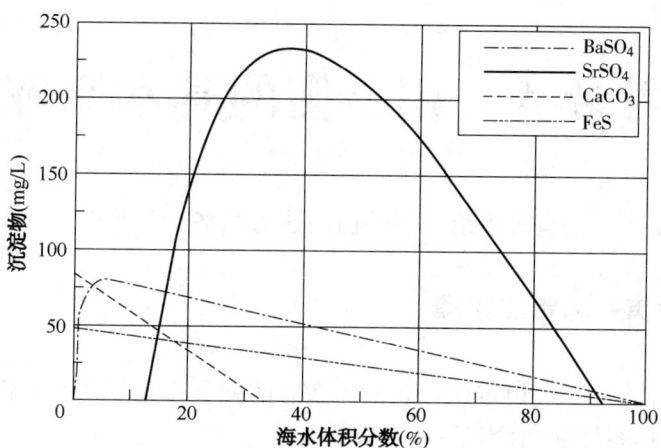

图 17.3 在 2℃ 和 1bar 条件下，混合地层水与海水（表 17.8）的沉淀模拟结果
假设水与含有摩尔分数 3.5% 的 CO_2 和 1.2% 的 H_2S 的气体平衡

参 考 文 献

Atkinson, A. and Mecik, M., The chemistry of scale prediction, *J. Petroleum Sci. Eng.* 17, 113-121, 1997.

Haarberg, T., Mineral Deposition during Oil Recovery, Ph. D. thesis, Department of Inorganic Chemistry, University of Trondheim, Norway, 1989.

Haarberg, T., Jakobsen, J. E., and Østvold, T., The effect of ferrous iron on mineral scaling during oil recovery, *Acta Chem. Scand.* 44, 907-915, 1990.

Kaasa, B., Prediction of pH, Mineral Precipitation and Multiphase Equilibria during Oil Production, Ph. D. thesis, Department of Inorganic Chemistry, University of Trondheim, Norway, 1998.

Kaasa, B. and Østvold, T., Prediction of pH and mineral scaling in waters with varying ionic strength containing CO_2 and H_2S for $0 < T(℃) < 200$ and $1 < P(bar) < 500$, paper presented at the international conference on *Advances in Solving Oilfield Scaling Aberdeen*, Scotland, January 28-29, 1998.

Mørk, J., Model til beregning af dielektricitetskonstanter i råolie, Thesis Project (in Danish), Danish Engineering Academy, 1989.

Olofsson, G. and Hepler, L. G., Thermodynamics of ionization of water over wide ranges of temperature and pressure, *J. Solution Chem.* 4, 127-143, 1975.

Pitzer, K. S., Thermodynamics of electrolytes I. Theoretical basis and general equations, *J. Phys. Chem.* 77, 268-277, 1973.

Pitzer, K. S., Thermodynamics of electrolytes V. Effects of higher-order electrostatic terms, *J. Solution Chem.* 4, 249-265, 1975.

Pitzer, K. S., Theory: Ion interaction approach, *Activity Coefficients in Electrolyte Solutions*, Ed., Pytkowicz, R. M., CRC Press, Boca Raton, FL, 157-208, 1979.

Pitzer, K. S., Peiper, J. C., and Busey, R. H., Thermodynamic properties of aqueous sodium chloride solutions, *J. Phys, Chem. Ref. Data* 13, 1-102, 1984.

Pitzer, K. S., Theoretical considerations of solubility with emphasis on mixed aqueous electrolytes, *Pure Appl Chem.* 58, 1599-1610, 1986.

Pitzer, K. S., *Thermodynamics*, Appendix X, McGraw Hill, New York, 1995.

附录 A 相平衡的基本原理

本附录简要介绍了一些有关多组分相平衡的热力学基本关系式。

A.1 热力学第一和第二定律

热力学第一定律为能量守恒定律，表明体系总的能量变化 dU^t，等于环境传给体系总的热量(dQ)和环境对体系做的功(dW)：

$$dU^t = dQ + dW = dQ - pdV^t \tag{A.1}$$

式中：上标 t 表示总体。式(A.1)进一步表明环境对体系做的功等于压力乘以体积减小量。

在描述第二定律前，有必要先引入热力学熵(S)的概念。系统总的熵变定义为：

$$dS^t = \frac{dQ_{rev}}{T} \tag{A.2}$$

式中：T 表示温度；下标 rev 表示可逆过程。如果在热量传递过程中体系和环境达到热平衡和机械平衡，则 dQ 为传给体系的可逆热。通常，可用下式表示：

$$dS^t \geqslant \frac{dQ}{T} \tag{A.3}$$

这就是热力学第二定律。

A.2 热力学基本方程

结合 A.1 和 A.3，可以得到：

$$dU^t + pdV^t \leqslant TdS^t \tag{A.4}$$

在相平衡计算中，使用吉布斯自由能 G 更方便，它的定义式为：

$$G^t = H^t - TS^t \tag{A.5}$$

式中：H^t 表示体系总的焓变，用下式表示：

$$H^t = U^t + pV^t \tag{A.6}$$

$$G^t = U^t + pV^t - TS^t \tag{A.7}$$

对式(A.7)求微分：

$$dG^t = dU^t + pdV^t + V^t dp - TdS^t - S^t dT \tag{A.8}$$

用式(A.4)和式(A.8)可得到：

$$dG^t \leqslant V^t dp - S^t dT \tag{A.9}$$

对于恒温恒压过程而言，可以得到如下关系式：

$$(dG^t)_{p,T} \leqslant 0 \tag{A.10}$$

对于只经历可逆过程的系统，吉布斯自由能会保持不变。恒温恒压下的不可逆过程会引起吉布斯自由能的减小。

由此可以得到如下平衡状态的定义：对于一个封闭的恒压恒温体系的平衡态，所有可能的变化最终都会导致体系的吉布斯自由能达到最小值。

固定温度和压力条件下，封闭体系可能发生怎样的变化？若不考虑化学反应，体系可能形成均相或者分成两个或多个不同的相。后者的情况是体系通过发生相分离使得吉布斯自由能低于单相状态的吉布斯自由能。

A.3 相平衡

假设某个封闭的容器，其中包括气相（V）和液相（L）。两个相可认为是两个开放的体系，物质可从一个体系转移到另一个体系。

吉布斯自由能除了是压力和温度的函数外，还是各组分物质的量 n_i 的函数：

$$G = f(p, T, n_1, \cdots, n_N) \tag{A.11}$$

式中，N 为总的组分数。

微分式给出了体系总的吉布斯自由能变化量：

$$\mathrm{d}G = \left(\frac{\partial G}{\partial p}\right)_{T,n} \mathrm{d}p + \left(\frac{\partial G}{\partial T}\right)_{p,n} \mathrm{d}T + \sum_{i=1}^{N} \left(\frac{\partial G}{\partial n_i}\right)_{p,T,n_{j \neq i}} \mathrm{d}n_i \tag{A.12}$$

G 对组成的偏微分定义为化学位：

$$\mu_i = \left(\frac{\partial G}{\partial n_i}\right)_{p,T,n_{j \neq i}} \tag{A.13}$$

对于恒温恒压条件而言，该方程可以写成：

$$\mathrm{d}G = \sum_{i=1}^{N} \mu_i \mathrm{d}n_i \tag{A.14}$$

式（A.14）可以应用到两相中的每一相：

$$\mathrm{d}G^\mathrm{V} = \sum_{i=1}^{N} \mu_i^\mathrm{V} \mathrm{d}n_i^\mathrm{V} \tag{A.15}$$

$$\mathrm{d}G^\mathrm{L} = \sum_{i=1}^{N} \mu_i^\mathrm{L} \mathrm{d}n_i^\mathrm{L} \tag{A.16}$$

式中：上标 V 表示气相、L 表示液相。对于整个体系，存在如下平衡式：

$$(\mathrm{d}G^\mathrm{t})_{p,T} = 0 \tag{A.17}$$

整个体系的吉布斯自由能等于每一相吉布斯自由能之和：

$$(\mathrm{d}G^\mathrm{t})_{p,T} = (\mathrm{d}G^\mathrm{V})_{p,T} + (\mathrm{d}G^\mathrm{L})_{p,T} = 0 \tag{A.18}$$

$$(\mathrm{d}G^\mathrm{t})_{p,T} = \sum_{i=1}^{N} \mu_i^\mathrm{V} \mathrm{d}n_i^\mathrm{V} + \sum_{i=1}^{N} \mu_i^\mathrm{L} \mathrm{d}n_i^\mathrm{L} = 0 \tag{A.19}$$

由于体系是封闭的，存在如下质量守恒关系式：

$$\mathrm{d}n_i^\mathrm{V} = -\mathrm{d}n_i^\mathrm{L} \tag{A.20}$$

因此：

$$\sum_{i=1}^{N} (\mu_i^\mathrm{V} - \mu_i^\mathrm{L}) \mathrm{d}n_i^\mathrm{V} = 0 \tag{A.21}$$

式（A.21）满足如下条件才成立：

$$\mu_i^\mathrm{V} = \mu_i^\mathrm{L} \quad (i = 1, 2, \cdots, N) \tag{A.22}$$

该方程表明，固定温度和压力下，平衡两相中任意组分 i 的化学位相等。该准则可以扩展到三相或多相平衡。

A.4　逸度和逸度系数

在相平衡计算中，实际计算的是逸度而不是化学位。逸度的定义式为：

$$\mathrm{d}G = RT\mathrm{d}\ln f \tag{A.23}$$

式中：G 为摩尔吉布斯自由能；R 为气体常数。式（A.9）应用于 1mol 平衡状态的封闭体系时为：

$$\mathrm{d}G = V\mathrm{d}p - S\mathrm{d}T \tag{A.24}$$

对于恒温体系，该表达式可简化为：

$$(\mathrm{d}G)_T = V\mathrm{d}p \tag{A.25}$$

该式结合式（A.22）和式（A.25），可导出如下压力与逸度的关系式：

$$\ln\left(\frac{f(p)}{f(p_{\mathrm{ref}})}\right) = \int_{p_{\mathrm{ref}}}^{p} \frac{V}{RT}\mathrm{d}p \tag{A.26}$$

式中：p_{ref} 表示参考压力。

对于液体（L）和固体（S）相而言，假设摩尔体积与压力无关是合理的，此时压力与逸度的关系式如下：

$$f^{\mathrm{L}}(p) = f^{\mathrm{L}}(p_{\mathrm{ref}})\exp\frac{V^{\mathrm{L}}(p - p_{\mathrm{ref}})}{RT} \tag{A.27}$$

$$f^{\mathrm{S}}(p) = f^{\mathrm{S}}(p_{\mathrm{ref}})\exp\frac{V^{\mathrm{S}}(p - p_{\mathrm{ref}})}{RT} \tag{A.28}$$

对于理想气体而言，式（A.25）可以改写为：

$$(\mathrm{d}G)_T = \frac{RT}{p}\mathrm{d}p = RT\mathrm{d}\ln p \tag{A.29}$$

式（A.29）并不是完全合理的，但是实际应用中，上述简化关系式对于真实体系是常用的。由式（A.23）逸度的定义可得到如下关系式。对于混合物的组分 i 而言，逸度被定义为：

$$\mathrm{d}\mu_i = RT\mathrm{d}\ln f_i \tag{A.30}$$

对上式求积分可得到：

$$\mu_i = \mu_i^{\mathrm{o}} + RT\ln f_i \tag{A.31}$$

参考状态的化学位 μ_i^{o} 是温度的函数。在相同温度、压力条件下，对于处于平衡状态的两相，结合式（A.22）和式（A.31），可以得到如下关系式：

$$f_i^{\mathrm{V}} = f_i^{\mathrm{L}} \tag{A.32}$$

气相和液相中组分 i 的逸度系数 φ_i^{V} 和 φ_i^{V} 的定义由式（A.33）给出：

$$f_i^{\mathrm{V}} = y_i\varphi_i^{\mathrm{V}}p; \quad f_i^{\mathrm{L}} = x_i\varphi_i^{\mathrm{L}}p \tag{A.33}$$

式中：y_i 为气相中组分 i 的摩尔分数；x_i 为液相中组分 i 的摩尔分数。另一种表示液相中组分 i 逸度的方法是将其与相同温度、压力下纯组分 i 的逸度（f_i^{o}）联系起来：

$$f_i^{\mathrm{L}} = x_i\gamma_i f_i^{\mathrm{o}} \tag{A.34}$$

式中：γ_i 为组分 i 的活度系数。纯组分的逸度通常近似等于纯组分的饱和蒸气压。

气相与液相的摩尔分数之比称为平衡比或者 K 因子。

$$K_i = \frac{y_i}{x_i} \tag{A.35}$$

由式(A.32)、式(A.33)和式(A.35)可以看出,平衡关系式可以使用 K 因子表示如下:

$$K_i = \frac{y_i}{x_i} = \frac{\varphi_i^L}{\varphi_i^V} \tag{A.36}$$

为了导出由状态方程计算混合物中组分逸度系数的表达式,引入偏摩尔性质。偏摩尔性质与混合物中的某一组分有关。如果组分为 i,则组分 i 的偏摩尔性质被定义为恒温恒压条件下,某一性质(例如:G,S 和 V)对组分 i 的物质的量进行微分。可以从式(A.13)中看出,化学位等于偏摩尔吉布斯自由能:

$$\mu_i = \overline{G}_i \tag{A.37}$$

式(A.24)对物质的量求导,得到如下偏摩尔性质(G,V,S)的关系式:

$$\mathrm{d}\overline{G}_i = \overline{V}_i \mathrm{d}p - \overline{S}_i \mathrm{d}T \tag{A.38}$$

对于恒温系统而言,上述关系式可简化为:

$$\mathrm{d}\overline{G}_i = \overline{V}_i \mathrm{d}p; \quad T(\text{恒温}) \tag{A.39}$$

由于偏摩尔吉布斯自由能等于化学位,结合式(A.23)和式(A.39),可以得到如下关系式:

$$\overline{V}_i \mathrm{d}p = RT\mathrm{d}\ln f_i \tag{A.40}$$

对于理想气体而言,偏摩尔体积等于纯组分摩尔体积:

$$\overline{V}_i = V_i = \frac{RT}{p} \tag{A.41}$$

组分的逸度等于它的分压:

$$f_i = y_i p \tag{A.42}$$

式中,y_i 为组分 i 的摩尔分数。对于理想气体而言,存在如下关系式:

$$\frac{RT}{p}\mathrm{d}p = RT\mathrm{d}\ln(y_i p) \tag{A.43}$$

式(A.40)减去式(A.43),得:

$$\left(\overline{V}_i - \frac{RT}{p}\right)\mathrm{d}p = RT\mathrm{d}\ln\frac{f_i}{y_i p} \tag{A.44}$$

由式(A.33)中活度系数的定义,该关系可以被简化为:

$$\left(\overline{V}_i - \frac{RT}{p}\right)\mathrm{d}p = RT\mathrm{d}\ln\varphi_i \tag{A.45}$$

$$\ln\varphi_i = \frac{1}{RT}\int_0^p \left(\overline{V}_i - \frac{RT}{p}\right)\mathrm{d}p \tag{A.46}$$

通过一些数学变换,上式可改写为:

$$RT\ln\varphi_i = \frac{\partial}{\partial n_i}\left[\int_{V^t}^{\infty}\left(p - \frac{nRT}{V_t}\right)\mathrm{d}V^t\right]_{T,V^t,n_{j\neq i}} - RT\ln Z \tag{A.47}$$

式中:n 表示物质的量;Z 表示压缩因子:

$$Z = \frac{pV}{RT} \tag{A.48}$$

附录 B 单位换算

$1\text{Å} = 0.1\text{nm} = 10^{-10}\text{m}$

$1\text{ft} = 3.048 \times 10^{-1}\text{m}$

$1\text{dyn} = 10^{-5}\text{N}$

$1\text{lb} = 0.453592\text{kg}$

$1\text{atm} = 1.01325 \times 10^5 \text{Pa}$

$1\text{bar} = 10^5 \text{Pa}$

$n\,°\text{F} = \left[\dfrac{5}{9}(n-32)\right]°\text{C}$

$n\,°\text{R} = \left(\dfrac{5}{9}n - 273.15\right)°\text{C}$